U0221511

循环水产养殖系统

（原著第5版）

Recirculating Aquaculture Systems

(5th edition)

原著作者　Michael B. Timmons　　　朱松明

主　　译　金　光　刘　鹰　彭　磊　赵　建

主　　审　叶章颖

ZHEJIANG UNIVERSITY PRESS
浙江大学出版社

原著作者简介

Michael B. Timmons

美国康奈尔大学生物与环境工程系教授。在农业工程领域从业25年，担任过研究员、教师和推广专家，也是 Aquacultural Engineering Society 的创办者之一、前任理事长。商业化循环水罗非鱼养殖场（年产量500吨）的主要投资人，负责和参与了设计、建设和运营。这项经历给了他除了做研究员和推广专家之外作为商业化水产从业者的独特视角。

朱松明

浙江大学生物系统工程与食品科学学院前院长、教授、博士生导师，浙江大学海洋研究院海洋设施养殖与渔业资源环境保护研究团队首席；国家重点研发计划项目首席，国家农业科研杰出人才；农业农村部设施农业装备与信息化重点实验室主任，农业农村部创新团队首席；浙江省高层次人才特聘专家，浙江省重点科技创新团队首席；中国农业工程学会常务理事、水产工程分会副主任委员，浙江省农业工程学会理事长。*Transactions of the ASABE* 等期刊 Associate Editor、*Aquacultural Engineering* 等期刊编委。主要研究领域为设施农业生物环境调控技术与智能装备。

主要译者简介

金　光

浙江大学生物系统工程与食品科学学院博士后，中国海洋大学海洋生物专业博士，比利时根特大学ARC实验室访问学者，黑匣子循环水养殖分享会和公众号的创办者，第十届中国水产学会渔业装备技术专业委员会委员，专门从事各种循环水产养殖系统的咨询、设计、工程、运维和培训工作，包括三文鱼、鲆鲽类、加州鲈、鳜鱼等多个品种，理论和实践经验丰富。

刘　鹰

浙江大学求是特聘教授，大连海洋大学海洋科技与环境学院院长，国务院学位委员会水产学科评议组成员，国家重点研发计划项目首席，国家农业科研杰出人才，教育部设施渔业重点实验室主任，中国农业工程学会水产工程分会主任委员，中国水产学会鱼类工业化养殖研究会副主任委员等。发表文章250余篇，主编著作5部，获得的30余专利技术在生产上得到良好的推广应用。主要研究领域为水产养殖生物与环境互作、养殖生物行为学、工业化养殖工程与装备等。

彭　磊

中国海洋大学教师，博士。青岛越洋水产科技有限公司总经理、爱乐水产（青岛）有限公司销售总监。长期从事水产养殖工程理论及其应用研究，水产养殖装备的引进和开发工作，开发了多种水产养殖装备（包括吸鱼泵、分鱼机、计数器和洗网机以及各种自动投饵机装置等）。近年来，发表论文数十篇，获得各种专利60余项，多次参与国家级和市级项目。

赵　建

博士，浙江大学特聘副研究员，德国马普所群体行为实验室访问学者。博士毕业于浙江大学农业电气化与自动化专业，主要从事养殖鱼类工程行为学、智能决策模型、水产养殖大数据研究。共发表论文8篇，其中SCI收录6篇；授权发明专利6项（已转化1项），软件著作权1项。主持国家自然科学基金青年项目、中国博士后科学基金面上资助（一等资助）项目等4项。

主审简介

叶章颖

浙江大学教授，浙江大学海洋研究院研究员、博士生导师、副所长，农业农村部重点实验室副主任；国家大宗淡水鱼产业技术体系岗位科学家，中国农机学会"科创中国"国家级"科技服务团"高级专家，青岛市工业化循环水养殖装备专家工作站首席专家。主持和主参国家重点研发计划、国家自然科学基金等共41项；发表SCI/EI论文83篇，授权第一发明专利23项（转化6项）、软著4项（转化2项）；获中华农业科技奖二等奖、云南省科技进步奖三等奖、中国农机学会青年科技奖、中国农机学会优秀论文一等奖、浙江大学优质教学二等奖。

《循环水产养殖系统》
（原著第5版）
译校者名单

原著作者：Michael B. Timmons　朱松明

主　　译：金　光　刘　鹰　彭　磊　赵　建

主　　审：叶章颖

译者（按姓氏笔画排序）：

王　姣　王　博　王先平　王晓静　仇登高

朱金玉　任　香　刘子毅　刘宝良　孙国祥

李　贤　李　欣　李春莲　沈加正　宋奔奔

张月超　张黎黎　陆泉清　陈　珠　武心华

范庆伟　罗荣强　周　游　周悬旗　周雷文

郑纪盟　孟　浩　侯沙沙　姚　丹　都红圩

黄志涛　梁　超　韩轶晶

审校人员（按姓氏笔画排序）：

王　朔　文彦慈　刘　刚　齐皖河　李海军

张亚东　陈震雷　杭晟煜　季柏民　黄晓伶

译者序

　　循环水产养殖系统（recirculating aquaculture systems，RAS）是一门集生物学、机械工程学、水化学、流体力学、电气工程学、水产养殖学、兽医学等多学科交叉的工程应用技术，作为水产养殖的高级形式已在欧洲和北美发展了50多年。近10年来，由于中国在经济发展后开始更加注重生态环保，RAS在国内的应用开始得到重视，RAS的养殖面积呈爆炸式增长。但由于各种原因，一直缺少一本系统的理论图书来指导相关从业人员，这也促成译者有了翻译本书的想法。

　　本书原著 *Recirculating Aquaculture Systems*（5th）的主要作者是美国康奈尔大学的 Michael B. Timmons 教授。该书从第1版到第5版一直以标志性的黄色作为主色调，因此在业内被俗称为"大黄书"，一直以来是RAS专业人员的必读工具书，被誉为"RAS圣经"。书中不仅有各个水处理单元的原理介绍，还以假想鱼"欧米伽鱼"为例做了真实的工程计算演示。其中对于基本工程设计的计算过程和"经验法则"令人印象深刻，非常适合RAS设计人员参考学习。本书是在第5版的基础上进行翻译的。本书的章节设置为第1章RAS导论，客观介绍了RAS的优缺点和应用情况，方便读者快速了解RAS行业的背景；第2章至第14章分别详细介绍了RAS中各个运行单元的原理、算法和设计案例，包括水质、养殖池设计、颗粒物去除、生物过滤、反硝化反应、气液交换、杀菌消毒、水动力、系统监控和温度控制等方面；第15章和第16章详细介绍了系统的管理运营和鱼类健康管理，为循环水系统的运营者提供了绝佳的管理规范和运营参考；第17章从投资人的角度分析如何成为一个合格的循环水养殖的投资者；第18章重点讲解了占据水产养殖最大生产直接成本的饲料与营养；第19章从单纯水产养殖的角度向热门的鱼菜共生领域做了适当延伸，由于鱼菜共生具有更高的水利用率，因此在某些地区和条件下也是一种优秀的模式；将中国的循环水产养殖作为第20章，朱松明教授结合国内水产养殖的发展特点，详细介绍了中国循环水产养殖的几种典型创新形式。第20章的增加，产生了"大黄书"的第5版，并更名为"Recirculating Aquaculture Systems"，对应的中译本名为"循环水产养殖系统"。

　　本书的译稿由循环水黑匣子群的粉丝志愿者完成，专业审校工作由浙江大学水产工程团队的研究生和博士后共同完成。全书由金光和叶章颖统稿。

　　需要感谢的人很多。在这里首先要感谢原著作者Timmons教授对中译本的极大支持，不仅第一时间提供了电子版书稿，还主动提议增加一章关于中国循环水养殖的介绍。重点感谢浙江大学生物系统工程与食品科学学院在本书出版中给予的帮助和支持，本书也作为译者本人在2年博士后之后献给学院和团队的礼物。感谢浙江大学出版社的金蕾编辑和徐倩编辑在本书版权和出版发行工作中给予的帮助。尤其感谢循环水黑匣子群里群外每一位关心和支持本书翻译和出版的匣友，是你们的热爱、信任和支持让我们有动力完成这样一本艰涩工具书的翻译工作，在这里向每一位产业的贡献者表达我们深深的敬意！

由于译者水平有限，书中不免有错误或遗漏等不足之处，还请读者朋友们及时指出，好让我们在日后的再版中做出修改和更正。译者的联系方式是：ronnie2005@126.com。

金　光

浙江大学生物系统工程与食品科学学院

农业农村部设施农业装备与信息化重点实验室

2019年7月于杭州

原著题献

我们想把这一版献给 Fred W. Wheaton 博士、Youngs 博士和 James M.Ebeling 博士，他们是"大黄书"的前作者。在以不同角色给水产事业奉献 35 年之后，Ebeling 博士决定从水产这一领域退休，把接力棒交给 Todd Guerdat 博士，Todd Guerdat 博士现在与 Brian J. Vinci 博士一起成为 4 版的作者。Ebeling 博士曾是 Todd 的导师，是 James 推荐给 Todd，使 Todd 接替成为4 版"大黄书"的作者之一。

James M. Ebeling 博士

所有见过 James M. Ebeling 博士的人都会觉得他是位非常特别的人。他数年来指引和鞭策我们"保持简单"，不停提醒我们农业领域的设计工作必须面向营利性。Ebeling分别在密歇根州阿尔比恩学院和华盛顿州普尔曼的华盛顿州立大学攻读了学士和硕士学位。他在华盛顿州立大学取得了第二个农业工程硕士学位之后在加州大学戴维斯分校接受了 3 年的农业工程的系统训练。之后，他又在马里兰州的马里兰大学帕克分校取得了生物资源工程理学博士学位，在那里他师从 Fred W.Wheaton 博士，开展了水产养殖系统中生物滤器的动力学研究。在 2006 年 11 月，他被选为富尔布赖特高级专家候补人选（国际学者交流委员会，华盛顿特区）。

退休前，Ebeling 博士从事水产养殖事业 30 多年，养殖过 20 多个品种的鱼类。他在夏威夷大学海水养殖研究培训中心做了 3 年的研究协调员，在北卡罗莱纳州立大学做了 1 年的项目经理，设计和建设了"鱼仓"项目。Ebeling 博士还在位于俄亥俄州派克顿市的俄亥俄州立大学派克顿研究推广中心做了 5 年的研究推广助理。之后在保护基金淡水研究所任职环境研究工程师 6 年。他最后一份全职工作是在洛杉矶州新奥尔良的水产养殖系统技术有限公司做研究工程师，参与了不少小企业在创新研究补助下的研究工作，如反硝化反应、废弃物管理和系统工程设计。Ebeling 博士在 2012 年去了亚利桑那州图森市，暂时的打算是什么都不做。你还可以通过邮箱 JamesEbeling@aol.com 联系到他。他继续向世界水产养殖协会（World Aquaculture Society，WAS）提供奖学金，即年度"大黄书奖"，以资助本科生参加 WAS 的会议。他一直没忘记帮助学生，也一直在心底给社会上那些不幸的人们留有特殊的位置。我们祝福他的退休生活一切顺利，也由衷感谢他在很多版教科书上所做的贡献。

Fred W. Wheaton 博士

我们都欠 Wheaton 博士许多的感谢，感谢他作为发展者和支持者为水产群体所倾注的毕生努力。为了这个以及很多其他原因，我们把这本书献给他。Wheaton 博士在2011年3月在与结肠癌的英勇搏斗中去世。我们十分思念他，每当我们看到池中鱼儿游，他的音容笑貌就会浮现在眼前。

Wheaton 博士是 Ebeling 博士在马里兰大学攻读博士学位时的主要指导教授。实际上，这个产业中的许多人都曾接受过他的重要建议。他的工作走在了时代的前面，他在1977年著作了后来被世人称作"水产养殖工程圣经"的《水产养殖工程》。这本书是世界很多教学课程的基础，现在仍然畅销。1977年出版的这本书的大部分技术知识在30年后的今天依然有效！

他在50多个研究生委员会中就任要职。他的很多博士毕业生都成了水产研究和教学团体的带头人。他总是热心助人，在我们的职业生涯中不断教导我们前进。

Wheaton 博士是最早开展美国的水产养殖工程研究和推广项目人士之一。他的研究包含了循环水养殖系统、海鲜产品加工、牡蛎自动化去壳以及其他许多与水产养殖工程有关的内容。他的著述颇丰，发表过100多篇文章和出版了3本书。他曾是水产养殖工程协会（Aquacultural Engineering Society，AES）的创始成员和理事长。Wheaton 博士是马里兰大学帕克分校生物资源工程系的前系主任和教授，在2010年6月从美国农业部东北区域水产中心的主任位置（5年）上退休。Wheaton 博士在马里兰大学工作了42年。

William D. Youngs 博士

我们把最后的致谢献给 Youngs 博士，康奈尔大学自然资源系名誉教授。Youngs 博士在康奈尔大学渔业科学和水产养殖领域教书育人30余年。Youngs 博士与 W. Harry Everhart 博士合著的《渔业科学原理》（*Principles of Fishery Science*）被认为是渔业领域的开篇之作，至今仍被很多人奉为经典而收藏在个人图书馆里（1981年出版，康奈尔大学出版社，349页）。

对于我（Timmons），那是1984年 Youngs 博士的一个电话把我带入了水产养殖的世界，特别是循环水养殖领域。当时电话里问的好像是"对于把1000gpm的水体提高10英尺（1英尺=0.3048米）的扬程高度所需要的泵，怎么选型？"我反问道："你为什么问这个问题？"然后 Bill 把我收编了，我们俩一起花了数小时建造了康奈尔奶牛研究农场的第一套循环水养殖系统。Bill 还是我水产养殖公司（Fingerlakes 水产，见第 17 章）的第一任总经理。

　　Youngs 博士总是激励着我，我在很多事情上都真诚地看重 Bill 的建议，但我觉得他在循环水养殖的管理经验和科学知识水平有些失衡。我们希望能尽快消除这种差别。我也很荣幸成为唯一一条 Bill 钓过而没有罢工的鱼！

　　谢谢你，Youngs 博士！

原著前言

水产养殖的历史最早可以追溯到公元前475年的中国。鳟鱼养殖始于1741年的德国，直到19世纪80年代才传入美国，成为美国水产养殖的第一次尝试。然而，水产一直不太受重视，直到20世纪40年代后期，发现可以在自然水体中养鱼繁殖，水产养殖能作为自然增殖的补充，这才开始发展。此时，美国鱼类与野生动物管理局开始养殖鳟鱼（*Oncorhynchus Mykiss*）、蓝鳃太阳鱼（*Lepomis Macrochirus*）、大口黑鲈鱼（*Micropterus Salmoides*）和其他品种用于增殖。自19世纪80年代开始发展以来，鳟鱼产业增长缓慢，直到20世纪40年代晚期和20世纪50年代早期，才开始快速扩大。20世纪60年代美国的鲶鱼（*Ictalurus Punctatus*）产业开始起步并快速增长。鲶鱼产业虽然这些年来起起伏伏，但仍不失为一个成功的故事。其在1960年前还没有商业生产，而在2000年时商业生产的产量已超过6亿磅。随着鳟鱼和鲶鱼产业在美国的兴起，很多其他鱼类养殖经过试验成功后也过渡到了商业化生产，如条纹鲈（*Morone Saxatilis*）、鲑鱼（多个品种）、黄金鲈（*Perca Flavescens*）、罗非鱼（多个品种）、蓝鳃太阳鱼、小口黑鲈鱼（*Micropterus Dolomieu*），还有多个饵料鱼品种：金鱼（*Carassius Auratus*）、锦鲤、红鱼、鲟鱼（多个品种），还有不同品种的热带鱼以及其他品种。与鱼类养殖相关的科学和产业也得到了长足的发展，例如生产系统、营养学、遗传学、工程学、疾病控制、生理学、基础鱼类生物学和其他领域。当然，这些领域还有很大的发展空间。

美国的贝类养殖大约始于19世纪50年代，但正式进入产业化养殖是在过去30年。一些品种诸如紫贻贝（*Mytilus Edulis*）、多个种类的牡蛎、蛤蜊、虾、龙虾、蟹以及其他种类也实现了人工养殖。美国大多数的贝类养殖模式是底播养殖、伐架养殖、上涌式和/或悬浮式吊绳或吊笼养殖。美国贝类养殖几乎毫无例外地在海水或半咸水中进行，而鱼类中除了鲑鱼，几乎都在淡水或半咸水中养殖。然而，鱼类的咸水养殖增长迅速，而贝类养殖却在营养学、工程学、疾病控制、遗传学、基础生物学和其他领域落后于鱼类养殖。

在美国农业分支中，水产业以最快的增长速度发展了15年多，并在可预见的未来仍以这种方式发展。驱使这种快速发展的因素有：一是很多渔业已经达到可持续的产量；二是消费者的食品安全关切；三是消费者对高品质、安全和高蛋白低脂肪水产品的需求；四是消费者偏好本地生产的产品。

消费者外出用餐的趋势也影响了水产品产量，因为70%的水产品是在餐馆和其他地方（该统计数据在过去20年里没发生变化）被消费掉的。这些消费场所需要全年稳定供应足量水产品，而这是自然渔业很难满足的。

美国的水产养殖虽然前景光明，但风险也随之而来。供水（水质和水量）和排废法规以及卫生法规使得养殖条件变得越来越烦琐和昂贵。海边位置的竞争，环境因素的公众关切，从污染到岸上度假屋前的可见的养殖设施"污染"，可用水源的娱乐性使用，都只是水产养殖头顶的几片"乌云"。这所有的忧虑都促使水产业从开放性池塘和网箱养殖系统向更加紧密可控的循环水养殖系统发展。

典型的循环水（封闭式）生产系统比其他许多集约化系统的资金成本更高，如自然水体的网箱养殖、跑道式养殖和池塘养殖。但是，当考虑到循环水养殖所能提供的控制及其所带来的在鱼类健康、废弃物捕获、产品质量、产品供应量和其他方面的好处时，循环水养殖就更胜一筹了。因此，本书的内容主要针对循环水系统，作者默认这也是大多数阅读本书的新水产企业的选择。本书所提供的大多数知识，如养殖池设计、水力学、鱼类管理和水质等方面，也适用于开放式、半封闭式和封闭式系统。

本书主要是水产养殖工程的实际应用，教大家如何设计、建造和管理一套水产养殖生产系统，为读者提供开始水产养殖生产的基本知识，但更注重实践经验而非深奥理论的探讨。这里不会有遗传学、基础生物学、营销学以及其他一些对企业成功养殖也很重要的知识。这些话题在本书中仅仅蜻蜓点水式的提及，但只有呈现出足够丰富的细节内容，才足以使读者理解各个方面间的关系对于生产的重要性。本书对这些话题未做深入探讨。本书更像是为读者提供了：看到一个系统就可以判断这个系统会如何运转；与一个系统设计者一起开发一套属于你自己的水产生产系统；采购一套系统时该买哪些东西。

原著致谢

本书作者想要把最真挚的感谢送给Fred Wheaton博士的家庭。Wheaton博士与结肠癌英勇斗争，不幸于2011年3月去世。Wheaton博士从事水产养殖工程事业38年多，开设了美国第一门水产养殖工程课程（在马里兰大学开课）。他也是第一本水产养殖工程教科书的作者（水产养殖工程，John Wiley和Sons，纽约，初版，1977）。这项课程的毕业生遍布全美国甚至全世界。Wheaton博士的著述颇丰，其共发表过200多篇文章和出版过3本书。他曾是水产养殖工程协会创始人成员和理事长。Wheaton博士去世之际还被聘为马里兰大学帕克分校生物资源工程系教授和主席。对于他在过去数年提供的无私帮助和他在撰写本书提供的所有协助与支持，我们永远表示最崇高的敬意和感谢。

我们还要感谢Joe Hankins先生，他是保护基金淡水研究所（谢泼兹敦，西弗吉尼亚州）副主席和所长。淡水研究所支持了《循环水养殖系统》第一版（2002年出版）的开展和撰写。第一版也受到了美国东北地区水产养殖中心的资金资助，其对本书也提供了帮助。我们还要感谢自然资源农业和工程服务，这是一项土地批准外拓计划（伊萨卡，纽约州），允许我们使用出版物NRAES-49《集约化养殖的工程方面》中的一些资料。

我们欠Raul Piedrahita博士（加州大学戴维斯分校生物与农业工程系荣誉教授，CA95616，美国，电话：530-752-2780，邮箱：rhpiedrahita@ucdavic.edu）一个大大的人情。他严谨而细致地编辑整本书，一章又一章地（这是为了把整本书翻译成西班牙文，目前在www.c-a-v.net可以找到）提出了许多创造性建议，纠正了许多我们忽略了的错误。谢谢你！

最后，我们想感谢为最初一版成功完整出版付出心血的审阅者们。我们的谢意挚达下面的每一位：

		水产推广专家
John Ewart	推广	特拉华州海洋拨款海事咨询服务
		特拉华大学海事研究研究生院

		海洋科学教育者
Donald Webster	推广	马里兰大学
		合作推广

		主任，伍斯特郡经济发展办公室
Jerry Redden	产业	Snow Hill，MD 21863
		邮箱：ecodevo@ezy.net
		前任经理，AquaMar
		波科莫克，马里兰州
Glenn Snapp 和 Terry McCarthy	产业	所有者，水管理技术公司 巴吞鲁日，路易斯安那州
Gordon Durant	政府	鱼类养殖协调员，技术发展 鱼类养殖部 鱼类与野生动物分支 安大略市自然资源部
William Foulkrod	中学教育	老师，中学教育 西勒鸠斯，纽约州

我们还要感谢许多为本书做出重要贡献的个人，特别是：

第4章　养殖单元

- Steven T. Summerfelt博士。保护基金会淡水研究所，水产养殖系统研究室主任。

地址：1098 Turner Road，Shepherdstown，WV 25443；304-876-2815 ph。

邮箱：ssummerfelt@conservationfund.org。

第5章　颗粒物去除

- Steven T. Summerfelt博士。保护基金会淡水研究所，水产养殖系统研究室主任。

地址：1098 Turner Road，Shepherdstown，WV 25443；304-876-2815 ph。

邮箱：ssummerfelt@conservationfund.org。

第9章　反硝化反应

- Jaap van Rijn博士。主任，动物科学系，农业食品与环境Robert H. Smith学院，耶路撒冷希伯来大学，P.O.Box 12，Rehovot 76100，Israel。

电话：972-8-9489302，邮箱：Vanrijn@agri.huji.ac.il。

第11章　臭氧化反应和紫外线辐射

- Helge Liltved博士。教授，阿格德尔大学，工程科学系，N-4879 Grimstad，挪威。

邮箱：helge.liltved@uia.no。

第15章　系统管理和运行

- Don Webster先生。海洋科学教育家，海洋拨款推广计划，马里兰大学合作推广，怀研究与教育中心（Wye Research&Education Center），PO Box 169，Queenstown MD 21658。

电话：410-827-5377 ext 127；邮箱：dwebster@umd.edu。

- Joe M. Regenstein博士。名誉教授，康奈尔大学食品科学系，地址：Ithaca，NY

14853；邮箱：jmr9@cornell.edu。

第16章　鱼类健康管理

● Julie Bebak 博士（VMD，PhD）。校长，水产生物安全性有限公司（Aquaculture Biosecurity, LLC）。P.O. Box 24，Auburn，AL 36831；邮箱：jbebakwilliams@gmail.com。

● Paul R. Bowser 博士。鱼类病理学家和荣誉教授，水生动物医学，兽医学院，康奈尔大学。Bower 博士创立了康奈尔大学水生动物健康项目：水生动物健康项目，http://web.vet.cornell.edu/Public/FishDisease/AquaticProg/；AQUAVET 项目：http://www.aquavetmed.info/；电话：607-253-4029；邮箱：prb4@cornell.edu。

第18章　鱼类营养与饲料

● H. George Ketola 博士。研究生理学家，Tunison 水生科学实验室，USGS，五大湖科学中心，科特兰，纽约州；兼任助理教授，自然资源系，康奈尔大学，伊萨卡，纽约州。

● Paul D. Maugle 博士，P.D.M 及其合伙人公司，诺维奇，康涅狄格州。

第19章　鱼菜共生：鱼类养殖和植物培养的结合

● James Rakocy 博士。董事，鱼菜共生医生，4604 49th Street North PMB 155，St. Petersburg，FL 33709；邮箱：tadcontact@theaquaponicsdoctors.com。

本书的初版受到了合作州研究教育和推广服务（Cooperative State Research, Education, and Extension Service，CSREES），美国农业部，协议号97-38500-4641，授予美国东北区域水产养殖中心等支持。美国东北区域水产养殖中心那时位于马萨诸塞州达特茅斯学院，但是现在搬到了马里兰州马里兰大学帕克分校。本书表达的任何观点、发现、结论或建议都属于作者，并不一定反映美国农业部、美国东北区域水产养殖中心或马里兰大学的观点。

翻译说明

根据原著提供的公式，更正了部分计算结果，对个别重复内容作了调整。

根据原著提供的表格，更正了部分表格的汇总结果。

根据原著提供的前后文，补充了部分相关图以能使读者更清晰理解文意。

本书编辑和出版工作得到以下项目资助，特此致谢！

- 国家重点研发计划项目（2019YFD0900500、2020YFD0900600）
- 财政部和农业农村部：国家现代农业产业技术体系资助（CARS-45）
- 浙江省重点研发计划项目（2019C02084、2021C02024）

目　录

第1章
循环水产养殖技术导论

——

第2章
水　质

——

第3章
质量守恒、承载率和鱼类生长

——

第4章
养殖单元

——

第5章
颗粒物去除

————

第6章
废弃物管理与利用

————

第7章
生物过滤

————

第8章
生物过滤器设计

——

第9章
反硝化反应

——

第10章
气体传输
——

第11章
臭氧化反应和紫外线辐射
——

第12章
流体力学和泵
——

第13章
系统监测与控制

――――

第14章
设施环境控制

――――

第15章
系统管理和运行

――――

第16章
鱼类健康管理

第17章
经济现实和管理问题

第18章
鱼类营养与饲料

第19章
鱼菜共生：鱼类养殖和植物培养的结合

第20章
中国的循环水产养殖

——

附　录

——

第1章　循环水产养殖技术导论

1.1　背　景

循环水产养殖系统（recirculating aquaculture systems, RAS）在过去40多年中经过大学研究和商业应用得到了长足的发展，每个子系统工艺也更加精细化。本书的两位初创作者和其他贡献者一直活跃在本领域的前沿。我们的工作聚焦在如何发展出有商业竞争力的食用鱼循环水产养殖系统。实际上，本书的内容适用于所有的水产养殖系统。

农业是许多国家的主要产业，而美国的农业一直处于领先地位。在过去几十年间，美国农场的数量持续减少，而单个农场体量越来越大，养殖业产能持续增长。例如，纽约2008年有5620座乳牛场，而乳牛场数量在1988年和2001年则分别是13000座和8700座，但在册奶牛数只减少了22%（从80万到62.6万头，纽约奶牛占全美的6.7%）。水产养殖在美国一直被视为农业的另一条出路，但在盈利方面仍面临着不小的挑战。我们相信室内水产养殖会成为美国食品业的一次机遇，但仍需谨慎行事，并在水产专业人士的帮助下提前做好"功课"。这本书对于不管是实业投资者还是爱好者都是很好的起步读物。第17章对水产养殖的经济分析做了深入讨论并加入了原著作者的个人经验。希望大家能够喜欢。

我们将在本章回顾水产养殖的基础背景、市场现状和未来走向。我们提供了一些标准定义以及网站以供参考。最后，本书是多年前第一版（2002年）的后续。本版的"大黄书"希望涵盖最新的学术研究进展和商业设备供应商的最新信息。此外，本书增加了生物过滤和反硝化两章，以及欧米伽鱼的商业生产系统的设计范例。有些章节基本保持不变，如第3章的质量守恒、承载率和鱼类生长。有些知识是经典不变的！

1.2　乐观看法

Peter F. Drucker，是世界著名商业领导者和经济预测师，曾预测水产养殖将是20世纪三大主要经济机遇。世界上的每个人，要么在吃更多的鱼，要么在考虑这么做。饮食结构的改变以及美国公共卫生部关于推荐鱼肉作为主要蛋白来源的倡议都对水产养殖起到了推动作用。鲶鱼产业在美国的快速发展就是一个绝佳的例子，在20世纪90年代中期增长了10万吨。智利三文鱼产业从1991年的1.59亿美元的产值增长至2005年出口创汇逾17亿美元，产业相关人员5.3万人。罗非鱼产业发展在过去几年间更是呈指数级增长，从过去的无人问津到2005年进口27万吨的需求量。

我们认为在当今需求市场持续增加、海洋捕捞急剧萎缩的大背景下，水产养殖是最可行的水产品供应解决方案，是对环境负责任的替代方案，并能提供优质新鲜、营养安全、价格低廉的水产品。

1.3　循环水产养殖系统

渔业是最后一个还由"狩猎活动"维持大规模供应的食物来源。这种供应市场的方式日渐式微，已不再适应当今社会。于是，水产养殖业快速兴起，如今担负起了供应超过半数水产品的重任（见表1.1）。注意，若是用于动物饲料的部分（总量的33%）不计算在内的话，水产养殖的水产品产量就占到了45%。

表1.1　野生捕捞和水产养殖的贡献

项目	年份									
	1970	1980	1990	2000	2006	2010	2011	2012	2013	2014
捕捞（百万吨）	63.7	68.2	85.9	96.8	90.0	89.1	93.7	91.3	92.7	93.4
水产养殖（百万吨）	3.5	7.3	16.8	45.7	47.3	59.0	61.8	66.5	70.3	73.8
世界总渔业（百万吨）	67.2	75.5	102.7	142.5	137.3	148.1	155.5	157.8	162.9	167.2
人类消费量（百万吨）					114.3	128.1	130.8	136.9	141.5	146.3
水产养殖占比（%）	5	10	16	32	41	46	47	48	50	50
世界人口（十亿）	3.71	4.45	5.28	6.08	6.6	6.9	7.0	7.1	7.2	7.3
人均鱼消费量（kg）	12.1	11.3	12.9	15.6	17.3	18.6	17.8	18.7	19.6	20.0

注：世界渔业与水产养殖状况2016，http：//www.fao.org/3/a-i5555e.pdf；大约33%的鱼类捕捞量变成了鱼粉/鱼油。

1.3.1　水产养殖系统

水产品的品质得益于它所生活的水体。养殖人员控制水质使得所生产的水产品免于环境污染。因其品质更加稳定，口感也更容易接受，市场已显示出消费者更喜欢的养殖水产品。

水产养殖系统可以是开放式、半集约式或集约式，这取决于单位水体所养生物的数量、水源和水量供应的关系。池塘养殖是开放式；网箱养殖是半集约式，但在网箱内是集约式；而循环水产养殖系统是集约式系统。池塘和网箱是开放式体系，因此空气和水体源的污染是不可避免的。因为池塘和网箱系统内的水质控制变得更加困难，在其中养殖的生物的生长效率也比较有限。本书将聚焦在RAS上。RAS的水环境原则也可以用在开放体系内，但对环境毫无控制力。图1.1为典型的跑道式系统。

图1.1 典型的跑道式系统

传统的水产养殖方法，如室外池塘系统和围网系统，因为环境问题的制约以及产品安全性无法保证，长远来看是不可持续的。相反，室内RAS却可以做到可持续、无限扩增、环境友好以及品质可控。

室外池塘（温水系统，如鲶鱼）（图1.3）和围网系统（冷水系统，如三文鱼）（图1.2）的缺点有：

- 较大的空间要求。
- 有限的自然可用选址。
- 由鱼排泄物带来的环境问题。
- 天气气候所带来的地理局限性。
- 由室外不可控环境引发的对疾病、捕食者和自然灾害的脆弱抵抗力。

图1.2 典型的围网养殖

室外池塘和围网系统环境由于对疾病感染束手无策而有着天然劣势，结果很可能导致颗粒无收。系统内，鱼病会借由带病生物的直接接触而快速传播。室内系统使用饮用水养殖，除非病鱼或携带者被引入系统，否则疾病的感染可能性是很低的。即使发生了疾病，有效的水质管理手段也使处理效果比传统室外系统有效得多。

图 1.3 典型的池塘养殖操作
（注：背景中的防波堤用以分隔池塘）

室外池塘和围网系统的劣势还在于无法持续供应水产品，因为无法控制生长周期，水产品的上市有固定的高峰和低谷。此外，养殖动物逃逸也是个大问题，尤其是经过生物技术改良过的品种。此时，RAS就是唯一可行的技术，因为养殖动物在室内环境既不会逃逸，也不会对自然群体产生影响。

1.4 循环水产养殖系统的优势

室内RAS的优势是在可控环境下养殖，可实现对生长率和收获周期的控制。RAS通过生物滤器的过滤来实现水的重复循环利用，以减少热损和水的消耗。RAS具备高效的集约化效应，在单位面积和单位人工的产量上做到所有模式的最优。RAS是环境可持续的，因为所需要的水量比传统方式减少90%～99%，而占用的土地不到其1%，废弃物的处理也是环保的。

表1.2给出了生产每千克鱼所需水量的对比。RAS假设可以生产罗非鱼系统的密度为100kg/m³，投喂率为1%，饲料转化率为1∶1，系统日排水率为5%。现在有的RAS可以消耗更少的水（每天2%～3%，有些也用得更多），更高的密度和近似的饲料转化率。RAS可以实现全年稳定供应和对环境天气的完全控制。RAS可以每周生产相同量的鱼，周复一周，这样就比室外养殖池和池塘系统更有竞争优势，而后者只能季节性或不定期地产生收获。

表1.2 生产每千克水产品所需水和土地数据及其与集约化罗非鱼循环水产养殖系统的对比
（假设循环水系统的每日排水量为5%）

系统	品种	生产强度 [kg/(ha·y⁻¹)]	需水量 (L/kg)	系统所需土地和水的量与RAS的比	
				土地	水
RAS	罗非鱼	1340000ᵃ	50	1	1
池塘	罗非鱼	17400	21000	77	420
	斑点叉尾鮰	3000	3000~5000	448	80
	对虾(中国台湾)	4200~11000	11000~21340	177	320
跑道式	虹鳟	150000	210000	9	4200

注：a表示不算建筑空间之外的土地。

用RAS设计的养殖系统可以无限扩展。因为废水可以用环境可持续的方式处理，所以养殖场的建设规模不受环境限制。

RAS在环境控制方面的优势独显。它不仅更容易抵抗外界风险（自然灾害、污染和疾病），而且全年满足养殖生物的最佳生长状态。一个相似的例证就是家禽养殖，室内养鸡所产生的成本轻易地就被更高的生长率、饲料转化率和劳动力效率所覆盖。要知道一个人一年的肉鸡产量是一百万千克。除了RAS技术在生长上的优势以外，低污染的优点还使得所建场址可以与消费者离得更近并可以快速复制。

室内水产养殖很可能是唯一能保证100%食品安全的方法，其不带化学物质和重金属残留。随着消费者对食品安全的关注度的提高，RAS从业者面临着前所未有的机遇。更新鲜、更安全的本地化水产品是RAS的明显优势。因为RAS可以设计每周出鱼，周周复始，不再受限于池塘养殖的环境风险和季节性收获，所以赢得更多的主动性。

1.4.1 水的需求、使用和节约

传统的集约式养殖系统使用流水出于两个目的：

● 为鱼运来氧气。

● 把系统（代谢副产物和其他物质）中产生的废弃物运走，使其不会在养殖场内/周边累积到不良水平。

近期，长流水的这一运送能力因为州和联邦强制施行的排污法规而受到影响。例如，传统的鳟鱼养殖需要相当大的水体以满足在一过式水槽和串联式跑道中的养殖。

> **经验法则**
> 每年每加仑/分钟的流量可以生产50磅（每年6kg/Lpm）。

成立于1966年的Clear Springs鳟鱼公司在2004年生产了1000万千克的鳟鱼，是世界上最大的用于人消费的虹鳟鱼生产企业（Randy MackMillan, Clear Springs Food Company）。根据MacMillan CS公司非消耗性地在5个串联的混凝土循环水跑道池里使用了每秒22.6m³的水流。唯一的污水处理要么是跑道池内的静置区沉淀，要么是有时沿着跑道的全流式沉淀。低磷饲料可以排放最小化磷量以符合NPDES的许可要求。MacMillan称根据系统设计，他们可以每年1gpm（1gpm=3.8L/min）生产37～71磅（合17～32kg）鱼（合4.5～8.5kg/Lpm）（1Lpm=1L/min）。

所幸串联循环系统可能不需要去除大量的固体废弃物来满足以TSS（total suspended substance，总悬浮颗粒物）浓度设定的排污要求，即使是在许可由NPDES（National Pollution Discharge Elimination System-EPA，国家污染排放消除系统-EPA公布）发证的爱达荷州，能达到月均悬浮颗粒物排放浓度5mg/L要求的养殖场也很有限。类似的，在通常的养殖水平下，如每年6kg/Lpm，串联循环系统可能也不用去除大量的固体颗粒物，因为通过物质守恒显示，平均一天之内只有5mg/L的TSS会进入水流。而且，会出现排放营养限制要素（如磷、钾等）的问题。然而，由于在一过式和串联循环生产系统中使用了大量水体，移除排放中的营养成分并不现实。尽管如此，一些处理手段（常用沉淀池）可确保主要的TSS不会排出，即使在串联循环系统中这种方法的去除效率只有25%～50%；该话题会在第5章中详细讨论。

为减轻水产养殖对环境的影响，人们应用生产规范和技术来减少养殖中产生的固废量、消耗的水体以及将固废浓缩至更小的水流中，这是RAS尤其关心的。上文提到，传统流水养殖系统1Lpm水流每年会生产约6kg的鱼群。通过重复利用或循环80%～90%的水，1Lpm水体每年可生产多至48kg的鱼群。当然，在100%循环的极端例子里，产量则跟水的蒸发率有关，这也意味着与流水养殖相比，单元水体的产量增长了若干个100倍。

全循环系统因其极低的补水量，根据补充水体通过系统的多少，能够捕获96%～100%的固废量。相比较而言，一个运转良好的串联循环跑道式系统能捕获的固废量也不过是25%～50%。此外，通过使用"康奈尔型"双排水圆形养殖槽，加上珠式过滤器或微滤过滤器，循环水系统能产生更少量、更浓缩的固废液，处理起来也更加经济高效。因此，部分循环和全循环系统相较在串联循环跑道式系统里的传统养殖模式而言，有着很多关键优势，包括80%～100%的固废收集率以及80%～100%的节水效率。而且，双排水圆形池的固体移除效率的快速高效使得部分循环或全循环系统处理后的水体中TSS小于2.0mg/L。冷水循环水技术已经进步到可以控制水温、水质和池内流速来保证环境可控。

1.5 世界市场需求

水产养殖必须持续增长以满足日益下降的捕捞量所带来的消费空缺，捕捞量在接下来15年里每年只有1.5%的增长。此外，公众对可持续渔业和环境友好型的养殖模式的关注也日益高涨。我们的基本信条为RAS是未来几十年可以满足世界人均水产品消费量的关键技术，并且是以环境友好的方式进行的（见表1.2中RAS与其他养殖形式在用水、用地方面的比较）。

RAS养殖供给不应被看作是对捕捞的竞争，而是对海洋水产品产出的可持续化生产方式的有力补充。这不是旧的渔业方式和新技术的对抗。要知道到2020年全球人均水产品消费水平会达到600亿～800亿千克。我们预计其中400亿千克会由养殖产生。

对渔业捕捞不足的认识已促使各方更好地管理自然渔业资源。以美国为例，其他国家很可能也不例外，Macinko S和Bromley D W称政策制定者必须认识到是美国（或国家利益）公众拥有国家的渔业。对渔业资源的糟糕管理是渔业危机问题的核心。美国（或国家利益）应当像管理其他自然资源一样管理好渔业资源。

Macinko S 和 Bromley D W 承认，用分配捕捞份额的方式进行管理也只能做到延缓渔业资源枯竭的步伐而已。即使改善了海洋资源管理，还是需要每年4400万吨的水产品产量才能维持2005年人均消费水平（假定捕捞量的年增长率为1.5%，而水产品为2.8%）。

1.6　市场动态

随着野生资源的急剧减少，捕捞业无法持续，其他的水产品供应形式迎来广阔市场。水产养殖即被视为未来的发展方向，被广泛认为是水产品的重要来源。2009年全球有超过半数的消费量来自于水产养殖。

2014年美国的膳食蛋白质来源的排名如下（全部以人均消费量表示；USDA 2017；见 https：//www.ers.usda.gov/amber-waves/2017/januaryfebruary/us-per-capitaavailability-of-red-meat-poultry-and-fish-lowest-since-1983/）。

- 牛肉，51.5磅（23.4千克），平均价格=5.73美元/磅（12.61美元/千克）
- 鸡肉，58.7磅（26.7千克），平均价格=2.16美元/磅（4.75美元/千克）
- 猪肉，43.1磅（19.6千克），平均价格=3.89美元/磅（8.56美元/千克）
- 火鸡肉，12.4磅（5.6千克），平均价格=1.51美元/磅（3.32美元/千克）
- 水产品，14.5磅（6.7千克），（价格见表1.4）

自2000年起，价格从2000年的15.2磅（6.9千克）略微增加至2012年的16.0磅（7.3千克），意味着增加了4亿磅（18万吨）的产量。到2014年人均消费量达到了14.5磅（6.7千克）。表1.3为目前美国各种水产品消费水平。

表1.3　目前美国各种水产品消费水平　　　　　　　　　　　　　单位：磅

品种	排名	2016年	2011年	2005年	2000年	1995年
虾	1	4.10	4.20	4.10	3.20	2.50
三文鱼	2	2.18	1.95	2.43	1.58	1.19
金枪鱼	3	2.10	2.60	3.10	3.50	3.40
罗非鱼	4	1.18	1.29	0.85	NR	NR
狭鳕	5	0.96	1.31	1.47	1.59	1.52
巴沙鱼	6	0.89	0.63	NR	NR	NR
鳕鱼	7	0.66	0.50	0.57	0.75	0.98
蟹类	8	0.54	0.52	0.64	0.38	0.32
鲶鱼	9	0.51	0.56	1.03	1.00	0.86
贝类	10	0.31	0.33	0.44	0.47	0.57

注：粗体表示部分来自养殖产品；来源国家海洋渔业研究所，2017年11月。2016年人均总消费量为14.9磅（6.8千克），美国人口数为3.219亿。

表1.4给出了目前美国淡水水产品的消费者偏好和批发价格。

表1.4　美国淡水水产品市场

人均消费/品种	批发价格(美元/磅)
黄鳍金枪鱼	1.54
鳟鱼饵料规格鱼	1.66
狭鳕	0.83
大西洋鲑,4~5磅	5.90
真鳕	3.03
鲶鱼(鱼片,美国国内,Fulton鱼市)	3.68
黑线鳕/幼鳕	1.65
扇贝	14.40

注：信息来自于Urner–Barry和New England鱼类交易所，2017年3月。

美国人均消费水产品量按品种的分类表格请见表1.3，其中粗体字的水产养殖品种（虾、三文鱼、鲶鱼和贝类）占了美国88亿美元水产品市场的一大部分，已经增长了很大份额，相较之下海捕的鳕鱼市场却在下降。野外捕捞的水产品无法再满足消费者的需求，其结果是水产养殖的水产品迅速补足了空缺。由于对水产品的偏好（大部分美国人认为水产品更健康），水产品的消费占比会被更划算的水产养殖产品所刺激而提高。例如，罗非鱼市场的兴起是由于消费者发现其肉薄味美，尤其是传统野生鱼种如鳕鱼（cod）、黑线鳕（haddock）、大比目鱼（halibut）和狭鳕（pollock）的供应量下滑之后不得不寻找替代品。罗非鱼获得特殊青睐也是因为其适合循环水产养殖，美国的罗非鱼几乎都来自于循环水产养殖，即本书要讲的内容。

早在20世纪90年代初期作者就预测过在美国罗非鱼产业将要超越鲶鱼，现在已然发生！而且请注意，巴沙鱼已位居第六，它是一种产于东南亚池塘的白肉鱼。我们大胆预测，未来循环水产养殖的罗非鱼产量将堪比美国的火鸡产量，后者每年的产量是24亿磅。这是因为循环水技术会变得越来越具性价比，而又具备无限的可扩展性。

基本上，建造一个养鱼场或其他养殖场的主要限制在于对于其排放部分的处理。支持跑道式、网箱或外塘等原有养殖方式的自然环境在这方面极其有限且囿于政策。举例来说，加拿大最近否决了一处网箱养殖的许可延长申请，而该网箱养殖已经安全运行了10年。循环水技术的一项无与伦比的优势在于能够将排污液体积缩小1/1000~1/500，甚至做到零排放！当然，循环水产养殖仍然面临着如何处理这部分污物的问题，不过浓缩过的废弃物更易于回收处理，该部分见第6章。

循环水产养殖的另一个关键优势在于养殖地点可以贴近市场端。鲜活水产品更吸引眼球，其价格可以卖到冻品的2倍。消费者对鲜活的要求如此之高以至于循环水产养殖成了绝佳的养殖模式。贴近市场既减少了运输成本，又延长了货架摆放时间，一举两得。

1.7 循环水产养殖系统概述

循环水系统中鱼的养殖密度可以达到很高，而且其整个环境可控，鱼在鱼池中安然无扰，而整个系统在一个封闭的建筑物中，连气温都在掌控中。水体一直处于循环状态，每日只有一小部分水被排出，大概只有不到10%。温度、盐度、pH、碱度、氧气都处于连续监测和控制中。固体废弃物被过滤去除，增氧装置在维持特定密度下有充足的溶解氧，而水体已经在生物滤器中发生了氨氮到硝态氮的生物学转化。设计和运行循环水系统需要对很多工艺过程和单元运行有充分的理解，具体如下。

- 质量守恒（见第3章）
- 养殖单元（见第4章）
- 颗粒物去除（见第5章）
- 废弃物管理（见第6章）
- 硝化反应（见第7章）
- 气体转移（见第10章）
- 流体力学（见第12章）
- 系统监测（见第13章）
- 设施环境控制（见第14章）
- 生物安保（见第16章）
- 饲料与营养（见第18章）

其中任何一个运行单元的失败都会导致整个系统的失败，即养殖鱼类的死亡。这些运行单元将在本书的后续章节中详细介绍。

循环水产养殖是一项比其他大部分传统养殖模式更加资本密集型的养殖模式，需要依靠单位养殖水体有较好的经济回报率。一个循环水产养殖场还需要备用诸如发电机之类的保障单元，这也是成本的一部分。所以，养殖场必须达到足够大的规模和产能才能让这些成本摊薄到一个合理的范围，而较大的生产规模又是通过复制成功的模块化养殖单元来实现。这些特点使得水产品产量能够以可控、稳步的方式增长以满足日益增长的市场需求，也使得商业融资变得简单，投资风险通过特许加盟、订单式生产和产销合作社等商业形式得以摊薄。最终，循环水产养殖因其品种可选择性大而使运营者可根据市场趋势决定生产内容。

1.8 循环水产养殖有竞争力吗？

有朝一日，这个问题的答案是肯定的，但我们也呼吁了好久。以今天的设计水平来看，理论上我们已经可以竞争得过网箱养殖了（本章稍后会有更多讨论）。以美国东北部的罗非鱼商业养殖为例，每年生产450000千克罗非鱼的销货成本（饲料为0.55美元/千克，电费为0.03美元/千瓦时，加热能耗为0.0085美元/兆焦耳，氧气为0.09美元/千克）的构成总结在表1.5中。那些认为升温和水泵动力能耗成本占很高比例的说法是站不住脚的，实际只占总生产直接成本的15%（9%的升温费用和6%的水泵动力能耗）。当然要注意某些特定地区的公共设施成本和能源燃油的价格波动会影响其在当地的竞争力，还要注意表格里并没有包括资金成本和维护成本（稍后讨论）。

表1.5　以成分构成表示的罗非鱼生产的典型销售成本

销售成本	占比
购买鱼苗	7%
购买饲料	28%
购买氧气	13%
直接生产力	29%
供应品	3%
天然气	8%
电	6%
水和下水道	5%
产品配送成本	1%
总销售成本	100%

注：水和下水道由公共设施提供。

目前在美国尚无商业化的有足够大规模的在运营的循环水系统，在食品服务市场或批发领域，它的生产和加工能力能够与大规模水产养殖或离岸商业捕捞相匹敌。为了能竞争过非美罗非鱼生产商，一个养殖场需要具备至少三百万～四百万千克（3000～4000吨）/年的产能来维持一个自动化加工车间以及每千克1.10美元的直接生产成本。这是个挑战，理想条件下只有那些管理极佳并具备能源优势（免费热源和低于0.04美元每千瓦时的低成本电能）的养殖场才能达到。甄选场地非常关键，必须放在第一步解决。而且切记该场地应有充足水源。似乎作者参与建设过的养殖场，相较于设计时，都或多或少面临缺水的问题。

1.8.1　与肉制品竞争

水产品无论怎样都会面临与其他肉制品竞争的局面。表1.6显示自1960年以来美国消费的肉制品量。

表1.6　1960—2013年间美国不同肉制品的人均消费量　　　　　　　　单位：千克/人

年份	牛肉	猪肉	红肉总计	肉鸡	火鸡	禽类总计	红肉和禽类总计	商品鱼类和贝类
1960	28.7	26.8	59.7	10.7	2.9	15.6	75.3	4.7
1970	38.4	25.3	66.2	16.6	3.7	22.0	88.2	5.4
1980	34.8	26.0	62.1	20.8	4.7	26.5	88.6	5.7
1990	30.8	22.6	54.5	27.0	8.0	35.9	90.4	6.8

年份	牛肉	猪肉	红肉总计	肉鸡	火鸡	禽类总计	红肉和禽类总计	商品鱼类和贝类
2000	28.5	23.2	54.8	34.9	7.9	43.3	98.1	6.9
2013	25.7	21.4	47.0	37.0	7.4	44.4	92.6	7.4

注：德玛瓦家禽业，2009；经济研究服务/美国农业部，2013。除了"火鸡"是根据美国农业部报道按宰后体重计外，所有产品以零售重量计。

肉鸡产业的人均消费量在过去50年显示出稳步增长的态势。肉制品的人均总消费量从75千克提高到了92.6千克，与此同时，美国人口也从1.81亿攀升到了3.5亿。产业早期的年增长率达到了20%，一直持续到了现代，年增长率维持在5%（见图1.4）。相反，牛肉人均消费量在1976年达到最高的42.9千克，2013年已经掉到了25.7千克（肉制品消费量在过去几年一直下降，自2007年以来人均减少超过8千克）。如果水产品对肉制品消费施加影响，那一定是通过市场价格。假设价格有竞争力，老龄化人口和普遍认可的食鱼健康益处应该能驱动消费曲线。水产品若想重现肉鸡产业曾经带来的巨大变化，必须在价格便宜上做文章，而不是靠比拼肉质。高价蛋白质的市场份额，以目前水产品的条件，在美国最高可以做到人均消费7.4千克。

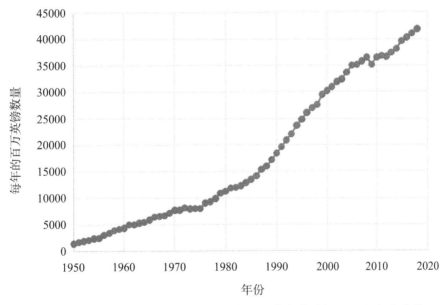

图1.4　1930—2018（2018年数据）年间美国肉鸡产量增长，以即烹重量计（RTC，百万磅）（经济研究服务/美国农业部，2017）

Hicks B et al.（2001）回顾了平均18个月136万千克产能的三文鱼围网养殖（见表1.7）的生产成本。三文鱼养殖不断扩大规模以进一步降低生产成本。网箱养殖的人均生产力为每年136000～204000千克。目前一个网箱养殖场的工作量是大约5个人照看500000尾的入海鲑，未来会养大到4千克的市场规格，经过筛选或死亡之后达到400000尾。换算过来是每人每年213吨。此外，还要有更换网衣的工人以及潜水员，大概额外需要1～2个全职人员。所以，它需要最多7个人，这样人均年生产力就变为152吨。这就是为什么规模一再扩大到更大的入海鲑养殖区，这样才能把单位水产品的人力成本进一步降低。有些三文鱼养殖场差不多加倍了养殖数目，而使用相同数目的人去管理，如此一来每个全职工人的年生产力达到了450000千克。

Liu Y et al.把陆基循环水和网箱养殖与肉鸡的数据进行对比，后者由Brian Fairchild博士提供（禽类学教授，佐治亚大学）。Fairchild对成本进行分解：每千克活体重量的直接生产成本是0.81美元（其中60%是饲料成本），房屋成本（包括资本、维护和使用）0.14美元每千克和加工成本0.52美元每千克，总成本是1.47美元每千克活重或2.11美元每千克半成品（生鲜半成品；屠宰率70%～75%）。

表1.7 三文鱼围网养殖

项目	围网	RAS	肉鸡[1]
饲料	2.05	1.90	
入海鲑	0.47	0.00	
鱼卵	0.00	0.12	
人工	0.31	0.52	
蓄鱼船	0.18	0.00	
动保	0.03	0.00	
电	0.00	0.33	
氧	0.00	0.15	
水处理	0.00	0.09	
保险	0.02	0.18	
初级加工	0.43	0.12	
运输	0.25	0.00	
市场营销	0.09	0.00	
维护	0.14	0.47	
利率	0.60	0.65	
折旧	0.18	0.58	
其他	0.33	0.49	
总计（美元/千克HOG）	5.08	5.60	2.11

注：陆基循环水和肉鸡生产成本（美元/千克HOG）比较，Liu Y et al.，2016；肉鸡数据来自B. Fairchild教授（佐治亚大学；2018）。

---

[1]译者注："肉鸡"此列在原著中只有总计数值，没有分项数值。

相对较低的鸡胸肉的出肉率一直是肉鸡产业的一大短板（约占活重的25%，而三文鱼片是50%，罗非鱼片是31%）。肉鸡业的对策是逐渐推进深加工（见表1.8）。对于水产品产业来说，如果肉鸡业可被用作消费者偏好的任何指标，以及作为禽体增加附加值（不易营销）的方法，则营销整鱼产品毫无疑问是没有前途的。

表1.8　肉鸡产品营销的产品形式　　　　　　　　　　　　　　单位：%

年份	整鸡	分割	深加工
1965	78	19	3
1970	70	26	4
1975	61	32	7
1980	50	40	10
1985	29	53	17
1990	18	56	26
1995	11	53	36
2000	9	46	45
2005	11	43	46
2010	12	43	45
2015年预测	11	40	49

注：来源于http://www.nationalchickencouncil.org/about-the-industry/statistics/how-broilers-are-marketed/。

1.8.2　水产养殖业的饲料成本优势

保持商品肉长期的市场优势多寡很大程度都依赖饲料成本多寡以及饲料能量转化成肉质的效率高低。饲料原料价格和饲料转化率同时影响着商品肉的最终竞争力。表1.9显示了近期原料价格，以及猪、肉鸡、三种罗非鱼日粮和一种三文鱼日粮按照定量混合的每千卡成本。饲料转化率或fg（饲料净重与动物净重比）对于猪、肉鸡、三文鱼和罗非鱼分别大约是2.5、2.0、1.2和1.1。Forster J指出用于维持肉鸡成本和繁殖的饲料转化率增加约25%或2.5fg。这对于鱼类产品来说是巨大利好，因为水产养殖使用植物源（低鱼粉）日粮，这使得饲料成本成为绝对大头，而其他所有成本都可以通过扩大规模和提高生产效率来降低。所以，饲料转化效率结合单位面积的产能使得室内循环水产养殖的鱼（低鱼粉饲料）在生产成本上形成了有力的长期优势。肉鸡的生产力为每年每平方米76千克，而2.4m深的养殖池里可以养出每平方米每月290千克的温水鱼（假设养殖面积占地板面积的40%）。

表1.9　各种商品动物的相对饲料成本

成分	成本(美元/磅)	肉猪	肉鸡	罗非鱼	鲑鱼
饲料的蛋白含量		16%	24%	36%	55%
膳食代谢能值(千卡/千克)		3465	3300	2800	4400
脂肪(体积)	570	6%	6%		
玉米	148	70%	59%	15%	
大豆(48%)	335	23%	30%	52%	20%
小麦	177			20%	
鱼粉(62%蛋白)	1537		2.5%	10%	50%
鱼油	981			2%	28%
混合成分成本(美元/1000卡路里)		0.034	0.044	0.080	0.139
混合成分成本(美元/磅)		215	264	405	1110

在2005年获取表1.9数据时，一个巨大变化是鱼粉和鱼油在三文鱼饲料中的减少。数据显示其在挪威养殖场所用饲料只用了13%的鱼粉和8%的鱼油，其余部分由植物油之类的补充（https://www.ft.com/content/651ad428-2511-11e7-a34a-538b4cb30025）。这是高企的鱼粉和鱼油价格以及消费者追求可持续产业要求的结果。有趣的是，小麦、玉米和大豆的商品价格与2005年时几乎持平（2018年，玉米：148美元/吨；大豆：374美元/吨；小麦：192美元/吨；鱼油：1300美元/吨；鱼粉：1568美元/吨）。

1.8.3　水产养殖的基因改良

为方便讨论，我们权且做一回乐观的放映员，表1.9中对于美国罗非鱼生产潜力的信息是非常令人兴奋的。目前，美国罗非鱼养殖业者使用蛋白含量36%的饲料会较容易达到560美元/吨或混合原料成本的3倍。肉鸡饲料是180美元/吨或只有混合原料成本的1.3倍。现在，如果美国罗非鱼产业变成了大规模产业，那么可以想象同样经济规模的饲料成本供应到养殖场，成本就会变成240美元/吨。与这个欠发达的美国产业的成本相比，一半多的饲料组成成本被减掉了。某种情况下，美国实际上也许会尝试抓住500000吨美国罗非鱼市场的部分份额，而这目前是由非美生产者供应着。如果我们期待现有罗非鱼的种质可以实现基因性状改良，那再乐观一点也不为过。大学与产业合作的一个范例是肉鸡性状在过去几年间的稳定改良（见表1.10）。生长率、饲料转化效率和死亡率都改良了至少2倍系数。想象一下如果这些改良发生在罗非鱼身上，那么一个新产业将冉冉升起。

表1.10 1925—2017年间美国肉鸡发展状况（美国养鸡协会）

年份	上市平均天数	上市重量千克(活体重)	肉料比(活体重)	死亡率
1925	112	1.14	4.70	18
1940	85	1.31	4.00	12
1950	70	1.40	3.00	10
1960	63	1.52	2.50	6
1970	56	1.64	2.25	5
1980	53	1.78	2.05	5
1990	48	1.98	2.00	5
2000	46	2.28	1.95	5
2010	47	2.59	1.92	4
2017	47	2.80	1.85	4.4

1.9　水产养殖业适合你吗?

似乎有一个假说，考虑到动物养殖的轮替，一个目前不成功的奶牛场主或养猪场主可以变成一个成功的养鱼场主。姑且称其为"常见假话1号"。养鱼，特别是循环水产养殖，相比其他形式的养殖，一般来说更依赖专业人员的管理和精确操作。因此，不太可能出现一个有着"普通"管理技能的农夫一定能在养鱼上成功。不过，一个成功的奶牛场主倒很可能会成为一个成功的循环水产养殖技术的使用者。好的管理对循环水产养殖成功的重要性无须过分强调。差劲的管理几乎总是水产养殖企业失败的首要原因。流水跑道式或户外池塘养殖的经验对于循环水产养殖场的管理有效性几乎没有借鉴作用。

"常见假话1号"
目前不成功的奶牛场主或养猪场主可以变成一个成功的养鱼场主。

1.10　历史案例

作者曾以公职或私下的形式参与过许多循环水初创企业的建设。有一些已经失败了。失败经验是非常宝贵的，它揭示了那些必须面对和解决的问题。本书的资深作者主导了两次不成功的康奈尔大学的技术转化。稍晚些时候在1997年，他创建了一个大型私人罗非鱼养殖场，一直运营至2009年，然后关闭了；该场当时年产500多吨罗非鱼（第17章提供了该场运营的细节）。

第一次康奈尔（作者的项目）技术转化失败（20世纪80年代中期），当时参与该项目的是一个非常成功的火鸡养殖综合性公司。这个公司当时有130个雇员，还有一个加工厂、一个分散的火鸡鲜品冻品分销网络和一家餐馆。第二次失败是在20世纪90年代早期，当时创办了一所鳟鱼养殖合作社，有7个合伙人，取名"北方鲜鱼合作社"。合作社成员聪明而富有天赋，经验丰富，都有大学学位，有几位甚至有高级学位。这两次失败都有以下几点共性：

- 每个人之前都没有室内养鱼的经验。
- 劳动密集型技术。
- 工程技术匮乏。
- 养殖品种敏感度高（溪虹鳟鱼）。
- 企业办成了昂贵的爱好者公司。

康奈尔大学设计的养殖系统应用到了火鸡场，帮助他们启用4个10000加仑（38立方米）的养殖池，设计收获时密度为0.7磅每加仑（84千克每立方米）。火鸡场在尝试了两年后宣布放弃。固体颗粒物的累积很可能是失败的首要根源，即使当时系统里设计了相当富余的颗粒物沉降室。火鸡场、虹鳟鱼养殖的失败和接下来的分析促使康奈尔大学转向集中精力开发新型生物滤器，以及让水在各系统单元间低能耗流转的方法。作者花了很多年时间研发了旋转生物接触器，代替了浸没石头滤器的设计，并用气提泵来实现水的流转。

北方鲜鱼合作社的故事包括当时系统的平面布置图，都在Timmons M B et al.的文章里有述。又一次，这个特殊的系统设计被康奈尔大学成功运行了3年，直到技术被转化，当时达到了很高的承载密度（0.7磅每加仑，84千克每立方米），出色的饲料转化率（1∶1）和较高的生长率（每月1英寸，即每月25mm）。这个系统非常令人惊叹，其高效率体现在气提泵把水从养殖池转到颗粒物沉淀室再到生物过滤室再回到养殖池，整个过程的高差只有1.5cm。系统也应用了泡沫分离器，在养殖池里，用于去除细微颗粒物、提供氧气和去除二氧化碳以及增强池内环流运动以协助去除颗粒物。

1.11　失败的历史教训

1992年，Peter Redmayne（水产品领袖的编辑，1992年一二月刊）写了一个水产养殖的财务失败案例。他提及了几个值得注意的失败之处及其原因：

- 爱达荷州的J.R.Simplot公司关闭了运行2年的罗非鱼集约化养殖场，损失了逾2000万美元。原因：生物过滤不足。
- Bodega渔场关闭了其位于CA Bodega湾附近的价值950万美元的铁头鳟、大马哈鱼和鲍鱼养殖场。原因：加利福尼亚州不允许200万尾苗出境，它们无处可去（没有鱼，没有现金）。
- 路易斯安纳水产技术公司（ATL）走向破产，在St. Landry Parish留下2000英亩鲶鱼池塘和欠了300债权人900万美元的债务。原因：糟糕的管理。
- NAIAD公司为德克萨斯州最大的鲶鱼养殖和加工公司（第11章有述，1991年8月），在开始加工自产鲶鱼之后关闭。原因：糟糕的现金流管理使得运营资金缺乏。
- 蓝脊渔业为当时（1991年）世界最大的鲶鱼室内养殖场，其资产被银行收回且不可赎回。原因：循环水系统的成本效益不足，该设施后被用作罗非鱼养殖，目前是美国最大的罗非鱼养殖场（超过2000吨），管理架构基本没变。

20世纪90年代，下面这些内幕被揭开：

• Fish 和 Dakota 损失了数百吨鱼，再也没能开门营业。原因：新管理团队淘汰了一些24小时保障覆盖，一次停电加一次"自动"备用发电机失灵杀死了这些鱼。

• 向日葵渔业（Sunflower Aquaculture）因屋顶凹陷损失了所有鱼；这是一处闲置许多年的军用设施，为木质桁架结构，当这些木头重新吸收潮气之后，结构上就支撑不住了。

• 北方鲜鱼合作社（Northern Fresh Fish Cooperative），因为拨号器没有及时发出缺水通知（在刷池子操作时没有关闭排水口），损失了所有的鳟鱼，最后一个成员放弃了，当井被抽干时，成员也破产了。

• 宾夕法尼亚西部的鲈鱼养殖场好不容易养到了设计密度却遇到了养殖膜破损，也不得不关门歇业。

• 南宾夕法尼亚鲈鱼养殖户在发现最初一批鲈鱼的生长率只有预测值的零点几时，只好放弃。但他们同时开展的罗勒种植还一直保持运营。

到了21世纪10年代，更多的失败案例如下：

• 木兰虾业公司（Magnolia Shrimp LLC, Beaver Dam, KY）投资约200万美元在一个用絮团方式养殖的白虾养殖场。商业规模的应用是在淡水研究所（Freshwater Institute, Shepherdstown, WV）和肯塔基州立大学（Kentucky State University）探索了3年的小规模养殖基础上建立的。雇佣的总经理拒绝了测试过的设计而采用了另一种设计。结果是真菌的感染导致养殖量持续减少，最终关门大吉。

• Sherrill 的 Aqua VitaFarms 是一个商业规模的鱼菜共生养殖场。3年后却因缺乏运营资金而不得不关闭。场主坚信他们已经学到了该如何走向商业化成功，但为时已晚。

请小心。记住下面的"经验法则"：

经验法则
只投资那些你能承受损失的生意！

上述历史教训应该让你领悟到一些事情。早期（20世纪80年代）的水产企业都是大规模的，因为纸面上有很大的利润空间，扩大规模可以最大化利润。此处的寓意是作者知道，在没有建造和运行一个较小规模养殖场的基础上，每年超过200吨产量的养殖场里，没有一家是成功的。20世纪90年代中期看到一些个体投资水产养殖的小高峰。这个时期的主题是"高值"品种，因为我们都知道在大宗鱼类上循环水产养殖竞争不过一般模式，但我们生产出来了，并卖到了每千克40美元。这是一个迷思。你必须做得好，不管养什么品种都极度高效才行。要知道一个品种卖价高是有原因的。

在21世纪10年代，我们看到人们对进入水产行业比以往更谨慎。涉足水产不见得一定要养鱼来卖。我们常说先从别人那里买鱼，尝试用好的产品和服务开拓一片市场。如果这对你来说行得通，那么你再去养自己的鱼，多尝试一点去把控一下供应链，你有可能会变得更成功。这部分将在下一章讨论。在你决定以什么角色参与到水产行业中来之前，特别是在开始阶段，仔细阅读下一章！

1.12 目标、资源、经营策略和设计之间的关系

作者频繁地收到关于如何进入水产行业的个人的电话咨询，这些人天真地以为"水产养殖"就是养鱼！当然，每个人的愿望都是做一家赚钱的企业。循环水产养殖的经济学评价在第17章有详细的回顾，希望本书读者在开始一家水产企业之前能先读一读这一章。但是，循环水产养殖的第一法则是不要投资任何超过你能承受的损失限度的生意。每个成功背后都有很多心酸的故事。有些家庭在追逐所求的过程中失去了一切。有件事是肯定的：某个其他行业的糟糕技艺不会变成水产行业的绝世良药。你必须长袖善舞才能盈利，这通常需要若干年的一线经验积累。这本书能让你领先一步，但绝对无法代替真实的经验。

有无数种方法能参与水产行业，也许你最后的选择是尝试养一养鱼（有许多人手里有鱼满舱待售，却不愿意做一做市场营销和客户服务）。你应当全面检视个人的短期目标和长期目标、可用的自然资源、管理团队和商业技能（被称为经营策略），以及最终的系统设计，以实现这些目标。如果其中任何一项被忽视或者不足甚至缺失，你所规划的经营是不可能成功的。真实的物理系统的设计应当是整个计划的最后一步。

根据读者情况的不同，设计受限于目标、资源和经营策略等因素，即设计体现了这些因素所代表的目标。虽然各组件之间有所联系，但目标必须首先确定，实现目标的可用资源也要先确认。

表1.11列出了一些简单例子来帮助我们理清资源、经营策略和最终设计之间的关系。每个案例的目的都是相似的，并没有足够特殊到可以单独定义又一个设计。选择不同的管理策略关系到设计的选择，如表中第二和第三个事例，都可以达到同一个目的。每个事例都提供了相同的资源，不过同样都是太宽泛而无法用于设计，但显示了基于组件的独立性。例如，一个人不需要把水当作个人资源才能进军水产。为什么不考虑从不善于营销的养鱼人那里买鱼呢？这些事例说明，目标、资源和策略必须足够详细才能引出最佳设计。

表1.11 目标、资源、策略和设计的事例关系

目标	资源	经营策略	设计
年收入达到50000美元	500000美元；金融机构，水源，市场，知识	拿净利润的10%来投资	不是必需的
水产养殖年收入达到50000美元	同上	购买和销售	不是必需的
同上	同上	购买，短暂持有和销售	暂养池，运输能力
购买和加工罗非鱼片使年收入达到50000美元	同上	购买，加工和销售	加工设施
销售罗非鱼苗年收入达到50000美元	同上	保育种鱼，孵育鱼卵和育苗	饲养池，鱼卵孵化器，育苗生产
每年生产100000千克罗非鱼	同上	维护高级养成系统（需要更细的目标，收获规格）	循环水系统或池塘

1.13 术 语

讨论循环水产养殖技术的基本要求是要有一套统一的术语。好在水产圈已经有一套被广泛接受的术语系统，它是来自1987年欧洲内陆渔业咨询委员会（European Inland Fisheries Advisory Commission）的一篇报告。下面列出的是本书所有章节将要用到的术语和定义。常用换算因子见书后附录。

- 承载力：一个养殖系统内能够维持养殖品种的最大生物量；常用每单位养殖体积的质量来表示。
- 换水率：单位时间内流经养殖池的新水量；特指新水补充量。
- 平均水力停留时间：指的是在特定流速下一个养殖池中的水量彻底交换一遍所需的时间，V（池容积）/Q（流速）。
- 换水百分比：系统总体积中每天换掉的百分比。
- 产能负荷比（P/C）：是指系统年产出与系统最大承载力的比值。快速生长鱼类的典型高密度系统的P/C比为3。
- 再利用（连续再利用）：水在多个养殖池中重复利用，向一个方向流动，从不在一个池子里利用两次（不循环）；常称作连续再利用。
- 循环（循环水产养殖系统或RAS）：水从养殖池流向水处理单元再返回到养殖池，是再循环的或循环水产养殖系统或RAS。RAS一般一天内排掉的水量少于系统总容积的20%~50%。有些RAS会排掉更多水，则更像是流水系统了。
- 比表面积：单位体积载体的表面积；常常是指过滤或沉淀环节使用的某一载体的表面积。
- 养殖密度：单位养殖水体的养殖生物质量（鱼身体所占的体积忽略不计）。
- 总生物量：养殖系统内养殖生物的总质量。
- 系统总体积：养殖池、管道、蓄水池、处理池和水泵内的总水量。

1.14 总结以及康奈尔短课程

本书作者们曾投身水产养殖数年甚至终生。康奈尔大学一直周期性地主办一个1周左右的短课程，已有数百人参加。该课程是康奈尔大学与保护基金会（Conservation Fund）的淡水研究所（Freshwater Institute）共同主办，已举办多年。自2007年始，该课程由康奈尔大学赞助，Ebeling博士和Timmons博士是共同指导教师。最近一次是Timmons和Ebeling在2016年夏季连续举办的第22期课程。哇，时间飞逝！我们在美国以及世界的不同地方按当地需要举办，一般是在6月或7月的夏季举办1周，现在由新罕布什尔大学的Todd Guerdat博士作为共同指导教师（也是"大黄书"之前的共同作者）主办。课程也支持远程授课；进入下列链接可见系统课程和线上版本：www.blogs.cornell.edu/aquaculture 或 http://eCornell.com/fish。

这些短课程数年间积累起来的材料最初来自于本书。上面的网站链接也提供了许多软件程序来方便本书的使用和作为补充内容。

RAS短课程强调实际"怎样"应用，并总结了一些实用的表格和计算程序，使得那些冗繁的设计和管理公式变得更容易。若是能够先理解一些基本概念，这些计算程序会更有用。这本书尝试为理解这些基本内容和怎样使用计算软件打下坚实基础。举例问题贯穿各个章节，这些举例问题（给出了解决方案）可作为使用软件的第一次试手。祝你阅读愉快并享受学习本书！

1.15 参考文献

1. CHEN S et al., 1992. Protein in foam fractionation applied to recirculating systems. Prog Fish-Cult, 55（2）:76-82.

2. CHEN S et al., 1993. Suspended solids characteristics from recirculating aquacultural systems and design implications. Aquaculture, 112:143-155.

3. CHEN S et al., 1994a. Suspended solids characteristics from recirculating aquacultural systems and design implications. Aquaculture, 112:143-155.

4. CHEN S et al., 1994b. Modeling surfactant removal in foam fractionation I: Theoretical development. Aquacult Eng,13:101-120.

5. CHEN S et al., 1994c. Modeling surfactant removal in foam fractionation II: experimental investigations. Aquacult Eng,13:121-138.

6. DELGADO C et al., 2002. Fish as food: projections to 2020. Paper presented in the IIFET 2002 the biennial meeting of International Institute for Fisheries Economics and Trade.DELMARVA POULTRY INDUSTRY, 2006. 16686 County seat highway, georgetown, DE 19947.

7. FORSTER J, 1999. Aquaculture chickens, salmon-a case study. World Aquaculture,30（3）: 33-38, 40, 9, 70.

8. HICKS B,HOLDER J L, 2001. Net pen farming, proceedings 2001 AES issues forum, shepherdstown.

9. IDAHO DIVISION of ENVIRONMENTAL QUALITY,1988. Idaho waste management guidelines for aquaculture operations.

10. LIU Y et al. , 2016. Comparative economic performance and carbon footprint of two farming models for producing atlantic salmon （salmo salar）:land-based closed containment system in freshwater and open net pen in seawater. Aquacultural Engineering ,71:1-12.

11. MACINKO S, BROMLEY D W, 2002. Who owns America's fisheries, report provided and sponsored by the pew charitable trusts.

12. MUDRAK V A, 1981. Guidelines for economical commercial fish hatchery wastewater treatment systems. In: Proceedings of the bio-engineering symposium for fish culture. American Fisheries Society: 174-182.

13. SUMMERFELT S T, 1996. Engineering design of a water reuse system. In: Walleye culture manual. Ames. North Central Regional Aquaculture Center Publication Office: 277-309.

14. SUMMERFELT S T, 1999. Waste-handling systems. In CIGR handbook of agricultural

engineering: Volume II.American Society of Agricultural Engineers: 309–350.

15. SUMMERFELT S T et al., 2000a. A partial-reuse system for coldwater aquaculture. In: Proceedings of the third international conference on recirculating aquaculture. Virginia Polytechnic Institute and State University: 167–175.

16. SUMMERFELT S T et al., 2000b. Hydrodynamics in the 'Cornell-type' dual-drain tank. In: Proceedings of the third international conference on recirculating aquaculture blacksburg. Virginia Polytechnic Institute and State University: 160–166.

17. SUMMERFELT S T et al., 2001. Controlled systems: water reuse and recirculation. In: Fish hatchery management. 2nd. American Fisheries Society: 285–395.

18. TIMMONS M B et al., 1993. The northern fresh fish cooperative: Formation and initial results and technology description with plans. Cornell Agricultural Engineering Extension Bulletin : 465.

19. TIMMONS M B et al., 1995. Mathematical model of foam fractionators used in aquaculture. Journal of World Aquaculture, 26(3): 225–233.

20. TIMMONS M B et al., 1998. Review of circular tank technology and management. Aquacultural Engineering, 18:51–69.

21. TIMMONS M B et al. , 2002. Recirculating aquaculture systems. 2nd. Cayuga Aqua Ventures: 760.

22. TIMMONS M B, 2005. Competitive potential for USA urban aquaculture. In: Urban Aquaculture, Eds. B. Costa-Pierce, A. Desbonnet, P. Edwards, and D. Baker, CABI Publishing: 137–158.

23. UNITED STATES DEPARTMENT of AGRICULTURE ECONOMIC and RESEARCH SERVICE. http://www.ers.usda.gov.

24. WEEKS et al., 1992. Feasibility of using foam fractionation for the removal of dissolved and suspended solids from fish culture water. Aquacultural Engineering ,11:251–265.

第2章 水 质

一个具有商业规模的水产企业要想成功，需要依靠最少的资源和资金代价为养殖生物的快速生长提供最佳环境。集约型循环水系统的一大优势在于能够控制水环境和关键水质参数，从而使得鱼的健康度和生长率达到最优状态。虽然水环境是一个复杂的生态系统，包含了诸多水质变量，但幸运的是只有少数几个参数起决定作用。这些关键参数是温度、pH、溶解氧量、氨、亚硝酸盐、二氧化碳、碱度和悬浮颗粒物的浓度。每一个参数都很重要，但影响鱼类健康和生长率的是所有参数的集合和互相作用。

每种水质参数都会交互作用并影响到其他参数，影响的方式有时很复杂。任意一个参数的浓度在某个情况下无害，在另一个情况下可能有毒。例如，当曝气和脱气出问题时，二氧化碳水平一般会升高，而同时溶解氧水平降低。这种特殊情况出现的结果不仅是鱼类能得到的氧气更少，而且鱼类利用这些可用溶解氧的能力会降低。水中二氧化碳高水平会影响鱼的血液携氧能力，加重由低溶解氧引起的应激反应。另一个体现水质参数之间复杂相互作用的例子是pH水平和氨毒性之间的关系。我们将在后面讨论，总氨中非离子氨比离子氨的毒性要高得多，在低pH时，水中的氨大多是以无毒的离子氨形式存在。然而，pH每升高一个单位，如从6.5到7.5，有毒性的非离子氨浓度就提高10倍。盲目向系统里添加碳酸氢钠来提高碱度会无意间提高非离子氨浓度至毒性水平。其结果，对本书的某位作者而言，就是32个池子的神仙鱼全部肚皮朝上。这次灾难性的结果给我们上了惨痛的一课，告诉我们理解这些参数间的互相作用关系，并定期监测尽可能多的关键参数以及调节它们时小心谨慎是多么的重要。

水质参数及其对鱼生长率和健康影响之间的关系是复杂的。例如，鱼类缺乏控制体温并使其不受环境影响的手段。环境温度的变化影响了鱼体生化反应的速率，这导致了不同的代谢速率和耗氧率。在物种可耐受温度范围的较低范围内，这些速率会降低。随着水温升高，鱼的活跃度增加反而会消耗更多的溶解氧，同时产出更多的二氧化碳和其他排泄物，如氨氮。必要元素消耗率的上升伴随着有害元素的产生，当超出理论值时，会对所有鱼的健康和存活带来直接影响。如不及时修正，鱼会在一定程度上受到应激。即使是低水平的应激，也会造成长期的不利影响，如生长率下降，或是之后几日，微生物会趁机利用应激鱼体大肆繁殖，造成鱼的死亡。

2.1 物理特性

水的一些物理特性对于理解后续的一些工程概念很重要。水的一些独一无二的特性让地球上有了生命，其中之一是水的密度随温度变化而变化，表2.1中的纯水在4℃时达到最大密度；在冰点时出现一次断点，此时密度剧减。因此，冰的密度比水低，冰可以漂浮。如果水不具备这种不寻常的温度关联的密度变化模式，江海湖泊将自下而上全部冰冻，正如我们所知，生命将不复存在。盐和其他杂质的加入也会增加水的密度。例如，以1.000g/cm³的纯水做对照，35ppt盐度的海水密度为1.028g/cm³。水的密度会因盐度增加和/或温度降低而升高。这些密度差异是淡水系统和海洋垂直环流模式周而复始的主要驱动力。

水的黏度（viscosity）是衡量流体抗剪应力的一个指标，称为绝对或动态黏度。高黏性流体，如糖蜜或机油，在受到剪应力时流动非常缓慢。绝对黏度以厘泊（centipoise）为单位进行测量，与空气相比，20℃下的水的绝对黏度值为1.0厘泊，而空气在该温度下的绝对黏度值为0.17厘泊。绝对黏度除以液体密度即为给定的运动黏度。表2.1显示了在一定温度范围内水的密度、动黏滞率和蒸气压。黏度随着温度的降低而增加。因此，泵送成本会随着水温的降低而略有增加，因为黏度和密度都会增加。

蒸气压是物质在气态时与固态或液态时保持平衡所施加的压力。另一种表示蒸气压的方式是液体开始沸腾变为蒸气时的压力。纯水的蒸气压是温度的函数，温度上升时，蒸气压也上升，见表2.1。在水中加入盐会降低其蒸气压。在封闭管道内，即使温度保持不变，水也会因为压力下降而从液态变为气态。这可能发生在管道的吸入端，蒸气气泡在极低压区形成，然后在另一较高压处破裂。这个过程被称为空化（cavitation）。当一个水泵经历了空化，破裂的气泡带有大量能量，会对水泵叶轮和管道造成相当大的损坏。

表2.1 水的物理性质

温度(℃)	密度(kg/m³)	动黏滞率[m²/(s·10⁶)]	蒸气压(mmHg)
0	999.84	1.79	4.8
1	999.90	1.73	5.1
2	999.94	1.68	5.4
3	999.97	1.62	5.8
4	1000.00	1.57	6.2
5	999.97	1.52	6.6
10	999.70	1.31	9.1
15	999.10	1.13	12.5
20	998.21	0.99	17.3
25	997.05	0.88	23.9
30	995.65	0.80	33.0
35	994.04	0.72	45.5
40	992.22	0.66	62.8

计算水物理性质的公式（温度以℃表示）：

密度（kg/m³）=999.842594+6.793952E-2T-9.095290E3·T²+1.001685E-4T³-1.120083E-6·T⁴+6.53633E-9·T⁵ (2.1)

蒸气压（mmHg）=4.7603e^{0.0645T} (2.2)

运动黏度（m²/s·10⁻⁶）=-9.9653-6·T³+0.001143T²-0.05807T+1.7851 (2.3)

2.2 水质要求

在最初的场地选择阶段，要考虑的最关键因素之一就是是否有足够多的水供应给将要建设的设施以及未来计划扩建的部分。说到水的供应量，多了总比少了好。毕竟，我们要建的是水产养殖设施。需要的水量跟许多因素有关，如品种、密度、管理规范、生产技术和风险接受度。足够多的水至少需满足：常规情况下合理时间（24～48小时）内灌满所有养殖池、反冲洗过滤器、冲洗和清洁设施以及生活用水的需求。一个好的"经验法则"是有足够多的水来提供每天100%的系统总体积的水交换。因此，对于一个379m³（100000加仑）的系统来说，所需水量为379m³/d或15.8m³/h（70gpm）。

除最小交换量外，任何给定系统所需的新增水量直接取决于系统中已存在的"旧"水的再利用或循环利用程度。除了需水量明显减少和必须处理的排水量减少外，还有许多措施能够尽可能多地重复利用供水。这些措施包括降低对水的加热或冷却要求，这是许多温水生产系统经济性的主要因素。此外，系统水的循环利用越来越重要，导致废水排放量减少，以及处理大流量水流所需的相应成本减少。最后，在海洋系统中，由于位置、生物安全问题或可用来源中的污染物，海水经常在现场以非常高的成本混合。

有3种再利用系统：连续再利用系统、部分再利用系统和全循环水系统。部分再利用系统比连续再利用系统重复使用更高比例的系统总水体，而全循环水系统重复使用的比例又更高。水再利用的程度影响着关键水质参数的损耗或积累。再利用率越高，重复使用部分的水越需要更多调节以满足水质因子达到目标值。通常，溶解氧浓度是最重要的也是第一个要面对的养殖密度限制因子。第二关键的因子是非离子氨的量和溶解二氧化碳水平。这两个参数互相关联。这是由溶解二氧化碳对pH的直接影响以及pH与氨氮毒性的关系决定。随着溶解二氧化碳水平的下降，pH升高，紧接着系统内总氨氮的毒性升高。以鲑科鱼（salmonids）养殖为例，二氧化碳的慢性暴露安全浓度上限是30mg/L，非离子氨氮的浓度在0.0125～0.0300mg/L范围内。因此，所选的再利用系统必须满足溶解氧的必需水平，还要保持溶解二氧化碳的量、非离子氨浓度和pH低于各自限制水平。

连续再利用系统已广泛用于鳟科和鲑科的跑道式生产系统，其限制水质因子常常是跑道区之间的溶解氧浓度。借助增氧，水体可在跑道区之间重复利用，直到氨浓度最终积累到太高。这个简单的概念极大提高了跑道池的产量，但因为对溶解氧系统和监测系统的要求太高又太复杂，系统的成本也居高不下。跑道池里更多的鱼也使得经济风险变得更高。

部分再利用系统提供了另一种选择，它能够在少于连续再利用系统总流量20%的情况下维持较高的生产密度来生产同样多产量的鱼。有些部分再利用系统借助双排水系统把固体废弃物从主循环中分离出来。在该系统中，养殖池利用了一种"旋涡"分离器，把颗粒物集中在中央排污管处，然后只需很少的排水量（每天养殖池水量的15%~20%）就可以把它们冲走。而大部分（剩余的80%~85%水量）养殖池的水是通过池子侧壁半高处的出鱼口排出。这部分水流基本不含可沉降颗粒物，因此可以很容易被大容量微滤机、二氧化碳脱除系统和增氧系统所处理。氨的水平可由新水的稀释得到控制，一般水量为10%~20%（约等于从中央排污排走的颗粒物废水），由控制系统的pH来调节。这类系统的关键运行水质参数是溶解二氧化碳的量。调整脱气系统脱除的二氧化碳量可以控制系统的pH。当系统运行到溶解二氧化碳水平是限制水质参数时，水的pH将很低，因此相应的最大总氨氮水平也将大大低于临界水平。

2.3 水 源

一个成功的水产养殖设施场地最重要的要求之一是有高质量的水源，这样才有足够大的能力满足最初的需求和预期的未来扩建。因此，在选择水产养殖场所时，必须从质量和数量两方面对供水进行彻底调查和量化。水产养殖不像其他农业活动，它需要连续足量的高质量水源。大多数水井的供水是周期性的，所以传统的井泵测试所得到的特定时间的特定流量值只能代表一小段时间。但是，一般的水产养殖活动中水井是在连续泵水的。其结果很可能是井的实际供水量比短时测试所得到的值要少得多。连续泵水至少两天，然后做一下回灌率测试。如果水源不足，那赶紧换地！

有很多种用于水产养殖的水源，每种都有不同的优点和缺点。既然循环水产养殖系统（RAS）的重点就是节水，最常用的两种水源就是地下水和市政用水。两种水都具备质量、数量和可靠性的优点，所以要根据可用性和经济性来做出选择。由于受到污染物、鱼卵、昆虫幼虫、疾病微生物和广泛的季节性温度变化的污染风险较高，通常不使用地表水。

地下水的一大优势是水温常年稳定。但是，浅层地下水的水温与该地区平均气温相当。地下水的化学构成直接受该地区地质条件的影响。在石灰岩地区，地下水硬度高，富含钙和无机碳。而在花岗岩地区，地下水偏软，可溶性矿物质和无机碳的含量也低。如后文详述，两种水都有优缺点，也提醒我们需早点进行广泛的水样测试。

地下水，尤其是深井水的缺点，是含有高浓度的可溶性毒性气体，如硫化氢、甲烷和二氧化碳。因为水层回流区发生的生物学作用，大多数地下水含有少量或根本不含溶解氧。此外，一旦抽水到地表，地下水往往被氮气、氩气和二氧化碳过饱和。因此，地下水一开始必须通过曝气和脱气来移除多余的气体并增氧。高浓度的溶解铁离子也是个问题。曝气后的铁离子会变成氧化铁析出，可通过颗粒过滤或沉降池移除。

另一个潜在的水源是市政用水。但必须注意这种水源的设计和处理是以保证人类健康为目的的，比如添加如氯（1.0mg/L）和氟等化学物。这种水源如用在循环水中，必须先进行化学中和（硫代硫酸钠可移除氯和氯胺）或过滤（活性炭）。氯对鱼类非常致命，低至0.02mg/L的氯即可致应激。

2.4　水质标准

水产养殖的性质使得想要定义一个"通用的"水质标准清单几乎是不可能的。水产养殖品种的多样性、水温要求的不同以及养殖技术的差异使得制作这样一个清单至多是"推荐清单"。在集约化循环水系统中，所养品种像是生活在化学物质的混合物中，里面有大量物理的、化学的和生物的因子互相发生着复杂的物理—生物—化学反应。这些反应影响着所养生物的方方面面，从成活率到生长率，从生物过滤到颗粒物去除的效率。了解基本的水化学知识对任何集约化系统的成败至关重要。

品种手册、鱼类孵化指南或者水产养殖丛书都是了解水质信息和现代养殖流程的重要来源。表2.2列出了一些常见养殖品种的参考文献。

表2.2　常见养殖品种的参考文献来源

属、种或群体	参考文献
鲑科	Barton　B A, 1996; Piper　R G et al., 1982; Wedemeyer　G A, 1996
温和鲈鱼类	Tomasso　J R, 1997
斑点叉尾鮰	Boyd　C E, Tucker　C S, 1998; Stickney　R R, 1993
黑鲈类	Williamson　J H et al., 1993
太阳鱼类	Williamson　J H et al., 1993
碧谷鱼	Nickum　J G, Stickney R R, 1993
梭鲈	Westers　H, Stickney R R, 1993
罗非鱼	Costa-Pierce　B A, Rakocy J E, 1997
鲟鱼	Conte　F H, 1988
海洋鱼类	Poxton　M G, Allouse S B, 1982
海洋幼鱼	Brownell　C L, 1980a, 1980b
一般类	Wickins　J F, 1981

尽管这些来源非常有用，但也要注意，它们是基于标准毒理实验做出来的，通常是短时暴露在恒定浓度中。一般来说，表格里的很多数据是基于州、部族和联邦的孵化场项目得出的实践经验，而来自大型商业化公司的可用数据还是非常难获取的。

水生动物的标准化毒理检测流程在过去几年里得到了发展，大多数毒理研究都是面向幼鱼期的短时暴露实验。这些动物被暴露在恒定浓度的毒性物质中，同时维持其他水质参数在可接受范围内。从这些实验推演到整个生产周期，以及结合环境因素（例如，超饱和溶解氧情况下又合并高总氨和高二氧化碳）进行分析是困难的。这类暴露极少在真实系统中发生。评价氨毒性的一个真实案例可能是，当溶解氧维持在70％饱和度，碱度很低而二氧化碳浓度很高时，检测300～400g罗非鱼的24小时氨浓度变化。

养殖系统设计时的水质标准主要根据项目的目标、品种和生长期来设定。水质对生长的影响应该是最重要的考量依据,其他影响包括鱼鳍完整度和卖相,则对"活鲜市场"更重要。还有组织质量,如肉质、口感和气味以及最终的组织污染物残留,如甲基水银、PCT、DDT或二噁英。开发一套品种特异的或系统特异的水质标准费时费力。表2.3和表2.4总结了重要的水质参数,对每一个参数给出了最基本的推荐水质标准。Colt给出了更多的详细信息,特别是亚硝酸盐浓度的部分。

表2.3 水产养殖的水质标准

参数		浓度(mg/L)
碱度(以$CaCO_3$计)		50~300
铝(Al)		<0.01
氨(NH_3-N 非离子态)		<0.0125(鲑科)
氨(TAN)冷水鱼		<1.0
氨(TAN)温水鱼		<3.0
砷(As)		<0.05
钡(Ba)		<5
钙(Ca)		4~160
二氧化碳(CO_2)	耐受品种(罗非鱼)	<60
	敏感品种(鲑科)	<20
氯(Cl)		<0.003
总硬度(以$CaCO_3$计)		<100
氰化氢(HCN)		<0.005
硫化氢(H_2S)		<0.002
铁(Fe)		<0.15
铅(Pb)		<0.02
镁(Mg)		<15
锰(Mn)		<0.01
汞(Hg)		<0.02
氮(N_2)		<110%总气压
		<103%作氮气
亚硝酸盐		<1,0.1在软水中
硝酸盐		0~400或更高
镍(Ni)		<0.1
溶解氧(更多内容见第4章)		>5(或70%饱和度)
		>112mmHg分压(70%饱和度)
臭氧(O_3)		<0.005
多氯联苯		<0.002
pH		6.5~8.5
磷(P)		0.01~3.0
钾(K)		<5

参数	浓度(mg/L)
盐度	根据海水还是淡水品种
硒(Se)	<0.01
银(Ag)	<0.003
钠(Na)	<75
硫酸盐	<50
总气压	<105%(品种依赖)
硫(S)	<1
总溶解颗粒物	<400(位置或品种特定,作为大概参考)
总悬浮颗粒物	10~80(品种依赖)
铀(U)	<0.1
钒(V)	<0.1

表2.4　水中重金属指标参数

金属(μg/L)	淡水				海水
	500*	100*	10*	1*	
铜	35	9	1.3	0.18	3.1
锌	460	120	17	2.4	81
镉	0.75	0.25	0.049	0.01	8.8

注：*表示硬度（以$CaCO_3$计，mg/L）；来源：Colt　J，2006。

　　一些其他水质参数因其对生产影响的不确定性仍在仔细地评估中。高浓度的细微颗粒物和有机质成分的影响尚不清楚，但与鱼病的爆发有关。残饵粪便中表面活性成分的滤除会降低表面张力，这对系统设计可能是重要参考。在有限换水系统中，重金属物质会逐渐积累到毒性水平，譬如来自管件和设备的腐蚀或维生素预混料带来的铜、锌和镉，见表2.4。

　　重金属物质的毒性很大程度上依赖于水化学。最终只有很少的数据反映信息素、内分泌干扰物和来自涂料、PVC成分以及衬层的渗透物带来的影响。这些化学制品会对水生动物产生深远的不良反应，如通过干扰水生动物的内分泌系统导致其生育力下降和生长率降低。不同内分泌干扰物的环境化学很复杂，检测分析费用也很昂贵。

2.5　水质参数

2.5.1　溶解氧

　　在所有水质参数当中，溶解氧是最重要的也是最致命的参数，在集约化生产系统中需要连续不断地进行监测，尤其是在补氧系统中。大自然给水产养殖开了个残酷的玩笑，溶解氧浓度居然在低温时更高，在高温时反而更低。这种情形与鱼类基本代谢和食物转化所需的条件正好相反，高温时需氧量高，低温时需氧量低。虽然我们呼吸的空气含有21％的氧气，但氧气在水中的溶解率很低。结果是相较于陆生动物从空气中获取氧气所耗费的能量，水生动物从水中攫取氧气所耗费的能量要多得多。此外，氧气溶解度还随着盐度升高而降低。最后，气压和海拔也都直接影响溶解氧浓度。表2.5列出了水中饱和氧浓度随盐度和温度的变化。

很难精确给出致命的溶解氧浓度是因为低溶解氧所带来的不是生或死的问题，而是一连串生理效应。此外，这些效应还受暴露时间、生物体规格、健康度、水温、二氧化碳浓度以及其他环境条件的影响。一般来说，溶解氧浓度大于5mg/L时，温水鱼摄食最佳，长势最快，健康度最高。此外，高于这个饱和值的溶解氧浓度似乎并不会带来额外的好处。鳃能够转移进血液的氧只有这么多，当环境溶解氧浓度在推荐浓度时，鳃的转移能力已经非常接近或处于最大限度了。水中高溶解氧并不会使血液携带更多的氧。

表2.5　在不同温度条件下不同盐度的水的溶解氧饱和浓度　　　　　单位：mg/L O_2

温度（℃）	盐度（ppt）								
	0	5	10	15	20	25	30	35	40
0	14.602	14.112	13.638	13.180	12.737	12.309	11.896	11.497	11.111
1	14.198	13.725	13.268	12.825	12.398	11.984	11.585	11.198	10.825
2	13.813	13.356	12.914	12.487	12.073	11.674	11.287	10.913	10.552
3	13.445	13.004	12.576	12.163	11.763	11.376	11.003	10.641	10.291
4	13.094	12.667	12.253	11.853	11.467	11.092	10.730	10.380	10.042
5	12.757	12.344	11.944	11.557	11.183	10.820	10.470	10.131	9.802
6	12.436	12.036	11.648	11.274	10.911	10.560	10.220	9.892	9.573
7	12.127	11.740	11.365	11.002	10.651	10.311	9.981	9.662	9.354
8	11.832	11.457	11.093	10.742	10.401	10.071	9.752	9.443	9.143
9	11.549	11.185	10.833	10.492	10.162	9.842	9.532	9.232	8.941
10	11.277	10.925	10.583	10.252	9.932	9.621	9.321	9.029	8.747
11	11.016	10.674	10.343	10.022	9.711	9.410	9.118	8.835	8.561
12	10.766	10.434	10.113	9.80.1	9.499	9.207	8.923	8.648	8.381
13	10.525	10.203	9.891	9.589	9.295	9.011	8.735	8.468	8.209
14	10.294	9.981	9.678	9.384	9.099	8.823	8.555	8.295	8.043
15	10.072	9.768	9.473	9.188	8.911	8.642	8.381	8.129	7.883
16	9.858	9.562	9.276	8.998	8.729	8.468	8.214	7.968	7.730
17	9.651	9.364	9.086	8.816	8.554	8.300	8.053	7.814	7.581
18	9.453	9.174	8.903	8.640	8.385	8.138	7.898	7.664	7.438
19	9.265	8.990	8.726	8.471	8.222	7.982	7.748	7.521	7.300

温度 (℃)	盐度(ppt)								
	0	5	10	15	20	25	30	35	40
20	9.077	8.812	8.556	8.307	8.065	7.831	7.603	7.382	7.167
21	8.898	8.641	8.392	8.149	7.914	7.685	7.463	7.248	7.038
22	8.726	8.476	8.233	7.997	7.767	7.545	7.328	7.118	6.914
23	8.560	8.316	8.080	7.849	7.626	7.409	7.198	6.993	6.794
24	8.400	8.162	7.931	7.707	7.489	7.277	7.072	6.872	6.677
25	8.244	8.013	7.788	7.569	7.357	7.150	6.950	6.754	6.565
26	8.094	7.868	7.649	7.436	7.229	7.027	6.831	6.641	6.456
27	7.949	7.729	7.515	7.307	7.105	6.908	6.717	6.531	6.350
28	7.808	7.593	7.385	7.182	6.984	6.792	6.606	6.424	6.248
29	7.671	7.462	7.259	7.060	6.868	6.680	6.498	6.321	6.148
30	7.539	7.335	7.136	6.943	6.755	6.572	6.394	6.221	6.052
31	7.411	7.212	7.018	6.829	6.645	6.466	6.293	6.123	5.959
32	7.287	7.092	6.903	6.718	6.539	6.364	6.194	6.029	5.868
33	7.166	6.976	6.791	6.611	6.435	6.265	6.099	5.937	5.779
34	7.049	6.863	6.682	6.506	6.335	6.168	6.006	5.848	5.694
35	6.935	6.753	6.577	6.405	6.237	6.074	5.915	5.761	5.610
36	6.824	6.647	6.474	6.306	6.142	5.983	5.828	5.676	5.529
37	6.716	6.543	6.374	6.210	6.050	5.894	5.742	5.594	5.450
38	6.612	6.442	6.277	6.117	5.960	5.807	5.659	5.514	5.373
39	6.509	6.344	6.183	6.025	5.872	5.723	5.577	5.436	5.297
40	6.410	6.248	6.091	5.937	5.787	5.641	5.498	5.360	5.224

对于鲑科鱼类来说，养殖单元的出水溶解氧浓度应在 6.0 ~ 8.0mg/L。对于鲶鱼和罗非鱼，可耐受的低限比鲑科可就低得多了，在 2 ~ 3mg/L。当然，推荐值还是尽量接近 5 ~ 6mg/L。关于溶解氧耐受范围，氧分压似乎是决定低限值更有依据的方式。看来 90mmHg 的氧分压对鲑科鱼类是个比较理想的值。在 20℃、760mmHg 的标准气压下，大气中含有 21% 的氧，这代表氧分压有 0.21×（760 - 17.54）或 155.9mmHg，相应的溶解氧饱和值为 9.1mg/L。因此，90mmHg 对应的是 5.2mg/L 的溶解氧浓度。如果温度是 5℃，氧分压相应为 0.21×（760 - 6.54）或 158.2mmHg，溶解氧饱和值为 12.8mg/L。此时，90mmHg 对应的是 7.3mg/L。众所周知，水温越高，出水的溶解氧浓度越低，但氧分压依旧是 90mmHg。对于罗非鱼，30℃水温、90mmHg 的条件下就会得到养殖池的溶解氧浓度在 4.4mg/L。

2.5.2 温 度

相比溶解氧，水温在重要性和经济指标的影响力上只能屈居第二。温度直接影响生理反应过程，比如呼吸率、摄食和同化效率、生长、行为以及繁殖。传统上根据适应温度把鱼类分为三大类：冷水鱼、凉水鱼和温水鱼。冷水鱼喜欢低于15℃（60℉）的水温，凉水鱼喜欢15～20℃（60～68℉），温水鱼喜欢20℃（68℉）以上。这不是精确定义，很多因素都会影响鱼对温度的耐受，包括品种、鱼龄、规格和过去的热经历（thermal history）。

分类学上，鱼被归为变温动物或冷血动物，意思是它们的体温和周围环境大致相同。因此，每种鱼都有最适的温度范围来保证生长，超出这个范围会导致它们死亡。在可耐受温度范围内，生长率会随着水温升高而升高，直至达到最适温度。而超过最适温度，又会因为食物转化和其他代谢过程所需的能量增加而引起收益递减法则生效。此外，超过最适温度后鱼的食物转化率更低。超过最适温度的继续升温没有任何好处，甚至还会达到致死水平。因此，要想生长最快、应激最小，系统温度需尽量维持在最适范围内。表2.6列出了一些代表性品种的最适温度范围。

表2.6 代表性水产养殖品种的最适温度范围

品种	范围
褐鳟（*Salmo Trutta*）	12～14℃
虹鳟（*Oncorhynchus Mykiss*）	14～16℃
溪点红鲑（*Salvelinus Fontinalis*）	7～13℃
奇努克鲑（*Oncorhynchus Tshawytscha*）	10～14℃
银鲑（*Oncorhynchus Kisutch*）	9～14℃
大西洋鲑（*Salmo Salar*）	15℃
红鲑（*Oncorhynchus Nerda*）	15℃
大菱鲆（*Scophthalmus Maximus*）	19℃
鳎（*Soleasolea*）	15℃
斑点叉尾鮰（*Ictalurus Punctatus*）	25～30℃
条纹鲈（*Moronoesaxatilis*）	13～24℃
红鼓鱼（*Sciaenopsocellatus*）	22～28℃
大口鲈（*Micropterus Salmoides*）	25～30℃
欧鳗（*Anguilla Anguilla*）	22～26℃
日本鳗（*Ariguilla Jabonica*）	24～28℃
鲤鱼（*Cypriumscarpio*）	25～30℃
鲻鱼（*Mugil Cephalus*）	28℃
罗非鱼（*Sarotheorodon*, sp.）	28～32℃

2.5.3 氨／亚硝酸盐／硝酸盐

氮对所有生物来说是必需营养素，是构成蛋白质、核酸、腺苷酸、吡啶核苷酸和色素的必要元素。然而，氮的需求量相对较小，生理上的需要量很容易达到。多余的量就变成了含氮废物，必须清除。鱼通过鳃的扩散作用、阳离子交换作用、尿液和粪便排泄物，产生和排出各种含氮废弃物。除了鱼体产生的氨、尿素、尿酸和氨基酸外，含氮废弃物还通过死去微生物产生的有机碎屑、残饵以及大气中的氮气产生和积累。因为氨、亚硝酸盐和硝酸盐（某种程度上）具有毒性，集约化循环水系统中如何分解这些含氮化合物显得尤为重要。

氨、硝酸盐和亚硝酸盐都高度溶于水。氨以两种形态存在：非离子氨和离子氨（铵）。氨在两种形态下的相对浓度主要受水中pH、盐度和温度的影响。两者（$NH_4^+ + NH_3$）合起来统称总氨氮（TAN）或简称氨。化学上，无机氮化合物一般用其所含的氮来表示，例如NH_4^+-N（离子氨氮），NH_3-N（非离子氨氮），NO_2^--N（亚硝态氮）和NO_3^--N（硝态氮）。这有助于总氨氮的估算（$TAN=NH_4^+-N+NH_3-N$）和硝化反应各阶段间的转换。

定义

NH_3-N ＝非离子氨氮（氨）

NH_4^+-N ＝离子氨氮（铵）

TAN ＝$NH_4^+ - N + NH_3 - N$

NO_2^--N ＝亚硝态氮

NO_3^--N ＝硝态氮

非离子氨氮（NH_3-N）是氨里毒性最强的形式，因为它能穿透细胞膜，所以总氨氮的毒性主要依赖于非离子氨氮所占的百分比。pH、温度或盐度的升高都会提高非离子氨氮的比例。在pH已知的情况下可用下列公式计算NH_3-N的浓度：

$$NH_3\text{-}N = \frac{TAN}{1 + 10^{pK_a - pH}} \tag{2.4}$$

其中TAN表示总氨氮的测量浓度（mg/L）；pK_a，反应的酸度常数（20℃淡水环境下为9.40）；pH，溶液pH的测量值；NH_3-N，计算浓度用mg/L表示。

例如，设定20℃的淡水，pH为7.0，TAN=5.0mg/L，非离子氨的浓度仅有0.020mg/L，对大多数品种的鱼而言可以忽略不计。然而，当pH为9.0时，非离子氨氮飙升到1.43mg/L，大多数品种的鱼会在数小时内死亡。将非离子氨氮在不同温度和pH条件下所占比例的数据列在文后附录里。

氨对水生动物的生长似乎有直接作用。非离子氨氮在低浓度时即对鱼有毒性，其96小时LC_{50}在品种间差异很大，对粉鲑（pink salmon）是0.08mg/L NH_3-N，对鲤鱼是2.2mg/L NH_3-N。通常，温水鱼比冷水鱼更耐受氨毒性，而淡水鱼比海水鱼更耐受。对商业化生产来说，非离子氨氮浓度应该低于0.05mg/L，长期的总氨氮暴露浓度应该低于1.0mg/L。表2.7总结了温度和pH对淡水中游离氨百分比的影响。

表2.7 不同pH和水温条件下淡水中游离氨（NH₃）的百分比

pH	10℃（50℉）	15℃（59℉）	20℃（68℉）	25℃（77℉）	30℃（86℉）
6.0	—	—	—	0.1	0.1
6.5	0.1	0.1	0.1	0.2	0.3
7.0	0.2	0.3	0.4	0.6	0.8
7.5	0.6	0.9	1.2	1.8	2.5
8.0	1.8	2.7	3.8	5.4	7.5
8.5	5.6	8.0	11.2	15.3	20.3
9.0	15.7	21.5	28.4	36.3	44.6
9.5	37.1	46.4	55.7	64.3	71.8
10.0	65.1	73.3	79.9	85.1	89.0

亚硝酸盐是比较强的酸——亚硝酸的电离形式，也是硝化反应中氨向硝酸盐转化的中间产物。虽然亚硝酸盐能被臭氧或者稳定生物滤器中的硝化细菌很快转化成硝酸盐，但会因为第二级硝化反应的细菌极易失效而迅速积累，成为循环水产养殖系统中的一个大问题。因此，为防亚硝酸盐超限，要及时监测和采取措施。亚硝酸盐的毒性体现在它会影响血红蛋白的载氧能力上，当进入血液时，它会氧化血红蛋白分子上的铁使之从二价变为三价，产生高铁血红蛋白，呈很有特点的褐色，俗称"褐血病"。亚硝酸盐进入血液的量取决于水中亚硝酸盐与氯离子的比例，提高氯离子水平能减少血液吸收亚硝酸盐的量。氯离子水平可通过添加普通盐（氯化钠）或氯化钙来提高。对于斑点叉尾鮰、罗非鱼和虹鳟，氯与亚硝态氮比（Cl：NO₂⁻-N）的推荐值至少为20：1。

硝酸盐是硝化反应的终产物，也是氮化合物中毒性最小的，96小时LC₅₀一般高于1000mg NO₃⁻-N/L。在循环水产养殖系统中，硝酸盐水平会由于日常换水而得到控制。而在低换水率或高水力停留时间的系统中，反硝化则日益重要（见第9章）。

2.5.4 pH

pH表示水的酸碱特征的值。用简化的化学术语来说，pH是氢离子浓度的负对数。pH范围为0～14，pH7.0代表中和点。pH低于7.0，代表酸性（氢离子占主导）；pH高于7.0，代表碱性（氢氧根离子占主导）。大多数地下水和地表水的pH由碳酸氢盐—碳酸盐系统缓冲，通常在5～9之间。除非地下水中溶解有大量的二氧化碳或某些矿场的排水（酸性矿排水，acid mine drainage, AMD）。AMD是矿物硫化物氧化的结果，会产生硫酸。海水也由碳酸氢盐—碳酸盐系统缓冲，pH相对稳定在8.0～8.5，大多数淡水水生动物的最适宜生长的pH范围为6.5～9.0。

暴露在极端的酸碱度下可能有应激或致命性，但酸碱度与其他变量的相互作用产生的间接影响在水产养殖中更为重要。pH控制着各种各样的溶解和平衡反应，其中最重要的是氨和亚硝酸盐的电离形式与结合形式之间的关系。pH也会影响硫化氢、铜、镉、锌和铝等的毒性。

2.5.5　碱度/硬度

广义上说，碱度是水的pH缓冲能力或酸中和能力的度量。化学术语中碱度被定义为水中可滴定碱（titratable base）的量，常用等价的碳酸钙（$CaCO_3$）浓度mg/L表示。有时碱度表示为毫当量/升（meq/L），1meq/L等于50mg/L $CaCO_3$。维持碱度的主要离子是碳酸根（CO_3^{2-}）和碳酸氢根（HCO_3^-）。表2.8给出了常用碱度添加物的名单，包含了相对溶解度（relative solubility）和当量碱度（equivalents basicity）（也可到第7章阅读有关硝化反应和碱度消耗的讨论）。硬度转化为各种单位的内容请见附录。

实际上，碱度通过硫酸或盐酸滴定甲基橙至变色点（pH=4.5）来测定。淡水碱度的范围从软水的5～500mg/L以上，由含水层（aquifer）或集水区（watershed）的地质条件决定。海水碱度大概在120mg/L $CaCO_3$。所需碱度浓度与系统pH和二氧化碳浓度直接相关。维持二氧化碳浓度小于15mg/L且pH在7.0～7.4之间需要碱度浓度70（高pH条件）～190mg/L $CaCO_3$（低pH条件）。pH、碱度和CO_2浓度的关系见图2.1。

表2.8　碱性补充属性

化学式	常用名	等价重量（gm/eq.）	溶解度	溶解率
NaOH	氢氧化钠	40	高	快
Na_2CO_3	碳酸钠（苏打粉）	53	高	快
$NaHCO_3$	碳酸氢钠（小苏打）	83	高	快
K_2CO_3	碳酸钾（珍珠灰）	69	高	快
$KHCO_3$	碳酸氢钾	100	高	快
$CaCO_3$	碳酸钙（方解石）	50	中	中
CaO	生石灰	28	高	中
$Ca(OH)_2$	氢氧化钙（熟石灰）	37	高	中
$CaMg(CO_3)_2$	白云石	46	中	慢
$MgCO_3$	碳酸镁（菱镁矿）	42	中	慢
$Mg(OH)_2$	氢氧化镁（水镁石）	29	中	慢

注：钠盐溶解度很高，而镁盐溶解度差，钙溶解度中等。镁盐溶解缓慢，所以可能应用的时间较长。钠盐可能是最贵的。基于100%纯度，计算纯度用表格数据除以纯度分数[（100%－杂质度%）/100]得到真实值。参考分子质量：Ca，40；Na，23；N，14；Mg，24.3；Cl，35.5；K，39；P，31；C，12；O，16。

近年来，随着养殖系统的养殖密度和水力停留时间的提高，pH和碱度间的关系变得至关重要，需要认真监测、调节碱度和二氧化碳水平，以维持水生生物生长和生物滤器工作的最佳pH水平。碱度很容易通过添加碳酸氢钠（NaHCO₃，即小苏打）来调节。其他材料也可，但碳酸氢钠的规格从23kg到45kg都能买得到，而且安全、便宜和易用。它水溶性高，室温下溶解速度快。一个基本"经验法则"是，每一磅饲料大约需要向水中添加约0.25磅（113g）的碳酸氢钠，添加量可略有浮动。二氧化碳常规上通过脱气系统来控制，如逆流式脱气塔。

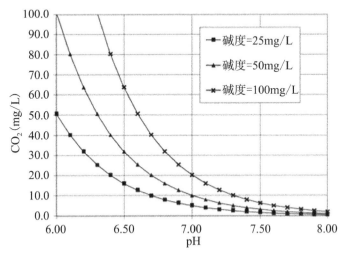

图2.1　盐度为0、温度20℃条件下，碱度分别为25、50和100mg/L时，pH、碱度和CO₂浓度的关系（注意CO₂浓度与碱度成正比）

硬度用来表示水中沉淀肥皂水化液的能力，水的硬度更高，一定量水体中需要添加肥皂水以获得相同净化作用的量越大。化学用语中，硬度被定义为钙离子（Ca²⁺）、镁离子（Mg²⁺）、铁元素和锰元素的总浓度，以碳酸钙（CaCO₃）的mg/L当量表示。在实践中，硬度由化学滴定法测定。自然水体总硬度范围从5mg/L CaCO₃到10000mg/L CaCO₃不等。传统上把水分为软水（0～75mg/L）、中硬水（75～150mg/L）、硬水（150～300mg/L）和高硬水（>300mg/L）。

硬度常与碱度混淆，可能是因为都由mg/L CaCO₃来定义。实际上，如果水的碱度来源于石灰石，水的硬度和碱度即使不一致，也是非常接近的。相反，很多海滨平坦地区的地下水却有着高碱度和非常低的硬度。玄武岩和花岗岩地区的含水层的总硬度和碱度都低，因为这些矿物质的溶解率相当低。如果这种低硬度和低碱度水用于水产养殖，则必须添加溶解钙来"硬化"，以促进新受精的淡水鱼卵孵化以及仔鱼骨架结构的钙化。钙和镁也能降低溶解金属的毒性。总硬度的建议值范围为20～300mg/L。

2.5.6　二氧化碳和碳循环

二氧化碳高度溶于水，但由于在大气中的含量低（体积分数约为0.035％），其在纯水中的浓度较低（20℃下为0.54mg/L）。养殖水体中的二氧化碳来源主要是动物的呼吸作用和有机质的分解。地下水的二氧化碳浓度范围为0～100mg/L或更高（见图2.1），是由含水层回区

（aquifer recharge zone）的生物学活动来决定。地表水的溶解二氧化碳浓度取决于呼吸率、光合作用和大气的气体交换速度。

暴露在高浓度二氧化碳中会降低生物呼吸效率以及耐低氧的能力。水体里高水平二氧化碳会抑制鱼鳃排出二氧化碳，会导致鱼血液里二氧化碳浓度升高，降低血浆 pH，进而引起呼吸性酸中毒（respiratory acidosis）。当鱼出现这种状况时，即使在水里的溶解氧浓度较高的情况下，血红蛋白的载氧量也会降低而发生呼吸窘迫（respiration distress）。这被称作波尔 - 鲁特效应（Bohr-Root effect）。对于有鳍鱼类，建议二氧化碳的最大稳态值上限是 15～20mg/L（见表 2.3），但是研究结果并不太支持这个值。高浓度（60～80mg/L）二氧化碳对水生动物有麻醉效果，作为管理技术手段，有时用作临时麻醉剂来减少在操作和处理环节引起的应激。也有用高浓度二氧化碳来驱赶鱼群，比如通过管道从一个池子转移到另一个池子的应用。

定义

- CO_2=二氧化碳
- H_2CO_3=碳酸
- HCO_3^-=碳酸氢根离子
- CO_3^{2-}=碳酸根离子

二氧化碳不同于氧气、氮气和其他气体，它在水里的浓度同时由气液平衡和一系列酸碱反应决定。气液平衡影响二氧化碳在空气和水之间的转移，而酸碱反应决定了水中溶解的无机碳的化学形态。因此，溶解二氧化碳浓度受 pH 和总溶解无机碳影响，如二氧化碳（CO_2）、碳酸（H_2CO_3）、碳酸氢根离子（HCO_3^-）和碳酸根离子（CO_3^{2-}）。用 $H_2CO_3^*$ 表示碳酸更准确，因为 $H_2CO_3^*$ 是包括了真正碳酸和溶解二氧化碳的碳酸复合物浓度：

$$[H_2CO_3^*] = [H_2CO_3] + [CO_{2aq}] \qquad (2.5)$$

碳酸复合物浓度实际上被称为溶解二氧化碳。淡水和海水养殖系统中 pH 和二氧化碳的酸碱平衡关系已被广泛关注，碳酸盐酸碱系统总结为表 2.9。

碳酸系统既可以被看作是可挥发系统，也可被看作是非挥发系统，取决于水中二氧化碳是否可以与大气二氧化碳交换和平衡。若为可发挥系统，即表示可与大气平衡。中等或高密度（>40kg/m³ 的鱼生物量）RAS 被看作是非挥发系统，因为：

- 二氧化碳的生产率高。
- 二氧化碳的溶解度高。
- 养殖池内水面发生的二氧化碳脱气率较低。

在一个充分挥发系统中，溶解二氧化碳会与空气处于平衡状态，与温度和盐度呈函数关系，浓度会接近 0.5mg/L（例子如下）。这些关系总结在图 2.2 和图 2.3 中。用图 2.3 作为开放（可挥发）系统，溶解二氧化碳可用下式计算，假设系统 pH 为 7.0：

$$pH = 7.0 \geq [H_2CO_3] = 0.00001 \, \frac{mol \, e_{CO_2}}{L} \cdot \frac{44g}{mol \, e_{CO_2}}$$

$$= 0.00044 \, \frac{g}{L} \cdot 1000 \, \frac{mg}{g} = 0.44 \, \frac{mg}{L} \qquad (2.6)$$

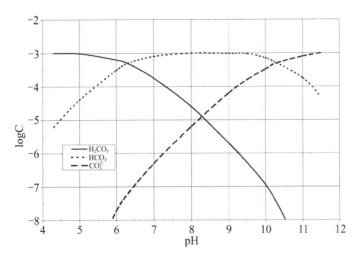

图2.2 淡水在20℃时的非挥发（封闭）log C—pH 图解（Bisogni J J, Timmons M B,1994）

要确定平衡二氧化碳浓度需要知道以下三个值中的两个：pH、总碳酸碳和碱度。举例，总溶解二氧化碳$[H_2CO_3^*]$，可由总碳酸碳、$[CtCO_3]$和pH算出，其中pH决定了$[H^+]$：

$$[H_2CO_3] = [CtCO_3] \cdot \frac{1}{\left(1 + \frac{K_0K_1}{[H^+]} + \frac{K_0K_1K_2}{[H^+]^2}\right)} \qquad (2.7)$$

或者由碱度（alkalinity, ALK）和pH算出：

$$[H_2CO_3^*] = \left(\frac{ALK}{50000} - \frac{K_w}{[H^+]} - [H^+]\right) \cdot \left(\frac{1}{\frac{K_0K_1}{[H^+]} + \frac{K_0K_1K_2}{[H^+]^2}}\right) \qquad (2.8)$$

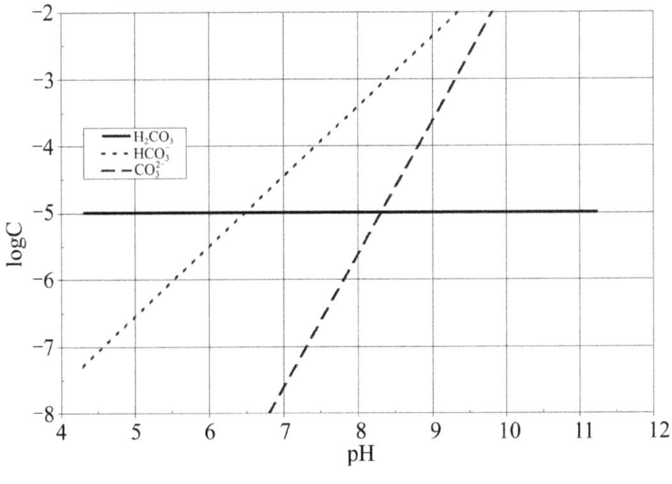

图2.3 淡水在20℃和大气二氧化碳浓度为315ppm（$10^{-3.5}$atm 的浓度）时的挥发性（开放）log C—pH 图解（Bisogni J J, Timmons M B, 1994）

平衡常数K_0、K_1和K_2在表2.9中有定义，方括号表示体积摩尔浓度，碱度用 mg/L CaCO₃表示。

把表2.9里给出的平衡常数应用到CO_2上，假设脱气设备附近的CO_2气体空间浓度为5000ppm（见附表A.15），我们可以计算出水中的CO_2浓度，如下：

$$X_{CO_2} K_H \cdot P_{CO_2} = \frac{0.0006111 \text{ mol } CO_2}{\text{mol } H_2O} \cdot \frac{0.0050 \text{ atm } CO_2}{\text{atm}} \cdot \frac{55.6 \text{ mol } H_2O}{L} \cdot \frac{44g}{\text{mol } CO_2} \cdot \frac{10^3 \text{ mg}}{g}$$

$$= 7.5 \frac{\text{mg } CO_2}{L} \tag{2.9}$$

表2.9　淡水中碳酸系统酸碱平衡反应和平衡常数

平衡类型	平衡关系	平衡常数（25℃）	
气—液	$CO_2(g) \leftrightarrow CO_2(aq)$	$K_H = P_{CO_2} / X_{CO_2}$	$6.11 \times 10^{-4} \text{atm}^{-1}$
水合/脱水	$CO_2(aq) + H_2O \leftrightarrow H_2CO_3$	$K_0 = [H_2CO_3]/[CO_2]$	1.58×10^{-3}
酸—碱	$H_2CO_3 \leftrightarrow HCO_3^- + H^+$	$K_1 = [H^+][HCO_3^-]/[H_2CO_3]$	$2.83 \times 10^{-4} \text{mol/L}$
酸—碱	$HCO_3^- \leftrightarrow CO_3^{2-} + H^+$	$K_2 = [CO_3^{2-}][H^+]/[HCO_3^-]$	$4.68 \times 10^{-11} \text{mol/L}$
酸—碱	$H_2O \leftrightarrow OH^- + H^+$	$K_w = [OH^-][H^+]$	$1.00 \times 10^{-14} \text{mol}^2/L^2$
溶解/沉淀	$CaCO_3 \leftrightarrow CO_3^{2-} + Ca^{2+}$	$K_{sp} = [CO_3^{2-}][Ca^{2+}]$	$4.57 \times 10^{-9} \text{mol}^2/L^2$

注：方括号表示分子浓度（mol/L）；二氧化碳（P_{CO_2}）的分压单位是大气压（atm）；源自Summerfelt S T et al.，2000；平衡常数的温度关联参考Piedrahita R H, Seland A, 1995。

这些等式说明了溶解二氧化碳浓度可以被溶液中碳酸碳的总量、碱度或pH的变化影响。注意水合反应和脱水反应是半同步的，而酸碱反应则慢很多（几秒）。温度和盐度变化也会产生微小影响，因为它们会影响平衡常数的值。除了这些等式，5%～10%以内的近似值可用作计算给定碱度和pH状况（限制pH范围在6.5～9.5）下溶解二氧化碳的浓度：

$$C_{CO_2} = ALK \cdot 10^{(6.3 - pH)} \tag{2.10}$$

其中：

C_{CO_2}表示溶解二氧化碳浓度（mg/L）；

ALK表示碱度（算作mg/L $CaCO_3$）。

CO_2脱气方法在第8章会有阐述和讨论。加碱升高pH和改变碳酸化学平衡可以控制养殖系统中的二氧化碳浓度。通常向养殖水体加碱不会移除溶液里的溶解无机碳，只会降低二氧化碳浓度，当pH升高时，通过改变碳酸碳平衡生成碳酸氢根和碳酸根离子。

水产养殖中，两类化学品被用于控制pH和降低二氧化碳浓度：

- 不含碳的强碱，如氢氧化钠。
- 含碳的碱，如碳酸氢钠。

不管哪种，碱的加入都会升高养殖水体的碱度。添加含碳碱的情况下，碱度升高也会伴随着总碳酸碳的升高。加化学碱来使pH升高的程度是由水的初始特性（pH、碱度和总碳酸碳）和所加碱的种类与量决定的。如表2.9所示，由碳酸化学系统衍生出的等式可用作二氧化碳浓度和相应碱度与碳酸碳的设计。碱度和碳酸碳的目标水平可用于估算维持设计二氧化碳水平所需的碱量。

2.5.7 盐 度

水一般分为淡水、半咸水和海水。每种称谓反映的是水的盐度的不同，而这些差别之间没有明确定义的交叉点。盐度被定义为水中溶解离子的总浓度，一般由千分之几（ppt）或每千克水含多少克盐表示。溶解离子的主要贡献者是钙、钠、钾、碳酸氢盐、氯化物和硫酸盐。自然水体的盐度趋于反映直接环境的气候、地理和水文情况。即便大多数养殖品种的耐盐性都相当广泛，每种水生生物还是有适于生长繁殖的最佳盐度范围。例如，虹鳟的仔鱼淡水里育苗后可以在海水里适应，然后在20ppt盐度的海上网箱一直长到上市规格。大多数工业化养殖的淡水鱼都可以在盐度4～5ppt的环境下生长繁殖。

鱼类通过调节从环境中摄入离子和限制流失来维持体液中的溶解盐浓度。这个过程被称为"渗透压调节（osmoregulation）"。以淡水鱼为例，它们体液中离子浓度高于环境中的水，因此会趋于累积水分。当暴露在超出它们最佳盐度范围中时，水生动物必须消耗相当大的能量来调节渗透压，有时以牺牲生长为代价。如果盐度偏离最佳浓度太大，动物因无法维持体内平衡就会死亡。淡水鱼的血液渗透压差不多等于7ppt氯化钠溶液的渗透压。淡水养殖系统一般维持在2～3ppt的盐度，以减少应激水平和节省动物用来调节渗透压所需的用于生长的能量。

2.5.8 颗粒物——可沉降的、悬浮的和可溶的

养殖系统中废弃颗粒物的积累来源于残饵粪便、饲料碎末、藻类和生物过滤器脱落的生物膜细胞团块。研究表明，每摄食1kg饲料，鱼会产生约0.25～0.3kg的总悬浮颗粒物（total suspended substance, TSS），这也取决于饲料质量和投喂方式。循环水系统里，废弃颗粒物影响其他功能单元的效率，它们是需氧量和营养物质输入的主要来源，可破坏鱼鳃和包藏病原菌，直接影响循环水系统中的鱼体健康。淡水鱼类的假定上限是25mg TSS/L，一般正常操作建议值在10mg TSS/L；如果其他水质参数尚可，罗非鱼在TSS达到80mg/L时也能表现良好。所以，颗粒物移除是养殖系统中最重要的步骤之一。理想状态下，颗粒物应尽快从养殖池中去除，同时产生尽可能少的湍流和机械剪切。

颗粒物一般分为三类：可沉降的、悬浮的和细微或可溶的颗粒物。可沉降颗粒物和悬浮颗粒物之间的区别就是它们在英霍夫锥形管（imhoff cone）中沉降到底部所花的时间长短。可沉降颗粒物不到1小时即可沉降完毕。悬浮颗粒物则不行。因此，我们需要一种不同于传统重力沉淀池的处理工艺。另外，细微颗粒物和可溶颗粒物在本质上是很难去除的。

2.6 测 量

2.6.1 测量计和仪器

下述的前三个水质参数对于水产养殖至关重要，它们能在短时间内剧烈变化（高密度养殖时溶解氧可在数分钟内降到致死水平！）。所以，它们应当被连续监测，并配有备用系统和警报以备不时之需。

（1）溶解氧

虽然溶解氧可通过温克勒测定法（Winkler Method）和简易滴定法来分析测定，现在市面上的溶解氧仪（见图2.4）使我们可以快速精确分析从零到过饱和的很大范围。常用的方法有：极谱法和原电池法。简单来说，这两种方法涉及使用的测量计都是含有一个可根据水中溶解氧浓度等比例产生信号的电极和能把信号可视化显示或记录的装置。一个典型极谱法溶解氧电极或探头包含一个金电极和一个银-氧化银参考电极（silver–silver oxide reference electrode）。电极浸在4M氯化钾溶液中，用膜将其与样品隔开，膜通常用铁氟龙、聚乙烯或碳氟化合物制成。膜可以渗透气体，氧通过膜的速率与样品

图2.4 采用溶解氧仪测试溶解氧含量

中的溶解氧浓度成正比。当探头收到一个电压，氧分子透过膜与阴极（金环）反应，产生一个微小电流从而流向阳极（银）。在原电池系统中，电极产生一个与溶解氧浓度成正比的微小电压（毫伏级）。两种系统都需要温度、气压和盐度补偿，通常包含校准的硬件设备和软件。目前，市面上可用的溶解氧仪有很多，价格差异也比较大。但一般来说买东西总是"一分钱一分货"，还是建议购买一个好一点的溶解氧仪（500美元以上的）。

现有的溶解氧检测技术是基于一种荧光染料（发光溶解氧）的动态荧光淬灭（dynamic fluorescence quenching）。管帽中的传感器有发光材料涂层。LED发出蓝光照亮传感器帽表面的化学发光物，该化学发光物立即被激发，待到从激发态松弛下来，释放出红光。红光被光电二极管检测到，该化学物恢复松弛态的时间被记录（见图2.5）。氧浓度越高，释放到传感器的红光越少，发光材料恢复到松弛态的时间越短。溶解氧浓度与发光材料恢复松弛态的时间呈负相关（www. Hach. com）。一项环境保护局的内部三级模拟效度研究（validation study）显示发光溶解氧传感器程序在表现上优于

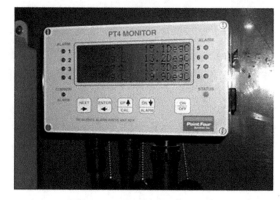

图2.5 溶解氧检测显示器

环境保护局温克勒参考法（EPA Method 360.2）以及替代另一种环境保护局认可的膜电极法（EPA method 360.1）。

不像电化学溶解氧传感器技术，发光溶解氧传感器不消耗氧，也不需要频繁地重新校准和清洗（除非有消耗性的烂泥），因此寿命更长，读数也更稳定和精确。系统不受流量影响，所以即使在低流量或没有流量时，也不影响测量。

（2）温度

传统上，温度可由简单的水银温度计测量。一旦打破水银计，水银会释放到环境中（或某些情况下，进入到养殖池），从而产生严重的环境危害（和潜在的经济困境），所以现在实际上已经很少见到水银计。幸好有许多替代设备，而且大多数更方便易用。首先，多数溶解氧计、pH计和EC计都有内置温度测量矫正和补偿功能。此外，简单的手持式温度计也相当便宜、准确和易用，有些还可有记录数据和控制的功能。

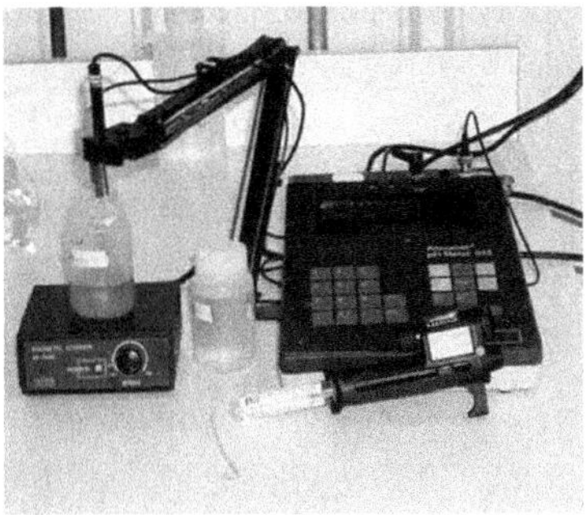

（3）pH

像溶解氧计一样，易读pH计不管是型号还是价格都有很多选择。除了测pH，多数pH计也能测其他离子特异性电极（ion specific electrodes），其中包括氨、硝酸盐、氧化还原电位、溶解氧和电导率（见图2.6、图2.7）。但是，要注意大多数这种离子特异性电极是在实验室环境下设计的，需要样品的提前处理，测量浓度也有范围限制。建议用一种集成式胶封pH传感器。这种装置不贵，不易堵塞，不用补充电解液，也不太需要维护。

下面这些参数比上面提到的参数一般变化要慢，因此检测只需周期性（一般每日或每周）进行就可以。当然，如果有重要情况发生，可提高检测频率。

图2.6 电极法测定水体pH

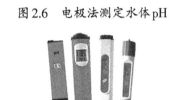

图2.7 不同种类的特异性电极

（4）氧化还原电位（oxidation reduction potential, ORP）

氧化还原电位（ORP或Redox Potential）测量的是水系统化学反应释放或接收电子的能力。ORP的使用与pH类似，用以表征系统的水质情况，但养殖上一般用在控制臭氧的剂量。ORP传感器与pH探头作用原理相似，都是双电极系统组成的电位测定方法，结果用正或负毫伏（mV）表示。带正ORP值的溶液会得到电子（如被氧化反应所减少），而带负ORP值的溶液会失去电子（如通过减少新种类被氧化）。虽然ORP的测量结果相对直观，但由于溶液温度和pH变化、较慢的电极动力学、电极中毒和微弱交流电导致的漂移和反应迟弱等影响，实验室测定和现场测定的结果可能相差很大。即便如此，ORP被证明作为检测系统变化的分析工具还是挺有用的，而其绝对值的应用，如控制臭氧剂量，则不太推荐。

（5）二氧化碳

目前，许多类型的溶解二氧化碳测量计都可以在市面上找到了。它们的工作原理是首先测量溶液pH，然后根据碱度（必须已知）和碳酸平衡关系计算CO_2浓度。如果碱度相对恒定，那么仅通过测定pH就可以很容易监测和控制CO_2的水平。

二氧化碳一般用标准碱通过酚酞终点滴定法（pH8.3）检测。CO_2的近似值可由pH、温度和碱度通过公式或表格经验值（见图2.1）得出。

（6）盐度

盐度可由折射率、电导率或密度等物理性质的测定间接计算得出。其中在养殖上最常用的是折射率测定和电导率测定。折射计（refractometer）利用水体中盐浓度不同对光的折射率不同来直接显示盐度，简单易用（见图2.8）。在观察窗简单地滴一滴水，然后直接通过目镜读出盐度的千分数数值。折射计的测量又快又准，但在某些超出其正常操作温度范围（>20℃）的情况时，就建议使用温度补偿的方法了。确实存在的一个问题是，大多数市面上买得到的盐度计的盐度范围太宽泛，如0~100ppt，这使得低盐度时的测量精度不足。

图2.8　折射计

电导率测定法同样简单快速。用电导计检测浸没在水中的两个电极间的电流，这个值与离子浓度（在水中就是盐）成正相关。电导计在很宽范围内的读数都很准确，而且直观又便于携带。

液体比重计（hydrometer）基于水的密度（比重）变化来测量盐度（见图2.9）。然而，准确可靠的比重计可比相同准确度的折射计或电导计还要贵，所以很少使用。非常不推荐使用便宜的比重计，除非用于很粗略的估计。

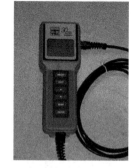

图2.9　比重计

2.6.2　化学分析

几乎以下所有的化学分析都可以很容易地用几家公司生产的现成分析试剂盒进行量热法（calorimetrically）测定。多数情形下，这些试剂盒的使用方法很容易掌握。试剂预混在小瓶子、小盒子或小袋子里，用的时候只需要打开后混合并等待规定的时间即可。之后，开始检测混合物，通常用分光光度计。分析过程快速又廉价，只需要几样贵重的实验室设备，也不会产生大量的有害性废弃物。表2.10总结了一些方法。

（1）溶解氧（dissolved oxygen, DO）

最基础的温克勒测定法为水样经过硫酸锰、碘化钾和氢氧化钠处理。在这种高碱性条件下，锰离子被溶解氧化成二氧化锰，然后加入硫酸溶解沉淀物，并产生酸性条件，使得碘化物被二氧化锰氧化成碘。释放出的碘的量与溶解氧的量呈正相关，进而用标准硫代硫酸钠滴定计算，淀粉指示剂指示滴定终点。这听起来挺难，但实际上，所有商品试剂盒都已经预混好了试剂，DO检测不过是按部就班而已。随着低成本溶解氧计的出现，这种方法已逐渐作为交叉检验和校准使用。

溶解氧转移的测量步骤。曝气装置的标准检测方法是，用标准温度和压力（20℃和760mmHg）下的干净自来水，先用亚硫酸钠（Na_2SO_3）溶液和作为催化剂的氯化钴（Co-$Cl_2 \cdot 6H_2O$）去除DO。理论上每脱除1.0mg/L氧气需要7.88mg/L的亚硫酸盐（以Na_2SO_3计）。氯化钴的使用浓度应为0.10~0.50mg/L（以钴计）。如果水温低于10℃，则浓度可能需要再高点。

（2）二氧化碳

测定二氧化碳浓度最简单的方法是在pH和总碱度已知的情况下查阅列线图（见表2.10）。这些值可与列线图数据对比来得出样品的CO_2浓度。

如果pH和碱度未知，CO_2可以通过向特定体积（一般为250mL）的水样中加氢氧化钠（0.0227当量浓度或N）的滴定液来测定（见图2.10）。因为pH超过8.34的水体不含可测量的二氧化碳，所以将样品pH提升到8.34终点所需的碱（一般是氢氧化钠）的量差不多等于样品中二氧化碳的量。游离二氧化碳，与钠结合成碳酸氢钠，提高了样品的pH。因此，足量的氢氧化钠滴定液加入后把样品的pH提高到了8.34。达到该滴定终点所需的氢氧化钠（0.0227N强度滴定液）的量就等于样品中CO_2的量，因为1mL氢氧化钠等于样品中的1mg/L CO_2浓度。

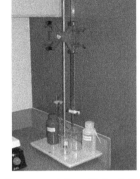

图2.10 测定二氧化碳浓度

（3）碱度

碱度是水酸中和能力的度量。碱度的测量可由0.02N的硫酸滴定至pH4.5，或用酚酞指示剂在滴定终点时显示颜色变化。1mL的0.02N硫酸滴定液等于10mg/L的碱度（定义为Ca-CO_3）。做这些测试只需要几个物品：一个125mL的烧杯、一个50mL的滴定管、0.02N当量的硫酸（可预混）、甲基橙指示剂和一个滴管。

（4）氨/亚硝酸盐/硝酸盐

测量氨、亚硝酸盐和硝酸盐最容易的方法就是比色技术，要么用色轮比对，要么用分光光度计（见图2.11）。对氨来说，纳氏试剂分光光度法（nesslerization）最为常用。此方法中，纳氏试剂–氨反应会产生与氨氮浓度成正比的黄褐色。这个方法很简单，只需要向水中加一种商品试剂，然后用425nm的分光光度计测出氨氮浓度就好了。

图2.11 分光光度计法测试三态氮

亚硝酸盐一般用比色法测量。将对氨基苯磺酰胺（diazotized sulfanilamide）和氮–（1–萘基）乙二胺NED（NED dihydrochloride）加入水样，产生一种红紫色偶氮染料，然后用分光光度计在543nm处测量。光度计内的透明度与亚硝酸盐的浓度相关，该浓度数据呈现在标准曲线表中。最后，硝酸盐用镉催化剂还原成亚硝酸盐后测亚硝酸盐浓度即可。

所有这些分析方法用到的试剂都很容易以预混或套装形式获取。也有许多分光光度计生产厂家，包括Hach、YSI和LaMotte（见图2.12）。虽然有些情形下可以用色轮比对，但对商业化系统而言，一个分光光度计的灵活性和准确性还是非常值得它的价格的。

离子特异性电极可以用标准pH计的pH/mV输入来测量氨、硝酸盐和其他一些参数。虽然这些方法已

图2.12 三态氮的测试

经用在污水处理和实验室环境，但在养殖业并不常见，很可能是由维护校准和水样的预处理困难以及所需设备的高成本导致的。

表2.10　水质参数：标准化方法

水质参数	标准化方法/监测方法
温度	2550温度计 温度计传统上是由水银填充的，但因其对环境有害，非水银的或电子温度计现在是首选。
pH	pH计 用已知标准4.0、7.02和10，遵循厂家的说明。
总悬浮物	2540固体 充分混合的样品先由称重过的标准玻璃纤维过滤器过滤，然后在103～105℃烘干留在滤网上的残留物。滤器的增重部分就是总悬浮物。
氨	4500—NH_3氮（氨） 奈氏比色法：奈斯勒–氨反应产生黄褐色，在分光光度计425nm处测量。
亚硝酸盐	4500—NO_2^-氮（亚硝酸盐） 比色法：重氮磺胺和二氢氯化NED反应产生红紫色偶氮染料，在分光光度计543nm处测量。
硝酸盐	4500—NO_3^-氮（硝酸盐） 镉还原成亚硝酸盐，然后测亚硝酸盐含量。
磷	4500—P磷（正磷酸盐） 钼酸铵和酒石酸锑钾反应产生杂多酸，再经抗坏血酸还原产生浓烈的钼蓝色。
碱度	2320—滴定法 0.02N的硫酸滴定至甲基橙指示剂终点（pH4.5），1mL滴定液等于10mg/L $CaCO_3$。
硬度	2340硬度 EDTA滴定分析法：用EDTA（乙二胺四乙酸）和钙镁试剂。用EDTA从红色滴定至蓝色。
二氧化碳	4500—CO_2二氧化碳 游离CO_2与氢氧化钠（0.0227N）反应生成碳酸钠；用pH（8.3）计或酚酞指示剂。1mL的NaOH等于1mg/L CO_2。
盐度	2520盐度 测量电导率、密度或折射率。有商用电导率计和折射计。
氯	4500—Cl氯（残留） 碘量法：氯把碘从碘化钾中置换出来，用硫代硫酸钠标准液滴定碘，淀粉作指示剂。
总气压	2810溶氧过饱和 有商用的膜扩散法设备。
ORP–氧化还原电位	2580氧化还原电位（ORP） ORP电极和标准参考电极。用已知标准遵循厂家说明。
电导率	2510电导率 电导率表示水溶液携带电流的能力。有标准的电导计可用，用标准KCl溶液校准。

（5）磷

磷的测量跟氨氮类似，也是用比色法。该方法中，要向水样中加入钼酸铵和酒石酸锑钾，反应生成一种杂多酸。然后再加入抗坏血酸，杂多酸被还原呈现浓的钼蓝色，然后在880nm处的分光光度计测量得到反应磷的浓度（可溶性正磷酸盐，orthophosphorus）。

（6）颗粒物

总颗粒物（total solids, TS）表示样品在105℃烘干后所得的残留物重量。总悬浮颗粒物（total suspended solids, TSS）表示被滤器截留下来那部分颗粒物，而总溶解颗粒物（total dissolved solids, TDS）则是通过滤器的那部分。总挥发性物（total volatile solids, TVS）是烧成灰烬后总物质重量的差值部分，而可沉淀颗粒物（settleable solids, SS）是特定时间内从悬浮物中沉淀下的那部分物质。

颗粒物最常用的测量方法是测定总悬浮颗粒物和总沉淀颗粒物。总悬浮颗粒物的量很好测定，但还是需要相当多的实验室专业设备。需要的设备有：一个烘箱（105℃），一个真空过滤装置，一个分析天平（0.1mg），玻璃纤维过滤器（Whatman GF/C）（见图2.13）。要测量TSS，先称重玻璃纤维滤器，然后过滤已知体积的样品，接着在105℃烘干滤器中烘至少1小时。烘干后，再次称重滤器，用两次质量差除以样品体积，结果即总悬浮颗粒物浓度（mg/L）。

测量可沉淀颗粒物用的是一种底部呈体积渐变的锥形容器。1L样品倒入锥形管后沉淀1小时，然后沉淀在英霍夫式锥形管（见图2.14）管底的颗粒物体积以mL/L读出结果。

图2.13 真空过滤装置测定TSS

图2.14 英霍夫式锥形管

2.7 参考文献

1. AMERICAN PUBLIC HEALTH ASSOCIATION, 1995. Standard methods for the examination of water and wastewater.19th. Washington: American Public Health Association,1108.

2. BARTON B A, 1996. General biology of salmonids. In: PENNELL W, BARTON B A. Principles of salmonid culture. Elsevier: 29–95.

3. BISOGNI J J, TIMMONS M B, 1994. Control of pH in closed cycle aquaculture systems. In: TIMMONS M B,LOSORDO T S.Aquaculture water reuse systems: engineering design and management.Elsevier Science: 235–245.

4. BOYD C E, TUCKER C S, 1998. Pond aquaculture water quality management. Boston :Kluwer Academic Publishers.

5. BROWNELL C L, 1980a. Water quality requirements for first-feeding in marine fish larvae. I. Ammonia, nitrite, and nitrate. J Exp Mar Biol Ecol, 44: 269–283.

6. BROWNELL C L, 1980b. Water quality requirements for first-feeding in marine fish larvae. II. pH, oxygen, and carbon dioxide. J Exp Mar Biol Ecol, 44: 285-298.

7. BULLOCK G ET al., 1994. Observations on the occurrence of bacterial gill disease and amoeba gill infestation in rainbow trout cultured in a water recirculation system. J Aquat Anim Health, 6: 310-317.

8. COLT J, 2006. Water quality requirements for reuse systems. Aquacultural Engineering, 34:143-156.

9. CONTE F H, 1988. Hatchery manual for the white sturgeon (acipensertransmontanus richardson): with application to other north american acipenseridae. California :University of Californi.

10. COSTA-PIERCE B A, RAKOCY J E, 1997. Tilapia aquaculture in the americas. Louisiana : World Aquaculture Society.

11. DOWNEY P C, KLONTZ G W, 1981. Aquaculture techniques: axygen (pO$_2$) requirements for trout quality. Publication status unknown.

12. GRACE G R, PIEDRAHITA R H, 1994. Carbon dioxide control. In: TIMMONS M B, LOSORDO T S. Aquaculture water reuse systems: engineering design and management.Elsevier Science : 209-234.

13. JACKSON C B, CRAIG E, FAIR C, 2004. Contrasting methods for the measurement of dissolved oxygen: a case for luminescent dissolved oxygen sensors. Water Environment Federation.

14. LAWSON T B, 1995. Fundamentals of aquacultural engineering. Chapman & Hall: 355.

15. MEADE J W, 1985. Allowable ammonia for fish culture. Prog Fish Cult, 47(3):135-145.

16. LOYLESS C L, MALONE R F, 1997. A sodium bicarbonate dosing methodology for pH management in freshwater-recirculating aquaculture systems. Prog Fish Cult, 59:198-205.

17. NICKUM J G, STICKNEY R R, 1993. Walleye. In: STICKNEY R R.Culture of nonsalmonid freshwater fishes. Second ed. Florida: CRC Press, 231-250.

18. PIEDRAHITA R H, SELANG A,1995. Calculation of pH in fresh and seawater aquaculture systems. Aquacultural Engineering, 14:331-346.

19. PIPER R G et al., 1982. Fish Hatchery management. Washington :US Fish and Wildlife Service.

20. POXTON M G, ALLOUSE S B, 1982.Water quality criteria for marine fisheries. Aquacultural Engineering, 1:153-191.

21. TIMMONS M B, 2000. Aquacultural engineering-experiences with recirculating aquaculture system technology, Part 1. Aquaculture Magazine, 26(1):52-56.

22. TUCKER C S, ROBINSON E H, 1990. Channel catfish farming handbook. New York: Van Nostrand Reinhold.

23. SIGMA, 1983. Summary of water quality criteria for salmonid hatcheries. SECL 8067, Sigma Environmental Consultants Limited, Prepared for Canada Dept. Fisheries and Oceans.

24. STICKNEY R R, 1993. Channel catfish. In: STICKNEY R R.Culture of nonsalmonid freshwater fishes. 2nd. Florida: CRC Press, 33-80.

25. STUMM W, MORGAN J J, 1981. Aquatic chemistry. 2nd. New York :Wiley and Sons, 780.

26.　SUMMERFELT S T, 1996. Engineering design of a water reuse system. In: SUMMERFELT R C. Walleye culture manual. Ames, IA, North Central Regional Aquaculture Center Publication Office, Iowa State University, 277–309.

27.　SUMMERFELT S T et al., 2000. A partial–reuse system for coldwater aquaculture. In: LIBEY G S, TIMMONS M B.Proceedings of the third international conference on recirculating aquaculture. Blacksburg:Virginia Polytechnic Institute and State University,167–175.

28.　TOMASSO J R, 1997. Environmental requirements and noninfectious diseases. In: HARRELL R M. Striped bass and other morone culture. New York: Elsevier, 253–270.

29.　WALKER D,BIER A W, 2009. Oxidation reduction potential（ORP）: understanding a challenging measurement.

30.　WEDEMEYER G A, 1996. The physiology of fish in intensive culture systems. New York : Chapman & Hall, 272.

31.　WESTERS H, Stickney R R, 1993.Northern pike and muskellunge. In: STICKNEY R R. Culture of nonsalmonid freshwater fishes. 2nd. Florida:CRC Press, 199–214.

32.　WICKINS J F, 1981. Water quality requirements for intensive aquaculture: a review. In: TIEWS K. Aquaculture in heated effluents and recirculation systems, vol 1. Berlin :Heenemann Verlagsgesell schaft, 17–37.

33.　WILLIAMSON J H et al., 1993. Centrarchids. In: STICKNEY R R. Culture of nonsalmonid freshwater fishes. Second ed. Florida: CRC Press, 145–198.

第3章 质量守恒、承载率和鱼类生长

3.1 背 景

水流将氧气输送到鱼类养殖池中，并且除去内部产生的废物。循环水产养殖系统（RAS）的设计，应确保影响水质和鱼类生长的重要参数得到适当平衡，例如氧气、氨氮、二氧化碳和悬浮固体。

这需要独立地计算每个参数的值，以确定每个参数的阈值。然后，在完成必要的计算之后，系统必须以尽可能低的流速运行，同时将特定参数保持在其设计的阈值内，例如氨。

显然，在保持一个特定参数时，流速可能会太低，而不能维持另一个参数来满足要求。可以对影响水质的任何参数使用相同的质量守恒方法计算。简单地归结为养殖容器内特定物质的输入、产出以及输出守恒。工程师喜欢用以下文字方程表示：

$$\text{输入 "}x\text{"（in）} + \text{产出 "}x\text{"（P）} = \text{输出 "}x\text{"（out）} \qquad (3.1)$$

产出或P项可以是氧气、氨氮、悬浮固体或CO_2。值得注意的是，产出项可以是负的，意味着消耗某种成分，例如氧气。图3.1描绘了一般情况下的质量守恒，其中特定物质的一部分是重复循环，一部分是直接排出的。

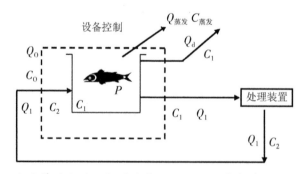

图3.1 鱼类养殖池的一般质量守恒。处理环节在养殖池外部进行

假设有一个完全混合的养殖池，并且池内已达到了平衡。养殖池外的盒子代表改变某些参数 "x" 的浓度的处理装置或过程。（注意：可能有几种处理装置，每种处理装置处理不同的水质参数）

回到我们的数字方程式公式3.1和图3.1，可以在假设稳态条件下应用：

$$Q_1C_2 + Q_0C_0 + P = Q_dC_1 + Q_1C_1 + Q_{排}C_{排} \qquad (3.2)$$

为了从这些方程中获得准确可靠的结果，公式3.2中的每一项的单位都要保持一致，例如氧气（kg/d）。例如，用于输入养殖罐的氧气的单位平衡示例应是：

$$QC = \frac{kgH_2O}{d} \cdot \frac{kgO_2}{kgH_2O} = \frac{kgO_2}{d} \qquad (3.3)$$

如果我们使用公式3.2计算氧气质量守恒，则所有项的单位必须统一。一般使用"天（d）"作为时间单位，因为生长率和投喂量通常基于1天。需要特别注意单位统一。

输入量是这些计算中的关键，它被定义为流量和浓度的乘积。例如，氧气输送到养殖池中的量减去离开养殖池的氧气量，限定了可用于鱼类呼吸的氧气量。流量以每单位时间的体积或质量来衡量，通常根据以下因素定义：

- 加仑/分（gpm）
- 升/分（Lpm）
- 千克/秒（kg/s）
- 立方米/时（m³/h）

通常，大多数水质参数以毫克每升（mg/L）表示。mg/L通常称为ppm或百万分之一，这些表述是相等的。这种用法来自：

$$\frac{mg}{L} \cdot \frac{L}{1000g} \cdot \frac{g}{1000mg} = \frac{1}{10^6} 或 \frac{1}{million} 或 1ppm$$

因此，10mg/L的溶解氧与10ppm的溶解氧是一样的意思。

现在，为了强化这一概念，假设在800英尺海拔、60℉条件下，进水流量为100gpm，让我们计算一下可支持鱼类生长的氧气含量。

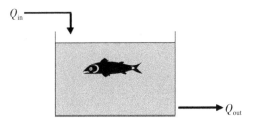

图 3.2 氧气进出示意图
$Q_{in} C_{in}$＝O_2输入
$Q_{out} C_{tank}$＝O_2输出

公式3.4提供了一个近似值，可用于估算非盐水中的氧浓度（第10章提供了更详细的方法来确定气体溶解度，包括氧气、二氧化碳、氮气和氩气）：

$$C_{sat}\left(\frac{mg}{L}\right) = \frac{132}{(T℉)^{0.625}} \cdot \frac{760}{760 + \dfrac{altitude（ft）}{32.8}} \qquad (3.4)$$

使用公式3.4，计算海拔800英尺以及水温60℉下的饱和溶解氧：

$$C_{sat} = 10.21 \cdot 0.97 = 9.90 \frac{mg}{L}$$

上述水的流速为100gpm和进水溶解氧浓度为9.89mg/L，每天输入养殖池的氧气质量为（单位"gpm"在美国是常用术语）：

$$Q_{\text{in}}C_{\text{in,O}_2} = 100\left(\frac{\text{gal}}{\text{min}}\right) \cdot 9.89\left(\frac{\text{mg}}{\text{L}}\right)$$

现统一单位：

$$= 100\left(\frac{\text{gal}}{\text{min}}\right) \cdot 3.785\left(\frac{\text{L}}{\text{gal}}\right) \cdot 9.89\left(\frac{\text{mg}}{\text{L}}\right) \cdot 1440\left(\frac{\text{min}}{\text{d}}\right)$$

$$= 5390445.6\left(\frac{\text{mg}}{\text{d}}\right) \cdot \frac{(\text{kg})}{10^6(\text{mg})} \approx 5.39\frac{\text{kg O}_2}{\text{d}}$$

这就是每天可用于养殖池内支持鱼类和细菌生长的氧气量。但是，离开养殖池的水必须依然处于可支持鱼类生长所需的最低水平，例如5mg/L。因此只能使用总可用氧气的一部分。也就是可用氧气为（与前面的例子相同，除了现在定义了排放水的C_{out}）：

$$Q(C_{\text{in}} - C_{\text{out}}) = 100\left(\frac{\text{gal}}{\text{min}}\right) \cdot 3.785\left(\frac{\text{L}}{\text{gal}}\right) \cdot (9.89 - 5.0)\left(\frac{\text{mg}}{\text{L}}\right) \cdot \frac{(\text{kg})}{10^6(\text{mg})} \cdot 1440\left(\frac{\text{min}}{\text{d}}\right) = 2.66\frac{\text{kg}}{\text{d}}\text{O}_2$$

回到一般的质量守恒方程式3.2，最简单的RAS情况是所有水流都是再循环的，没有排放。在这种情况下，在公式3.2中的右边应该去掉$Q_{\text{排}}C_{\text{排}}$。

$$Q_1C_2 + P = Q_1C_1 \qquad (3.5)$$
$$Q_1(C_2 - C_1) = -P$$

用"神奇"的处理箱来解决一般质量守恒方程，我们需要确定离开处理装置的每个特定水质参数的浓度（C_2），确定进入养殖池的水的流量，并解决质量守恒问题。现在只看图3.1中描述的处理装置，处理装置可以是生物过滤器、二氧化碳脱气塔或悬浮固体过滤装置。每个都将具有自己的处理效率，以满足用于处理的特定水质设计参数。工程师只是使用箱体作为这种处理设备的象征性描述。

图3.3为鱼类养殖池的一般质量守恒。图3.4为处理流程示意图。

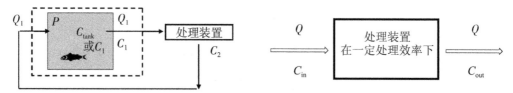

图3.3　鱼类养殖池的一般质量守恒　　　　图3.4　处理流程示意图

根据质量守恒，可以得到感兴趣的水质参数C_{out}的浓度。由于水流入量等于水流出量，C_{out}可以直接求解：

$$C_{\text{out}} = C_{\text{in}} + \frac{T}{100}(C_{\text{best}} - C_{\text{in}}) \qquad (3.6)$$

其中，C_{best}是通过处理系统可获得的绝对最佳值，例如零氨、饱和氧或零悬浮固体。

"C_{best}"可以认为是描述设备的最佳性能。即使拥有完美的处理设备，该设备仍然受到基本物理定律的限制。因此，以最佳效果做参考。请注意，如果设备是增氧单元，通过增加氧气的分压，提高C_{best}值以达到空气增氧饱和度之上。例如，纯氧装置的C_{best}值约为空气C_{best}值的5倍，如果在大气压下使用正常空气，例如滴流塔，则该C_{best}值是可用的。大多数其他参数的C_{best}应该对读者来说相当明显的，例如氨和悬浮固体为0，但是由于空气中存在一些CO_2，所以CO_2的C_{best}约为0.5mg/L。

3.1.1 系统排污——控制污染物积累

通常，我们建议 RAS 的排污量为系统体积的 5% ~ 10%。这主要是为了控制微粒的堆积。但在这个一般性建议中隐含的是，可能存在危害系统长期健康的不需要的化合物（污染物）的缓慢积累。例如，大多数饲料的铜含量都很低，如果排污不足，铜含量就会累积到危及鱼类健康的水平，在极端情况下会造成灾难性的鱼类死亡。类似地，用于构建系统的组件将不断地析出"材料成分"到系统中，可能使水变得有毒。而且，所有系统都会蒸发，例如系统每天蒸发约总体积 1% 的水，并且在系统中留下除氢气（H_2）和氧气（O_2）之外的所有物质。除非不断进行排污，否则这些残余材料将随时间不断积累。作为一个很好的"经验法则"，你需要排放大约 2% 的系统容量以避免这个问题。这种排放过程在废水工业中通常被称为"排废"。

这种积累的问题是不可避免的，因为我们的鱼类饮食中含有大量的营养成分（如钙、钠、钾等元素，如硫酸铜和碳氢化合物等），这些营养成分要么被鱼类吸收，要么以溶解或固体废物的形式释放到水中。我们无法完全除去这些污染物，因为鱼只吸收了大约一半的这些物质。

现在，让我们对控制水体应用质量守衡（图 3.1）。在一个封闭系统中，Q_0 等于零。这一条件变得越来越重要，因为越来越多的设施设计越来越接近排放值 Q_d，接近蒸发速率 $Q_{蒸发}$。在一个封闭的系统中，我们需要设定一个最低限度的要求来控制污染物，通常选择稳定的物质。如果某物没有被分解或没有同化并没有从系统中移除，那么它就会积累。一个例子是鱼饲料中含有的 TDS 或 TDS 的成分，例如钠（Na^+）或氯化物（Cl^-）。请记住，$Q_{蒸发}$ 也将留下这些稳定的成分，因为蒸发的水非常纯净，几乎没有这类物质。

当系统水蒸发时，必须补水以维持系统的养殖水量。补给水含有某些成分或污染物，因此除去蒸发的水，这些成分得到保留并增加了其在系统水中的浓度。封闭系统越紧密，这些元素浓度逐渐增加的可能性就越大。表 2.3 和表 2.4 列出了水产养殖一般所需的水质参数。这些参数或元素在很大程度上是稳定的，因此有可能在系统内积聚，这是鱼类健康的一个问题。

示例问题：采用最简单的系统，没有排放，也没有源水以外的补充水，让 P 项也为 0。这意味着在图 3.1 中，Q_d 离开系统时具有 C_i 的单独水质参数（每个参数有不同的 C_i）；为简单起见，我们将 C_i 标记为 C_d，将"d"标记为排放。考虑一个保守的成分 C，我们从生物学朋友那里了解到，C 浓度在 400mg/L 时鱼会中毒，在 200mg/L 时会出现应激或生长抑制，而 5mg/L 是鱼类健康生长的最低需求量。在这种情况下，根据我们的经验，选择设计最大浓度为 100mg/L。这提供了一个谨慎的浓度水平以避免问题，同时为鱼提供足够的 C。我们认识到，当蒸发发生时，更多的含有 C 的源水被加入，系统中 C 的浓度将会增加，除非我们把水从系统中排放出来带走浓缩的 C。

问题：保持系统中 C 浓度在 100mg/L 时所需的排放速率是多少？假设源水浓度为 2mg/L，并且我们每天以 2% 的系统容积率添加新鲜的新水。假设我们有一个 100m³（26400 加仑）的系统，系统中 C 浓度已经达到 100mg/L。图 3.5 为这种情况下的质量平衡图。

解决方案：质量守恒方法告诉我们，只要引入系统的 C 浓度等于 100mg/L 系统排出的 C 浓度，系统总体水浓度将保持恒定在 100mg/L。应用质量守恒方程：

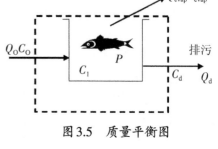

图 3.5　质量平衡图

$$Q_oC_o+P=Q_{evap}C_{evap}+Q_dC_d$$

假设（C_{evap}）浓度在蒸气水中为 0，P 项为 0，质量守恒公式改为：

$$Q_oC_o=Q_dC_d$$

$$Q_d=Q_oC_o/C_d$$

通过替换我们的问题参数来解决排放率 Q_d，得出：

$$Q_d=（0.02）\cdot（100m^3/d）\cdot（2mg/L）/（100mg/L）$$

$$Q_d=0.04m^3/d$$

这种相同的质量守恒方法可用于确定任何成分（C）对鱼类养殖系统的影响。为了说明这个概念，我们展示了最简单的示例。请记住，在任何质量守恒中，必须考虑成分增减的所有途径。例如，鱼类收获或废物固体的去除、转换和由设施使用的水质控制处理单元（如生物过滤器）产生的清除，如浮珠过滤器、硝化、反硝化、固体去除、蛋白质分离器，甚至是气体的挥发。

3.1.2　承载率

产能与水流的交换率和空间的关系对水产养殖工程师来说非常重要。"承载率"（L）用于描述每单位水流量可维持的鱼体重，即每升每分钟流量的可承载的鱼的公斤数（kg/Lpm）。鱼的养殖密度（D_{fish}，kg/m³）与通过的养殖水交换率（R）的乘积得出承载率（L）：

$$L=0.06\frac{D_{fish}}{R} \qquad (3.7)$$

公式 3.7 中的常数 0.06 由立方米转换为升，小时转换为分钟得来。承载率主要取决于水质、鱼类大小和品种。按照公式 3.7，假设鱼类代谢每千克饲料需要消耗 250g 氧气（不将硝化作用计算在内），根据从流入到流出的氧气量，系统允许负荷（每 Lpm 流量的鱼量）为：

$$L_{O_2}=\frac{144\,\Delta\,O_2}{250F_\%} \qquad (3.8)$$

公式 3.8 对于不同的溶解氧浓度和对应的日投喂量的变化如图 3.6 所示。

随着鱼类密度的增加，使用纯氧系统可以更好地保持氧气含量在阈值之上，这可以使进水溶解氧的浓度维持空气饱和溶解氧浓度的数倍（见第 10 章）。但是，由于氨氮、二氧化碳和悬浮固体的积累，其他水质参数将开始限制养殖系统允许的承载能力。该条件的术语表示为积累氧消耗量水平。从基本化学计量和与饲料相关的氨、固体与二氧化碳的产出值中，我们可以计算出对水质的其他影响：消耗 10mg/L 的氧气，将产生 11.4mg/L 的氨氮、14mg/L 的二氧化碳和 10～20mg/L 的总颗粒悬浮物。

在设计鱼的养殖池时，这个关系需要谨记。

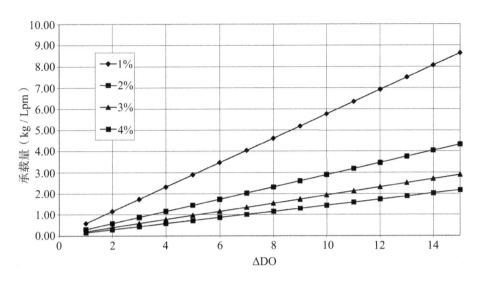

图3.6 允许的每升流量承载的鱼的重量。根据进水和出水的溶解氧变化（ΔDO，mg/L）和每天鱼的投饵率所得（将kg/Lpm转换为lbs/gpm，乘以8.33）

确定最大允许或安全密度（D_{fish}）是一个非常主观的过程，存在很大争议。密度主要取决于鱼的大小、种类、饲养环境和管理技术高低。养殖新手倾向于高估他们自己的安全密度，并假设他们可以从一开始就能建立并维持密度，这实际上需要专业的管理技能。不可犯这种错误，这会导致鱼的死亡。养殖新手的目标应该是这本书中推荐给专业人员的养殖密度的50%左右。在第4章中会更详细地讨论该主题。

3.2 生产术语

在方程式3.2中的"P"项代表某些污染物或消耗项的产生。在RAS中的这些参数都与鱼的投喂量成正比例相关。原则上，如果不给系统投喂，则没有污染。这个结论有效，因为一旦停止投喂，即使氨的生成率在1天内降低为10%，耗氧量也减少了约50%，粪便产量也减少到零。但是任何一个生产系统的最终目的是养殖生物，并且它们必须被投喂才能生长，因此我们将生产条件专门与投喂量关联如下。

氧气消耗量 P_{O_2}：投喂1kg饲料鱼需要消耗250g氧气；

硝化细菌需要消耗120g氧气；

异氧细菌需要消耗130g氧气（有时甚至到150g）。

总的氧气消耗量 P_{O_2} 为500g/kg饲料投喂（包括硝化细菌和异养细菌，此值为最小值，安全设计值每消耗1kg饲料，系统需要能提供1kg氧气）。

（注：请参考3.2"氧气"中的另一种耗氧量估算方法）

二氧化碳产生量 $P_{CO_2} = 1.375 \cdot P_{O_2}$（包括鱼和细菌产生量）；

氨氮产生量 $P_{TAN} = F \cdot PC \cdot 0.092$；

总悬浮颗粒物产量 P_{TSS}：投喂1kg饲料产生250g悬浮物固体（以干物质计）。

（文献中给的值为干燥饲料的20%～40%）

3.3　水质设计目标值

一个难以理解的概念是，在执行质量守恒时，设计师必须设定标准条件。这些是方程式3.2中养殖池中的"C"值。这些设计数字取决于物种，并且不断针对RAS应用进行改进。作者对常见的温水鱼（罗非鱼）和冷水鱼（鳟鱼）养殖给出了表3.1的建议。Waldrop et al.最近在2018年的一项研究发现，对于鳟鱼来说，将氧气条件保持在100%饱和度，生长速率和饲料转化率都得到了提高。

表3.1　温水或冷水的水质参数

参数	罗非鱼	鳟鱼或鲑鱼
温度℃(℉)	24~30(75~85)	10~18(50~65)
溶解氧DO,mg/L	4~6	6~8
氧分压,mmHg	111(70%)	111(70%)
二氧化碳CO_2,mg/L	30~50	15~20
总悬浮颗粒物TSS,mg/L	20~30	10~15
总氨氮TAN,mg/L	<3	<1
分子氨NH_3-N,mg/L	<0.06	<0.0125~0.0200
亚硝酸盐氮NO_2^--N,mg/L	<1	<0.1
硝酸盐氮NO_3^--N,mg/L	"高"	<75
氯离子Cl^-,mg/L	<200	>200

3.3.1　对水质标准值进行选择

计算维持目标水质值所需的最小流量（然后使用流量的最低限度），将显示计算出的流量对应设计选择值的敏感程度。一个典型的情况是选择一个值并进行计算，直到发现你没有办法提供如此高的流量，然后开始调整目标值，例如4mg/L的氧气可能可以代替最初选择的6mg/L等。最后，人们必须选择真实值，然后坚持这些选择和由此带来的流量要求以维持质量守恒。永远不要在所需的流量上妥协。如果你这样做了，你就会后悔的。

3.3.2　氧　气

大多数鱼死亡是由于水流量减少而导致缺氧。这是因为氧气以相当高的速率（鱼类代谢）消耗，氧气通过水流进行传输。由于氧的固有浓度低，需要"高"流量来输送所需的氧气。当求解一系列质量守恒方程以确定最严格的参数时，维持令人满意的氧气水平所需的流量通常是控制流量的参数。即使只有部分流量损失，通常也会导致鱼因为供氧不足而死亡。既然这是关于RAS的文章，那么请记住以下关于鱼死亡的原因：

> **经验法则**
>
> 缺水=鱼的死亡
>
> 水流量不足=鱼的死亡

第13章会详细讨论有效的监测和控制方法，但要记住上述"经验法则"；因此，始终以至少两种独立的方式测量和监测这两项活动。如果不这样做，毫无疑问就会造成鱼的损失，最终会导致鱼全部死亡的灾难。

附录中提供了氧气浓度与温度和盐度的关系。对于鲑鱼类，水中应含有6.0～8.0mg/L的溶解氧（DO）。对于鲇鱼和罗非鱼，允许的最低水平远低于鲑鱼，约为2或3mg/L，当然建议还是应该更接近5或6mg/L。允许最小值与氧分压（P_{O_2}）似乎是确定下限的更有效方式。氧分压为90mmHg似乎是鲑鱼的最佳DO。大气中含有21%的氧气，在20℃和标准压力760mmHg下，这表示氧分压为0.21·（760−17.54），即155.9mmHg。对应的氧气饱和溶解度为9.1mg/L。因此，90mmHg对应于5.2mg/L溶解氧。如果温度为5℃，则氧气压对应0.21·（760−6.54），即158.2mmHg，对应于氧气饱和溶解度12.8mg/L。在这种情况下，90mmHg对应于7.3mg/L。注意到，水温越高，养殖水中的溶解氧浓度就越低，以mg/L为单位，同时也可以用氧分压90mmHg表示。罗非鱼在30℃水温、90mmHg的氧分压值下，对应养殖池氧含量值为4.4mg/L（与表3.1一致）。

对于鲑鱼，使用90mmHg作为最低目标时，5℃有效溶解氧（ΔDO）为5.8mg/L（12.8−7.0mg/L），而在20℃时仅为2.1mg/L（9.1−7.0mg/L），ΔDO减少超过60%。因此，温度越高，溶解氧越低，代谢更高，在有限的可用氧气的基础上显著影响生产能力。当代谢速率更高时，在较高温度下可获得的氧气相当少。注意有一个矛盾，较高的温度可以提高生长速度和新陈代谢，但养殖池中氧气的增加量并不足以支持生长。

除了一般规则外，消耗1kg饲料将需要0.25kg的氧气用于鱼类代谢，这个比例将主要取决于所考虑养殖鱼的品种。Westers H（1979）建议每千克饲料投喂需要提供200～250g氧气，而Pecor C H（1978）建议养殖狗鱼（例如虎鲨，一种冷水非活跃鱼类）时每千克饲料提供110g氧气。这些数值与我们一般建议的每千克饲料满足鱼氧需求量250g一致。

最后，请记住，不仅鱼需要氧气，生物过滤器同样严重依赖于足够的氧气水平来支持细菌的新陈代谢。过滤器内的溶解氧浓度必须保持在2.0mg/L以上，以确保过滤器中的硝化速率不会因氧气耗尽而受到限制。保持长期测量生物过滤器出水的溶解氧，如果DO浓度开始降低至2.0mg/L，则采取措施，例如通过增加流速来增加进入过滤器的溶解氧。

3.3.3 氨 氮

关于氨氮暂时还是有一些不明确的地方。氨的毒性水平的确定值，以及毒性分子氨NH_3形式和假定的无毒NH_4^+之间的区别从未确定过。Meade在1985年回顾了已发表的关于氨氮对鱼类影响的文献并得出如下结论：对于鱼类养殖系统来说，一个真正安全的、可接受的最大分子氨浓度或总氨浓度是未知的。

氨氮的表观毒性变化很大，并且取决于氨的平均浓度或最大浓度。

FAO 的欧洲内陆渔业顾问委员会（European Inland Fishery Advisory Commission, EIFAC）已经确定最大允许的分子氨（NH_3-N 或 A_{NH_3-N}）浓度为 0.025mg/L。注意，这意味着如果 pH 保持在 7.0 以下，养殖池内的氨氮水平（TAN）就可能超过 10mg/L。使用这么高的设计值使我们感觉怪异。如果 pH 升至 7.3 并使 NH_3 加倍会怎么样？如表 3.1 所示，我们将"经验法则"值 1mg/L TAN 用于冷水鱼养殖中，2 或 3mg/L 用于温水鱼养殖中。通过假设维持 pH，并使用附录中的分子氨比例表查看你的分子氨 NH_3 浓度是否超过 0.025mg/L 值的方式，检查选择的 TAN 目标值。如果超过了允许值，请在继续之前仔细重新考虑设计。

氨生成（P_{TAN}）的计算取决于氨生成负荷与投喂量的比例。理想情况下，如果已知饲料的蛋白质净利用率（net protein utilization, NPU），则可以直接计算 P_{TAN}（Lawson T B, 1995），即每 1000g 饲料投喂量（由 Lawson 完成）或投饵率（F）及其蛋白质含量（PC），6.25 为蛋白分子量与 N 分子量比：

$$P_{TAN} = (1.0 - NPU) \cdot \frac{PC}{6.25} \cdot F \qquad (3.9a)$$

不幸的是，一般饲料公司不提供 NPU 的值，但目前报道的高质量饲料通常为 0.50~0.60。Timmons 和 Ebeling 先前的文章（2013 年，第 69 页）根据投喂量和 0.092 的一般转换率计算 P_{TAN}，以解释影响蛋白质利用的各种因素（见下文）。这个方程是在 30 年前使用湿饲料和蛋白质利用效率较低的时候得出的。我们修改了早期的方程，包括饲料转化率（feed conversion ratio, FCR），它反映了饲料的 NPU 值（参见 Scott M L, Nesheim M C, Young R I, 1976，原始版本的第 94 页），并除以 FCR 的参考值（假设 $FCR_{REF} = 1.3$）以改进原来的公式：

$$P_{TAN} = (F \cdot PC \cdot 0.092 \cdot \frac{FCR}{FCR_{REF}}) / t \qquad (3.9b)$$

这里的"t"代表 1 天，即投喂是在 1 天 24 小时内平均进行的。

如果你只在每天某一短时间内投喂，那么氨会飙升，这必须通过将"t"减少到 0.25 天来计算你的生物过滤器的处理能力。氨计算方程 3.9b 中的常数 0.092 基于一系列近似值并相乘得到：$0.092 = 0.16 \times 0.80 \times 0.80 \times 0.90$。

- 16%（蛋白质的氮值为 16%，或 1/6.25）；
- 80% 的氮被同化；
- 80% 的同化氮被排出；
- 氮的 90% 转化为 TAN，氮的 10% 转化为尿素（仅淡水鱼；海水鱼的尿素的百分比高得多），所有的 TAN 在时间段"t"内排出；
- 粪便中的非同化氮被迅速除去；
- 没有额外的含氮化合物矿化；
- 投喂的所有饲料都是由鱼摄取的。

关于氨的消化和最终产生，有人假设是在鳃上扩散和直接通过粪便排泄，但所有这些假设都缺乏明确的数据。因此，我们倾向于将氨生成率视为"软"数。为简单起见，可以简单地假设饲料中含有 10% 的蛋白质转化成为氨氮，或要求饲料生产商提供 NPU 值并使用方程式 3.9a 进行计算。

我们使用的公式3.9b中的时间段"t"为1天，有些人使用喂食之间的时间段。在RAS中，饲料可以在24小时内均匀地投喂，因此也可以在一整天内均匀地分配氨负荷。如果不使用均匀的24小时喂食方式，则应调整方程，并且时间段应按两次投喂之间的时间段计算；如果每天采用单次投喂的方式，则以单段时间计算。氨从投喂到排出的时间可以认为是4小时，不均匀投喂时可将该时间作为时间段计算。

假设所有TAN在两次喂食之间的有限时间段"t"中排出，证明代谢活动在投喂后数小时内增加。尽管t的值取决于许多生物学变量，但经验表明鱼类代谢活动在摄食后1~4小时达到峰值。所以很快就会得出结论，在白天少量多次均匀投喂有助于使P_{TAN}的峰值最小化。实际上，这是在养殖中使用自动投饵机或者投喂器械多次少量投喂的主要原因之一。

3.3.4 二氧化碳

二氧化碳（CO_2）是一个重要的但很大程度上容易被忽视的水质参数。这可能是因为直到最近，大多数系统通常都是低密度（小于40kg/m³）养殖，并依靠曝气作为供氧的主要手段。这种类型的管理可以将CO_2值保持在低水平，例如低于20mg/L。然而，近年来系统承载率有所增加，开始使用纯氧增氧，而不是使用曝气。因此，不能再依靠曝气系统除去二氧化碳。我们现在需要采用其他方法控制二氧化碳浓度。

二氧化碳的产生基于化学计量学，将二氧化碳产量与氧气消耗量相关联（1.375是两种气体的分子量之比，44/32）：

CO_2的产生量：（鱼和细菌）每消耗1g氧气，产生1.375g二氧化碳。

有关二氧化碳控制的更深入讨论，请参阅第10章。

此外，请注意附录中提供了设计CO_2去除系统的计算机软件程序。图3.7展示碱度为50、100、150mg/L时，CO_2浓度与pH的关系。在水产养殖pH的正常范围内（如6.5~8.0），CO_2浓度与碱度成正比。

现有数据很难解释二氧化碳水平的最高限度。作者在CO_2处于100mg/L情况下还可以维持罗非鱼系统，但这似乎是个例外。Colt J和Watten J（1988）建议最高CO_2浓度不应超过20mg/L，而Needham J（1988）建议最高不超过10mg/L。Alabaster J S,Herbert D W M,Memens J（1957）报道，在通风良好的水中，二氧化碳含量在100mg/L以下不会对虹鳟产生毒害。

另外，在pH为4.5、二氧化碳浓度为10mg/L时，鱼会死亡；当pH为5.7、二氧化碳浓度为20mg/L时，鱼也会死亡。在其他研究中，Piper R E et al.（1982）指出40mg/L的CO_2浓度对幼大马哈鱼几乎没有影响。然而，他们还提到超过20mg/L的二氧化碳可能对鱼类有害，而且当浓度降至3~5mg/L较低的浓度时，也可能是有害的。一年或更长时间的养殖周期内不应超过12mg/L。Smart在1981年认为鱼类能够适应高浓度的二氧化碳。高浓度的二氧化碳可能导致肾钙质沉淀，即肾脏中存在白色钙质沉积物。这种病症的严重程度似乎会因为饮食和环境因素产生明显变化，尤其是用于提升碱度或pH所使用的药品或物质类型。Chen C Y et al.（2001）报道，在罗非鱼高密度养殖系统中，使用农业级石灰石代替碳酸氢钠会导致肾钙质沉着症发病率升高。

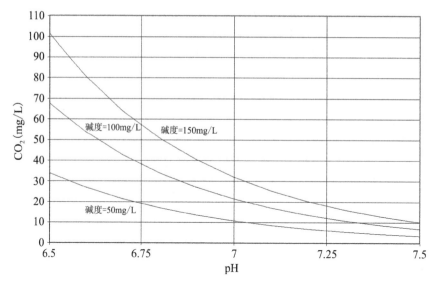

图 3.7　碱度为 50、100、150mg/L 时，CO_2 浓度与 pH 的关系
（对于淡水和咸水条件，参见网站 http://fish.bee.cornell.edu）

上述讨论的一个关键点是鱼类能成功适应缓慢变化的水质条件，例如二氧化碳水平的增加，但会受到水质条件突然变化的不利影响。以二氧化碳为例，适应二氧化碳浓度为 20mg/L 的鱼类如果暴露于突然飙升到 80mg/L 的水体中，可能会死亡；而在二氧化碳浓度逐渐上升到 80mg/L 的过程中，呈现出良好的生长速度和饲料转化率。RAS 的一个优点是系统水质在正常运行的系统中，可以保持相当稳定，但系统故障会导致某些水质参数波动很大，可能会导致鱼遭受损失或死亡。

3.3.5　固体悬浮物

对 RAS 中产生的固体颗粒的有效控制，可能是确保 RAS 长期成功完整运行最重要的任务。RAS 的这一方面将在第 5 章中详细讨论，但此处也介绍了悬浮固体。每单位饲料产生的悬浮固体量或总悬浮颗粒物（TSS）估算如下：

$$TSS＝每千克投喂饲料的 0.25 倍（干物质基础）$$
$$（20\% \sim 40\% 干饲料投喂）$$

TSS 被视为稀释废物。RAS 中的 TSS 设计浓度应在 10 ~ 30mg/L 范围内。即使在使用某种类型的处理工艺浓缩 TSS 之后，水仍只含有约 0.5% ~ 1% 的干物质固体颗粒。相比之下，牛粪的固体含量为 20%。在沉淀池中收集的 TSS 具有蓬松的稠度，需要的处理空间取决于清洁的频率。作为"经验法则"，假设每千克干饲料将产生大约 8L 的液体废物，即 1 磅饲料产生 1 加仑的粪肥。

3.3.6　硝酸盐

硝酸盐氮（NO_3-N）是硝化过程的最终产物。一般来说，高浓度的硝酸盐对RAS水质没有太大的影响。一些鲑科鱼类养殖系统内硝酸盐含量超过1500mg/L而不影响鱼类。氮在整个硝化过程中保持不变。因此，如果每天生产1kg的TAN，那么就会产生1kg的硝酸盐氮。因此，硝酸盐的平衡浓度将直接取决于系统的总体水交换率。一个有效的方法是假设通过系统的水有一定的水交换率（参见公式3.4）来计算稳态硝酸盐氮平衡，硝酸盐氮对鱼类相对无毒，因此不会影响系统中的流量控制。如果想要数值来计算，那么可以选择一些数值标准，如500mg/L。

3.4　鱼类生长

RAS设计的前提是我们能以某种确定的增长率养殖鱼，该增长率决定了所需的投喂量。投喂量又决定了废物产生负荷和耗氧量。定义鱼类增长率的便捷方法是基于确定的生长量和一些确定的单位来计算出单位生长速度，例如每月1厘米或1英寸：

$$增长率 = \frac{T - T_{base}}{TU_{base}} \qquad (3.10)$$

公式3.10以cm/月为单位来预测增长率。T_{base}和TU_{base}术语在表3.2中有定义，该定义基于历史观察和分析养殖场记录。鳟鱼数据来自Piper R E et al.（1982），罗非鱼和鲈鱼的数据来自作者未发表的数据。

根据公式3.10的限制，如果T大于T_{max}，则计算T_{max}处的增长。请注意，过高的温度会影响生长和饲料转化率。

表3.2　鳟鱼、罗非鱼、鲈鱼和杂交条纹鲈鱼的温度生长　　　　　　　　单位：℃（℉）

数据类型	鳟鱼	罗非鱼	鲈鱼	杂交条纹鲈鱼
T_{base}	0(32)	18.3(65)	10(50)	10(50)
TU_{base}	6.12(28)	3.28(15)	5.47(25)	5.47(25)
T_{max}	22.2.(72)	29.5(85)	23.9(75)	23.9(75)

示例1：

计算水温为26.7℃（80℉）的罗非鱼的月增长率：

$$增长率（cm/月） = \frac{26.7 - 18.3}{3.28} = 2.56（cm/月）$$

3.4.1　条件因素和鱼的体重

通过使用称为条件因子（K或CF）的参数，可以得出鱼的重量与它们长度的相关性；条件因子越大，每单位长度的体重越大。这个概念最初是由Fulton在1902年引入的，并且使用公式3.11对公制或英制单位进行定量表达。表3.3和表3.4列出了各种鱼的条件因子和指数的值。请注意，鱼的n值接近3.0。条件因子通常被称为"K因子"或"CF因子"。对于给定长度，K或CF因子越大，则特定鱼的重量越大。每种鱼类都有相关的K或CF因子值来描述预期或正常的身体状况。该因子的值受鱼的年龄、性别、季节、成熟阶段、肠道饱满度、食物消耗类型、脂肪储备量和肌肉发育程度的影响（Barnham C，Baxter A, 1998）。

因此，了解K或CF值是设定养殖池投喂方案的好工具。K或CF太高意味着投喂过度，K或CF太低意味着投喂不足。使用表3.3中的K或CF和鱼的长度，可以计算出重量：

$$WT\ (\text{g}) = \frac{K \cdot (L_{\text{cm}})^n}{10^2} \quad \text{或者} \quad WT\ (\text{lbs}) = \frac{CF \cdot (L_{\text{inches}})^n}{10^6} \quad (3.11\text{a})$$

或者可以使用表3.4中的K和n值以及使用方程式3.11b来计算重量：

$$WT\ (\text{g}) = K \cdot (L_{\text{mm}})^n \quad (3.11\text{b})$$

其中长度（L）以mm为单位，重量（WT）以g为单位。注意，K的实际值是表中$K \times 10^6$的K值。

示例2：

使用K为2.08（CF为760）估算单个罗非鱼长为17.8cm（7in）的重量（表3.3）：

$$WT\ (\text{g}) = \frac{2.08 \cdot (17.8\text{cm})^3}{10^2} = 117\text{g}$$

或

$$WT\ (\text{lbs}) = \frac{760 \cdot (7\text{in})^3}{10^6} = 0.26\ \text{lbs}$$

表3.3　式3.11a中各种鱼类使用的条件因子

（来自Piper R E[*] et al., 1982，或者Blancheton J P[**]，2010）

品种	CF（长度英寸，重量磅）	K（长度cm，重量g）
罗非鱼[*]	750~900	2.08~2.50
罗非鱼<1g[*]	500	1.39
虹鳟和褐鳟	400	1.11
湖鳟（或海鳟[*]）	250	0.69
红点鲑	520	1.45
杂交条纹鲈鱼[*]	720	1.99
鲈鱼	490	1.36
北美狗鱼	150	0.42
白斑狗鱼	200	0.56
大口黑鲈	450	1.25
大眼狮鲈	300	0.83
石斑[*]（蠕线鳃棘鲈）	550	1.53
海鲈[**]~220g（或135g欧洲鲈鱼）	680（867）	1.88（2.40）

注：[*]表示Piper, pg. 406，使用的CF是上述值的10倍，例如，Piper将鳟鱼CF报告为4000，并除以10000000，而不是公式3.11中的1000000。

表3.4　公式3.11b中各种生物使用的条件因子（来自 Huguenin J E, Colt J, 2002）

品种	拉丁名	$K \times 10^6$	n
大西洋鲟	*Acipenser Oxyrhynchus*	1.1402	3.18
斑点叉尾鮰	*Ictalurus Punctatus*	5.160	3.11
大口黑鲈	*Micropterus Salmoides*	12.748	3.00
大鳞大麻哈鱼	*Oncorhynchus Tshawytscha*	8.190	3.00
北美狗鱼	*Esox Masquinongy*	4.429	3.00
白斑狗鱼	*Esox Lucius*	5.012	3.00
虹鳟	*Oncorhynchus Mykiss*	11.224	3.00
梭鲈	*Sander Vitreus*	8.303	3.00
欧洲鳗	*Anguilla Anguilla*	0.04302	3.63
虱目鱼	*Chanos Chanos*	8.989	2.99
智利狐鲣	*Sarda Chiliensis*	7.729	3.09
小龙虾	*Procambarus Acutus Acutus*	8.026	3.32
淡水对虾	*Macrobrachium Rosenbergii*	1.305	3.42
克氏原螯虾	*Procambarus Clarkia*	8.837	3.28
对虾	*Panaeus Stylirostis*	15.2	3.10
	Panaeus Vannamei	9.88	3.05
美国龙虾[1]	*Homarus Americanus*	589	3.07
三疣梭子蟹[2]	*Callinectes Sapidus*（female）	287.4	2.64
	Callinectes Sapidus（male）	181.4	2.78
岩石蟹[2]	*Cancer Irroratus*	87.10	3.14
海龟[2]	*Chelonia Mydas*	1659	2.54
乌贼[3]	*Loligo Pealai*	1809	2.15
圆蛤	*Arctica Islandica*	68.436	2.89

注：1表示背甲长；2表示背甲宽；3表示背部裙幔长度。

3.4.2　增加的体重

现在，我们可以通过计算两个特定鱼类，在实现这种增长所需的时间段内，根据长度计算实际增加的体重。在前面的例子中，17.8cm（7in）的罗非鱼在26.7℃（80℉）下一个月内生长了2.54cm（1in），长到20.3cm（8in）。那么新的重量就是：

$$WT_{New} = \frac{2.08 \cdot (20.32)^3}{10^2} = 175g或0.38 \text{ lbs}$$

将饲料能量转化为动物肉的相对效率称为饲料转化率（*FCR*），*FCR*有时称为饵料系数或*FG*。*FCR*用于计算实现预计增长率所需的投喂速率：

$$FCR = \frac{投喂量}{增重量} \qquad (3.12)$$

$$投喂量 = FCR \cdot 增重量 \qquad (3.13)$$

$$\frac{投喂量}{月} = （体重_{新}-体重_{旧}）\ FCR \qquad (3.14)$$

回到之前17.8cm（7in）罗非鱼1个月内长度增加到20.3cm（8in）的例子，每个月每条鱼所需的饲料是：

$$\frac{投喂量}{月} = （175g-117g）\times FCR$$

在上面的例子中，每个罗非鱼在1个月的时间内将增重58g（175g－117g＝58g）。将此转换为日增长率并按每月30.5天计算，日增长速度为：

$$日增重率 = \frac{58g}{月} \cdot \frac{月}{30.5d} = 1.90g/d \qquad (3.15)$$

公式3.15中的表达式根据当月的平均增加的长度来计算平均日增长率。由于体重增加与长度增加成立方关系，因此，月份"最后一天"的增加可以根据当月最后一天的长度增量来计算。以下示例演示了此概念。

示例3：

1万条罗非鱼的养殖池内，水温为26.7℃（80℉），*FCR*为1.1，收获重量为0.907kg（2.00磅），*K*=2.08（*CF*=760），求最大日投喂量。

先计算体重为0.907kg罗非鱼的体长：

$$L(cm) = \left[\frac{100 \cdot 907}{2.08}\right]^{1/3}$$

体长：1L（cm）=35.20cm

根据公式3.10计算增长率：

$$增长率（cm/月） = \frac{26.7-18.3}{3.28} = 2.56cm/月$$

$$每天增长率：L_d（cm） = 2.54/30.5 = 0.083cm$$

$$倒数第二天体重 = 2.08 \times （35.20-0.083）^3/10^2 g$$

$$最后一天体重 = 2.08 \times 35.2^3/10^2 g$$

$$体重增长 \Delta WT = 907.2g-900.8g$$

$$最后一天体重增长率 \Delta WT_{增长/d/鱼} = 6.4g$$

所以最大日投喂量为：

$$最大日投喂量 = \frac{10000 \cdot 6.4 \cdot 1.1}{1000} = 70.4kg/d$$

可以使用上述方法构建投喂表。显然，这些计算非常适合使用电子表格。

*FCR*可能非常不稳定。假设管理良好，饲料质量好（蛋白质含量为38%～42%），罗非鱼的*FCR*指南如下：0.7～0.9（罗非鱼＜100g）；1.2～1.3（罗非鱼＞100g）。

类似地，给定增长长度，可以通过使用特定品种的条件因子来计算任何特定鱼类体重的增加（罗非鱼和鲈鱼生长常数均由作者实验得出）。请记住，方程式3.2中的所有"*P*"项与投喂量有关。基本上，RAS技术的所有设计方面都与日常设计投喂量相关，甚至可以说实际上就是基于每日的投喂量而设计的。系统设计的日投喂量是设计完整RAS所需的关键值。因此，必须计算最大的预期投喂量，以便正确设计RAS的各个部分的水量。什么时候会出现这个最大的投喂量？答案是当养殖池达到其最大的生物量承载时。这也是许多设计失败的原因，因为最大的鱼体和最大的投喂量是RAS中最具压力的条件。任何单独的水质参数都可以迅速成为水质控制的限定变量，这意味着通过特定设计的流量大小不足以去除产生的污染物，例如CO_2脱气装置。基于生产负荷之间的平衡，养殖水体参数总是达到平衡；水流量和各部分的水流交换由于不同的水质变量呈现浓度变化（见方程3.6）。设计师和养殖管理者面临的挑战是确保这些值至少与这些变量的设计目标值一样"良好"。

3.4.3 湿重测量

FCR 中的两个参数都是基于湿重，虽然饲料的含水率通常为5%～10%，但长出的肉的含水量通常接近80%～85%。肉鸡、猪和牛的 *FCR* 分别为1.9、2.5和3.0，在鱼类中亦是如此；有时鱼的 *FCR* 也可能小于1，比如在高达100g或更大的鱼种中。有些人会感到困惑，为什么 *FCR* 小于1，这是因为在这个比例中，饲料（分子）几乎都是干物质，而鱼类生长所需物质（分母）主要是水。

3.5 设计案例

欧米伽鱼产业（Omega Industries，OI）需要一个工程计划以建立和运营欧米伽鱼类养殖设施（Omega Fish Aquaculture Facility，OFAF）（一种水产养殖设施）。OI的市场研究显示，市场对于体重750g（1.65磅）的鱼的需求量在1000吨（活重）左右，价格为2.50$/kg。几家企业、州和联邦孵化场正在生产平均大小为50g的鱼种。出于市场竞争原因，OI打算开始将其定位为该市场的一小部分，采用高密度循环水产养殖系统来获得养殖经验，雇用和培训管理及销售团队，并进行市场调查，以确定市场和增值加工的机会。OI想在城市中利用经济发展基金、低息贷款和补助金实现本地小规模生产。这也将使OI能够将他们的产品在原产地进行销售，采用可持续的"绿色"技术，减少碳排放量，并使用当地人力和资源。为此，初始运营计划每年仅45吨（100000磅），将来使用相同的技术进行扩展。

项目名称： 欧米伽鱼（a.k.a. Fakefish, Aquamal, Baloney Fish, and Ebelingish）

专用名称： Physhi physhy

栖息地： 欧米伽鱼最初是在远离过度植被地区的大型湖泊和缓慢流动的河流的浅滩上被发现的。它们以任何看起来是有机的、活动的、看得见的、比嘴还小的东西为食。欧米伽鱼最早在巴厘岛以南的一个南太平洋岛屿上被找到。今天，它们已经被移植到世界各地。它天生有坏脾气，但非常美味，是RAS养殖的完美鱼类。图3.8为欧米伽鱼结构解析。

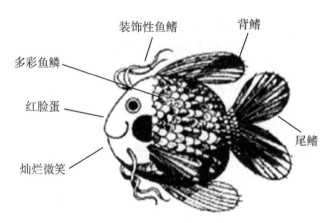

图 3.8　欧米伽鱼结构解析

鱼类生长：定义鱼类生长的简便方法是基于温度单位法和一些确定的温度单位来计算出单位生长速率，例如厘米或英寸每月：

$$增长率 = \frac{T - T_{base}}{TU_{base}}$$

上述等式预测以厘米或英寸每月为单位。事实证明，与大多数鱼类一样，欧米伽鱼在生产周期中长度增加非常均匀。因此，考虑到鱼的长度总变化，很容易估计生长所需的时间。T_{base} 和 TU_{base} 术语在表 3.2 中有定义。如果欧米伽鱼在良好的水质条件和 28℃（82℉）的水温下饲养，则预测的增长率为：

$$增长率（cm/月）= \frac{28 - 18.3}{3.28} = 3.0 cm/月（1.16 \ in/月）$$

投喂量：饲料生产商确认投喂以下量的饲料可以最好地满足欧米伽鱼的正常生长要求：

$$投喂率 = 0.020 \cdot 鱼的体重 \cdot \frac{15cm}{鱼的体长}$$

欧米伽鱼饲料可以从密苏里州圣路易斯的欧米伽鱼饲料制造公司获得，该公司成立于 1948 年，至今仍是家族企业。应该指出的是，这种信息并不总是适用于所有的物种，但是可以基于饲料转化率（FCR）进行估算。饲料转化率可以根据生产实验模型来估计。

长度/体重关系：

$$鱼体重 = \frac{K \cdot (L)^3}{100}$$

K=条件因子的范围 2.0～2.4；

其中：鱼体重，g；L 是体长，cm。

鱼类放养密度：设计中必须解决的第一个也是最重要的问题之一是养殖池内可养殖的生物量。鱼的数量和它们各自的重量将决定所有的投喂量的设计。每单位体积可存放的鱼的质量（$D_{density}$）将取决于鱼的种类和鱼的大小（以及生产者愿意接受的风险水平）。这里介绍的是一种基于体长（L）来估算每单位体积养殖池内可以承载的鱼的数量的方法（见第 4 章中的公式 4.1）：

$$D_{density} = \frac{L}{C_{density}}$$

其中：

$D_{density}$：密度 kg/m³（lbs/ft³）；

L：鱼体长 cm（in）；

$C_{density}$：对于欧米伽鱼，长度单位采用厘米，为0.24cm；长度单位采用英尺，为1.5in。

这些数据最初是根据虹鳟的经验得来的，后来应用到欧米伽鱼上。有一种趋势是小的鱼能够达到更高密度。我们的经验表明，欧米伽鱼在个体小的时候可以高密度养殖，但密度太高是有风险的，因为它可能在快速生长阶段产生严重后果，例如养殖出长度小于13cm（5in）的鱼。视觉观察可能会产生误导，因为只能看到状态活跃的鱼。

鱼群采样将是检查密度是否过高的最好方法。

（正如你所猜测的那样，这是一段半开玩笑的文字。欧米伽鱼模型是由 Ronald D. Mayo 博士和 Chin & Mayo 股份公司的执行副总裁 Kramer 构建的。在1974年2月25—28日在新泽西州大峡谷举行的北部鱼类和野生动物会议上发布了"商业模式水产养殖设施规划格式"技术再版第30号，同年2月引出了欧米伽鱼。）

3.5.1 生产策略和循环要求

假设欧米伽鱼的预期年生产总量为100000磅（45.5吨），其为均重750g的冰鲜鱼，均从健康的孵化场采购重50g大小的仔鱼，假设在养殖期间没有死亡或者淘汰。

（1）第一步：计算从仔鱼长到成鱼的体长变化值

按以下计算公式，计算出欧米伽鱼在28℃（83℉）水温环境中，从50g长到750g生长时间段，其中 $K=2.10$（$CF=760$）。

计算仔鱼在50g时的体长和750g时的体长：

$$50g：L（cm）=\left[\frac{100\cdot50}{2.10}\right]^{1/3}=13.4cm$$

$$750g：L（cm）=\left[\frac{100\cdot750}{2.10}\right]^{1/3}=32.9cm$$

从50g长到750g的总体长变化为

$$\triangle L=（32.9-13.4）=19.5cm$$

（2）第二步：确定生长时间

计算在特定水温28℃（83℉）时的生长速率：

$$增长率=\frac{28-18.3}{3.28}=2.96\ cm/月$$

长到要求体长的总时间：

$$增长时间=\frac{19.5cm}{2.96cm/月}=6.6月$$

（3）第三步：确定生产策略

请注意，这种养殖中的增长可能发生在1个养殖池中，持续6.6个月，或者可以在3个养殖池中梯次养殖。如果第二种方案中每个阶段的养殖时间相同，则鱼将在每个养殖池中停留总生长时间的1/3，即：

一个养殖池中的生长时间 = 6.6月/3个阶段 = 2.2月/阶段（或者每个养殖池9.5周）。

一个非常简单但有时被忽视的道理是，一个阶段的生产周期是多久决定了该阶段需要多少个养殖池。如果最终生产阶段需要10周，并且需要每周收获，那么将需要10个最终的养殖池。如果每两周收获一次鱼，那么只需要5个最终的养殖池。根据选择，可以分配其他20周的成长周期，但是它们的累积增长时间必须长达20周。更常见的是，鱼类保持在第3阶段的时间可能会增加（例如第1阶段为5周，第2阶段为10周，第3阶段为15周），因此从第2阶段分拣和移动到第3阶段时鱼类受压力较小（这个方案允许分拣和移动较小的鱼，这对操作员和鱼来说更容易进行）。

为使这个例子更简单，假设每周收获欧米伽鱼，并在每个阶段保持相同的时间。这将需要设计一个仔鱼到成鱼的生产策略，每增加一个阶段需要10个池（大约9.5～10周），加上循环系统、固体清除、生物过滤和气体交换。在每个阶段，鱼的长度变化将是总增加量（19.5cm）除以阶段数（3），即得到每阶段6.5cm。使用长度/重量关系，可以在每个阶段计算初始和最终重量，如表3.5所示。

表3.5　欧米伽鱼3个阶段生产策略的初始和最终体重及长度

种类	初始大小	最终大小	最终鱼池生物量	每日投喂量	最终投喂量/天
仔鱼	50g	165g	193kg	1.56% (1.1 FCR)	3.0kg
	13.4cm	19.9cm			
幼鱼	165g	386g	450kg	1.28% (1.2 FCR)	5.7kg
	19.9cm	26.4cm			
成鱼	386g	750g	875kg	1.11% (1.3 FCR)	9.6kg
	26.4cm	32.9cm			

（4）第四步：计算每周收获的量

假设有52个收获周：

$$每周收获 = \frac{45500kg/年}{52周/年} = 875kg/周$$

（5）第五步：确定每一个养殖池内收获的鱼的数量

注意：不将这里的死亡计算在内，但是死亡是整个养殖过程中的一部分，这是基于经验做的最理想状态下的预估。

$$单池收获量 = \frac{876kg/池}{0.75kg/条} = 1168条/池$$

（6）第六步：预估每个阶段最终养殖池内的生物量

3个养殖池中的每一个池的最终生物量等于鱼的单体重量乘以鱼的数量。

$$单池最大生物承载量 = 1168 \cdot 体重$$

在表3.5中也有总结。

（7）第七步：每个阶段的最终投喂率估算

通常，日投喂率是由饲料厂或者饲料供应商提供的。如果没有这些数据，则可以通过计算收获前一天的鱼的重量，从收获时的重量中减去该数量并使用估计的饲料转化率来估算每个阶段的最终投喂量。举个例子：最终长成体重为750g，体长为32.9cm，欧米伽鱼的生长速度为0.0932cm/d。因此，收获前一天的长度为32.809cm，并且通过使用条件因子将其转换成重量，得出重量为743.65g。因此，在生长的最后一天，每条鱼的重量增加了6.35g，乘以鱼的数量（1168），得出整个养殖池的鱼体重增加了7.42kg。

饲料转化率是饲料与体重增加的比率，会随年龄、饲料特性以及最重要的管理技能而变化。假设生长阶段的饲料转化率为1.3，则最终投喂量为9.64kg或每天投喂鱼体重的1.11%。可以对其他两个生产阶段（幼鱼和仔鱼）进行类似的计算，并总结在表3.5中。此计算非常关键，因为所有其他工程设计值都基于此投喂量，包括循环要求、固体颗粒沉积、生物过滤、曝气、增氧、气体脱除和杀菌。

（8）第八步：确定该设计问题的流量控制

在第八步中，我们将确定流量以控制每个设计变量（溶解氧、氨氮除、二氧化碳和总悬浮颗粒物）。这些计算基于养殖池的设计投喂率，或是维生系统选出的某些养殖池（生物过滤器、气体转移设备、颗粒物去除单元等）上的参数。在下面的例子中，为了尽可能简化问题以减少混淆，我们将养殖池看作是只养一条鱼的养殖池，最大投喂量为9.6kg/d，然后对参数进行计算。在后面的章节中将介绍关于投喂量更常见的设计方法。

水循环的作用是将氧气输送到鱼类养殖池中，并且除去内部产生的废物。RAS的设计应确保影响水质和鱼类生长的重要参数保持在合适范围内，例如氧气、氨氮、二氧化碳和TSS。这需要通过质量守恒方程计算所需的流量，以维持水质参数保持在目标值范围内。然后，系统必须根据这4个关键水质参数计算而来的最大流量运行。显然，用于维持水质参数的最大流量将高于其他参数所需的最大流量，这仅仅意味着这些水质参数将比设计的目标值处于"更好"的状态。可以对影响水质的任何参数使用相同的质量守恒方法。例如，计算养殖池100%循环下所需的设计流量，假设投喂量为9.6kg/d，含35%蛋白质（表3.5中给出的生长阶段的最大值）。为此，我们必须首先计算每个水质参数（氧气、氨、二氧化碳和TSS）所需的流量，然后确定控制参数。计算所需的稳态流量以维持以下水质水平：

- 氧气≥5mg/L
- 氨氮≤2mg/L
- 二氧化碳≤20mg/L
- TSS≤10mg/L

假设设备处理效率为：

- 氧气转化率=90%
- 氨氮去除率=35%
- 二氧化碳去除率=70%
- TSS去除率=90%

使用公式3.5中的一般生物量平衡法，其中C_1是鱼类养殖池流出的量，C_2是鱼类养殖池的流入量，P是生产率或消耗率：

$$QC_2+P=QC_1$$
$$Q（C_2-C_1）=-P$$

$$Q\,(C_1-C_2)=P$$

并且处理装置对排放水质浓度的影响可以计算如下：

$$C_{out}=C_{in}+T/100\cdot(C_{best}-C_{in})$$

其中，C_{in} 和 C_{out} 分别为流入和流出处理装备的水质浓度，T 是处理效率（％），C_{best} 是通过处理系统可获得的绝对最佳效果，例如在零氨氮、饱和溶解氧或零悬浮颗粒物的情形下。注意，如果该装置是增氧系统，则可以通过增加装置中的氧分压，将 C_{best} 项增加到高于空气中氧气的饱和溶解度。例如，在标准大气压下使用增氧装置，如滴流塔，则纯氧源的 C_{best} 值约为空气源 C_{best} 值的5倍。

3.5.2　溶解氧系统对设计流量的要求

大多数鱼死亡是由于水流量不够而导致缺氧。因为鱼类代谢和生物过滤器都需要相当高浓度的氧气。由于氧的溶解度有限，所以需要"高"流量的水来输送所需的氧气，通过控制流量参数来保持令人满意的氧气浓度。

首先使用具有90％氧气转移效率的Speece氧锥计算有效溶解氧浓度 C_{out}，养殖池内溶解氧水平 C_{in}=5mg/L（目标值），温度为28℃（83℉），计算得出水中饱和溶解氧浓度 C_{best} 为7.81mg/L。

$$C_{out}=C_{in}+T/100\times(C_{best}-C_{in})$$

得出 C_{out}：

$$C_{out}=5.0mg/L+0.90\times(7.81mg/L-5.0mg/L)$$

$$C_{out}=7.53mg/L$$

其次，氧气产量（P）或在这种情况下消耗量（$-P$）等于鱼类代谢和细菌耗氧量（异养和自养）[①]之和：

$$P_{鱼消耗}=0.25kgO_2/kg饲料，P_{细菌消耗}=0.25kgO_2/kg饲料$$

总氧气消耗：P=9.6kg饲料×0.5kgO₂/kg饲料=4.8kg O₂

返回到RAS的质量守恒方程中：

$$Q_1C_2+P=Q_1C_1$$

$$Q\cdot(7.53mg/L)-(4800000mg/d)=Q\cdot(5.0mg/L)$$

$$Q=\frac{\dfrac{4800000\ mg\ O_2}{d}}{(7.53-5.0)\dfrac{mg\ O_2}{L}}=\frac{1581000L}{d}=1581m^3/d$$

$$\frac{1581m^3/d}{24\times60\ min}\approx1100L/min$$

最后，每分钟大约需要1100L溶解氧浓度为7.53mg/L的水流入，以满足每天投喂9.6kg饲料的氧需求量。类似的计算也可用于其他养殖过程。

---

① 滴滤、转盘生物床和移动床生物滤池是自通气的，在这种情况下，来自细菌的氧气负荷可以设置为零；保守地说，通常这种细菌负荷的一部分仍然留在计算中。

3.5.3 总氨氮对设计流量的要求

首先使用处理效率为 35% 的非曝气的生物滤池，养殖池内总氨氮水平 C_{in}（目标值）为 2mg/L，C_{best} 的值为 0mg/L，计算处理装置出水氨氮浓度 C_{out}。

$$C_{out}=2.0\text{mg/L}+0.35 \cdot (0\text{mg/L}-2.0\text{mg/L})$$
$$C_{out}=1.3\text{mg/L}$$

总氨氮生产（P）基于投喂量和饲料的蛋白质含量（35%）：

$$P=9.6\text{kg 饲料}\times35\%\text{蛋白比例}\times0.092\text{蛋白值产生氨氮率}=0.309\text{kg TAN}$$

返回到 RAS 的一般生物量平衡法：

$$Q\times(1.3\text{mg/L})-(309000\text{mg/d})=Q\times(2\text{mg/L})$$

$$Q=\frac{\dfrac{309000\text{mg TAN}}{\text{d}}}{(2-1.3)\dfrac{\text{mg TAN}}{\text{L}}}=\frac{441000\text{L}}{\text{d}}=441\text{m}^3/\text{d}$$

$$\frac{441\text{m}^3/\text{d}}{24\times60\text{min}}\approx310\text{L/min}$$

因此，每分钟大约需要 310L 氨氮浓度为 1.3mg/L 的水流入，以确保养殖池在每天投喂量为 9.6kg 的基础上总氨氮浓度不超过 2.0mg/L。

3.5.4 溶解二氧化碳对设计流速的要求

接下来基于养殖池内二氧化碳的最大浓度为 20mg/L，气提设备处理效率为 70%，C_{best} 值为 0.5mg/L，假设使用 CO_2 含量为 320ppm 的空气进行脱气，计算去除二氧化碳所需的水流量。

$$C_{out}=20\text{mg/L}+0.70 \cdot (0.5\text{mg/L}-20\text{mg/L})$$
$$C_{out}=6.35\text{mg/L}$$

二氧化碳产量（P）基于氧气消耗，每消耗 1kg 氧气产生 1.375kg 二氧化碳。

$$P=\left(\frac{9.6\text{kg 饲料}}{\text{d}}\right)\cdot\left(\frac{0.50\text{kg O}_2}{\text{kg 饲料}}\right)\cdot\left(\frac{1.375\text{kg CO}_2}{\text{kg O}_2\text{ 消耗量}}\right)\cdot\left(\frac{10^6\text{mg}}{\text{kg}}\right)$$

$$P=\frac{6600000\text{mg CO}_2}{\text{d}}$$

回归到 RAS 的质量守恒方程中：

$$Q\times(6.35\text{mg/L})-(6600000\text{mg/d})=Q\times(20\text{mg/L})$$

$$Q=\frac{\dfrac{6600000\text{mg CO}_2}{\text{d}}}{(20-6.35)\dfrac{\text{mg CO}_2}{\text{L}}}=\frac{483516\text{L}}{\text{d}}\approx484\text{m}^3/\text{d 或 }336\text{Lpm}$$

因此，每分钟大约需要 336L 二氧化碳浓度为 6.35mg/L 的水流出，以确保养殖池在每天投喂量为 9.6kg 的基础上总二氧化碳浓度不超过 20mg/L。

3.5.5 总悬浮颗粒物对设计水流的要求

最后测算总固体悬浮颗粒物，因为这直接取决于投喂量，养殖池内的TSS浓度目标值为10mg/L，处理效率90%（TE）和C_{best}值为0mg/L，计算出去除TSS产量所需的水流量。

$$C_{out}=10mg/L+0.90·（0mg/L-10mg/L）$$

$$C_{out}=1.0mg/L$$

TSS产量（P）取决于投喂量（假设饲料湿度为0%）：

$$P=\left(\frac{9.6kg\ 饲料}{d}\right)·\left(\frac{0.25kg\ TSS}{kg\ 饲料}\right)·\left(\frac{10^6mg}{kg}\right)=\frac{2400000\ mg\ TSS}{d}$$

返回到RAS的质量守恒方程中：

$$Q×（1.0mg/L）-（2400000mg/d）=Q×（10mg/L）$$

$$Q=\frac{\frac{2400000mg\ TSS}{d}}{（10-1.0）\frac{mg\ TSS}{L}}=\frac{266667L}{d}\approx267m^3/d\ 或185Lpm$$

因此，每分钟需要185L TSS浓度为1.0mg/L的水流出，以确保养殖池在每天投喂量为9.6kg的基础上TSS浓度不超过10mg/L。

快速回顾所需的流量表明，氧气所需的流量是总氨氮和二氧化碳去除所需的4倍！有两种方法可以降低流速：一种是提高转换效率（已经达到90%）；另一种是增加设备中氧气的浓度。一个简单的方法是使用VSA或PSA发生器（注意：第10章总结了受环境条件和气体纯度影响的氧饱和度的计算方法；在30psi环境下使用纯氧时，C_{best}可达到100mg/L）。通过在几种不同的溶解度下进行多次计算，或使用简单的电子表格，计算出富氧水流出处理装置的最佳浓度为16.1mg/L，即：

$$C_{out}=C_{in}+T/100×（C_{best}-C_{in}）$$

求解C_{out}，得到：

$$C_{out}=5.0mg/L+0.90×（16.1mg/L-5.0mg/L）$$

$$C_{out}=15.0mg/L$$

即

$$Q=\frac{\frac{4800000mg\ O_2}{d}}{（15.0-5.0）\frac{mg\ O_2}{L}}=\frac{480000L}{d}=480m^3/d\ 或333Lpm$$

表3.6总结了3个生产阶段所需的流量，以及推荐用于各养殖池适当的水流交换率和最佳水质。值得注意的是，设计人员/管理人员必须选择设计或操作条件来计算质量守恒。这就是为什么决定将进水氧浓度增加到16mg/L以降低所需的流量。这些是质量守恒方程中使用的"C"浓度值。这些设计数字取决于物种类型，并且不断针对RAS应用进行改进。计算维持水质目标值所需的最小流量（然后使用所有不同水质变量的最小值中的最大值）将显示计算出的流量对设计值选择的值的敏感程度。典型的情况是选择一个值，进行计算，意识到从经济学方面不允许如此高的流量，然后开始对目标值进行调整，例如，通过富集装置或使用纯氧

补充来提高溶解氧浓度。最后，必须在设计过程一开始就选择实际值，然后坚持这些选择值，以及坚持质量守恒所需的流量。不要对任何所需的流量打折扣。

表3.6 O_2、TAN、CO_2、TSS、水体交换所需流量汇总（控制流量）

水质参数	鱼苗	幼鱼	成鱼
O_2	321Lpm（85gpm）	360Lpm（95gpm）	337Lpm（89gpm）
TAN	95Lpm（25gpm）	185Lpm（49gpm）	310Lpm（82gpm）
CO_2	121Lpm（32gpm）	208Lpm（55gpm）	333Lpm（88gpm）
TSS	68Lpm（18gpm）	132Lpm（35gpm）	189Lpm（50gpm）
水体交换	321Lpm（85gpm） （20min HRT）	374Lpm（99gpm） （30min HRT）	390Lpm（103gpm） （45min HRT）

上面的注意事项是，还必须计算所使用的生物过滤器的水力负荷，单位为 $m^3/m^2 \cdot h$（gpm/ft²）。这是因为一些生物过滤器需要达到最小水力负载以便正常运行。这可以成为维持水质条件所需的控制流量。请记住，如果是这种情况，它只是意味着所有水质参数的平衡浓度会稍微好一点，鱼永远不会不适应！请记住表3.6的一切都是假设的值！在现实世界中，每个处理系统总是有许多选项，其运行效率将高于或低于本例中使用的处理系统。本书的其余章节讲解了这些单元操作中的每个独立个体，并希望有助于读者决定哪种最适合他们的生产要求。

3.6 参考文献

1. ALABASTER J S, HERBERT D W M, MEMENS J, 1957. The survival of rainbow trout （Salmo gairdneri Richardson） and perch （Perca fluviatilis L.） at various concentrations of dissolved oxygen and carbon dioxide. Ann Appl Biol, 45: 177 - 188.

2. BARNHAM C, BAXTER A, 1998. Fisheries notes: condition factor, K for salmonid fish. State of Victoria, Dept of Primary Industries, FN0005: 1440 - 2254.

3. BLANCHETON J P, 2010. The effect of density on sea bass （Dicentrarchus labrax） performance in a tank-based recirculating system. Aquacultural Engineering , 40（2）: 72 - 78.

4. CHEN C Y et al., 2001. Nephrocalcinosis in Nile Tilapia from a recirculation aquaculture system: A case report. J Aquatic Animal Health , 12: 368 - 372.

5. COLT J, WATTEN J, 1988. Application of pure oxygen in fish culture. Aquacult Eng, 7: 397 - 441.

6. HUGUENIN J E, COLT J, 2002. Design and operating guide for aquaculture seawater systems. The Netherlands: Elsevier Interscience, 328.

7. KUMAR S, 1984. Closed recirculating nitrification systems for soft-shelled crabs. Louisiana State University: 99.

8. LAWSON T B, 1995. Fundamentals of aquacultural engineering. Chapman & Hall.

9. LLOYD R , JORDAN D H M, 1964. Some factors effecting the resistance of rainbow trout （Salmo giardnerii Richardson） to acid waters. Int J Air Wat Poll, 8: 393 − 403.

10. MANTHE D P, MALONE R F, KUMAR S, 1988. Submerged rock filter evaluation using oxygen consumption criterion for closed recirculating systems. Aquacult Eng, 7: 97 − 111.

11. NEEDHAM J, 1988. Salmon smolt production. In: LAIRD, NEEDHAM. Salmon and Trout Farming. Halsted Press, Div of John Wiley and Sons.

12. PAGE J W, ANDREWS J W, 1974. Chemical composition of effluents from high density culture of channel catfish. Water, Air and Soil Pollution, 3: 365.

13. PECOR C H, 1978. Intensive culture of tiger muskellunge in Michigan during 1976 and 1977. In: KENDALL R L . Selected coolwater fishes of Northern America. Spec Publ, 11: 246 − 253.

14. PIPER R E et al., 1982. Fish hatchery management. Washington: U.S. Fish and Wildlife Service.

15. RUANE R J, CHU T Y J, VANDERGRIFF V E, 1977. Characterization and treatment of waste discharged from high−density catfish cultures. Water Research , 11: 789 − 800.

16. SCOTT M L, NESHEIM M C, YOUNG R I, 1976. Nutrition of the chicken.2nd. Ithaca: Scott & Associates.

17. WALDROP T et al., 2018. The effects of swimming exercise and dissolved oxygen on growth performance, fin condition and precocious maturation of early− rearing atlantic salmon salmo salar. Aquaculture Research, 49(2): 801 − 808.

18. WESTERS H, 1979. Principles of intensive fish culture. Mich Dept of Nat Res: 108.

19. TIMMONS M B, EBELING J M, 2013. Recirculating aquaculture.3rd. Ithaca: Ithaca Publishing Company.

第4章　养殖单元

养殖工程师们唯一能够"一致"同意的是，养鱼需要大量的水。应该在哪里储存这些水用于养鱼是有争议的，鱼应该养殖在池塘、跑道池还是养殖池里？如果选择养殖池养殖，养殖池应该符合怎样的几何形状？养殖池的深度应该达到多少？养殖池的径深比值应该是多少？还有很多其他问题。首先，本书仅限于养殖池和RAS技术。因此，本章仅考虑养殖池，而非开放式池塘。在选定的重点中，所有养殖池设计的首要问题是最大限度地提高养殖池系统的自我清洗能力。除了少数例外，RAS不能达到预期效果的主要原因是它们无法自我清理。除了一些用于罗非鱼或虾的养殖的异养或基于有机碎屑藻液系统（organic detrital algae soup, ODAS），循环系统不能有效且迅速消除鱼类的粪便、残饵和其他养殖水体中产生的固体废弃物，无法做到经济性生产鱼类。如果固废去除效果不佳，系统的所有其他单元将无法有效地工作。因此，首要问题是养殖系统能否有效去除固体废弃物，其次是养殖池养殖系统有效管理鱼的能力如何。

上述以及其他相关问题将在本章讨论。除了简要回顾一下跑道式养殖外，我们将着重介绍新型养殖跑道和养殖池的混合设计，即：混合式跑道池。

4.1　养殖池

多年来，作者见过很多不同的材料用于养殖池来养鱼。聚乙烯养殖池（图4.1）是仔鱼生产中许多中小型企业常用的养殖池，因其成本低、装运方便而受到广泛欢迎。其光滑的表面易于清洁，重量轻，便于快速安装（图4.2）和搬运。大多数情况下它们都好用，但因其柔软且具有延展性，所以它们需要在底部或侧面得到很好的支撑。另一个较大的问题是侧壁和底部的水密连接难以做好。一般用的连接头配件都较贵，但一款叫作Uniscals®的新产品适用于聚乙烯养殖场，可用规格从0.5～6in（12～15mm），抗压指数可以达到40psi，以及有长达25年的使用寿命。

图4.1　聚乙烯养殖池

图4.2　安装中的养殖池

最常用的水产养殖池建筑材料是玻璃纤维。玻璃纤维养殖池（图4.3）几乎可以做成任何形状和大小。玻璃纤维是一种非常灵活的建筑材料，易于切割、钻孔和连接。维修容易，修改方便。如果养殖池的高度太高，可以将其水平切割成几半，将每部分拼在一起从而获得任何想要得到的高度。对于几乎任何直径的大型玻璃纤维养殖池，我们可以很容易地将模块运输到现场进行组装。

图4.3　玻璃纤维养殖池

另一种简单廉价的建筑材料是内衬高密度聚乙烯（high density polyethylene, HDPE）或丁基橡胶衬里的木质池子。一位作者用1/4的胶合板做成一个圈，然后用游泳池内衬或更昂贵的工业内衬（ethylene propylene diene monomer, EPDM）来做鱼缸。养殖池下面铺有几英寸厚的沙土，将中间的排水管和外面的竖管埋在沙土里。用不锈钢加强筋环绕养殖池，确保养殖池有一定的刚性。先在沙粒上盖一块2cm厚的聚乙烯绝保温板，隔绝热量并保持下表面光滑，这样人在上面行走时就不会把沙粒搓起来。图4.4为胶合板&EPDM养殖池。图4.5为木板&HDPE养殖池。

图4.4　胶合板&EPDM养殖池

第二种技术是将2×10或2×12聚乙烯板堆叠起来，用4×4的方式或镀锌管固定在地面上。加上内衬，就有了一个相对便宜的养殖池。排水管道可以通过使用舱壁连接件或法兰连接件连接薄的PVC或有机玻璃片来安装，以将内衬固定在平的一面。

想要养殖池用得更久，用螺栓将镀锌的或环氧涂层的模块化钢板连接在一起，形成直径32m（105ft）、深度4.3m（14ft）的超大养殖池。在它的底部通常浇注混凝土，有时嵌入加热盘管。养殖池可以部分埋入地下以保存热量，同时使得观察鱼类更加容易。图4.6为钢制养殖池。

图4.5　木板&HDPE养殖池

第三种建造长而浅的跑道式养殖池的简单方法是使用胶合板和衬板，这样建造既快又便宜。本书作者之一用4×8的胶合板和2×6的标准框架技术在已有的温室中建造了一个跑道，然后将这些板固定在一起。另一种方法是用2in镀锌管将2×10块木材打入地下，再加上衬板，通常为半埋式，以增加对墙壁的支撑和方便捞鱼。图4.7为水泥养

图4.6　钢制养殖池

殖池。

多年来，混凝土制作的跑道和水池常常被鱼类和野生动物机构饲养娱乐鱼类以及养殖户用来生产鲑鱼和鲈鱼。它们很好用，只是要确认是要长期使用，因为一旦建成，就很难改动了。作者目睹过数百条因缺水而废弃的跑道池。实际上还有别的选择，如错流和混合式跑道设计，使这些系统更具可行性，未来我们可能会看到这些跑道式养殖池的回归。

在做规划时，不要忘记那些已经成熟的方法，比如简单的玻璃缸水族箱（图4.8）。养殖户养殖鲶鱼时价可以赚到每千克1.4美元的利润，而养热带鱼时每1克鱼可赚60美分或更多（每千克272.00美元）！

图4.7 水泥养殖池

图4.8 玻璃缸水族箱

4.2 养殖密度

设计RAS时的一个首要问题是池中的养殖量为多少。鱼的数量和它们的体重决定投喂率，而其他处理工艺都是在这个基础上设计的。每单位体积可养鱼的数量（即密度）将取决于鱼的种类和规格。这里提出的方法是根据体长（L）来估计每单位体积的养殖池可养的鱼的数量：

$$D_{density}=\frac{L}{C_{density}} \qquad (4.1^{a})$$

此处字母的含义：

$D_{density}$——密度，单位：kg/m^3（lbs/ft^3）。

L——鱼的长度，单位：cm（ft）。

$C_{density}$——罗非鱼：0.24cm/L（1.5ft/L）；

鳟鱼：0.32cm/L（2.0ft/L）；

鲈鱼：0.40cm/L（2.5ft/L）；

杂交条纹鲈：0.45cm/L（2.8ft/L）。

这些数值最初是在美洲红点鲑鱼养殖经验的基础上总结的，后来用于罗非鱼。幼鱼的养殖有密度过高的趋势。作者的经验表明，在罗非鱼处于幼鱼时可以让饲养密度高一点。然而，高密度养殖是危险的，因为这可能对幼鱼在其快速生长阶段造成严重影响，例如，当鱼的长度小于13cm（5in）时。视觉观察有可能会产生误导，因为你只能看到活跃的优势鱼。鱼群取样是判断饲养密度是否过高的最好参考。

注：a表示本章结尾列有符号附录。

　　良好的管理应该使得生产出来的整体的标准差小于总体平均值的10%（标准差除以均值的值定义为变异系数，一般以百分比表示）。如果该值升高，则表示有养殖量过多、投喂量不足或其他管理问题。图4.9和表4.1所示的密度关系也显示了较大的鱼类在养殖密度较高时的情况。例如，在较高密度养殖下的鳟鱼可能会出现鳍破损的情况。然而，群体大小的巨大差异可能更多地与较差的水质有关，而与饲料分布效率和养殖密度的相关性较小。例如，使用沉性料会比使用浮性料的养殖密度更高。作者的经验是当水质的指标在表3.1的建议范围内时，即可达到这么高的养殖密度。

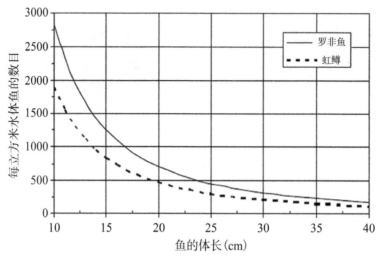

图4.9　每立方米水体中罗非鱼（$CF=1.11$，$C=0.32$）和
虹鳟（$CF=2.40$，$C=0.24$）体长与数量的关系

表4.1　罗非鱼和鳟鱼的放养密度随体长的函数

	种类	体长(inch)	质量(g)	数量/体积(条/gal)	质量/体积(lbs/gal)
英制单位：罗非鱼：$C=1.5$，$CF=800$；鳟鱼：$C=2$，$CF=400$	罗非鱼	1	0.4	111	0.09
		2	3	28	0.18
		4	23	7	0.36
		6	78	3.1	0.53
		8	186	1.7	0.71
		10	363	1.1	0.89
		12	628	0.8	1.07
		14	997	0.6	1.25
	鳟鱼	1	0.2	167	0.07
		2	1.5	42	0.13
		4	12	10	0.27
		6	39	4.6	0.40
		8	93	2.6	0.53
		10	182	1.7	0.67
		12	314	1.2	0.80
		14	498	0.9	0.94

续表

	种类	长度(cm)	质量(g)	数量/体积(条/m³)	质量/体积(kg/m³)
国际单位：罗非鱼：$C=0.24$，$K=2.08$；鳟鱼：$C=0.32$，$K=1.11$	罗非鱼	2	0.2	47000	8.4
		4	1.4	11800	17
		8	11	2940	34
		12	38	1300	50
		15	75	840	63
		20	83	470	83
		25	346	300	105
		30	599	210	126
		35	951	155	147
	鳟鱼	2	0.1	70510	6.3
		4	0.7	17627	13
		8	6	4407	25
		12	19	1959	38
		15	37	1254	47
		20	89	705	63
		25	173	451	79
		30	299	313	95
		35	475	230	110

罗非鱼所需养殖池体积、收获规格与年收获次数（周转量）的关系如图4.10所示。从这张图可以看出，通过增加单位养殖池的收获量或周转量，生产一定量的鱼所需的体积就会大大减少，用分段式养殖即可实现。

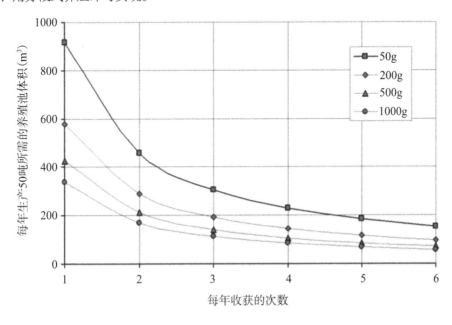

图4.10　养殖50吨罗非鱼所需要的水体积（m³）与收获时鱼的大小和每年收获的次数的相关度

仔鱼所需水体占上市的规格鱼（假设动物数量相同）所需水体的百分比如图4.11所示。此图可作为仔鱼生产所需养殖池尺寸的快速指南。例如，如果你打算出售1000g的罗非鱼，那么100g罗非仔鱼的养殖池所需体积将是1000g成鱼的21%。式中，这种关系可以表示为：

$$Y=0.0100W^{0.6667} \quad (4.2)$$

公式4.2为一种"标准化"的鱼成熟时的1000个重量单位。对于特定的生长场景，将特定大小的鱼替换为其成熟大小的百分比，其中1000用作标准化规格单位。例如，在公式4.2中，目标收获时鱼重为500g，那么200g在该公式中应当为40%，即400个重量单位。

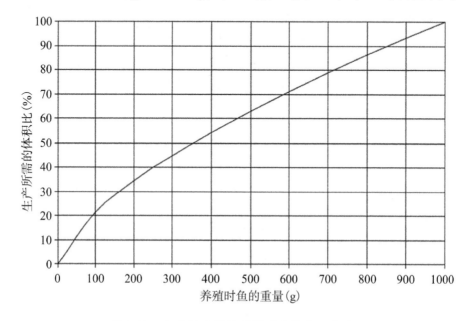

图4.11 生产幼鱼所需的养殖池体积百分比

读者还应意识到，对于已知养殖池是有一些创造性的管理办法来最大化生产力的。例如，最简单的管理方法是"全进全出"，即在鱼缸中从幼鱼开始养殖，养到市场规格就捕捞出售。显然，这种方法严重低估了养殖池的生产能力，而且水质维持系统却要一直保持高负荷运转。有人用数学方法分析了连续式养殖对系统潜能的影响。一般来说，从仔鱼到上市规格，至少应分为3段，即仔鱼、幼鱼和成鱼养殖。然而，每一次鱼的转移所产生的应激压力会造成鱼生长受阻以及死亡。其实，正是这种产能上的损失使我们不能过于频繁地转运鱼，而且转运鱼的时间成本和人力成本也要考虑。优化RAS的其他方法：将多个养殖池接入同一个水处理系统中，鱼在其中一个养殖池中生长至一定大小时，再将鱼移入另一个养殖池中。鱼的任何一次转运都会产生不良影响，所以，应该尽可能避免转运。如果不可避免，就应该尽一切努力减少转移过程中对鱼产生的应激。这可以通过联通单个养殖池或者跑道式养殖池，以及正确地设计和布局养成设施来实现。

4.3 设计案例

继续我们欧米伽产业工程计划中欧米伽鱼类养殖设施的建造和运营，根据收获时的或分阶段转运时的预期放养密度来设计养殖池的大小。从表3.5可以看出，每个养殖池的最终养殖生物量为仔鱼193kg，幼鱼450kg，成鱼875kg。利用公式4.1可以计算出相应的最大养殖密度，如仔鱼期：

$$D_{fry} = \frac{L}{C_{density}} = \frac{19.9cm}{0.24} = 82.9kg/m^3$$

相应的幼鱼池最大养殖密度为110kg/m³，成鱼池的最大密度为137kg/m³。最重要的是需要记住这些数值只是建议的最大密度；实际在养殖过程中养殖密度与管理经验以及养殖户愿意承担的风险程度相关，还要考虑系统生产的经济性。一般最好从低密度开始（哪怕第一年只有一半），以减少由于养殖人员失误、意外或误判而失败的风险。接下来，操作管理经验随时间不断积累，并根据需要增加额外的水处理系统，如补充氧气和持续性监测与控制等措施，可以缓慢增加密度。在这个设计中由于供氧的限制，仔鱼养殖池的密度被设定为3kg/m³（0.25lbs/gal）；幼鱼的养殖池密度为40kg/m³（0.33lbs/gal）；成鱼养殖池在成鱼养殖末期可能需要补充氧气，养殖密度为50kg/m³（0.42lbs/gal）。

每个养殖池的容积等于总生物量除以放养密度，以仔鱼系统为例：

$$每个养殖池的容积 = \frac{总生物量}{放养密度} = \frac{193kg}{30kg/m^3} = 6.43m^3 或 1700gal$$

虽然理论上可以制造任何直径的玻璃缸养殖池，但其常用尺寸还是有限的。此外，为了便于管理，养殖池深度通常小于1.22m（4ft），为了颗粒物去除效率最大化，径深比应在3~5之间。因此，仔鱼养殖系统是一个直径3.05m（10ft）、水深0.88m（2.88ft）的养殖池，其径深比为4.4，容积为6.4m³（1694gal）。表4.2总结了本例所使用的3个养殖阶段的养殖密度和养殖池尺寸。

表4.2　欧米伽鱼三段式生产策略最终养殖密度和养殖池尺寸大小

种类	养殖密度	养殖池容积	养殖池深度	养殖池直径
鱼苗	30kg/m³ （0.25lbs/gal）	6.4m³ （1694gal）	0.88m （2.88ft）	3.05m （10ft）
幼鱼	40kg/m³ （0.33lbs/gal）	11.3m³ （2978gal）	1.07m （3.52ft）	3.65m （12ft）
成鱼	50kg/m³ （0.42lbs/gal）	17.5m³ （4621gal）	1.06m （3.50ft）	4.57m （15ft）

4.4　养殖池工程

相比在多且小的养殖池中，在较大的圆形养殖池中养殖相同量的鱼能节省大量成本。较大的圆形养殖池为食用鱼的养殖提供了许多优势。就在几年前，一个直径8m的养殖池还被认为是大养殖池，现在能看到10m、15m甚至更大直径的鱼缸用于陆基生产鲑鱼。将鱼转移到数量更少但更大的养殖池中养殖，可以大幅节省资本和劳动力成本。基本上，照看一个小的养殖池和一个大的养殖池所需要的时间是接近的。事实上，资金成本与养殖池容积大小并非成正比。使用越来越大的养殖池可以大大节省成本。圆形作为养殖池的形状有如下优点：

- 提高养殖环境的均一性；
- 旋转流速在较大范围内可调，使得养殖鱼的健康和养殖条件最优；
- 可沉淀颗粒物能被快速集中和去除。

工程设计时要考虑好养殖池的进出口结构以及鱼的分级和去除工艺，以减少操作所需的劳动力，使养殖池水体旋转更有效，使水体混合以及颗粒物排出的效率更高。

大型养殖池的缺点是什么？当养殖失败时，通常你会失去养殖池中全部的鱼，而不是其中的一部分。将一个渔场的鱼群分散在多个鱼池中，可以防止全军覆没。养殖池中的鱼越多，出现问题时所造成的经济损失越大。虽然随着管理和设计团队经验的丰富，养殖池出现问题的风险会降低，但仍不能忽视。如果这是你第一次使用 RAS，那么从大型养殖池开始并不是一个明智的选择。应从小的养殖池开始，在成功的基础上更进一步。使用大型养殖池的其他挑战包括：

- 流速分布和水体混合要均一，固体颗粒物去除速度要快；
- 鱼类分级和收获要及时；
- 要及时剔除死鱼；
- 要在用化学试剂处理鱼时隔离生物过滤器。

大型养殖池比小型养殖池更加依赖于养殖池的水力设计，因为在小于 1m³ 的小型储罐中，整体换水速度往往很快。快速的水体交换会得到相当好的水质，同时高换水率（通常每个养殖池的水体交换要快近 10min；这种交换时间称为水力停留时间（hydraulic retention time，HRT），使水携带更多的氧气进入养殖池，并能快速冲洗废弃物。相反，在大型养殖池中，HRT 往往较长（约 45min 或更长）。因此，进出水口设置和流速成为影响养殖池内水质均匀性（不算加料速率）的主导因素。正如第 3 章中所述，养殖池的承载能力受换水量、给水速率、耗氧量和产生的废弃物的影响。在决定最终设计之前，我们应该仔细检查并分析这些因素。

4.5 养殖池水流速

自清洁能力是圆形养殖池的一个关键优势。要达到这种效果，水流必须在养殖池内保持恒定的旋转。养殖池内的旋转速度应尽量均匀，从池壁到中心，从表面到底部，且要足够快，使养殖池能自我清洗。但是，流速应小于锻炼鱼所需的速度。水的流速为 0.5 ~ 2.0 倍体长/秒，这是维持鱼的健康、肌肉张力和呼吸的最佳速度。驱动可沉降颗粒物到养殖池中心排水沟所需的速度应大于 1530cm/s。罗非鱼耐受的最高流速为 20 ~ 30cm/s。对于鲑类，可以用以下公式来计算安全且不使鱼疲劳的水流速度：

$$V_{safe} < \frac{5.25}{L^{0.37}} \qquad (4.3)$$

在圆形养殖池（图 4.12）中，水流速度随远离池壁的距离增加而逐渐降低，鱼可以选择更舒适的流速区域，而在跑道式养殖池设计中速度是均匀的。

所有熟悉跑道式养殖池的养殖者都观察到这样一种现象：鱼往往集中在跑道的前端三分

之一，向水流入口处游动，却很少占据后端三分之二的地方。当然，除非养殖密度达到80kg/m³或更大，否则跑道式养殖池的空间往往没有得到充分利用。更高的密度要求更高的换水率或注入纯氧。标准长度为20～40m的跑道式养殖池的换水率应该达到4～6次/时，但通常情况下无法达到。即使是相对较高的换水率（R），速度仍然低于5.0cm/s，如公式4.4所示：

$$V_{raceway} = \frac{L_{raceway} \cdot R}{36} \qquad (4.4)$$

图4.12　圆形养殖池

公式4.4中的常数是每小时的秒数除以100，将米（水流单位时间内移动的长度或距离）转换为厘米，cm/s是用来表示速度的单位。这样的速度远远低于15～30cm/s的清洗速度，也远远低于养鱼的推荐速度，后者的范围是0.5～2.0倍体长/秒（BL/s）。

Timmons T B 等学者指出了一些不足并得出结论：在实际操作中，跑道式养殖池对氧气的需求大于其对自我清洁的需求。克服这一缺陷的方法是：设计非常长的跑道式养殖池或者将跑道式养殖池的横截面设计得比较小，但是这两种方法都不是很实用。为了部分克服标准跑道的这个问题，Boersen G 和 Westers H 建议使用挡板，养殖池中挡板的间隔等于跑道池的宽度。挡板下缘与养殖池底部之间的间隙或空间决定了换水率，主要作用是使养殖池自我清洁，固体废弃物一旦沉淀下来就立即清除，从而防止固体废弃物在养殖池堆积或因鱼类搅动而再次悬浮。完整的固体颗粒会在拦鱼网后一块空间内快速沉降。这种简单的技术能够有效去除固体废弃物。然而，挡板只在养殖池的一部分横截面上增加了水流速度。鱼类都喜欢这一相对高流速的区域，但由于空间有限，只有一小部分群体受益。但是实际要求所有的鱼都能在较高的流速下生活，尤其是鲑科。

对于体长10.0cm的鱼，采用公式4.3计算，安全速度不应超过2.2倍体长/秒（BL/s）；对于一条20.0cm长的鱼而言，则是1.73BL/s。Totland et al. 以0.40～0.45BL/s的速度训练大西洋鲑（56.3cm，2038g）。他们发现，除了在最初两周调整期间损失1.2%，死亡率大于参照组外，实验组的成活率要高很多。最终实验组的死亡率为4.4%，与之对应的对照组死亡率为8.8%，而经过锻炼的鱼的体重增加了近40%。根据行业标准，肉质提高了9.2%。根据公式4.3推导得该大小鱼类的推荐速度为1.2BL/s，但最佳结果则在低速为0.45BL/s，即25.3cm/s时获得，这流速仍然远高于跑道式养殖池的水流速度。

Needham J建议养殖大西洋鲑的流速在0.5～1.0BL/s之间。有学者以1.5BL/s的速度训练虹鳟鱼42天，结果提高了鱼类的抗应激性。事实上，已经有研究表明，提高游泳速度可以提高抗病性。相关研究也证实了该观点，当美洲红点鲑以1.5～2.0BL/s的速度饲养时，伴随着的是生长速度的提高和饲料转化率的提高。

有学者以2.5BL/s的恒定流速和每天几分钟的3.8BL/s的突然提速养殖虹鳟鱼。后一种速度的目的是促进白色肌肉组织生长。持续的巡航速度促进了红色肌肉的生长，在鱼没有疲劳的情况下也刺激了白色肌肉的生长。连续游泳对尾部肌肉组织的发育也有积极的影响。在静水条件下，红色肌肉组织和白色肌肉组织分别增长了27%和9%。作者还得出结论，恒定的水流运动（水流的方向需要不时地倒转，以防止肌肉发育不平衡）能够确保一个非常匀质化的生活媒介，减少鱼类的领域意识从而使鱼分布均匀，进而使得饲养密度相对于对照组能够增加100%（68.4kg/m³对照36.0kg/m³）。在水流速度较高时，早期饲养阶段的死亡率显著降低，尽管有持续的游泳行为，但实验鱼的生长情况和对照组一样好。更早的研究指出了下面这些好处。在流速为2.0BL/s的水流中，剧烈运动后的美洲红点鲑，比对照组提高了耐力以及加快了肌糖原的更替。实验组的鱼还显示出更有效的饲料转化率。

与人们的猜测相反，鱼类的强迫性游动似乎会减少氧气的消耗。这归功于生理性适应的达成，如白色肌肉活动的增加，心排血量的提高，以及血液携氧能力的增强。"呼吸"成本也得到了节省。能在湍急的水中保持位置的鱼，只需要张开嘴，使鳃通气即可呼吸。这叫作撞击换气（ram ventilation）。撞击换气节能的方式有两点：鱼不需要通过开合鳃吸动水，也就减少了湍流形成；水流在更具有流线型的身体周围保持，减少了持续调整位置的需要。这种水动力的优势导致氧气消耗的减少虽小，但可以测量。

在高密度介质（如水）中"呼吸"的消耗是巨大的。根据研究，鱼吸收的总氧气中有10%～20%用于呼吸时消耗，高时甚至达到30%。有的研究提供了另一种解释，养殖池表面流速的提高以及DO浓度的均匀性，可能会加速氧在气水界面的扩散，从而使氧气的利用率得到提高。

与跑道式养殖池相比，圆形养殖池没有明显的水质梯度变化，饲养环境通常被认为是均匀的。有人将理想的圆形池描述为连续流搅拌池反应器（continuous-flow stirred tank reactor, CFSTR），其中溶解气体的浓度混合良好，在废水中亦是如此。然而，在一个完整的混流养殖池中，在理论的平均停留时间内，最大换水率可达到63.2%。但是，进入圆槽的高浓度溶解氧在饲育装置中被较低浓度的DO水迅速稀释，这与跑道有很大的不同。由于圆形养殖池没有梯度变化，氨和二氧化碳完全混合在养殖环境中，与跑道式养殖池相比，圆形养殖池里的指标会一直维持在某个水平。必须把溶解氧保持在健康浓度以上以确保不会出现某种潜在的持续性危害。

在很大程度上，圆形池中的水流速度与换水率有关。最关键的影响因素是其进水口和出水口布置的设计，通过养殖池的流量，以及通过中心排水口的流量。合理的进出口设计也有助于养殖池自我清洁。相比跑道式养殖池，圆形养殖池有许多重要的优点，如提供了更便宜的饲养空间，可以在低换水率的情况下运转，还能创造理想的流速、水力形式和自清洁能力。圆形养殖池可以维持较高的DO输入率而不会局部过高，还可以很容易地进行装备投喂设备，可以只装一台或几台投喂机。在圆形养殖池中，通常可以在一个饲养单元内实现累积耗氧量最大化（cumulative oxygen consumption, COC）。换句话说，通过一个养殖池后，水就"用完"了，而无须再通过2个或者3个养殖池。因此，所有的单元都在同一标高。

4.6 圆形养殖池

4.6.1 径深比

养殖池的设计应综合考虑生产成本、空间利用、水质维护和鱼类管理。高密度养殖池设计已在文献（Wheaton F W, 1977; Klapsis A, Burley R, 1984; Piper R E, et al., 1982; Cripps S J, Poxton M G, 1992; Timmons M B, Summerfelt S T, Vinci B J, 1998; Summerfelt S T, Timmons M B, Watten B J, 2000a）中被频繁提及和回顾。目前，有一种明显趋势是用大型圆形养殖池养殖食用鱼。直径大于10m的养殖池，过去被称为池塘，现在则在室内集约化养殖中被用得越来越多了。

圆形养殖池的吸引力有以下几点：

- 维护简单；
- 水质均一；
- 流速在较大范围内可调至最优化鱼类生长条件；
- 可沉淀固体物可以通过中心排水管快速排出；
- 可直观或者自动化观察到残饵量从而使得适量喂食变得可能。

建议的养殖池径深比从5∶1到10∶1不等；即便如此，许多农场使用径深比低至3∶1的养殖池。作者喜欢径深比小于5∶1的养殖池。养殖池径深比的选择也会受到诸因素的影响，如占地面积成本、水头（水压）、鱼的饲养密度、鱼的种类、鱼的喂养水平和方法等。深度的选择还应考虑到工人在鱼池内处理鱼的难易程度，以及水位可能在人"胸部"高度以上情况下工作时的安全问题。

在RAS的早期，深度比直径还大的养殖池被吹捧成养殖获益的关键设计因素。由于鱼类管理方面的问题，这些"竖井"系统都不成功。即使在使用较深的养殖池（如径深之比为3∶1）的较为合理的尝试中，也不是所有的鱼都能有效地分布到整个水体中。比如罗非鱼能够利用整个水柱，而梭鲈鱼或比目鱼是底栖动物，不能像罗非鱼那样有效地利用水体。

经验法则

养殖池设计

直径∶深度=3∶1至6∶1；

10%~25%通过中心排水口排出；

75%~90%水通过侧壁的排水口排出。

4.6.2 进水口结构

圆形养殖池对池水的混合程度相对彻底，水中的溶解物流入养殖池后能很快均匀地混合在养殖池中。因此，养殖池内的所有鱼都生活在相同的水质下。通过优化进水口结构的设计，选择合适的换水率，可以保证循环养殖池中的水质在系统达到承载力时始终保持良好，鱼的产量不会因为水质而降低。

要有正确的工程设计进水口和出水口的结构、鱼的分级/清除设施，才能在处理鱼时保证减少人工、水质均一、水流旋转和颗粒物去除有效。在收鱼时，没有什么比养殖池中的管道和设备挡道更让人讨厌了。首先，这些障碍物可能降低圆形养殖池的自清洁的有效性。在没鱼的情况下放水空转一下，目测检查养殖池是否在有效地旋转，有没有死角。还有在收鱼时进水口要便于取下，曝气装置也是如此。

圆形养殖池的操作方式是将水流沿着养殖池池壁的切向方向流入养殖池，使水流围绕养殖池中心旋转，形成旋转流。水流在鱼池底及侧壁之间的无滑移状态会产生二次流，二次流在池底具有明显的向直径内侧流动的趋势，在池面具有向直径外侧流动的趋势，如图4.13所示。这种沿养殖池底部向内的径向流动将可沉降的固体带至中心排水口，从而在圆形养殖池中产生了自净力。可是在这种圆形养殖池中，靠近中心排水口的区域将成为无旋区，速度低，混合差，颗粒物会沉降到池底。无旋区的大小取决于池壁附近流入的切向流、径深比和离开中心底部排水沟的总体流速。因为这种无旋区的存在，某些位置会产生小的环流，导致水质产生梯度差（尤其是溶解氧水平），以及产生颗粒物沉降的相对静止区。

圆形养殖池的自净力在一定程度上与离开中心排污口的流速有关。此外，颗粒物的去除程度还取决于鱼通过自身运动来搅动沉降物重新悬浮的程度。这在一定程度上解释了为什么鱼类密度较低的养殖池不能像密度高的养殖池那样清洁效果好。此外，由于水产养殖产生的固体具有相对接近于水的特定密度（通常为1.05～1.20），向中心排水口倾斜的池底并不能改善圆形养殖池的自净力。斜底只有为了维护养殖池而需要排干时才有用。

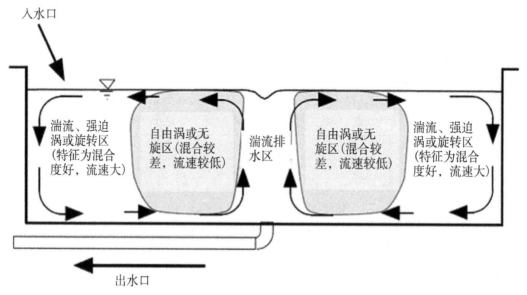

图4.13 主旋转流（未显示，但通过向池壁注入切向流而形成）产生二次流，二次流呈放射状流动（如图所示），并将可沉降的固体带向池底中心的排水口，这种现象称为"茶杯效应"

旋转流速可以通过进水口结构的设计来控制，同时流速不能超过鱼的养殖要求的速度。相关研究报道了通过改变进水压力（F_i）可以在很大程度上控制养殖池内的流速，该公式为：

$$F_i = \rho \cdot Q \cdot (V_{orif} - V_{rota}) \qquad (4.5)$$

进水口的推动力很大程度上在产生旋转区内的湍流和旋流时浪费掉了，如图4.13所示。推动力和由此带来的旋流可以通过调节入口流量或入水口的大小或数量来调节。Paul T C 在1991 年报道，养殖池的旋转速度（假设为外边缘的平均速度）大致与入水口处的流速成正比：

$$V_{rota} \approx \alpha \cdot V_{orif} \qquad (4.6)$$

其中，比例常数（α）一般取值为 0.15~0.20，取决于入水口结构的设计；另一些报告称，对于养殖池总的平均流速的 α 值为 0.04~0.06。

入水的方式已经被证明会有影响：

- 养殖池内流速分布的均一性；
- 沿池底向中心排水口的二次径向流的强度，即养殖池将可沉降颗粒物移至中心排水口的能力；
- 池水混合的均一度。

通过公式4.5，你可以根据养殖池内期望的流速预测入水口的流速。在垂直入口管的第一个孔上安装一个支管，你可以通过观察水头（水压）来调节流速。假设靠近池壁的流速等于上面提到的入水口流速的15％或20％，你可以调整进水管的孔数和孔面积，以达到想要的入水流速来实现所需的养殖池流速。注意，在康奈尔双排水养殖池中，池内的平均流速将低于外墙附近的流速，因此，越向中心越能获得令人满意的流速，也就变成了中心排水。在使用 Labatut R A et al 在2007 年中所述方法构建进水管之前，你可以在纸上估算出池壁处的水流速度。如果支管紧靠第一个孔上方，则所需的动压头为 $1.5H$（$H = V^2/2g$；V 为入水口处速度，g 为重力加速度：$9.8m^2/s$；有关流体力学的更多信息，请参见第12章）。更多信息见图4.14。

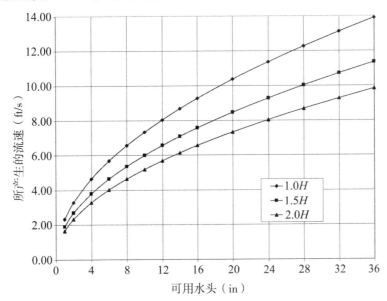

图4.14 不同的水压对应着不同的入水口流速，通常所需的入水口水头为 $1.5H$

有学者比较了圆形养殖池外半径切向注入水流后的养殖池水力学：

- 传统的开放式管头；
- 一种短的、水平的、处于水下的进水管的轴面朝向养殖池心，沿其长度方向等距开孔（开孔方向与水面呈30°朝下）；
- 一种垂直浸入式分配管，沿其长度有均匀间隔的开口；
- 同时具有垂直和水平分支的入口流量分配管。

开放式管道入口会在养殖池内产生不均匀的速度剖面，例如沿池壁的速度剖面流速较高，无旋区混合不良，固体颗粒重新悬浮于整个养殖池，以及底部固体物排出效果不佳。水平浸没式管道入口有效地改善了整个养殖池内的水混合，但会造成较弱以及不稳定的底部水流（用于清理固体）。垂直淹没式进水管比开放式管头和水平浸没式具有更好的自净力，但底部流速过强（负责去除颗粒物），也会导致无旋区混合度较差和短环流，降低水流交换的效率。

采用垂直分支和水平分支相结合的进水管，可以使得养殖池池水得到最大程度的均匀混合，如图4.15所示，必须将进水管放置在离墙壁稍远的地方，以便鱼能在管道和池壁之间游动。这种设计方法是一种达到以下目标的有效方法：

- 均匀混合；
- 防止水流形成短回流；
- 沿养殖池的深度和半径产生均匀的速度；
- 有效地将固体废弃物输送到池底，排出中心排水口。

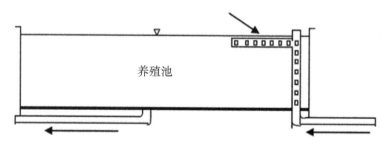

图4.15 通过水平和垂直入水管上间隔均匀的开口（孔或槽）将水注入养殖池，可产生更均匀的水平流和径向流、更均一的混合度以及更好的固体去除率

对于直径大于6m的大型圆形养殖池，在养殖池不同的位置放置多个进水管，可以提高颗粒物去除速度和水质均一性，更方便肉眼观察。最近经验表明，使用垂直进水管时，将出水口与池壁呈45°时效果最佳。这产生的水流模式足以替代水平进水管。相比垂直管道，水平管道会干扰收集和取样活动。有学者提出了更高效的入口分布解决方案，进水口可直接建在玻璃纤维养殖池的壁上，可以方便调整进水口的朝向和方向，省去了垂直或水平进水管结构的烦琐，为控制水的旋转速度提供了一种有效的方法。

读者可参阅关于圆形养殖池的设计和进水管结构的大量文献以获得更多信息: Burrows R，Chenoweth H，1955;Larmoyeux J D，Piper R G，Chenoweth H，1973;Wheaton F W，1977;Klapsis A，Burley R，1984，1985;Skybakmoen S，1989;Tvinnereim K,Skybakmoen S,

1989; Paul T C et al., 1991; Goldsmith D L, Wang J K, 1993; Timmons M B, Summerfelt S T, Vinci B J, 1998; Summerfelt S T, Timmons M B, Watten B J,2000a; Summerfelt S T, Davidson J T, Timmons M B, 2000b; Summerfelt S T, Bebak-Williams J, Tsukuda S, 2001; Davidson J, Summerfelt S T, 2004。

4.6.3　出水结构

　　圆形养殖池在底部和中心位置集中了可沉淀颗粒物，如粪便、饲料粉末和残饵。养殖池中心是放置排水口的较为合理的位置。底部中心排水口应设计成可连续清除可沉降颗粒物，并能够定期清除在底部中心排水口聚集的死鱼。通过连接到养殖池（图4.16）里面的或外面（图4.17）的溢流堰，底部中心排水结构也用于水位控制。

　　当在养殖池内部使用中心立管时，可以将其设计成既可以将可沉淀颗粒物捕获并存储在排水口附近（可在那里进行间隔冲洗），又可以从养殖池底部连续提取可沉淀颗粒物。用一根中心立管实现连续提取沉降性颗粒物和控制水深时，就需要使用两根同心管。外部管道底部有孔槽或外部管道鱼养殖池底部有间隙，将水流从养殖池的底部和内管作为堰以控制养殖池内的水深，如图4.16。

　　早在1933年，Surber E W 就提出了自清洗中心立管的用法。图4.16所示为建议的设计，在外管底部和池底之间设计一个可调节的间隙以增加吸力，使在池底沉淀聚集的颗粒物随着水流离开池底。两个管道之间的环形空隙应精确设计以产生足够大的流速（0.3～1.0m/s，取决于颗粒的大小和密度），使颗粒物进入内管顶部。结合了这些原理的一种专利方法为使用环形飞碟板来增强对颗粒物的吸附聚集作用，如图4.18所示。

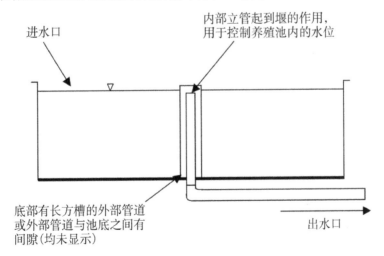

图4.16　内部立管布置。一根由两根管道组成的内立管，既可控制水深，又可清除池底的固体：外管用于从池底排出水流，内管用于设置池内水深

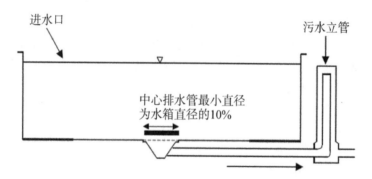

图4.17 外部立管布置。底部为有孔板或筛网的中央排水口，将鱼排除在外，使用外部立管来控制水深。立管不但易于接近，而且可避免养殖池中央出现障碍物

将沉淀物吸入排水口是至关重要的。经验表明，底部排水口的直径须为圆形池直径的10%左右（见图4.17）。从捕集点到外排管口之间的距离要尽量短以防止固体沉降在池底排污管。中央的小锥底可以达到目的（如上所述），但同时需要另一块板盖在锥底上并抬起一定的间隙，以便产生足够大的吸力。

图4.18 由Lunde T, Skybakmoen S, Schei I 在1997年开发并获得专利（美国专利号5636595）：固定在底部中心排水沟上方的实心环形出水孔板，用于挡住鱼和去除颗粒物

使用外部立管控制水深，用穿孔板或筛网（图4.17）覆盖底部中心排水口，这可以挡住鱼并排出颗粒物。排水口的过滤材料采用耐腐蚀的物质，如铝、不锈钢、玻璃纤维或塑料制成的穿孔板。我们建议使用水平长方孔而不是圆形孔板，因为这些长方形孔更容易清洁，有更大的开放面积，而且不像圆孔那样容易堵塞。表4.3的孔槽的大小是基于鱼的体长大小给出的。

表4.3 水平长条形槽的大小取决于要拦截的鱼（没有指定鱼的种类）的大小

槽孔大小	鱼的大小(g)
1.6mm×3.2mm	≤0.45
3.2mm×6.4mm	0.45～2.3
6.4mm×12.7mm	2.3～15
12.7mm×19.1mm	>15

理想情况下，覆盖在中心排水管上的过滤网的开口应该足够小，以防止吸入鱼类，同时又要足够大，以不至于被饲料颗粒或粪便堵塞。当排水口前面的区域流速太大时，鱼类无法逃离，就会发生鱼在排水口被吸住的情况。在出口开放处放置一个筛网，这样水流在筛网外的速度不大于30cm/s，从而使得鱼受到的影响最小。根据品种和养殖阶段，特定情形下，特别是小鱼的水流速度需不高于15cm/s，如表4.3。这些水流通过筛网隔离后其外部的流速明显下降，不会产生较大的吸力，从而使鱼类受到的影响最小。

更多信息可以从有关出水口设计的文献中得到：Surber E W, 1933, 1936; Burrows R, Chenoweth H, 1955; Larmoyeux J D, Piper R G, Chenoweth H, 1973; Piper R E et al., 1982; Klapsis A, Burley R, 1985; Josse M, Remacle C, Dupont E, 1989; Skybakmoen S, 1989; Tvinnereim K, Skybakmoen S, 1989; Pankratz T M, 1995。

4.7 康奈尔双排水设计

圆形养殖池可以当作涡流沉淀器来管理，因为它们能够将固体颗粒物集中在底部中心。集中在底部中心的颗粒物可以通过底部中心排水管的小部分水流去除，而大部分流量通过高位排水处排出。Cobb W W, Titcomb J M（1930）和Surber E W（1936）是最先报道使用第二种底部排水法来清除沉积在圆形养殖池中心的颗粒物的人。最近据报道，沉积物在养殖池中心底部排出的水量占总量的5%～20%，养殖池中其他的水体（大约占总量的80%～95%）从侧壁排水口排出的至少有两项双重排水口设计的专利申请：

- Lunde T, Skybakmoen S, Schei I（1997），Particle trap, US Patent # 5636595；
- Van Toever W（1997），Water treatment system, US Patent # 5593574。

两个排水口的位置通常位于养殖池的中心，然后利用"茶杯效应"和养殖池中心排水时整体水流的强度排出池水。这是颗粒收集器制造商所采取的方法，都将底部排水和高位排水置于养殖池的中心。颗粒捕集器（图4.18）努力将大多数可沉降固体通过捕集器板与池底间的间隙集中到捕集器中。

康奈尔双排水法具有重大的经济影响。当使用这种方法时，颗粒物的去除成本更多地取决于处理过的流量，而不是处理过的废水的颗粒物浓度。通过只用10%～25%的水流量将大部分固体废物集中在养殖池底部中心并排出，处理成本成比例降低，而处理效率得到提高。

图4.19和图4.20所示的康奈尔双排水法的养殖池与其他双排水设计有很大的不同，因为

它是唯一一种通过侧壁的排水口排出大部分水的设计，而其他的双排水法都将两个排水口放置在养殖池中心。

采用康奈尔双排水法设计，基本上降低了中心旋涡的强度，当所有的水流都从圆形养殖池的中心排出时，特别是当养殖池换水率接近或超过每小时1次时，中心旋涡的强度会非常强。在这些情况下，中心旋涡可以强大到在养殖池中心产生一个向上的水流速度，从而拥有足够的力量将沉淀的固体拉回到养殖水体中，导致沉淀的颗粒物"羽流"化上升。由于离开中心排水口的水流仅占从养殖池中流出的总流的10%~25%，所以康奈尔双排水法也降低了靠近中心排水口的流速。结果，在换水率大于1时，鱼类在康奈尔养殖池中的分布比在传统双排水法和单一排水的养殖池中更加均匀。这是一个关键的优势，因为鱼能有效地利用整个养殖池的容积。在传统的双排水养殖池中，常常可以看到中间三分之一的水池没有鱼。

图4.19　康奈尔双排水系统（40000加仑养殖池，总流量1200gpm，来自淡水研究所）

图4.20　从跑道养鱼区清理出来的部分固体在静止区域沉降。必须手动清除沉淀的固体颗粒。图示为位于宾夕法尼亚州纽维尔市的宾夕法尼亚鱼和船委员会Big Spring养殖场

淡水研究所（Shepherdstown, WV）和康奈尔大学进行了一项康奈尔双排水设计的研究。淡水研究所按体重的1%进行投喂养殖密度为60kg/m³的虹鳟鱼。康奈尔大学采用足量投喂法投喂养殖密度为90kg/m³、每条500g的罗非鱼。研究目的是可沉降颗粒物的分级和养殖池混合情况，淡水研究所使用直径3.66m（12ft）、高1.22m（4ft）的康奈尔双排水圆形养殖池，康奈尔大学的为直径2m（6.5ft）、高1m（3.2ft）的康奈尔双排水圆形养殖池。养殖池换水率为每小时1~7个池水量，通过底部排出的水流分别占总流量的5%、10%以及20%。

在不同大小的养殖池中，在有鱼和无鱼的情况下做过多次实验，康奈尔双排水养殖池的

去污能力已得到充分确定。将直径3mm、比重为1.05的PVC圆柱小球加入有鱼的养殖池中。通过反复的进排水实验来测量换水率（换水率分别为1和2），径深比（12:1,6:1,3:1）以及底部排水占总流量的百分比（5%、10%、20%）间的函数关系。对所得数据使用非稳态质量平衡进行分析，并量化底部中心排水管通过的固体冲洗量，以及和由简单稀释与沉降作用及径向流动动力学产生的固体输送相比较。

经验法则

选择中心排水流量的最大值：

a）6Lpm/m² 底部（混合跑道池：16Lpm/m²）；

b）HRT中心排水<200min；

c）养殖池总流量的10%～15%

通过底排和侧排的水流的总悬浮颗粒物（TSS）浓度也会被测量，并且用商用微滤机处理这些水流。淡水研究所收集的数据结果表明，康奈尔双排水法养殖池将大部分TSS集中在底流中。通过底排水排放的TSS浓度平均为（19.6±3.6）mg/L（±为标准误差），而从侧壁排放的TSS浓度平均仅为（1.5±0.2）mg/L。这表示从中心排放的固体浓度增加了13倍。实际上，就TSS而言，侧壁排水口排出的水质是最好的，这是由于固体颗粒不断向中心排水口移动，而且入水口也是在养殖池的外缘处。侧壁排放量占总流量的80%～95%，但TSS浓度仅为1.5mg/L，这可能不需要进一步处理，而且根据大多数州和联邦法规，很可能可以直接排放。通过商用微滤机对底部排放的水流进行进一步处理后，去除了82%（±4%）的底部排放的TSS，最终平均只有（3.5±0.8）mg/L的TSS随着底部水流进入到循环中。在循环系统中，研究者发现，径向流动沉降单元可以用于去除康奈尔双排水法养殖池的底部中心排水口排出水流中大约80%的TSS。

下面将讲述底部排水流速将如何影响大型康奈尔养殖池（大小分别为10m³和150m³）中的固体冲洗、水流混合以及水体流速剖面。结果表明，在鱼类密度较高（90～98kg/m³）、20～32min交换一次池水的情况下，10m³和150m³康奈尔双排水法养殖池均实现了相对均匀的混合效果。混合效率在很大程度上归因于鱼的密度，而不依赖于通过底部中心排水流排出的养殖池流量的百分比。研究发现，从每个养殖池冲排出的可沉降颗粒物的速度与流出底部中心排水道的水流和养殖池内水的旋转周期有关。研究发现从康奈尔双排水养殖池中快速去除固体的最佳水流速度是在1.3～1.7min内，每平方米的养殖池平面面积通过底部排水口的流量至少为5～6Lpm，即换水率为每小时2个量次达到0.12～0.15gpm/ft²。后来淡水研究所证明,当养殖池换水率下降到1时，需要更大的加载面来达到所需的更大的流入量（更大的水力停留时间）。因此，需要使用上述"经验法则"框中的3个标准来达到最大的流量。

当使用康奈尔双排水法时，底部流只占总流量的5%～20%。所以如果需要满足严格的州或联邦排放法规，这部分水流进一步可以通过微滤机、沉淀池、湿地或沙过滤器处理以达到要求。因此，传统循环水产养殖系统可以通过安装康奈尔双排水结构从水流中捕获去除更多的固体废弃物和磷，而不是在典型的跑道式养殖池中的静止区域或者沉淀区收集去除。此外，当在部分再循环系统中使用康奈尔双排水法时，这些系统能够支持较高的生产密度，同时提供均匀健康的水质、优化的水流速并能高效、快速与温和地去除水中的固体。这种类型的部分再循环系统将能够捕获养殖过程中产生的大约80%的固体废弃物，这通常比在循环水产养殖跑道（例如捕获50%固体废弃物）中去除固体废弃物的效果更好。此外，相对于需要更大流量的养殖跑道而言，在相同的年产量时循环水产养殖用于去除固体废弃物的装备更小且运行时也更加便宜。这些方法的组合为集约化养殖提供了有效且高效的废弃物处理方法。

4.7.1 固相去除的理论基础及实际应用

理想的理论平均停留时间（MRT_{ideal}），即完美混合均匀，或水力停留时间（HRT），可以用养殖池容积（V_{tank}）和通过养殖池的流量（Q）来计算：

$$MRT_{ideal} = \frac{V_{tank}}{Q} \qquad (4.7)$$

由于排水口附近的固体浓度较高，这些固体将通过质量或者简单的HRT和浓缩因子k从养殖池中去除。对冲洗机制影响较为重要的两个因子可以描述成鱼富集因子相关的函数：

$$\Phi_{enrich} = \frac{k}{\left(k + \dfrac{Q}{V_{tank}}\right)} \cdot 100 \qquad (4.8)$$

在没有外源进入或者积累的情况下，固体的去除可以用一种不稳定状态下的质量平衡来描述，由于沉降和径向流动的共同作用，这种质量平衡被描述成流向排水口的部分和底部排水处固体收集部分，以上都假设养殖池侧壁排水口排出的固体质量忽略不计。这样做是为了区分两种不同的将固体输送到排水口的机制：

去除量=-排出量（主排）-排出量（富集）　　　（4.9）

或者更加详细些的公式：

$$V_{tank} \cdot \frac{dc}{dt} = -Q_{out,\,b} \cdot C_{out,\,b} - k \cdot C_{out,\,b} \cdot V_{tank}$$

$$= V_{tank} \cdot \left\{ -\left(\frac{Q}{V_{tank}} + k\right) \cdot C_{out,b} \right\} \qquad (4.10)$$

综上得出一个方程式，可以用于实时模拟通过底部排水去除固体颗粒：

$$C_{out,\,b}(t) = C_{out,\,b}(t=0) \cdot \exp\left[-\left(\frac{Q}{V_{tank}} + k\right) \cdot t\right] \qquad (4.11)$$

注意，均匀分布的污染物的去除仅仅是由质量作用决定的，即养殖池的换水率Q/V：

$$C(t) = C(t=0) \exp\left[-\left(\frac{Q}{V_{tank}}\right) \cdot t\right] \qquad (4.12)$$

现在，通过上面的方程中可以看出，k值（一阶富集常数）是如何随着养殖池换水率变化来改变固体去除能力的。

可以通过作为指示器的小球从底部排水口被冲洗的速度以及径向流的相对强度来测试估算k值。在淡水研究所和康奈尔大学的实验中，在换水率为2、径深比值为3∶1以及6∶1的养殖池中进行了强径向流动和快速固体冲洗实验。然而有一个非常重要的结果是，在低换水率时固体的去除效果并不理想。在换水率为1时，沉淀物经常沉淀在养殖池排水口的底部，但没有排出。随着径深的比值变大（更浅的养殖池），固体去除率将会随之降低。径深比为

12：1的养殖，即使在换水率达到1小时2个交换量时，也不能有效地排出固体。在这些实验中，径向流动将可沉降的固体输送到养殖池的中心部分，但是养殖池的中心部分的水流速非常低，以至于这些固体的很大一部分在中心排水附近的区域内沉降。积存的固体通常靠近中心排水口，因此拉动调节底部到中心排水口流量的外部立管，即使时间不超过1分钟，通常也会产生足够大的流量来冲洗这些积存的固体。另外，鱼的存在将改善该地区固体颗粒的去除效果。

在将固体运输至池底中心排水的效果上径向流动作用比质量作用要大得多。然而，进水口的流量以及因此而产生的养殖池总HRT也起到了一定的作用，为了产生足够大的径向力来将固体移到中心，必须维持一定的最小HRT。如上所述，虽然较深的养殖池在这个速度下比较浅的养殖池更成功（径深比<6），但换水率为1时，对固体的清除效果并不大。

很明显，随着养殖池深度的增加（或径深比的减小），较深的养殖池的富集系数随之升高。这也表明，以前建议使用径深比在5和10之间的养殖池应该根据这些结果重新考虑。以 k 值和 $k/(Q/V_{tank}+k)$ 为特征的富集量增加为基础，显然养殖池径深比小于5，甚至低至2时可能更适合。这些数值非常重要，因为这肯定会影响单位水体中的鱼的数量。同时，鱼类行为学特征也必须考虑进去，比如比目鱼需要底部空间，而罗非鱼则垂直分布在整个水体中。

4.8　跑道式养殖池

跑道式养殖池主要与大马哈鱼的养殖有关。继续尝试将RAS应用于跑道式养殖，结果好坏参半。跑道的支持者通常会为跑道的设计辩护，因为它们能够更好地利用地面空间，更容易处理和分类鱼。它们的缺点是在特有的操作模式下不能够快速进行自我清洁，这会增加溶解在水体中的营养物以及cBOD。维护保养跑道时需要过于频繁的工作（图4.20），即每周甚至每天对必须放置在跑道某处的沉降区域进行多次清理。在这个图中，我们可以看到工作人员正在清理将鱼限制在跑道内的栅栏。这准确地说明，特别是这些用作栅栏的固体材料表面是需要经常清洗保养的。因此，尽量不要在养殖池内放置材料。

在有大量的地下水可以供于养殖的地区，跑道式养殖池是最常见的养殖池设计结构。例如，爱达荷州的千泉地区盛产虹鳟鱼。在爱达荷州，跑道尺寸通常为3～5.5m宽，24～46m长，0.8～1.1m深。跑道的长宽比通常为1：10，深度小于1.0m，并且需要较高的换水率，例如：每10～15分钟换一池水。

跑道式养殖池依靠这种高换水率来维持水质从而确保鱼类的生长。水从一端进入跑道式养殖池，并以水平流动的方式通过跑道，而且反向混合幅度小。因此，最好的水质存在于养殖池的前段，即水进入的地方，然后沿着跑道的轴线向出口逐渐恶化。鱼类经常拥挤在入水口处或者远离高浓度污染物的出口端以获得较高的氧气浓度。在喂食的时候，鱼也会挤到喂食者的身边，因为饲料在跑道式养殖池中也比在圆形养殖池中更难分布均匀。

跑道式养殖池的流速通常为2～4m/s，这不足以有效地清除养殖池内的沉降固体。因此，必须经常维护清洗养殖池。有多种方法可以用于提升固体沉淀物的去除效果，例如在跑道上放置周期性挡板来人为地增加速度（20～40cm/s或10倍的原跑道水流速度）和起清扫作用。然而，为了服务养殖的鱼类，必须移动这些挡板，这也为底部生物污泥的生长提供了温床。在实践中，跑道的管理是基于它们的氧气要求设计的，而不是它们的清洁要求。从无挡板的跑道上冲洗固体所需的流速要远远大于提供空气中氧气所需的流速。在实际操作中，跑道式养殖池不能产生适合鱼类健康、肌肉张力和呼吸最佳的流速。

由于实现清洗速度所需的流量与供氧所需流量之间的差异巨大，设计时基于最小化横截面积来提高最大流速。因此，许多跑道系统是串联运行的，上游跑道的排放作为下游跑道的进水。水可以在沟道段之间进行处理，以恢复特定的水质参数而用于后续下游的利用，例如氧气的添加、二氧化碳的去除。低水头氧合器（low head oxygenators, LHO）在这类应用中已经变得很流行。LHO 的配置各不相同，但在操作上基本相同。这些单元由一个位于多个（5～10）矩形室上的分布板组成，如图 4.21 所示。

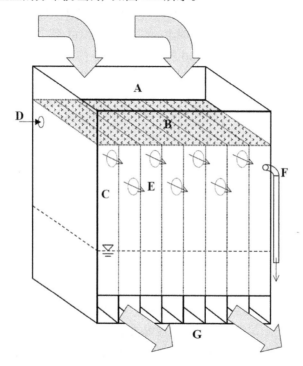

图 4.21　低水头氧合器（LHO）在跑道式养殖池中被普遍采用，以恢复串联跑道中的氧浓度
　　　　A：进水挡墙；B：分水板；C：气室；D：进气孔；E：气室间通道；F：出气孔；
　　　　G：出水孔

水流过跑道尽头的水坝板，或者从室内的养殖池中向上泵出，通过增氧装置，然后从矩形的养殖池中流出。这些养殖池提供了混合气体（氧气）所需的气液界面。流落的水流进每个室底部的收集池，然后水流从每个室等量流出。纯氧通过一系列单独的室从而被引入外部或第一矩形室，最后以低得多的浓度排放到大气中。每个矩形腔室都是密封的，腔室之间的单孔大小和位置合适以减少腔室之间的反混合。这些设备在第 10 章中有完整的描述，附录中给出了一个计算机程序来预测它们的性能。

为了最大限度地利用建筑空间、降低成本，跑道式养殖池可以并排建造以共用池壁，如图 4.22 所示。然而，在没有共用池壁时，跑道式养殖池由于较大的纵横比，同等容积下跑道式养殖池墙体长度是圆形养殖池的1.5～2.0倍。圆形养殖池在结构上也能更好地承压，因此，相比矩形储罐，可以使用更薄的壁。

图4.22　跑道式养殖池通常是并排建造的，有共同的池壁。该跑道略微倾斜，因此每个跑道可以被分成几个部分，水在从一个部分流到另一个部分时被连续地重复使用

通常在养殖池的末端放置一个没有鱼的静置区，以收集从养鱼区清理出的可沉降颗粒物。在许多大型鳟鱼养殖场，这些固体废弃物收集区是清除固体废弃物以满足排放许可证要求的主要手段。这些沉降区的维护通常占整个鱼类作业总劳动的25%。

4.8.1　混合单元跑道式养殖池

读者应该很清楚，因为圆形养殖池具有提高水速、水质均匀和良好的固相去除特性的优点，所以我们强烈支持使用圆形养殖池。尽管如此，作者依然不得不承认，与传统的圆形养殖池相比，跑道式养殖池能更好地利用池底空间，更容易处理和分类鱼类。它们的主要缺点是需要大量的水、高换水率和有限的自清洁能力。在实际操作中，跑道式养殖池不能产生最佳的适宜鱼类健康、肌肉张力以及呼吸的流速。即使使用较低的换水率和速度，跑道式养殖池的使用也受到严重的限制，因为无法获得大量高质量的水源。另外，人们越来越担心跑道式养殖排出的大量难以处理的废水，对外界水环境造成影响。

这个问题的第一种解决方法是混合流养殖池，这是结合了圆形养殖池和跑道式养殖池的理想特征的设计。水通过浸入式歧管（一根分成多根的管道）均匀地分布在养殖池的一侧，并在养殖池的另外一侧由浸入在水中的穿孔的排水管道收集。

第二种解决方案是将跑道式养殖池转换成一系列反向旋转的混合单元。混合跑道单元的概念最初是由Watten B J、Honeyfield D C、Schwartz M F（2000）提出的，目的是消除代谢物浓度梯度，增加流速，并在低水交换率下改善固体冲刷效果。研究者修改了一个14.5m长、2.4m宽的标准跑道段（图4.23），创建了6个反向旋转的单元，每个为2.4m×2.4m。在每个单元的角落都安装了带有射流端口的垂直管道，并以切线方向注入水流，以达到旋转循环的效果。在鱼类拥挤或分级作业期间，可以将管段移出水面。水从位于中心的排水管排出。

该设计的基础是，进水垂直于养殖池池壁喷射，有足够大的力量围绕每个单元的中心排水口建立旋转循环。因此，对标准跑道截面进行修改，创建一系列水平反向旋转的混合单元，单元长度等于跑道宽度，如图4.23所示。

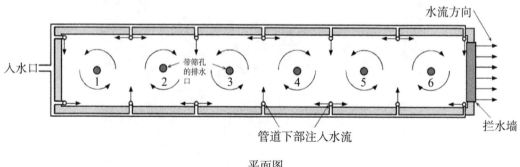

平面图

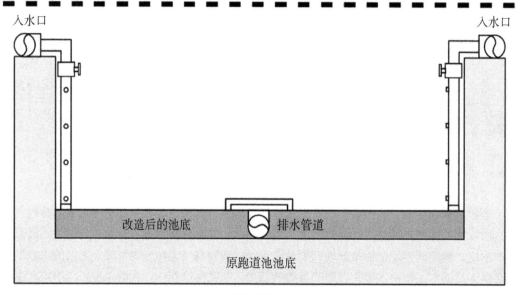

剖面图

图4.23　混合单元跑道式养殖池示意图

在自然保护基金淡水研究所现有的温室中建造了1个尺寸约为16.3m×5.44m×1.22m（54ft×18ft×4ft）的混合单元跑道式养殖池原型，创造了3个混合单元。基本的设计理念是将跑道作为一系列方形/八角形养殖池来运行，每个养殖池都有1个中心排水口，用于连续清除固体和污泥。每个单元从延伸到池底的4个垂直管道组（垂直管）进水，这些管道位于每个单元的角上和相邻单元的交点处（图4.24和图4.25）；其中4个管道组同时向2个单元供水。水从每个水管的几个孔口处（或射流口）高速流入，在养殖单元内建立旋转循环，相邻单元向相反方向旋转。每个单元的底部都有1个排水口，排水口位于单元的中心，与排水管道相连，排水管道将固体和污泥排入沉淀池。然后，这与康奈尔双排水系统的概念相结合，其中10%～20%的总流量从底部的中央排水管中移出，80%～90%的流量从侧面排水管中移出。最后，从中心排水沟中清除可沉淀的废物和污泥，并收集到沉淀池中。

有学者进行了一系列实验，评价了喷嘴直径和底中心排水速率对混合养殖池转速大小与均匀性的影响。评估了3种喷嘴直径（10mm、15mm和20mm）和3种底部中心流量（0mm、15mm和20mm）。混合养殖池中转速的测量是在离养殖池池底5cm处进行的。喷嘴直径对转速大小有极显著的影响（$P<0.01$），而底部流量百分比对转速大小无显著影响（$P>0.05$）。此外，研究结果还表明，喷嘴直径和底部流量的比例对径向剖面的转速均匀性没有影响。

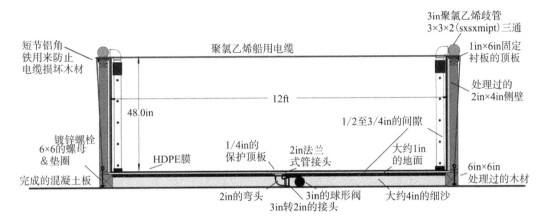

图4.24　混合单元跑道式养殖池的横截面显示了施工细节、管阀组、垂直管阀组和排水管细节

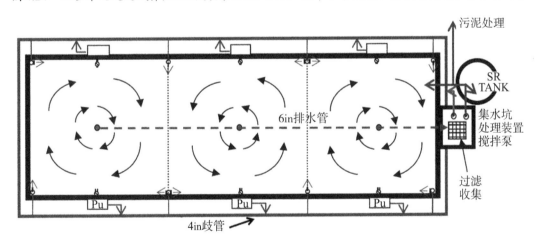

图4.25　混合跑道式养殖池布局和水流示意图

也有研究表明，射流的动量是推动养殖池水体循环流动的主要动力，因此射流速度和喷嘴直径成为控制的主要变量。他们发现，在喷嘴直径保持不变的情况下，射流速度对转速的线性影响仍然有效。研究结果表明，在射流速度不变的情况下，混合养殖区的转速随喷嘴直径的变化呈对数趋势相关。将线性模型和对数模型相结合，构建一组等截面曲线，预测转速与射流速度和喷嘴直径的关系（图4.26）。在需要特定转速的情况下，等截面曲线可用于混合单元跑道式养殖池的设计。

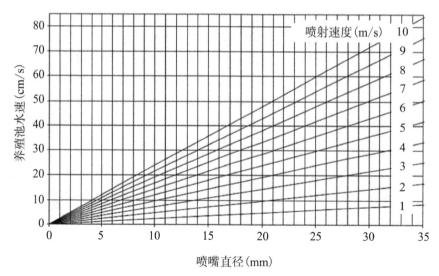

图4.26 预测不同喷嘴直径和射流速度下等截面的平均转速曲线。该图是根据底部旋转的水流流速绘制的，其范围从0~20％不等，水深为1.15m，混合池径深之比为4.8∶1

混合单元跑道式养殖池（mixed-cell raceway, MCR）受到持续关注，并开始应用于商业生产。研究者利用计算流体动力学（computational fluid dynamics, CFD）研究了混合单元跑道式养殖池的运行特性。有学者使用CFD改进了混合单元跑道的推荐操作条件。研究表明，堰体展弦比（大部分水流通过堰体进口）影响了单元涡的形成和强度。与堰体几何效应不同，排水口尺寸对流体性能的影响不显著，对非常接近排水口的流速影响不大。虽然R（流出中心排水沟的流量与流入沟道的总流量之比）与涡强度、涡大小、自洁性能呈显著正相关，但对于不间断涡的形成，R为20.1％就足够了。过低的中心排出率或R值可能导致养殖区间没有意义的涡旋形成，然后排除MCR的任何自清洁行动。研究者的发现关键点是，为了维持有效的涡形成，需要一个20％的R值。更明确地说，这是为保持中心排水率在每个养殖区间里达到16.3Lpm/m²（每个区间0.40gpm/ft²）。

作为设计示例，换水率大约0.5，本例中的跑道只需要0.74m³/min（250gpm）的流量。这是通过两个0.95kW（1hp）的泵完成的，泵将水从跑道两端抽走，注入环绕跑道顶部7.5cm（3in）的管汇中。水从位于表面以下约25cm处的5cm（2in）PVC管道口或另一端的端侧壁排水管道中抽出0.13m³/min（35gpm）的流量，约15％来自3个底部排水口，在污水坑排水口使用1个较小的0.375kW（1/2HP）潜水泵。

出于设计目的，假设养殖池的平均速度为10cm/s，以确保足够快的旋转速度将废弃物颗粒和残饵移动到中心排水口。从图4.17中可以看出，对于养殖池10cm/s的平均转速，所需的入水口流速约为4m/s。达到这个射流速度所需的测压头由文献（Brater E F, King H W, 1976）描述的公式计算得到：

$$V_o = C_d \sqrt{2 \cdot g \cdot h} \qquad (4.13)$$

此处：

V_o——喷嘴排出速度或射流速度（m/s）；

C_d——喷嘴流量系数（0.93，没有固定量）；

g——重力加速度（9.81m/s²）；

h——测压管水头，即喷嘴上游压头（m）。

通过对4种不同压头的射流端口进行一系列流量测量，得到了喷嘴的 C_d 值。实验的细节和数据由文献（Labatut R A et al., 2005）给出。该文献报道的 C_d 平均值与这类相关文献值一致（Brater E F, King H W, 1976）。利用公式4.13，射流速度为4.0m/s，C_d 为0.93，计算所需的测压头为1.0m。

系统设计的一项要求是保持每小时0.5倍养殖水体的换水率，即系统总流量为0.74m³/h。为了保持射流速度和流量不变，可以将公式4.13修改为包括喷嘴流量和喷嘴截面面积，求解所需喷嘴直径：

$$Q_o = A_o C_d \sqrt{2 \cdot g \cdot h} \qquad (4.14)$$

和

$$A_o = \pi D_o^2 / 4 \qquad (4.15)$$

此处

Q_o——喷嘴流量（m³/s）；

A_o——喷嘴截面面积（m²）；

D_o——喷嘴直径（m）。

用总流量除以50得到的喷嘴流量为 1.48×10^{-2} m³/s，50是混合跑道式养殖池配水系统中喷嘴的数量。同时，为了使射流速度保持在4.0m/s，使用了前一步计算得到的压头（1.0m）。最后，公式4.14和公式4.15中剩下的唯一未知项是喷嘴直径，可以确定喷嘴直径约为10mm。

图4.27（10mm孔）显示了从混合养殖池中心开始0.5m宽的环状带的平均速度（水柱中3个深度的平均值）。这张图显示了一个几乎线性的速度剖面与距离中心排水管的距离和养殖池角落的显著清洗速度的函数。垂直方向的速度非常小，仅仅在排水口上方测量过，数值在2.2～2.8cm/s之间。养殖池的平均转速由所有测量值的平均值10.5cm/s估算，与初始假设和图4.18一致。

高密度养殖时需要高的换水率，即1700磅每分钟（450g/min）来提供大量的溶解氧需求，去除氨氮、二氧化碳和固体。通过将入射口的直径增加到20mm，增加0.74的水泵到7台来实现的。在商业生产中用两三台低扬程、高效率的轴流泵取代这些泵。图4.28所示为周向高清洗速度和中心排水沟附近低清洗速度的平均速度剖面。

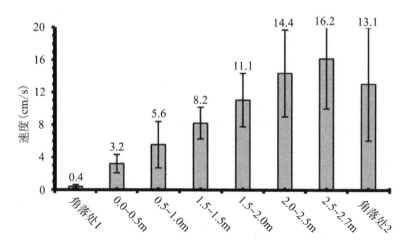

图4.27　3号养殖单元的平均流速剖面为孔板直径10mm，压力头100mm，循环速度为0.74m³/min（250gpm）或换水率约0.5，并从中心排水口中抽出15%

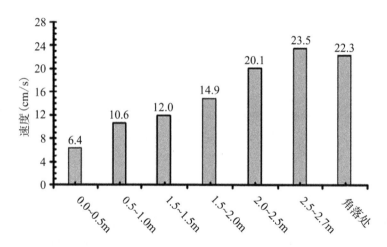

图4.28　3号单元平均流速剖面，孔口直径20mm，压力头135cm，循环流量为1700Lpm（450gpm）或换水率大约为2，从中心排水管中排出15%

　　与圆形养殖池相比，跑道式养殖池有几个固有的优势，包括易于分拣、分级、处理鱼和优化池底空间。这些研究的结果表明，在几种不同换水率情况下，冲刷固体并将其移向混合槽道每个槽的中心排水沟的底部速度非常好。无论是改造现有跑道还是设计1个新的生产系统，混合跑道式养殖池均显示出良好的潜力。

4.9　承载力

　　养殖池的生产效率可以通过增加养殖池的承载力来提高，简单地说就是在给定的饲养速度下能够支持的最大鱼类生物量。因为鱼类在呼吸过程中消耗溶解氧，故溶解氧通常是限制养殖池容量的首要水质参数。养殖池中可用溶解氧的数量取决于水流速度乘以其可用溶解氧浓度，即假设养殖池没有曝气或明显的光合作用，则进口溶解氧浓度减去最小允许溶解氧浓度。例如，假设水没有限制，溶解氧浓度是常数，使流速加倍，即换水率翻倍；养殖池的承载力提高1倍。然而加大流量的成本较高，大型泵、管道或水压的要求更高，这可能是不可行的，这将增加农场的固定和可变成本。另外，将流入养殖池的水中溶解氧过饱和也很受欢迎，而且通常是提高养鱼场盈利能力的一种更经济有效的方法。例如，假设最小允许出口溶解氧浓度为7mg/L，将进入养殖池的溶解氧浓度从10mg/L增加到16mg/L，将使养殖池的可用氧增加2倍，从而使其承载力增加2倍。

水流溶解氧过饱和，即使在低水头应用中，也可以通过许多不同的氧转移装置以低成本且有效的方式实现。在一个商业生产中，添加氧气的成本可以从下列养鱼场和鱼种的特定变量中估算：

- 每单位饲料耗氧量，例如每千克饲料耗氧量为0.25kg；
- 饲料转化率，如生产1.0kg鱼需要1.3kg饲料；
- 氧气溶解于水的效率，例如，必须提供1.0kg的氧气供氧，才能溶解0.6kg的氧气；
- 氧气的密度，例如，每千克氧气中有0.75m³氧气（在20℃和1个大气压压力时）；
- 氧气成本，例如，0.15美元每立方米氧气（在20℃和1个大气压压力时）。

例如，假设所有溶解氧的需要量都是由纯氧提供的，则上述每一个变量的估计值都被用来对耗氧成本进行简单的预测：

$$
氧气成本 = \frac{1.3\text{kg 饲料}}{1.0\text{kg 鱼}} \cdot \frac{0.25\text{kg } O_2}{\text{kg 饲料}} \cdot \frac{1.0\text{kg } O_2 供应的}{0.6\text{kg } O_2} \cdot \frac{0.75\text{m}^3 \ O_2}{\text{kg } \ O_2供应的} \cdot \frac{\$ \ 0.15}{\text{m}^3 \ O_2}
$$

$$
= \frac{\$ \ 0.061}{\text{kg}_鱼}
$$

在本例中（0.6kg O_2 表示传输效率的60%），生产1.0kg鱼所需的氧气的成本为0.061美元。在同样的饲料转化率下，每生产1kg鱼，鱼的饲料的成本就可能超过0.5美元，所以氧气的成本相对较低，远低于所需鱼类饲料的成本。因此，增加纯氧转运系统来增加养鱼池的承载力，可以通过在相同养殖池中增加鱼类产量，同时使用相对相似的劳动力需求来降低生产成本。

在氧气不再受限制后，其他鱼类代谢产物，如溶解的二氧化碳、氨和悬浮物等，会限制养殖池的承载力。鱼类消耗10mg/L的溶解量，就能产生大约1.0~1.4mg/L的氨氮、13~14mg/L的可溶性二氧化碳和10~20mg/L的总悬浮颗粒物（TSS）。如果没有某种形式的氨或二氧化碳的控制方法，当鱼类消耗大量溶解氧时，溶解的二氧化碳和非电离的氨的浓度可以迅速累积到有毒水平。研究者开发了一种方法来估计不受溶解氧限制的水的承载力。该方法使用质量平衡和化学平衡关系在溶解的二氧化碳或氨浓度限制到进一步耗氧量之前，来预测鱼类可以消耗的溶解氧浓度。因此，集约化养殖场可以使用水流，但不用担心氨气和二氧化碳的局限性（假设没有生物过滤或空气剥离），根据pH、碱度、温度和鱼的类型与生活阶段进行计算，这些物质累积溶解氧消耗大约为10~22mg/L。在达到这个累积需氧量之后，只有当溶解的二氧化碳和氨的浓度降低后，水流才能再次使用。

4.10 库存管理

养鱼场的产量也可以通过使用连续生产策略而不是批量生产策略来增加（大约增加1倍）。持续生产使养殖系统保持在或略低于其承载能力，通过全年的养鱼和收获可以获得养殖系统的最大经济生产力。此外，收获时为市场提供更加统一规格大小的鱼，能够增加商品的价值。一项全面生产实验表明，虹鳟鱼每8周养殖一次，每周收获一次，可以实现预期效果，即稳定的年生产（kg/y）与最大系统生物量（kg）之比（P∶B）为4.65∶1。许多商业农场以每年3∶1或更少的P∶B比率经营。采用提高商业农场P∶B的库存管理策略将显著减少产量成本。

连续的养殖和收获策略需要同时养殖几个大小群体，经常处理鱼，并改进库存核算技术。如果不使用自动化设备，这会给鱼类带来压力且增加人工成本。为了将鱼的处理和分级的成本降到最低，并将鱼受到的压力降到最低，将合适的机械装置用于鱼的大小分类、计数，并将它们移动到其他养殖池，这些应该纳入养殖池的设施设计中。简单地把鱼从鱼缸里捞出来，或用网把鱼挤在一起以便收获或分级是一个明显的解决方案。可以使用吸鱼机和分鱼机来实现更大量复杂的鱼的分级分类，这些设备沿着跑道式养殖池的长度向下移动，或围绕圆形养殖池的中心旋转。足够小的鱼可以游过分级栅，而较大的鱼则留在栅门后面。使用吸鱼机和分鱼机被认为对鱼造成的压力较小，因为它们将鱼捕捞出水面来处理。一旦被吸入，鱼也可以被诱导游过水道、管道或跑道，游到另一个压力相对较小的地方。吸鱼机可以将鱼快速转移到其他地区使用，相对而言使用网兜、吸鱼泵、网时需要注意安全。

手工分级设备，如箱形分级机在许多孵化场很常见，并已证明在小型农场运行得很好，在那些地方自动分级和计数设备的成本是不合理的。然而，在较大的养殖场，通过明智地使用自动化分级和库存跟踪设备，可以减少劳动力和鱼类的压力。常用的自动分级机有机械传动皮带分级机和辊式分级机。这些机械分级机通常需要在鱼经过施胶机构的一段时间内将鱼从水中放出。虽然机械分级会产生一些压力和创伤，但许多现有的商用机械分级机被认为能够安全、可靠和快速地对大量鱼类进行分级和计数。然而，正如所有的新技术一样，在购买这类设备之前，最好与使用过该设备的其他养鱼户进行核实。商业养殖中其他有趣的新的技术，如超声波、红外线和视频系统，可用来估计养殖池和网箱内的鱼的大小分布。这类库存跟踪设备有时可用于跟踪鱼类生长、饲料转化率（如果已知饲料输入和鱼类数量），并估计达到收获大小的鱼类的比例。

4.11 养殖规模

考虑在设计的养鱼场及其库存管理计划时，养殖池的数量和大小是重要的因素。现在养鱼场越来越普遍的做法是使用较少但相对较大的养殖池来满足养殖量的要求。例如，相关文献描述了最近挪威陆基的salmon-smolt养殖场如何将养殖池的数量减少到6~8个单位，与早期养殖场相比减少了很多。无论养鱼场位于何处，也无论养鱼场生产何种鱼种，很明显的是，数量较少（也许6~10个）但相对较大的养殖池，比使用数量较多（也许30~100个）

但相对较小的养殖池能更有效地增加养殖量。此外，当一个给定的养殖池体积可以用几个较大的养殖池而不是许多较小的养殖池来实现时，其他开支如设备和人工的成本就会降低。使用更少但更大的养殖池可以减少给水器、溶解氧探头、液位开关、流量计/开关、流量控制阀和污水立管结构的购买和维护。使用更少但更大的养殖池还可以减少分析水质、投喂饲料和执行清洁工作所需的时间。此外，在养殖池较多时管理鱼类的时间和后勤费用可能会变得相当昂贵。

然而，使用更大的养殖池获得的优势必须与由机械或生物原因导致的养殖失效所带来的更大的经济损失风险相平衡。即使在较大的养殖池中，在去除死鱼、分级和捕捞鱼类以及控制水流水力（例如流速、池混合、死区和沉降区）时，也会更困难。因此，如本章其他部分所讨论的，大型养殖池的设计必须恰当，以便对鱼类进行管理和对水流水力学进行控制。

4.12 去除死鱼

每天将死鱼从底部中心排水沟中取出是很重要的。鱼类养殖系统中的死鱼会对鱼的利润、鱼的健康、水质、固相物的去除以及养殖池的水位产生负面影响。商业养殖户需要一种简单而可靠的方法，用最少的劳动力消除日常的死鱼。有多种方法可以解决这个问题。如果可以的话，底部中心的排水系统可以使清除死鱼变得容易。当死鱼下沉时，它们被径向流带到底部中心排水口，在那里它们会被吸到外部立管室。

从深层养殖环境的底部去除死鱼和/或废物固体的方法已经被开发出来用于大型漂浮网箱，当这些漂浮网箱用塑料膜代替网时，便看起来非常像圆形养殖池。这些死鱼和固体颗粒物的去除方法可用于陆基圆形养殖池。

淡水研究所一直致力于开发实用、高效、省力的死鱼收集器，可将其纳入双排水颗粒捕集器装置中，去除死鱼的最基本的方法是将中心排水口滤网纳入双管中心柱系统的内管，如图4.20所示。外管由一根固定在养殖池池底上的水管组成，当内管被提起时，位于池底上方的大的排水口就能让死鱼通过外管。外部和内部同心管的尺寸在选择时应该既要紧密又要能够不相互影响。为了方便排出底部中心排水口捕获的死鱼，固定在中心的内管被拔起，以移除排水口处的死鱼。这就产生了一股水流，把死鱼带出鱼缸。这种排出死鱼的装置工作效果很好，但是，因为它需要在养殖池中放置一个中心柱，所以作者更喜欢一种更复杂的方法：使用一个气动活塞将中心筛网抬起，将死鱼从养殖池中冲出来，如图4.29所示。采用气驱冲洗系统工作良好，在使用收获时不会堵塞养殖池的中心。在相关研究中详细描述了这两种冲洗系统。

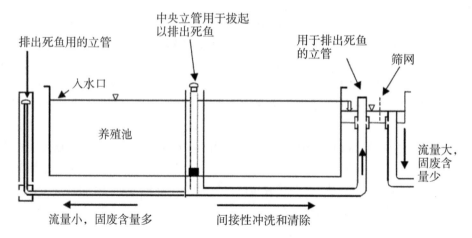

图 4.29　同心圆管系统，用于冲洗固体并从底部中心排水口中去除死鱼；这是用于去除高容量、低固体排放的高效排水系统

4.13　参考文献

1. BALARIN J D, HALLER R D, 1982. The intensive culture of tilapia in tanks, raceways, and cages. In: MUIR J F, ROBERTS R J. Recent Advances in Aquaculture.Westview Press, Boulder, CO: 265−356.

2. BOERSEN G, WESTERS H, 1986. Waste solids control in hatchery raceways: the progressive fish. Culturist, 48: 151−154.

3. BOYD C E, WATTEN B J, 1989. Aeration systems in aquaculture. CRC Crit Rev Aquat Sci, 1: 425−472.

4. BRAATEN B, 1991. Impact of pollution from aquaculture in six Nordic countries.Release of nutrients, effects, and wastewater treatment. In: DE PAUW N, JOYCE J N.Aquaculture and the Environment. European Aquaculture Society Special Publication 16, Gent, Belgium: 79−101.

5. BRATER E F, KING H W, 1976. Handbook of hydraulics: for the solution of hydraulic engineering problems. 6th. McGraw Hill Co., New York: 604.

6. BURROWS R, CHENOWETH H, 1955. Evaluation of three types of fish rearing ponds.Research Report 39, U.S. Department of the Interior, Fish and Wildlife Service, Washington: 29.

7. BURROWS R, CHENOWETH H, 1970. The rectangular circulating rearing pond. Prog.Fish-Cult: 32, 67−80.

8. CHUN C W, VINCI B J, TIMMONS M B, 2018. Computational fluid dynamics characterization of a novel mixed cell raceway design.

9. CHEN S et al., 1993. Suspended solids characteristics from recirculating aquacultural systems and design implications.Aquaculture, 112: 143−155.

10. CHENOWETH H H, LARMOYEUX J D, PIPER R G, 1973. Evaluation of circular tanks for salmonid production. Prog. Fish-Cult: 35, 122−131.

11. COBB W W, TITCOMB J W, 1930. A circular pond with central outlet for rearing fry and fingerlings of the salmonidae. Trans. Am Fish Soc, 60: 121-123.

12. COLT J, WATTEN B, 1988. Application of pure oxygen in fish culture. Aquacultural Engineering, 7: 397-441.

13. COLT J E, ORWICZ K, BOUCK G, 1991. Water quality considerations and criteria for high-density fish culture with supplemental oxygen. In: COLT J, WHITE R J. Fisheries BioEngineering Symposium 10, American. Fisheries Society, Bethesda: 372-385.

14. CRIPPS S J, POXTON M G, 1992. A review of the design and performance of tanks relevant to flatfish culture. Aquacultural Engineering, 11: 71-91.

15. DAVIDSON J, SUMMERFELT S T, 2004. Solids flushing, mixing, and water velocity profiles within large (10 and 150m^3) circular "Cornell-type" dual drain tanks.Aquacult Eng: 32, 245-271.

16. DAVIDSON J, SUMMERFELT S T, 2005. Solids removal from a coldwater recirculating system-comparison of a swirl separator and a radial-flow settler. Aquacult Eng: 33, 47-61.

17. EBELING J M et al., 2005. Mixed- cell raceway: engineering design criteria, construction, hydraulic characterization.Journal of North American Aquaculture, 67(3): 193-201.

18. EIKEBROKK B, ULGENES Y, 1993. Characterization of treated and untreated effluents from land based fish farms. In: REINERTSEN H et al. Fish farming technology. A.A. Balkema, Rotterdam, The Netherlands: 361-374.

19. GOLDSMITH D L, WANG J K, 1993. Hydromechanics of settled solids collection using rotating flow. In: WANG J K.Techniques for modern aquaculture(proceedings). Spokane, Washington. American Society of Agricultural Engineers, Saint Joseph: 467-480.

20. HEINEN J M, HANKINS J A, ADLER P R, 1996. Water quality and waste production in a recirculating trout culture system with feeding of a higher- energy or a lowerenergy diet. Aquaculture Research, 27: 699-710.

21. IDEQ(Idaho Division of Environmental Quality), 1988. Idaho waste management cuidelines for aquaculture operations. Idaho Department of Health and Welfare, Division of Environmental Quality, Twin Falls, ID.

22. JONES D R, RANDALL D J, 1978. The respiratory and circulatory systems during exercise. In: HOAR W S, RANDALL D J. Fish physiology. New York: Academic Press, 425-501.

23. JOSSE M, REMACLE C, DUPONT E, 1989. Trout "body building" by ichthyodrome. In: DE PAUW N et al. Aquaculture biotechnology in progress. European Aquaculture Society, Bredena, Belgium: 885-984.

24. KLAPSIS A, BURLEY R, 1984. Flow distribution studies in fish rearing tanks. Part 1—Design constraints. Aquacult Eng, 3: 103-118.

25. KLAPSIS A, BURLEY R, 1985. Flow distribution studies in fish rearing tanks. Part 1—Analysis of hydraulic performance of 1m square tanks. Aquacult Eng, 4: 118-134.

26. LABATUT R A, 2005. Hydrodynamics of a mixed- cell raceway (MCR): experimental and

Numerical Analysis. Cornell University, Ithaca, NY.

27. LABATUT R A et al., 2007. Effects of inlet and outlet flow characteristics on mixed-cell raceway (MCR) dynamics. Aquacult Eng 37: 158-170.

28. LABATUT R A et al., 2015a. Modeling hydrodynamics of path/residence time of aquaculture-like particles in a mixed-cell raceway (MCR) using 3D computational fluid dynamics (CFD). Aquacultural Engineering, 67: 39-52.

29. LABATUT R A et al., 2015b. Exploring flow discharge strategies of a mixed-cell raceway (MCR) using 2-D computational fluid dynamics (CFD). Aquacult Eng, 66: 68-77.

30. LARMOYEUX J D, PIPER R G, CHENOWETH H, 1973. Evaluation of circular tanks for salmonid production. Prog Fish-Cult, 35: 122-131.

31. LEON K A, 1986. Effect of exercise on feed consumption, growth, food conversion and stamina of brook trout. Prog Fish Cult, 48: 43-46.

32. LOSORDO T M, WESTERS H, 1994. System carrying capacity and flow estimation. In: TIMMONS M B, LOSORDO T M. Aquaculture water reuse systems: engineering design and management. Elsevier Science LTD: 9-60.

33. LUNDE T, SKYBAKMOEN S, SCHEI I, 1997. Particle trap. US Patent, 5: 636, 595.

34. MÄKINEN T, LINDGREN S, ESKELINEN P, 1988. Sieving as an effluent treatment method for aquaculture. Aquacult Eng, 7: 367-377.

35. MUDRAK V A, 1981. Guidelines for economical commercial fish hatchery wastewater treatment systems. In: ALLEN L J, KINNEY E C. Proceedings of the bioengineering symposium for fish culture. American Fisheries Society, Fish Culture Section, Bethesda: 174-182.

36. NEEDHAM J, 1988. Salmon smolt production. In: LAIRD, NEEDHAM. SALMON. Halsted Press, Div of John Wiley and Sons.

37. PANKRATZ T M, 1995. Screening equipment handbook for industrial and municipal water and wastewater treatment.2nd. Technomic Publishing Co., Lancaster, Pennsylvania: 282.

38. PAUL T C et al., 1991. Vortex-settling basin design considerations. J Hydraul Eng, 117: 172-189.

39. PIPER R E et al., 1982. Fish hatchery management. U.S. Fish and Wildlife Service, Washington, DC.

40. POSTON H A, RUMSEY G L, 1983. Factors affecting dietary requirements and deficiency signs of L-tryptophan in rainbow trout. J Nutr, 113(2): 2568-2577.

41. POTTER A, 1997. Alteration of the mechanical properties of fish waste via dietary components. Master of Science Thesis, Cornell University, Ithaca, NY.

42. SCHUMANN, PIIPER, 1966. Der Sauerstoffbedarf der atmung bei fischen nach messungen an der narkotieserten Schleie (Tinea tinea). PflSgers Arch get Phytiol, 388: 15-26.

43. SERFLING S A, 2006. Microbial flocs-natural treatment method supports freshwater, marine species in recirculating systems. Global Aquaculture Advocate, 9(3): 34.

44. SHELTON G, 1970. The regulation of breathing. In: HOAR, RANDAL.Fish physiology Vol. IV.

The nervous system, circulation and breathing. Academic Press, New York: 293-352.

45. SKYBAKMOEN S, 1989. Impact of water hydraulics on water quality in fish rearing units. In: Conference 3-water treatment and quality. AquaNor, Trondheim, Norway: 17-21.

46. SUMMERFELT S T, 2002. Final project report for USDA/ARS grant No. 59-1930-8-038, technologies, procedures, and economics of cold-water fish production and effluent treatment in intensive recycling systems: 140. Shepherdstown, WV: The Conservation Fund's Freshwater Institute.

47. SUMMERFELT S T et al., 1993. Modeling continuous culture with periodic stocking and selective harvesting to measure the effect on productivity and biomass capacity of fish culture systems. American Society of Agricultural Engineers: 581-593.

48. SUMMERFELT S T, TIMMONS M B, WATTEN B J, 2000a. Tank and raceway culture. In: STICKNEY, R R. Encyclopedia of aquaculture. Wiley, New York: 921-928.

49. SUMMERFELT S T, DAVIDSON J T, TIMMONS M B, 2000b. Hydrodynamics in the Cornell-type dual-drain tank. In: The third International conference on recirculating aquaculture, 2000. Virginia Polytechnic Institute and State University: 160-166.

50. SUMMERFELT S T, BEBAK-WILLIAMS J, TSUKUDA S, 2001. Controlled systems: water reuse and recirculation. In: WEDEMEYER G.Fish hatchery management.2nd. Bethesda, MD, American Fisheries Society: 285-395.

51. SUMMERFELT S T et al., 2004a. Developments in recirculating systems for arctic char culture in North America.Aquacult Eng, 30: 31-71.

52. SUMMERFELT S T et al., 2004b. A partial-reuse system for coldwater aquaculture. Aquacult Eng, 31: 157-181.

53. SUMMERFELT S T et al., 2005. Prototype stunner tested on rainbow trout. Global Aquaculture Advocate, 8(6): 26-27.

54. SUMMERFELT S T, VINCI B J, BEBAK-WILLIAME J, 2006. Unit process engineering for water quality control and biosecurity in marine water recirculating systems. In: 6th International recirculating aquaculture conference. Roanoke, Virginia: 101-110.

55. SURBER E W, 1933. Observations on circular pool management. Trans Am Fish Soc, 63: 139-143.

56. SURBER E W, 1936. Circular rearing pools for trout and bass. Prog Fish-Cult, 21: 1-14.

57. TIMMONS M B, SUMMERFELT S T, VINCI B J, 1998. Review of circular tank technology and management. Aquacult Eng, 18: 51-69.

58. TIMMONS M B, YOUNGS W D, 1991. Considerations on the design of raceways. In: Aquaculture systems engineering, proceedings of world aquaculture society and American society of agricultural engineers. American Society of Agricultural Engineers.

59. TOTLAND G et al., 1987.Growth and composition of swimming muscle of adult Atlantic salmon (Salmo salar L.) during long-term sustained swimming. Aquaculture, 66: 299-313.

60. TVINNEREIM K, SKYBAKMOEN S, 1989. Water exchange and self-cleaning in fish rearing

tanks. In: DE PAUW N et al.Aquaculture: a biotechnology in progress. European Aquaculture Society, Bredena, Belgium: 1041-1047.

61. VAN TOEVER W, 1997. Water treatment system particularly for use in aquaculture. US Patent No. 5593574.

62. WATTEN B J, 1989. Multiple stage gas absorber. United States Patent , 4: 880, 445.

63. WATTEN B J, 1992. Modeling the effects of sequential rearing on the potential production of controlled environment fish-culture systems. Aquacult Eng, 11: 33-46.

64. WATTEN B J, JOHNSON R P, 1990. Comparative hydraulics in rearing trial performance of a production scale cross-flow rearing unit. Aquacultural Engineering , 9: 245-266.

65. WATTEN B J, HONEYFIELD D C, SCHWARTZ M F, 2000. Hydraulic characteristics of a rectangular mixed-cell rearing unit. Aquacultural Engineering , 24: 59-73.

66. WHEATON F W, 1977. Aquacultural engineering. Krieger Publishing Co., Malabar: 708.

4.14　符号附录

BL	鱼体长
C	池塘水中固体浓度，kg/m^3
$C_{density}$	1.5L水中罗非鱼的长度，ft（0.24L水中罗非鱼的长度，cm）
$C_{out,b}$	离开底部排水中心的颗粒物浓度，kg/m^3
COC	累积耗氧量，kg
$D_{density}$	承载能力或生物量密度，lbs/ft^3（kg/m^3）
DDR	罐径深比
DO	溶解氧，mg/L
g	重力加速度，m^2/s（ft^2/s）
H	动态头像（$V^2/2g$），m（ft）
HRT	水力停留时间，1/h
k	表征底部中心排水富集的一级速率常数
L	鱼体长，ft（cm）
$L_{raceway}$	跑道的长度（m）
MRT_{ideal}	理想平均停留时间，1/h
P：B	年生产能力与生物量承载能力的比值
Q	进口流量，m^3/s
$Q_{out,b}$	通过底部中心排水沟冲洗流量，m^3/h
R	水在沟道设计中的交换率，volumes/h
t	时间
V_{orif}	通过进水结构（孔或槽）的速度，m/s

$V_{raceway}$	水沟速度，cm/s
V_{rota}	罐内的旋转速度，m/s
V_{safe}	每秒鱼体的长度，BL/s
V_{tank}	水箱内的水量，m³或者L
α	与油箱和孔板速度有关的比例常数
Φ_{enrich}	康奈尔双排水相对富集系数，%
ρ	水的密度，kg/m³
$Y = 0.0100W^{0.6667}$	在重量为W的鱼中所需的养殖水体占1000g鱼所需水体的百分比
W	鱼的体重，g

第5章 颗粒物去除

固体悬浮颗粒物对循环水产养殖系统的各个方面都有不好的影响，因此任何循环水处理方案的首要目标是清除固体悬浮颗粒物。随着水产养殖系统的发展，通过饲料配方设计、饲料投喂管理、系统流量调节以及最终使用分离和污泥处理技术去除固体颗粒物的管理模式变得越来越重要。固体悬浮颗粒物包括粪便、生物絮团（死细菌和活细菌）与未食用的饲料。这些悬浮颗粒的尺寸从厘米（cm）到微米（μm），范围变化很大，如图5.1所示。本文中使用术语"微小固体颗粒物"来定义不容易在水中沉淀的固体颗粒物，比如小于100μm的颗粒物。如果我们想要理解各种尺寸类别重量的颗粒物的分布，首先要对水体进行预过滤，以去除大颗粒物，即>200μm的颗粒物。当我们使用TSS来作为衡量循环水系统性能的参数时，我们可以将过滤以后水体中大颗粒物的浓度作为标准之一。在实际应用中，这些较大的颗粒物应始终先被去除，并且必须是最优先要做的，因为如果不及时去除它们，它们将变得"较小"，从而更加难以去除。

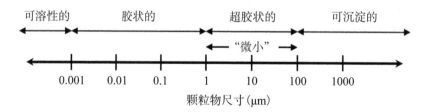

图5.1 水产养殖水中的颗粒物尺寸描述

在循环水产养殖系统（RAS）中，占绝大部分质量的颗粒物尺寸小于100μm；在高度集约的循环水系统中，占绝大部分质量的颗粒物的尺寸为30μm或更小。在这种情况下，机械过滤将变得毫无效果。Chen S et al.（1993b）在研究中显示，鱼池中固体颗粒物总重量的80%~90%（预过滤去除大于130μm的颗粒物；参见图5.2）由直径为35μm或更小的单个固体颗粒物组成。

水体中所有的颗粒物必须根据不同体积进行划分，然后选择适当的处理方法来归类和处理。比如使用沉淀和滤网过滤以去除大颗粒物，然后使用泡沫分离或臭氧处理以去除微小颗粒物。以固体滤料作为滤材媒介的过滤器可以应对更多尺寸的颗粒物，但如果滤材在工艺流程中储存较长时间，也可能造成颗粒溶解。这种类型的过滤器可以有效地去除20μm以上的颗粒物，许多循环水系统设计师喜欢在投喂量低、循环率高、要求明确的系统设计中使用这种过滤器。我们会在这个章节里，重新回顾一下这种过滤器以及其他过滤技术。

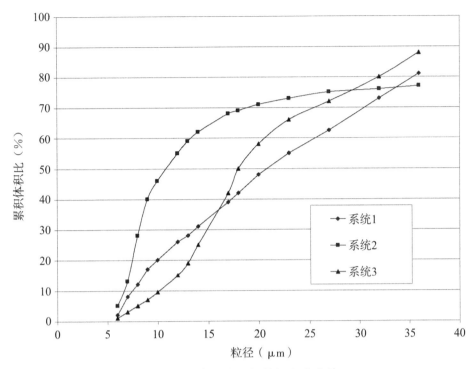

图5.2　鱼池中固体颗粒物粒径分布情况

总悬浮颗粒物（TSS）定义为在确定水体体积内，直径大于1μm的颗粒物总量。固体悬浮物包括无机成分和有机成分。被称为挥发性悬浮颗粒物的有机成分会消耗氧气量，同时产生生物污染。无机成分（灰）会形成污泥沉积物。从物理层面上来说，固体颗粒物可进一步分为可沉降固体颗粒物（通常大于100μm）和不可沉降悬浮固体颗粒物（小于100μm）。较细、不可沉降的悬浮固体颗粒物更难控制，同时循环系统的大部分问题也由它造成。

普遍来说，微小固体悬浮物对鱼类的健康极为不利。鳃功能可能受到累积的固体颗粒物影响，阻塞鳃，降低氧气的获取效率，或是提供给病原生物更多的繁殖空间。TSS的去除效率可以作为循环水系统设计的一个目标参数，但是该领域的专家们尚未对系统可接受的TSS浓度标准达成一致。例如，根据Alabaster J S和Lloyd R（1982）的研究，对于内陆养殖场，没有证据表明高达25mg/L的TSS浓度对鱼类有任何有害影响。EIFAC（1980）建议将TSS浓度保持在15mg/L以下，从而将其作为循环水系统的安全值，而Muir J F（1982）建议对同样的系统，使用20~40mg/L的限值。本书的作者们曾在TSS超过100mg/L的水体中养殖罗非鱼，并且保持相当不错的产量。但是这是在没有任何其他影响因素的情况下进行的。请记住，不同鱼类品质对悬浮物浓度的耐受水平可能会有显著差异，而其他水质参数可能会影响鱼类抵抗高TSS浓度的能力。

最后，在这个章节里，我们要再次强调，不能忽视在系统中快速和完全去除固体悬浮物的重要性。因此，一旦此项工艺处理得不充分，其他处理环节也会失败。第1章中描述的系统失败主要归因于缺乏有效的去除固体颗粒物的手段。

5.1 固体颗粒物平衡

无论何时，都应该尽可能地使用系统总流量的一小部分水量来集中颗粒物。一种很有效的方式就是使用康奈尔双排水养殖池设计。在这种设计中，10%～25%的水流通过底部排水管流出，大部分水流通过鱼池侧排流出（这部分内容在第4章中做详细介绍）。使用双排水设计极大地增加了底部通过缓流排水集污的能力。在这种低流量下颗粒物的浓度相对于主流量排污方式提高了6～10倍。

为了说明双排水系统的有效性，作者对高密度罗非鱼养殖系统做了测量，并获得了如下的结果（每日投喂约为80kg/d；鱼池总水体约为53m³）。在此系统中，通过侧排排出的水中悬浮颗粒物的浓度与整个鱼池中的悬浮颗粒物浓度相同［6.4mg/L，（s.d.±3.6）mg/L］。这意味着我们说的固体颗粒物的正去除率，实际上是通过中心底部排污去除的，而底部排水的流量只有110L/min。相比之下，系统流入生物滤池和其他调节装置的总水流量为3.6～5.5m³/min（来自Timmons M B未发表的数据）。

可沉淀的颗粒物通过底部中心排污管排出，然后通过机械筛网过滤器或者沉淀池（每日排空；约3m³水体）。作者设计了几种成功使用康奈尔双排水养殖池设计的系统，该设计已广泛适用于罗非鱼、鲟鱼、鲑鱼、北极鲑等养殖业。

经验法则

康奈尔双排水系统可以使中心排水的总颗粒悬浮物浓度提高10倍。

淡水研究所对康奈尔型双排水鱼池的固体颗粒物去除进行了单排对比实验，研究表明，通过侧壁排放的TSS平均浓度仅为1.5mg/L，而底部排水排放的TSS平均含量为19.6mg/L。该鱼池中的养殖品种为虹鳟鱼，养殖密度为60kg/m³，日投喂率为1%。同样，在3个高密度的康奈尔双排水养殖池中，使用半循环系统饲养虹鳟鱼，通过侧壁排水排出的水体TSS平均浓度仅为2.2mg/L，而底部排放水体的TSS平均含量为17.1mg/L。同样，在一个150m³水体的康奈尔双排水养殖池中，使用全封闭循环水系统养殖虹鳟鱼，通过侧壁排水排出的水体TSS平均浓度分别仅为3.2mg/L和4.5mg/L，而底部排放水体的TSS平均含量分别为16.5mg/L和27.7mg/L。其他学者有过另外的测试表明：在康奈尔双排水系统中，底部水流排污浓缩了91%的粪便物质和98%的未经处理的饲料。

康奈尔双排水鱼池底部中心排污浓缩固体颗粒物的有效性可以通过在养殖池中稳态固体平衡的方式来说明：

{水流中的TSS} + {投饲过程产生的 TSS} = {侧排排出的 TSS} + {中心排水排出的 TSS}　(5.1)

或者我们更加明确地表示：

$$\{ Q \cdot TSS_{in}\} + \{ P_{TSS}\} = \{ Q_{out1} \cdot TSS_{out1}\} + \{ Q_{out2} \cdot TSS_{out2}\} \qquad (5.2)$$

P_{TSS}的数值可以用下面这个公式计算得出：

$$P_{TSS} = a_{TSS} \cdot r_{feed} \cdot \rho_{fish} \cdot V_{tank} \qquad (5.3)$$

通过鱼池中心管排出的颗粒物比率（f_{rem}）可以用下面这个公式计算得出：

$$f_{rem} = \frac{Q_{out2} \cdot TSS_{out2}}{(Q_{out1} \cdot TSS_{out1}) + (Q_{out2} \cdot TSS_{out2})} \qquad (5.4)$$

我们根据f_{rem}、Q、Q_{out2}、P_{TSS}和TSS_{in}的数值，通过结合式5.3和公式5.2，可以计算得到TSS_{out2}的数值。

$$TSS_{out2} = (\ Q \cdot TSS_{in} + P_{TSS} \ )\frac{f_{rem}}{Q_{out2}} \qquad (5.5)$$

5.2　圆形鱼池的基本设计参数

大部分关于圆形鱼池设计的描述内容在第4章中已经进行了叙述，但为查阅方便，我们在这里再复述一次。如果圆形鱼池的直径和深度比能保证在推荐的范围内，那么圆形鱼池可以实现很好的自清洁功能。也是因为这个原因，我们强烈推荐使用圆形养殖池。圆形养殖池应该遵循以下的设计参数标准：

● 圆形鱼池的直径和深度比要保持在3～10之间，能保持在3～6更好。比如你的鱼池是2m深，那么鱼池可接受的直径范围是6～20m（将直径和深度比控制在3～10之间），或者1m深的鱼池对应的直径为3～10m。

● 使用康奈尔双排水鱼池设计，中心排水的尺寸要保证每平方米计划面积的最低流量不低于6L/min。也就是说，一般总流量的5%～20%作为底部中心排水的流量，剩余的80%～95%通过鱼池上部的侧排排出（见第4章）。

● 主水流的推流速度以鱼池周长为基准，要不低于15～30cm/s，以保证固体颗粒物可以收集到中心排污管。

当大颗粒物沉淀，并从养殖池中被冲刷走时，下一步就是在水体重新回到养殖池之前，去除水体中的悬浮颗粒物。之后的篇幅我们会讨论多种去除悬浮颗粒物的方法技术。

5.3　颗粒物的形成

事实上，循环水系统中所有的废物都来自饲料。这些废料通常为2种形式：未被吃完的饲料和鱼的排泄物，包括固态的、液态的和气态的。对于已经被吃掉的饲料，80%～90%将最终以某种形式排放出来。根据经验法则，我们可以以每日投喂饲料量的20%～30%作为固体悬浮颗粒物的计算量。悬浮颗粒物的主要产生来源是鱼的粪便。粪便的总产生率和投喂率成正相关。我们在第3章和其他相关文献中有过讨论。

> **经验法则**
> 总固体悬浮颗粒物含量=投喂饲料的25%
> （干料成分）

5.4 总悬浮颗粒物的物理特性

从固体颗粒物控制的角度来说，循环水系统的悬浮颗粒物有2个最重要的物理特性：
- 颗粒物的比重；
- 粒径的分布。

颗粒物的来源决定了颗粒物的比重，而粒径的分布是多种原因综合的结果，包括颗粒物去除的工艺、颗粒物的来源、饲料的属性、鱼的大小、水体的温度以及系统水流的扰动。

水体中悬浮颗粒物的性状由颗粒物的比重和粒径决定。比重的定义为一个湿的颗粒物的密度与水的密度的比值。根据从两套循环水产养殖系统取出的颗粒物的测量结果，Chen S et al.（1993b）估算颗粒物的平均比重为1.19，略高于水的比重。根据作者的研究，对于用于过滤器设计计算的数值来说，Chen S 等的数值还是偏大的。作者发现对于罗非鱼的粪便来说，其中悬浮颗粒物的比重在1.05这个数值更具有代表性。这可能是由于罗非鱼粪便的外部成分使粪便的整体密度变低。重点是由于鱼的粪便并没有比水重太多，所以不会像同尺寸的其他聚合物沉降得那样快。

虽然粪便是大多数悬浮颗粒物的来源，但未食用的饲料也是鱼类养殖水中TSS的重要来源。由饲料产生的固体颗粒物相比较由粪便产生的固体颗粒物，尺寸区别是相当大的。未食用的饲料会在水体中缓慢分解，但即使经过数小时的循环，并反复通过水泵，饲料中超过97％的颗粒物还是大于$60\mu m$，其中73％的颗粒物大于$500\mu m$（0.5mm）。由于两种来源的悬浮颗粒物（粪便和未食用饲料）在尺寸、比重方面如此不同，所以对其进行过滤的方式也会有很大差异。在循环水产养殖环境中，微小颗粒物（粒径小于$30\mu m$）是水体中最普遍的，而且是占主体地位的。所以循环水系统中微小颗粒物（本书的重点）是处理的关键。图5.2显示了循环水系统中90％的颗粒物尺寸分布小于$30\mu m$。这就是为什么使用过滤精度为$60\mu m$的微滤机处理微小颗粒物是徒劳且不切实际的。当然，大颗粒物最终会分解为小颗粒物，所以快速有效地去除可沉淀的颗粒物（大于$100\mu m$）是十分重要的。当这些颗粒物分解为很小的颗粒物时，想要去除就变得难上加难了。关于颗粒物尺寸分布的研究已经发表过很多篇相关论文。

由于微小颗粒物（粒径小于$30\mu m$）的沉降速度很慢，所以依托重力进行去除的手段是不可行的，因此沉淀技术没有办法去除水中的微小颗粒物。微小颗粒物沉降0.5m就可能需要几个小时的时间。很多时候沉淀池被认为是低效能的，这是由于微小颗粒物需要很长的沉淀时间来处理，也可能是沉淀池本身的设计存在一些问题。

5.5 物理过滤

去除养殖水体中的悬浮颗粒物，通常有3个最为常用的方式：
- 重力分离；
- 过滤；
- 悬浮分离。

这些是根据不同的颗粒物去除机理进行的分类（悬浮分离有时会被当作是另一种重力分离方式，但是由于应用原理不同，所以我们会单独介绍），大颗粒物（大于100μm）可以通过沉淀池和机械膜过滤设备进行过滤。但是，微小颗粒物没有办法使用重力或者其他颗粒物过滤方式进行去除。过滤方式一般应用于20μm以上的颗粒物。

重力分离。重力分离的原理是沉淀现象和沉降速度。单独应用的过滤方式包括澄清类设备（沉淀池、竖流沉淀器）及管状沉淀器和水力旋流器。事实上，颗粒物的真正过滤是由过滤膜、颗粒介质填料或者多孔材料过滤器实现的。

过滤。水中颗粒物的去除可以通过一种或多种工艺组合完成，这些工艺将颗粒物阻拦在过滤器内，包括沉淀、滤网、布朗扩散和拦截。这些工艺通过滤膜、颗粒介质填料或者多孔材料过滤器实现。在循环水系统应用中，扩散和拦截在实际应用中有局限性，因此在这里将不被讨论（除了泡沫分离，本章稍后将对此进行讨论）。

悬浮分离。在悬浮分离工艺中，颗粒物附着在气泡上从水中分离。悬浮分离包含了除分离之外的所有颗粒物的分离机制。

沉淀过滤和膜过滤是最实际和常用的过滤方式，需要重点强调。关于这些方式的具体内容会在下面的章节详细论述。

表5.1提供了一个关于悬浮颗粒物去除技术的总结，以及过滤效率和可接受的水力负荷水平，图5.3对不同尺寸颗粒物的去除进行了分类。

当为循环水产养殖系统选择一个颗粒物处理工艺的时候，应考虑以下参数：

- 水力负荷率；
- 去除微小颗粒物的能力；
- 水头损失；
- 过滤器反冲洗水的损失；
- 对生物污染的抵抗力。

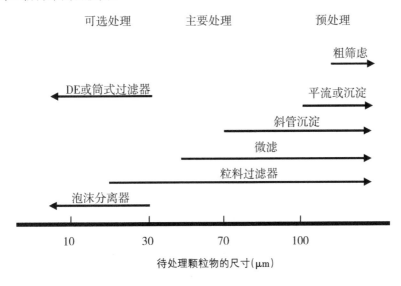

图5.3　固体物移除方式及其最适的颗粒物粒径范围

表5.1　循环水产养殖系统中颗粒物去除技术的特征

技术名称	可去除固体颗粒物尺寸（micron）	水头损失(m)	水力负载每平方米(m³/d)	总固体颗粒物去除率（%）
沉淀	> 100		24~94	40~60
沉淀池			24~61	
管路沉淀器			30~90	
颗粒介质过滤	> 20	0.1~3	175~430	20~60
过流式砂滤			94~351	67~91
			285	70~90
压力式砂滤		2~20	115~700	50~95
漂浮式珠子过滤器		0.8~6	1935	
滤网过滤	> 75	可忽略的	100~2, 200	
多孔介质	> 0.1		40~130	
可溶性泥土	> 0.1		29~59	> 90
筒式过滤器	1~10	~5	1~10gpm	
水力旋流	1~75	14~35		
泡沫分离	< 30		290~280	
臭氧	< 30		见第11章	

5.5.1　沉淀过滤

沉淀过滤是由于固体颗粒物和水的密度不同而形成的。假设一个颗粒物比水要重，在重力作用下，颗粒物会一直在水中加速沉淀直到达到它的最大沉降速度值。每一个分散颗粒物都有一个沉降平衡速度。假设为球状的颗粒物，它的沉降速度可以用下面的公式计算：

$$V_{s} = \sqrt{\frac{4g(r_{p} - r)D_{p}}{3C_{D}r}} \qquad (5.6)$$

对于具备低雷诺数的小颗粒物（小于1个，见第12章），参考斯托克斯定律，公式5.6可以改写为：

$$V_{s} = \frac{g(r_{p} - r)D_{p}^{2}}{18\mu} \qquad (5.7)$$

公式5.6和5.7都表明，较重较大的颗粒物相对于较小较轻的颗粒物而言，更容易沉淀分离。这个规律在所有形式的去除工艺中全都适用，这就是为什么要尽可能地保持较大的颗粒物尺寸。保留大颗粒物最好的技术就是在颗粒物进入水泵之前，尽可能在鱼池中去除掉。同时，应该在进行颗粒物去除工艺之前，尽量减少水体的波动。

1. 关于沉降速度的报告

根据报告，鱼粪的沉降速度为1.7～4.3cm/s。在我们进行的测试中，作者通过使用圆柱形的珠子（每个长3mm，直径3mm），比重为1.05，模拟罗非鱼粪便来测量沉降速度。珠子的沉淀速度为3.8cm/s。这些结果与Warren-Hansen报告中鱼粪的沉降速度类似。一些特定物种排出的粪便的比重甚至更轻；在有些实例中，鳟鱼粪便的密度可以低至1.005。我们可以从粪便更缓慢的沉降速度中观测到这些数据。Wong K B和Piedrahita R H（2000）报告称，虹鳟鱼的固体排泄物的沉降速度的中位数为1.7cm/s。

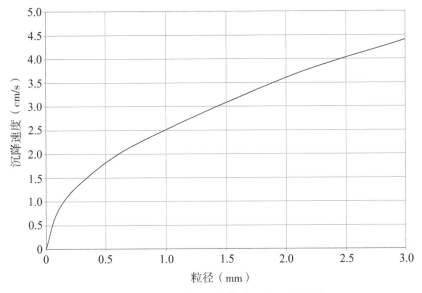

图5.4　根据公式5.6计算的预期沉淀速度

这些报告中的沉降速度与公式5.6和图5.4中的计算结果一致。这些沉淀速度的相似性也表明了粪便重力的相似性。作者测量了饲料颗粒物的沉降速度，发现饲料颗粒物的沉降速度比塑料颗粒物更快，可以达到14cm/s。这个发现与Juell J E（1991）报告中的15～33cm/s很类似。但是循环水系统中可以产生更细更小的颗粒物，这些颗粒物的沉淀速度可能只有0.01cm/s。这些颗粒物既不能有效地沉淀在沉淀池中，也不能在康奈尔双排水系统中集中排掉。因此，这些颗粒物会在鱼池中停留，直到被其他处理工艺去除掉。

2. 沉淀池

如果对沉淀池进行合理计算和操作，那么它的效果是非常明显的。沉淀，也就是重力分离，是水处理和污水处理工艺中控制固体颗粒物最简单的应用技术之一。沉淀池需要的能耗很小，建造和运行的成本也相对低廉，不需要特殊的操作技能，无论是和新系统还是和现有系统都可以得到很好的结合。

沉淀池的缺陷如下：

- 水力负荷率较低；
- 小颗粒物（<100μm）的处理效率较差；

- 比起机械过滤，需要更多的人工；
- 相对于膜过滤器或是滤材型过滤器，需要占用更多的土地；
- 在沉淀池清理之前，沉淀的粪便会一直停留在系统中。

对沉淀池垂直空间的创新利用和在较为低廉的地方建立沉淀池，可以降低沉淀池额外土地占用的问题。清洁沉淀池会增加劳动力成本，这将取决于当地的劳动力情况。劳动力成本低的地区比劳动力成本高的地区更适合清洁沉淀池。在沉降池底部沉降、颗粒物溶解程度、营养物质负荷和悬浮颗粒物将决定沉淀池的清洗频率，从而影响劳动力成本。Cripps S J 和 Kelly L A（1996）提供了有关溶解现象的相关数据。Henderson J P 和 Bromage N R（1988）估算，如果不考虑颗粒物的再悬浮，沉淀池可以捕获97%的固体悬浮颗粒物。他们指出，在进水颗粒物浓度小于10mg/L或者出水浓度小于6mg/L的情况下，沉淀池去除固体颗粒物的效果将不再明显。在大多数沉淀池中，避免固体颗粒物的再悬浮，降低生化需氧量，去除富营养化是十分困难的。因此，在沉淀池之后，需要进一步的固体颗粒物的处理工艺，以达到更加严格的颗粒物去除要求，使颗粒物浓度达到标准。

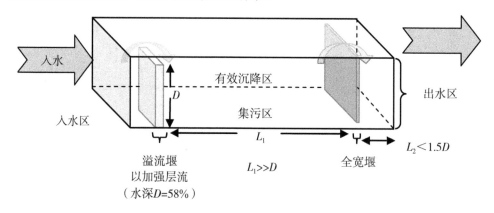

图5.5　直角矩形连续水流沉淀池的4个主要区域

如图5.5所示，通常连续流量的沉淀池，根据功能，可以分为4个区域。进水区域使悬浮液均匀分布在沉淀池的过水截面上，沉淀过程发生在沉淀区域，当水从沉淀区域上方溢流以后，固体颗粒物聚集在底部的污泥区域。澄清的水通常在出水区域进行收集并流入下一个处理环节。在理想条件（没有混流或者湍流）下，水在沉淀池的停留时间即为颗粒物从沉淀池进入进水区域开始到离开出水区域之前沉降到沉淀池底部所需的时间。沉淀池设计的关键参数是每单位沉淀池面积的水流量或者叫作溢流速度（V_o）。

$$V_o = Q/A_{sz} \qquad (5.8)$$

> **经验法则**
>
> 如果你在沉淀池中看到了任何的湍流或者扰动，那么颗粒物去除的效率将会降低。

当沉降速度（V_s）大于溢流速率（V_o）时，任何颗粒都会从悬浮液中沉淀下来。$V_s < V_o$ 的其他颗粒物的去除，取决于它们在沉淀池进水区域的垂直位置，按照 V_s/V_o 的比率去除。

如果你现在可以找到一套与你想要建造的相类似并正在运行的循环水系统，你可以从这套系统的水中采集水样，测试颗粒物实际的V_s。这是最为理想的一种方式。在进行这些测试的时候，使用一个内径大于13cm的沉淀器皿。由于器皿壁的边界阻力，过于狭窄的容器的测试结果并不可靠。进行测试器皿的水深最好与实际沉淀池的深度相同。如果水样比较难采集，可以使用公式5.6或者图5.4对V_s进行预估。

沉淀池设计最初是为城市污水处理而开发的。但由于水产养殖系统中沉淀池的不稳定，测量沉降池中水力停留时间（τ）的传统方法与水产养殖的情况是不同的：

$$\tau = \frac{V_{\text{basin}}}{Q} \qquad (5.9)$$

沉淀池的设计建议采用15～30min的水力停留时间。沉淀池的几何形状通常用于维持良好的沉降效果，根据报告，推荐的沉淀池长宽比从4：1到8：1。沉淀池的设计水深最少为1m（3.28ft）。

Stechey D M和Trudell Y（1990）开发的溢流方法是对水力停留时间方法的改进。溢流方法在原理相同的基础上提供更有效的颗粒物去除效果。Stechey D M和Trudell Y（1990）建议在高密度鲑鱼养殖系统中将沉降池每天的溢流速率（V_o）设置为40～80m³/m²（982～1964gpd/ft²）。这样的溢流速率转化为颗粒物沉降速率（V_s）等于0.046～0.092cm/s。将其翻译成易于理解的语言为，对于流经沉降池的水，每1.0Lpm需要0.025m²的表面积进行沉降（每平方英尺1.0gpm流量）。

Mudrak V A（1981）对高密度鳟鱼养殖系统中沉淀池的表现进行了报告。他发现，当设计的溢流流量大约每天60m³/m²的时候，可沉淀颗粒物的沉淀去除率可以达到90%甚至更高。理论上可以达到95%，尽管总悬浮颗粒物的去除率降低了10%。不仅如此，当溢流流量再减小1/3时，总悬浮颗粒物的去除效果也没有明显提升。所以我们的结论是绝大部分的微小颗粒物不会被沉淀池去除。故在设计时需要铭记于心的一点是如果在你的沉淀池看到了明显的水流，那沉淀池将不会去除直径大约500μm以上的悬浮颗粒物。即使你让沉淀的面积加倍，也很难弥补存在设计缺陷的沉淀池，比如由于进水管和出水管设计不当而形成的湍流或者混合流。

上面提到的负载率通常应用于离线沉淀池（其在RAS中得到最广泛的应用）。"爱达荷州水产养殖业废物管理指南"提出了水产养殖中使用的3个典型沉淀池的溢流率，即全流量、静止区和离线式，见表5.2。

表5.2　沉淀池设计的表面负载率

项目	表面负载率	
	每小时 m³/m²（每秒 ft³/ft²）	gpm/ft²
全流量	14.3(0.013)	5.9
静止区	34.0(0.031)	13.9
离线式	1.66(0.00151)	0.7

淡水研究所已成功应用这种方法在沉淀池中收集浓缩转鼓微滤机的废水。他们使用3个

离线沉降池从3个转鼓微滤机的间歇反冲洗水中收集和储存颗粒物（见图5.6）。混有固体颗粒物的反冲洗水间歇地进入每个池子的顶部和中心。水流在每个池子的顶部进入圆筒内，每个圆筒中间底部有排水口。水池通过水流方向向下流动（在水池下方并朝向养殖池的锥体），然后从顶部溢出，从而改善养殖池径向流动的效果，随后在养殖池的顶部圆周周围流向安装的收集槽。这些收集池的效果良好，收集了从微滤机反冲洗中排出的97%的固体颗粒物，见表5.3。

但是存储在沉淀池内的颗粒物发生了降解，沉淀池中的总氨氮增加了10倍多。每月从锥形底部拉出的粪便颗粒物包含约10%的总悬浮颗粒物和约1000mg/L的总氨氮。

图5.6 3个离线沉降池从3个转鼓微滤机的间歇反冲洗水中收集和储存颗粒物

由于固体颗粒物的沉降速率会受到水的流动的影响，所以水体在每个处理区域的流动都要尽可能小，从而降低湍流和混合流的波动。目前在水产养殖中最常使用的沉淀池设计是在每个沉淀池单元的末端放置1根出水管道，从而将3个沉淀池单元组成1个沉淀池。这是最简单的做法，但这种设计对于入水口和出水口的结构以及沉降池的设计，是最糟糕的。这种点对点的水流流入和流出产生的水流很小，不能提供有效的沉淀。当入水水流以相对高的速度直接通过沉淀池流向出水管时，短循环的现象将会变得严重，这就导致了大部分水流相比于沉淀池尺寸计算的理论滞留时间或水力停留时间（τ），更快地通过了沉淀池。所以为了取得更好的效果，沉淀池的设计应将每个区域作为独立的功能区，从而可以更好地区别其功能。入水口和出水口的结构设计对于通过沉淀过程处理水的效果是至关重要的，并且必须解决过程中每个步骤的特定功能和相互制约的情况。

表5.3 经过颗粒物收集池中TSS、TAN、NO$_2$-N和NO$_3$-N的变化

项目	TSS(mg/L)	TAN(mg/L)	NO$_2$-N(mg/L)	NO$_3$-N(mg/L)
微滤机的排水(收集池的进水)	5147±1411	1.7±0.1	0.19±0.03	1.5±0.1
收集池的排水	151±24	19.5±2.5	0.04±0.01	0.7±0.2

在设计入水口结构时，必须考虑以下因素（参见IDEQ，1988）：

- 进水水流应均匀地通过沉淀池的整个溢流横截面；
- 通过沉淀区的所有流量应通过平缓均匀的进水渠道；
- 进入沉淀区的进水速度应足够慢；
- 防止过度的紊流和混合流。

入水口。 入水口应由浸入式的溢流堰构成，将沉淀区与入水口区分开。入水口的溢流堰应左右延伸到沉淀池的整个宽度，并浸没在沉淀池深度大约15%的位置。溢流堰的厚度应大概约20～30cm（8～12in），边角应为圆形，以便水在流入沉淀区时平稳。对于圆形沉淀池，入水口通常位于沉淀池的中心。围绕入口管的挡板可以用于减少湍流并且以水流的整个深度以径向模式分配水流。

出水口。 矩形沉淀池比圆形沉淀池更有效，但矩形沉淀池需要更多的地面空间。矩形沉淀池的子功能更容易被当作功能区域，如图5.5所示，包含入水口、沉淀区和出水口。出水口溢流堰将沉淀区与出水口区分开，水流表面的清水会从沉淀区流向出水口区。出水口溢流堰的设计和构造应使其以均匀的深度和速度在整个宽度上分配离开沉淀区的水。这对避免在沉淀池区中产生水流波动和伴随的湍流是十分必要的。出水口区域的宽度应与沉淀池区的宽度相同，长度不小于沉淀池区深度的1.5倍。例如，如果沉淀池区宽2.4m（8ft），长9m（30ft），深1.2m（4ft），出水口区应该宽2.4m（8ft），深1.2m（4ft），长至少1.8m（6ft）。

如果由于空间或其他限制需要采用圆形沉淀池，那么系统的设计必须与矩形沉淀池具备相同的功能区域，并能更好地实现其功能。系统中必须有入水口、沉淀区和出水口。然而在圆形沉淀池中，这些区域之间的边界并不像矩形沉淀池中那么明确，这些功能区域依照入水口的位置、池内水力流动、水中颗粒物的物理性质以及排污管和出水管的位置进行设计。

在这些条件下，可以通过操作流向出水口的水流来减小湍流的产生，特别是在沉淀池中心的出水口附近。可以在出水口设计1个圆形的溢流堰，主要为了防止漂浮的固体颗粒物从沉淀池中逸出。Davidson J和Summerfelt S T（2005）提供了关于循环水产养殖系统中圆形沉淀池中"径向流动（竖流沉淀）"的性能和设计的更多信息。目前，径向流动沉淀器和其他类型的颗粒物收集装置被广泛用于康奈尔双排水圆形鱼池系统中，与鱼池的底部中心排水管连接，去除总悬浮颗粒物中的一部分颗粒物。至关重要的是，溢流堰是水平的以确保在整体溢流堰的长度上有均匀的水流速率。通过需要的溢流堰的过水速度（单位时间内每单位长度溢流堰排出的水量）可以推导出溢流堰的长度。对于由水流计算导致需要很长的溢流堰的情况，即低流量的溢流堰，溢流堰可以设计为均匀的锯齿形状或V字形缺口形状。溢流堰的每米过水速率应为出口流量400～600m³/d（22～33加仑/英尺）。关于出水口溢流堰的更多信息会由相关文献提供。

出水口溢流堰长度应该尽可能的最大化。沉淀池的总长度包括实际沉淀区加上入水口和出水口区所需的总长度（面积）。这种总面积的计算经常被忽略，因此沉淀池无法按照预期的设计运行。此外请记住，不受控制的湍流，即入水口的进水与沉淀池中水的混合和搅拌将降低沉淀过程的有效性。解决这个问题的办法是延长沉淀池的长度。所以，不要在沉淀池的尺寸上有所保留。

3. 设计案例

比如设计1个沉淀池，需要去除90%直径大于0.5mm的固体悬浮颗粒物，设计流量为22.7m³/h（100加仑/分）。

经验法则
沉淀池的设计

- 沉淀池的面积为41Lpm/m²（每小时2、4m³/m²或1ft²/gpm流量）；
- 溢流堰的每米过水速度为250～410Lpm（每英尺20～33加仑/分）；
- 入水口溢流堰的浸没深度为沉淀池总深度的15%；
- 使用25cm（10in）宽的溢流堰，边角使用圆边设计；
- 尽可能地将沉淀池的长度最大化。

解决方案：

使用0.05cm/s作为设计的沉淀速度（基于IDEQ,1998建议的离线沉降池）：$V_o = 0.05 cm/s$。

转化为每个单元区域的水流量：

$$0.05 \left(\frac{cm}{s} \right) \cdot 60 \left(\frac{s}{min} \right) \cdot \frac{1 (m)}{100 (cm)} \cdot \left(\frac{m^2}{m^2} \right) = 0.030 \frac{m^3}{m^2 \cdot min}$$

$$（或 0.73 gpm）$$

根据公式5.8，计算的沉淀区域面积：

$$A_{sz} = \frac{Q}{V_o} = \frac{22.7 \left(\frac{m^3}{h} \right)}{1.8 \left(\frac{m}{h} \right)} = 12.6 m^2 (136 ft^2)$$

4. 化合物的絮凝和沉淀

淡水研究所最近完成的研究明确了明矾、氯化铁或者其他市面销售的化合物从鲑鳟鱼养殖系统中产生的絮凝废弃生物固体的最优使用条件。这些研究确定了最佳的化合物和化学添加剂的剂量，投放的频率和强度，以及在沉降池或履带式微滤机中絮凝废弃生物固体所需的沉降时间。絮凝实验按照水和废水絮凝实验的标准操作进行。基于这些测试，并根据产品预估的处理效率和效果，对使用化学添加剂处理大规模养殖系统的设计和操作提供了建议。总之，在沉淀池的设计、配置以及操作方法得当的情况下，沉降池至少可以非常有效和经济地处理反洗流水中携带的浓稠的可沉降颗粒物，能否成功建造沉淀池的关键因素在"经验法则"框中已经给出。然而，在循环水系统中，沉淀池的使用通常仅限于处理量相对较小的径向流动沉淀器和旋流分离器，在康奈尔双排水系统中与中心管的出水口连接，用于去除中心排水管低流量状态下浓缩出来的固体颗粒物。

5. 沉淀池中沉淀隔板的应用

使用沉淀池设计的一个主要问题是沉淀池需要很大的占地面积，然而土地的价格可能非常昂贵。如果这是你面临的一个问题，那你可以通过在沉降池内添加隔板来提高沉淀池的利用率以提高沉淀速率。多管式沉淀器，也称为"沉淀隔板"，可以用来做到这一点。沉淀隔板（多管式沉淀器）的基本功能如图5.7所示，其中进入的水流被带入沉淀隔板下的沉淀池，向上流动离开沉淀池。在此过程中，固体颗粒物沉淀在隔板内。

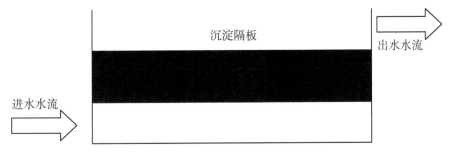

图5.7　添加沉淀隔板的沉淀池以提高固体颗粒物的去除率

倾斜表面之间的间隔距离通常为5cm（2in），总倾斜长度为0.9～1.8m（3～6ft）。隔板或其他塑料介质通常由结构化的管束或平行板堆叠制成，具有各种开口形状（正方形、矩形、管形、六边形、人字形）。在操作中，当固体颗粒物沉积在塑料表面上时，流入的水流进入隔板式沉降器中，然后向上流过倾斜的管或板。通常，管或板的倾斜度在水平面之上45°～60°之间。该角度提供最大程度的重力自清洁能力，沉降的固体从隔板中向下流入沉淀池底。这种应用已经具备了相当广泛的水力负荷的计算建议，例如，每小时1.5m³/m²，每小时7.4m³/m²和每小时6.7m³/m²。使用分水板式沉降器的缺点是管道或板材沉淀器不能充分自清洁，因此必须通过其他方法定期清洁它们以防止生物污染。

过滤管的直径决定了捕获颗粒物的有效性和所能负载的水力加载速率（m³/s或gpm/ft²）。该技术的物理特性是，在水流从过滤管顶部排出之前，颗粒物将沉淀并停留在单个过滤管的底部。因此，沉淀隔板上的过滤管直径和表层水力加载速率决定沉淀隔板区域的大小，以便有效地处理水中的颗粒物。通过过滤管的总水流速度应与表层水流区域保持一致，以防止湍流和沉淀颗粒物的重新悬浮，比如 $Re < 2300$（见第12章）。

多管式沉淀器去除细小固体具有非常好的效果。Easter C（1992）的报告中指出，使用多管式沉淀器去除大于70μm的颗粒物的效率可以达到80%，去除大于1.5μm的任何颗粒物时，效率可以达到55%。如上所述，多管式沉淀方法的最大缺点是必须要及时清洁管内，这可能会比较花费时间，操作也比较烦琐。清洁较大直径的过滤管的工作量较小，但它们在捕获固体颗粒物方面的效率也较低。如果打算使用多管式沉淀器，那请使用直径至少为4～5cm（1.5～2.0in）的管子。如果使用较小直径的管，清洁工作将会变得十分困难。作者在虹鳟鱼养殖系统中使用了一些直径为1.5cm的管子。正如预期的那样，管子可以用来收集粪便，但清洁管子时需要将隔板从沉淀池中取出，并使用高压水枪冲洗隔板上的固体颗粒物。这是一项非常脏并且恶心的工作（个人记录：正是这种特殊的经历，才激发了Timmons开发康奈尔双排水系统，Ebeling只有实习生资质，Sara和Kata负责清洗过滤器）。

一旦过滤管在过水的过程中开始累积细小的颗粒物，由于过滤管横载面积减小，通过过滤管的水流速率就会增加。当这种情况出现并且水流阻力增加时，水开始寻求阻力最小的通路并且最终将简单地通过过滤管，从而完全失去了捕获固体颗粒物的能力。因此，定期清洁是十分必要的，但清洁过滤隔板是一项脏并且令人恶心的工作，没有人喜欢这种操作，故清洁工作往往会被忽视。反过来，清洁不足导致沉淀装置的性能不足，随后导致水质恶化。因此，我们不建议将多管式沉降器用于高密度养殖系统。但对于密度较低的幼鱼或者仔鱼系统，它们的效果确实很好。

5.5.2 微滤网过滤器（微滤机）

与沉淀池相比，用于物理过滤的微滤机很受欢迎，因为它占地面积小，需要很少的劳动力去维持运行；它们可以在大量颗粒物溶解之前，或者生物需氧量升高之前进行过滤反冲洗，除去水中的颗粒物。如在处理过程中，当滤网的孔径尺寸小于废水中的颗粒物粒径时，微滤网过滤器通过介质上的物理限制（或筛滤）去除固体颗粒物。微滤机可以通过各种不同的供应商购买。水产养殖中使用的最典型的微滤机是转鼓式微滤机（图5.8）、碟片式微滤机（图5.9）和履带式微滤机（图5.10）。

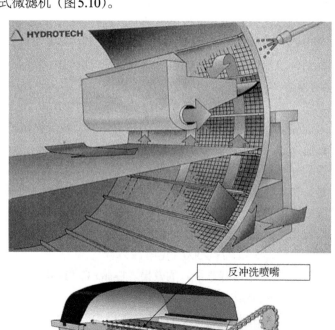

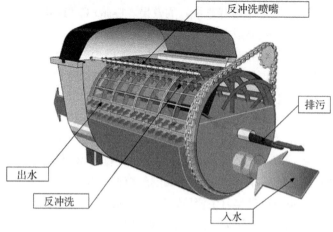

图 5.8　转鼓式微滤机的工作原理

（由 Hydrotech AB, Vellinge Sweden, Innovation AB, Malmö Sweden & WMT, Inc., Baton Rouge, LA. 提供）

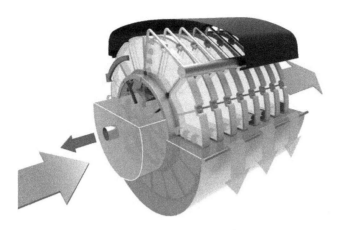

图5.9 碟片式微滤机的工作原理
（由NP Innovation AB, Malmö Sweden & WMT, Inc., Baton Rouge, LA 提供）

图5.10 用于有效处理颗粒物的履带式微滤机
（经销商：Sterner Aquatech AS； Ronhovde J）

Vinci B 、Summerfelt S 、Bergheim A（2001）总结了相关的运行优势和缺点以及3种过滤器的成本（见表5.4）。3种类型的微滤机是相似的，因为它们具有单独的固体颗粒物反冲洗收集工艺，其污水必须通过完整的废物管理系统进行管理（第6章）。这种污水是一种滤网过滤之后的高颗粒物浓度水流。反冲洗的流量会有所不同，固体颗粒物含量也会因为下面几个因素有所差异，包括过滤网面积的尺寸，所采用的反冲洗控制的类型，反冲洗的频率以及进入微滤机水体的总悬浮颗粒物含量。反冲洗流量通常表示为微滤机处理流量的百分比，有测试报告显示反冲洗流量为处理流量的0.2%～1.5%。这种排放物通常直接进入沉降池，但偶尔会进入履带式微滤机处理，或是用于人工湿地，或其他用于最终捕获和储存固体颗粒物的设备。

表5.4 滤径100μm、处理量10m³/min的转鼓式微滤机、碟片微滤机和履带式微滤机操作的优势和劣势

微滤机类型	60~100μm时的颗粒物去除率	主要优势	主要劣势
转鼓式微滤机	进水颗粒物<5mg/L:31%~67%	间歇式反冲洗	—
	进水颗粒物>50mg/L:68%~94%	减小反冲洗时水的损耗	—
碟片式微滤机	进水颗粒物<5mg/L:25%~68%	投资较低	反冲洗用水较多
	进水颗粒物>50mg/L:74%~92%	不包含基础投资	破碎分解了大颗粒物
履带式微滤机	进水颗粒物<5mg/L:0~62%	温和去除颗粒物	低流量(<3~5m³/min)下投资较高
	进水颗粒物>50mg/L:>89%	维护和成本较低 大流量时成本较低	—

实际上，我们可以简单地假设滤网的精度将决定微滤机去除的最小颗粒物的尺寸。然而在一些情况下，如果几个较小的颗粒物粘接一起并被滤网捕获，那么微滤机甚至可以捕获小于滤网精度的颗粒物。

除滤网精度外，微滤机的性能还取决于进水总悬浮颗粒物的浓度。用于处理水产养殖废水的常用精度为40~100μm。在此过滤精度范围内，总悬浮颗粒物去除率可在30%~80%之间。

Summerfelt S T总结了大量的工作，量化了使用60~90μm滤网的转鼓式微滤机去除总悬浮颗粒物的效率（见图5.11）。这些数据来自淡水研究所使用的4种微滤机（60~90μm）：第一台（◆）是转鼓式微滤机，处理从康奈尔双排水鱼池中侧排水管排出的水流；第二台微滤器（△）用于处理康奈尔双排鱼池系统中底部单管的全部流量；第三台微滤机（□）处理来自循环水系统和流水单排水系统的混合水流；第四台微滤机（○）处理流水系统的底排出水。

图5.11所示的数据显示随着进水颗粒物浓度的增加，去除效率提高。换句话说，进入微滤机的水越脏，微滤机的工作效果越好。

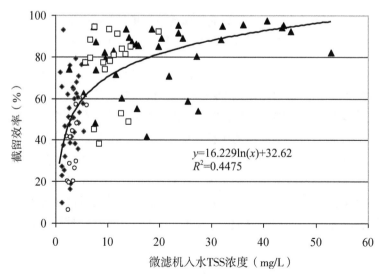

图5.11 颗粒物去除率与进水悬浮颗粒物总浓度的关系

较小的微滤机滤网孔径可以在一定程度上提高总悬浮颗粒物的去除率。基于育苗系统排水颗粒物的粒度分布分析，当微滤机滤网孔径小于200μm时，预期固体颗粒物的去除率提升。然而，这种提升的去除率是有限的。在Cripps S J（1995）的一项后续研究中，他发现低于60~100μm的滤网精度不再能改善固体颗粒物的去除效果。Kelly L A, Bergheim A, Stellwagen J（1997）证实了这种效率限制。他们使用4个过滤精度在30~200μm之间的过滤网来研究了2个三文鱼孵化场的污水中的颗粒物去除效果（图5.12）。

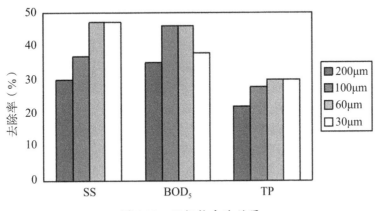

图5.12　颗粒物去除效果

通常在清理鱼池时（SS：10~100mg/L），颗粒物的处理效率要比平时水流下（SS<6mg/L）的处理效率高出很多。根据估算，60μm的过滤精度每天处理BOD_5、SS和TP的效率分别为45％、46％和30％。因此，作者得出结论，为了实现养殖池废水中固体颗粒物过滤的最大效果，过滤系统应使用精度为60~100μm的滤网。从图5.12可以得出这一结论。图5.12显示，粒径130μm以下的固体颗粒物有80％~90％是属于粒径30μm以下的范围内，并且考虑到压力损失和过度反冲洗，使用精度非常高的滤网是不切实际的。但与此形成对比的是，Wedekind H等学者1995年在高密度的虹鳟鱼养殖系统中，确实发现了当过滤精度从60μm减少到30μm时，在固体颗粒物去除方面效果的提升。然而，当减少滤网孔径时，反洗水（不建议排掉的）和污泥（建议排掉的）的总量都会显著增加。

1. 转鼓式微滤机的选型和管理

将康奈尔双排水养殖系统与转鼓式微滤机（图5.13）结合使用可使进入微滤机中的总悬浮颗粒物浓度提高10倍。这意味着与非双排系统相比，转鼓式微滤机所需要的水流容量将减少约30％（参见表5.5，其显示了水流容量与进水总悬浮颗粒物浓度的关系）。在这方面请仔细咨询您的微滤机供应商，在选择转鼓式微滤机的供应商时要小心，要使用相同的进水浓度进行比较。表5.5显示了微滤机选型和水力负荷，滤网精度和进水悬浮物浓度之间的关系。过滤

图5.13　转鼓式微滤机

网需要定期维护。如果微滤机的滤网精度合适，那么转式鼓微滤机应每隔2或3分钟旋转和清洁一次；更频繁地反冲洗表明滤网需要维护了，或者固体悬浮物的浓度过大（这意味着你需要一个更大的微滤机！）。反冲洗流量（也就是系统的排放量）是处理流量的0.2%～2%，主要取决于反冲洗的频率。反冲洗频率的增加是滤网需要维护的明显标志。所以，在任何情况下，请特别注意要向供应商询问微滤机的维护间隔和如何维护，从而获得相关建议。

2. 碟片式微滤机

碟片式微滤机是除了转鼓式微滤机外的另一个选项（见图5.9）。碟片式微滤机在美国很少见，但在欧洲会被渔场使用，特别是在需要处理大水量中总悬浮颗粒物（TSS）的渔场中得到使用。在处理大水量排放的情况下，比如流量为8m³/min（＞2000gpm），碟片式微滤机通常比转鼓式微滤机的性价比更高。关于碟片式微滤机很多的质疑是，由于过滤网的安装方向是垂直方向，颗粒物在移除之前会停留更长时间。这种较长的停留时间可能导致颗粒物分解成更细小的颗粒，并可能导致BOD过高，水体富营养化。但事实上，即使发生颗粒物的破坏，颗粒物的尺寸范围仍远大于60μm，这意味着碟片式微滤机和转鼓式微滤机的颗粒物处理能力实际上是相同的。碟片式微滤机的性能表参见表5.6，由Water Management Technologies, Baton Rouge, LA, Hydrotech北美分销商产品提供。

表5.5　水力负载、滤网精度和转鼓式微滤机选型全局（Hydrotech　转鼓微滤机运行数据）

类别	滤网精度(um)	501	801	802	803	1201	1202	1203	1601	1602	1603	1604	1605	1606	1607	2005	2006	2007	2407	2408
		处理流量(gpm)																		
源水系统 悬浮物最大值 10 mg/L	6	16	63	111	174	79	174	251	111	222	333	444	555	666	777	697	837	976	1189	1347
	10	32	63	127	190	95	190	285	127	254	380	507	634	761	888	793	951	1110	1332	1522
	15	63	159	317	476	238	476	713	317	634	951	1252	1569	1886	2203	1966	2359	2752	3313	3773
	18	79	190	380	571	285	571	856	380	761	1141	1522	1902	2283	2663	2378	2853	3329	3995	4565
	20	79	206	412	618	301	602	904	412	824	1236	1633	2045	2457	2853	2552	3063	3573	4296	4898
	25	95	238	476	713	365	729	1094	476	951	1427	1902	2378	2853	3329	2996	3595	4185	5025	5743
	30	127	317	634	951	476	951	1427	634	1268	1902	2536	3170	3804	4439	3963	4756	5548	6658	7609
	40	143	380	761	1141	571	1141	1712	761	1522	2283	3044	3804	4565	5326	4756	5707	6658	7989	9131
	60	174	476	951	1427	713	1427	2140	951	1902	2853	3804	4756	5707	6658	5945	7133	8322	9987	11413
	90	222	571	1141	1712	856	1712	2568	1141	2283	3424	4565	5705	6848	7989	7133	8560	9987	11984	13696
循环水系统 悬浮物最大值 25mg/L	30	79	190	380	571	285	571	856	380	761	1141	1522	1902	2283	2663	2378	2853	3329	3995	4565
	40	95	254	507	761	380	761	1141	507	1015	1522	2029	2536	3044	3551	3170	3804	4439	5326	6087
	60	127	349	697	1046	523	1046	1569	697	1395	2092	2790	34877	4185	4882	4359	5231	6103	7324	8370
	90	174	444	888	1332	666	1332	1997	888	1775	2663	3551	4439	5326	6214	5548	6658	7768	9321	10653
排出水流水系统 悬浮物最大值 15mg/L	30	111	285	571	856	428	856	1284	571	1141	1712	2283	2853	3424	3995	3567	4280	4993	5992	6848
	40	127	349	697	1046	523	1046	1569	697	1395	2092	2790	34877	4185	4882	4359	5231	6103	7324	8370
	60	174	444	888	1332	666	1332	1997	888	1775	2663	3551	4439	5326	6214	5548	6658	7768	9321	10653
	90	206	539	1078	1617	808	1617	2425	1078	2156	3234	4312	5390	6468	7546	6737	8085	9432	11318	12935
	100	222	571	1141	1712	856	1712	2568	1141	2283	3424	4565	5707	6848	7989	7133	8560	9987	11984	13696
1H型号最大流量	500	317	824	1649	2473	1236	2473	3709	1649	3297	4946	6594	8243	9892	11540	10304	12365	14426	17310	19783
最大流量		317	793	793	793	1902	1902	1902	2853	2853	2853	2853	2853	2853	2853	3646	3646	3646	N/A	N/A

续表

微滤机型号尺寸	501	801	802	803	1201	1202	1203	1601	1602	1603	1604	1605	1606	1607	2005	2006	2007	2407	2408
滤网精度(um)																			
技术参数																			
驱动电机(kW)	0.18	0.25	0.25	0.25	0.37	0.37	0.37	0.55	0.55	0.55	0.55	0.55	0.55	0.55	1.10	1.10	1.10	1.50	1.50
100PSI下的反冲洗水流量(gpm)	3.17	4.75	9.50	14.25	4.75	9.50	14.25	4.75	9.50	14.25	19.00	23.75	28.50	33.25	23.75	28.50	33.25	33.25	38.00
处理流量(gpm) 过滤面积(平方英尺)	3.77	9.69	19.38	29.07	14.53	29.07	43.60	19.38	38.75	58.13	77.51	96.88	116.2	135.6	121.1	145.3	169.5	203.4	232.5
过滤网片数量	2	2	4	6	3	6	9	4	8	12	16	20	24	28	25	30	35	42	48
反冲洗压力	87~116psi ｜ 液位控制 ｜ 液位控制-根据需求启动转鼓和反冲洗水泵																		
过滤精度范围	10~3000μm ｜ 开/关 ｜ 反冲洗水泵根据上述控制进行选择运行																		
最大水温	140F ｜ 高压发冲洗																		
水头损失	8~11.81ft																		

结构材料

范围	机身	转鼓骨架	微滤机滤网
501	标准玻璃钢，304不锈钢	304不锈钢钢或316不锈钢	由聚乙烯格栅作为支架的尼龙滤网
801到1203	标准玻璃钢，304不锈钢或316不锈钢		
1601到2007	304不锈钢或316不锈钢		

注：表格中的数据，请联系 Hydrotech 或者其经销商。

表5.6　碟片式微滤机的运行参数（由路易斯安那州巴吞鲁日水资源管理技术部提供）
（Hydrotech 碟片微滤机运行数据）

微滤机型号尺寸		1302	1304	1406	2102	2104	2106	2108	2110
	滤网精度(μm)	处理流量（gpm）							
源水系统悬浮物最大值 10mg/L	10	238	476	713	555	1110	1664	2219	2774
	20	793	1585	2378	1902	3804	5707	7609	9511
	30	793	1585	2378	2774	5548	8322	11096	13871
循环水系统悬浮物最大值 25mg/L	30	713	1427	2140	1664	3329	4993	6658	8322
	40	951	1902	2378	2219	4439	6658	8877	11096
	60	1268	2378	2378	3170	6341	9511	12682	14584
流水系统排水悬浮物最大值 15mg/L	30	999	1997	2378	2489	4978	7466	9971	12460
	40	1221	2378	2378	3044	6087	9131	12174	14584
	60	1554	2378	2378	3646	7292	10938	14584	14584
	90	1585	2378	2378	3646	7292	10938	14584	14854
市政污水处理悬浮物最大值 40mg/L	20	143	285	412	365	713	1078	1427	1791
	25	222	444	634	555	1110	1664	2219	2774
	30	254	507	713	634	1268	1902	2536	3170
技术参数									
驱动电机（kW）		0.37	0.37	0.37	0.75	0.75	1.10	1.10	1.10
反冲洗水泵（kW）		2.20	3.00	4.00	2.20	3.00	5.50	5.50	7.50
100PSI下的反冲洗水流量（gpm）		15.85	31.70	47.56	19.02	38.04	57.07	76.09	95.11
过滤面积（平方英尺）		38.8	77.5	116.3	96.9	193.8	290.7	387.5	484.4
过滤网片数量		36	72	108	64	128	192	256	320

5.5.3　旋流分离器

旋流分离器利用水的旋转水流将固体颗粒物收集在过滤器的中心底部，然后进行分离。康奈尔双排水系统的鱼池是圆形的，其原理与旋流分离器相同，效果十分明显。进水口的旋转流动使颗粒产生轻微的离心运动，使得较重的颗粒物移动到（或保留在）过滤器内的外侧。同时颗粒物受到重力的影响，在水中落下，并且由于水的旋转产生的二级水流，颗粒物向底部中心排水管移动。在沉淀器的底部中心会排放掉一部分水，也就是沉淀器底排。

进水口通常设计在水面上部往下方约1/3处，其中水流相对于过滤器内壁是相切的方向。图5.14a和b说明了旋流分离器的设计概念。Burton，Tchobanoglous G和Burton L，以及Veerapen J P、Lowry B J、Couturier M F为旋流分离器提供了额外的设计方法和理论。

Davidson J、Summerfelt S T（2005）开发了竖流沉淀器，这是传统旋流分离器设计的改进方案，参见图5.14c。他们发现，在相同的表面流水和相同规格的设备前提下，竖流沉淀器的效率几乎是旋流分离器的2倍。作者认为，这两种设备应用之间的设计参数和约束条件是相似的。竖流沉淀器可以提供更好的性能，主要是水产养殖颗粒物的密度较低，这使得过滤器中心圆筒可以防止较轻的颗粒物过早逃离过滤器。

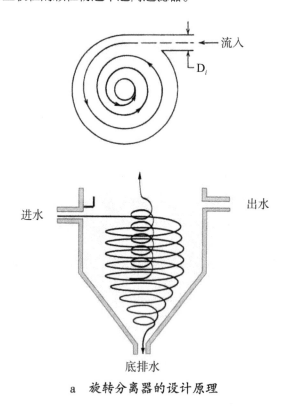

a　旋转分离器的设计原理

图5.14　旋流分离器

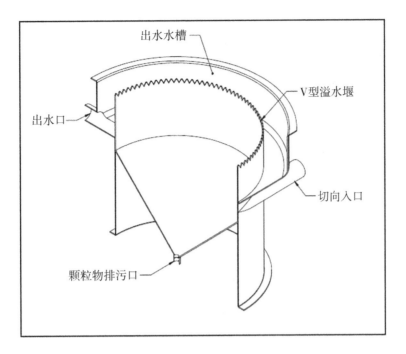

b　旋转分离器的示意图
（图纸由Neil Helwig, Indianapolis, IN, 513-259-6345cell提供）

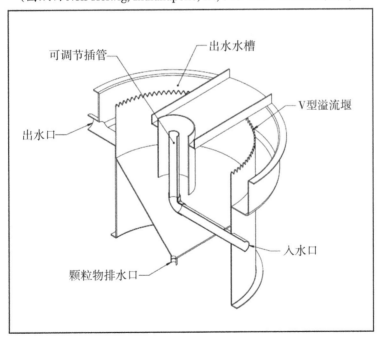

c　竖流沉淀器的设计概念
（图纸由Neil Helwig, Indianapolis, IN, 513-259-6345cell提供）

图5.14（续）　旋流分离器

旋流分离器的处理速率取决于待处理颗粒物的尺寸和密度，这与沉降池的处理速率类似。尽管文献中报道了许多不同的处理速率，但 Davidson J、Summerfelt S T（2005）使用的水力处理速率大约是传统沉降池推荐处理速率的4倍，或表示为每小时 $10m^3/m^2$（4gpm/ft²）的速率可提供更好的效果。这便意味着处理相同水量的设备占地面积减少到1/4。一些工程师使用甚至更高的处理速率，但水力停留时间应最少保持在30s。如果处理速率增加，则必须相应地增加过滤器的容积，以便保持最小30s的水力停留时间。还要注意，一些旋流分离器如果在没有连续排污的情况下运行，沉淀的固体颗粒物将储存在旋流分离器的底部，需要手动开启底部排污阀，每天大约1～2次。

经验法则

旋流分离器或竖流沉淀器

- 水力负荷为122～204Lpm/m²（每平方英尺3～5加仑/分钟）；
- 底部流量为入水总流量的5%～15%；
- 入水口位置在过滤器内部距离水面1/3的位置；
- 养殖池最好使用双排水系统。

旋流分离器（图5.15）的价格并不是特别便宜。而且像沉淀池和转鼓式微滤机一样，它们不能有效去除细小颗粒物（直径 <50μm）。但是它们在去除总悬浮颗粒物方面非常有效：Davidson J 和 Summerfelt S T（2005）报告称可以达到近40%的去除率。不仅如此，在同一项研究中，Davidson J 和 Summerfelt S T（2005）确定在相同系统中以相同水力负荷运行的竖流沉淀器将去除几乎80%的总悬浮颗粒物，相比旋流分离器产生的去除效率翻了1倍。

图 5.15　旋流分离器（现场）

由 Sintef Nhl（挪威特隆赫姆）开发的名为 Eco-Trap™ 的旋流分离器可以作为一种尝试。Twarowska J G、Westerman P W、Losordo T M（1997）在报告中称，Eco-Trap™ 旋流分离器使用总排水流量的5%（收集排放颗粒物的底排水）去除了80%±16%的颗粒物。该装置的表层水流速度可以达到16L/min，约为5.6m/ha（2.3加仑/平方英尺）。我们再参考表5.2，该处理速率小于全流量沉降池（14.3m/h），但高于离线沉降池（1.66m/h）。旋流沉淀的特性将沉淀过程的占地面积减少到5/17，就像我们之前提到的，与传统沉淀池方式相比，处理效率提高了4倍。

5.5.4　颗粒介质过滤器

颗粒介质过滤的处理过程是水在通过颗粒材料（介质）的过程中，将固体颗粒物沉积到介质上。这种类型的过滤系统通常可以分为填充床或深层过滤。在填充床过滤器中去除颗粒物的主要机制有筛滤、沉降、撞击、拦截、黏附、絮凝、化学吸附、物理吸附和生物处理。其中，筛滤是在生物处理过程中过滤二级水流中悬浮颗粒物的主要机制。

颗粒介质过滤器通常与其他处理过程结合使用，从而提高处理的效果。这些过滤器可以去除颗粒物、磷、藻类、病原体，并降低浊度。比如我们通过在沉淀器添加沉淀磷的化学物质，即明矾或氯化铁来对水进行预处理。然后颗粒介质过滤器通过颗粒形式去除沉淀的磷。但值得注意的是，这些过滤器的反冲洗水具有较高的总磷含量。

目前，有几种比较常见类型的颗粒介质过滤器：传统的单中心管下流式过滤器，传统的双介质下流式过滤器，传统的单中深床下流式过滤器，连续反冲洗的深床上流式过滤器，脉冲式过滤器，行桥过滤器，合成介质过滤器和压力过滤。所有这些过滤器的操作基础是相同的；它们都是使用前面提到的过滤机制，通过反冲洗或整体清洗过滤器的颗粒，然后将颗粒介质再利用。例如，在连续反冲洗深床上流式过滤器的使用过程中，水流均匀地流入过滤器底部，在那里它上升通过沙床。过滤后的水从沙床流出，流入溢流堰，从过滤器排出。在过滤流程进行的同时，沙床捕获的沙粒和固体颗粒物在沙床内向下通过气提被吸入过滤器的中心。沙粒和固体再通过气提被带到过滤器顶部，进入废料室。由于废料室的挡板低于过滤室，所以过滤室的水少量持续不断地流入废料室，将固体颗粒物带出过滤器。反冲洗水流还可以清洁被气提到废弃室后沉降回沙床顶部的沙粒。

最常用的下流式加压型沙滤器有许多种配置，它们被广泛用于各种水处理系统，可以直接购买。但是下流式沙滤器（或游泳池沙滤器）不适合在循环水产养殖系统中使用，即使是颗粒物浓度中等的系统中也不适用。循环水产养殖系统中生成的颗粒物非常多，生物需氧量很高，会导致下流式沙滤器不断反冲洗。对于特别难处理的或处理负荷较低的系统，使用大规模重力或加压沙滤装置的选型设计参考为每平方米的过滤速度为 $12 \sim 30 m^3/h$。Bell 在 1962年给出了硅藻土过滤器的设计标准。

用于生物过滤的上流式沙滤器（见第7章）可以捕获固体颗粒物，其去除能力强弱具体取决于其水力处理速率大小以及沙床是静床还是流化床。上流式沙滤器在高密度水产养殖系统中，并不适合作为固体颗粒物去除的主要手段。因为如果这样使用，它们可能会失去作为生物过滤的主要功能。但是当沙床不膨胀时，它们在低水力处理状态下可以捕获细小的固体颗粒物。在循环水产养殖系统中，珠子过滤器得到了更为有效的应用，过滤器中使用的浮动塑料介质可以减少反冲洗时水的损失。珠子过滤器可以去除小颗粒物，并进行生物过滤。珠子过滤器同样需要反冲洗来去除颗粒物，但与传统的下流沙床相比，它们消耗的反冲洗水非常小。图5.16为工业生产的微珠过滤器。

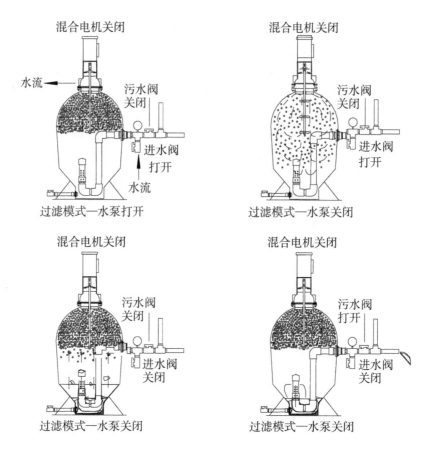

图5.16 微珠过滤器的操作

（由Aquaculture Systems Technologies, LLC, New Orleans, LA 提供）

珠子过滤器如果设计合理，可以获得固定床的大部分优点，同时在反冲洗过程中减少水的消耗。这种过滤器是多功能的，不仅可以提供颗粒物去除的物理过滤，也可以提供生物过滤。加压珠子过滤器里面填充漂浮的塑料珠，可作为硝化细菌附着的介质。这些过滤器中常用的浮动塑料珠是直径3~5mm（0.12~0.20in）的聚乙烯球，具有较高的比表面积 [1145m²/m³（350平方英尺/立方英尺）]。在操作使用中，通常水由水泵提供动力，通过位于珠子仓底部的珠子挡板，进入珠子过滤器，如图5.16所示。当水向上流过浮动的珠子床时，颗粒物被捕获在过滤器内。珠床浮在过滤器顶部，顶部配有过滤筛网，用于将珠子封锁在仓内，同时允许过滤后的水流从过滤器顶部流出。珠子过滤器的工作压力通常为0.34~1.02atm表压（5~15psig），并且会随着颗粒物的收集而增加。为了在颗粒物积聚时保持足够的水流通过珠子过滤器，会通过使用电机驱动的螺旋桨或注入反冲洗气泡的形式对过滤器进行反冲洗。当需要反冲洗时，进水水流将停止流入，珠子将被剧烈搅动，附着收集的颗粒物会脱落。然后通过位于过滤器底部的珠子挡板，从过滤器中去除掉，随后恢复过滤器的正常操作。

将过滤器捕捉的颗粒物保存在过滤器内，一直到对过滤器进行反洗。通常，珠子过滤器每24小时要进行一次反洗。在此保存期间，总保留颗粒物的30%~40%将分解变质。这是我们非常不希望发生的。因为颗粒物的分解和融化，增加了系统中的可溶性生物需氧量和氨氮。唯一减少这种情况发生的应对方法就是更频繁地去除这些颗粒物。珠子过滤器反冲洗的强度与频率，固体颗粒物的降解和硝化反应的效率之间存在复杂的关系。加压型的珠子过滤器有如此有效的收集颗粒物的效果意味着如果过滤器不经常反冲洗，异养细菌群体会在内部生长并引发其他问题。由于过滤器内的颗粒物中包含的蛋白质发生代谢，其产生的异养反应消耗氧气并产生氨。虽然反冲洗可以去除颗粒物和不需要的细菌，但过于频繁的反洗也会去除有益的硝化细菌。如果想使珠子过滤器获得最佳的性能，需要仔细管理珠子过滤器反冲洗的强度和频率。

如果只是作为颗粒物去除设备或澄清装置，珠子过滤器的规格可以根据每日最大的饲料投喂量或者生物滤池设计的流速和尺寸来确定。仅作为颗粒物去除设备，珠子过滤器设计参考值为每投放96kg饲料，需要使用1m³的珠子介质（6lbs/ft³）来收集饲料产生的颗粒物（注意这里没有时间单位，是基于这部分饲料投入系统中的周期相对较长的情况下）。表5.7总结了珠子过滤器的设计建议。

表5.7　螺旋桨式珠子过滤器的设计建议总结

PBF型号	介质总量[ft³(m³)]	最大流量流速[gpm(Lpm)]	纯颗粒物[lbs(kg/d)]
PBF-3	3(0.08)	30(110)	15(6.81)
PBF-5	5(0.14)	50(190)	25(11.3)
PBF-5S		100(380)	
PBF-10	10(0.28)	100(380)	50(22.7)
PBF-10S		200(760)	
PBF-25	25(0.70)	200(760)	125(60.7)
PBF-25S		400(1500)	

5.5.5　多孔介质过滤器

多孔介质过滤器通常被当作定点使用的设备，用于处理低流速的水体。但即使在低流速、总悬浮颗粒物浓度很低的情况下，它们依旧非常容易堵塞，并且产生很高的水头损失。在实际应用中，多孔介质过滤器在堵塞或水流量下降时，需要对介质进行清洗后再填充或者更换，因此多孔介质过滤器很难作为高密度循环水产养殖系统中的主要颗粒物收集装置。然而，多孔介质过滤器确实去除了细小颗粒物，使水体更加清澈。多孔介质过滤器可用于处理循环系统的进水或者作为特定循环水系统应用中的去颗粒物步骤工具，例如育苗系统。多孔介质过滤器的两个实例就是硅藻土过滤器和筒式过滤器。筒式过滤器使用不同规格的滤筒。与硅藻土过滤器一样，筒式过滤器用其纤薄的介质去除颗粒物而进行过滤。因此，小于筒式过滤器孔径并通过筒式过滤器的颗粒物是很少的。由于这类过滤器的过滤孔径非常小，硅藻土和筒式过滤器可以去除非常小的固体颗粒物（<1μm）。

5.5.6　泡沫分离

鱼池里的泡沫是我们都讨厌看到的东西，也是我们都希望消除的东西。但根据实际经验，如果你可以忍受泡沫，就不要试图避免它。泡沫去除通常是一个混乱、不可预测并且不稳定的过程。但如果你确定必须要去除泡沫，那么本节将为你提供如何进行泡沫去除操作的基础知识。请记住，泡沫分离除去废物不能替代系统中去除废物的主要工艺，包括快速去除死鱼，因为死鱼中包含高百分比的蛋白质（70%的干蛋白）。起泡是水面表面活性物质存在的结果，而这种表面活性物质便是蛋白质。因此，将死鱼存留在鱼池中，或通过水泵磨会产生大量的蛋白质，这会导致明显的起泡现象。

1. 实际例子：泡沫

如果你在系统中看到了意外的泡沫情况，请开始寻找鱼池中是否有死鱼。我们简单地计算一下来说明这个问题，假设在10000条鱼的鱼池中，你将在200天的生长期内失去5%的鱼。这意味着你平均每天损失2.5条鱼。对于密度为120kg/m³的系统，即为2.5条每条1kg的鱼（20%干蛋白质）。

$$10000\text{鱼} \cdot \frac{1\text{kg}}{\text{鱼}} \cdot \frac{\text{m}^3}{120\text{kg}} = 83.3\text{m}^3 = 83300\text{L}$$

$$2.5\text{鱼} \cdot \frac{1000\text{g}_{flesh}}{\text{鱼}} \cdot \frac{0.2\text{g}_{DM}}{1.0\text{g}_{flesh}} \cdot \frac{0.7\text{g}_{蛋白质}}{1.0\text{g}_{DM}} = 350\text{g}_{蛋白质}$$

那么，83300L水中的纯蛋白质（泡沫的源头）含量为

$$\frac{350\text{g} \cdot 1000\frac{\text{mg}}{\text{g}}}{83300\text{L}} = 4.2\frac{\text{mg}}{\text{L}}$$

水中的这种蛋白质含量（来自水泵碾碎的鱼或在鱼池底部腐烂的鱼）将立即产生大量的泡沫。所以请立刻清理死鱼！

在让你认真对待并尽快去除死鱼和其他有机物的同时，我们来回顾下泡沫分离的基础知识。水体的气泡在上升到水体表面时，它们收集水中的有机物，形成泡沫。甚至一些可溶的有机物和蛋白质在有些情况下，也可能沉淀到气泡表面上形成污染物，这部分污染物也是要去除的。整个泡沫分离的过程完全依赖于水体中表面活性物质的存在。图5.17为泡沫分离器。

表面活性物质的分子是具有极性的，具有亲水性［带电荷的离子型阳性（阳离子）或负性（阴离子），或非离子型］和疏水末端。因此，疏水末端将其自身"戳"到气泡中，使亲水性末端留在水中。如果亲水性末端带负电并停留在水体中，那么它会吸附水体中带正电荷的物质。这些带正电的物质反过来吸引"黏附"它们的带负电的颗粒。图5.18说明了附着在气泡上的表面活性物质分子的性质。气泡的带电表面同时吸引正负电荷的微小颗粒物和细菌。

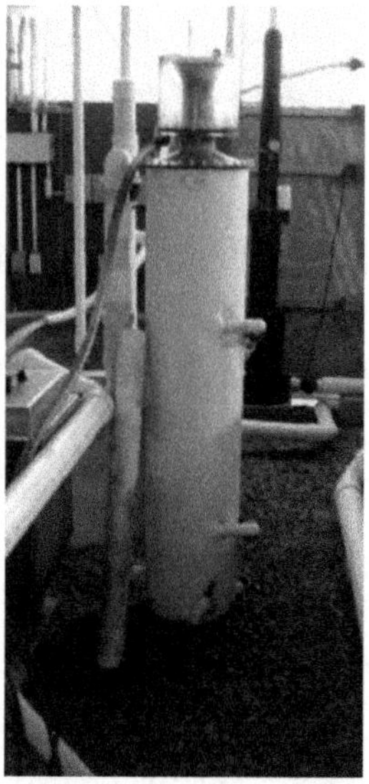

图5.17　泡沫分离器

　　附着在气泡上的表面活性物质和其他收集的颗粒物作为泡沫上升到水体的表面，然后可以从水体中去除。泡沫分离被认为是有效去除循环养殖系统中的微小颗粒物的少数工艺之一。实际上，泡沫主要由溶解的有机物和小于30μm的颗粒物组成。由于海水的表面张力高于淡水的表面张力，泡沫分离在海水系统中比在淡水系统中更有效。因此，泡沫分离通常是海水循环养殖系统的组成部分。

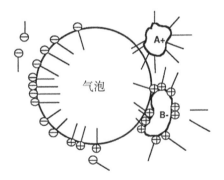

图5.18　表面活性分子的属性

　　去除和处理泡沫是使用泡沫分离器时遇到的问题之一。需要提前考虑如何处理这些泡沫废物，例如必须清空蛋白分离器的收集杯或直接排放到下水系统里。文后文献中已经很好地综述了泡沫分离器。典型的泡沫分离器如图5.19所示（a为气提式，b为文丘里式）。

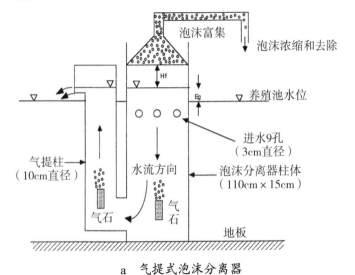

a　气提式泡沫分离器

图5.19　泡沫分离器

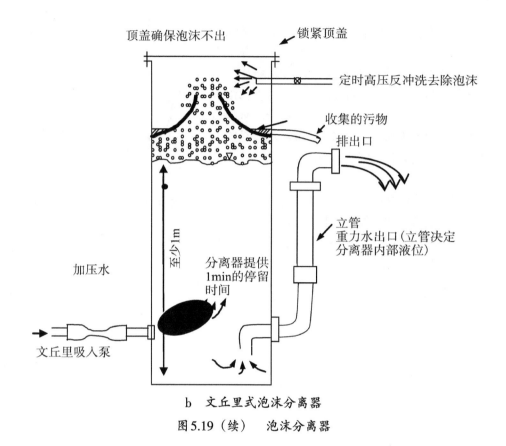

b 文丘里式泡沫分离器

图5.19（续） 泡沫分离器

使用泡沫分离器时需要基本了解其设计和操作中使用的基本参数，如下：

$$U_g = \frac{Q_{air}}{A} \qquad (5.10)$$

$$E_g = 4.1\,U_g^{0.83} \qquad (5.11)$$

$$U_b = 0.21e^{-25.8U_g} \qquad (5.12)$$

其中U_g是表面气体速度（m/s），E_g是气体滞留量（部分），U_b是气泡上升速度（m/s）。

预测泡沫分离器的性能会产生很多问题。感兴趣的人请参阅Chen S et al.（1992）；Timmons M B, Chen S, Weeks N C（1995）；Weeks N C, Timmons M B, Chen S（1992）；Timmons M B, Losordo T S（1994）。虽然绝对准确地预测泡沫分离器的性能是不太可能的，但可以应用一些原则最大化泡沫产生量，从而在分离器中最大限度地将废物去除：

● 最大化泡沫上浮的行程；

● 最大化气泡和水体的接触时间；

● 创建尽可能小的气泡（降低上升速度）；

● 在最大气体滞留25%的情况下操作分馏塔（高于此值，将出现段塞流；见第12章12.5）。

图5.20显示了公式5.10和公式5.11之间的关系。必须通过计算以确定泡沫分离器中适当的空气流量。Weeks N C, Timmons M B, Chen S（1992）发现蛋白质的去除率与水流量无关，

但与气流量成正比（这种方法将在下一节中说明）。

如果要成功使用该系统，还必须解决泡沫分离的其他相关情况。比如随着 pH 增加，泡沫产生量和相应的蛋白质去除的效率也增加，与 pH 为 5.3 的水相比，泡沫分离器可以从 pH 为 8.3 的水中去除 2 倍量的蛋白质。虽然使用较小的气泡改善了整个分离过程，由各种典型的烧结气石产生的气泡尺寸通常在 2~3mm 之间。很难创造出更小的气泡。作者在使用离心泵提水时，通过使用文丘里式管在创建较小气泡方面取得了一些成功的分离。但是，如果您使用的蛋白质分离器是基于气提泵的分离器类型（参见图5.19a），再使用文丘里式管确实不是一个方便的选择。在使用水泵时，侧流入水是使用文丘里式管产生小气泡的最理想方式，特别是可以考虑与热水浴缸和温泉浴一起使用。这些设备通常也非常划算。

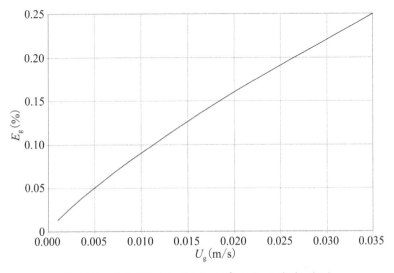

图 5.20　气体滞留量（E_g）与表面气体速度（U_g）

2.　泡沫分离器的选型

虽然不可能准确预测泡沫分离器的效率，但 Weeks N C、Timmons M B、Chen S（1992）的发现表明，蛋白质的去除率与水流量无关，但与气流成正比。换句话说，气泡的数量是最重要的。因此，使用一些总近似值，可以使可溶性颗粒物（VS，有机物的近似测量）去除率与分离器中使用的空气流量成比例（单位不平衡）：

$$R_{vs} = 0.40 \cdot Q_{air,Lpm} \qquad (5.13)$$

公式 5.13 近似于 Weeks N C、Timmons M B、Chen S（1992）建立的模型，假设泡沫分离器设计得很好，并遵循之前将设备性能最大化的一般指导原则。它是根据废水数据开发的，鱼类养殖池水中的 VS 含量约为 300ppm，TSS 含量约为 10ppm，TKN 的含量约为 0.8ppm。使用气提式分离器获得这些水中的泡沫废物，并获得了 VS、TSS 和 Kjeldahl-Nitrogen（TKN）（E_{VS}、E_{TSS} 和 E_{TKN}）这些数据：

$$TSS=0.27VS \qquad (5.14)$$

$$TKN=0.038VS \qquad (5.15)$$

$$E_{VS}=2.7 （307增加至816ppm） \tag{5.16}$$
$$E_{TSS}=25 （10增加至251ppm） \tag{5.17}$$
$$E_{TKN}=44 （0.8增加至34.6ppm） \tag{5.18}$$

3. 案例分析

投喂率1%的养殖系统中，一共10000条鱼，日投喂量100kg，那么去除泡沫需要多少气流？

解决方案

TSS的产生量（"经验法则"） $= 0.25 \cdot \dfrac{g_{TSS}}{g_{饲料}} \cdot \dfrac{0.01g_{饲料}}{g_{鱼} \cdot d} \cdot \dfrac{1000g_{鱼}}{鱼} \cdot 10000鱼$

$$= 25000\frac{g_{TSS}}{d}$$

假设泡沫分离去除的微小颗粒物（<30mm）为TSS的3%，我们代入到公式5.13去求解气量，同时假设所有的为挥发性颗粒物。

$$Q_{air,Lpm} = \frac{R_{VS}}{0.4} = 0.03 \cdot \frac{\left(\dfrac{25000g}{d}\right)}{0.4} = 1875Lpm$$

根据公式5.17，表面气体速度U_g分离器扩大25%（获得最大效率），可以得到U_g每秒0.035m³/m²，或者转化成Lpm/cm²：

$$U_g = 0.035 \cdot \frac{m^3/m^2}{s} \cdot 6\frac{\dfrac{Lpm}{cm^2}}{\dfrac{m^3/m^2}{s}} = 0.21\frac{Lpm}{cm^2}$$

我们可以得到蛋白分离器的截面积：

$$A = \frac{1875Lpm}{0.21\dfrac{Lpm}{cm^2}} = 8929cm^2$$

投喂量为100kg，所以我们可以将日投喂量代入，

$$\frac{Q_{air,Lpm}}{\dfrac{kg\ 饲料}{d}} = \frac{19Lpm}{\dfrac{kg\ 饲料}{d}} \cong 20Lpm(roundup)$$

$$\frac{A}{\dfrac{kg\ 饲料}{d}} = 89cm^2 \cong 90cm^2 (roundup)$$

这为泡沫分离器提供了另一个"经验法则"（舍去上述数字）：

经验法则

泡沫分离器

- 日投喂的每千克饲料（假设3%的总悬浮颗粒物量是通过分离器去除的）；
- 20Lpm的气流；
- 水体的截面面积为90cm²。

如果使用气提式分离器，这些计算将确定每天投喂2kg饲料的系统需要直径15cm的分离器。这与作者在高密度鳟鱼养殖系统中的观察结果一致，系统每天的排水量仅为总水体的3％，水很暗但很清澈。最后，回到我们之前的例子，说明鱼池中死鱼产生的蛋白质量（每天350g蛋白质）。Chen S et al.（1994b）确定在331mg VS中仅存在1mg蛋白质来作为泡沫废物收集。进行相反的数学计算，350g蛋白质（全部可以成为表面活性物质）将为以下数量的或VS形成产生泡沫：

$$\theta_{TSS} = (350\ g_{蛋白质}) \cdot 331\frac{g_{VS}}{g_{蛋白质}} = 115850 g_{VS}$$

假设100％的VS是TSS类型的有机物质，那么对于泡沫分离工艺来说，这一数量的总悬浮颗粒物需要大约以下天数来去除（基于先前的计算）：

$$\frac{115850\ g_{TSS}}{25000\frac{g_{TSS}}{d}} = 4.6d$$

因此，你可以预期在未来2~3天在鱼池中看到这种过渡的泡沫，在水体恢复到正常泡沫水平之前可能会有4或5天的过渡期。

5.6　设计案例：颗粒物去除

如前所述，Omega Industries（OI）需要一个建设和运营欧米伽鱼类养殖设施（OFAF）的工程计划。生产策略分为3个阶段：仔鱼阶段、幼鱼阶段和成鱼阶段。表5.8总结了迄今为止的设计，包括鱼池的总生物量，投喂频率和总水体。我们基于每小时水体的交换量或者溶解氧或氨的释放量来估算流速。

根据"经验法则"，鱼饲料干重的25％~35％将以悬浮颗粒（或总悬浮颗粒，TSS）的形式排出。如前面第4章所述，康奈尔双排水系统的使用将导致从中心排水到过滤器进水的TSS浓度提高10倍。在该设计实例中，将假设20％~25％的流量来自中心排水管并且包含大部分悬浮颗粒物。

表5.8　OI生产计划的3个阶段中最终生物总量、投喂率、鱼池总水量以及水流量情况

阶段	总生物量 [kg(lbs)]	每日饲料 [kg(lbs)]	总水量 [m³(gal)]	水流量 [Lpm(gpm)]
仔鱼阶段	193kg （425lbs）	3.0kg （6.6lbs）	6.4m³ （1694gal）	321Lpm （85gpm）
幼鱼阶段	450kg （990lbs）	5.7kg （12.6lbs）	11.3m³ （2978gal）	379Lpm （100gpm）
成鱼阶段	875kg （1925lbs）	9.6kg （21.1lbs）	17.5m³ （4621gal）	379Lpm （100gpm）

跟踪生物量负荷和投喂频率有些困难，因此会使用简单的电子表格计算3个生长阶段中的每一阶段的生物量和饲料投喂率，然后将这些数据组合来得出最终的总生物量和每天的饲

料频次。表5.9、表5.10和表5.11总结了仔鱼、幼鱼和成鱼3个阶段的情况。

表5.9 仔鱼阶段

周数	长度(in)	重量(g)	生物量(kg)	投喂率(%)	投喂量(kg/d)
0	5.25	50.0	58.3	1.91	
1	5.51	57.7	67.2	1.88	1.26
2	5.77	66.1	77.1	1.85	1.42
3	6.02	75.4	87.8	1.81	1.59
4	6.28	85.4	99.6	1.78	1.77
5	6.54	96.3	112.3	1.74	1.96
6	6.79	108	126.0	1.71	2.15
7	7.05	121	140.9	1.67	2.36
8	7.31	135	156.8	1.64	2.57
9	7.56	149	174.0	1.60	2.79
10	7.82	165	192.3	1.56	3.01
总饲料量					20.9

　　作者经常不同意这些设计细节，这是其中一个案例。一位作者使用2个单独的养殖系统用于仔鱼阶段（每套系统5个鱼池）和5个单独的养殖系统用于幼鱼和成鱼阶段（每个系统包含2个幼鱼池、2个成鱼池）。2个仔鱼系统的鱼池以2周的间隔进行养殖。这种方法的逻辑是，如果一个仔鱼系统完全失败，产量将减少一半，尽管不是每周都有鱼，但每2周都有鱼。通过将2个鱼种和2个成长系统组合成1个吊舱并由其自己的生命支持系统支持，5个用于幼鱼/成鱼的养殖系统。每个鱼池中的幼鱼和成鱼都以5周的间隔（1/2周期放养）进行养殖，从而减少总生物量和每日投喂频率，从而减少所需要养殖系统的大小。这也显著减小了由1套养殖系统失败而造成的损失。设计情景1和设计情景2的布局见图5.21。

　　另一位作者认为应该尽可能少地使用养殖系统，仔鱼阶段有1个系统，幼鱼和成鱼分别使用1套系统，每套系统包含5个养殖池。为了防止仔鱼的灾难性损失，仔鱼系统的放养密度需要降低到20kg/m³，使鱼即使在没有系统支持下，仅凭鱼池的曝气也能存活。之所以使用2套系统，是因为如果系统发生灾难性故障并且交替了投放顺序，产量只会减少一半，收鱼频率也从每周减少到每2周，从而至少保持了一定的连贯性（全年投产约50%）。

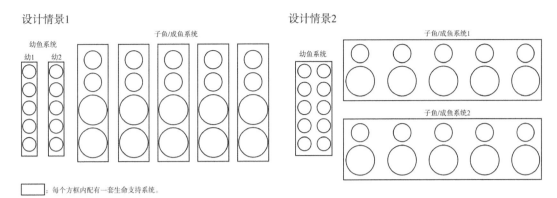

图5.21 设计情景1和设计情景2的布局

表5.10 幼鱼阶段

周数	长度（in）	重量（g）	生物量（kg）	投喂率（%）	投喂量（kg/d）
11	8.08	182	212	1.54	3.25
12	8.33	200	233	1.51	3.51
13	8.59	219	255	1.48	3.77
14	8.85	239	278	1.45	4.04
15	9.10	260	303	1.42	4.32
16	9.36	283	330	1.39	4.60
17	9.62	307	358	1.37	4.89
18	9.87	332	387	1.34	5.18
19	10.13	359	418	1.31	5.48
20	10.39	387	451	1.28	5.78

表5.11 成鱼阶段

周数	长度（in）	重量（g）	生物量（kg）	投喂率（%）	投喂量（kg/d）
21	10.64	416	485	1.26	6.13
22	10.90	447	521	1.25	6.50
23	11.16	479	558	1.23	6.87
24	11.41	513	598	1.21	7.26
25	11.67	548	639	1.20	7.65
26	11.93	585	682	1.18	8.05
27	12.18	624	727	1.16	8.46
28	12.44	664	774	1.15	8.87
29	12.70	706	823	1.13	9.29
30	12.95	750	874	1.11	9.72

对于仔鱼阶段2套系统的第一个设计方案：每套仔鱼系统的5个鱼池中每周交替投放的总饲料量最大为10.9kg（24磅），最大生物量为652kg（1434磅）。2套系统如表5.12所示。在这种情况下，仔鱼系统的养殖密度为30kg/m³（0.25lbs/gal）。相应的设计水池直径为3.28m（10ft），体积为6.4m³（1693加仑）。由于每套仔鱼系统有5个鱼池，系统总容量约为32.0m³（8465加仑）。假设鱼池的水交换率为20min（使系统水质最优），将意味着通过系统的水速约为90.8m³/h（400gpm）。该水流量由22.7m³/h（100gpm）的中心底排（流量的25%）和68.1m³/h（300gpm）的侧排（75%的流量）组成。

表5.12 2套仔鱼系统

周数	饲料(kg)	饲料(kg)	
		系统1	系统2
1	1.26	1.26	
2	1.42		1.42
3	1.59	1.59	
4	1.77		1.77
5	1.96	1.96	
6	2.15		2.15
7	2.36	2.36	
8	2.57		2.57
9	2.79	2.79	
10	3.01		3.01
总饲料量		10.0	10.9

注：每套仔鱼系统有5个鱼池，存放间隔为2周。

在第一个设计方案中，用于幼鱼和成鱼阶段的系统总计5套（表5.13），每套系统由2个小鱼池和2个成鱼池组成，系统的日投喂量和总投喂量如表5.13中总结。因此，用于幼鱼/成鱼阶段的5套系统中的每套系统的最大日饲料投喂量为是27.5kg（60.5lbs/d），每套系统中的最大生物量是2267kg（5000lbs）。

幼鱼池的直径为3.65m（12ft），体积为11.3m³（2978加仑）。根据氧气、TAN、二氧化碳、TSS交换所需要的流速（表3.5），1个小鱼池的流速为22.7m³/h（100gpm）。流速是基于鱼池水力停留时间（HRT）或鱼池容积交换30min计算而得的。养成池的直径为4.57m（15ft），体积为17.5m³（4620加仑）。

表5.13 用于幼鱼和成鱼阶段的5套系统

周数	小鱼日投喂(1/2周期)(kg)		周数	成鱼日投喂(1/2周期)(kg)		系统总计(kg)
11 & 16	3.25	4.60	21 & 26	6.13	8.05	22.0
12 & 17	3.51	4.89	22 & 27	6.50	8.46	23.3
13 & 18	3.77	5.18	23 & 28	6.87	8.87	24.7
14 & 19	4.04	5.48	24 & 29	7.26	9.29	26.1
15 & 20	4.32	5.78	25 & 30	7.65	9.72	27.5

注：存放间隔为5周（每套系统包含2个小鱼池、2个成鱼池）。

表5.14 2套系统的投喂量和总投喂量

周数	幼鱼(kg)		成鱼(kg)		单一系统小计(kg)	
	系统1	系统2	系统1	系统2	系统1	系统2
11&21	3.25	—	6.13	—	9.39	
12&22	—	3.51		6.50		10.0
13&23	3.77	—	6.87	—	10.6	
14&24	—	4.04		7.26		11.3
15&25	4.32	—	7.65	—	12.0	
16&26	—	4.60		8.05	—	12.6
17&27	4.89		8.46		13.3	
18&28		5.18	—	8.87	—	14.5
19&29	5.48		9.29		14.8	
20&30	—	5.78	—	9.72	—	15.49
总计	21.7	23.1	38.4	40.4	60.1	63.5

注：幼鱼和成鱼的存放间隔为2周。

再次基于氧气、TAN、二氧化碳、TSS或罐式交换所需的流速，确定1个成鱼槽的流速为22.7m³/h（100gpm）。该值是基于45min的水力停留时间计算而得的。因此，2个鱼种和2个养成系统的总交换率累积到90.8m³/h（400加仑/分钟）。使用康奈尔双排水方法，该流量由22.7m³/h（100gpm）的中心排放（流量的25%）和68.1m³/h的侧排放（流量的75%）构成（300加仑/分钟）。

对于仔鱼阶段使用单一系统的第二种设计方案，每天的投喂量为20.9kg（46lbs），总生物量为1234kg（2715lbs），如表5.9所示，或者如表5.12所示，添加2个进料负荷，因为只有1套系统（注意：在表5.9中，同一套系统支持10组养殖组或1个养殖组进行10周养殖，这就是我们如何达到20.9kg/d的投喂量的方法）。为了最大限度地减少灾难性系统故障的影响，这种情况下的养殖密度降至20kg/m³（0.166lbs/gal）。这将导致鱼池尺寸增加到直径3.66m

（12ft），体积为9.61m³（2540加仑）。由于有10个鱼池，系统总容量约为96.1m³（25400加仑）。假设有20min的水交换率（以最优化系统水质），这将意味着通过系统的流速约为273m³/h（1200gpm）。该流量由68.3m³/h（300gpm）的中心排放（流量的25%）和205m³/h（900gpm）的侧排放（流量的75%）构成。

在第二种设计方案中，2套用于幼鱼/成鱼阶段的系统里，每套系统的饲料投喂量和总饲料投喂量如表5.14中所示。基于该表，用于幼鱼/成鱼阶段的2套系统的最大投喂量为每天63.5kg（140lbs/d），并且每套系统中的最大生物量为5128kg（11280lbs）。小鱼池的直径为3.65m（12ft），体积为11.3m³（2978加仑）。根据氧气、TAN、二氧化碳、TSS或鱼池交换所需的流速（表3.5），1个幼鱼池的流速为22.7m³/h（100gpm）。基于鱼池水力停留时间（HRT）或鱼池容积交换30min的时间，养成池的直径为4.57m（15ft），体积为17.5m³（4620加仑）。再次基于氧气、TAN、二氧化碳、TSS或鱼池交换所需的流速（表3.5），确定1个成鱼池的流速为22.7m³/h（100gpm）。该值也是基于45min的水力停留时间。因此，5个幼鱼池和5个成鱼池的系统的总交换率为227m³/h（1000加仑/分钟）。该流量由45.4m³/h（200gpm）的中心排放（流量的20%）和181.7m³/h（800gpm）的侧排放（流量的80%）构成。表5.15为2种设计情景中总水量和设计流量的设计汇总。

表5.15　2种设计情景中总水量和设计流量的设计汇总

项目	设计情景一		设计情景二	
	2套鱼苗系统	5套幼鱼/成鱼系统	单套鱼苗系统	2套幼鱼/成鱼系统
系统总水量	32.0m³（8465gal）	57.2m³（15110gal）	96.1m³（25400gal）	143.8m³（38000gal）
总水量	90.8m³/h（400gpm）	90.8m³/h（400gpm）	273m³/h（1200gpm）	227m³/h（1000gpm）
中心排水	22.7m³/h（100gpm）	22.7m³/h（100gpm）	68.3m³/h（300gpm）	45.4m³/h（200gpm）
侧排水	68.1m³/h（300gpm）	68.1m³/h（300gpm）	205m³/h（900gpm）	181.7m³/h（800gpm）
日投喂量	10.9kg（24lbs）	27.5kg（60.5lbs）	20.9kg（46lbs）	63.5kg（140lbs）

5.6.1　旋流分离器或竖流沉淀器

由于来自欧米伽鱼的粪便颗粒相对较大并且完整（个人观察），在微滤机之前的旋流分离器或竖流沉淀器可以显著降低颗粒物去除工艺上的总负载。Davidson J 和 Summerfelt S（2004）在报告中指出，在低投喂量和高投喂量的情况下，从中心排放到竖流沉降器排放的颗粒物去除效率分别为72.1%和79.5%。通过使用竖流沉降器处理中心排放物，可以看到后续处理系统的负荷显著降低。鲑鳟鱼养殖系统中经常使用的设计是将处理后的水体（从竖流沉淀器溢出的，颗粒物浓度较低）与鱼池侧排的水体相结合，然后合并进入微滤机进行处理以获得最佳的颗粒物收集效果（以确保捕获从竖流沉淀器中逸出的颗粒物）。Davidson J 和 Summerfelt S（2004）使用的竖流沉降器的表面处理速率为每平方米0.0031m³/s（4.6gpm/ft²）。例如，对于第一个设计方案中每个系统配套5个仔鱼鱼池的情况，22.7m³/h（100gpm）的中心排水将需要旋流/竖流分离器提供2.0m²（21.7ft²）的横截面积，可以使用直径约1.6m（5.2ft）的竖流沉淀器。对于第二个设计方案中每个系统10个仔鱼鱼池的情况，中心排水管流量为68.3m³/h（300gpm），需要6.1m²（5.2ft²）的沉淀区域，可以使用直径2.8m（9.1ft）的竖流沉淀器。竖流沉淀器可从几个玻璃钢的相关制造商处购买。例如，Pentair Aquatic Eco Systems（见www.pentairaes.com）生产几种直径为12～132in的竖流沉淀器。根据他们的技术数据规格，60in竖流沉淀器的处理流量为28.4m³/h（125加仑/分），直径120in的设计处理流量为112.5m³/h（495加仑/分）。

5.6.2　微滤网过滤器

用于过滤的微滤网过滤器很受欢迎，因为与沉降池相比，它们需要很少的劳动力和地面空间。当滤网的孔径尺寸小于废水中的颗粒粒径时，微滤网过滤器通过介质上的物理限制（或筛网）去除固体颗粒物。微滤网过滤器的设计可以用于处理大流量的水体。但在小流量的处理方面，与其他一些选择相比，它们的投资成本过高。因此，微滤网过滤器适用于较高的流速，但其他颗粒物去除设备，如螺旋桨清洗的微珠过滤器（图5.16），可能更适合较低的水流速率。微滤网过滤器的设计选型过程非常简单，只需查阅制造商的规格表，找到与你系统中需要的相对应参数的正确的过滤器。规格选型通常根据冷水和温水系统，以及预期的总悬浮物浓度进行选择。例如，对于第一个设计方案中的每套系统配备2个幼鱼/成鱼鱼池的情况，中心排水口的流量为22.7m³/h（100gpm），结合其水温条件，参考Hydrotech（见表5.5，www.hydrotech.se）的参数将需要501型号的微滤机，设计流量为21.6m³/h（95gpm；表5.5显示容量为6L/s或最大95gpm，即为此设备的最大处理量），使用60μm的微滤机。这表明，与单独处理系统设计的较高流速相比，使用的小型微滤机的成本相对较高。对于第二种设计方案中的单套系统配备5个幼鱼/成鱼鱼池的情况，中心排水流量为45.4m³/h（12.6L/s，或200gpm），需要使用801型微滤机，滤网精度为60μm，处理量为54m³/h（15L/s，或238gpm）（802型微滤机可处理的最高流量为158m³/h或697gpm）。如果使用竖流沉淀器对排放水进行预处理，可以将中心排放和侧排放进行组合并通过微滤机进行处理。在Hydrotech微筛选过滤器的情况下，由于颗粒物浓度减小，可以调整微滤机的处理量。因此，对于第一种设计方案，总流量为90.8m³/h（25.2L/s，400gpm），可以选802型号的微滤机，其设计流量为112m³/h（31L/s）或490加仑/分，过滤精度为60μm。在第二种设计方案中，可以选1603型号的微滤机，其设计流量为331m³/h（92L/s或1460gpm），过滤精度为60μm。

5.6.3　颗粒介质过滤器

颗粒介质过滤器的处理过程是水在通过颗粒材料（介质）的过程中，将固体颗粒物沉积到螺旋桨型微珠过滤器，它可根据介质体积提供多种不同尺寸的过滤器。颗粒介质过滤器既可以当作生物滤器（处理颗粒物或生化反应），也可以作为颗粒物收集器。在相同的设备选型下，可以处理更大的流量。PBF微珠过滤器的选型可以根据最大日饲料投喂量或生物滤器的设计流速（表5.15）。仅作为颗粒物去除设备，微珠过滤器设计参考值为每投放96kg饲料，需要使用1m³的珠子介质（6lbs/ft³）来收集饲料产生的颗粒物（注意这里没有时间单位，这部分饲料投入系统中的周期相对较长）。因此，对于第一种设计方案，其中1个仔鱼鱼池的最大投喂量为每天10.9kg（24磅），因此仅需要约0.11m³（4立方英尺）的颗粒介质来处理颗粒物。可以使用PBF-5S完成，PBF-5S设计的日饲料处理量约为13.2kg（30磅），最大流速为22.7m³/h（100加仑/分）。对于单一系统配套的2个幼鱼/成鱼鱼池，日投喂量为27.5kg（60.5lbs），PBF-10可以处理其颗粒物，PBF-10S的处理流速为22.7m³/h（100gpm）。最后，对于第二种设计方案，仔鱼鱼池的最大投喂量为每天20.9kg（46磅），因此仅需要约0.22m³（8立方英尺）的颗粒介质来处理颗粒物。可以使用PBF-25S完成，PDF-25S设计的日饲料处理量约为56.8kg（125磅），最大流速为68.1m³/h（300加仑/分）。对于日投喂量为63.5kg（140磅）的2个幼鱼/成鱼鱼池的系统，PBF-25S将以45.4m³/h（200加仑/分）的最大流速处理固体颗粒物。

5.7　参考文献

1. ALABASTER J S, LLOYD R, 1982. Water quality criteria for freshwater fish. 2nd. London: Butterworths.

2. AL-LAYLA M A, AHMAD S, MIDDLEBROOKS E J, 1980. Handbook of wastewater collection and treatment.Sedimentation: Garland STPM Press, 177-209.

3. AMERICAN PUBLIC HEALTH ASSOCIATION, 1989. Standard methods for the examination of water and wastewater.17th. Washington: American Public Health Association.

4. ARCEIVALA S J, 1983. Hydraulic modeling for waste stabilization ponds. Journal of Environmental Engineering, 109（5）: 265-268.

5. BELL G R, 1962. Design criteria for diatomite filters. Journal of AWWA, 10: 1241-1256.

6. BRAATEN B, 1992. Impact of pollution from aquaculture in six Nordic countries. Release of nutrients, effects and waste water treatment. In: DEPAUW N, JOYCE J. Aquaculture and the environment. Belgium: EAS Special Publications, 16: 79-101.

7. BRAZIL B L, SUMMERFELT S T, 2006. Aerobic treatment of gravity thickening tank supernatant, 34: 92-102.

8. CHAPMAN P E et al., 1987. Differentiation of physical from chemical toxicity in solid waste fish bioassay. Water, Air, and Soil Pollution, 33: 295-308.

9. CHEN S, 1991. Theoretical and experimental investigation of foam separation applied to aquaculture. New York: Cornell University.

10. CHEN S, MALONE R F, 1991. Suspended solids control in recirculating aquaculture systems. In: TIMMONS M B. Engineering aspects of intensive aquaculture. Ithaca: Northeast Regional Agricultural Engineering Service, Cooperative Extension: 170-186.

11. CHEN S et al., 1992. Protein in foam fractionation applied to recirculating systems. Prog Fish-Cult, 55(2): 76-82.

12. CHEN S et al., 1993a. Production, characteristics, and modeling of aquaculture sludge from a

recirculating aquaculture system using a granular media biofilter. In: WANG J K.Techniques for modern aquaculture. American Society of Agricultural Engineers: 16–25.

13. CHEN S et al., 1993b. Suspended solids characteristics from recirculating aquacultural systems and design implications. Aquaculture, 112: 143–155.

14. CHEN S et al., 1994a. Modeling surfactant removal in foam fractionation I: theoretical development. Aquacult Eng, 13: 101–120.

15. CHEN S et al., 1994b. Modeling surfactant removal in foam fractionation II: experimental investigations. Aquacult Eng, 13: 121–138.

16. CHESNESS J L, POOLE W H, HILL T K, 1975. Settling basin design for raceway effluent. Trans Am Soc Agr Engr, 19: 192–194.

17. CHIANG H C, LEE J C, 1986. Study of treatment and reuse of aquacultural wastewater in Taiwan. Aquacult Eng, 5: 3001–312.

18. CHUN C W, VINCI B J, TIMMONS M B, 2018. Computational fluid dynamics characterization of a novel mixed cell raceway design. Aquacult Eng.

19. CRIPPS S J, 1992. Characterization of an aquaculture effluent based on water quality and particle size distribution data. Aquaculture Conference: 72.

20. CRIPPS S J, 1993. The application of suspended particle characterization techniques to aquaculture systems. In: WANG J K.Techniques for modern aquaculture. American Society of Agricultural Engineers: 26–34.

21. CRIPPS S J, 1995. Serial particle size fractionation and characterization of an aquacultural effluent. Aquaculture, 133: 323–339.

22. CRIPPS S J, BERGHEIM A, 2000. Solids management and removal for intensive land–based aquaculture production systems. Aquacult Eng, 22: 22–56.

23. CRIPPS S J, KELLY L A, 1996. Reductions in wastes from aquaculture. In: BAIRD D et al. Aquaculture and water resource management. Blackwell Science: 166–201.

24. CRITES R, TCHOBANOGLOUS G, 1998. Small and decentralized wastewater management systems. New York: McGraw–Hill.

25. DAVIDSON J, SUMMERFELT S, 2004. Solids flushing, mixing, and water velocity profiles within large (10 and 150 m³) circular "Cornell–type" dual drain tanks. Aquacult Eng, 32: 245–271.

26. DAVIDSON J, SUMMERFELT S T, 2005. Solids removal from a coldwater recirculating system– comparison of a swirl separator and a radial–flow settler. Aquacult Eng, 33: 47–61.

27. EASTER C, 1992. System component performance and water quality in a recirculating system produce hybrid striped bass. Paper presented at Aquacultural Expo V: 11–16.

28. EBELING J M, WELSH C F, RISHELL K L, 2006. Performance evaluation of the hydrotech belt filter using coagulation / flocculation aids (alum/polymers) for the removal of suspended solids and phosphorus from intensive recirculating microscreen backwash effluent. Aquacult Eng, 35: 61–77.

29. EBELING J M et al., 2004. Application of chemical coagulation aids for the removal of suspended solids and phosphorus from the microscreen effluent discharge of an intensive recirculating aquaculture system. Journal of North American Aquaculture, 66: 198–207.

30. ENVIRONMENTAL PROTECTION AGENCY (EPA), 1975. Process design manual for suspended solids removal. U.S. EPA Technology Transfer Publication.

31. EIFAC, 1980. Symposium on new developments in the utilization of heated effluent and recirculation systems for intensive aquaculture. EIFAC: 28–30.

32. FORSYTHE A, HOSLER K C, 2002. Experiences in constructing and operating cold water recirculating aquaculture facilities for salmon smolt production. In: RAKESTRAW T T, DOUGLAS L S, FLICK G J.The fourth international conference on recirculating aquaculture. Virginia Polytechnical Institute and State University: 325–334.

33. GOLZ W J, RUSCH K A, MALONE R F, 1999. Modeling the major limitations on nitrification in floating-bead filters. Aquacult Eng, 20: 43325–33461.

34. GREGORY R, ZABEL T F, 1990. Sedimentation and flotation. In: PONTIUS F W. Water quality and treatment.4th. McGraw-Hill: 367–453.

35. HARMAN J P, 1978. Characterization, treatment and utilization of the effluent from an intensive fish farm. University of Aston in Birmingham.

36. HAZEN A, 1904. On sedimentation. Transactions ASCE, 53: 45–88.

37. HENDERSON J P, BROMAGE N R, 1988. Optimizing the removal of suspended solids from aquaculture effluents in settlement lakes. Aquacult Eng, 7: 167–188.

38. HOLDER J, 2002. Retrofits of flow through to reuse/recirculation technologies. In: RAKESTRAW T T, DOUGLAS L S, FLICK G J. The Fourth International Conference on Recirculating Aquaculture, Virginia Polytechnical Institute and State University: 335–345.

39. HOPKINS T A, MANCI W E, 1989. Feed conversion, waste and sustainable aquaculture, the fate of the feed. Aquaculture Magazine, 15(2): 32–36.

40. HUGUENIN J E, COLT J, 1989. Design and operating guide for aquaculture seawater systems. Elsevier Interscience, Amsterdam, The Netherlands: 264.

41. IDEQ (Idaho Division of Environmental Quality), 1988. Idaho waste management guidelines for aquaculture operations. Idaho Department of Health and Welfare, Division of Environmental Quality, Twin Falls, ID.

42. IWANA G K, 1991. Interaction between aquaculture and the environment. Critical Reviews in Environmental Control, CRC Press, 21(2): 177–216.

43. JOHNSON W, CHEN S, 2006. Performance evaluation of radial/vertical flow clarification applied to recirculating aquaculture systems. Aquacult Eng, 34: 47–55.

44. JUELL J E, 1991. Hydroacoustic detection of food waste—a method to estimate maximum food intake of fish populations in sea cages. Aquacult Eng, 10: 207–217.

45. KELLY L A, BERGHEIM A, STELLWAGEN J, 1997. Particle size distribution of wastes from freshwater fish farms. Aquaculture International, 5: 65–87.

46. LEMLICH R, 1972. Principles of foam fractionation and drainage. In: LEMLICH R. Absorptive bubble separation techniques. Academic Press.

47. LIAO P B, 1970. Salmonid hatchery waste water treatment. Water and Sewage Works, 117: 291–297.

48. LIAO P B, MAYO R D, 1974. Intensified fish culture combining water reconditioning with pollution abatement. Aquaculture, 3: 61–85.

49. LIBEY G S, 1993. Evaluation of a drum filter for removal of solids from a recirculating aquaculture system. In: WANG J K. Techniques for modern aquaculture. American Society of Agricultural Engineers: 519–532.

50. LILTVED H, CRIPPS S J, 1999. Removal of particle associated bacteria by prefiltration and ultraviolet irradiation. Aquacult Res, 30: 445–450.

51. MAGOR B G, 1988. Gill histopathology of juvenile oncorhynchus kisutch exposed to suspended wood debris. Can J Zool, 66: 2164–2169.

52. MALONE R F, BEECHER L E, 2000. Use of floating bead filters to recondition recirculating waters in warmwater aquaculture production systems. Aquacult Eng, 22: 57–73.

53. MALONE R F, RUSCH K A, BURDEN D G, 1990. Kemp's ridley sea turtle waste characterization study: precursor to a recirculating holding system design. World Aqua Soc, 21(2): 137–144.

54. MALONE R F, BEECHER L E, DELOSREYES A A, 1998. Sizing and management of floating bead bioclarifiers. In: LIBEY G S. Second international conference on recirculating aquaculture. Northeast Regional Agricultural Engineering Service, Ithaca: 319–341.

55. MAYO R D, 1976. A technical and economic review of the use of reconditioned water in aquaculture. FAO Tech Conference on Aquaculture: 30.

56. MCLAUGHLIN T W, 1981. Hatchery effluent treatment. In: ALLEN L J, KINNEY E C. Bio-engineering symposium for fish culture (FCS Publ. 1).American Fisheries Society: 167–173.

57. METCALF, EDDY INC, 1991. Wastewater engineering: treatment, disposal, reuse. 3rd.New York: McGraw Hill, 929.

58. MONTGOMERY J M, 1985. Water treatment principles and design.John Wiley and Sons: 696.

59. MUDRAK V A, 1981. Guidelines for economical commercial fish hatchery wastewater treatment systems. In: ALLEN L J, KINNEY E C. Proceedings of the bio-engineering symposium for fish culture. American Fisheries Society, Fish Culture Section: 174–182.

60. MUDRAK V A, STARK K R, 1981. Guidelines for economical commercial hatchery wastewater treatment systems. U.S. Dept of Commerce, NOAA, NMFS Project.

61. MUIR J F, 1978. Aspects of water treatment and reuse in intensive fish culture. University of Stratchclyde: 451.

62. MUIR J F, 1982. Recirculated system in aquaculture.In: MUIR J F, ROBERTS R J. Recent advances in aquaculture. Croom Helm and Westview Press: 453.

63. PAGE J W, ANDREWS J W, 1974. Chemical composition of effluents from high density culture of channel catfish. Water, Air and Soil Pollution, 3: 365.

64. PARKER N C, 1981. An air-operated fish culture system with water-reuse and subsurface silos. In: ALLEN L J, KINNEY E C. Bio-engineering symposium for fish culture (FCS Publ. 1) bethesda. American Fisheries Society: 131-137.

65. PAUL T C et al., 1991. Vortex-settling basin design considerations. J Hydraul Eng, 117: 172-189.

66. RICHARD N, PATTERSON R N, WATTS K C, 2003. Micro-particles in recirculating aquaculture systems: particle size analysis of culture water from a commercial atlantic salmon site. Aquacult Eng, 28: 99-113.

67. RICHARD N et al., 1999. The power law in particle size analysis for aquacultural facilities. Aquacult Eng, 19: 259-273.

68. RISHEL K L, EBELING J M, 2006. Screening and evaluation of alum and polymer combinations as coagulation/flocculation aids to treat effluents from intensive aquaculture systems. Journal World Aquaculture Society, 37(2): 191-199.

69. ROBERTSON W D, 1992. Assessment of filtration and sedimentation systems for total phosphorus removal at the lake utopia fish culture station. Canadian Fish Culture Operations.

70. STECHEY D M, TRUDELL Y, 1990. Aquaculture wastewater treatment: wastewater characterization and development of appropriate treatment technologies for the new brunswick smolt production industry. Prepared for New Brunswick Department of the Environment and Local Government: 101.

71. SUMMERFELT S T, 1999. Waste-handling systems. In: CIGR F, WHEATON F. CIGR handbook of agricultural engineering: Volume II. Aquacultural Engineering St. Joseph, MI, American Society of Agricultural Engineers: 309-350.

72. SUMMERFELT S T et al., 1999. Aquaculture sludge removal and stabilization within created wetlands. Aquacultural Eng, 19: 81-92.

73. SUMMERFELT S T, DAVIDSON J T, TIMMONS M B, 2000. Hydrodynamics in the Cornell-type dual-drain tank. In: The third international conference on recirculating aquaculture. Virginia Polytechnic Institute and State University: 160-166.

74. SUMMERFELT S T et al., 2004a. A partial-reuse system for coldwater aquaculture. Aquacult Eng, 31: 157-181.

75. SUMMERFELT S T et al., 2004b. Developments in recirculating systems for arctic char culture in North America. Aquacult Eng, 30: 31-71.

76. THE TASK COMMITTEE ON DESIGN OF WASTEWATER FILTRATION FACILITIES, 1986. Tertiary filtration of wastewaters. Journal of Environmental Engineering, 112(6): 1008-1025.

77. TCHOBANOGLOUS G, BURTON F L, 1991. Wastewater engineering: treatment, disposal, and reuse.3rd. New York: McGraw-Hill.

78. TCHOBANOGLOUS G, ELIASSEN R, 1970. Filtration of treated sewage effluent. J of Sanitation Eng, 96: SA2.

79. TIMMONS M B, LOSORDO T S, 1994. Aquaculture water reuse systems: engineering design and

management. Elsevier Science.

80. TIMMONS M B, CHEN S, WEEKS N C, 1995. Mathematical model of foam fractionators used in aquaculture. Journal of World Aquaculture, 26(3): 225-233.

81. TWAROWSKA J G, WESTERMAN P W, LOSORDO T M, 1997. Water treatment and waste characterization evaluation of an intensive recirculating fish production system. Aquacult Eng, 16: 133-147.

82. VEERAPEN J P, LOWRY B J, COUTURIER M F, 2005. Design methodology for the swirl separator. Aquacult Eng, 33: 21-45.

83. VINCI B, SUMMERFELT S, BERGHEIM A, 2001. Solids control. In: SUMMERFELT S T. Presentation notebook: aquacultural engineering society workshop: intensive fin-fish systems and technologies.

84. VINCI B J et al., 2004. Design of partial water reuse systems at white river national fish hatchery for the production of atlantic salmon smolt for restoration stocking. Aquacult Eng, 32: 225-244.

85. WARRER-HANSEN I, 1982. Evaluation of matter discharged from trout farming in Denmark. In: ALABASTER J E. Report of the E1FAC workshops on fish farm effluents, silkegorg, denmark, technical paper.

86. WEDEKIND H, KNÖSCHE R, GÖTHLING U, 1995. Treatment of trout farm effluents by drum filtration with different mesh sizes. In: LEE C S.Aquaculture in Eastern European countries. Stara Zagora.

87. WEEKS N C, TIMMONS M B, CHEN S, 1992. Feasibility of using foam fractionation for the removal of dissolved and suspended solids from fish culture water. Aquacult Eng, 11: 251-265.

88. WESTERS H, 1989. Water quality impacts of aquaculture: a review (manuscript).Michigan Department of Natural Resources: 34.

89. WHEATON F W, 1977. Aquacultural engineering. Robert E Krieger Publishing: 708.

90. WIMBERLY DOUGLAS M, 1990. Development and evaluation of a low-density media biofiltration unit for use in recirculating finfish culture systems, Master's Thesis.Louisiana State University.

91. WONG K B, PIEDRAHITA R H, 2000. Settling velocity characterization of aquacultural solids. Aquacult Eng, 21: 233-246.

5.8　符号附录

a_{TSS}	TSS产生量与投喂量的比例，TSS（kg）/饲料（kg）
A	圆柱的横截面积，m^2
A_{sz}	沉淀池占地面积（只有沉淀区），m^2
BOD_5	5日生化需氧量，mg/L
C_D	阻力系数，无量纲
D	沉淀池深度，m
D_p	粒径，m

E_g	气体滞留量（百分数）
E_{VS}	VS 的富集因子
E_{TSS}	TSS 的富集因子
E_{TKN}	TKN 的富集因子
f_{rem}	颗粒去除率
F	沉降区安全系数
g	重力加速度，m/s^2
o.d.	粒子或其他物体的外径，长度单位
P_{TSS}	TSS 生成率，每天产生的 TSS（kg）
Q	水流量，m^3/时间
$Q_{air,Lpm}$	空气流量，Lpm
Q_{air}	过柱空气流量，m^3/s
Q_{out1}	离开侧壁排水管的流量，m^3/d
Q_{out2}	从底部中心离开的流量，m^3/d
r_{feed}	投喂率，每天每千克饲料
R_{vs}	挥发性固体的去除率，g/d
SS	悬浮固体，mg/L
TKN	总凯氏氮，质量
TP	总磷，mg/L
TSS	总悬浮固体，mg/L
$TSS_{capture\%}$	TSS 去除率，%
TSS_{in}	进入系统的 TSS 浓度，kg/m^3 或者 ppm
TSS_{out1}	从侧壁管流出的 TSS 浓度，kg/m^3
TSS_{out2}	从底部中心流出的 TSS 浓度，kg/m^3
VS	挥发性颗粒物，mg/L
V_{basin}	池的体积，m^3
V_o	每单位表面积的水流量，$m^3/$（m^2 时间）
V_{tank}	养殖单元中的水量，m^3
V_s	颗粒沉降速度，m/s
U_b	气泡上升速度，m/s
U_g	表面气体速度，m/s
r_{fish}	养殖池中的鱼群密度，kg/m^3
r_p	颗粒密度，kg/m^3
r	水体密度，kg/m^3
HRT	水力停留时间，min
m	动态黏度，Pa×s
θ_{TSS}	产生泡沫的蛋白质质量，g
μ	黏滞系数

Re	雷诺数
e	自然常数

第6章 废弃物管理与利用

随着环保政策趋于严格，在所有农业和水产养殖（尤其是海水养殖）中，绿色无污染的废弃物管理和处理变得越来越重要。由于含水量高，水产养殖废弃物管理的储存和处理问题比较特殊。养殖排水中的悬浮颗粒物和磷的处理是我们面临的两个主要问题。产生的污水通过微滤机、沙滤、微珠过滤器等机械过滤设备可分离出固体废弃物，这既有助于进一步浓缩减量，也有助于提高排放物的质量。这些污泥处理流常常与循环水产养殖系统的溢水或反冲洗水混合从而构成养殖场的排污。海水循环水产养殖系统中污水高度循环利用以保持盐分、降低或去除盐分排放带来的环境影响，对保护环境具有重要意义。此外，通过浓缩污物的脱水为储存、运输等最终处理措施在减量、降成本方面提供更多选择。开发高效的水产养殖废弃物处理和利用是提高养殖系统的经济可行性和可持续性的首要工作。最佳的选择是，水产养殖废弃物应当被作为环境友好的产品再生利用。

现在适当的废弃物管理战略被认为是任何水产养殖设施保持合法性、营利性和可持续性的关键。美国环境保护署发布了一项确定是否以及如何管理水产养殖废弃物的研究（见6.1）。这项正在进行的评估会对产业带来重大影响。美国环境保护署面临的一个问题是：在水产养殖产业中遇到了各种大不相同的养殖种类、技术、水源等。由于用水量少、易于处理低量高浓度废弃物等特点，循环水产养殖系统在未来集约化养殖中会发挥主导作用。

美国国会通过《联邦水污染控制法案》（1972），即众所周知的《清洁水法》（Clean Water Act, CWA），"恢复和维持全国水域的化学、物理和生物完整性"。为保护全美水域，《清洁水法》建立了全面的法律程序。在核心条款中，除获得全美污染排放清除系统（National Pollutant Discharge Elimination System, NPDES）授权外，《清洁水法》禁止从任何点源向美国水域排放污染物。《清洁水法》也要求美国环境保护署针对如工业、商业以及公众等不同水源建立全国性的基于技术的排放物限制指南和标准（Effluent Limitations Guidelines, ELG，以下简称排放物指南）。

排放物指南已通过整合进入全美污染排放清除系统得到执行。排放物指南包括数量性和描述性的限制，包括《最佳管理规范》，以控制污染物从任何点源的排放。

美国环境保护署颁布全美污染排放清除系统以用于控制各种点源污染物的排放，包括水产养殖。水产孵化场、水产养殖场或任何其他水生生物养殖设施必须得到全美污染排放清除系统许可，并满足以下条件：

- 在池塘、跑道式鱼池或类似结构的冷水性鱼类或其他冷水性水产动物养殖池中，每年有废水排放至少30天、年产高于9090kg水生动物，或者在最大投喂量月度中使用超过2273kg饲料。

● 在池塘、跑道式鱼池或类似结构的温水性鱼类或其他温水性水产动物养殖池中，每年有废水排放至少30天。这不包括封闭性池塘（它仅在过量雨水径流期间排放）以及年产低于45454kg的温水性养殖设施。

● 在具体个例分析的基础上，许可部门对养殖设施是否对美国水域污染做出重要贡献进行核实确定。未获得排放许可而将污染物从水产养殖设施排放到接纳水体违反《清洁水法》，会由美国环境保护署强制执行处罚。

对于水产养殖生产，全美污染排放清除系统许可对固体有机物、营养物和水处理的化合物设定排放限制标准。《清洁水法》下的一项条款允许美国环境保护署向个别州移交或代理全国污染排放清除系统许可部门在其领域内对排放到水域的点源排放物进行管理，这就是所谓的"州水域"。为成为代理州，资源管理局必须向美国环境保护署提交管理计划并得到批准以表明州法律可提供充足的法律权威以执行所述计划。州计划必须相当于美国环境保护署计划，以制定更严格的标准。在这些接受代理的州里，它们大多选择通过颁布联合州/联邦许可的方式，将全美污染排放清除系统许可整合进自己的管理计划中。

6.1　美国环境保护署排放物限制指南（2004）

2004年9月22日，美国环境保护署发布了《污水限制指南》和《集中水产动物生产点源类新污染源性能标准》（40 CFR第451部分）。这是在对几个水产养殖设施进行了两年的持续审查、实地考察、代表性水质检测，以及其他公众、非政府组织、州和联邦机构的评论之后做出的决定。这里包含了关于最终指南背景的几个简要介绍部分。

40CFR第451部分（采用引用部分的格式）

● 《污水限制指南》和《集中水产动物生产点源类新污染源性能标准》

概要：今天的最终法规为集中水产动物生产设施制定了《清洁水法》污水限制准则和新污染源性能标准。养殖动物包括人类食物消费，也包括放养到自然进行垂钓的鱼类。这些动物在各种各样的生产系统中养殖。水产动物生产会产生如悬浮颗粒物、生化需氧量和营养物等，进而排放到水生环境中。为直接排放到美国水域的新建和现有集中水生动物生产设施的废水，该法规设定了基于技术的描述性限制和排放标准。美国环境保护署预计执行该规定会影响242家设施养殖场。该规定预计每年会减少排放50万磅的总悬浮颗粒物，减少排放生化需氧量和营养物30万磅。预计商业养殖设施年成本约30万美元，美国联邦和州孵化场的年成本约110万美元。美国环境保护署估计该法规每年货币化的环境收益在66万～99万美元之间。

分节B—循环水产养殖系统

451.20适用性

该分节适用于每年生产至少10万磅的流水集约水生动物生产设施和每年至少30天排放废水的循环水产系统（主要用于养殖鳟鱼、鲑鱼、杂交条纹鲈鱼和罗非鱼）。

● 总悬浮颗粒物（TSS）限制。

美国环境保护署不设定全国统一数字性的总悬浮颗粒物限制决定并不会限制许可者在适当情况下对排放总悬浮颗粒物或其他污染物施加特定场址许可证数字性排放限制的权力。例如，许可者可为总悬浮颗粒物订立基于水质的污水排放限额［见40 CFR 122.44（d）］，或者在特定地点的情况下，将其作为控制有毒污染物的替代物进行管理（通过建立数字性限制）［见40 CFR 122.44（e）（2）（ii）］。实际上，基于美国环境保护署不设定全国统一数字的总悬浮颗粒物限制决定的基础就是，认识到大量的州，尤其是有大量集约化水产动物生产设施的州，已经有一般许可，其包括针对特定生产系统、养殖对象和环境条件的数字性限制。这些许可似乎对最小化悬浮颗粒物排放很有效（见DCN 63056）。美国环境保护署认为，这些州重新制定一般许可，则可以适应一系列的统一的全美基于浓度的限制，大多数情况下不会对集约化水产动物生产设施的控制技术和实践产生明显影响；这样做的环境收益最小。

美国环境保护署已有的全美污染物排放消除制度规定了哪些孵化场、渔场或其他设施是集约化水产动物生产设施；因此，这适用于全美污染物排放消除制度许可计划污染点源，见40 CFR 122.24。在定义"集约化水产动物生产设施"时，全美污染物排放消除制度规定区分温水性和冷水性鱼类，通过运行规模和排放频率确定集约化水产动物生产设施。如果满足40 CFR 122标准附录或者被全美污染物排放消除制度项目主管基于个案的情况下指定，那么这个设施就属于集约化水产动物生产设施。

尽管新的国家污水管理条例没有对TSS和其他水质参数进行数字性限制，但需要重点强调的是，很多州的水产养殖废弃物处理政策由独立的州通过全美污染物排放消除制度授权许可而制定。州政策的发展水平在很大程度上取决于产业活动的数量和规模以及监管机构工作人员的经验。各州采用各种分类办法，但一般包括：与保护公共用水等同的类别；鱼类、野生动物和水生动物；直接接触娱乐（游泳）；间接接触娱乐（划船）；农业用水和工业用水。大多数州将水体指定为多种用途。水质标准以描述性的形式表达，如温度、pH、溶解氧、氮、磷、沉淀物、大肠杆菌、油脂、颜色、混浊度、油迹、气味、表面漂浮固体、放射性和有毒物质。

美国水质标准还包含一项"抗降解"声明，旨在维护和保护现有用途。但是为保护质量特别高的水或在美学、生态、娱乐或其他因素方面被认为是高度优先的水，可以将其列入特别规定。这通常意味着任何经批准的排放必须与接纳水域水质相同或更好，或者所有新污染都禁止排放。

此外，新规则要求所有适用的设施：
- 防止泄露药物和农药的排放，尽量减少过量饲料的排放。
- 定期维护生产和废水处理系统。
- 记录动物的数量和重量、饲料的数量以及清洗、检查、维护和修理的频率。
- 培训员工以预防和应对泄漏，正确操作和维护生产与废水处理系统。
- 报告实验性动物药物的使用或按照标签要求使用的药物。
- 报告控制系统的故障或损坏。
- 制定、维护并保证实施最佳的管理实践计划。

6.2 废弃物管理

废弃物管理是所有动物生产系统面临的一个主要问题，但是水产养殖废弃物与猪或奶牛废弃物有迥异之处。通常后者含5%～15%悬浮颗粒物，而水产养殖废弃物仅含0.2%～4%悬浮颗粒物。通常，集约化水产养殖系统用转鼓式微滤机分离的悬浮颗粒物浓度是0.5%。悬浮颗粒物的收集方法很多，但是主要技术是过滤、沉淀或者两者组合。这些系统从养殖水体中去除悬浮颗粒物合理有效，但是需要周期性的反冲洗设备以维持去除效率。反冲洗过程损失的水量自然是通过清水或新水补充。

用来保持水质和去除悬浮颗粒物的大量水流给养殖场带来大量的废弃物排放负荷。管道、沟渠和鱼池清洗操作带来排水水量不稳定、污染物种类和浓度不一致等问题，因此持续满足严格的排放物标准是有难度的。营养物和有机物的溶解态、悬浮态和沉淀态组分分布也影响所用方法的选择，并增加排放物处理的难度。

可过滤或可沉淀的颗粒物包含鱼池排放的大部分磷（约50%～85%），但仅含极少量的总排放氮（7%～32%）。大多排放的氮（75%～80%）以溶解态的氨或硝酸盐态氮（有硝化反应时）存在。由于更小的颗粒物的产生会增加营养物和有机物的溶解量，营养物与有机物在溶解物和颗粒物组分的多样性方面很大程度上依赖饲料成分和颗粒物的破碎程度。

粪便、残饵和饲料碎屑很快被水流、鱼的游动、鱼池/管道底部的摩擦以及水泵等打碎为更细小、易溶解的小颗粒。溶解态的、更细小的颗粒有机物更加难以去除。因此，要满足水产养殖场的排放限制，鱼池设计、运行管理和固体物去除需要最小的紊流、机械切割以及微生物降解（以下需详细讨论）。

6.3 废弃物的特点

鱼排泄物的总物质平衡如图6.1所示。研究总结了来自循环水产养殖系统的集中的总悬浮颗粒排泄物的产生特点，并与生活污泥进行了对比（见表6.1）。与典型市政污泥相比，水产养殖污泥具有较低的固体物浓度和生化需氧量浓度。新排放水产养殖污泥的总氨氮很低，但在污泥静置一段时候后在厌氧环境下随着矿化作用而急剧升高。水产养殖污泥比生活污泥的氮磷含量高。水产养殖污泥总磷的平均值为1.3%干物质量，而生活污泥仅为0.7%。

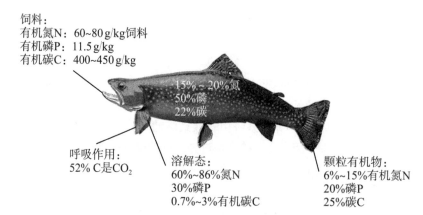

饲料：
有机氮N：60~80 g/kg饲料
有机磷P：11.5 g/kg
有机碳C：400~450 g/kg

15%~20%氮
50%磷
22%碳

呼吸作用：
52% C是CO_2

溶解态：
60%~86%氮N
30%磷P
0.7%~3%有机碳C

颗粒有机物：
6%~15%有机氮N
20%磷P
25%碳C

图6.1　饲喂鱼的总物质平衡（欧洲舌齿鲈）

注：关于有机碳的碳平衡总和接近100%。

表6.1　废弃物的污泥特性

项目	水产养殖污泥			生活污泥	
	范围	平均	标准偏差	范围	常见
总颗粒物TS(%)	1.4~2.6	1.8	0.35	2.0~8.0	5.0
总挥发性颗粒物TVS(%TS)	74.6~86.6	82.2	4.1	50~80	65
生化需氧量BOD_5(mg/L)	1590~3870	2760	210	2000~30000	6000
总氨氮(mg/L)	6.8~25.6	18.3	6.1	100~800	400
总磷(%TP)	0.6~2.6	1.3	0.7	0.4~1.2	0.7
pH	6.0~7.2	6.7	0.4	5.0~8.0	6.0
碱度	284~415	334	71	500~1500	600
生化需氧量BOD_{20}(mg/L)	3250~7670	5510	1210	—	—

　　考虑到固体废弃物，不同鱼类粪便的物理特性差异很大。例如，罗非鱼与鳟鱼的粪便有显著不同。罗非鱼的粪便被黏性膜包裹成类似香肠的长条形。由于粪便条内部会形成气泡，其在排泄后会浮在水面上30min左右，而后由于其内部气泡通过粪便条外层膜溶解而下沉。

　　罗非鱼粪便中碳水化合物组成也会影响粪便条的形状。总体上，高碳水化合物和低脂肪日粮比高能量日粮形成的粪便条漂浮稳定。高碳水化合物含量导致鱼体产生更有决定性的黏液膜来包裹粪便条。可消化性也会影响粪便条。低消化性导致更稳定的粪便条。营养成分的小变化会导致水质的急剧变化，因此更改饲料配方时需额外谨慎注意。

　　废弃物的产生详情请见第4章，为简便参考，表6.2简述了主要养殖动物的废弃物产生情况比较。对于特于定水产养殖应用，当预估有较好的投喂率时，废弃物的产生需做相应调整。

表6.2　鲶鱼循环水产养殖系统和其他商业动物生产系统的排泄物产生

动物	BOD₅ （每天 kg/1000kg 活重）	固体物 （每天 kg/1000kg 活重）	总凯式氮 （每天 kg/1000kg 活重）	污泥体积(L)
循环水鲶鱼	0.8~1.3	4.2	0.20	70~420
肉牛	1.6	9.5	0.32	30
奶牛	1.4	7.9	0.51	51
禽类	3.4	14.0	0.74	37
猪	3.1	8.9	0.51	76

注：磷排泄是所投喂饲料的1%。

6.4　废弃物管理综述

收集的水产设施养殖固体废弃物的两个最常见的用途是：土地利用和堆肥。大多数州都有指南或规章来管理粪肥或其他有机物从而将其用以肥沃农作物的土地，如限制土地利用率、有关病原量、重金属含量和其他污染物含量。土地利用率与营养含量、土壤类型和作物营养摄入特点有关从而防止地表径流或地下水污染。臭味问题也限制发达地区的土地利用。最后，由于水产养殖污泥（即便经过浓缩）大部分都是水分，从废弃物产生地到利用地的运输也是污泥管理的一个主要成本因素。

在使用任一前述处理方法前，排放的污泥和污水首先需要转移到各种储存系统中进行污泥浓缩和均流。污泥浓缩会减少后续流程的水力负荷。而且污泥流量和浓度会在清洁和其他维护操作过程中波动。因此，需要对后续处理流程进行均流。污泥储存建筑物包括厌氧和好氧污泥塘、土塘以及地上地下处理池。污泥浓缩可通过沉降池、土工袋、履带式过滤器、石化稳定法、湿地和沙床等实现。常添加凝聚物和聚合物促进沉淀，有时用于分离溶解磷。

6.5　储存、浓缩和稳定

6.5.1　储存和浓缩

浓缩池（图6.2）和单独的储存池都被用来储存水产养殖污泥。浓缩池被专门设计成可满足固体物的积累，用来暂时储存固体物。然而，随着污泥在这些浓缩池逐渐积累，它对沉淀水力参数、发酵产生的气泡的固体以及营养有机物的溶解等带来冲击，其固液分离功能变得越来越弱。

图6.2　浓缩池

很多时候，经浓缩的污泥被转移到较大的污泥储存池（图6.3），它可储存几个月来浓缩的固体物。污泥储存池包括土塘、地上池和地下池。土塘通常是内部具有坡度（水平：垂直）的长方形，其长宽比为1.5∶1到3∶1。依据施工地的地理水文情况，土塘的内衬可以采用水泥、土工膜或黏土。土塘的设计包括沉淀储存能力以及去除固体物的方法。在采用污泥泵去除固体物时，固体物需要搅拌以保持黏度均匀一致。土塘搅拌可采用由拖拉机驱动的钢索联结螺旋桨式搅拌器或者切割型搅拌泵。螺旋桨式搅拌器适用于大型土塘，而切割型搅拌泵适合于较小土塘。固体物去除也可采用重型设备，这时土塘设计需要包括进口斜道（最大坡度8∶1）以及在卸载工作区具有适合的装载能力。

污泥也可被储存在地上池或地下池中。储存池（图6.4、图6.5）大多是由强化混凝土、金属或木头建成。强化混凝土池包括池壁、基础和池底厚板，可采用现场浇注或预制浇注墙板并通过螺栓联结在现浇的基础和池底厚板上。金属池也被广泛应用，大多采用玻璃态融化钢板并通过拴接建造。

各种土塘或建造结构的设计应考虑内部或外部的静水压力、浮选排水、设备活载、覆盖物和支持的恒载。

图6.3　污泥储存池　　　　　图6.4　储存池1　　　　　图6.5　储存池2

6.5.2　固体物浓缩：沉降池

从固体物去除流程收集的固体物含水量很高，总固体含量低于2%。这些固体物可在沉降池被浓缩，其总固体含量增至5%~10%。固体物浓缩也可通过污泥减量而大大缩减处理成本。举个例子，对于1000kg干重的固体物，在污泥浓度为1%时，污泥体积为100m³；污泥浓度为5%时，污泥体积为20m³；污泥浓度为10%时，污泥体积为10m³；污泥浓度为20%时，污泥体积为5m³；污泥浓度为30%时，污泥体积为3.3m³。

根据前述的离散粒子沉降原理进行污泥浓缩。然而，由于污泥浓缩池接纳固体物含量高的水体并通过允许粒子沉降来浓缩固体物，这些固体物也服从压缩沉降原理。当粒子压缩层在池底形成时，压缩沉降开始作用。该区域的粒子开始形成粒子—粒子接触，泥浆进一步得以浓缩。总体上，污泥浓缩池的溢流率约为每小时1.0m³/m²（每小时3.2ft³/ft²），水力停留时间在20~100min。

离线沉降池（图6.6）被用来设计固体物收集、浓缩和储存。它被成功地用以处理跑道池清洗出的静止区的污泥，循环水产养殖系统微滤机反冲洗水以及清洗系统的水流。美国自然保护基金淡水研究所已成功应用沉降池的概念于浓缩转鼓式微滤机的反冲洗水中。采用3个离线沉淀锥或浓缩池收集和储存来自转鼓式微滤机间歇性反冲洗水中的固体物。含固体物的反冲洗水被间歇性地流到每个池的顶部和中心。从每个池的顶部开始，反冲洗水被引入位于沉降池中心的、具有底部开口的圆柱。当水流在沉降池顶部边缘向排污收集槽径向流动时，该圆柱通过引导水流先向下（在圆柱下并向沉降池的锥形处）而后再向上流动，提高了沉降池径向流的水力性能。这些浓缩池的效果很好，可收集微滤机反冲洗水中97%的固体物。此外由于这3个沉淀锥是垂直的，3个废弃物流可直接流入单独的锥或多个锥。

图6.6 美国自然保护基金淡水研究所用于浓缩微滤机反冲洗水的脱机沉淀池

爱达荷环境质量部门对离线沉降池推荐的设计标准是每平方米表面积溢流率40m³/d和常用水深1.1m。深度并不影响沉淀效率，但是储存固体物所必需的；3.5ft（1.1m）可满足每月清理1次的池塘固体物储存需求。

6.5.3 固体物浓缩：凝聚和絮凝添加剂

在饮用水中去除固体物的一个最常用的方法就是添加凝聚或絮凝添加剂，例如明矾、氯化铁和长链聚合物。凝聚或絮凝过程在饮用水中被广泛用来去除微小悬浮物（<10μm）和胶体颗粒（<1μm）。该过程通常分为4个阶段：1）凝聚；2）絮凝（絮凝物形成）；3）沉淀（总絮凝物去除）；4）沙滤（微小悬浮物去除或抛光）。

凝聚是降低或中和悬浮颗粒电荷或电动电位的过程。水中细小颗粒物上的相似电荷导致颗粒物相互排斥，迫使细小的、胶体的颗粒物分离并保持悬浮。这使得由范德华引力产生的胶体沉和细小颗粒物形成为微絮凝物。

絮凝是通过物理搅拌或絮凝剂（如长链聚合物）的结合作用将微絮凝物聚合成大凝聚体的过程。聚合物或聚合电解质是由简单单体聚合而成的高分子量的物质，分子量在$10^4 \sim 10^6$道尔顿。聚合物的分子量、结构（直链或支链）、电量、电荷、成分互不相同。聚合物的电荷可以是正电荷阳离子，也可以是负电荷阴离子，还可以是不带电的中性离子。聚合电解质起着完全不同的两种作用：中和电荷与颗粒物桥接。由于污水颗粒物通常是负电荷，低分子量的阳离子聚合电解质可作为凝聚剂中和或降低颗粒物上的电荷，这与明矾或氯化铁类似。这会急剧降低胶体颗粒的排斥力，允许由相互吸引的范德华力形成初步的胶体聚沉和细小颗粒物形成微絮凝物。这些较大的颗粒通过沉淀或过滤去除。许多不同的凝聚和絮凝剂被采用，包括明矾、聚氯化铝、聚硫酸铝、阳离子和阴离子聚合物以及来自自然的中性聚合物（壳聚糖）。在饮用水产业中，凝聚和絮凝过程用来生产浊度低于1NTU的、不含悬浮物或胶体颗粒物的饮用水。高分子量聚合物通常用来桥接絮凝。长链聚合物附着在颗粒物较少的接触点上，其他长环与长尾伸出到周围水体中。为了能够成功桥接，颗粒物之间的距离应当小于长环或长尾以连接2个颗粒物。聚合物分子因此将其联结从而形成桥接。聚合物分子量越大，絮凝效果越好。如果使用过量的聚合物，那么整个颗粒物表面被聚合物包裹，这时颗粒物表面没有点位供桥接。

由于聚合物絮凝受污水化学影响很大，因此选择聚合物作为凝聚剂/絮凝剂时通常需要测定污水对象，最终絮凝剂的筛选与其说是一门科学，不如说是一门艺术。市场上各种厂家有几百种聚合物，其物理化学性能差距较大。尽管生产厂家常常提供帮助，但是终端客户必须从各种类型的聚合物中筛选出对特定应用和污水适合的聚合物。

无数的物质都曾被作为凝聚剂/絮凝剂，包括明矾[$Al_2(SO_4)_3 \cdot 18H_2O$]、氯化铁[$FeCl_3 \cdot 6H_2O$]，硫酸铁[$Fe_2(SO_4)_3$]，硫酸亚铁[$FeSO_4 \cdot 7H_2O$]和石灰[$Ca(OH)_2$]。

1. 明矾

由于表现可靠、来源广泛、成本低廉和方便使用，硫酸铝或明矾[$Al_2(SO_4)_3 \cdot 18H_2O$]长期都在废水处理中被用作无机凝聚剂。明矾的整体效果取决于水化学，特别是pH和碱度。明矾在pH5.8~8.0范围表现最佳，这也是大多数循环水产养殖的pH范围。每使用1.0mg/L明矾，需要消耗0.45mg/L碳酸钙（$CaCO_3$）。循环水产养殖系统的碱度高于150mg/L碳酸钙（$CaCO_3$），因此碳酸钙的消耗不是问题。当向水中添加明矾，会发生如下化学反应：

$$Al_2(SO_4)_3 \cdot 18H_2O + 3Ca(HCO_3)_2 \Leftrightarrow 3CaSO_4 + 2Al(OH)_3 + 6CO_2 + 18H_2O \qquad (6.1)$$

不可溶解的氢氧化铝[$Al(OH)_3$]形成胶体絮状物，清除微小悬浮物和胶体物。在氢氧化铝形成的同时，向水体添加明矾，铝盐（Al^{3+}）很快便与溶解的磷酸离子反应，产生磷酸铝沉淀。

$$Al^{3+} + PO_4^{3-} \Leftrightarrow AlPO_4 \qquad (6.2)$$

上述等式是反应的最简单的形式。由于同时有许多其他竞争反应，以及碱度、pH、微量元素和其他污水中的化合物等的影响作用，去除既定数量的磷的真实化学添加量通常是建立在小型测试或中试的基础上。

最近，一些制造商把氯化镧作为安全、无毒的除磷剂进行推广。像有机离子交换剂一样，氯化镧通过高度选择性吸收磷酸离子，在释放氯离子的同时吸收磷酸离子。更重要的是，它不影响pH和碱度。当向水中添加氯化镧，会即刻发生如下化学反应：

$$LaCl_3 + PO_4^{3-} \Leftrightarrow LaPO_4 + 3Cl^- \qquad (6.3)$$

不可溶解的磷酸镧（$LaPO_4$）形成小颗粒，而后通过沉淀或过滤去除。

2. 聚合物和聚氯化铝

聚合物或聚电解质是由简单单体聚合而成的高分子物。聚合物的分子量、结构（支链或直链）、电荷量、电性和组成变化多样。电荷强度取决于功能团的离子化程度、共聚程度以及聚合物结构的取代基数量。关于电荷，有机聚合物可以是带正电荷的正离子、带负电荷的负离子，也可以是不带电荷的中性离子。溶液中的聚合物常常具有较低的扩散速率和较高的黏度，因此常常需要机械辅助聚合物扩散到被处理水中。这通过短时、强烈的搅拌来将扩散最大化，但不至于过强烈而导致聚合物或刚形成的絮状物分解。

与明矾相比，聚合物不受pH影响，对pH和碱度也没有影响。它可加快絮凝速率，产生更大更浓的絮凝物，沉淀得更快，有助于提高过滤效率。但是，它更贵，并且价格取决于待处理水的水质特性。由于污水水化学对聚合物的影响非常大，因此选择一种聚合物作为凝聚剂或絮凝剂，常常需要测定待处理污水。市场上各种厂家有几百种聚合物，其物理化学性能差距较大。

也有一些人担心聚合物对环境有毒性影响。针对这些疑虑，美国环境保护局决定"仔细研究一下这个问题，它似乎是基于有趣的建议而非有记录的造成有毒影响的实际排放事件。迄今，美国环境保护署尚未发现任何有记录的毒性事件是由于用聚合物处理拆建雨水而导致受纳水体产生负面影响。"

几丁质/壳聚糖是一种有机阳离子聚合物，也作为凝聚剂用于污水处理和食品工业。几丁质是一种来源于多糖几丁质甲壳类外壳结构物质的碳水化合物生物聚合物。几丁质是一种可生物降解、无毒、直链的高分子阳离子聚合物。几丁质在环境中的可降解性使得它是可持续的、环境友好的。

商业上对使用聚合物或明矾凝聚/絮凝从水产养殖废水中去除悬浮固体和除磷效果已经开展大量研究。

重复的烧杯实验已确定：

- 最佳的明矾和氯化铁添加量（单独使用时）与所需的在上层清液中从重力沉降池溢出时降低悬浮颗粒物和总磷浓度的最佳絮凝条件（搅拌速度、时间）；
- 转鼓式微滤机的反冲洗水发生凝聚、絮凝，悬浮颗粒物和磷沉淀的最有利的明矾或氯化铁浓度和条件；
- 去除转鼓式微滤机的反冲洗水的最大化悬浮固体和颗粒磷所需的、最合适的聚合物类型以及聚合物添加量、搅拌速度、搅拌时间与絮凝条件；
- 去除转鼓式微滤机的反冲洗水的最大化悬浮固体和颗粒磷最佳的明矾与聚合物浓度组合、搅拌、絮凝条件。

作者之一在一系列标准搅拌和絮凝条件下研究了微滤机反冲洗水的最佳明矾添加量。在60mg/L的明矾添加量下达到最佳的浊度去除，总悬浮颗粒物从起始平均320mg/L下降到10mg/L。此外，明矾和氯化铁正磷酸盐去除率在60mg/L时比在90mg/L时还高，活性磷浓度接近0.15mg/L–P。

絮凝、搅拌强度和搅拌时间在去除正磷酸盐与悬浮颗粒物中起着相对较小的作用。凝聚剂和絮凝剂有着出色的沉淀特性，大多的絮凝物在起始5min内得到去除。

其中一个作者的部分工作是通过接触3个在污水处理商业上应用聚合物的公司，得到推荐用于水产养殖污水处理的聚合物样品。这3个公司分别是西巴特殊化学品公司（Ciba Specialty Chemicals Corporation），http://www.cibasc.com；西泰克工业公司（Cytec Industries Inc.）和海克姆公司（Hychem, Inc., http://www.hychem.com）。他们研究共获得18种具有不同的化学族、电荷密度和分子量的聚合物。凝聚/絮凝实验再次采用通用的污水处理凝聚/絮凝测试方法。

通过一系列的烧杯实验初步筛选18种聚合物以评价最佳的添加量、总悬浮颗粒物和活性磷去除率。基于实验结果筛选出6种聚合物来进行进一步研究。其中3种聚合物具有极高的阳离子电荷；2种具有高阳离子电荷；1种具有低阳离子电荷。此外，其中3种具有极低的分子量，1种具有极高的分子量，2种具有很高的分子量。阴离子聚合物因其表现差而落选。Magnafloc LT 7991、7992和7995具有极高的正离子电荷和低分子量，因此凝聚效果非常类似于明矾颗粒物的吸附中和电荷。Hyperfloc CE 854和CE 1950都具有高度的正电荷和高分子量，应当可以中和电荷和颗粒物桥接。Magnafloc LT 22S具有低正电荷和高分子量，应当主要通过桥接。

测试了许多不同的聚合物，结果显示所有聚合物的去除效率都很好。总悬浮颗粒物的去除率接近99%，最终总悬浮颗粒物值达到10～17mg/L。尽管并非用于去除活性磷，但通过去除废水中的大多数总悬浮颗粒物，其活性磷的去除率达到92%～95%，最终接近1mg/L-P。聚合物的添加需求一致，需要15～20mg/L。

然后采用明矾做凝聚剂和起始的18种聚合物开展了一系列的筛选实验。在明矾对微滤机反冲洗水的预先筛选实验基础上，发现在50～60mg/L时具有最佳的总悬浮颗粒物和活性磷去除率，因此将其作为所有筛查和评估的参考。被筛查的聚合物含有各种各样的化学族、电荷、分子量，其中3个在用于处理饮用水时有美国卫生基金会的最高剂量限制。

这些限制有助于确定添加量范围。筛查的主要目的是通过测定被处理水的总悬浮颗粒物和活性磷去除率来检查每种明矾/聚合物组合在不同聚合物浓度中的表现。通过对比初始水质与处理后水质以确定每个组合的效率。此外，对照组通过烧杯实验程序完成。筛查结束后，选取6个聚合物和最佳添加量进一步评估。首先基于絮凝效果筛选，同时也兼顾包括各种化学组成和结构。比如，3种聚合物具有正电荷，3种具有负电荷。此外，电荷度分为低、中、高和极高。分子量也分为极低、很高和极高。

表6.3和表6.4总结了测试的聚合物对总悬浮颗粒物和活性磷的去除率。尽管采用各种不同的聚合物，例如化学族、电荷密度、分子量的不同，结果表明：所有聚合物的去除效率都非常高。采用明矾/聚合物组合，排水的总悬浮颗粒物去除率接近99%，最终总悬浮颗粒物值为4～20mg/L。活性磷去除率达到92%～99%，最终值低至0.16mg/L-P。聚合物的添加需求一致，需要15～20mg/L。最终，总磷也显著降低98%，总悬浮颗粒物去除率接近99%，最终总悬浮颗粒物值为4～20mg/L。活性磷最终接近1mg/L-P。聚合物的添加需求一致，需要15～20mg/L。

表6.3　通过与50mg/L的明矾组合应用，在所选聚合物的最佳添加水平下
起初样品和处理样品的总悬浮颗粒物浓度和去除率

聚合物/化学族	最佳添加量	总悬浮颗粒物(mg/L)		
		初始样品(均值)	处理后样品(均值)	去除率
LT 27	0.8mg/L	557	7	99%
丙烯酸钠与丙烯酰胺共聚物		96	1.7	
LT 7995	6mg/L	859	10	99%
有机阳离子聚合电解质		583	1.3	
E 38	3mg/L	1566	20	98%
阴离子聚丙烯酰胺乳液		1469	5.5	
A-120	0.8mg/L	654	7	99%
阴离子型聚丙烯酰胺		181	4	
CE 834	5mg/L	719	4	99%
阳离子型聚丙烯酰胺		193	1	
CE 1950	5mg/L	958	10	99%
阳离子型聚丙烯酰胺		200	6	

表6.4　通过与50mg/L的明矾组合应用，在所选聚合物的最佳添加水平下
起初样品和处理样品的活性磷浓度与去除率

聚合物/化学族	最佳添加量	活性磷(mg/L-P)		
		初始样品(均值)	处理后样品(均值)	去除率
LT 27	0.8mg/L	10	0.17	98%
丙烯酸钠与丙烯酰胺共聚物		2.9	0.04	
LT 7995	6mg/L	17	0.26	98%
有机阳离子聚合电解质		15.6	0.06	
E 38	3mg/L	34.8	0.57	98%
阴离子聚丙烯酰胺乳液		32.2	0.41	
A-120	0.8mg/L	11.4	0.16	99%
阴离子型聚丙烯酰胺		4.5	0.02	
CE 834	5mg/L	13.7	0.27	98%
阳离子型聚丙烯酰胺		7.3	0.22	
CE 1950	5mg/L	17.1	0.35	98%
阳离子型聚丙烯酰胺		5.1	0.20	

虽然排水的悬浮颗粒物和活性磷是主要的研究对象，但在一系列研究中在聚合物最佳添加量中关注了其他几个参数，如表6.5所示，包括氨氮、亚硝酸盐态氮、硝酸盐态氮、总氮、生化需氧量和化学需氧量。尽管目的并不是除氮，排水中的总氨氮、亚硝酸盐态氮、硝酸盐态氮和总氮去除率分别为64%、50%、68%和87%。生化需氧量和化学需氧量的去除率非常显著，分别为97.3%和96.4%。

表6.5　明矾作为凝聚剂和聚合物作为絮凝剂对选择的水质参数的影响（3个重复的平均值和标准差）

项目	总氨氮 (mg/L)	亚硝酸盐态氮 (mg/L)	硝酸盐态氮 (mg/L)	总氮 (mg/L)	生化需氧量 cBOD$_5$(mg/L)	化学需氧量 COD(mg/L)
起始样品	0.75	0.430	10.8	34	437.7	719
LT 27	0.32	0.218	3.6	4.8	17.8	36
LT 7995	0.28	0.216	3.7	4.4	8.1	21
E 38	0.24	0.224	3.7	4.7	12.0	27
A-120	0.36	0.222	3.6	4.3	17.7	29
CE 834	0.19	0.191	2.7	3.5	7.7	20
CE 1950	0.24	0.219	3.6	4.5	8.9	21

6.5.4　固体物浓缩:土工袋

一种用于水产养殖固体物脱水的有前景的技术是土工袋。土工袋是一种由聚乙烯PE材质编织的多孔、密封、管状容器。它可以为动物粪便、市政污水污泥、有害废物、工业副产品和疏浚排泥等排水。结果已表明，土工袋可在不到1周时间将废物的固体物含量浓缩高于10%，几个月后固体物含量最终可以达到30%以上。土工袋是一种成本低、用于特定场地、可移动、易维护的容器，可大体积建造。它们现在可在几个水产养殖和农业供应公司购得。

过去几年，针对这项技术在淡水和海水循环水系统中的研究非常有限，主要是在大学和非营利研究中心。尽管概念非常直接，像许多应用研究项目一样，"一切都在细节中"。这些对淡水和海水循环水系统的研究和展示项目结果简介如下。

1. 淡水循环水系统中的应用

（1）美国自然保护基金会淡水研究所

多年来，美国自然保护基金会淡水研究所进行了一系列的实验（图6.7），包括综合评价商业化可行的凝聚剂和絮凝剂，采用悬挂式土工袋的概念展示和若干小型实验规模的Geotube®土工袋的系列实验。这些实验表明，与聚合物絮凝剂组合使用，土工袋具有给集约化循环水产养殖转鼓式微滤机产生的废弃物进行脱水的很好的应用潜力。小规模的Geotube®土工袋与聚合物组合应用，在1个月期间

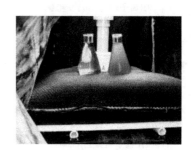

图6.7　在美国自然保护基金会淡水研究所进行的一系列实验

总悬浮颗粒物平均去除率达93％。同时，大量活性磷也得以去除，还可观察到总氮和生化需氧量的去除。土工袋的一个潜在问题是氨氮的渗滤浸出，这可能需要在排放前进行额外的渗滤液处理。图6.8为土工袋的使用。

图6.8 在北卡罗来纳州州立大学鱼仓（fish barn）：
一个用以处理从集约化罗非鱼养殖系统排放
废弃物的土工袋

Tom Losordo是第一批在北卡罗来纳州州立大学鱼仓商业规模的一个研究展示循环水产养殖生产系统中使用这个流程的。该项目的废水是通过2个鱼池（每个60m³）的养殖系统产生的。几年来，土工袋一直处理用以固体物收集的微滤机和2个漩涡分离器产生的废水。这个设计中，微滤机反冲洗水（40μm筛目）是第一个在小的有浸没式污水泵［Little Giant, model 509520, 0.3kW（4/10 Hp）］的水池中被收集的。该泵由水位浮控开关控制。浮控开关在高水位时，激活泵池的潜水泵和聚合物计量泵（Hanna Blackstone, model BL20, RI, USA），然后将收集的污物以40Lpm孔径（10gpm）的流速泵送进400μm的土工袋。

土工袋容器结构是由EPDM橡胶内衬在矩形木质结构里做成，大小为9.1m×6.0m（30ft×20ft）。2个系统采用的土工袋是7.6m×4.5m（25ft×15ft），孔径约400μm（Geotube®, Tencate Geosynthetics, GA, USA）。容器池由平均20～38mm（0.75～1.5in）花岗岩碎石填充覆盖在中央110mm（4in）多孔波纹聚乙烯管上从而形成一个平面，供土工袋放置其上。澄清液从土工袋孔间渗出，靠重力流到澄清液池。容器池通过覆盖以阻止雨水渗透、收集和添加到污水中。

在澄清液池高水位处安装浮控开关来激活澄清液泵和聚合物计量泵。后者用来从聚合物储存池添加测量高分子量、阳离子聚丙烯酰胺PAM絮凝剂（Hyperfloc CE 1950 G, Hychem, Inc., FL, USA）。聚合物母液（95mL CE 1950 G 每40L海水）直接在混合装置的上游从2in管线里被计量输送到注射点。每个系统的聚合物添加速率是基于对几种聚合物简化的烧杯实验分析。评估淡水系统聚合物是基于先前实验筛选。混合装置由12个110mm直径的90°弯头制作而成。注入点配置51mm直径的Y形PVC管件。聚合物通过9.5mm直径的聚乙烯PE半刚性管注入注射点。聚合物添加速度为175～200mL/min，产生的PAM剂量浓度为10.4～12mg/L。表6.6为淡水土工袋系统的进出水质参数简表。

表6.6　淡水土工袋系统的进出水质参数简表

参数（mg/L）	进水	（最小，最大）	出水	（最小，最大）	变化百分比
总凯式氮	44.1	(27.1,93.7)	19.8	(9.6,43.2)	55%
总氨氮	2.3	(0.7,5.8)	9.4	(2.1,26)	309%
亚硝酸盐态氮	3.2	(1.0,7.6)	3.7	(0.4,11.5)	16%
硝酸盐态氮	143.1	(105,182)	72.8	(34.4,147.)	49%
总氮	187.2	(140.5,266.7)	92.6	(51.8,161.7)	51%
化学需氧量	1589	(908,2442)	188	(135,422)	88%
总磷	27.8	(15.1,47.1)	18	(12.2,27.5)	35%
总悬浮颗粒物	1176	(448,1991)	43.9	(17.0,106.)	96%
溶解氧	6.5	(4.7,8.2)	1.8	(0.1,6.9)	72%
碱度	185	(104,280)	454	(330,710)	145%
pH	7.23	(6.95,7.43)	7.44	(6.92,7.93)	3%

在总共230天中，系统平均日添加量为（52.4±26.7）kg/d，最大添加量为90kg/d。供评估的总量为12099kg。运行期间，从转鼓式微滤机污水流到土工袋的日流速为（12.1±6.2）m³/d或者（3200±1640）gal/d。系统停止70天以供脱水和收集稳定的固体物，然后在第300天时进行污泥分析（表6.7）。进水的总氮、化学需氧量和总悬浮颗粒物含量很高，而土工袋（图6.9）出水的3个参数均明显降低。在土工袋观察到的总氮、化学需氧量和总悬浮颗粒物的平均降幅分别是50.4%±11.7%，87.2%±6.0%，95.6%±2.5%，即均值±标准偏差。

作为最重要的一个参数，该系统的固体物收集效果很好，进水悬浮颗粒物平均浓度为1200mg/L而出水平均浓度为44mg/L，其去除率超过96%。而且，土工袋内的被动的反硝化过程使得硝酸盐态氮浓度从144mg/L-N降低至74mg/L-N，即50%去除率。最后，总磷平均下降34%；化学需氧量下降87%。值得一提的是，采用金属凝聚剂，例如明矾［$Al_2(SO_4)_3$］或氯化铁（$FeCl_3$）将会通过沉淀来提高溶解的正磷酸盐去除率，导致出水的磷得到显著去除。

图6.9　土工袋

表6.7　从第300天（脱水阶段第70天）收集的土工袋污泥分析

项目	湿重（g/m³）	总干重（kg）
总凯式氮	9162	6.3
总氨氮	1710	1.2
亚硝酸盐态氮和硝酸盐态氮	0.8	0.001
总磷	2602	1.8
化学需氧量	297000	203.9
总有机碳	8407	5.8
氯	119	0.08
钾	100	0.07
硫	637	0.44
可溶性盐	18	0.01
干物质（%）	13.9	632
挥发性颗粒物（%）	84.8	536

在第300天（脱水阶段第70天），打开淡水土工袋，去除收集的污泥以进行含重量和体积的农艺分析，见表6.8。产生的污泥总湿重是4.94g/m³，总重4545kg，干物质含量13.9%。

表6.8　从第300天（脱水阶段第70天）收集的土工袋污泥金属分析

金属	湿重（g/m³）	总干重（kg）
硼B	0.4	0.28
钙Ca	3300	2266
镉Cd	0.1	0.07
铜Cu	42	28.8
铁Fe	440	302.1
镁Mg	178	122.2
锰Mn	82	56.3
钠Na	498	342
镍Ni	0.7	0.48
铅Pb	1.1	0.76
锌Zn	118	81.0

（2）莫特海洋实验室

弗罗里达州的莫特海洋实验室曾用土工袋处理高密度海水对象养殖系统，最近是处理鲟鱼展示系统中产生的废物。他们尚未对该设计或性能进行报道。莫特海洋实验室也在与弗罗里达州水产养殖部门、农业部和消费者服务部进行名为"为内陆水产养殖海水鱼和活饵循环水产养殖系统的设计和评价"的项目合作。

图6.10 用土工袋处理高密度海水对象养殖系统

该项目的目标是设计、建造和评价创新的循环水产养殖系统以推动可持续的海水养殖产业在弗罗里达州的发展。作为项目的一部分,设计了1个废弃物处理系统,包括1个收集固体物的废弃物池,1个固体物或土工袋的维护系统(图6.10),1个辅助固体物在土工袋沉淀的聚合物池,1个包括固体物过滤和生物过滤、紫外、臭氧杀菌在内的系统,从而在泵回养殖系统前净化水体。其他细节仍是未知。

(3)美国西弗吉尼亚州沃登斯维尔reymann纪念农场

Karen Buzby和Jennifer Hendricks在美国西弗吉尼亚州沃登斯维尔reymann纪念农场建立了1个小型展示项目(图6.11)。项目负责人是西弗吉尼亚州环境工程部的研究人员。该项目是为了展示土工袋是否可以用以处理从跑道式鱼池静止区收集的日常废弃物。在鳟鱼跑道式养殖池末端沉淀的固体废弃物靠重力流到污泥池,然后被泵送入土工袋。该展示系统每周至少3次从鳟鱼跑道式养殖池静止区去除总体积约5.7m³(1500加仑)的废弃物。为了最大化地收集固体废弃物,一种凝聚剂(Hyperfloc®CP625, Hychem Inc.)被添加进4.5m×7.5m(15ft×25ft)土工袋内。

图6.11 展示项目

将排水管放在土工袋下面,并在管下铺放碎石垫,将渗滤液导流到中央收集点,然后排入池塘。安装几周内,对土工袋的进出水总悬浮颗粒物、生化需氧量和颗粒大小进行分析。初步结果表明,添加高分子量和高黏度的20mg/L DADMAC型聚合物,可去除99%的总悬浮颗粒物和87%的生化需氧量。运行3个月后的样品分析表明,出水营养物浓度随着进水浓度升高而升高,氨氮浓度从2.6mg/L到3.1mg/L;硝酸盐氮浓度从0.3mg/L到1.5mg/L;磷酸盐浓度从6.4mg/L到8.9mg/L;亚硝酸盐氮浓度从0.015mg/L到0.39mg/L。这表明,在土工袋内部发生分解,一些营养物释放到上清液而流失。

(4)美国自然保护基金会淡水研究所

美国自然保护基金会淡水研究所还对小规模的土工袋进行了一些实验以"评估土工袋从集约化水产养殖系统的转鼓式微滤机和径流沉淀器中收集、脱水和储存养殖生物固体物的能力"。同时在添加量为25mg/L剂量时,评估了明矾、氯化铁和熟石灰等3种不同凝聚物与聚合物絮凝剂Hychem CE 1950(Hychem Inc., Tampa, FL)。污水来自1个仔鱼养殖系统、1.5个循环系统和1个全循环养成系统等3个年产35吨的虹鳟集约化商业循环水系统以及一系列6个中试规模的全循环水系统。从配置90μm孔径滤网的旋转微滤机和径流沉淀器来收集污水,经过合流再通过60μm孔径滤网的转鼓式微滤机进行过滤。

收集的污水暂存在1个小水池后再通过3个潜水泵(Model 8-CIM, Little Giant Pump Co., Oklahoma City, OK)送进3个土工袋。通过Paragon Model EL72电子时间控制器(Paragon

Electrical Products, Downers Groves, IL）编程控制水泵每小时泵吸0.5min。3个表观孔径0.425mm的土工袋采用土工织物材料（TenCate Geotube, Commerce, GA）制作。空袋测量为1.4m×2.2m（4.6ft×7.2ft），每个袋的总表面积为12.3m²（40.3ft²）。3个土工袋的水力负荷速率为每天60～70L/m²。将3个土工袋放在内衬的小碎石床上以便收集滤液，最终被收集在3个小收集池内。

测量3组化学凝聚剂以确定最低成本、最高效的处理组合、对滤液渗滤速度的影响以及对收集的生物固体物的组分影响。3个被测凝聚剂是50mg/L的明矾、50mg/L的氯化铁和800mg/L的熟石灰；同时组合添加使用25mg/L的一种长链絮凝剂（Hychem CE 1950 at 25mg/L）（见表6.9）。

表6.9 添加25mg/L聚合物后3种被测凝聚剂的进水浓度、滤液浓度和去除率

处理	50mg/L明矾			50mg/L氯化铁			800mg/L熟石灰		
	进水	滤液	去除率（%）	进水	滤液	去除率（%）	进水	滤液	去除率（%）
溶氧（mg/L）	7.6	0.1	—	6.2	0.1	—	6.7	0.3	—
pH	7.55	7.2	—	7.06	6.92	—	7.58	8.38	—
碱度	303	363	—	287	387	—	259	670	
总悬浮颗粒物（mg/L）	1874	98	94.8	1889	93	95.1	1515	61	96
总挥发性颗粒物（mg/L）	1317	79	94.0	1330	75	94.4	900	54	94
化学需氧量（mg/L）	1896	577	69.6	2072	679	67.2	1774	1147	35.3
浊度（NTU）	621	56	—	542	58	—	425	26.0	—
总氮（mg/L）	61.9	37.7	39.1	82.6	44	46.7	79.7	86.8	− 8.9
总氨氮（mg/L）	1.8	28.1	− 1461	1.4	28.8	− 1957	1.4	59.4	− 4142
亚硝酸盐态氮（mg/L）	0.26	0.01	96.2	0.31	0.002	99.3	0.8	1.139	− 42
硝酸盐态氮（mg/L）	2.2	1.4	36.4	3.3	1.8	45.5	15.1	2.7	82.1
总磷（mg/L）	40.1	13	67.6	42.1	22.3	47	33.9	7.7	77.3
溶解活性磷（mg/L）	1.0	11.1	− 1010	1.0	20	− 1900	1.6	4.7	− 194

重复土工袋过滤实验表明，当把明矾、氯化铁和熟石灰（同时添加聚合物）添加进反冲洗水时可提高悬浮颗粒物收集浓度；总悬浮颗粒物去除率分别是95.8%、95.1%和96.0%；最终脱水的过滤饼固体物浓度分别达22.1%、19.3%和20.9%。明矾、氯化铁和熟石灰（同时添加聚合物）改进土工袋在化学需氧量和生化需氧量去除方面不那么有效，去除率分别是

69.6％、67.2％和35.3％以及56.6％、9.3％和47.4％。明矾、氯化铁和熟石灰（同时添加聚合物）改进土工袋在总氮的去除上也不那么有效，去除率分别是39.1％、46.7％和80.9％。明矾、氯化铁和熟石灰（同时添加聚合物）改进土工袋在总磷去除上相对有效，去除率分别是67.6％、47％和77.3％。明矾被证明是最低成本的絮凝剂，而在溶解总磷的沉淀和去除方面熟石灰是最高效的，具体见表6.10。

表6.10　脱水的土工袋过滤饼中的固体物、总氮、总磷和总钾

处理＋25mg/L聚合物	固体物（％）	总氮（g/kg）	总磷（g/kg）	总钾（g/kg）
50mg/L明矾	22.1	35.6	1.51	0.387
50mg/L氯化铁	19.3	22	1.7	0.646
800mg/L熟石灰	20.9	29.4	1.67	0.908

2. 海水循环水系统中的应用

GCRL（Gulf Coast Research Laboratory，南密西西比大学）斑点海鳟温室生产设施示范基地由水产养殖系统技术公司在南密西西比大学的墨西哥湾岸研究实验室，于2010年建立了一套展示系统以处理从斑点海鳟养成设施排放的废弃物。斑点海鳟生产设施的固体物收集系统由4个PBF-3和2个PBF-10螺旋过滤床组成。每次的反冲洗排到PBF-3的设计流量是5～10加仑，而PBF-10是10～30加仑。假设PBF-3进行4次反冲洗，PBF-10每日进行2次反冲洗，则日反冲洗水量为250加仑/天。每个螺旋桨过滤器的排水导流入中央水池，再泵送到固体物蓄水池。据估计，所有系统的最大产量将翻倍至500加仑/天或者34～68立方英尺/天。所需的处理负荷先在污泥等量化池收集，同时通过强曝气保持固体物悬浮。基于这个估计并考虑每批土工袋负荷，为储存每日产生的污泥，污泥池选型为300加仑的直径为42in和55in高的PE池（US Plastics Model 9780）。详见图6.12。

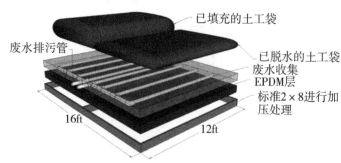

已填充的土工袋

废水排污管

已脱水的土工袋

废水收集

EPDM层

标准2×8进行加压处理

16ft

12ft

图6.12　海水再利用和废弃物处理示范系统展示了2个污泥储存池和
包含上清液储存池、微珠过滤器与覆盖土工膜的容器系统

水池泵为土工袋提供稳定的水流，以便计量泵添加预定浓度的凝聚剂和絮凝剂。当等量池水达到预定的高度，采用简单的浮动开关来激活潜水泵。同时为激活水池泵，计量泵也被打开以注入所需的凝聚剂。计量泵（Chem-Tech Series Model 240或he Blackstone Model BL20

Metering pump）是1个自启动在加注率控制操作范围内完全可调的容积式隔膜计量泵，凝聚剂或絮凝剂被储存在65加仑或125加仑的美国无塑料立式化学罐化学物中静置若干天。

将土工袋充满来自污泥水池的废弃物至85％体积，排水和强化3~4小时。重复该过程直至土工袋达到最终的85％体积来强化固体物。通过采用立管/溢流从满的袋导流入下一个袋的办法，将多个袋的最大压力限制到约为1~2PSI。当凝聚剂和絮凝剂从污泥池以线性混合列方式进入土工袋时，将其混合进废弃物水流中。为收集土工袋的上清液，采用1个含内衬的有排污管的碎石床导流上清液进入小收集池。该池是用2×8防腐木框架（8ft×12ft）。采用一个薄层沙（1~2in）来保护EDPM内衬从而防止穿孔。排污管采用3in SCH 40 PVC管制作，沿着管子每6in有1个1/2in的排水孔，距中心线偏移约1in。

排水管线通过3in的SCH 40 PVC三通或弯曲三通连接到上清液收集池。随后导流进入2个集水池，即1个具有膜式开关的潜水泵（Little Giant 1/3 HP Model 6-CIA）的塑料桶（PT-612，24in×24in×18in）。将上清液然后泵送到大的清水上清液蓄水池，在泵入主要海水蓄水池前需进一步处理。完美的是，该设计至少需要3个土工袋，1个用于注入，1个用于溢流，还有1个是满的，后者用于正常老化和持续脱水（每个袋约需2~4个月使固体物含量达到30％）。可紧挨这个垫子建造一些额外的垫子，将上清液导流入同一个泵池。

图6.13为包括污泥储存和等量池、线性混合列、压力和布水均衡垂直阀组在内的主要处理系统。

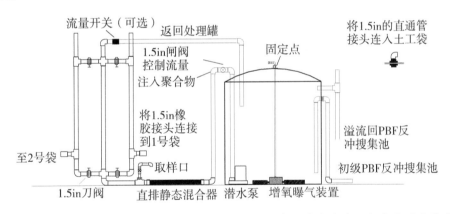

图6.13　包括污泥储存和等量池、线性混合列、压力和布水均衡垂直阀组在内的主要处理系统

土工袋上清液的二级处理系统集成了3种海水再利用工程方法：生物净化（机械/生物过滤）、消毒/灭菌和反硝化。采用1个螺旋桨清洗的微珠过滤器用于生物净化，1个紫外杀菌器用于杀菌，1个活性炭过滤器用于最终净化和去除微量有机物、金属和其他可能污染物。由美国水池养殖系统技术公司（Aquaculture Systems Technology，LLC）设计的被动反硝化系统被工程应用到系统中以去除硝酸盐态氮。这套二次处理设备构成自身的循环回路以确保不需要的固体物和营养物在被再次引入蓄水池而进入养殖系统前能得到最大化去除。

图6.14为包括上清液蓄水池、等量化池、螺旋桨清洗微珠过滤器、紫外杀菌器和活性炭过滤器在内的主要处理系统。

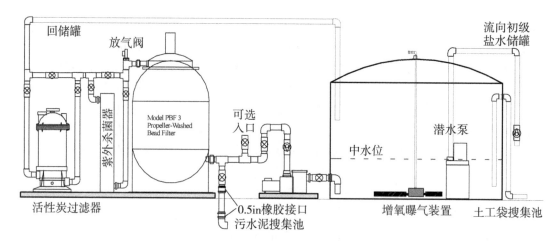

图6.14　包括上清液蓄水池、等量化池、螺旋桨清微珠洗过滤器、紫外杀菌器和活性炭过滤器在内的主要处理系统

　　表6.11为进水、出水和处理后水的水质参数特点。表6.12为土工袋系统污泥分析（均值）。

表6.11　进水、出水和处理后水的水质参数特点

项目	TSS（mg/L）	硝酸盐态氮（mg/L）	PO₄（mg/L）	碱度（mg/L）	总氨氮（mg/L）	亚硝酸盐态氮（mg/L）	pH	盐度（ppt）
污泥	1287	189	31.2	780	4.4	2.8	8.2	26.7
土工袋出水	7.8	132	27.0	949	4.7	4.5	8.5	27.0
处理后上清液	3.2	125	14.0	905	1.9	2.1	8.8	27.4
生产系统	—	260	27.3	393	0.9	0.3	7.9	27.0

表6.12　土工袋系统污泥分析（均值）

项目	均值
pH(1:1水)	7.76
磷（mg/L）	11888
钾（mg/L）	1739
钙（mg/L）	168876
镁（mg/L）	5845
钠（mg/L）	25958
硫（mg/L）	1471
铜（mg/L）	334
锌（mg/L）	199
盐（mg/L）	74

• 北卡罗来纳州立大学的海洋水产研究中心的海水废水处理示范系统

Geuerdat在位于美国北卡罗来纳的马绍尔伯格北卡罗来纳州立大学的海洋水产研究中心评估了1套海水土工袋系统（图6.15）。该研究用于处理海洋水产研究中心的2套海水循环水系统产生的废弃物。每套养殖水处理系统都采用颗粒过滤系统物理去除固体物。一个系统使用气泡冲洗浮性微珠过滤器（BBF-XS12000, Aquaculture Systems Technologies, LA, USA），每日反冲洗一次，每次用水量250~300L。另一个系统采用2个气冲洗颗粒微珠过滤器（BF60BL, Pentair Aquatic Ecosystems, FL, USA）。此外，还运行2套小的亲鱼循环水系统，其会产生少量的污水。该研究的污水的平均盐度为15‰。

图6.15 海水土工袋系统

土工袋和污水容器系统包括1个一级排水池、1个容器槽和1个澄清的排水池。一级排水池接纳来自循环水处理系统的固体物机械去除设备的所有污水，配备有一个通过水位浮控开关控制的潜水泵（Model HSD2.55S-61, Tsurumi Pump, IL, USA）。在高水位设置中，浮控开关激活潜水泵和聚合物计量泵（Hanna Blackstone, model BL20, RI, USA）。土工袋容器结构由EPDM橡胶内衬的矩形木制框架（9.1m×5.2m）组成。海水土工袋放置在由Tencate Geosynthetics供应的毛细管垫上，作为一个应用在前述淡水系统的碎砾石填料的替代层。

2个系统中的土工袋是6m×4.5m，孔径约400μm（Geotube®, Tencate Geosynthetics, GA, USA）。容器池被覆盖保护以防止雨水渗入、收集和添加到排水中。澄清的排水渗过土工袋的小孔，靠重力流入澄清的水池。储存从海水土工袋系统收集的澄清水以进一步处理。

当澄清水池中水位高时，浮控开关激活水泵和聚合物计量泵，后者计量添加高分子量、阳离子聚丙烯酰胺絮凝剂（Hyperfloc CE809, Hychem, Inc., FL, USA）。聚合物母液直接在混合装置上游从2in管线里被剂量输送到注射点。用于海水聚合物的筛选是参考了淡水聚合物生产商针对咸水的建议。混合装置由12个110mm直径的90°弯头制成。注入点配置采用51mm直径的Y形PVC管件。聚

图6.16 土工袋系统

合物通过9.5mm直径的聚乙烯PE半刚性管注入注射点。集污池的水以约40L/min泵入土工袋系统（图6.16）。海水系统的聚合物添加速度为200~300mL/min，产生的聚合物剂量浓度为12.5~18.75mg/L。在进入土工袋前，大直径的混合装置提供了更长的时间、更静止的混合条件以及对污水絮凝颗粒物更小的剪切力。

在第349天（海水土工袋系统开始运行收集112天时），开始进行水质分析。实验期间，海洋水产研究中心有2个独立的海水循环水系统运行，总系统水体为24m³（8.7m³系统和15.3m³系统）。在整个运行实验的230天期间，2个系统的日投喂量平均都是5.1kg/d（最低为1kg/d，最高为11kg/d）。从海洋水产研究中心养殖系统污水流入土工袋系统的流速为1.9m³/d。

对海水土工袋系统的水质简表统计如表6.13所示。与淡水系统类似，海水系统的总氮、化学需氧量、TSS和总磷很高。观察到的总氮、化学需氧量、TSS和总磷的去除也与淡水系统相似，分别是61.6%±38.8%，65.2%±18.1%，97.0%±2.0%和41.6%±18.3%。在海水系统中还额外分析测定了正磷酸盐，以溶解态活性磷（soluble reactive phosphorus, SRP）测定。与进水比较，出水溶解态活性磷平均升高（8.0±8.4）mg SRP/L；出水碱性升高（883.6±131.9）mg/L（CaCO₃）；盐度升高10.4%±13.1%，这可能是覆盖在容器池的水分蒸发而导致土工袋内部盐分积累，因为容器池仅是覆盖而不是密封。

表6.13　海水土工袋系统的进出水的水质参数简表

参数（mg/L）	进水	（最小，最大）	出水	（最小，最大）	去除率
总凯式氮	132.2	（24.2, 303.2）	91.7	（16.8, 385.4）	−31%
总氨氮	2.9	（0.6, 5.6）	48.1	（12.6, 25.9）	1559%
亚硝态氮	1.8	（0.1, 6.9）	0.01	（0.00, 0.07）	−99%
硝态氮	142.6	（67.5, 208.6）	1.5	（0.0, 6.0）	−99%
总氮	276.7	（161.3, 499.9）	95.6	（18.7, 385.7）	−65%
化学需氧量	2394	（914, 4360）	714	（478, 1444）	−70%
溶解反应性磷	20.6	（13.9, 29.2）	27.2	（19.1, 46.9）	32%
总磷	54.3	（32.5, 134.4）	29.3	（17.4, 47.6）	−46%
TSS	1489	（475, 3.192）	38	（20, 72）	−97%
DO	2.5	（0.1, 5.9）	0.04	（0.00, 0.10）	−98%
pH	7.3	（7.0, 7.5）	7.75	（7.14, 8.11）	6%
碱度	195	（100, 272）	985	（690, 1280）	405%
盐度	14.6	（13.3, 16.9）	15.8	（13.9, 18.6）	8%

6.5.5　固体物浓缩：履带式过滤器

处理水池养殖排出的废弃物的一个最新技术是履带式过滤器，其专用于浓缩微滤机反冲洗水。与凝聚剂或絮凝剂配合共用时，悬浮颗粒物和溶解磷的去除非常明显。它通过去除沉降池而让磷、氮等营养物的渗漏最小化，并且脱水的污泥便于运输、储存或处理。由于干燥态随时可用、储存和混合方便，明矾常常被用作一级凝聚剂。将商用聚合物当作絮凝剂使用。美国自然保护基金会淡水研究所将处理排放废弃物的凝聚剂或絮凝剂预处理系统，用作几个大规模循环水产养殖系统的最终排水处理。

Hydrotech履带式过滤系统（图6.17）设计用来与凝聚/絮凝搅拌系统组合来浓缩微滤机反冲洗污水的污泥。该颗粒收集系统可从水管理技术公司［Water Management Technologies, Inc.］购买。它由2部分组成：搅拌/絮凝池和斜面履带式过滤器。搅拌池分为4格：第一格和最后一格有变速搅拌叶轮以慢速搅拌；较小的中间格有1个固定的高速叶轮以快速搅拌聚合物。当污水流入第一格，通过变速蠕动泵从储存池以预定的添加速率［每升污水所需的明矾重量（mg）］注入明矾。变速叶轮搅拌混匀明矾和污水，开始凝聚过程。

图6.17　由凝聚/絮凝池和斜面履带式过滤器组成的Hydrotech履带式过滤系统

污水中的细小颗粒物的电荷被中和后开始聚集成小絮凝物。污水经溢流堰进入小格，又使用变速蠕动泵从蓄水池将聚合物从表层注入。高转速、恒速叶轮机械搅拌器将通过短时、强烈的搅拌以将聚合物最大化散布到污水中，并推动污水流入第三格。在此处，聚合物开始了小颗粒和絮凝物的聚合过程。最后，污水经溢流堰进入第四格。变速叶轮搅拌器帮助絮凝颗粒絮凝成大絮凝体，并保持悬浮。从这里，由大絮凝颗粒和相对较清澈的滤液组成的污水通过10cm管流入履带式微滤机的高位池。

斜面履带式过滤器（图6.18和图6.19）的连续带由约120μm网目的聚乙烯PE绢布做成，其斜坡为10°。当污水流到滤带上，滤液通过滤带流进较低的集水池，滤带逐渐被污泥堵塞，通过滤带的水头损失逐渐增大，直至水位传感器触动电机启动环形带。斜面履带式微滤机然后缓缓从水中带动絮凝物，将其运输到滤带的一头，然后通过硬橡胶刮板刮除（图6.19）。在滤带转回进口端前由1个水冲系统将其清洗。冲洗水可来自独立的清洁水源或低位滤液水源。滤袋冲水通常走回微滤机高位池以进一步处理。鉴于滤带自清洗，维护非常简单。在美国自然保护基金会淡水研究所的这个特殊应用中，澄清的、处理过的污水流入泵池后再流入一个好氧污水处理塘。将浓缩固体污泥与稻草混合，按需要运输至现场堆肥设施中。若一些原因导致履带式过滤器不能处理所有的进水，旁路溢流堰可将未处理的污水分流回到微滤机的高位池中。

表6.14为以明矾作凝聚剂和聚合物作絮凝剂时，Hydrotech履带式过滤系统对水质的影响。

图6.18　具有2个变速搅拌器、1个恒速聚合物搅拌器和搅拌器控制箱的凝聚/絮凝池

图6.19　显示进水溢流箱、絮凝物、刮板和固体物收集池的履带式过滤器

表6.14　以明矾作凝聚剂和聚合物作絮凝剂时，Hydrotech履带式过滤系统对水质的影响

明矾/聚合物添加量	项目	pH	TSS均值(mg/L)	RP均值(mg/L-P)
0mg/L	进水	7.37	1128	1.59
0mg/L	出水	7.39	195	0.95
（11）	去除率		81%	38%
12.5mg/L	进水	7.23	1120	1.81
2.5mg/L	出水	7.26	110	0.67
（11）	去除率		90%	59%
12.5mg/L	进水	7.26	1600	1.97
5mg/L	出水	7.22	81	0.82
（11）	去除率		94%	55%

明矾/聚合物添加量	项目	pH	TSS均值(mg/L)	RP均值(mg/L-P)
25mg/L	进水	7.34	753	1.28
2.5mg/L	出水	7.27	65	0.45
(18)	去除率		91%	57%
25mg/L	进水	7.30	753	1.39
5mg/L	出水	7.13	53	0.42
(3)	去除率		93%	65%
50mg/L	进水	7.38	646	0.88
2.5mg/L	出水	7.14	34	0.18
(13)	去除率		95%	80%

在评估实验中，单独使用明矾作为凝聚剂去除固体物正常有效（83%）；但是去除活性磷很高效（96%），在100mg/L明矾添加量时出水浓度低于0.07mg/L-P。单独使用阳离子聚合物，在相对低剂量（15mg/L）时，去除悬浮颗粒物很高效，平均去除率96%，出水总悬浮颗粒物浓度低于30mg/L。在明矾和聚合物最佳添加量时，履带式过滤系统将污泥干物质量提高至约12.6%固体物，出水中的总悬浮颗粒物和可溶性磷酸盐浓度去除率分别为95%和80%。而且，总磷、总氮、cBOD$_5$和化学需氧量也显著下降。

6.5.6　固体物浓缩：芦苇干燥床

取决于地理区位和当地法规，水产养殖设施唯一可行的处理污泥的方法可能是有限的、昂贵的。如果在农田处理污泥的运输费用不实惠，那么在湿地处理污泥也是很有吸引力的备选方案。建造芦苇干燥床可为浓缩污泥排放提供一种简单、低维护、基于植物的现场处理系统，可降低污泥处理成本。

芦苇干燥床是垂直流湿地系统。它已被应用了20多年以处理污水处理厂经浓缩的澄清池下层流产生的污泥（1%～7%固体物）。当用以市政污水处理系统时，这些湿地每7～21天负荷7～10cm厚的约2%固体物污水（每年约30～60kg/m²）。尽管如此，污水特定应用及其特性将对渗透物产生水平影响。

芦苇干燥床也开始应用到水产养殖中。Summerfelt S T以1.35cm/d的速率（每年30kg/m²）每天利用6次鳟鱼污水（总悬浮颗粒物7800mg/L）。运行期间，一系列植物床序批式地接纳大量污泥。序批式流程应用是在最近淹没的垂直流湿地脱水的同时，干燥较老的污泥。在重复的污泥应用期间允许脱水和干燥。植物通过茎干和穿过以前的污泥层的根传导、蒸腾、蒸发水分以辅助脱水。植物也通过转运氧气到根部区域而增加固体物的生物稳定性。据报道，芦苇床处理系统的有效生命长达10年。

6.5.7 固体物浓缩：快速沙床

前一部分的芦苇床是基于基础沙床的固有导水率特性。最简单的形式是，可设计没有表层植物的脱水床。这时需要基于床的导水率或渗透系数设计。它是水以多快速度通过土壤（沙）柱的测量标准。饱和导水率采用达西定律确定。沙床也可结合湿地植物，例如芦苇来保持前述的导水率。此外，按照计划方法去除这些植物也有利于从污水中去除营养物：每年氮225kg/ha和每年磷35kg/ha。

植物强化的沙床排水系统已得到大量应用，其中至少包括1个已被他人描述过的位于美国缅因州阿默斯特的商用养殖系统（Bioshelters，Mr. John Reid President，一个年产200000kg的罗非鱼渔场）。

有学者研究了渗滤的预测方程式，包括生物固体物积累的效应（渗透的主要阻力）。这些方程如下：

$$\frac{Q}{A} = -K_s \frac{\Delta H}{L} \qquad (6.4[①])$$

$$\frac{\Delta H}{L} = \frac{Y/2}{N\,Y\,\beta} \qquad (6.5)$$

$$L = \frac{C_{TSS}}{16}\beta\,D \qquad (6.6)$$

此处，K_s=2.44cm/d和β=0.05m/m（根据罗非鱼废水TSS含量16g/L）。

经验法则

沙床渗滤速度为3.6cm（1.4英寸）/d。

这些公式的开发是基于从商业罗非鱼循环水产养殖系统获得的鱼粪，日换水率约为10%。投喂饲料蛋白质含量为42%，脂肪含量为12%；饲料转化率接近1。实验采用的污水总颗粒物TS浓度为2%，其中总悬浮颗粒物约为16g/L（2%的总颗粒物，其中80%为有机颗粒物）。肥料总深度（L）是重复积累的固体物层的总和。公式6.6预估的鱼粪总深度与2.44cm/d的K_s值一起被用于公式6.4中预测渗滤速度。请注意，K_s值专门用于罗非鱼粪便，与其他鱼粪的值有所不同。由于沙粒基质的K_s值远远大于粪便，过滤基质对评估渗滤速度没有显著影响。作为保守的经验法则，经过重复检验，可假定渗滤速率为3.6cm/d。

1. 管理快速沙床

处理湿地应当被分为较小的处理床以方便管理。为更好地处理波动的排放量，淹没需要的区域或确保维护1个处理床时其他处理没有完全中断，实现并联运行这些处理床。或者也可以串联运行这些处理床以实现更加全面的处理。

由于渗滤速度公式用于没有任何表面植物的沙床，因此用公式6.4和6.6以预估渗滤速度

---

① 具体符号含义参见本章末尾。

可能是偏保守的。由于根芽生长或者也可能是存在粪表层，采用芦苇或其他挺水单子叶植物也会对沙柱产生一些持续的破坏作用。所有的扰动都会导致渗滤大幅度增加。重复应用于污水处理后，也应该考虑如何恢复导水率。简单地去除累积的生物量和去除沙粒表层会大大恢复沙床的起始导水率。

6.5.8 固体物稳定：添加石灰

对于在浓缩池底部的浓缩污泥可进一步添加石灰进行处理。添加石灰是杀死污泥病原菌（表6.15）、除臭和提高固体物浓度的有效方法。建议对每加仑10%固体物浓度的污泥使用15~20g生石灰使pH达到12以实现杀菌（图6.20）。除稳定污泥和提高沉淀性能外，石灰稳定化也会提高除磷能力。

表6.15 在15°C、20°C和不同pH条件下，用石灰处理杀鲑气单胞菌与
传染性肝胰腺坏死病毒（IPN-virus）的污泥

时间	杀鲑气单胞菌				传染性肝胰腺坏死病毒	
	pH	$\dfrac{CFU}{mL}$	pH	$\dfrac{CFU}{mL}$	pH	$TCID_{50}(mL^{-1})$
0	11.0	3.0×10^6	12.0	3.0×10^6	11.9	$10^{8.3}$
1 小时	11.0	2.1×10^3	12.2	$<1\times10^3$	11.9	$10^{7.6}$
1 天	—	—	—	—	11.6	$10^{6.1}$
3 天	10.5	$<1\times10^3$	11.4	$<1\times10^3$	—	—
7 天	—	—	—	—	11.4	$10^{5.1}$
10 天	10.6	$<1\times10^3$	11.4	$<1\times10^3$	—	—

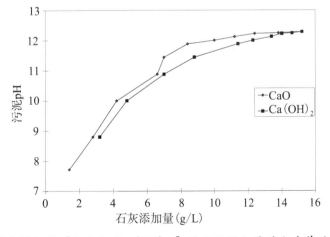

图6.20 两种稳定添加物 ［CaO 和 Ca（OH）₂］ 的不同添加量对水产养殖污泥pH的作用
（污泥干物质含量11.1%）

6.6 利用/废弃

6.6.1 陆地应用

处理污泥最简单也最有用的办法是把它制成可直接用于陆地的肥料。处理过的污泥干物质含有大量的氮和磷以及几乎可忽略不计的钾。氮以有机成分存在，需由微生物降解方可被植物利用。固体物成分少于1%时，颗粒物和泥浆容易泵出和分配，所以有许多陆地应用系统可以使用，比如喷洒灌溉和泛流式灌溉。而由于作物和植物的季节限制，废水在冬季可能需要暂存。其他方法还有通过浅池的间歇性溢流，废水快速渗透到高渗透性的粗质土壤中。将浓缩的污泥（＞5%固体物）从

图 6.21　油罐卡车

油罐卡车抽出后喷洒向泥土表面，不论掺入泥土与否，都可以直接注入泥土，都可以作为土壤改良剂或肥料。

6.6.2 堆肥化（改编自农废管理田间手册, NRCS, 1996）

堆肥化是指有机质的有氧生物降解。它是一种自然过程，通过混合水产废弃物与其他优化微生物生长的成分可强化和加快反应过程。堆肥过程通过转化不稳定的氨态氮，生成更稳定的有机形态，把污泥和其他废物转化成稳定的有机产物。结果会产生比原始污泥更安全的产物，当用于陆地时，可以改良土壤肥力、耕性和保水能力。此外，堆肥化减少了大部分需要铺开的物质，改良了处理特性，减少了气味、苍蝇和其他传播媒介问题，也能杀死病原菌。

图 6.22　农废田间管理

堆肥化方法包括料堆式、静态垛式和容器式。料堆式把堆肥混合物压成窄长条的桩或料堆。为了维持有氧状态，料堆需要周期性翻转混合，把降解物质暴露于空气中，以及避免温度过高。静态垛式为先混合堆肥物质，然后把混合物堆到塑料管道上方，空气可以从管道内压入和抽出。如果是高孔隙度或堆放时的垫层是高孔隙度的，那么小堆肥垛可以无须强制通风。容器式则是把堆肥放在一个反应器、建筑物、集装箱或容器中混合，并可能需要强制通风。该过程需要很好地控制湿度、通风和温度。

水产废弃物的堆肥化需要以合适比例混合改良剂或膨胀剂，以促进好氧微生物活动和生长以及达到最佳温度。该混合物为细菌提供能量来源、营养、水分和氧。将堆肥改良剂加入到混合物中可以改变水分含

图 6.23　堆肥箱

量、碳氮比（C∶N）或pH。许多材料都可用作堆肥改良剂，包括作物秸秆、叶、草、稻草、干草、锯屑、木屑或碎纸和纸板。膨胀剂用于改良堆肥的自我支撑力和提高内部通气孔隙率。木屑和碎橡胶是两种膨胀剂。木屑是绝佳的膨胀剂，因为它也能改变水分含量和碳氮比。图6.24显示一个用木屑既做改良剂又做膨胀剂的堆肥箱。

设计堆肥需要了解水产废弃物、改良剂和膨胀剂的相关特征。最重要的特征有水分含量、碳含量、氮含量和碳氮比。堆肥混合物的碳氮比对优化微生物活动至关重要。这些微生物在堆肥堆中以碳作代谢和制作蛋白质的食物与营养来源从而快速复制迭代。堆肥混合物的碳氮比应该维持在（25～40）∶1。如果碳氮比低，一般会发生氨的快速降解和挥发而流失掉氮；如果碳氮比高，又会因为氮变成了生长的限制因子而增加堆肥时间。微生物把碳源转化为能量是需要湿度的。细菌能耐受的最低含湿量为12%～15%，不过在低于40%时降解率就会变慢；而高于60%时，反应会从需氧向厌氧转变。厌氧化堆肥降解得更慢并产生腐臭味。一般通过不断添加改良剂来调整碳氮比和含湿量，从而来决定堆肥混合物如何设计和重配。如果碳氮比超出可接受范围，可通过添加改良剂来调整。

图6.24 污泥堆肥箱

死鱼的堆肥化处理是比较经济性和环境可接受的方法。该工艺产生较少的气味并杀死有害病原菌。堆肥罐一般约5ft（1.5m）高，5ft（1.5m）深，前面8ft（2.4m）宽。宽度设置原则上应该方便设备在设施上装卸。为避免自燃和便于监测，罐体高度一般建议不高于6ft（1.8m）。深度也应该适合设备的使用。死鱼的快速堆肥化发生在碳氮比维持在10～20时。这比传统堆肥的速度一般要慢得多，因为动物尸体内的很多氮还未暴露于体表。为保证升温时快速堆肥可以杀死病原菌，维持较低的碳氮比是必要的。初始堆肥混合物的含湿量应该在质量分数45%～55%以促进快速堆肥。应该在死鱼的堆肥化过程中一直保持有氧状态，而这很容易通过分层堆叠混合物中的死鱼和改良剂而实现。稻草、木屑和树皮之类的高孔隙率材料做垫层可以使空气在堆肥物内横向流动。

6.6.3 鱼菜共生：叶菜的生产

鱼菜共生是在过去10年急剧增长的一种新模式。作为一种可持续的、本地化的植物和鱼的小型生产方式，鱼菜共生结合了水产养殖与水培种植，可在农村社区的小农场、市区屋顶、废弃建筑和空地实施。鱼菜共生作为一种可选择的涉农事业已获得不断增长的关注。鱼菜共生利用水产养殖生产用水或尾水中溶解的营养物来培育次级作物，这些作物用传统"水培法"生产。作物生产和水产养殖相结合的优势在于摊薄了初始投资、运营成本和基础设施建设成本，植物吸收了"多余"的养分，减少了用水和排放，同时生产的两批作物也增加了潜在利润。室内条件为鱼和植物的生产提供了全年的最优环境，提高了生物安全性，保障生产系统的节能性和安全性，可全年供应高品质的鱼和蔬菜。

6.6.4　用作食物、饲料、生物燃料和岸线修复/美化的耐盐植物

海水土工袋系统过滤出的含盐废水有一项有前景的应用，就是作为盐沼植物的生长肥料。这类植物可作为人和畜的可食用作物、生物燃料来源和岸线修复/美化的植物。盐沼植物（盐生植物）具有耐盐和耐积水土壤的独特优点，使该海水养殖副产品成为植物修复的理想作物。污泥经过织物土工袋脱水后含有的固体副产物被发现含有高含量的氮（N）和磷（P），两者作为植物重要的多量元素存在于所有商业预混肥料中。液体副产物（排水上清）也被发现含有大量的硝酸盐（NO_3^-）和其他形式的溶解无机氮。两类副产物都有替代传统湿地植物肥料的潜力。

像小麦一样产生麦粒的盐生植物有大叶藻（*Zostera Marina*）和棕榈盐草（*Distichlis Palmeri*）。每公顷狼尾草（*Pennistum Typhoides*）可生产1.6吨～6.5吨动物草料。潜在的生物燃料作物包括海滨锦葵（*Kosteletzkya Virginica*）和海蓬子属（*Salicornia* spp.）。猪毛菜属（*Salsola* spp.）和海蓬子属（*Salicornia* spp.）都可作为沙拉生吃，或加工成生物燃料种子（储备）和动物饲料。

用于沼泽地修复的潜在品种包括：光滑大米草（*Spartina Alterniflora*），一种边缘皱褶的低地沼泽品种，高度耐涝；灯心草（*Juncus Effusus*），密西西比和墨西哥湾北部的优势沼泽植物；美洲芦苇（*Schoenoplectus Americanus*）被发现于高位盐沼区的低盐度区域，纤维少，生长率高，年产2～3茬，非常适合作为乙醇生物燃料的生物质来源；弗吉尼亚盐角草（*Salicornia Virginica*）（多年生草本植物），是高位盐沼区或低位盐沼的高盐区的一种多肉植物，其植物油产量很高。

6.7　设计案例：土工袋

如上所述，欧米伽工业需要对欧米伽鱼水产设施的建设和运行有一个工程规划。这个"经验法则"是，以干物质计算，25％～35％投喂的饲料会转化成悬浮颗粒物（或总悬浮颗粒物，TSS）。迄今为止，与其他产业污泥处理截然相反，关于土工袋处理水产废水的设计数据非常少。水产养殖系统的基本设计难点之一是废弃物浓度、成分、盐度、pH、温度和量变化较大以及在已有水处理设计与品种生长的数套系统上的可行性。例如，根据网眼大小和反冲洗频率的不同，微滤网的反冲液浓度可为500～2000mg/L。沙滤罐可产生非常大量的低浓度反冲洗液。即使是"咸水系统"，实际水体盐度根据生长品种及其生长时期的不同，盐度差别也有2～38ppt之巨。

用电子设计表估算年投喂负荷，或用年产量乘以平均饲料转化率来精确估算年饲料用量，以生成52750kg（116000lbs）的年投喂率，较好的饲料管理和高蛋白饲料可使固废产生率为平均25％或年固废量为13185kg（29000lbs）。进一步假设所用的固体捕获设备（如转鼓式微滤机）产生TSS平均浓度为2000mg/L的尾水。这意味着每天产生约18.1m³（4780加仑）的废水，见表6.16。

若用处理其他污泥的一般标准，建议参照下面的设计概念。用1个大小适中的集污池作

为均流池用于暂存污泥，这些污泥随后填入土工袋。这会产生1个进入土工袋的连续水流。用1个简单的计量泵加入预先调好浓度的助凝剂。土工袋在每个充填周期内可最多填满其体积的85%，然后排水和固化8~12h。重复这个循环，直到达到土工袋85%的可装填固废限度。土工袋在1个排水周期结束后达到其装填体积的85%，一般要1天。在整个装填周期（若干天）间隙，给予额外的排水时间可能延长袋子的使用寿命，当然，需要额外的袋子。

表6.16 三段式欧米伽鱼生产策略的日投喂量、每日污泥产量和每日污泥体积数（污泥浓度2000mg/L）

种类	日投喂量	每日污泥产量	每日污泥体积数
鱼苗	20.9kg(46lbs)	5.2kg(11.5lbs)	2.6m³(690gal)
幼鱼	44.8kg(98.6lbs)	11.2kg(24.6lbs)	5.6m³(1480gal)
成鱼	78.8kg(173lbs)	19.7kg(43.3lbs)	9.85m³(2600gal)
合计	144.5kg	36.1kg	18.1m³

注意要将土工袋设计成能承受较大的膨胀压力，但是淡水研究所的研究显示加压后的土工袋会在处理后的水体中遗留大量的颗粒物。此外，设计"经验法则"是不要让袋子的压力超过0.33个大气压（5psi）。多个袋子的最大压力可限制在1~2psi，用竖管/溢流把水流从一个满袋导到下一个袋子。助凝剂可由PVC弯头的蛇纹管路或管道混合塔混入泵送的水流中。在土工袋下部可用砾

图6.25 集水池

石床加衬层支撑，接排水管排入小集水池（图6.25）。集水池里的尾水再经过进一步处理后回到养殖系统或其他系统重复利用，如鱼菜共生。

所以，如果我们一开始的日产废水是18.1m³（4780加仑或23.5yds³），若初次填充率大概为土工袋设计能力的1/4，那么袋子的体积应该约为77m³（100yds³），或等于一个4.5m×15m的土工袋。袋子每天要加助凝剂3次，间隙时让污泥脱水。将需要的批次剂量载荷一开始先搜集在一个大蓄水池里，大约能盛8h的污泥产量，这个例子中是6m³（1600加仑）；对于颗粒物用曝气管网维持悬浮状态。对于颗粒物捕获装置排出的水用排水泵泵入该中央集污池。在AST，一个PT-612，24in×24in×18in的方形塑料桶和一个带夹板开关的Little Giant 1/3 HP Model 6-CIA潜水泵放置在每个（共3个）PBF过滤器处（每个仓的颗粒物收集装置），把废水泵入中央集污池，在那里污泥均流沉降。

因此，对于一个约6m³（1600加仑）的过滤反冲洗液的加料，一个7.6m³（2000加仑）的聚乙烯（美塑Model 10000，直径90in，高84in）的池子就够了。当均流池的水位到达设定位置，简单的浮阀开关就可以控制潜水泵的启停。此外，开启排水泵的同时，计量泵也要开始注入助凝剂。一种计量泵是Chem-Tech Series Model 240，另外还有的计量泵是化工系列240型、容积式隔膜计量泵或百仕通BL20型计量泵，都是自启动式并且加料速度在控制工作范围内完全可调。助凝剂可储存在65或125加仑的美式无塑立式化学罐内以满足几天的用量。

从土工袋搜集的上清液被带排水管的衬板砾石床导入小集污池，见图6.26。该构造用

2in×8in的防腐木材拼成8ft×12ft的框架。EDPM衬布下垫一层薄沙（1~2in）从而避免被异物刺穿。排水管道用3in Sch 40 PVC管，底部每隔6in钻1/2in的孔用于排水，离开中心线约1in。排水线通过3in 40的三通连接至排水沟。然后由带单向阀的潜水泵排入集污池。将上清液泵入一个大的清水蓄水池，经进一步处理后再泵入源水蓄水池。这个设计中至少需要3个土工袋:1个充填用，1个溢流用，1个装满的被放置在那里持续脱水和正常熟化（1个袋子达到30％的固体含量需要2~4个月），额外的支撑板可做第一个板，几个板的上清液流入同一个集污池。

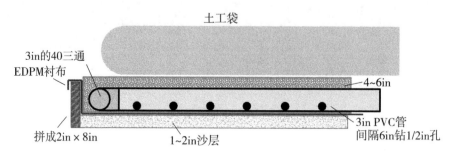

图6.26　从土工袋搜集渗液的砾石充填衬板的截面图

6.7.1　土工袋的二级处理系统设计

土工袋上清液的二级处理系统需要3个工程设计过程来实现水体回收：生物澄清（机械/生物过滤）、杀菌消毒和反硝化反应（见图6.27）。所有设备选型取决于待处理尾水的量。浮珠过滤器（floating bead filter，FBF）可用于生物澄清；紫外线消毒器可用于杀菌消毒；活性炭过滤器可用于最后净化以及痕量有机物、金属和其他潜在污染物的去除。在将来的某一天，商用脱氮器可用于减少硝态氮浓度。这套二级处理设备构成独立的循环旁路以最大化去除尾水中的废弃物和营养成分，而后让水重新回到养殖系统的初级蓄水池。

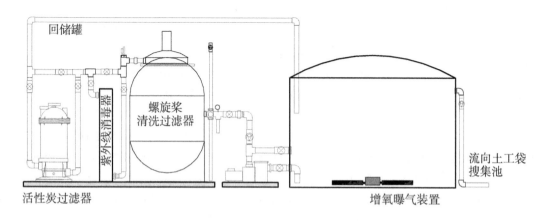

图6.27　二级处理系统的可能配置

6.8 参考文献

1. ASTM, 1995. Standard practice for coagulation-flocculation jar test of water E1-1994 R （1995）, D 2035-80. Annual Book of ASTM Standards, 11: 2.

2. AWWA, 1997. Water treatment plant design. 3rd Edition. New York: McGraw-Hill.

3. BAKER K B, CHASTIAN J P, DODD R B, 2002. Treatment of lagoon sludge and liquid animal manure utilizing geotextile filtration. In: ASAE Annual International Meeting, Chicago, IL.

4. BERGHEIM A, CRIPPS S J, LILTVED H, 1998. A system for the treatment of sludge from land-based fish-farms. Aquat Liv Res, 11: 279-287.

5. BERGHEIM A, KRISTIANSEN R, KELLY L, 1993. Treatment and utilization of sludge from land based farms for salmon. In: WANG J K. Techniques for modern aquaculture. American Society of Agricultural Engineers: 486-495.

6. BRAATEN B, 1991. Impact of pollution from aquaculture in six Nordic countries. Release of nutrients, effects, and wastewater treatment. In: PAUW D, JOYCE N. Aquaculture and the Environment. European Aquaculture Society Special Publication , 16: 79-101.

7. CHEN S, COFFIN D E, MALONE R F, 1993. Production, characteristics, and modeling of aquaculture sludge from a recirculating aquaculture system using a granular media biofilter. In: WANG J K. Techniques for modern aquaculture. American Society of Agricultural Engineers: 16-25.

8. CRIPPS S J, BERGHEIM A, 2000. Solids management and removal for intensive land-based aquaculture production systems. Aquacult Eng, 22: 22-56.

9. CRITES R, TCHOBANOGLOUS G, 1998. Small and decentralized wastewater management systems. New York: McGraw-Hill.

10. D'ORBCASTEL E R, BLANCHETON J P, 2006. The wastes from marine fish production systems: characterization, minimization, treatment and valorization. World Aquaculture Society Magazine: 28-35, 70.

11. EBELING J M, SUMMERFELT S T, 2002. Performance evaluation of a full-scale intensive recirculating aquaculture systems waste discharge treatment system pgs. In: RAKESTRAW T T, DOUGLAS L S, FLICK G F. Proceedings of the 4nd International Conference on Recirculating Aquaculture. Northeast Regional Agriculture Engineering Service: 506-515.

12. EBELING J M, RISHEL K L, 2006. Performance evaluation of Geotextile Tubes. Sixth International Recirculating Aquaculture Conference.

13. EBELING J M et al., 2004. Application of chemical coagulation aids for the removal of suspended solids and phosphorus from the microscreen effluent discharge of an intensive recirculating aquaculture system. J of North American Aquaculture, 66:198-207.

14. EBELING J M, RISHEL K L, SIBRELL P L, 2005. Screening and evaluation of polymers as flocculation aids for the treatment of aquacultural effluents. Aquacult Eng, 33（4）: 235-249.

15. EBELING J M, WELSH C F, RISHEL K L, 2006. Performance evaluation of the hydrotech belt filter using coagulation / flocculation aids (alum /polymers) for the removal of suspended solids and phosphorus from intensive recirculating aquaculture microscreen backwash effluent. Aquacult Eng, 35(1): 61-77.

16. ENVIRONMENTAL PROTECTION AGENCY (EPA), 1975. Process design manual for suspended solids removal. U.S. EPA Technology Transfer Publication.

17. EWART J W, HANKINS J, BULLOCK D, 1995. State policies for aquaculture effluents and solid wastes in the northeast region. NRAC Bulletin: 300.

18. HEINEN J M, HANKINS J A, ADLER P R, 1996. Water quality and waste production in a recirculating trout culture system with feeding of a higher- energy or a lower- energy diet. Aquaculture Research, 27:699-710.

19. GAFFNEY D A et al., 1999. Dewatering contaminated, fine-grained material using geotextiles. Proceedings of the Geosynthetics Conference.

20. IDEQ (IDAHO DIVISION OF ENVIRONMENTAL QUALITY), 1988. Idaho waste management guidelines for aquaculture operations. Idaho Department of Health and Welfare, Division of Environmental Quality.

21. KADLEC R H, KNIGHT R L, 1996. Treatment Wetlands. Boca Raton, PL: CRC Press Inc.

22. KRISTIANSEN R, CRIPPS S J, 1996. Treatment of fish farm wastewater using sand filtration. J Environ Quality, 25: 545-551.

23. MAIN K L, LOSORDO T, 2009. Design and evaluation of marine fish and live feeds recirculating systems for inland aquaculture - year 2. FDACS Contract No. 013966. Mote Technical Report: 1414.

24. METCALF, EDDY, 1991. Wastewater engineering: treatment, disposal, reuse. 3rd. New York: McGraw Hill, 929.

25. NRCS, 1996. Agricultural Waste Management Field Handbook.USDA.

26. PALACIOS G L, TIMMONS M B, 2001. Determining design parameters for recovery of aquaculture wastewater using sand beds. Aquacult Eng, 24: 289-299.

27. RISHEL K L, EBELING J M, 2006. Screening and evaluation of alum and polymer combinations as coagulation/flocculation aids to treat effluents from intensive aquaculture systems. J World Aqua Soc, 37(2): 191-199.

28. RITZEMA H P. 1994. Drainage principles and applications. International Institute for Land Reclamation and Improvement.

29. SANFORD W E et al., 1995. Hydraulic conductivity of gravel and sand as substrates in rock-reed filters. Ecol Eng, 4: 321-336.

30. SHARRAR M J, RISHEL K, SUMMERFELT S T, 2009. Evaluation of geotextile filtration applying coagulant and flocculant amendments for aquaculture biosolids dewatering and phosphorus removal. Aquacult Eng, 40: 1-10.

31. SHARRER M J et al., 2010. The cost and effectiveness of solids thickening technologies for

treating backwash and recovering nutrients from intensive aquaculture systems. Bioresource Technologies, 101: 6630−6641.

32. SCHWARTZ M F, EBELING J M, SUMMERFELT S T, 2004. Geotextile tubes for aquaculture waste management. The Fifth International Conference on Recirculating Aquaculture: 22−25.

33. SUMMERFELT S T, 1999. Waste−handling systems. In: CIGR, WHEATON F.CIGR handbook of agricultural engineering: Volume II, aquacultural engineering st. American Society of Agricultural Engineers: 309−350.

34. SUMMERFELT S T et al., 1999. Aquaculture sludge removal and stabilization within created wetlands. Aquacult Eng, 19(2): 81−92.

35. TCHOBANOGLOUS G, BURTON F L, 1991. Wastewater engineering: treatment, disposal, and reuse.3rd. New York: McGraw−Hill, Inc.

36. TWAROWSKA J G, WESTERMAN P W, LOSORDO T M, 1997. Water treatment and waste characterization evaluation of an intensive recirculating fish production system. Aquacult Eng, 16:133−147.

37. WAKEMAN R J, TARLETON E S, 1999. Filtration: equipment selection, modeling, and process simulation. New York: Elsevier Science Ltd., 446.

6.9　符号附录

A	横截面积，cm^2
D	废水的累积深度，m
K_s	饱和导水率，cm/d
L	粪肥层或阻流材料的深度，m
N	废水应用的数量
Q	体积流速，cm^3/d
Y	每次应用事件的废水深度，m
β	估算单位废水的粪肥累积率的常数，m/m
ΔH	每次应用事件的平均水力载荷（1/2的处理深度），m
C_{TSS}	总悬浮颗粒物浓度，g/L

第7章 生物过滤

氮是所有生物体的必需营养素，普遍存在于蛋白质、核酸、磷酸腺苷、吡啶核苷酸和色素中。在养殖水环境中，氮是养殖废物的组成部分，也是首要隐患。含氮废弃物有4种主要来源：鱼类产生的氨、尿素、尿酸、氨基酸；从尸体或者濒死的生物体上脱落的碎屑；残饵、粪便以及空气中的氮气。尤其是鱼通过鳃部扩散、鳃部离子交换、排尿和排便所产生的多种含氮废弃物为大多数。由于氨、亚硝酸盐和某些情况下的硝酸盐是有毒性的，所以在集约化的循环水产养殖系统中，分解这些含氮化合物就显得尤为重要。通过生物过滤器去除氨的过程称为硝化反应，包括将氨氧化成亚硝酸盐和将亚硝酸盐氧化成硝酸盐的两步连续过程。其反向过程被称为反硝化反应，在厌氧环境下将硝酸盐转化成亚硝酸盐并最终转化成氮气。直到今天，虽然在商业化养殖设备中仍没有被大量使用，但是反硝化过程（第9章会详细介绍）正变得越来越重要，尤其在海水系统中，伴随着投苗率的增加和换水率的减少，在养殖系统中硝酸盐的含量极度增高。最近，基于异养细菌的零换水管理系统正蓬勃发展并促进了海水养虾和罗非鱼的集约化生产。在该系统中，通过额外添加有机碳源来刺激厌氧微生物的生长。在高碳氮比下，异养细菌可直接从水中同化氨氮，取代了对固定膜生物过滤器的需求。

7.1 硝化反应（自养细菌）

氨作为蛋白质分解代谢的主要最终产物会通过鱼的鳃部以复合氨的形式排出。氨、亚硝酸盐以及硝酸盐都是易溶于水的。氨在水中有两种存在形式：非离子态氨（NH_3）和离子态铵（NH_4^+）。两者在水中的浓度比例主要受pH、温度、盐度的影响。两者总和（$NH_3 + NH_4^+$）称为总氨。在化学上，通常会根据它们所含有的氮的形式来表示无机氮的组成，例如，NH_4^+-N（离子态铵氮），NH_3-N（非离子态氨氮），NO_2-N（亚硝态氮），NO_3-N（硝态氮）（表7.1）。这可以更加简单估算总氨（TAN=NH_4^+-N + NH_3-N），也便于在硝化反应的不同阶段转换。

表7.1 含氮化合物和氮之间的浓度转化

种类	基于1mg/L的化合物中氮的浓度	等效化合物的浓度（mg/L）
氨态氮	NH_3-N	1.21NH_3
铵态氮	NH_4^+-N	1.29NH_4^+
总氨	TAN	1.21NH_3或1.29NH_4^+
亚硝态氮	NO_2-N	3.29NO_2
硝态氮	NO_3-N	4.43NO_3

随着pH和温度的升高，非离子氨的比例相对于离子铵呈现上升趋势。例如，在20℃、pH7.0的情况下，非离子氨比例只有0.4%，当pH上升到10的时候，其比例也升到80%。非离子氨在低浓度时即对鱼类有毒害，其96小时半致死浓度随种类不同而变化较大，从驼背大马哈鱼的0.08mg/L到鲤鱼的2.2mg/L。通过长期观察，非离子氨的浓度取决于养殖品种和温度，但正常生产中应保持NH_3–N低于0.05～0.1mg/L。

亚硝酸盐是硝化反应的中间产物。虽然在通常情况下会迅速转化为硝酸盐，但是缺少生物氧化也会造成浓度上升并对鱼类有毒害作用，尤其是在海水养殖系统中。高浓度的亚硝酸盐也是生物过滤器即将失效的标志，应当经常处理。亚硝酸盐的毒性在于影响血红蛋白运输氧气的能力。当进入血液循环系统后，亚硝酸盐会氧化血红蛋白中的铁，使其从亚铁离子变成铁离子，最终变成高铁血红蛋白，因其具有标志性的棕色，俗称为"棕血病"。进入血液中的亚硝酸盐的量取决于水中亚硝酸盐和氯化物的比例。氯化物浓度上升能够减轻亚硝酸盐毒性的影响。在斑点叉尾鮰、罗非鱼、虹鳟的养殖中，通常建议氯化物和亚硝酸盐的比例至少为20∶1。可以通过添加食盐（氯化钠）或者氯化钙来提高氯化物的浓度。

硝酸盐是硝化反应的最终产物，也是所有含氮化合物中毒性最小的。在新鲜水体中的半致死浓度通常大于1000mg/L。在循环水系统中，硝酸盐浓度通常通过换水来控制。在换水率低或者水力停留时间长的系统中，反硝化反应作为一种控制手段正变得越来越重要。随着海水系统的增多，由于这些系统的高水力停留时间以及较高的配制和处理盐水的成本，其对反硝化反应的需求也重视了起来。

生物过滤是控制氨的有效手段，而不是用换水来控制氨。系统发育上完全不同的两个细菌群体共同进行硝化反应，通常归类为化能自养细菌，因为它们是从无机化合物中获取能量。与之相对的是异养细菌，是从有机化合物中获取能量。氨氧化细菌（ammonia oxidizing bacteria, AOB）通过将分子氨分解成亚硝酸盐而获得能量，包括亚硝化单胞菌属、亚硝化球菌属、亚硝化螺菌属、亚硝化叶菌属、亚硝化弧菌属等。亚硝酸盐氧化细菌（nitrite oxidizing bacteria, NOB）将亚硝酸盐氧化成硝酸盐，包括硝化细菌属、硝化球菌属、硝化螺菌属、硝化刺菌属等自养细菌，它们将二氧化碳作为主要的无机碳源，而专性好氧菌的生长需要氧气。在生物过滤器中，硝化细菌通常与异养微生物共存，如异养细菌、原生动物和微型后生动物，它们将可降解的有机物代谢掉。异养细菌的生长速度要明显快于硝化细菌，并且当溶解态和颗粒状有机物的浓度较高时，其在生物过滤器中比硝化细菌有更强的争夺空间和氧气的能力。基于这个原因，生物过滤器的水源必须尽可能得到清洁，总有机物浓度要尽可能最低。

硝化反应是分为两步的，包括先将氨氧化成亚硝酸盐后再氧化成硝酸盐。这两步通常是依序进行的。由于第一步比第二步具有更快的反应速度，所以总体的反应速度通常通过氨的氧化来控制，如此不会造成明显的亚硝酸盐的积累。公式7.1～7.6表示了亚硝化细菌和硝化细菌在氧化反应中的基本过程。

图7.1展示的是生物过滤系统从新建到满容量的典型启动特性。注意氨浓度在第14天达到峰值，然后在第28天亚硝酸盐达到峰值，硝酸盐积累从第21天开始。用氨和亚硝酸盐预先接种生物过滤器可以加速这一过程。安全起见，在新系统中，应在观察到亚硝酸盐下降后再放仔鱼，因为这表明生物过滤系统已处于最佳工作状态。

亚硝化反应：

$$NH_4^+ + 1.5O_2 \rightarrow NO_2^- + 2H^+ + H_2O \qquad (7.1)$$

硝化反应：

$$NO_2^- + 0.5O_2 \rightarrow NO_3^- \qquad (7.2)$$

总反应：

$$NH_4^+ + 2O_2 \rightarrow NO_3^- + 2H^+ + H_2O \qquad (7.3)$$

硝化反应及细胞生物量生成的总反应方程式也可写成：

亚硝化反应：

$$55NH_4^+ + 5CO_2 + 76O_2 \rightarrow C_5H_7NO_2 + 54NO_2^- + 52H_2O + 109H^+ \qquad (7.4)$$

硝化反应：

$$400NO_2^- + 5CO_2 + NH_4^+ + 195O_2 + 2H_2O \rightarrow C_5H_7NO_2 + 400NO_3^- + H^+ \qquad (7.5)$$

总反应：

$$NH_4^+ + 1.83O_2 + 1.97HCO_3^- \rightarrow 0.0244C_5H_7NO_2 + 0.976NO_3^- + 2.90H_2O + 1.86CO_2 \qquad (7.6)$$

根据上述化学式可知（公式7.6），每1g氨转化为硝态氮，会消耗4.1g溶解氧和7.05g碱度（1.69g无机碳），并产生0.20g微生物生物量（0.105g有机碳）和5.85g CO_2（1.59g无机碳）。值得注意的是，转化过程的氧气和碱度的消耗量均小于通常报道的转化每1g氨氮所需的4.57g O_2和7.14g碱度，因为在这个方程中，部分氨氮转化为生物量。通常，这种生物量不会显示在化学式中，因为与其他因素相比，它是次要的。碱度应保持在100~150mg/L的等效$CaCO_3$碱度，可通过添加含有氢氧化物、碳酸盐或碳酸氢盐离子的化学物质来保持该浓度。碳酸氢钠（小苏打）是最常使用的，因为其相对安全，易于获得且在水中溶解迅速、完全。经验上来说，每喂养1kg饲料，大约需要0.25kg碳酸氢钠（假设投喂蛋白质含量是35%，相当于每1g总氮需要消耗4.7g等效$CaCO_3$碱度）来替代硝化过程中消耗的碱度。表7.2总结了自养细菌代谢1g氨氮的原料和生成物的化学组成，包括有机碳和无机碳的消耗和产生。

在自养硝化过程中，相对于异养过程，只生成很少的生物量。而且，由于硝化细菌群在悬浮生长过程中的最高生长率相对较慢，所以相对于固定膜系统来说更容易造成硝化细菌的冲刷浪费。因此，是否有污泥循环系统将细菌送回养殖系统中就显得尤为重要。此外，该过程也会有大量的碱度被消耗掉（7.05g等效$CaCO_3$碱度/克氮），同时生成大量的二氧化碳（5.85g CO_2/N）。这对于低碱度水源来说将是一个重大问题，需要额外添加碱度，可以使用碳酸氢钠（小苏打）、石灰、氢氧化钠等来保持合适的碱度（100~150mg/L的$CaCO_3$碱度），尤其对于低换水率系统来说尤为重要。如果碱度的消耗没有额外的补充，会造成pH降低。pH降低会导致无机碳从碳酸氢盐转移到溶解的二氧化碳，而溶解的二氧化碳增加会影响某些养殖品种。虽然二氧化碳浓度可以通过脱气塔来控制，但是将水和气体泵入脱气系统也需要大量的能量。硝化反应的最终产物是硝态氮，即使其浓度达到上百，其在通常的浓度下对水产养殖系统也是无毒的。

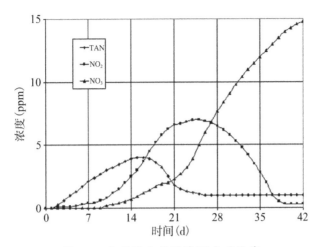

图7.1 典型的生物过滤器启动曲线

表7.2 自养细菌代谢1g氨氮的原料及生成物的比例

原料	消耗率	消耗量	有机碳	无机碳	氮
氨氮		1	—		1.0
碱度	7.05g Alk/gN	7.05	—	1.69	—
氧气	4.18g O₂/gN	4.18	—	—	—
生成物	生成率	生成量	有机碳	无机碳	氮
有机物	0.2g VSSₐ/gN	0.2	0.106	—	0.024
硝态氮	0.976 NO₃⁻-N/gN	0.976	—	—	0.976
二氧化碳	5.85g CO₂/gN	5.85	—	1.59	

可降解的有机碳与硝化反应所需要的氮的比值被认为是硝化系统设计和运行的关键因素之一。异养细菌的最大生长率明显高于硝化细菌，速度比为5：1，因此在系统中保持相对适中的碳氮比，使得异养细菌会对硝化反应有较好的抑制作用。Zhu S 和 Chen S（2001）研究了蔗糖在稳态状态下对生物过滤器中的硝化反应率的影响。它们确定把碳氮比（有机碳和氮的质量比）从1升到2时，相对于碳氮比为0的情况下，氨氮的移除率降低了70%。该数据证明了硝化反应速率随着有机物浓度升高而降低，但是当碳浓度变得异常高的时候，影响又变得不明显了。

生物处理过程需要细菌附着于表面（固定膜）或者悬浮于水体中生长。几乎所有的循环水系统都是用固定膜生物反应器，硝化细菌会生长在湿润的或浸在水中的媒介表面。生物过滤器的氨移除能力基本取决于硝化细菌能够生长的总表面积。为了达到最大的效率，所使用的介质必须既有高的比表面积，即单位体积的表面积，又具有明显的空隙比（空隙空间），以保证系统的水力性能。媒介必须性状稳定，不可压缩且不能被生物降解。水产养殖业中使用的典型介质是沙粒、碎石或河流砾石，或小珠子、大球体、环、马鞍等形状的塑料或陶瓷材料。生物滤池的设计必须谨慎，以避免氧气受限，或者过多混入固体，从而减少生物化学需氧量以及额外的氨。

7.2 硝化反应（生物絮团）

在水产养殖中主要发现了两种生物絮团系统。第一种是光合自养类，通常指"绿水系统"使用自然水中藻类水华来控制氮。最近，第二种生物絮团系统已经取得了商业上的成功，该系统通过添加有机碳质底物来刺激异养细菌的生长。在高碳氮比的投喂下，异养细菌会直接吸收氨氮，将其转化为细胞蛋白质。

7.2.1 光能自养细菌（以藻类为基础的系统）

传统的水产养殖池塘依赖藻类的生物合成来移除水体中的无机氮。该系统的最大劣势是溶解氧、pH、氨氮等日变化很大以及长期来看藻类的密度变化大、倒藻水变等。在传统的池塘中，粗放管理的藻类水体每天每平方米可以固定2～3g碳。高密度混养池塘经过良好管理后可以产出更高的比例，每天每平方米10～12g碳。

海水藻类以氨氮为氮源的生物合成通常可以用下列化学式描述：

$$16NH_4^+ + 92CO_2 + 92H_2O + 14HCO_3^- + HPO_4^{2-} \rightarrow C_{106}H_{263}O_{110}N_{16}P + 106O_2 \qquad (7.7)$$

或者以硝酸根为氮源：

$$16NO_3^- + 124CO_2 + 140H_2O + HPO_4^{2-} \rightarrow C_{106}H_{263}O_{110}N_{16}P + 138O_2 + 18HCO_3^- \qquad (7.8)$$

上述以$C_{106}H_{263}O_{110}N_{16}P$表示海水藻类合成产物。

在公式7.7中，每消耗1g铵态氮就会消耗3.13g碱度（以$CaCO_3$碱度计）；在公式7.8中，每消耗1g硝态氮就会生成4.02g碱度（以$CaCO_3$碱度计）。根据上述关系，每1g铵态氮转化为藻类生物量会消耗18.07g二氧化碳，而每1g硝态氮会消耗24.4g二氧化碳。相应地，也会分别生成15.14g和19.71g的氧气。最后，每1g铵态氮和硝态氮都会生成15.85g的藻类生物量。表7.3总结了代谢的原料和生成物，包括无机碳和有机碳的产生与消耗。

表7.3　光合自养藻代谢1.0g NH_4^+—N的原料和生成物

原料	消耗率	消耗量	有机碳	无机碳	氮
铵态氮		1.0	—	—	1.0
二氧化碳	18.07g CO_2/gN	18.07	—	4.93	—
碱度	3.13g Alk/gN	3.13	—	0.75	—
生成物	生成率	生成量	有机碳	无机碳	氮
有机物	15.58g VSS_A/gN	15.58	5.67	—	1.0
氧气	15.14g O_2/gN	15.14	—	—	—

7.2.2 微生物絮团（异养细菌）

异养细菌以铵为氮源清除铵的过程通常可用下列化学式来表示：

$$NH_4^+ + 1.18C_6H_{12}O_6 + HCO_3^- + 2.06O_2 \rightarrow C_5H_7O_2N + 6.06H_2O + 3.07CO_2 \qquad (7.9)$$

上述方程式说明了每1g铵态氮转化为微生物的生物量时，会消耗4.71g溶解氧、3.57g碱度（0.86g无机碳）以及15.17g碳水化合物（6.07g有机碳），同时生成8.07g生物量（4.29g有机碳）和9.65g二氧化碳（2.63g无机碳）。请注意相对于硝化反应，该过程的氧气的需求量会轻微上升，碱度需求量只有一半，二氧化碳的生成量增加了接近75%。最重要的是，微生物的生物量的产生比硝化反应增加了40倍，分别是8.07g和0.20g。表7.4总结了异养过程转化氨氮的化学计量关系。

异养细菌反应过程中有几个重要方面。首先是相对于自养反应，会生成大量的生物量。因此，用某些形式的固体管理来清除多余的TSS是很有必要的。其次，会适度消耗碱度（3.57g）并导致生成大量（9.65g）的二氧化碳。对于低碱度水源水，通常需要额外添加碳酸盐，而且通常是以碳酸氢钠的形式来保持合理的碱度（100~150mg/L的碳酸钙碱度），尤其是换水率较低的系统。结果是，依赖于悬浮或者附着类异养细菌的零换水养殖系统通常会出现适度的碱度降低，生成大量固体悬浮物、高剂量的二氧化碳。最终，在纯异养反应系统中应该不会有亚硝态氮或者硝态氮的生成。

表7.4 异养细菌代谢1.0g铵态氮和碳水化合物过程中的原料和生成物

原料	消耗率	消耗量	有机碳	无机碳	氮
铵态氮		1.0	—	—	1.0
碳水化合物	15.17g Carbs/gN	15.17	6.07	—	—
碱度	3.57g Alk/gN	3.57	—	0.86	—
氧气	4.71g O₂/gN	4.71	—	—	—
生成物	生成率	生成量	有机碳	无机碳	氮
有机物	8.07g VSS_H/gN	8.07	4.29	—	1.0
二氧化碳	9.65g CO₂/gN	9.65	—	2.63	—

7.3 水质因子对硝化反应的影响

7.3.1 硝化反应动力学

氨氮或亚硝酸盐氧化的速率基本取决于溶液中各营养素的浓度。在纯粹养殖中，硝化反应速率可以用Monod表达式来表示。

$$R = \frac{R_{max}S}{(K_s + S)} \qquad (7.10)$$

R：移除率 [（g/m² · d）]；

R_{max}：最大移除率 [（g/m² · d）]；

S：限制物浓度（mg/L，通常是氨氮或者亚硝酸盐，有时候是溶解氧）；

K_s：半饱和常数（mg/L）。

公式7.10可描述氨氮或亚硝酸盐移除的速率。假设没有其他限制因子（例如溶解氧），该公式最重要的两条特征是：第一，在足够高的反应物浓度（氨氮 > 2mg/L）下，反应物的移除就会变成零阶表达式，也就是变成定值；第二，在足够低的反应物浓度（氨氮 < 1mg/L）下，则关系会变为线性关系或者一阶等式，即直接与反应物浓度成比例。

生物滤池中的硝化反应速率是一种稳定的平衡，是AOB（氨氧化细菌）和NOB（亚硝酸盐氧化细菌）对生长所需营养物质的需求与这些营养物质在生物膜中的浓度和扩散速率决定的供给之间的稳定的平衡。Chen S、Ling J、Blancheton J P（2006）把包括物理、化学、生物等20多种能影响硝化反应速率的因子分为了三大类。第一类包括能够直接影响微生物组成生物膜的因子，比如pH、温度、碱度、盐度。第二类包括能够影响微生物的营养物质供给的因素，包括反应物浓度（氨氮）、溶解氧以及在生物反应器中由湍流控制的营养物质的输送系统。第三类包括同时影响生长和营养供给的因素，比如和异养生物进行营养物质和生存空间的竞争。

1. pH

pH对于硝化反应速率的影响的研究已经进行了60年了，然而关于pH的最适值仍然不精确。这表明细菌培养的历史和条件可能会影响它们对pH的反应。文献表明，pH对硝化反应最适值可能在7.0 ~ 9.0之间。亚硝化单胞菌的最适值是7.2 ~ 7.8，硝化细菌的最适为7.2 ~ 8.2。由于滤池中的细菌对实际工作条件的适应，硝化生物过滤器一直在6 ~ 9的大范围内操作。最好将硝化细菌的pH维持在最适pH的最低值附近，以减少养殖鱼类对氨的应激。除此以外，短时间内pH快速变化超过0.5 ~ 1.0会对过滤器造成应激并需要时间来适应新的环境状态。

2. 温度

与所有化学和生物动力学反应一样，温度在悬浮生长体系的硝化反应速率中扮演着重要的角色，但是目前还没有足够多的研究来量化温度对固定膜硝化速率的影响。Zhu S和Chen S（2002）通过实验室实验、数学模型、敏感度分析等方法研究了温度对硝化反应速率的影响。研究表明，温度对于固定膜系统硝化反应速率的影响小于van't Hoff Arrhenius等式的预测值。更明确的是，Zhu S和Chen S展示了在没有氧气限制的情况下，温度从14℃到27℃对固定膜微生物的硝化反应速率并没有明显影响。Malone R F和Pfeiffer T J（2006）报道，虽然最初认为温度是生物滤池设计中的一个重要因素，但在控制生物滤池承载能力方面，温度正日益被视为次要因素。

其他研究人员也确定温度在硝化反应速率上影响较小但却显著。尤其是，Wortman B和Wheaton F W（1991）推导出公式7.11来表明相关硝化反应速率（温度范围7 ~ 35℃）。

$$R=140+8.5T（℃）\qquad(7.11)$$

例如，硝化反应速率在17℃时只有27℃时的77%，低于Q-10（Arrhenius关系）所预测的水温，降低10℃就会降低原先的50%。

报道的硝化反应最适温度的范围很宽，这表明硝化细菌即使适应得较慢，但仍能够适应较大范围的环境温度。然而，在实际应用中，生物过滤器的操作温度通常多由养殖的品种决定。

3. 碱度

碱度是水体系统缓冲能力的测量尺度。基于以上关系，可以确定的是每1g铵态氮变成硝态氮会消耗7.05g碱度。消耗的碱度可以通过添加碳酸氢钠（俗称小苏打）或者其他碳酸氢盐来补充。经验来说，每投喂1kg饲料须添加0.25kg的小苏打。硝化反应是一个酸化过程，如果生物过滤器中的水的缓冲能力较差，那么系统的pH会降低并且影响工作性能。

图7.2展示了低碱度对于硝化反应的显著影响。这是本书中的一位作者用一个夏天的时间在一个运行良好的生物过滤器中做的一项简短的研究。每天以氯化铵的形式添加氨，并加入小苏打以保持恒定的碱度直到第55天。不添加小苏打的影响是当碳酸钙碱度低于100mg/L时，碱度稳步下降，氨氮显著增加（第62天）。当碱度增加到150mg/L以上时，硝化反应恢复，氨氮迅速下降到非常低的水平。

值得注意的是，每1g铵盐硝化的碱度消耗值为7.05g（或在没有异养生长的情况下为7.14g），这并不包括当鱼通过鳃分泌到与硝化系统相连的水中的氨（NH$_3$）。因为氨在加入水中时起碱的作用（可吸附一个氢离子）。所以，从鱼排泄出的氨，随即被水体中的氢离子质子化（吸收酸），净碱度消耗只有铵（NH$_4^+$）的一半，也就是3.53g。在第9章会详细介绍。

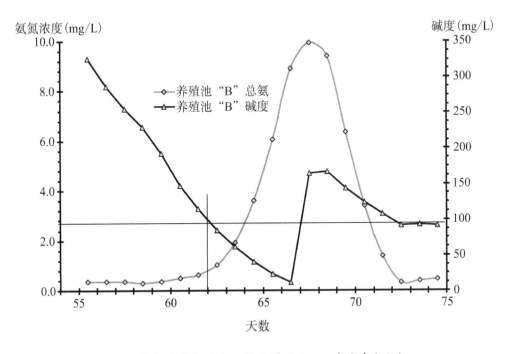

图7.2　碱度对硝化反应的影响（Ebeling，未发表数据）

4. 盐度

关于盐度对硝化反应影响的信息比较少。盐度和温度及 pH 一样，只要给予充足的时间，硝化细菌对盐度的适应范围也非常大。Chen S、Ling J、Blancheton J P（2006）报道，许多工程公司和相关试点在淡水及海水循环系统的长期实验表明，盐水中的反应速率比淡水降低了约37%。Rusten B et al.（2006）报道了一组来自盐度为21～24ppt 的商业渔场的数据，表明移动床生物反应器系统的硝化反应速率大约是淡水预期值的60%。包括作者本人在内的许多研究人员都观察到，要使生物过滤器在海水中完全适应需要比在淡水中花费的时间明显要长的时间。只要盐度变化突然超过5g/L，就会对硝化细菌造成震荡并使氨氮和亚硝态氮的移除率降低。

5. 氨

氨自身的浓度就会直接影响硝化反应速率。通常，在一定浓度范围内，随着氨浓度上升，生物过滤器的性能也会同比上升。这种线性比例关系会从非常低的浓度一直持续到2～3mg/L 总氨浓度。这种等比例的增加会在某一时间点减少，并最终稳定到一个恒定的去除率。该现象会在图7.3中形象地展示出来。文献中有证据表明当氨和亚硝酸盐的浓度是极端高的且大大高于在养殖应用中可能出现的浓度的情况下，累积中的氨会对硝化反应起抑制作用。

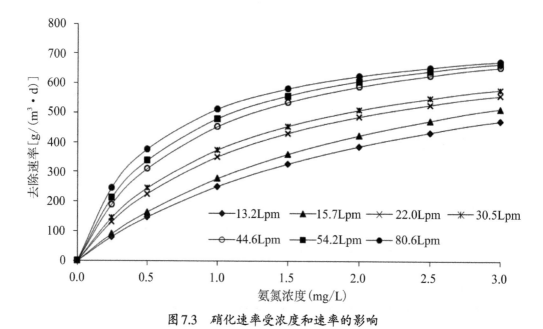

图7.3　硝化速率受浓度和速率的影响

6. 溶解氧

氧气可以成为生物过滤器里的速率限制因素，因为其在水体中的含量较低且受到异养细菌的需求竞争。每1g 氨氮氧化成硝态氮需要4.57g 氧气。Knowles G、Downing A L、Barrett M

J（1965）在混合培养反应器中的研究报道了溶解氧在超过2mg/L的情况下对亚硝化单胞菌的生长率的影响非常小，但是硝化细菌在溶解氧低于4mg/L的情况下生长率却出现了下降。Wheaton F W（1985）和Malone R F、Beecher L E、Delosreyes A A（1998）表示在生物滤池流出的废水中，可以维持最大的硝化速率的氧气值最低可能只需要2mg/L。

7. 湍流

湍流会影响覆盖在细菌表面的不流动的死水膜的厚度，从而影响营养物在液体和生物膜之间的流动速度。该影响在图7.3里会显示，氨的去除率随着通过气洗珠过滤器流量的增加而增加。目前关于湍流对生物滤池硝化速率的影响以及其在生物过滤器中对于提高硝化反应速率所扮演的角色的信息还很有限。过度剪切（高流速）或磨损（沙粒）会对生物膜的生长和膜厚产生负面影响。Zhu S和Chen S（2001）研究了Reynolds数在生物膜动力学上的影响。

8. 有机物

循环水产养殖系统本身就含有大量溶解的和颗粒状的有机物，这些有机物为那些与硝化细菌竞争生长空间的异养细菌提供了营养物质。异养细菌的最大生长速度是自养硝化细菌的5倍，产物是自养硝化细菌的2～3倍。Chen S、Ling J、Blancheton J P（2006）在一项实验室研究中观察到，随着COD（化学需氧量）/N比值的增加，硝化速率呈指数下降趋势。该研究传达了一个信息，即水中的有机物（固体）需要立即从循环水产养殖系统中除去。

7.4 生物过滤器

对于在密集养殖应用中最合适的生物过滤技术，存在着相当多的争论（和激烈的竞争）。循环水产养殖系统所显示的各种水质要求和环境条件使这项任务更加复杂。理想的生物滤池可以最大限度地利用介质比表面积，去除水中100%的氨浓度，生成极少量的亚硝酸盐，最大限度地转移氧气，占地面积相对较小，使用廉价的介质，具有最小的水头损失，需要很少的维护操作，不会捕获固体。然而，过滤器也是各有优缺点。目前，大规模的商业循环系统已经开始使用颗粒过滤器（膨化床、流化沙床和浮珠床）。然而，在集中的循环水产养殖中常用的生物过滤器有很多类型：淹没式生物过滤器、涓滴式生物过滤器、旋转式生物反应器、浮珠生物过滤器、移动床生物反应器、流化沙床生物过滤器，以及无数其他类型的生物过滤器。

在讨论各种生物过滤器的主要优点和缺点时，有一组基本的定义和术语是很有帮助的。通常，生物过滤器的设计和特性描述使用以下术语。

● 空隙空间为生物滤池介质未占据的体积，空隙比是其余生物滤池总体积的比值。高空隙比因为开放空间大而堵塞少，从而使固体更容易通过过滤器。

● 截面积是指滤床在水流方向上的面积。为了获得理想的水力负荷，过滤器顶部区域通常是过滤器设计中最后选择的参数之一。

● 水力负荷是通过生物滤池每单位横截面积抽运的水的体积除以滤池每单位时间，通常表示为每天gpm/ft²或m³/m²。生物滤池通常有最小和最大的水力负荷。

• 比表面积是单位体积内介质的表面积。介质的比表面积越高，单位体积上的细菌数量越多，单位体积过滤器的总氨去除量越大。介质尺寸、空隙率、比表面积三者之间是相互关联的，尺寸越小，比表面积越大，空隙率越小。

• 总氨体积转换率为每天每单位体积总氨转化为硝酸盐的克数（每天 g TAN/ ft³ 或每天 kg TAN/ m³）。

• 总氨面积转换率为每天每单位面积总氨转化为硝酸盐的克数（每天 g TAN/ ft² 或每天 g TAN/ m²）。

描述生物过滤器性能的典型术语是基于介质的体积和其表面积。虽然硝化反应是发生在介质表面，但对于流化沙床等颗粒状介质，由于实际介质表面积测量困难，速率更容易表示为单位体积而不是单位表面积。表7.5概述了生物过滤器的普遍分类的设计硝化速率，如温水或冷水条件和表面与体积型介质的比较。第8章给出了流化沙床的具体设计数据（见表8.12）。

表7.5　基于体积和面积的生物滤池的总氨转化率和水力负荷

介质类型	总氨转化基础	总氨转化率（15～20℃）	总氨转化率（25～30℃）	水力负荷（每天 gpm/ft² 或者每天 m³/m²）
流过型或RBC（100～300m²/ m³）	介质的表面积	每日 0.2～1.0g/m²	每日 1.0～2.0g/m²	100～800(1.7～13.8)
颗粒型（沙子/珠型）（大于500 m²/ m³）	介质的体积	每日 0.6～0.7kg/m³	每日 1.0～1.5kg/m³	见表8.9和表8.12

Malone R F 和 Pfeiffer T J（2006）建立了一个"组织树"（图7.4），显示了系统设计者可用的众多选项，这些选项将供氧策略和处理生物膜生长的方法分隔开来。

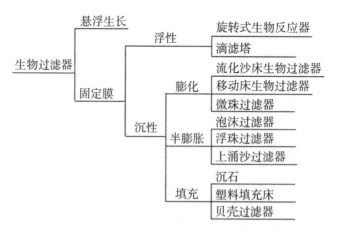

图7.4　生物过滤器"组织树"

7.4.1 悬浮生长系统

微生物培养首先要分清这2种基本方法（悬浮生长和固定膜）。之前悬浮生长系统在水产生产中很少出现，直到最近，随着生物絮团在罗非鱼和海虾等耐受性强的物种中的应用越来越大，悬浮生长系统开始受到重视。在该系统中，异养细菌需要外加有机碳源来刺激生长，例如糖蜜、糖、小麦、木薯等。在高碳氮比（超过14）的投喂下，异养细菌直接从水体中吸收氨氮，取代了外部生物膜。

7.4.2 固定膜生物过滤器

在传统的集约化循环水产养殖系统中，依靠氨氧化细菌（AOB）和亚硝酸盐氧化细菌（NOB）来进行硝化反应的固定膜生物反应器得到广泛应用。在集约化循环系统中，通过快速移除水中的固体和换水等措施，异养细菌的生长和有机碳的收集被有意弱化了。通常，固定膜生物过滤器比悬浮生长系统更加稳定。在固定膜生物过滤器中，一层薄薄的细菌生物量覆盖在过滤介质上，溶解的营养物质和氧气通过扩散进入生物膜。可以使用多种类型的介质来组成生物膜，包括岩石、贝壳、沙粒、塑料等。仅是找出哪些材料可组成生物膜并且拥有理想的比表面积（很多没有的）就花费了相当长的时间。这些材料最大的缺点就是很快就会被异养细菌占领并出现明显的性能衰退。Malone R F 和 Pfeiffer T J（2006）将固定膜生物滤池细分为4个基本块，分类依据是供氧策略和处理多余生物膜生长的技术（图7.4）。

1. 浮性生物过滤器

第二接合点是基于两种基本的氧转移方法分离固定膜生物过滤器。浮性生物过滤器将水和空气在介质中串联混合以保证生物膜表面的溶解氧的较高浓度。在滴滤塔过滤器中，水是直接落下穿过塔中的介质，塔直接与外界空气相连。而旋转式生物反应器通过缓慢地将培养基从一个养殖池中旋转进或转出，始终保持培养基湿润，从而产生类似的效果。过多的生物膜是通过膜脱落的过程来管理的，这就要求有较高的孔隙率，以防止过滤介质与膜脱落材料堵塞过滤器。这些过滤器以通气和二氧化碳剥离的形式提供了一个次要的好处。

（1）滴滤塔（图7.5）

滴滤塔包括一个固定的介质床，通过这个固定的介质床，预先过滤过的废水沿着过滤器的顶部向下滴。废水向下穿过一层薄的好氧菌膜，溶解的悬浮物就分散在生物膜上，然后被硝化细菌分解。伴随着水穿过介质，外界空气会给水体持续增氧并带走二氧化碳。滴滤塔在水产养殖中已经得到广泛使用，建设操作简单，能够自动曝气，并且能有效去除二氧化碳，成本也低。Eding et al. 在2006年发表过滴滤塔设计和操作方面的深度评论。

在市政废水处理系统中，滴滤塔通常由石头制成，但现在大多滴滤塔开始使用塑料介质，因为重量轻、比表面积加大（$100 \sim 300m^2/m^3$）且孔隙率大（$>90\%$）。Ebeling J M 等学者和Boller M 等学者分别在2006年和2004年进行的废水处理研究中指出，对于波浪形的塑料介质来说，比表面积在 $150 \sim 200m^2/m^3$ 是最合适的。水产养殖应用的滴滤池中，塑料介质比表面积也是相似的（Bionet 160 m²/m³, Filterpac 200 m²/m³, Munters 234 m²/m³）。

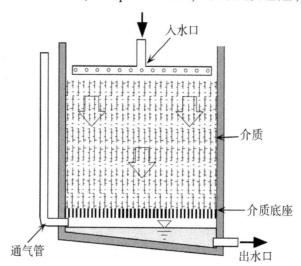

图7.5　带有旋转配水臂的滴滤塔过滤器示意图（摘自Summerfelt, 1999）

目前报道了大量的滴滤塔的设计标准。温水系统的典型设计值是水力负荷每平方米100~250m³/d，介质深度1~5m，介质比表面积100~300m²/m³，总氨移除率每平方米0.1~0.9g/d。滴滤塔在冷水系统使用较少，因为在水温较低的时候硝化反速率会降低，相应比表面积就会减少。在小型育苗系统中也有使用，因为这里的水流通率较低且可以调节。

滴滤塔顶部需要能够容纳水分散设备的空间且底部需要与外界连通以保持良好的通风。在某些设计中，滴滤塔也用作集水罐，以便进一步将水分配到鱼缸，并在底部关闭。在这些设计中，必须安装鼓风机进行强制通风（所需气体到液体的气流率见第10章）。除硝化反应和去除生物需氧量外，滴滤塔也是一个理想的脱气设备。此外，它还可用于蒸发冷却。在这两种情况下，都需要控制通过过滤器气流。为了实现这一点，滴滤塔顶部的空间可以关闭并连接到通风系统。为了达到最佳的脱气效果，需要的最小风量比为5~10（见第10章），同时需要最小的过滤床高度。当采用较高的通气率时，增加的蒸发量可能有助于在夏季冷却水。当过滤器内水温与过滤器外气温接近时，强制通风也有助于防止空气停滞。停滞的空气降低了氧气分压，导致水体的曝气不良，这可能会降低过滤器的硝化能力。

Ebeling J M等学者在2006年报道过滤媒介的类型对于氨氮的移除有明显影响。横流介质的性能优于垂直流或随机流介质，这是由水力和润湿特性的差异造成的。在商业农场，过滤介质堵塞是一个严重的问题，必须避免。在这方面，滤料的水力表面载荷和滤料类型的影响难以量化。经验表明，随机流的介质最容易堵塞，这也是垂直流和横流介质越来越受欢迎的原因。横流和垂直流介质为自支撑模块，可方便堆叠，必要时可取出。随机流介质大多以松散的"球"形式存在，需要特殊的支撑架。

在过滤器顶部安装一个良好水分散设备是很有必要的，能够充分利用过滤器的总体积（图7.6）。可通过旋转臂或者打孔筛或喷嘴将水分散。在填有随机流介质的圆形过滤器中，通常会配备旋转梁。这些结构容易受机械磨损，所以需要细心安装。通常将打孔筛用在小型过滤器中，但是需要经常维护以防止堵塞。喷嘴（环形）可以在较小的水头压力下处理大量的水并提供良好的水分散能力。

图7.6　配有2个带有旋转配水臂的滴滤器

（2）旋转式生物反应器

旋转式生物反应器（图7.7）是一种固定膜生物过滤器，由排列在中心轴上的圆形板组成，设计初衷是处理家庭用水。过滤器通常被放置在一个被水淹没的隔间内，通过这个隔间进行水体循环，大约一半的盘片表面被水淹没，一半暴露在空气中。盘片缓慢旋转（1.5～2.0rpm），交替将生物活性介质暴露于循环水和空气中，空气为生物膜提供氧气。早期旋转式生物反应器的盘片是用波浪形的玻璃纤维打造的。现在介质有了更大的比表面积（258m²/m³），既减少了物理尺寸，又增加了氨氮和亚硝酸盐的去除能力。有学者在1998年提出旋转式生物反应器的最大水力负荷应限制在每平方米300m³/d以内。Brazil B L（2006）确定在28℃时，工业生产罗非鱼所用的空气驱动的旋转式生物反应器平均总的氨氮单位面积的移除率为每平方米（0.43±0.16）g/d。有学者在2005年报道了更高的移除率，达到1.2。此外，水体流过旋转式生物反应器后，二氧化碳浓度减少了大约39%。而且估计产生的二氧化碳中有65%是由旋转式生物反应器排放的。

图7.7　商业化的旋转式生物反应器，照片由Gary Miller提供，
www.advancedaquaculturaltechnologies.com

　　旋转式生物反应器在水产上有其固有的优势，因为它能自主曝气，对水头压力要求小，操作成本低，又能提供脱气能力，而且能提供持续的有氧环境。此外，由于介质在水中旋转会造成松散的生物膜脱落，故有自清洁的能力。这些系统的主要缺点是：a）操作的机械性质；b）生物量的增加而导致介质和转轴重量增加；c）单位硝化的成本高（几倍高于流化沙床生物过滤器或微珠过滤器）。早期使用的旋转式生物反应器的轴和机械部件经常设计不足，导致机械故障，但一个设计合理的旋转式生物反应器是好用的和可靠的。图7.8为旋转式生物反应器（Fresh-Culture Systems公司生产），属于浮动/气动旋转式生物反应器，可通过

泵入水或者空气来旋转。水柱本身可以支撑系统重量，因此对过滤器旋转的反作用非常小，也消除了许多在商业上使用的旋转式生物反应器容易出现在齿轮马达、轴承座、传动链等上的问题。

图7.8 淡水养殖系统的RBC600型旋转式生物反应器

2. 沉性生物过滤器

固定膜生物过滤器的第二大类为沉性过滤器。假设充足的氧气可以通过流经过滤器的水传递到生物膜上。通过高循环率，内部再循环或者给流经的水增氧来实现。此外，还需假设生物膜上的氨氮而非氧气是反应速率的限制因子。因此，沉性过滤器的首要目的在于将比表面积最大化来提高硝化反应。沉性过滤器的3种常见分类是通过管理生物膜积累的方式来划分的（图7.4）。

第一类沉性生物过滤器通过采用固定的、静态的介质填充床，对生物膜或固体积累都没有主动的管理。例如用石头、塑料和贝壳来填充（图7.9）。淹没的填充层完全依赖于内源性呼吸来控制生物膜的积累。水既可以从顶部流动（向下流），也可以从底部流动（向上流）。因此，水力负荷可以通过调整水流量来控制。从养殖箱里出来的固体可在过滤器中收集起来，包括硝化过程产生的细胞生物量和异养细菌等。这个过程最终会堵塞孔隙，为了方便长期操作，需要采取措施来冲洗掉过滤器上的附着物。为了提供更大的空隙空间以防止过滤器堵塞，介质的尺寸通常较大，例如直径5cm以上的石头或者2.5cm以上的塑料。然而，5cm的石头比表面积只有75，而且孔隙率只有40%～50%。随机填充的塑料介质也只有100～200m²/m³的比表面积，但有超过95%的孔隙率。这种过滤器的缺点是投入较多的有机物（饲料）而导致溶解氧含量较低，固体收集较差，同时很难反向冲洗。虽然过去在水产中广泛使用且持续改进，但由于较高的建设成本、生物淤积问题和日常维护费用等问题，其正在逐渐被淘汰。现在沉性生物过滤器仍然在观赏鱼缸、水产品暂养和展示柜等轻载系统中使用，牡蛎壳通常被放置其中以保持碳酸钙和其他微量元素的浓度。

图7.9　一种水下充填碎石生物滤池，其表面带有管状分布歧管

第二类沉性生物过滤器是一种固定床，可间歇性半膨胀，利用空气、水或机械搅拌器等来实现。当介质被搅动时，过度生长的生物膜可通过磨损过程被去除，然后在重新引入水流之前让其沉淀下来。半膨胀生物过滤器可根据设计和反冲洗频率来用作机械过滤器从而进行固相去除，也可用作生物过滤器进行氨氮去除，以及用作生物净化器进行固体捕获和硝化反应。半膨胀生物过滤器的例子包括上涌沙过滤器、浮珠过滤器和泡沫过滤器。

（1）上涌沙过滤器

上涌沙过滤器虽然能够提供部分硝化反应，但通常作为机械过滤器使用。由于较高的反向冲洗率和较低的生物膜生长率而经常被用在低载过滤器中。上涌沙过滤器在观赏水族缸中得到广泛使用。上涌沙过滤器曾经在大型公开水族缸中使用过，现在因为在反冲过程中造成较高的水损失而很少使用。要想让这些过滤器膨化起来需要非常大的水流速率。

（2）浮珠过滤器

浮珠过滤器是一种半膨胀的颗粒状过滤器，同上涌沙过滤器一样具有生物净化能力（图7.10）。既可通过移除固体实现物理过滤或净化器的功能，同时又能为硝化细菌提供较大的表面积。浮珠过滤器通常指能在单一单元里面同时实现生物过滤和净化能力的生物净化器。

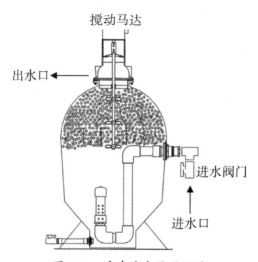

图7.10　浮珠过滤器原理图

净化是将水中悬浮的固体清除的过程。养殖中的悬浮固体通常是很小的（＜100μm）如未消化或者部分消化的食物、藻类、细菌、淤泥和黏土等悬浮在水体里面的微粒。随着水流穿过塑料珠的填充床，浮珠过滤器至少有4种作用原理而将悬浮固体清除掉。＞100μm的直接物理过滤掉。稍小一点的（50～100μm），最主要的机制是沉降。悬浮的部分（5～50μm）通过拦截被去除，拦截是微粒与介质表面碰撞的微妙过程。较细的颗粒（＜20μm）通过生物吸附去除，被细菌生物膜捕获。

浮珠过滤能够抵抗生物淤积且通常只需要很少的水来反冲。在反冲洗过程中，浮珠过滤器通常采用气泡清洗或螺旋桨清洗两种方式，这种方式会使床扩大，并将捕获的固体从珠状过滤器中分离出来（图7.11）。浮珠使用食品级聚乙烯，其直径3～5mm，密度0.91，比表面积1150～1475m²/m³。优点是模块化且设计紧凑，安装操作简单。此外，还具有过滤和硝化双重作用。

图7.11 PBF-10，用螺旋桨清洗和现场建造的商用尺寸螺旋桨来清洗浮珠过滤器，用于国家孵化场

螺旋桨清洗的生物过滤器大多以过滤模式运行。随着水体通过填料床，悬浮固体被拦截，启动生物过滤过程。关闭水泵或者进水阀，然后启动搅动马达和螺旋桨即可反冲和清理填料床。反冲洗的目的是把截获的固体和过量的生物絮团从浮珠中间释放出来。这是由螺旋桨产生的水力剪切力所实现的，随着珠子被向下推入膨胀区且珠子之间互相接触，珠子不断旋转。螺旋桨清理浮珠过滤器的设计初衷就是在短时间内投入大量的能量清理。过量的清洗只会损坏生物过滤器的性能且对清理过程无益。一旦填料床扩大且持续几秒就要关闭搅动马达，然后沉降模式操作就会开始。该过程通常会持续5～10min。珠子上浮会重组填料床，同时污垢会被收集到沉降锥里。最后剩下的操作就是将污垢清除掉。沉降是很有效的，不需要将过滤器完全排干。通常，排污管会有一段透明的管道，可直接观察排出的水的干净程度。只要排出的水和养殖箱里的水一样干净，就可以关闭污垢阀门。可以在不影响过滤器性能的基础上大量减少水损失。

另一种在园艺和小型水产养殖系统中常用的浮珠过滤器具有沙漏型的几何外形，配有收缩型冲洗喉。在过滤过程中，污水从下方顺着进水管流入，向上流过填充聚乙烯浮珠的过滤床，然后从顶部的排水管流出。进水管在反冲洗的时候也可用作排污管。在过滤器的顶部出水口排放配有阀门（或者止回阀），当底部的排污阀打开的时候可以防止上方空气回流进过滤器。这会在过滤器内形成真空。在过滤器侧边，冲洗喉下侧配有一个进气阀，在排污的时候就会打开以便过滤器吸入空气。中间的收缩喉是至关重要的，因为当水离开过滤头时，珠子会向下流，并通过狭窄的喉道，在那里它们被上升的气泡进一步擦洗。只要过滤器的水流干，冲洗过程就完成了，所有的浮珠也会掉入膨胀室。再次调整阀门，打开循环泵，将过滤器重新填满就可开始下一过滤循环。和螺旋桨清洗模块相比，气泡清洗的浮珠过滤器在反冲洗过程中会损失所有的水。两种模型配上简单的控制器即可实现自动化。螺旋桨冲洗的过滤器可填的浮珠多达2.8m³。而大多数小型气泡冲洗的过滤器的填料低于0.28 m³。

图7.12　浮珠过滤器

PolyGeyser浮珠过滤器是下一代浮珠过滤器技术，主要是通过其自动气动反冲洗机构实现的（图7.13）。水被引入填充浮珠介质的填充床下，并向上流动通过机械过滤和生物过滤的过滤室。同时，将空气以稳定的、设定好的速率引入空气充注室，以达到所需的反冲洗频率。一旦充气室达到容量，启动气动触发器，释放介质床下方的充气室内的所有气体。瞬间释放的空气会让浮珠混合、滚动、跌落。紧接着开启循环泵，以此保证每次反冲洗之后可以立刻重新充满过滤室。可以使浮珠向上流动重新组成填料床。在每次充气循环中，从反冲洗废水中截获的悬浮固体会沉降到污垢存储室内，然后经由排污阀进行下一步处理（通常2～3天一次）。同时，上清液在空气充注室再次充气时也会再次通过珠床。

在新的过滤器中，减少和反冲洗相关的水损失是关键因素。在多数应用中，在污泥去除之前，可以自动执行数十个反冲洗序列。和反冲洗相关的水损失为零，和排污相关的水损失也几乎可以忽略不计。这对海水系统来说相当有优势，因为对于盐水的损失和对大量反冲洗水处理单元的需求是最小的。该气动方式打破了反冲洗频率与失水之间的联系，并且使得该模块的硝化能力得到充分利用。频繁的反冲洗已证明在优化该模块的硝化能力上很有益处。许多温和的冲洗周期可使浮珠表面附着一层较薄且健康的生物膜，促进了高硝化率。典型的反冲洗周期为每3～6小时一次。在循环的生物净化应用中，PolyGeyser浮珠过滤器同时发挥净化和生物过滤的能力。在每立方英尺投喂率分别为0.5、1.0和1.5磅饲料的情况下，可以预期总氨氮（TAN）水平分别低于0.3、0.5和1.0mg-N/L。

图7.13　3立方英尺（左）和25立方英尺（右）的PolyGeyser滴滤器（AST, LLC）

第三类沉性生物过滤器为膨化床，可保持填料持续膨胀。这种过滤器并不截获颗粒物且生物膜会持续脱落。该系统使用超高比表面积的填料，例如非常细的沙粒和小的塑料珠。膨化床过滤器在水产应用的几个例子包括流化沙床生物过滤器、微珠过滤器和移动床生物过滤器。

（1）微珠过滤器

微珠过滤器和通常使用的浮珠过滤器完全不同。浮珠过滤器需要加压容器且填料比水密度稍小。单位体积所需要的浮珠量（700kg/m³）使得浮法颗粒过滤器的介质相对昂贵，而沙或微颗粒介质的成本要低得多。相比于浮珠过滤器填料接近3mm的直径，微珠过滤器使用的聚苯乙烯珠直径为1~3mm。微珠是具有高度浮力的聚苯乙烯微珠，其密度为16kg/m³。珠子分为A型、B型、C型、T型，平均直径分别为3、2、1.5、1mm，比表面积分别为1260、1890、2520、3936m²/m³。介质的孔隙率在36%~40%之间，较新的珠粒孔隙率接近40%，已长出生物膜的珠粒孔隙率为36%。

微珠过滤器被认为是流化沙床生物过滤器的低成本的替代品，因为它们有应用到大型生产系统的能力。微珠过滤器的一个关键优势是能够使用低扬程高容积泵进行操作，使得操作成本相比于常规的流化沙床生物过滤器减少了50%。设计的目的：对于进水氨氮浓度为2~3mg/L的温水系统，微珠过滤器可以假定每天每立方米介质硝化约1.2kg TAN。对于冷水，速率假定为温水的一半。该速率与流化沙床生物过滤器接近。

该过滤器是滴滤和颗粒过滤器的结合体。图7.14给出了一种典型的小型微珠过滤器的结构。微珠过滤器是一个向下流动的设备，流入的水在填料床顶部被分散开，然后水滴落穿过填料，最后靠重力流出反应器。填料珠和一次性杯子使用相同的材料，是由一种未加工的晶体聚合物经蒸气热处理而成的。该原料的商品名是Dylite™，可从Nova Chemicals公司的经销商处购得。价格差不多为每千克4美元。起初，微珠过滤器使用T型珠（1mm），最近，用户似乎更喜欢B型或C型，应避免A型。

微珠过滤器的变化将是水分布在微珠上的方式。图7.14所示为一个喷雾扩散器。其他应用程序使用浸水穿孔板，并在顶部创建一个几厘米的水头来分散水。一些应用实际上使用孔板来"压住"珠子，并迫使珠子浸入生物过滤器中。其他的设计有意在珠子顶部和水喷雾之间创建一个气体空间，这样可以强制气体剥离。这种布置的最终目的是在气体空间以水力加载的3～10倍的速度进行通风，以提供二氧化碳剥离。所有的方法都可以实现，但是需要认识到特定设计的局限性。例如，传统的滴滤器由于介质的空隙率高，会产生气提。微珠不会提供气体剥离，除非它是通过将水分布在珠表面的顶部的过程和附加的设计功能来从珠表面上方的空间冲洗高二氧化碳负载的空气。

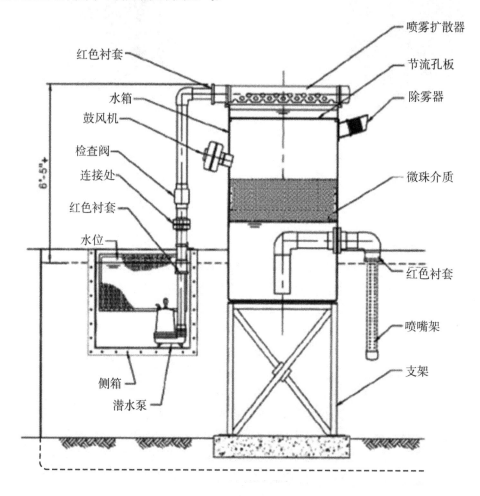

图7.14　通用微珠过滤器

推荐的最小的水力负荷是每天1290m³/m²（22gpm/ft²）。微珠过滤器的填料床深度应限制在50cm左右。虽然具体原因不知，但是深度的限制要求可能与水流通过珠柱时的最终导流有关。随着填料床深度的增加，水体导流会增加。因此，既需要限制填料床的深度，又需要给填料床提供其他类型的混合或者扰动。从填料被良好混合来看，微珠床并不像流沙床。微珠床几乎是一个静止的物体，但在较高的加载速率下，可以观察到微珠从珠床的上部向下部运动。从某些角度来看，微珠床像是一个缓慢被侵蚀的沙堡，珠床柱的外部部分最终从墙壁上掉下来，回到床的主体部分，然后与其他珠床重新混合。在珠床上，这种持续而缓慢的颗粒循环提供了总的硝化体积，大约是每天每立方米的颗粒体积1kg TAN。

● 温水应用：采用单反应器容器的微珠过滤器已在罗非鱼养殖场上得到大规模应用（每年400公吨）。单微珠过滤系统已成功运行多年，吸收了来自日常饲料的含氮负荷（饲料蛋白42%，每天投喂270kg）。在该应用中，填料床深度为21cm，过滤珠的总体积为6m³，使用B型珠，单珠直径为1.85mm。水力负荷微为每天1108m³/m²。测量的性能特征是：硝化速率是每天1.1kg TAN/m³，平均流入的TAN为1.9mg/L，系统平均亚硝态氮为0.6mg/L，水温26℃，平均每天投喂量是239kg。

● 冷水应用：微珠过滤器在2004年秋季应用于大西洋鲑鱼幼鱼作业中，平均水力负荷为每天984m³/m²。在30多天内，2个生物滤池（类似于图7.14）的平均投喂率为56kg（蛋白含量45%），每个过滤器的填料体积为0.93m³。每天添加碳酸氢钠13.5kg，每天补水567Lpm。通过过滤器的平均移除率为每天1.25kg TAN/m³，效率超过29%。鱼箱的水质参数为TAN 1.2mg/L，亚硝态氮1.4mg/L，水温13.6℃，硬度72mg/L，pH7.3，浊度11.7mg/L，二氧化碳10mg/L，氯化物浓度400mg/L。

（2）流化沙床生物过滤器

流化沙床生物过滤器已用于若干大型商业养殖系统（15～150m³/min或400～4000gpm）（图7.15和图7.16）。最大的优势是非常高的比表面积，通常用沙粒或者很小的塑料珠。相比于滴滤塔的100～800m²/m³和珠子填料的1050m²/m³，沙粒填料的比表面积达到4000～45000m²/m³。流化沙床生物过滤器可方便规模化成大尺寸，而且单位处理能力造价相对低廉。由于生物过滤器的资本成本与其表面积大致成正比，流化沙床生物过滤器的成本非常具有竞争力，与其他类型的生物过滤器相比，流化沙床生物过滤器的体积相对较小。它能有效清除氨氮，在冷水和温水养殖系统中每次循环能够清除50%～90%的氨氮。冷水系统的硝化速率为每立方米每天0.2～0.4kg TAN。在温水系统中，TAN清除率为每立方米每天0.6～1.0kg。其主要缺点是将水泵入过滤池的花费较大且不会给水体充气。其他缺点包括不易操作，有保养问题，通常是由于控制不好悬浮固体和生物淤积等。

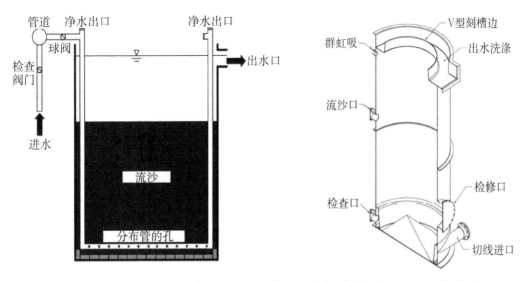

图7.15　2个流化沙床的示意图：传统的管汇水分布（左）和Cyclo-Bio™（右）

在流化沙床生物过滤器中，水通过填料中的孔隙流过，向上或者向下流取决于填料的密度。当流经床层的水流速度足够大，使介质悬浮在流速流中时，床层就会流化，使填料床体积膨胀。产生的湍流将氧气、氨氮和亚硝态氮极好地传递到生物膜上且能去掉多余的生物膜。可在相对紧凑的单元内形成较高的硝化容量，但是填料流化需要较高的能耗。

图7.16　一个直径4m的流化沙床生物过滤器（左）和部分管汇分配系统显示（右）

对于流化沙床生物过滤器的可靠运行，流动分配机构的设计是绝对关键的。可采用多种机理将水注入大型流化沙床生物滤池的底部。传统上，人们使用某种形式的管汇，从生物过滤器的顶部开始，通过反应器的内部向下流动。这种集管和横向系统会产生水泵必须克服的额外的操作压力，通常是大气压的1/3～1/2。最近的一项创新技术是循环生物技术，该技术通过一个外部环（与生物反应器玻璃纤维壁相结合）将水流引入到容器的底部，通过一个连续的槽，该槽围绕着生物反应器壁。该设计消除了传统的管侧向流形系统及其较高的管道摩擦损耗，节约了能源。由于穿过进水口的水流速较低，循环生物膜的设计也有较小的压力。

对于常规装置，流化沙床生物过滤器和循环式生物过滤器的共同优点是它们能够从5万千克或更多的鱼类生物量中按比例扩大其吸收氨的能力。实际上，流化沙床生物过滤器的尺寸想做多大就可做多大，直到达到处理特定鱼类生物量所需的大小。

（3）移动床生物过滤器

移动床生物过滤器（moving bed bioreactor, MBBR）最早在20世纪80年代由挪威发展而来（图7.17），最初是为了减少市政污水处理厂向北海排放含氮废水。在现在的污水处理厂里的显著优势是相比于滴滤塔和旋转式生物反应器来说它占地面积较小且维护简单。移动床生物过滤器现在已广泛应用在欧洲的污水处理机构和各型商业养殖中。

图 7.17　2 种移动床生物过滤器

移动床生物过滤器过滤是一种附着生长的生物处理过程，可以连续操作，低水头损失且不堵塞生物膜反应器，高比表面积，无须反冲。细菌生物量在填料上生长且能在过滤器水体内自由移动，既可在好氧情况下进行硝化反应，也可在厌氧情况下进行反硝化。在硝化过程中，通过气泡曝气系统来保持填料的恒定循环，创造好氧条件；在缺氧条件下，通过水下混合器来反硝化。

填料通常占用反应器体积的 70%（通常填装 50%），因此较高的填料比会减少混合的效率。可通过出水口上垂直安装的筛或者屏以及垂直或水平安装矩形网格筛子、柱条筛子来确保填料留在反应器内部。填料最常使用的是高密度聚乙烯（密度 0.95）并做成中间十字腔的表面带鳍的小圆筒状。也有使用其他填料，都为生物膜生长提供保护区域。

在反应器内部搅动来维持填料不断运动，使其形成清洗效果来防止过量的生物量堵塞或淤积。因为移动床生物过滤器是附着生长的，填料的比表面积决定了其处理能力。通常所说的比表面积，等同于填料的总表面积除以其的体积，或填料的比表面积乘以填料所占的反应器总体积的比例。在某些情况下，也会使用可供生物膜使用的总面积除以体积，反映了某些填料类型的外表面生物膜的显著磨损。对于 Kaldnes K1 介质，其比表面积是 500m²/m³。若填装体积是 50%，比表面积是 250m²/m³；若填装体积是 70%，则比表面积为 350m²/m³。

Rusten B 等学者在 1995 年创建了计算其硝化速率的模型。TAN（总氨）作为速度限制因素（通常对于大多数养殖系统而言），如下述公式：

$$r_N = k (S_N)^n \qquad (7.12)$$

r_N=硝化速率，gTAN（m³·d）；

k=反应率常数（1.3）；

S_N=总氨浓度 mg-N/L；

n=反应级常数（0.7）。

n=7 的反应级常数是 Hem L J 等学者在 1994 年建立的，反应率常数 k 取决于废水特征、温度和其他影响硝化生物生长的参数。图 7.18 显示了在 24℃，以 TAN 浓度为底（横坐标）的硝化速率的函数，数据来自 Rusten B 等学者（1995）。对于养殖系统而言，每立方米填料的硝化反应速率预计对于亲鱼养殖（＜0.3mg-N/L）来说接近每天 200g/m³，幼鱼能达到每天

400g/m³（＜0.5mg-N/L），成鱼能达到每天800g/m³（＜1.0mg-N/L）。

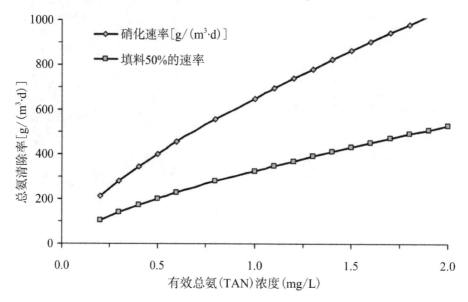

图7.18　24℃下TAN（总氨）浓度对总氨（TAN）的移除影响，数据来自Kaldnes MBBR。根据硝化速率方程（公式7.11）和Rusten B et al.（1995）的数据

7.5　参考文献

1. ANTHONISEN A C et al., 1976. Inhibition of nitrification of ammonia and nitrous acid. J Water Pollut Control Fed, 48(5): 835–852.

2. ANTONIOU P et al., 1990. Effect of temperature and pH on the effective maximum specific growth rate of nitrifying bacteria. Wat Res, 24(1): 97–101.

3. AVNIMELECH Y, 1999. Carbon/nitrogen ratio as a control element in aquaculture systems. Aquaculture, 176: 227–235.

4. BIESTERFELD S et al., 2001. Effect of alkalinity type and concentration on nitrifying biofilm activity. In: Proceedings of Water Environment Federation Conference 2001.Atlanta: 12–17.

5. BOLLER M, GUJER W, TSCHUI M, 1994. Parameters affecting nitrifying biofilm reactors. Water Sci Technol, 29: 1–11.

6. BRAZIL B L. 2006. Performance and operation of a rotating biological contactor in a tilapia recirculating aquaculture system. Aquacult Eng, 34: 261–274.

7. BRUNE D E et al., 2003. Intensification of pond aquaculture and high rate photosynthetic systems. Aquacult Eng, 28: 65–86.

8. BURFORD M A et al., 2003. Nutrient and microbial dynamics in high-intensity, zero-exchange shrimp ponds in Belize. Aquaculture, 219: 393–411.

9. CARRERA J, VICENT T, LAFUENTE J, 2004. Effect of influent COD/N ratio on biological nitrogen removal （BNR） from high-strength ammonia industrial wastewater. Process Biochem,

39: 2035-2041.

10. CHEN S, COFFIN D E, MALONE R F, 1993. Production, characteristics, and modeling of aquaculture sludge from a recirculating aquaculture system using a granular media biofilter. In: WANG J K.Techniques for modern aquaculture. American Society of Agricultural Engineers: 16-25.

11. CHEN S, LING J, BLANCHETON J P, 2006. Nitrification kinetics of biofilms as affected by water quality factors. Aquacult Eng, 34: 179-197.

12. COLT J E, TCHOBANOGLOUS G, 1976. Evaluation of the short-term toxicity of nitrogenous compounds to channel catfish, ictalurus punctatus. Aquaculture, 8(3): 209-224.

13. EBELING J M, WHEATON F W. 2006. Batch In-situ determination of nitrification kinetics and performance characteristic curves for a bubble-washed bead filter. J of Rec Aquacul, 7: 13-41.

14. EBELING J M, TIMMONS M B, BISOGNI J J, 2006. Engineering analysis of the stoichiometry of photoautotrophic, autotrophic, and heterotrophic control of ammonia-nitrogen in aquaculture production systems. Aquaculture, 257: 346-358.

15. KLAPWIJK A, 2006. Design and operation of nitrifying trickling filters in recirculating aquaculture: a review. Aquacult Eng, 34: 234-260.

16. GRADY C P L, LIM H C, 1980. Biological wastewater treatment: theory and applications.New York: Marcel Dekker.

17. GREINER A D, TIMMONS M B, 1998. Evaluation of the nitrification rates of microbead and trickling filters in an intensive recirculating tilapia production facility. Aquacult Eng, 18: 189-200.

18. HAGOPIAN D S, RILEY J G, 1998. A closer look at the bacteriology of nitrification. Aquacult Eng, 18: 223-244.

19. HAUG R T, MCCARTY P L, 1972. Nitrification with submerged filters. J Water Pollut Control Fed, 44: 2086.

20. HEM L J, RUSTIN B, ØDEGAARD J, 1994. Nitrification in a moving bed biofilm reactor. Water Res, 28(6): 1425-1433.

21. HOCHHEIMER J N. 1990. Trickling filter model for closed system aquaculture. Maryland: University of Maryland.

22. JONES R D, MORITA R Y, 1985. Low temperature growth and whole cell kinetics of marine ammonium oxidizer. Marine Eco Prog Series, 21: 239-243.

23. KAISER G E, WHEATON F W, 1983. Nitrification filters for aquatic culture systems: state of the art. J World Maricult Soc, 14: 302-324.

24. KAMSTRA A, HEUL J W, NIJHOF M, 1998. Performance and optimization of trickling filters on eel farms. Aquacult Eng, 17: 175-192.

25. KNOWLES G, DOWNING A L, BARRETT M J, 1965. Determination of kinetic constants for nitrifying bacteria in mixed culture with the aid of an electronic computer. J Gen Microbiol, 38: 263-278.

26. LAWSON T B, 1995. Fundamentals of aquacultural engineering. Chapman & Hall: 355 .

27. LOVELESS J E, PAINTER H A, 1968. The influence of metal ion concentration and pH value on the growth of a nitrosomonas strain isolated from activated sludge. J Gen Micro, 52: 1–14.

28. LOYLESS C L, MALONE R F, 1997. A sodium bicarbonate dosing methodology for pH management in freshwater–recirculating aquaculture systems. Prog Fish Cult, 59: 198–205.

29. DEGAARD H, RUSTEN B, WESSMAN F, 2004. State of the art in Europe of the moving bed biofilm reactor(MBBR) process. Paper presented at WEFTEC'04 in New Orleans.

30. OKEY R W, ALBERTSON O E, 1989. Evidence for oxygen–limiting conditions during tertiary fixed–film nitrification. J Water Pollut Control Fed, 61: 510–519.

31. MALONE R F, BEECHER L E, 2000. Use of floating bead filters to recondition recirculating waters in warmwater aquaculture production systems. Aquacult Eng, 22: 57–73.

32. MALONE R F, CHITTA B S, DRENNAN D G, 1993. Optimizing nitrification in bead filters for warmwater recirculating aquaculture systems. In: WANG J. Techniques for modern aquaculture. American Society of Agricultural Engineers: 315–325.

33. MALONE R F, BEECHER L E, DELOSREYES A A, 1998. Sizing and management of floating bead bioclarifiers. In: LIBEY G S. Second international conference on recirculating aquaculture (Proc.). Northeast Regional Agricultural Engineering Service: 319–341.

34. MALONE R F, PFEIFFER T J, 2006. Rating fixed film nitrifying biofilters used in recirculating aquaculture systems. Aquacult Eng, 34: 389–402.

35. MANTHE D P, MALONE R F, KUMAR S, 1988. Submerged rock filter evaluation using oxygen consumption criterion for closed recirculating systems. Aquacult Eng, 7: 97–111.

36. MCINTOSH R P, 2001. High rate nacterial systems for culturing shrimp. In: SUMMERFELT S T et al. Proceedings from the aquacultural engineering society's 2001 issues forum. Shepherdstown, West Virginia, USA. Aquaculture Engineering Society: 117–129.

37. RITTMANN B E, MCCARTY P L, 1980. Model of steady–state–biofilm kinetics. Biotechnol Bioeng, 22: 2343–2357.

38. RUSTEN B, HEM L J, ØDEGAARD H, 1995. Nitrification of municipal wastewater in moving-bed biofilm reactors .Water Environ Res, 67(1): 75–86.

39. RUSTEN B et al., 2006. Design and operations of the Kaldnes moving bed biofilm reactors. Aquacult Eng, 35: 322–331.

40. SRNA R F, BAGGALEY A, 1975. Kinetic response of perturbed marine nitrification systems. J Water Pollut Control Fed, 47: 472–486.

41. STENSTROM M, PODUSKA R, 1980. The effect of dissolved oxygen concentration on nitrification. Water Res, 14: 643–649.

42. STUMM W, MORGAN J J, 1996. Aquatic chemistry: chemical equilibria and rates in natural waters. John Wiley & Sons: 1022 .

43. SUMMERFELT S T, 1996. Engineering design of a water reuse system. In: SUMMERFELT R C. Walleye culture manual. North Central Regional Aquaculture Center Publication Office.Iowa

State University: 277–309.

44. SUMMERFELT S T, 1999. Waste-handling systems. In: CIGR, WHEATON F. CIGR handbook of agricultural engineering: Volume II, aquacultural engineering.American Society of Agricultural Engineers: 309–350.

45. SUMMERFELT S T, CLEASBY J L, 1996. A review of hydraulics in fluidized-bed biological filters. ASAE Transactions, 39: 1161–1173.

46. SUMMERFELT S T, WADE E M, 1997. Recent advances in water treatment processes to intensify fish production in large recirculating systems. In: Advances in Aquacultural Engineering, Proceedings from Aquacultural Engineering Society Technical Sessions at the 4th International Symposium on Tilapia in Aquaculture.Orlando: 350–367.

47. SUMMERFELT S T, BEBAK-WILLIAMS J, TSUKUDA S, 2001. Controlled systems: water reuse and recirculation. In: WEDEMEYER G.Fish hatchery management.Second Ed. American Fisheries Society: 285–395.

48. TIMMONS M B, 2000. Aquacultural engineering-experiences with recirculating aquaculture system technology, part 1. Aquaculture Magazine, 26(1): 52–56.

49. TIMMONS M B, SUMMERFELT S T, VINCI B J, 1998. Review of circular tank technology and management. Aquacult Eng, 18: 51–69.

50. TIMMONS M B, HOLDER J L, EBELING J M, 2006. Application of microbead filters. Aquacult Eng, 34(3): 332–343.

51. TOMASSO J R, SIMCO B A, DAVIS K, 1979. Chloride inhibition of nitrite induced methemoglobinemia in channel catfish(Ictalurus punctatus). J Fish Res Board of Canada, 36: 1141–1144.

52. TUCKER C S, ROBINSON E H, 1990. Channel catfish farming handbook. New York: Van Nostrand Reinhold.

53. US EPA, 1993. Nitrogen EPA/625/R-93/010, US Environmental Protection Agency.

54. GORDER S D, JUG-DUJAKOVIC J, 2005. Performance characteristics of rotating biological contactors within two commercial recirculating aquaculture systems. J of Rec Aquacul, 6: 23–38.

55. WHEATON F W, 1985. Aquacult eng.2nd.New York: Wiley-Interscience, 708.

56. WHEATON F W et al., 1994. Nitrification principles. In: TIMMONS M B, LOSORDO T M. Aquaculture water reuse systems: engineering design and management. Elsevier: 101–126.

57. WORTMAN B, WHEATON F W, 1991. Temperature effects on biodrum nitrification. Aquacult Eng, 10: 183–205.

58. ZHU S, CHEN S, 1999. An experimental study on nitrification biofilm performances using a series reactor system. Aquacult Eng, 20: 245–259.

59. ZHU S, CHEN S, 2001. Impacts of Reynolds number on nitrification biofilm kinetics. Aquacult Eng, 24: 213–229.

60. ZHU S, CHEN S, 2002. The impact of temperature on nitrification rate in fixed film biofilters. Aquacult Eng, 26: 221–237.

第8章 生物过滤器设计

为水产养殖系统设计生物过滤器是一种复杂的平衡行为，为了找到最优的解决方案或者至少一种虽然有很多限制条件但能起作用的解决方案，设计者需要做出众多的选择和妥协。任何设计的最终目标是要努力在初始资金成本、运营成本和风险管理三个方面达成一个平衡，同时优化生产效率和利润率。当养殖品种和养殖产量目标确定下来以后，这些在工程之初就要开始考虑。设计标准，如系统容量、养殖密度、饲料率/投喂比例、温度和许多其他因素都会限制生物过滤器的设计。在这个阶段，关键是要为每个限制因素设定贴近现实的值，并选择足够但不过度的安全系数。过高的安全系数会导致不必要的高资金成本和运营成本。过低的安全系数会限制系统对不断变化的生物量和营养物质负荷以及其他意外的系统"扰动"的响应能力。此外，还需要避免许多小的安全系数复合而导致系统设计中无意的夸张。

生物过滤器的制造商希望有一些用于规范和比较不同的商用生物过滤器的规范化标准。另外，一个标准化的标识系统可使系统设计者能够精确且迅速地确定哪种生物过滤器能够满足他们的需求。为此，水产养殖工程学会（Aquaculture Engineering Society, AES）标准和报告委员会已经发起对生物过滤器的标准化评价和设计流程的开发。所有的研究报告必须说明过滤器外观尺寸的详细信息，介质特征（类型、密度、尺寸以及比表面积），水流速率和特定承载率。在标准条件下（温度、盐度、C/TAN或BOD/TAN浓度、溶解氧和总碱度），利用几个总氨氮浓度指标，对该过滤器的性能进行评价。应当承认，由于需要控制大量的参数，并需要测量大量的数据，生物过滤性能的研究很难进行。而在精确设计和比较不同的生物过滤器与系统时，这些研究对于最大限度地减少建立在个人经验、市场前景和其他非技术标准上的选择变得十分重要。

8.1 常见工程考量因素

第7章提到的所有生物过滤器的设计之初都是为了达到同一个目的：将氨氮和亚硝酸盐氧化为硝酸盐。因此，设计生物过滤器时必须考虑能把产生的氨氮彻底氧化，并做好意外事件的安全预防。从实用角度考虑，小型养殖系统（例如，投喂量低于50kg/d）生物过滤器的选用要比较大型养殖系统的要求低。小型养殖系统的生物过滤器可以过度设计，而且因此增加的成本对企业的整体经济效益通常不是很重要。小规模经营无法在利润非常低的批发市场竞争，高资金成本会导致生产商完全失去竞争力。小规模养殖通常面向特定消费市场，销售者或者生产者通过提供额外服务或其他商品性能获得销售溢价。另外，在大型养殖系统（例如，投喂量高于 100kg/d）的生物过滤器设计中，节能、经济实用更为关键，需考虑造价低、操作成本低。

养殖品种和生物过滤器两者的总耗氧量是更难预估的设计参数。通过化学计量配平，每投喂 1kg 饲料的需氧量可低至 0.37kg 氧（鱼类代谢耗氧 0.25kg，硝化反应耗氧 0.12kg）。但出于设计考虑，耗氧率起点最好设在 1.0kg/kg。需要注意的是，小型养殖系统往往会因多种原因而利用效率低，比如员工素质不足、缺乏维修保养、泄漏等。当然，大型养殖场也会出现类似问题。系统内总会存在不同程度的悬浮物和异养生物，这些都会增加耗氧量，因此一般不可能达到理论最低值。根据作者的经验，任何规模的商业操作模式的最佳耗氧率都在 0.5kg/kg 左右。

经验法则

出于设计考虑，耗氧率起点最好设在 1.0kg/kg。

第 7 章中介绍过所有类型的生物过滤器，在早期设计阶段都要考虑其优缺点。生物滴滤塔、移动床生物过滤器和旋转式生物反应器（rotating biological cantactor，RBC）的一个共同优点是它们正常运行期间可增加水中溶解氧。此外，它们还能够去除一些二氧化碳。与此相反，浸没式生物过滤器、浮珠过滤器、流化沙床生物过滤器都是净氧气消耗者，它们完全依靠进水水流中的氧气来维持生物膜的有氧条件。如果出于某种原因，进水水流溶解氧含量低，生物过滤器则会马上变成厌氧状态。

滴滤生物过滤器和旋转式生物反应器都具有比表面积低的缺点。由于过滤器的资金成本与其总的表面积成正比，所以这种过滤器体积更大，成本更高。相反，由于浮珠过滤器，特别是流化沙床过滤器都使用比表面积高的介质，在相同的表面积的需求下，使用这两种过滤器比使用滴滤生物过滤器或移动床生物过滤器能降低成本和空间需求。

某些滴滤生物过滤器和旋转式生物反应器的另一个缺点就是，若无法充分控制悬浮颗粒物数量，则易受污染。碳源异养细菌生长速度明显快于自养硝化细菌，其生物量可在 1 小时内翻倍，而硝化细菌则需几天。因此，异养细菌的高生长速率和高耗氧量致使硝化细菌被覆盖于生物膜底层且严重缺氧，导致生物反应器表面的生物膜死亡并脱落。一些类型的生物过滤器的优缺点总结见表 8.1。

在进入设计的下一部分之前，在此强调可影响所有生物过滤器性能的极为重要的一点：在向生物过滤器抽氨氮浓度高的水之前，必须安装高效的固形物去除器。之前提到过，异养细菌生长会减弱硝化细菌氧化氨的能力，主要是在氧气扩散进硝化细菌所在生物膜层之前，异养生物即已在消耗氧气。因此，造成了硝化细菌缺氧死亡，继而导致生物膜脱落，降低硝化反应的处理能力。若循环水产养殖系统去除固形物的能力很差，则很容易出事故。因此，应做好有效去除固形物的准备，并且这一准备应优先于向生物过滤器内调水。

经验法则

去除固形物的能力差则易出事故，不仅会引起过滤器失效，其他所有设备功能也会全部失效！

表8.1　常用生物过滤器的优缺点比较

生物过滤器类型	优点	缺点
滴滤生物过滤器	设计及建造要求较为简单	较大的生物膜脱落易引起问题,因此很多系统整合机械过滤进行后续生物处理
	目前广泛用于废水处理业以优化物料实用性及成本	应用此类型过滤器的多为密集投喂的大型冷水养殖系统
	生物过滤的同时可实现曝气和移除CO_2	填料比表面积小导致填料的成本高
	当前,有丰富设计实操的信誉商家可协助解决填料及设计等问题	
	此类型的过滤系统往往非常稳定	
移动床生物过滤器	与滴滤生物过滤器相似	难扩大应用到大型系统
	推动水流进出过滤器所需的能量小	介质比表面积小,但较旋转式生物反应器更好
旋转式生物反应器	推动流体穿过介质所需的能量小	由于比表面积低,对于大型设施来说价格昂贵
	曝气供给硝化反应过程,控制CO_2	机械构造较其他大多数生物过滤器复杂
	设施布局高效,可结合多个处理流程(机械滤、生物过滤、曝气共用一个抽水池)	受制于轴承表面转动磨损
浮珠过滤器	商家可提供成熟产品,可简化系统设计与建造	由于比表面积相对低,对于大型设施来说价格昂贵
	可与其他类型过滤器组合作为混合系统的替代设计方法	相对较高的水头损失,需考虑操作成本
	某些情况下,设计良好的系统可提高细颗粒的去除率	整个系统的水头损失多变,无变速泵易出问题
	适合模块化,对于扩展设施大有益处	如果不安装预滤系统或反冲洗次数太少,可能使营养物质进入系统而加速异养细菌生长
流化沙床生物过滤器	用市售材料制作,非常经济	填料上的残留(初期留下的粉末)影响系统启动
	使用此类型过滤器的冷水系统,设计工作量尤其大	曾有间歇性移床和系统崩溃问题的报告
	原生过滤器填料比表面积高、成本低,可采取相当保守的设计以保证内部容量扩展性或负载波动的承受性能	设计若未考虑重新流化和分配歧管/横向冲洗等因素,可致重新启动出现问题
	广泛应用于冷水生物过滤器,有大量运作和设计经验基础	典型冷水系统的精砂滤填料密度随时间和生物膜积累量变化,必须对沙床进行管理
	可利用各种行之有效的方法进行现场建造,设计师或运营人员可从成熟且有信誉的商家购买设计和施工方案	有些系统可能需要较高的管道成本,以确保水泵停机或停电时介质不会回吸

8.2　设计参数:何处着手?

在初步设计任何生物过滤器时,都要首先决定过滤器的最小外观尺寸、填料特征(类型、密度、尺寸以及比表面积)、水流速率和过滤器性能。我们在前面第7章曾用表格为读者展示过两种常见生物过滤器的氨同化速率(高密介质,如沙滤;或无介质密度,如滴滤生物过滤器;见表7.5)。

为了进行生物过滤器的设计和标准化评估，则必须对过滤器的过滤效果进行标准化评估和记录。为此，对于生物过滤器性能标准的研究，Colt J et al.（2006）发表了一些初步研究结果。Colt J强调，明确关键参数（包括定义、变量名称和单位）并按标准方法记录至关重要。对于某些参数，可根据实验类型及规模来选择是否必须记录。此研究结果的总结按常规分类方法，根据介质特点、过滤器特性、常见系统的进水特征、生物过滤效果及系统表现等进行分类，见表8.2、表8.3、表8.4、表8.5和表8.6。在生物过滤器的基础设计中，并非所有以上设计参数都必须囊括，但很多参数在设计方案时可提供更多的选择。

表8.2 生物过滤器重要设计特征或参数

参数	参数/资料来源	单位	符号
过滤器高度	测量;罐体地面至顶部	cm 或 m	H_{tank}
水位高度	测量	cm 或 m	H_{water}
水排放高度	根据等级测量	m	$H_{discharge}$
过滤器体积—无介质	计算	m^3 或 L	V_0
过滤器截面积	计算	m^2	A_{cross}
总活性表面积	计算	m^2	A_{media}
填料体积	计算	m^3	V_{media}
反应器体积	计算	m^3	$V_{reactor}$
水力负荷	$1.44Q_{filter}/A_{cross}$	$m^3/(m^2 \cdot d)$	L_{hyd}
填料负荷	$1.44Q_{filter}/A_{media}$	$m^3/(m^2 \cdot d)$	L_{media}
床高度—无流量	测量	cm 或 m	BH_0
床高度—运行中	测量	cm 或 m	BH_{op}
配水系统	制造商或供应商提供数据		
浸没率	测量	%	D
转速	测量	r/min	ω
生物过滤器流量	测量或计算	L/min	Q_{filter}
补充水流	测量或计算	L/min	Q_{mu}
养殖单位流量	测量或计算	L/min	Q_{ru}
再利用流量	测量或计算	L/min	Q_{reuse}
排放流量	测量或计算	L/min	Q_{out}

注：不是所有参数都适用所有的过滤器。

表8.3　填料重要设计特征或参数

参数	参数/资料来源	单位	符号
生产厂家	制造商或供应商		
类型	制造商或供应商		
标称尺寸	制造商或供应商	mm 或 cm	
材料	制造商或供应商		
填料尺寸	制造商或供应商	cm 或 cm×cm	
比表面积	制造商、供应商或测量	m^2/m^3	SSA
填料比重	制造商或供应商		SG

表8.4　常见养殖系统供水重要设计特征或参数

参数	参数/资料来源	单位	符号
养殖品种	操作者		
投喂量和饲料类型	估算	kg/d	FR
投喂频率	操作者	#/d	
饲料蛋白含量	氮×6.25	%	
累计饲料负荷	$10^6 FR/1440Q_{mu}$	mg/L（或 ppm）	CFB
累计耗氧量		mg/L	COC
累计负载	kg/Q_{ru}	kg/lpm	CL
总氨氮	测量	mg/L 以氮计	TAN_{in}
亚硝态氮	测量	mg/L 以氮计	NO_2-N_{in}
硝态氮	测量	mg/L 以氮计	NO_3-N_{in}
5-d 生化需氧量	测量	mg/L	BOD_5
化学需氧量或总有机碳	测量	mg/L	COD_{in} 或 TOC_{in}
总碱度	测量	mg/L（$CaCO_3$）	ALK_{in}
pH	测量	pH 单位	pH_{in}
溶解氧	测量	mg/L	DO_{in}
二氧化碳	测量	mg/L	CO_{2in}

表8.5 过滤器性能重要设计特征或参数

参数	参数/资料来源	单位	符号
温度	测量	℃	T
总氨氮	测量	mg/L(以氮计)	TAN_{out}
亚硝态氮	测量	mg/L(以氮计)	$NO_2\text{-}N_{out}$
硝态氮	测量	mg/L(以氮计)	$NO_3\text{-}N_{out}$
总氨氮去除百分比	$(TAN_{in}-TAN_{out})/TAN_{in}$	%	PTR
过滤系统比率	$1440Q_{filter}(TAN_{in}-TAN_{out})$/总氨氮去除量	%	FSR
ΔO_2	$DO_{out}-DO_{in}$	mg/L	ΔO_2
ΔCO_2	$CO_{2out}-CO_{2in}$	mg/L	ΔCO_2
ΔpH	$pH_{out}-pH_{in}$	mg/L	ΔpH
亚硝态氮生成量	$NO_2\text{-}N_{out}-NO_2\text{-}N_{in}/TAN_{in}$	%	NO_{2gen}
硝态氮生成量	$NO_3\text{-}N_{out}-NO_3\text{-}N_{in}/TAN_{in}$	%	NO_{3gen}
单位体积总氨氮转化率	$1440Q_{filter}(TAN_{in}-TAN_{out})/V_{media}$	$mg/(m^3 \cdot d)$	VTR
单位体积亚硝态氮转化率	$VTR+VNR_A$	$mg/(m^3 \cdot d)$	VNR
单位面积总氨氮转化率	$1440Q_{filter}(TAN_{in}-TAN_{out})/A_{media}$	$mg/(m^3 \cdot d)$	STA
单位体积耗氧率	$1440Q_{filter}(TAN_{in}-TAN_{out})/V_{media}$	$mg/(m^3 \cdot d)$	$VOCR_{tot}$
硝化细菌单位体积耗氧率	$(3.47VTR+1.09VNR)(0.92)$	$mg/(m^3 \cdot d)$	$VOCR_{nit}$
异养细菌单位体积耗氧率	$VOCR_{tot}-VOCR_{nit}$	$mg/(m^3 \cdot d)$	$VOCR_{het}$
耗氧比率	$VOCR_{nit}/VOCR_{tot}$	%	OCR
水泵耗电量(日平均)	按过滤器实际压头损失、床高、70%有效电量计算	kW	P_{pump}
其他耗电量(日平均)	测量或估算	kW	P_{other}
总耗电量(日平均)	根据上述参数计算	kW	P_{tot}
氨氮去除效率	$1440Q_{filter}(TAN_{in}-TAN_{out})/24P_{tot}$	mg/kWh	ARE
氨氮去除效率(系统)		mg/kWh	ARE_{sys}
氧利用率	$(1440Q_{filter}\Delta DO)/24P_{tot}$	mg/kWh	OUE

表8.6　生物过滤器—养殖系统系统性能

参数	参数/资料来源	单位	符号
单位体积饲料容量	[kg(饲料)/d]/V_{media}	kg/(m^3·d)	VFC
单位体积生物量容量	kg(生物量)/V_{media}	kg/m^3	VBC
单位体积饲料容量利用率	VFC/24P_{tot}	kg/(m^3·kWh)	VFCE
单位体积生物量容量利用率	VBC/24P_{tot}	kg/(m^3·kWh)	VBCE
循环强度	106(kg/d)/1440Q_{ru}	mg/L(或ppm)	LS

8.3　设计案例：生物过滤

以下的生物过滤器设计案例，仍用欧米伽鱼养殖设施的建造和运营的工程设计为例。欧米伽养殖业喜闻乐见能使欧米伽鱼达到45.4吨年产量的不同的生物过滤系统多一些。以下（表8.7、表8.8）是为达到目前水平所采取的措施，内容总结自表3.5和表5.15（原始情况及讨论详见第3、4、5章）。

表8.7　欧米伽鱼3个阶段养殖初始和最终体重及体长

种类	初始体重及体长	最终体重及体长	最终鱼池生物量	每日投喂率	最终投喂量
鱼苗	50g 13.4cm	165g 19.9cm	193kg	1.56% (1.1FCR)	3.0kg
幼鱼	165g 19.9cm	386g 26.4cm	450kg	1.28% (1.2FCR)	5.7kg
成鱼	386g 26.4cm	750g 32.9cm	875kg	1.11% (1.3FCR)	9.6kg

表8.8　2种设计方案中总体积和总流量设计总结

项目	设计方案一		设计方案二	
	2套鱼苗或水花系统	5套幼鱼/成鱼系统	单套鱼苗系统	2套幼鱼/成鱼系统
系统总水量	32m^3 (8465gal)	57.2m^3 (15110gal)	96.1m^3 (25400gal)	143.8m^3 (38000gal)
单位时间总水量	90.8m^3/h (400gal/min)	90.8m^3/h (400gal/min)	273m^3/h (1200gal/min)	227m^3/h (1000gal/min)
中心排水	22.7m^3/h (100gal/min)	22.7m^3/h (100gal/min)	68.3m^3/h (300gal/min)	45.4m^3/h (200gal/min)
侧排水	68.1m^3/h (300gal/min)	68.1m^3/h (300gal/min)	205m^3/h (900gal/min)	181.7m^3/h (800gal/min)
日投喂量	10.9kg(24lbs)	27.5kg(60.5lbs)	20.9kg(46lbs)	63.5kg(140lbs)

设计流程第一步，即计算鱼和生物过滤器两者总溶解氧要求。此例中，需氧量预计约为每千克饲料需要0.5kg DO。如之前所述，通常很难确定此数据，必须以已有系统性能为依据，或根据数据文献估算。如第4章所述，若起始点的判断缺乏研究或工程数据依据，鱼类代谢通常预估为每千克饲料需要250g O_2。滴滤塔、旋转式生物反应器和移动床生物过滤器中，环境空气可为附着于过滤器或水体中的硝化反应和任何异养细菌提供所需氧气。总需氧量最低值，即只包含鱼类代谢饲料所需氧量。但实际上，总会有来自细菌的额外需氧量，因此我们把设计最低值提高到每千克饲料需要0.5kg O_2。浸没式生物过滤器中，鱼类代谢和生物过滤器两者总需氧量必须通过过滤器的水流来满足，一般设计值设在每千克饲料需要1.0kg O_2。

以上设计案例在使用5个生命支持系统（表8.8，设计方案一）的5个独立养殖车间内养殖鱼种/成鱼。每个车间包括2个鱼苗池和2个成鱼池，以5周为间隔放苗。此举可减少LSS的最大生物量和饲料量。至此，每车间的最大生物量在2267kg（5000lbs）左右，最大每天饲料投喂量约为27.5kg（60lbs）。

8.4 设计案例：滴滤塔

滴滤塔的容积及尺寸设计中可利用的信息很有限。实际应用中，在整套养殖条件确定的情况下，例如养殖鱼种类、饲料量、过滤器高度、过滤填料类型、表面水力负荷、悬浮物粒子及总氨氮进水浓度、总氨氮去除率等参数通常根据经验判断决定。总氨氮去除率亦可通过经验性相关关系和总氨氮去除动力学进行确定。

最简单的情况，即在过滤器高度、介质类型、水体表面负荷、总氨氮去除率及温度条件确定的情况下，对于某一氨氮进水浓度的滴滤塔，可知总氨氮去除率。所需总硝化表面积（A_{media}, m²）根据滴滤塔总氨氮负荷（P_{TAN}, kg/d）和估算硝化率 [r_{TAN}, g/（m²·d）] 来计算。生物反应器体积（V_{media}, m³）可用过滤器总表面积（A_{media}, m²）和过滤器介质的比表面积构成的函数计算得到。反应器的形状取决于表面水力加载速率 [hydraulic loading rate, HLR, m³/（m²·d）]。

滴滤塔的设计遵循以下的一系列简要步骤：滴滤塔自充气，因此硝化率取决于填料的活性表面积，需氧量仅限于鱼类代谢以及少量细菌耗氧。需注意的是，过滤器类型会在一定程度上影响需氧量的设计值。在此例中，因滴滤塔可为硝化反应提供充分的氧气，饲料耗氧率取0.50kg/kg（考虑到水体中异养细菌的需氧量，鱼类代谢需氧量从0.25kg/kg提高到0.50kg/kg）。注意，根据"经验规律"，我们建议取1.0kg/kg，确定此设计值时要千万谨慎！滴滤塔的设计步骤如下：

步骤1：计算系统水质负荷（O_2、CO_2、TAN和TSS）；

步骤2：计算控制要求水流量（Q_{tank}）；

步骤3：计算养殖鱼类产生的总氨氮（P_{TAN}）；

步骤4：根据区域总氨氮去除率（areal TAN conversion rate, ATR）计算去除 P_{TAN} 所需填料的表面积（A_{media}）；

步骤5：根据所用填料的所需面积和比表面积（SSA）计算所需填料的体积（V_{media}）；

步骤6：计算生物过滤器的横截面积（$A_{biofilter}$）；

步骤7：根据生物过滤器的横截面积（$A_{biofilter}$）和体积（V_{media}）来计算生物过滤器的深度。

在鱼种和成鱼车间实验中，首选观察的生物过滤器为介质比表面积200m²/m³（61ft²/ft³）的滴滤塔生物过滤器。水的流量要求根据选择的每个控制变量（O_2、CO_2、TAN、TSS、养殖池换水量）来计算所得的最高流量确定。生物过滤器的尺寸取决于每日总氨氮的产生量，而且在饲料投喂量为27.5kg/d时与每日总氨氮产生量成正相关。此例中全部使用公制度量单位。

在第3章中计算维持对DO、TAN和CO_2的控制所需的流速时（见表3.6），已对步骤1和步骤2作过说明。因对象为一个车间的投喂负荷（日投喂量27.5kg/d），而不是单独一个池，因此我们需要重新进行计算。该例运用第3章的设计案例，使用相同效率和水质指标目标值的设计参数，我们计算得到了一组车间的流速指标，见表8.9。

表8.9　日投喂量27.5kg/d的车间的流速指标

参数	C_{best}(mg/L)	处理组去除率	C_{tank}(mg/L)	C_{out}(mg/L)	负荷(kg/d)	$Q_{required}$(m³/h)
O_2	16	90%	5	14.90	13.75	57.9
CO_2	0.5	60%	20	8.90	18.91	67.3
TAN	0	35%	2	1.30	0.885	52.6
TSS	0	90%	10	1.00	6.88	31.8

关于池水交换率的额外设计约束影响设计，以上是一个很好的例子。在此特殊情况下，车间内4个池（2个仔鱼池每池374Lpm；2个成鱼池每池390Lpm）的综合需水量为1528Lpm（91.6m³/h或347gpm），以提高鱼池中的实际水压。

步骤3：计算养殖鱼类产生的TAN（P_{TAN}）：假设饲料蛋白含量35%，设计投料量为每天27.5kg饲料，如表5.15所示。

$$P_{TAN} = \alpha_{TAN} \cdot R_{feed}$$

$$= (0.092 \cdot 0.35)\frac{kg_{TAN}}{kg_{feed}} \cdot 27.5\frac{kg_{feed}}{d}$$

$$= 0.885\frac{kg_{TAN}}{d}$$

步骤4：根据表观TAN去除率（ATR）计算去除P_{TAN}所需填料的表面积（A_{media}）。基于我们在滴滤塔设计上的经验（更多可使用的数值见表7.5），表观TAN去除率（ATR）估算值为0.45g/（m²·d）。

$$A_{media} = \frac{P_{TAN}}{ATR}$$

$$= \frac{0.885\frac{kg_{TAN}}{d} \cdot \frac{1000g}{kg}}{0.45\frac{g_{TAN}}{m^2 \cdot d}} = 1970m^2$$

$$1970 \text{ m}^2 \cdot \frac{10.76 \text{ft}^2}{\text{m}^2} = 21200 \text{ft}^2$$

注意，在冷水（12～15℃）中的应用中，当进入滴滤塔的水体的TAN浓度小于1～2mg/L时，表观TAN去除率仅为0.15～0.25g/（m²·d）。另请注意，在海水（24℃）的应用中，当进入滴滤过滤器的TAN浓度为1～2mg/L时，表观TAN去除率降至0.1～0.2g/（m²·d）（尽管有关此估算值的数据形形色色，但我们假设在海水应用中降低30%为合理准则）。

步骤5：根据所用填料的所需面积和比表面积（*SSA*）计算所需填料的体积（V_{media}），例如，BIOBLOCK的填料比表面积为200m²/m³（61ft²/ft³）。

$$V_{\text{media}} = \frac{A_{\text{media}}}{SSA}$$

$$= \frac{1970 \text{m}^2}{200 \dfrac{\text{m}^2}{\text{m}^3}} = 9.83 \text{m}^3 \text{ 或 } 347 \text{ft}^3$$

步骤6：根据鱼类需氧量（Q_{tank} = 90.8m³/h 或 1514L/min）的水流要求和*HLR*，计算生物过滤器的横截面积（$A_{\text{biofilter}}$）；为防止填料床堵塞，*HLR*值需达到255m³/（m²·d）[4.4gal/（min·ft²）]（注意，该数值被认为是有效湿润所有表面的最小值，可使用更高的HLR值）。

$$A_{\text{bed}} = \frac{Q_{\text{tank}}}{HLR}$$

$$= 1514 \frac{\text{L}}{\text{min}} \cdot \frac{1 \text{ m}^3}{1000 \text{L}} \cdot \frac{1}{\dfrac{255 \text{ m}^3}{\text{m}^2}} \cdot \frac{1440 \text{ min}}{\text{d}}$$

$$= 8.55 \text{ m}^2 \text{ 或 } 92 \text{ft}^2$$

假设单个生物过滤罐的直径$D_{\text{biofilter}}$，使用该横截面积计算：

$$D_{\text{biofilter}} = \sqrt{\frac{4 \cdot A_{\text{bed}}}{\pi}} = \sqrt{\frac{4 \cdot 8.55 \text{ m}^2}{3.14}} = 3.30 \text{m} \text{ 或 } 10.8 \text{ft}$$

此例中，为保持过滤器尺寸相对较小，可能用到2个以上的过滤器，因此每个生物过滤器单元的截面积应为（8.55/2=4.28m²）。直径应为：

$$D_{\text{biofilter}} = \sqrt{\frac{4 \cdot A_{\text{bed}}}{\pi}} = \sqrt{\frac{4 \cdot 4.28 \text{m}^2}{3.14}} = 2.33 \text{m} = 7.7 \text{ft}$$

步骤7：根据生物过滤器的横截面积（$A_{\text{biofilter}}$）和体积（V_{media}）计算生物过滤器深度：

$$Depth_{\text{media}} = \frac{V_{\text{media}}}{A_{\text{media}}} = \frac{9.83 \text{m}^3}{8.55 \text{m}^2} = 1.15 \text{m} = 3.8 \text{ft}$$

除能进行硝化反应外，滴滤塔也非常适合去除二氧化碳。此外，温暖气候条件下，也可用来冷却蒸发水汽。尽可能多地去除固体悬浮物、防止填料堵塞这两点对滴滤塔来说至关重要。为实现此目标，通常在滴滤塔前安装滤筛孔径30～60μm的转鼓式过滤器（Eding et al., 2006）。

8.5 设计案例：旋转式生物反应器

在旋转式生物反应器的容积及尺寸设计中，可利用的信息很有限。实际应用中，在整套养殖条件确定的情况下，例如养殖鱼类、饲料量、过滤器细节设计及进水TAN浓度，TAN去除率通常根据经验判断决定。最简单的情况是，基于性能数据，可知某个旋转式生物反应器的TAN去除率。

旋转式生物反应器的设计与滴滤塔设计步骤相同，硝化率取决于介质的活性表面积，而且旋转式生物反应器也是自充气，氧气需求仅取决于鱼类的新陈代谢。使用滴滤塔设计案例的初始设计参数，设计过程在步骤4之前都相同。

步骤4：根据区域TAN去除率（_ATR_）计算去除P_{TAN}所需填料的表面积（A_{media}）。

根据对几种商业规模旋转式生物反应器系统的研究，Van Gorder 和 Jug-Dujakovic（2005）确定了表观TAN去除率为1.2g/（$m^2 \cdot d$）。此数据来自商业规模旋转式生物反应器模型10000，其直径为1.22m，表面积为930m^2。因此，每一个旋转式生物反应器模型10000都可去除TAN约为1.13kg/d。每小时约有一个池的水量流过生物过滤器；26℃时，系统的TAN浓度平均值为3mg/L。这表明处理氨氮负荷为0.885kg/d的设计中，一个此种旋转式生物反应器即可满足需求。除进行硝化反应外，旋转式生物反应器还可脱除大量的二氧化碳废气。

8.6 设计案例：浮珠生物过滤器

浮珠生物过滤器的浮球体积尺寸基于有机负荷进行设计，假设此生物过滤器既可用作生物净化池用以去除有机固形物，又可作为过滤器维持硝化反应。由于再循环系统中有机物基本都来自投喂的饲料，因此尺寸标准v_f取决于饲料负荷，见表8.10。浮球填料体积V_{media}（m^3）取决于R_{feed}（kg/d），以及浮珠过滤器尺寸标准v_f[kg/（$m^3 \cdot d$）]：

$$V_{media} = R_{feed} \cdot v_f \qquad (8.1)$$

v_f取16kg/（$m^3 \cdot d$），这已经在本地商业市场得到了测试并证明可维持稳定。在此设计标准下，浮珠过滤器能够有效地去除固形物、减少化学需氧量以及提供硝化反应，同时维持大多数可食用鱼类养至成鱼过程中水质条件稳定，例如，TAN和亚硝态氮指标可保持在远低于1mg/L的水平。将尺寸标准降低到8kg/（$m^3 \cdot d$），可充分维持幼鱼及仔鱼养殖的水质条件需求。最后，育种和亲本鱼养殖过程中，保持水质纯净的成本取决于养殖量，建议装载量为4kg/（$m^3 \cdot d$）。

另一种设计浮珠过滤器尺寸的方法基于表观硝化能力。此标准建立在对大量浮珠过滤器的观察结果基础之上，在总氨氮和亚硝酸盐浓度处于0.5~1.0mg/L（以氮计）时，这些过滤器ATR（以TAN计）约为300mg/（$m^2 \cdot d$）。

表8.10 压力浮珠过滤器的性能参数

性能参数	单位	成鱼系统	仔鱼系统	亲鱼系统
饲料负荷	kg/（$m^3 \cdot d$）	≤16	≤8	≤4
设计TAN浓度	mg-N/L	1.0	0.5	0.3
典型TAN浓度	mg-N/L	<0.5	<0.3	<0.1
单位体积TAN转化率	g/（$m^3 \cdot d$）	140~350	70~180	35~105
硝化加强型填料	g/（$m^3 \cdot d$）	210~530	105~270	10~157

性能参数	单位	成鱼系统	仔鱼系统	亲鱼系统
单位体积耗氧率	kg/(m³·d)	2.5～3.0	1.4～2.5	0.7～2.5
温度	℃	20～30	20～30	20～30
过滤器出水溶氧	mg/L	>3.0	>3.0	>3.0
总碱度	mg/L（以CaCO₃计）	>100	>80	>50
pH	pH单位	7.0～8.0	6.8～8.0	6.5～8.0
强反洗间隔	天	1～2	1～3	1～7
弱反洗间隔	天	0.5～1	1～2	1～3

已观察到的 VTR（volumetric nitrification rate）值随TAN耐受性（0.3、0.5和1.0）增加而升高，与表8.11中3个分类相关联。这些VTR值可用于估算浮珠过滤器的尺寸。

$$V_{media} = （1.0 - I_s）\frac{R_{TAN}}{VTR} \qquad (8.2)$$

公式8.2中的原位硝化分数 I_s 代表在水体、罐体侧壁和系统管壁中发生的硝化反应所起到的效果。尽管曾观察到此分数超过50%的情况，但通常保守估计在30%。此文作者们为保证系统的长期稳定性，优先考虑系统的过度设计，因此忽略了此情况。此外，随着系统扩展到大型商业应用（例如，年产500吨及更大系统），这种影响似乎不太明显，更多信息和设计细节标准见Malone R F 和Beecher L E的文章（2000）。

继续探讨欧米伽鱼养殖设施的设计流程实例。水流量要求由养殖池交换水的要求来确定，浮珠过滤器的尺寸取决于每日TAN生成量，即直接依赖于投料量。整个流程中全部采用公制单位。前3步步骤与之前所述设计流程相同（比如，计算P_{TAN}）。

步骤4：根据TAN体积去除率（VTR）计算去除P_{TAN}所需的介质体积 V_{media}（见表8.11）。假设应用于成鱼养殖，在最大TAN（即1mg/L）时的VTR约为每立方米每天350g N。

$$V_{media} = （1 - I_s）\frac{P_{TAN}}{VTR}$$

$$= （1.0 - 0.0）\cdot \frac{0.885\frac{kg_{TAN}}{d}\cdot\frac{1000g}{kg}}{\frac{350g_{TAN}}{m^3\cdot d}} = 2.53m^3 \text{ 或 } 89.2 \text{ ft}^3$$

表8.11　PolyGeyser浮珠过滤器尺寸标准

过滤器型号	DF-3	DF-6	DF-10	DF-15	DF-25	DF-50
介质体（ft³）	3	6	10	15	25	50
表面积（ft²）	1200	2400	4000	6000	10000	20000
流量（gal/min）	45	90	150	225	375	750
成鱼*	4.5	9.0	15	22.5	37.5	75
幼鱼养殖*（>15℃）	3	6	10	15	25	50

过滤器型号	DF-3	DF-6	DF-10	DF-15	DF-25	DF-50
幼鱼养殖*（<15℃）	2.25	4.5	7.5	11.25	18.75	37.5
亲鱼/水花/暂养/吊水*	1.5	3.0	5.0	7.5	12.5	25.0
仅固形物（lbs/d）	15	30	50	75	125	250

注：*表示最大负荷，lbs/d（含35%蛋白质的饲料）。

此设计假设一个原位硝化反应分数 Z，用此保守方法可计算出最大介质需求。现商业在售的有 1.42m³（50ft³）螺旋桨反冲洗型浮珠过滤器，由重型食品级玻璃纤维构成，设计流量为 760～1140L/min（200～300gal/min，更多此类过滤器设计细节见 www.beadfilters.com）。2个过滤器对这种设计来说已经足够了，通过使用2个独立的过滤器可整合更多的安全因素，增加系统流量，从而提高系统的氧气输送能力。在系统超负荷期间显得尤为重要，例如由不可预见事故导致的需氧量增大，或其中1台过滤器停机。

新的 PolyGeyser 浮珠过滤器尺寸标准高度取决于应用在何种过滤器上。水产养殖应用中，浮珠过滤器作为生物净化器，既可捕获固形物，又可起到生物过滤作用，这些过滤器的尺寸根据每日投喂最大饲料量（含35%蛋白质的干颗粒料）确定。PolyGeyser 浮珠过滤器作为净化器使用时，过滤器尺寸取决于每日最大进料量或与生物过滤器相匹配的进水量。表8.11总结了 PolyGeyser 浮珠过滤器在一些应用中的过滤性能，此表中所列的标准已将大量安全因素包括在内。生物净化从3个方面反映水质指标的变化。幼鱼（有花纹）养殖中，发展出了在温水和冷水条件下2套独立的投喂参考指南。在这2种条件下，设计标准旨在确保 TAN 水平低于 0.5mg-N/L。这些是峰值可持续投喂指导建议，即过滤器可在不定期高峰投喂时，维持要求范围内的 TAN 浓度。最后，为亲本鱼和仔鱼2个系统提供了1套标准，以确保非常纯净的水质，最高 TAN 低于 0.3mg-N/L。

作为设计案例，考虑使用 PolyGeyser 浮珠过滤器对幼鱼/成鱼车间进行生物过滤，日投喂量为 27.5kg（60lbs）饲料。根据表8.11，2台 DF-15 PolyGeyser 过滤器在温水（>15℃）条件下每天处理量可达到 30kg（66lbs）饲料，从而提供另外的安全系数。该过滤器允许的最大流量为 850L/min（225gal/min），低于鱼池交换水的设计要求（Q_{tank} = 90.8m³/h 或 1514L/min 或 400gal/min），但高于供氧所需的流量要求。因此，需要升级成2台 DF-25，或者重新评估水池的换水率，尤其是养成池，比如使用超过 45min 的 HRT。增加 HRT 的设计范围，可能对养殖池有效去除中心管固形物的性能有一定的负面影响。

8.7　设计案例：流化沙床生物过滤器

所有的生物过滤器都是为了将氨氮和亚硝酸盐通过氧化作用转化成硝酸盐而设计的。从实际角度出发，在小规模养殖系统中生物过滤器并非最佳选择，但是从经济角度和大规模生产角度考虑，生物过滤器还是正确的选择。流化沙床生物过滤器最主要的好处就是在不需要投入更大成本的情况下就可以扩大至满足整个系统的需要，因为流化沙床生物过滤器本就是为大规模生产而设计的。一个年产几百吨的生产车间可能需要 1～3 个生物过滤器。

还是拿欧米伽鱼养殖系统中的生物过滤器设计为例。上文提到过，总氨氮（TAN）生产量约为日投喂饲料量（含35%蛋白质）的3.2%，或更确切地说是日投喂蛋白质含量的9.2%。因此，在成鱼养殖系统中，如果日投喂27.5kg饲料，则大约会产生0.89kg总氨氮。

8.7.1 生物过滤器的总氨氮去除率及效率

生物过滤器的设计必须能满足充分氧化总氨氮产生物的要求，否则养殖池内的总氨氮浓度会超出设计水平。表8.12提供了冷水和温水养殖系统及受沙粒直径影响的去除氨氮的设计值。此数据来自于10cm（康奈尔大学，Cornell University）及15cm（淡水研究所，Freshwater Institute）流化沙床生物过滤器。沙层以固定的速度流化，用纯净沙层可以达到50%的床层膨胀率，例如，静态深度为1m的床层在膨胀时深度为1.5m。在康奈尔大学的流化沙床生物过滤器中，入口水流中总氨氮浓度为0.6~0.7mg/L，温度26℃，pH7.3，溶解氧6~7mg/L，总悬浮颗粒物浓度＜10mg/L。淡水研究所的流化床生物过滤器的总氨氮入口浓度为0.5~0.6mg/L，温度为15℃，pH7.3~7.5，溶解氧为1011mg/L，亚硝酸盐为0.04~0.06mg/L，总悬浮颗粒物浓度<10mg/L。

表8.12 在冷水（15℃）和温水（26℃）生物过滤器中测量的平均总氨氮去除率和效率与沙粒大小的关系

系统	在筛网之间存留的砂的尺寸大小	40/70	20/40	18/30
冷水系统(15℃)	总氨氮去除率,kg/(m³·d)（清洁的静态沙床）	1.5	0.51	0.51
	总氨氮去除率,kg/(m³·d)（膨胀沙床）	0.41	0.35	0.35
	总氨氮去除效率,%	90	10	10
温水系统(25℃)	总氨氮去除率,kg/(m³·d)（清洁的静态沙床）	NR*	~1	~1
	总氨氮去除率,kg/(m³·d)（膨胀沙床）	NR		
	总氨氮去除效率,%	NR	10~20	5~10

注：NR表示由于生物膜过度生长而不建议此操作。

注意在表8.12中TAN去除率是以单位体积为基准而非以表面积为基准。如前所述，具有低密度填料的生物过滤器，如旋转式生物反应器和滴滤塔提供的硝化速率与介质的表面积成比例，但目前的研究表明，颗粒填料中的硝化速率与填料体积的关系比同其表面积的关系更为密切。由细沙粒形成的大表面积在硝化速率方面没有优势。然而，与粗沙粒生物过滤器（10%~17%）相比，细沙粒生物过滤器却显示出更高的TAN去除效率（90%）。在较细型沙粒过滤器中去除效率更高的原因是细沙流动时所需的水流速度低。较低的速度导致反应器容器中水力停留时间（HRT）较长，相应的氨氮去除率较高。细沙粒过滤器的缺点是反应器体积必须成比例地大于使用较低HRT和较大直径沙粒的反应器。

根据表8.12中的数据，在温水系统静态沙床的硝化速率设计值中使用1.0kg/（m³·d），以及在冷水系统中静态沙床硝化速率设计值使用0.7kg/（m³·d）似乎是合理的。

生物过滤器设计中最重要的因素是每天除去的总氨氮质量，即生物过滤器中流速和氨氮浓度变化的乘积；生物过滤器的总氨氮去除效率（f_{rem}）。每天去除的总氨氮的量通常可以随着生物过滤器中的水力承载速率增加而增加。但增加的水力承载速率会降低总氨氮去除效率，因为增加的水力承载速率会缩短生物过滤器内的水力停留时间并增加过滤器上的质量负荷。

总氨氮去除效率决定再循环系统中 TAN 的积累，从而影响从培养罐中排出的 TAN 浓度（TAN_{out}，mg/L）。可以使用由 Liao 和 Mayo（1972）首先提出的公式 8.3 来估计 TAN_{out}：

$$TAN_{out} = \left\{ \frac{1}{1 - R_{flow} + (R_{flow} \cdot f_{rem})} \right\} \cdot \left\{ \frac{R_{TAN}}{Q} \cdot \frac{m^3}{1000L} \cdot \frac{10^3 mg}{1g} \cdot \frac{min}{60s} \cdot \frac{1d}{1440 min} \right\} \quad (8.3)$$

其中 R_{TAN} 指氨氮产生率，R_{flow} 是指水的重复利用率，Q（m^3/s）是通过生物过滤器再循环的水的流量。该公式来自质量守恒，假设在培养罐中不会发生废弃物积累且补给水不含 TAN，并且再循环系统在稳态条件下运行，即水流速、废弃物生产率和单位流程处理效率是相对恒定的。

公式 8.3 中的主要乘数实际上代表了"由于再利用而产生的废弃物积累因子"和"通过养殖池一次产生的废弃物浓度"。因此，可以重写为公式 8.4：

$$TAN_{out} = \left\{ \begin{array}{c} \text{由于再利用而产生} \\ \text{的废弃物积累因子} \end{array} \right\} \times \left\{ \begin{array}{c} \text{通过养殖池一次就会} \\ \text{产生的废弃物浓度} \end{array} \right\} \quad (8.4)$$

其中

$$\left\{ \begin{array}{c} \text{由于再利用而产生} \\ \text{的废弃物积累因子} \end{array} \right\} = \left\{ \frac{1}{1 - R_{flow} + (R_{flow} \cdot f_{rem})} \right\} \quad (8.5)$$

$$\left\{ \begin{array}{c} \text{通过养殖池一次就会} \\ \text{产生的废弃物浓度} \end{array} \right\} = \left\{ \frac{R_{TAN}}{Q} \cdot \frac{m^3}{1000L} \cdot \frac{10^3 mg}{1g} \cdot \frac{min}{60s} \cdot \frac{1d}{1440 min} \right\} \quad (8.6)$$

根据公式 8.3 所示，循环系统内废弃物的积累取决于通过单位处理过程的 R_{flow} 和 f_{rem}，如 TAN 取决于生物过滤器。在温带气候条件下大多数的循环水系统运行中会重复利用大部分水流（以节约加热过的水）并且通常是仅在每天交换总系统水量的 5% ~ 100% 的情况下运行，相当于重复使用的水流量的一小部分（$R \geq 0.96$）。在这种循环系统中，废弃物积累主要取决于通过水处理单元的 f_{rem}，公式 8.4 可以简化为：

$$TAN_{out} \cong \left\{ \frac{1}{f_{rem}} \right\} \cdot \left\{ \frac{R_{TAN}}{Q} \cdot \frac{m^3}{1000L} \cdot \frac{10^3 mg}{1g} \cdot \frac{min}{60s} \cdot \frac{1d}{1440 min} \right\} \quad (8.7)$$

鳟鱼、炭鱼和鲑鱼需要相对清洁的水和低水平的非离子氨，因此在设计养殖这些物种的系统时需要高 f_{rem} 值。出于这个原因，在冷水循环系统里的流化沙床生物过滤器采用可以实现 70% ~ 90% 总氨氮去除效率的细沙。流化沙床生物过滤器采用细沙也能够提供完全硝化（由于其表面积大），这有助于在再循环系统中保持亚硝酸盐氮浓度低（通常亚硝酸态氮含量 < 0.1 ~ 0.2mg/L）。罗非鱼和非洲鲇鱼等物种不像鲑鱼需要那么高质量的水，因此，生物过滤器中 TAN 的 f_{rem} 不会像生物过滤器每天去除的 TAN 那么重要。

由于在较温暖的温度下控制过多的生物固体生长可能存在困难，因此不推荐在温水系统中使用细沙。当细沙应用在冷水系统中时，生物固体积累速度的控制仍然是个问题，但在 12 ~ 15℃ 时相对容易控制。

8.7.2 需要的填料体积

给定以g/d定义的TAN生产率，并从表8.12中选择适当的去除率，可以确定所需的填料量：

$$V_{\mathrm{media}} = \frac{P_{\mathrm{TAN}}}{VTR} \qquad (8.8)$$

> **经验法则**
>
> 流化沙床的总氨氮去除率设计取值为：
> - 1.0 kg/（m³·d），温水系统；
> - 0.7 kg/（m³·d），冷水系统（静态沙床的体积）。

作为一般规则，应设计具有尽可能多的沙填料体积的流化沙床，即最小化沙床上每单位体积沙填料的氨负荷。这使得介质上的生物生长最小化并且管理上会容易些。所需的沙量与任何其他计算无关，因为TAN去除率与通过流化沙床的速度无关。

8.7.3 沙床深度和生物滤网横截面积

沙床深度的选择主要受建筑物的物理限制，室内净高会决定流化沙床生物过滤器是否可以部分浸没在地下以及是否需要任何额外的升高以使过滤后的水通过曝气和/或增氧单元再流回养殖池。在任何情况下，设计应保证尽可能多的沙量，沙量越大，每单位体积沙的总氨氮负荷越低，这为整体设计提供了安全系数。它还最大限度地减少了每单位沙粒生物膜的生长，从而最大限度地减少了沙床生长和与膨胀沙床深度改变有关的管理问题。

当使用细沙时，生物膜的生长可以使膨胀沙床深度增加到沙粒能从反应器冲洗到系统的其余部分的程度。因此，设计细沙生物过滤器时通常考虑最终扩展生物膜涂层沙床达到初始静态沙床深度的200%～300%，也就是说，如果在流化前清洁沙床深度为1m，则在50%流化后，清洁沙将变为1.5m，该生物床中一旦生产出更厚的生物膜，总沙膨胀可达200%，即总深度约3m。根据上述指南，选择并定义未膨胀沙床的深度，h_{sand}。然后考虑到沙床深度和除氨所需的填料体积，可以计算出沙床的横截面积：

$$A_{\mathrm{bed}} = \frac{V_{\mathrm{media}}}{h_{\mathrm{sand}}} \qquad (8.9)$$

8.7.4 沙粒尺寸的选择

选择合适的沙粒尺寸与之前关于沙层深度的讨论有关。鱼类养殖系统的总体设计将包括计算流速以维持各种水质参数的目标水平：主要是氧气、氨气和二氧化碳。使用的氧合类型和CO_2气提单元的类型的不同，可能导致所需设计流速有很大的变化。因此，通常需要通过调节整个系统的不同部件的设计，由不同系统部件控制的不同水质参数的流速处于平衡状态。

选择沙粒大小和床层膨胀决定了通过生物过滤器的水流速度 V_{sand}。与较大的沙粒相比，更细的沙粒需要更低的水流速度。选择较小的沙粒，则需要更大的反应堆容器和更高的 HRT。鱼的总氨氮产量将决定养殖池内水泵的抽水率。该流速与生物过滤器中的流速相同。给定水流速，沙粒大小的选择将决定通过生物过滤器的容许速度 V_{sand}，可表示为 gal/（min·ft^2）或者 m^3/（m·d^2）。每单位面积的流量减少到（单位平衡）：

$$\frac{\dfrac{m^3}{d}}{m^2} \cong \frac{m}{d} \cdot \frac{100cm}{m} \cdot \frac{d}{1440 \cdot 60s} \cong \frac{cm}{s} \quad (8.10)$$

8.7.5　床层膨胀及相关的流速需求

流化沙床生物过滤器不能正常流化膨胀会导致严重的问题。流化沙床生物过滤器的流化不足将导致未经过处理的沙床与水一起通过通道而逃逸出生物过滤器。流化不良会导致较多的沙沉积在生物滤床的底部并变得静止。然后，这些区域易变成厌氧或缺氧状态，导致反硝化和其他不希望出现的化学反应产生，例如硫化物气体的产生。

我们建议在设计流化沙床系统时选择整体清洁膨胀率约 50% 的沙床。更概括地来讲，建议膨胀率在 40% ~ 100% 之间。表 8.13 提供了受沙粒大小和所选膨胀程度影响的所需 V_{sand}。更大的膨胀程度更能确保所有沙粒流化，但这需要更高的流速或减少生物过滤器的横截面积。膨胀率太低将可能使得一些大沙粒不会流化，并且可能在沙粒柱的底部沉淀产生厌氧区域。必须不惜一切代价避免这种情况！厌氧区域可产生硫化氢气体（在极低浓度下就有毒性），而且会导致鱼出现异味。

沙床的膨胀程度可由水温和几种沙粒特征构成的函数计算得到。水流速度要求随着膨胀和沙粒尺寸的增加而增加。由于水温对黏度的影响以及来自不同采石场的沙特性的变化，对给定沙的膨胀速度的估计也可能是错误的。

构建液压测试柱，仔细注意流量的分布情况，并采用至少 1m 的沙粒深度。使用直径 10 ~ 15cm 的小型测试柱的经验在预测全尺寸沙床的表现上并不可靠。在这些较小的柱中观察到的流化和膨胀对流动分布机制非常敏感。尽量使用尽可能大直径的测试柱，并尝试模拟能用于全尺寸系统的生物过滤器单元的流量分配系统。

必须谨慎应用表 8.13 中实现流化膨胀的水流速度值，因为每个特定的沙源都可能具有特定的特征，导致其膨胀程度大于或小于预测值。我们建议您为自己的特定沙粒测试开发自己的数据，可使用表 8.13 中的数据作为估算或起始预测点来设计流化沙床生物过滤器。

表8.13　特定沙粒尺寸和膨胀度的水流速度要求

筛网目数	D_m(mm)	比表面积 (m^2/m^3)	实现流化的估计速度(cm/s)*				
			0%exp* (ε=0.45)	20%exp (ε=0.542)	50%exp (ε=0.633)	100%exp (ε=0.725)	150%exp (ε=0.780)
100	0.15	29530	0.024	0.030	0.081	0.23	0.39
80	0.18	24859	0.034	0.045	0.14	0.35	0.56

筛网目数	D_{eq}(mm)	比表面积 (m^2/m^3)	实现流化的估计速度(cm/s)*				
			0%exp*	20%exp	50%exp	100%exp	150%exp
			($\varepsilon=0.45$)	($\varepsilon=0.542$)	($\varepsilon=0.633$)	($\varepsilon=0.725$)	($\varepsilon=0.780$)
70	0.21	20952	0.048	0.086	0.23	0.51	0.77
60	0.25	17600	0.068	0.15	0.35	0.71	1.02
50	0.30	14815	0.10	0.24	0.51	0.95	1.32
45	0.35	12429	0.14	0.36	0.71	1.24	1.69
40	0.42	10476	0.19	0.51	0.94	1.58	2.09
35	0.50	8800	0.27	0.70	1.22	1.98	2.57
30	0.60	7395	0.37	0.93	1.56	2.43	3.10
25	0.71	6223	0.51	1.20	1.95	2.95	3.70
20	0.84	5232	0.70	1.52	2.39	3.53	4.38
18	1.00	4400	0.94	1.89	2.89	4.19	5.14
16	1.19	3697	1.24	2.31	3.47	4.93	5.98

注：*cm/s = 1.97ft/min = 14.7gal/（min・ft²）；*exp：床层膨胀率。

沙的粒径和流化程度基于生物过滤器预期的水条件，例如，温水系统使用的沙粒通常比冷水系统中的具有更大的粒径。较小的沙粒在每次水流通过后有更高的去除效率并且氨的去除率接近100％，但是通常需要对在沙床柱的顶部的生物固体进行管理。较大的沙粒需要更高的上升流速并且在生物过滤器反应器中的水力停留时间非常短，通常短至2或3min。总氨氮去除效率大约是每次水流通过的10％～30％。这种类型的沙床系统不需要收集生物固体，只需要很少的维护。然而，这些沙床也会不断地排出细小的悬浮固体。

从连续性公式8.11来看选定的上升速度V_{sand}和计算的沙床横截面积A_{bed}，定义流化所需的流量：

$$Q_{sand} = V_{sand} \cdot A_{bed} \qquad (8.11)$$

必须将该流速与在整个系统的某个设计或目标水平维持鱼类养殖水质量条件Q_{wq}所执行的其他流速计算进行比较，例如氨、氧、CO_2或固体的控制。为养殖系统选择的设计流量应是所有这些中最大的。如果其中一个Q_{wq}大于Q_{sand}，那么必须确定这个较大的Q是否会导致沙床过度膨胀。如果是，则必须增加沙床的横截面积。通常为了使沙床体积最大化并使每单位沙床颗粒的养分负荷最小化，应使沙床的横截面积尽可能大。这种迭代方法经常让第一次进行设计的人感到困惑。

8.7.6　沙粒的规格及选择

分级过滤沙的供应商通常会提供沙的有效尺寸（D_{10}）和均匀系数（uniformity coefficient, UC）。养殖户通过指定有效尺寸或一定范围的筛网尺寸来购买用于流化沙床生物过滤器的沙粒，并选取可接受的沙粒的均匀系数，如表8.14所示（其中较小的 UC 表示沙的粒径变化较小）。通过20/40目尺寸的沙粒意味着最大的沙粒通过20目筛（ D_{eq}=0.841mm），最小的沙粒保留在40目筛网上，即粒径大于0.42mm。总有一小部分沙粒细到可以被认为是灰尘，但这只占沙粒总质量的1%～3%。在启动新的流化沙床生物过滤器时，需要将系统中的小沙粒冲洗数天，并在鱼入池之前在养殖池中清除系统中的微粒。

表8.14 美国筛网系列编号的开口尺寸

筛网编号†	开口尺寸（mm）	筛网编号†	开口尺寸（mm）
4	4.76	35	0.500
5	4.00	40	0.420
6	3.36	45	0.354
7	2.83	50	0.297
8	2.38	60	0.250
10	2.00	70	0.210
12	1.68	80	0.177
14	1.41	100	0.149
16	1.19	120	0.125
18	1.00	140	0.105
20	0.841	170	0.088
25	0.707	200	0.074
30	0.595	230	0.063

注：†表述每英寸的网格数。

有效尺寸（ D_{10} ）定义为仅能通过颗粒测试样品最小的10%部分的开口尺寸（以质量计百分比）。 D_{10} 提供了样本中最小沙粒的估计值，并且能用于估算给定水流速度下最大膨胀的大小。

均匀系数（ UC ）是给定填料的粒径变化的定量测量，定义为 D_{60} 与 D_{10} 的比率。

D_{90} 是占90%质量的沙粒都能通过的筛网尺寸。 D_{90} 提供了样本中最大沙粒粒径的估算值，是设计过程中用于计算将最大沙粒流化至最小膨胀（如20%）所需的水流速度的值。应确保检查设计流化值是否满足此最低要求。 D_{90} 可以使用有效尺寸（ D_{10} ）和均匀系数来估算：

$$D_{90} = D_{10} \cdot \left[10^{1.67 \cdot \log(UC)} \right] \qquad (8.12)$$

平均尺寸（ D_{50} ）是占50%质重的沙粒都能通过的筛网尺寸。 D_{50} 提供了样本中沙粒平均大小的估计值，在设计过程中可用于估算给定表面速度下平均床层膨胀。使用沙粒的均匀系数，可以估算平均沙粒大小：

$$D_{50} = D_{10} \cdot \left[10^{0.83 \cdot \log(UC)} \right] \qquad (8.13)$$

如果需要，静态沙床的比表面积（ S_b ）可以使用静态沙床空隙率（ $e \approx 0.45$ ）和沙的球形度（$\Psi \approx 0.75$）近似计算得到：

$$S_\mathrm{b} = \frac{6 \cdot (1-e)}{\Psi \cdot D_{50}} \qquad (8.14)$$

8.7.7 生物固体管理

较小的沙粒的缺点是流化沙床中的絮凝生长，特别是当水温升高时。沙粒上的生物膜生长降低了单个颗粒的有效密度，这导致这些沙粒向生物过滤器柱的顶部迁移，并增加了生物过滤器的总膨胀。异养微生物不断增殖并且常在其生长过程中捕获沙粒。这种生物的增殖加上来自生物膜的死细菌也迁移到沙柱的顶部。较小的沙聚在这种絮凝中并停留在沙柱的顶部。当生物固体包覆的沙粒停留在柱顶时，在水平侧面上靠近孔的床底沙粒的生物膜不会发生剪切。

如果流化沙床生物过滤器具有半透明壁，则可以容易地观察流化沙和絮凝层之间的界面。当使用 $D_{10} < 0.42\mathrm{mm}$（筛号 # 40）的细沙时，在温水系统中，必须对絮凝层的生长进行积极管理，否则无法控制其生长。流化沙床生物过滤器操作员必须定期清除絮凝层，否则整个沙床可能会被吞没。除去絮凝剂层通常还需要更换沙粒，特别是使用的还是细沙时。除了明显的问题（沙的成本和劳动力成本）之外，更换沙具有固有的缺点，因为用新沙而引入的微小物质会污染水柱。根据养殖鱼类种类和所需水质的严格程度，可能需要对新沙进行预冲洗。

康奈尔大学在温水条件下使用 $D_{10} > 0.42\mathrm{mm}$ 的沙粒研究时发现沙床在流化沙床生物过滤器顶部没有明显的絮凝剂聚集。这对简化管理十分有益，缺点是较大的沙粒需要较高的流化速度，这减小了生物过滤器的尺寸。

经验法则

无论流化沙床生物过滤器管理得多么好，每年也会损失满罐量1/4的沙粒。

近20年来，淡水研究所一直在几个虹鳟鱼循环养殖系统中管理细沙（$D_{10} = 0.20 \sim 0.25\mathrm{mm}$）流化沙床生物过滤器。在此期间，流化沙床生物过滤器运行可靠，TAN去除效率通常为70% ~ 90%。流化沙床生物过滤器的沙床达到最大深度时，其中的生物固体通常通过从流化沙床生物过滤器顶部虹吸来控制，然后根据需要更换流失的沙粒。淡水研究所使用泵将絮凝颗粒从生物过滤器的顶部输送到床的底部（底部的剪切力最大），还通过剪切容器内的生物膜来控制生物膜厚度。这种控制生物膜生长的方法有效地将床膨胀保持在固定水平而没有显著冲沙。无论流化沙床生物过滤器管理得多么好，每年都会损失大约满罐沙量的1/4。这些沙粒损失从每天看来可能微不足道，但在几个月到一年的时间跨度下需要对沙粒进行补充，所幸沙粒很便宜。特殊情况下，可能需要预先捕获沙粒以便再循环回到容器中。

在淡水研究所的冷水系统中发现使用有效尺寸（D_{10}）为0.60mm和0.80mm的沙粒，生物固体不会在膨胀的床内积累。然而，生物固体有时会聚集在膨胀沙层上方的不同层中。在这些较大的沙中抽取生物固体层很简单，因为这些沙的膨胀深度保持恒定，并且可以在相对不去除沙粒的情况下去除生物固体。因为生物固体层是膨胀状态的，即它是流化的，这大大减少了沙粒的损失和用新沙替换旧沙的需要（当使用较大的沙时）。虹吸管可以策略性地放置在一定的高度，以便仅去除生物固体但不需清洁硝化细菌生物膜覆盖的沙粒。这一部分的目的是对包在异养细菌生物膜内的沙粒以及被硝化细菌生物膜覆盖的沙粒进行区分。

8.7.8　设计供水系统

设计有效的流化沙床生物过滤器水输送系统需要选取适合的静压箱、管道和孔口的尺寸以促进沙床的相同流化。通常，这涉及使用收集器让静压箱从泵接收水，然后从该静压箱的侧面引出给定数量的管道，以在流化沙床分布的地面上提供有效的横向网格。横向的最大间距（管中心到中心）在 15～30cm（6～12in）的范围内。在孔口上游的一组侧向或侧向上游的管道的横截面积应该是孔口的侧向下游流动区域的总面积的 2 倍。这使得压力梯度主要由整个减压段的损失决定，因此，每个减压段（例如横管或孔口）无论其位于横管（孔口壳体）或在静压箱/歧管上的横向位置如何，都将看到近似相同的压力。这使得压力梯度受压力减小部分上有损失支配，每个减小的部分（例如，侧面或孔口）将看到大致相同的压力，而不管其是在沿着侧面（孔口壳体）的位置，还是在侧面附着在集合的气室/压力支管位置上，都会有这样的结果。该方法确保来自支管/静压箱的每个侧面或从侧面到每个孔口的水流大致相同。

歧管和横管之间以及横管和孔口之间应保持以下面积比：

$$1.5 < \frac{歧管横截面面积}{横管横截面面积} < 3 \qquad (8.15)$$

$$2.0 < \frac{横管横截面面积}{孔口面积} < 4 \qquad (8.16)$$

根据"经验法则"，这些标准设计的流量分配歧管有总压力要求（水压以 m 或 ft 为单位），总压力需大约等于沙深的 3 倍加上水从池底到生物过滤器顶部提升的高度。因此，水泵总扬程要求范围为 5～11m（16～36ft），主要取决于生物过滤器柱的深度。对于精确的压力估算，应从进水池到流化沙床柱水深的管道上计算液压等级线。

通过流化沙床处理装置的总扬程损失是通过歧管管道的动态损失、沙床流化损失（估计为沙粒静态深度的 0.9 倍）与沙床顶部的进水口和自由表面之间的高度差的总和。Summerfelt S T 等学者详细地讨论了如何通过流化沙床系统估算压力损失以及如何确定侧向和静压箱/歧管的尺寸。可以从本章表 8.15 中找到如何根据提供的表格中的公式确定歧管、管道侧壁和分配孔的大小。

表8.15　流化沙床示例表（用于计算流化沙床歧管、横向管道和分配孔的尺寸）

设计参数	值	注释
扩张速度(cm/s)	**2.6**	
扩张速度(ft/min)	5.1	
流速[gal/(min·ft²)]	38.0	
砂罐直径(in)	72	
砂罐直径(ft)	6.0	
底部横截面(ft⁻²)	28.3	
总流量(gal/min)	1074	
连接管直径(in)	**3.00**	
连接管截面积(in²)	7.07	
平均连接管长度(ft)	4.80	注意:对圆形池体,长度平均值是容器直径的86%
侧向间距(in)	**12**	
侧向量(calc)	7.0	
指定侧向量	**6**	需要有一个单位值
孔口直径(in)	**0.563**	
孔口面积(in²)	0.248	
孔口间距(即孔口的维度间距)(in)	12	
孔口/横管的数量	11.6	成对分配
每个横管上的孔口数量	**12**	
每个横管上孔口的面积(in²)	2.99	
总孔口面积(ft²)	0.124	
管道面积:孔口面积	2.4	推荐取2～4
歧管面积:侧管面积	**1.5**	推荐面积比为1.5～3.0
歧管直径最低要求(in)	9.0	所有侧管共用1个总流管
歧管直径最低要求(in)	6.4	所有侧管用2个总流管
孔口系数(0.6～1.0)	0.8	
通过孔口的流速(ft/s)	24.0	
通过孔口的扬程损失(in)	9.0	此值需要大于沙深

注：加粗文本中的值是用户指定的数字，在迭代过程中输入这些数字，直到满足加粗的标准。

8.7.9 孔口尺寸

一般假设孔口上的压力损失约等于或大于静态的沙子深度大小，以此为依据设计孔口尺寸来确保沙床的流动。

$$\frac{C_{orifice}\ V_{orifice}^2}{2g} > h_{sand} \qquad (8.17)$$

孔口系数值 $C_{orifice}$ 在 0.6～0.8 的范围内。虽然这个孔口系数的影响似乎并不十分明显，但由于公式中的已知值是流速，因此 $C_{orifice}$ 的微小变化会显著影响压力损失项的估算。使用太低的 $C_{orifice}$ 值的严重负面后果是沙床可能不会在所有区域内得以流化。在过去的设计中使用了 0.6 或 0.7 的 $C_{orifice}$ 值的孔口尺寸会造成沙深 1.2～1.5 倍的压力损失。

8.7.10 堵塞问题

操作流化沙床生物过滤器的主要问题是沙粒堵塞支渠系统。如果止回阀同泵并排，在生物过滤器发生故障时，在关闭泵的时候没有同时关闭止回阀，则会发生堵塞的情况。止回阀出故障的情况很少，但是如果出现故障，水将被生物过滤器抽取到泵的吸入槽（较低位置），并将沙粒带入管道，导致管道堵塞。为防止此类情况发生，应该使用优质旋启式止回阀来减少发生故障的概率。在发生故障的情况下，可以把在生物过滤器顶部的管道侧面打开来进行清理，这通常需要几个小时。人们必须预料到分支管道会在某些时候堵塞，并且知道如果要将生物过滤器恢复到运行模式，需要怎样有效地清洁它们。

目前，通过在泵的上方或下方放置旋启式止回阀，成功地阻止了这种虹吸作用。使用厚实的黄铜或 PVC 等具有实心橡胶摆动阀瓣或黄铜摆动阀瓣的旋启式止回阀，并配备加工良好的机械座架。在几年的运行后，此类止回阀依然能有效工作。也有人在泵关闭时，采取空气进入生物过滤器上方的歧管的方法让歧管中的水排入生物过滤器，从而防止虹吸。淡水研究所尝试过此操作以破坏虹吸效应，但是发现并不可取。因为当重启泵的时候，通过沙床的侧面管道和歧管充满了空气，通过生物过滤器的大量空气导致大量的沙粒和生物固体从生物过滤器中排出。相对于较细的沙粒以及在这些生物过滤器中积聚的相关的生物固体质量而言，这种现象造成的问题更为严重。同样，在使用较细的沙粒时，任何进入泵中和侧向系统的空气泄漏也会促使床上的沙粒流失，并妨碍正常运行。

使用止回阀时，应采取一些措施以防止系统中产生气阻。简单地对系统进行检查，如果有可能发生气阻，做好准备并让空气从泵中排出。如果泵浸入水中，一旦关闭泵，集水槽的水就会被排空，这是典型的问题。当集水槽区域重新注水时，泵上方的管道会截留空气使得泵不能输送足够多的水，也就不能打开止回阀。

8.7.11 流化沙床生物过滤器的成本

本章最开始提到使用流化沙床生物过滤器的主要理由是，与其他技术相比，流化沙床生物过滤器的单位TAN处理成本较低，尤其对大型养殖系统而言。Fingerlakes Aquaculture, LLC（Groton, NY）（一家湖水产有限公司）采用的是直径1.83m，高4.6m，静态沙深2.14m的流化沙床生物过滤器系统。此系统中的沙量是5.61m³。硝化速率以每天每立方米硝化TAN 1kg计，每台流化沙床生物过滤器的TAN硝化速率为5.61kg/d，这样可以支持每天给系统中的鱼类投喂187kg的饲料。最近，Fingerlakes Aquaculture又成功安装运行一个直径1.83m、高3.5m的旋转式流化沙床生物过滤器并在这套系统上分别采用100kg和275kg的日投喂量。

Fingerlakes Aquaculture的直径1.83m的流化沙床生物过滤器系统采用的玻璃纤维反应容器的成本约为2200美元，玻璃纤维静压箱/歧管的成本为800美元，以及还有管道和阀门的成本。Fingerlakes Aquaculture估计将系统完全连接到养殖单元上需要的管道安装时间大约为50个工时。

Summerfelt S T和Wade E M（1997）报道，在2个商业化养鱼场建造的2个流化沙床生物过滤器，其处理流量为1.5~2.3m³/min，成本约为6000美元，包括生物过滤器容器、沙粒、管道、阀门、运输和安装人工成本。这个价格大约要比安装具有类似TAN去除能力的滴滤塔的估计成本低1/5。

8.7.12　步骤总结

总之，在设计流化沙床生物过滤器时应遵循以下设计步骤：

1. 确定TAN负荷。
2. 确定同TAN负荷相匹配的沙量。
3. 选取沙床设计深度。
4. 确定沙床的横截面积。
5. 根据可用或期望的流速选择沙粒大小，或确定可使沙床流化所需的流化速度。
6. 同其他养殖池内保证水质的参数进行比较，如果其中一个Q_{wq}大于Q_{sand}，则对沙床的横截面积进行调整。
7. 设计输水系统。

8.7.13　实验步骤

为日投喂量27.5kg的温水养殖系统设计一个沙粒粒径为20/40的流化沙床生物过滤器。

步骤1：确定TAN负荷

$$TAN负荷 = 27.5\frac{kg_{feed}}{d} \cdot 0.032\frac{kg_{TAN}}{kg_{feed}} = 0.89\frac{kg_{TAN}}{d}$$

步骤2：确定同TAN负荷相匹配的沙量

$$沙量 = \frac{\dfrac{0.89kg_{TAN}}{d}}{\dfrac{1kg_{TAN}}{d \cdot m^3_{sand}}} = 0.89 m^3_{sand}$$

步骤3：选取沙床设计深度

$$h_{\text{sand}}=2\text{m}$$

此处指的是未膨胀的沙层高度（放置在地面水平）。根据水流能自流通过曝气塔和/或氧气塔或其他设备回流到养殖池所需的上升限度和高度进行选择。

步骤4：确定沙床的横截面积

$$A_{\text{bed}}=\frac{V_{\text{media}}}{h_{\text{sand}}}=\frac{0.89\text{m}^3}{2\text{m}}=0.45\text{m}^2$$

步骤5：流化速度

对于粒径20/40的沙，根据表8.12可以估计D_{10}（40目）=0.42mm。如果沙层的UC为1.5，公式8.13和8.14可以用来估计D_{90}和D_{50}：

$$D_{90}=0.42\cdot10^{1.67\times\log(1.5)}=0.83\text{mm}$$

$$D_{50}=0.42\cdot10^{0.83\times\log(1.5)}=0.59\text{mm}$$

根据表8.14，如果20/40的沙的床层膨胀率为50%，$D_{\text{eq}}=0.59$mm，则流速要求为1.56cm/s（表8.14有$D_{\text{eq}}=0.60$mm，可以直接使用这个值，如果某些特定的应用需要更高的精度，可以插值）。为了检查最大的沙粒是否会流化，将0.83mm的沙粒流化20%所需的速度是1.52cm/s（同样，表中D_{eq}值是0.84mm，这也是我们在本例中使用的值）。由于1.52cm/s小于该D_{50}值的沙在床层膨胀50%时的设计速度，因此选择此流速是安全的。如果使用D_{90}计算得到的速度标准导致的流速超过了使用D_{50}值计算的速度，那么应该增加总体流速，并采用床层膨胀率大于50%的速度。设计案例将使用2.0cm/s作为保守的安全估计数，以确保所使用的粒径20/40沙中较大的沙能流化。回到表8.14，对于0.59mm的D_{50}值，床层膨胀率预计在75%左右。这个床层膨胀率被认为是一个非常安全的值，能确保充分混合，符合我们推荐的保守方法。

步骤6：流速要求

假设选择的膨胀流速是2.0cm/s，沙床的横截面面积是0.45m^2，则要求的流速是：

$$Q_{\text{sand}}=V_{\text{sand}}\cdot A_{\text{bed}}=0.020\frac{\text{m}}{\text{s}}\cdot0.45\text{m}^2\cdot\frac{60\text{s}}{\text{min}}\cdot\frac{1000\text{L}}{1\text{m}^2}=540\text{L/min}$$

同样，这里有一个很好的例子，其中特定标准（在本例中是沙的流化）的流量要求远低于其他一些标准的控制标准，在当前常见的设计示例中，养殖池内水的交换率为每分钟1514L。如果我们在流化沙床生物过滤器上使用这个流速，我们会把沙粒吹出过滤器。因此，在这种情况下，只有一部分所需的流量（每分钟540L）将被泵入流化沙床生物过滤器，其余的流量将绕过生物过滤器。其他生物过滤器可以接受更高的流量，如滴滤塔、移动床生物过滤器或浮珠过滤器。

在冷水系统中，采用D_{10}大约为0.25mm的沙粒，因为养殖池内的水力停留时间高从而能实现通过过滤器的高硝化去除率。这些生物过滤器的规模通常都是超大型的，因为沙粒的选择水流速度被锁定在接近1.0cm/s的速度，而且循环流量是由鱼的氧气需求控制的。在这种情况下，可通过已知的Q_{wq}和V_{sand}求A_{bed}：

$$A_{\text{bed}}=\frac{Q_{\text{wq}}}{V_{\text{sand}}}$$

表8.15给出了满足此案例中的设计目标（日投喂量27.5kg，60磅）的流化沙床生物过滤器的设计选值。

8.8　设计案例：微珠生物过滤器

Greiner A D和Timmons M B（1998）和Timmons M B、Holder J L、Ebeling J M（2006）提出了微珠生物过滤器尺寸或尺寸的设计信息。实际应用中，TAN去除效率通常是根据经验选取一套固定条件确定的，如鱼类种类、饲料负荷、特定的过滤器设计和进水TAN浓度。最简单的例子是，基于实际的性能数据，商业化规模的微滤机去除总氨氮效率是已知的，所需的总硝化表面积（A_{media}，m^2）根据微珠生物过滤器的TAN负荷（P_{TAN}，kg/d）和估计的硝化速率 $[r_{TAN}, g/(m^2 \cdot d)]$进行计算。生物反应器体积（$V_{media}$，$m^3$）则是通过总过滤器表面积（$A_{media}$，$m^2$）和比表面积（生物过滤填料的$SSA$，$m^2/m^3$）的函数计算得到的。

微珠生物过滤器的设计步骤与滴滤塔的相同，其中硝化速率基于填料的活性表面积。我们将通过继续设计单个欧米伽鱼幼鱼或成鱼的养殖设施来设计微珠过滤器，其培养基（B型）的SSA为2520m^2/m^3（770ft^2/ft^3）。目前，水流量要求取决于养殖池的90.8m^3/h（1514L/min或400gal/min）的水交换速率。微珠生物过滤器的尺寸取决于每日TAN生产率，其直接取决于每日27.5kg的投喂率。微珠过滤器所需的最小水力承载率为每日1290m^3/m^2[22gal/(min·ft^2)]。其流量通常超过其他设备的流量设计标准。

微珠过滤器的设计遵循与滴滤塔相同的一组步骤，其硝化速率取决于填料的有效表面积。使用滴滤塔设计实例的初始设计参数，两者在步骤4之前都相同。

步骤4：计算从体积TAN去除率（VTR）中去除P_{TAN}所需的介质体积（V_{media}）。根据已有的商业化系统的经验，估计的单位体积的TAN去除率为每日1.2kg/m^3。

$$V_{media} = \frac{P_{TAN}}{VTR} = \frac{0.885 \text{ kg TAN}}{1.2 \dfrac{\text{kg TAN}}{m^3}} = 0.74 m^3$$

步骤5：计算生物过滤器的横截面积（$A_{biofilter}$），假设过滤器最大深度D_{media}为0.45m。

$$A_{biofilter} = \frac{V_{media}}{D_{media}} = \frac{0.74 m^3}{0.45 m} = 1.64 m^2$$

还需要检查HLR，防止介质滤床堵塞所需的值为1290m^3/（m^2·d）[22gal/（min·ft^2）]，HLR还需要满足鱼对氧气需求量（Q_{tank}）所需的流量要求。

$$Q_{tank} = 1290 \frac{m^3}{m^2 \cdot d} \cdot 1.64 m^2 = 2120 \frac{m^3}{d} = 1470 Lpm = 390 gpm$$

最后复核养殖池的水交换率（2个成鱼养殖池及幼鱼养殖池的体积均为57.2m^3，参考表5.14）。

$$养殖池的水交换率 = \frac{V_{tank}}{Q_{tank}} = \frac{57.2 \ m^3 \cdot \dfrac{1000L}{m^3}}{1470 \dfrac{L}{min}} min = 39 \ min$$

和我们第一个完成的滴滤塔设计实例相比，养殖池的水交换率（39min）与我们当前的池体的水交换流量要求相当。根据系统的规模和负荷，在某些情况下，生物过滤器对水流量的需求会高于养殖池对水流量的需求。

在这些情况下，可以在这些较高流速下运行养殖池，或者一些流量（过量的部分）可以从生物过滤器再循环到入口侧，提供必要的HLR并减少通过养殖池的总流量。

步骤6：根据生物过滤器的横截面积（$A_{biofilter}$）和介质的体积（V_{media}）计算过滤器的直径。

$$D_{biofilter} = \sqrt{\frac{4 \cdot A_{biofilter}}{\pi}} = \sqrt{\frac{4 \cdot 1.64m^2}{3.14}} = 1.45m = 4.75ft$$

至关重要的一点是除去微珠过滤器中尽可能多的悬浮固体以防止填料堵塞。一般会在微珠过滤器之前先使用网孔尺寸为$60 \sim 200\mu m$的转鼓式生物过滤器。

8.9 设计案例：移动床生物过滤器

有研究者提供了设计水产养殖中移动床生物过滤器（moving-bed biofilm reactor, MBBR）尺寸的基本原理，并且今天仍然行之有效。在实际运用中，根据经验，TAN去除效率取决于一组固定的条件，例如鱼的品种、投喂率、过滤器高度、过滤填料类型、表面水力负荷、悬浮固体单位和进水总氨氮浓度。MBBR由于其简单性和低能耗而几乎成为默认的设计选择。

最简单的情况是，基于固定过滤器体积、填料类型、水流负载、TAN去除率和温度的数据，能计算出在一定进水浓度下特定MBBR过滤器的TAN去除效率。可以根据MBBR过滤器TAN负荷（P_{TAN}, kg/d）和估算的硝化速率 [r_{TAN}, g/（$m^2 \cdot d$）] 计算出所需的总硝化表面积（A_{media}, m^2）。

生物反应器体积（V_{media}, m^3）由填料的总表面积（A_{media}, m^2）和比表面积（生物过滤填料的SSA, m^2/m^3）的函数计算得到。反应器的形状取决于反应器容器的高度与直径之比。MBBR的设计遵循与滴滤塔设计相同的一组步骤，其硝化速率取决于填料的有效表面积。使用滴滤塔设计实例的初始设计参数，并且直到步骤4之前都与滴滤塔相同（设计TAN负荷为0.885kg/d）。如果MBBR的最大投喂率设计高于50kg/d，那么在应用中很可能需要除简单的曝气以外的更复杂的混合系统。这些情况下，设计者应该寻求一家在设计这些大规模业务方面具有特殊经验和成功经验的填料生产商或其他有能力的咨询公司专家的协助。

步骤4：计算填料相关参数，填料的体积取决于选用的单位体积的硝化速率（VTR）。例如，Curler AdvanceX-1对于$25 \sim 30℃$的成鱼养殖系统的填料的VTR为605g/（$m^3 \cdot d$）[17.14g/（$ft^3 \cdot d$）]。

$$V_{media} = \frac{P_{TAN}}{VTR} = \frac{0.885 \text{ kg TAN/d}}{0.605 \dfrac{\text{kg TAN}}{m^3 \cdot d}} = 1.46m^3$$

请注意，冷水系统（$12 \sim 15℃$）中进入MBBR总氨氮的浓度约为$1 \sim 2mg/L$，则单位体积的总氨氮去除率降至468g/（$m^3 \cdot d$）[13.26g/（$ft^3 \cdot d$）]。

步骤5：在给定高度/直径比为1.0的情况下计算生物过滤器的横截面积。该比例可在$1.0 \sim 1.2$之间变化，并且主要取决于混合和通气的有效性。直径不应超过2m（6.5ft）。在该实施例中，选择了60%的填充率、$2.43m^3$的反应器罐体积。如果需要额外的硝化能力，可以额外添加填料至70%的填充率。

$$D_{\text{biofilter}} = \sqrt[3]{\frac{4 \cdot V_{\text{biofilter}}}{\pi \cdot 1.0}} = \sqrt[3]{\frac{4 \cdot 2.43\text{m}^3}{3.14 \cdot 1.0}} = 1.46\text{m}$$

如果高度/直径比为1.0，则反应器高度为1.46m（4.8ft）。因此，需要一个直径1.5m（5ft）、高1.5m（5ft）的罐体，并增加一些自由板。有几家非常好的供应商能为此设计提供封闭式聚乙烯罐。入口是靠近池底部的简单管道排放口，出口可以是开槽管道或是防止填料逸出的筛网。大型生物过滤器需要盖子封闭，以避免二氧化碳逃逸至设施外部。曝气和混合的体积要求约为反应器体积的5倍，单位为m³/h，并增加50%的备用容量。

$$\dot{V}_{\text{air}} = \frac{5\text{vol}}{\text{h}} \cdot \frac{V_{\text{biofilter}}}{\text{vol}} = \frac{5\text{vol}}{\text{h}} \cdot \frac{2.43\text{m}^3}{\text{vol}} = 12.15\text{m}^3/\text{h}$$

$$\frac{12.15\text{m}^3}{\text{h}} \cdot 24\frac{\text{h}}{\text{d}} \cdot \frac{\text{d}}{0.885\text{kgTAN}} = 329\frac{\text{m}^3}{\text{kgTAN}}$$

曝气要求：在这个例子中，去除每千克TAN需要的总空气量为329m³（11.6ft³/g）。这里需要注意的是，所需的填料量、罐容积和气流速率都与所需的TAN去除率直接相关。这可以提供粗泡扩散器或具有3mm孔的管扩散器。附录给出了一个图表（参见附图A.1），为特定气流要求提供所需管道直径的指导原则。但这些只是指导性的原则。

除硝化作用外，MBBR还应提供一些二氧化碳的去除功能。重要的是尽可能多地除去MBBR的悬浮固体以防止填料堵塞，这里可采用积聚固体沉淀的方法。

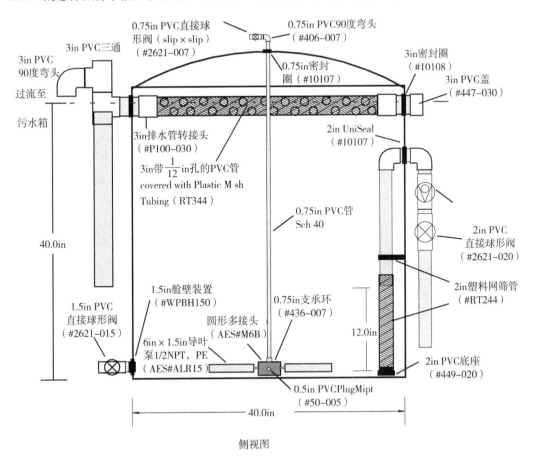

图8.1　传统MBBR单位（并未在此体现填料）

249

8.10 参考文献

1. BEECHER L E et al., 1997. Alternative media for enhanced nitrification rates in propeller-washed bead filters. In: TIMMONS M B, LOSORDO T M.Advances in aquacultural engineering. Aquacultural Engineering Society Proceedings III: 263-275.

2. BOVENDEUR J, EDING E H, HENKEN A M, 1987. Design and performance of a water recirculation system for high-density culture of the african catfish clarius gariepinus（Burchell 1822）. Aquaculture, 6: 329-353.

3. BRAZIL B L, 2006. Performance and operation of a rotating biological contactor in a tilapia recirculating aquaculture system. Aquacult Eng, 34: 261-274.

4. DELOSREYES A A, BEECHER L E, MALONE R F, 1997. Design rationale for an air driven recirculating systems employing a bubble-washed bead filter. In: TIMMONS M B, LOSORDO T M. Advances in aquacultural engineering. aquacultural engineering society proceedings III. Northeast Regional Agricultural Engineering Service: 287-294.

5. DRENNAN D G et al., 2006. Standardized evaluation and rating of biofilters II manufacturer's and user's perspective. Aquacult Eng, 34: 403-416.

6. COLT J et al., 2006. Reporting standards for biofilter performance studies. Aquacult Eng, 34:377-388.

7. EDING E H et al., 2006. Design and operation of nitrifying trickling filters in recirculating aquaculture: a review. Aquacult Eng, 34: 234-260.

8. GREINER A D, TIMMONS M B, 1998. Evaluation of the nitrification rates of microbead and trickling filters in an intensive recirculating tilapia production facility. Aquacult Eng, 18: 189-200.

9. HEINSBROEK L T N, KAMSTRA A, 1990. Design and performance of water recirculation systems for eel culture. Aquacult Eng, 9: 87-207.

10. LIAO P B, MAYO R D, 1972. Salmonid hatchery water reuse systems. Aquaculture, 1: 317-335.

11. LIAO P B, MAYO R D, 1974. Intensified fish culture combining water reconditioning with pollution abatement. Aquaculture, 3: 61-85.

12. LOSORDO M, HOBBS A O, DELONG D P, 2000. The design and operational characteristics of the CP&L/EPRI fish barn: a demonstration of recirculation aquaculture technology. Aquacult Eng, 22: 3-16.

13. LOSORDO T M, WESTERS H, 1994. System carrying capacity and flow estimation. In: TIMMONS M B, LOSORDO T M. Aquaculture water reuse systems: engineering design and management. Amsterdam: 9-60.

14. MALONE R F, CHITTA B S, DRENNAN D G, 1993. Optimizing nitrification in bead filters for warmwater recirculating aquaculture systems. In: WANG J.Techniques for modern aquaculture. American Society of Agricultural Engineers: 315-325.

15. MALONE R F, BEECHER L E, 2000. Use of floating bead filters to recondition recirculating waters in warm water aquaculture production systems. Aquacult Eng, 22:57−73.

16. MIA R I, 1996. In situ nitrification in high density recirculating aquaculture production systems. Baton Rouge: Louisiana State University, 90.

17. PERRY R H, CHILTON C H, 1973. Chemical engineers handbook.5th. New York: McGraw−Hill Book Company.

18. RUSTEN B et al., 2006. Design and operations of the kaldnes moving bed biofilm reactors. Aquacult Eng, 35: 322−331.

19. SASTRY B N et al., 1999. Nitrification performance of a bubble−washed bead filter for combined solids removal and biological filtration in a recirculating aquaculture system. Aquacult Eng, 19: 105−117.

20. SUMMERFELT S T, 1996. Engineering design of a water reuse system. In: SUMMERFELT R C . Walleye culture manual. Iowa State University: 277−309.

21. SUMMERFELT S T, CLEASBY J L, 1996. A review of hydraulics in fluidized−bed biological filters. ASAE Transactions, 39:1161−1173.

22. TIMMONS M B, HOLDER J L, EBELING J M, 2006. Application of microbead filters. Aquacult Eng, 34 (3): 332−343.

23. SUMMERFELT S T, WADE E M, 1997. Recent advances in water treatment processes to intensify fish production in large recirculating systems. In: Advances in aquacultural engineering. Proceedings from Aquacultural Engineering Society Technical Sessions at the 4th International Symposium on Tilapia in Aquaculture: 350−367.

24. TIMMONS M B, HOLDER J L, EBELING J M, 2006. Application of microbead filters. Aquacult Eng, 34 (3): 332−343.

25. GORDER S, JUG−DUJAKOVIC J, 2005. Performance characteristics of rotating biological contactors within two commercial recirculating aquaculture systems. Int'l J Rec Aquacul, 6: 23−38.

26. WHEATON F W, 1985. Aquacultural engineering.2nd. Wiley−Interscience: 708 .

27. WHEATON F W et al., 1994. Nitrification principles. In: TIMMONS M B, LOSORDO T M. Aquaculture reuse systems: engineering design and management. Development in Aquaculture and Fisheries Sciences, 27: 101−126.

8.11　符号附录

A	面积，m^2
A_{bed}	沙床的横截面积，m^2
$A_{biofilter}$	生物过滤器的横截面积，m^2
A_{media}	去除 P_{TAN} 所需的表面积，m^2
a_{TAN}	每单位质量饲料产生的 TAN 量，kg/kg

a_{DO}	每单位质量饲料消耗的溶解氧，kg/kg
ATR	单位面积TAN转化率，mg/（m²×d）
$C_{orifice}$	孔口数值
D_{10}	样本中最小的10%（以质量计）沙粒有效粒径
D_{50}	样本中最小的50%（以质量计）沙粒有效粒径，也被称为平均粒径
D_{90}	样本中最小的90%（以质量计）沙粒有效粒径
$D_{biofilter}$	生物滤池直径，m
D_{eq}	对于质量相等的沙粒，假设其为球形的沙粒的等效直径
$Depth_{media}$	生物过滤器中填料的深度，m
DO_{inlet}	养殖池进水溶解氧浓度，mg/L
DO_{tank}	养殖池内溶解氧浓度，mg/L
DO	溶解氧浓度，mg/L
f_{rem}	生物过滤器的TAN去除效率
g	重力加速度，m/s²
h_{sand}	静态沙床高度，m
HLR	水力加载速率，gpm/ft²或m³/（m²·d）
HRT	水力停留时间，min
I_s	原位硝化分数，无单位
M_{fish}	养殖池中鱼的生物量，kg
P_{TAN}	鱼的TAN产生量，kg/d
Q	流量，m³/s
Q_{sand}	使沙床流化所需的流量，m³/s
Q_{tank}	满足鱼对溶解氧需求的流量，m³/s
Q_{wq}	维持养鱼池水质设计值所需的流量，m³/s
r_{feed}	每日投喂饲料量占鱼体重的百分比，%/d
r_{TAN}	硝化速率，gTAN/（m²·d）
R	单位时间的氨去除率
R_{feed}	最高饲料投喂率，kg/d
R_{DO}	溶解氧需求，kg/d
R_{flow}	水的重复利用率
R_{TAN}	氨氮产生率，g/d
RBC	旋转式生物反应器
S_b	单位体积比表面积，cm⁻¹
SSA	比表面积，ft²/ft³（m²/m³）
T	水温，℃
TAN	总氨氮，mg/L
TAN_{in}	养殖池（或设备）的进水TAN浓度
TAN_{out}	养殖池的出水TAN浓度，mg/L

UC	均匀系数（与沙粒特性有关）
V_{sand}	通过沙床的水流的上升流速，m/s 或 cm/s
v_f	浮珠过滤器的尺寸标准，kg/（m³·d）
V_{media}	去除鱼产生的氨氮所需的填料体积，m³
$V_{orifice}$	横向管道中量孔处的水流速度，m/s
V_{tank}	养殖池体积，m³（gal）
$Volume_{beads}$	特定应用所需的珠粒填料体积，m³
V_{air}	单位曝气体积，m³/h
$V_{biofilter}$	生物反应器的体积，m³
$Volume_{beads}$	特定应用所需的珠粒填料体积，m³
VTR	单位体积的硝化速率，gTAN/（m³·d）
e	静态沙床空隙率
r	养殖池中鱼的生物量密度，kg/m³（lbs/gal）
Ψ	沙粒的球形度
ε	床层膨胀率

第9章　反硝化反应

以前，由于作为硝化反应的最终形式的硝态氮（NO_3^-）对淡水水生生物的毒性很低，一直以来其都不是循环水系统的主要困扰。然而，随着在淡水系统甚至是海水系统中，水经过多次的循环利用，即使是100～1000mg/L硝态氮浓度也是经常见到，因此硝态氮的去除变得越来越重要。Tucker J W（1999）曾建议：对海水鱼仔鱼与幼鱼，硝态氮浓度需低于20mg/L，而对大规格鱼类则需低于50mg/L。有报道称循环水系统中硝态氮的最高浓度高达400～500mg/L。有学者在杂交条纹鲈的研究中支持以下观点：长时间暴露在较高浓度硝态氮的环境下会降低免疫反应，引起血液生化指标的病理变化，导致死亡率升高。高浓度硝态氮会对商业养殖水产生物的生长产生不利影响，包括：鳗鱼、章鱼、鳟鱼和对虾。其中值得注意的是高浓度硝态氮对海水生物毒性是由其对海水生物渗透压调节能力的抑制作用而引起的。渗透调节胁迫可表现为生殖循环抑制、卵发育不良、孵化时间延长、高死亡率和/或整个生长阶段的生长速率的抑制。在海洋物种中，已检测到的硝态氮毒性、致死浓度和亚致死浓度在2.2～5000mg/L范围内变化。

硝态氮在自然环境中非常稳定，是水体的污染源，可导致富营养化、藻类疯长以及藻类死亡时消耗大量溶解氧。在美国，环境保护署限定饮用水中的硝态氮和亚硝态氮（NO_2^-）的浓度分别为10mg/L和1mg/L，并将其列入优先控制事项。虽然反硝化的成本或许高昂，但是它对供水有限或者排放要求严格的许多淡水和大多数海水设施可能是强制性的。本章将介绍反硝化原理以及反硝化在循环水产养殖系统中的应用。

9.1　反硝化背景

生物反硝化是由环境中广泛分布的异养细菌、自养兼性好氧细菌以及一些真菌将硝态氮或亚硝态氮还原为氮气（N_2）的微生物反应过程。相当多的细菌可利用硝态氮或者氧气氧化有机物，可依据氧气浓度的不同，在氧呼吸和氮呼吸之间轻易切换。反硝化细菌是一些常见的异养、革兰氏阴性变形菌，例如假单胞菌、产碱杆菌、副球菌和硫杆菌。一些革兰氏阳性菌，如芽孢杆菌也可反硝化。除异养细菌外，一些自养微生物也能反硝化。这些自养微生物利用还原态的无机硫和铁化合物或氢作为电子供体并从无机物获得碳源，这种环境里通常是有机物匮乏，而上述电子供体却广泛存在。

在缺氧环境下，硝态氮和亚硝态氮取代氧气作为电子受体来氧化多种多样的有机或无机电子供体。缺氧一词定义了反硝化的最佳环境条件是低浓度氧和高浓度硝态氮。

反硝化是逐步进行的，硝态氮逐步还原到亚硝态氮、一氧化氮（NO）、氧化亚氮（N_2O），最终为氮气。

$$NO_3^- + 2e^- + 2H^+ \rightarrow NO_2^- + H_2O \qquad (9.1)$$

$$NO_2^- + 1e^- + 2H^+ \rightarrow NO + H_2O \qquad (9.2)$$

$$2NO + 2e^- + 2H^+ \rightarrow N_2O + H_2O \qquad (9.3)$$

$$N_2O + 2e^- + 2H^+ \rightarrow N_2(g) + H_2O \qquad (9.4)$$

以硝态氮和亚硝态氮为电子受体的反硝化半反应公式（不考虑细菌生长和维持的碳源需求）为：

$$\frac{1}{5}NO_3^- + \frac{6}{5}H^+ + e^- \rightarrow \frac{1}{10}N_2 + \frac{3}{5}H_2O \qquad (9.5)$$

$$\frac{1}{3}NO_2^- + \frac{4}{3}2H^+ + e^- \rightarrow \frac{1}{6}N_2 + \frac{2}{3}H_2O \qquad (9.6)$$

在异养细菌反硝化反应中被氧化还原的碳源反应公式为：

$$\frac{1}{4}CH_2O + \frac{1}{4}H_2O \rightarrow \frac{1}{4}CO_2 + H^+ + e^- \qquad (9.7)$$

反硝化总反应公式为：

$$NO_3^- + 6H^+ + 5e^- \rightarrow \frac{1}{2}N_2 + 3H_2O \qquad (9.8)$$

在一定条件下，反硝化细菌可对以上进行最佳介导，比如：①低氧化还原电位；②低氧；③用作电子和碳源供体的有机碳源可用性；④硝酸盐作电子受体；⑤pH最佳范围7.0~8.5；⑥最佳温度范围25~32℃。如果系统控制不佳，那么低氧化还原电位会促进有毒的硫化氢产生。在硫化氢成为问题前，将硝态氮浓度降低到10~50mg/L，可避免该问题。

9.1.1 异养反硝化

对反硝化作用的研究大都集中在废水处理工业中，集约化循环水产养殖系统中对反硝化作用的研究比较有限，但也进行了一些研究。虽然有大量的有机物可作电子供体，但仅有一些简单的有机底物被进行广泛研究并应用到污水处理中。比如二级污水的高级处理或潜在的水产养殖系统中，由于正处理的污水中没有足够多的碳源，它们被作为外源电子供体和碳源。简单常用的、可大量低价获得的化合物有甲醇、醋酸盐、葡萄糖和乙醇等。甲醇（CH_3OH）由于廉价、易得而应用广泛。使用甲醇的缺点是有与运输、搬运和储存有关的安全问题，因为甲醇被认为是一种活泼有毒的化合物。水产养殖中，若干潜在电子供体的性能已被研究和评估。例如，Mote海洋实验室的水产养殖研发中心最近报道的研究项目评估了甲醇、醋酸、精炼糖蜜和淀粉等4种碳源在商业规模的反硝化反应器中的效果。

甲醇作为外加电子供体的化学计量方程如下：

$$NO_3^- + 1.08CH_3OH + 0.24H_2CO_3 \rightarrow 0.056C_5H_7NO_2 + 0.467N_2 + 1.68H_2O + HCO_3^- \qquad (9.9)$$

方程9.9表明还原1g硝态氮需要2.47g甲醇。甲醇与硝态氮实验比率在2.5~3.0g/g之间。此外，去除1g硝态氮会产生0.45g挥发性悬浮颗粒物和3.57g碳酸钙碱度，或者说反硝化去除每克的硝态氮会产生1个摩尔等量的碱度。

复杂昂贵的计算机控制系统常被用来控制碳源用量，以防止碳源过量添加。当硝态氮短缺时，过量添加的碳源在厌氧环境下会降低氧化还原电位，从而促进硫酸盐还原并产生有毒的硫化氢。这些方法还需要多种处理部件，进一步导致总成本上升。最后，传统的反硝化技术仍存有一定的风险，例如反硝化过程控制系统故障会导致碳源过量添加和/或硫化氢的产生。

除甲醇外，其他包括醋酸、精炼糖蜜和淀粉等碳源也被在商业化养殖大型鲟鱼的反硝化系统中进行了评价。该反硝化生物反应器是由顶部密封的1.89m³的锥底聚乙烯水池组成，水流从底向上以10Lpm的流速流过1.0m³填料。进水硝态氮浓度从11～57mg/L高效地降为0mg/L。除反硝化被化学计量配平外，由于有时候氧气的去除是由碳源消耗引起的，溶解氧也被化学计量配平。

甲醇的反硝化和氧气消耗化学计量方程如下：

$$O_2 + 0.93CH_3OH + 0.056NO_3^- + 0.056H^+ \rightarrow 0.056C_5H_7NO_2 + 0.65CO_2 + 1.69H_2O \quad (9.10)$$

$$NO_3^- + 1.08CH_3OH + H^+ \rightarrow 0.065C_5H_7NO_2 + 0.47N_2 + 0.76CO_2 + 2.44H_2O \quad (9.11)$$

最后，在循环水产养殖系统中有机污泥和粪便的消化作用可形成一种非常好的反硝化碳源，其化学计量方程为：

$$C_7H_{13.4}O_{3.5}P_{0.3}N + 3.3NO_3^- + 2.6H^+ \rightarrow 1.6N_2 + 2.9CO_2 + 0.2NH_3 + 4.9H_2O + 0.8C_5H_7O_2P_{0.1}N + 0.2PO_4^{3-} \quad (9.12)$$

9.1.2 自养反硝化

无机电子供体也能应用于反硝化，并且越来越普遍，尤其是在公共海洋水族馆中。氢气是一种很好的电子供体，与其他有机化合物相比成本相对较低，异养生长可产生更多的生物量。氢气的主要缺点是缺少安全有效的输送系统。在膜法溶解设备中的最新发展克服了氢气的爆炸风险，使氢气成为一种可行的替代方法。使用氢气去除硝态氮的化学计量方程式为：

$$2NO_3^- + 5H_2 \rightarrow N_2 + 4H_2O + 2OH^- \quad (9.13)$$

商用和公共水族系统中普遍使用还原态的硫来进行自养反硝化。硫以固体基质或者颗粒状态（使用碳酸钙等固体碱性物质）作为电子供体，被氧化为硫酸盐（SO_4^{2-}）。

通过添加碱性物质来中和氧化过程中产生的强酸，并维持pH稳定。用单质硫作电子供体的化学计量方程式为：

$$10NO_3^- + 11S + 4.1HCO_3^- + 0.5CO_2 + 1.71NH_4^+ + 2.54H_2O \rightarrow 0.92C_5H_7NO_2 + 11SO_4^{2-} + 5.4N_2 + 9.62H^+ \quad (9.14)$$

9.2 反硝化的单元流程

水产养殖中采用的许多处理流程都是基于污水处理工业的单元过程并进行了改进。多年来，这些处理流程已被改进以达到水产养殖的高水质标准，如低氨氮浓度、低生化需氧量（biochemical oxygen demand, BOD），并且尽可能具有成本效益。水产应用的单元流程包括：用来去除固体颗粒物的沉淀池和微滤机；用于生物硝化反应的滴滤塔、转盘过滤器和流化沙床过滤器。因此，考察最新的污水处理设施中采用的反硝化技术是合适的。由于美国对污水处理厂排放的氮去除有最新要求，近10年来基于悬浮污泥流程、反硝化流程和最新的固定膜反应器的一些技术都有了最新进展。这些都包含在废水处理采用的一系列单元过程内，如使用消化污泥（养殖系统中产生的有机固体）作为有机碳源（污泥或预先反硝化处理系统）或者添加如甲醇等外源电子供体（后反硝化处理系统）。这两种技术的区别在于是否添加外源电子供体（如甲醇）。污泥反硝化利用进水废水中有机物消化过程中释放的内源性碳作为有机电子供体；而后反硝化系统（在污水处理中称为三级处理）需要额外添加外源电子供体。

循环水产养殖系统中有3种过程流可被用以反硝化的污水进水：

（1）固体颗粒含量高的中央排污污水可用于两阶段预反硝化处理系统，第一阶段（厌氧）利用鱼排出的固体有机物作为外源电子供体（碳源），接下来进入第二阶段好氧硝化反应器，富含硝态氮的污水循环流回第一阶段。

（2）池侧排污或回流污水可用于后反硝化处理流程，使用更新的源自农业的MicroC™或聚羟基脂肪酸酯（polyhydroxyalkanotes, PHAs）作外加碳源和电子供体，后续采用小型复氧反应器，最后返回养殖池。PHAs是一类生物塑料聚合物，来自于糖类发酵。

（3）依排污标准要求的不同，对于微滤机或沉淀池的排放污泥可使用单一阶段的预反硝化系统，在排放前进行处理以去除高浓度的硝态氮。

图9.1展示了传统污水处理设施如何处理高浓度挥发性悬浮颗粒物、生化需氧量和污水进水氨氮，首先去除固体有机物（一级处理），其次使用好氧生物反应器氧化生化需氧量和硝化反应使氨氮转化为硝态氮（二级处理），最后通过厌氧生物反应器进行反硝化从而将硝态氮转化为氮气（三级处理）。循环水产养殖系统中应用的基本处理流程也是如此，即固体有机物去除、生物过滤、曝气处理以及反硝化处理。主要的不同仍是进水和出水氨氮、挥发性悬浮颗粒物在浓度水平的差异，水产养殖系统比污水处理系统低一个数量级。相对而言，硝态氮水平较为相同，两种系统都需要满足相同的硝态氮排放要求，即低于10mg/L。

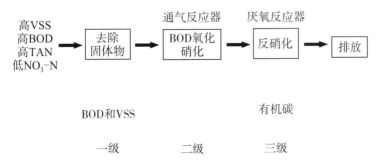

图9.1 包括一级固体去除、二级生化需氧量、氮去除以及有外加碳源的三级反硝化等处理流程在内的传统污水处理设施系统

9.2.1 污泥处理流程（或预反硝化处理流程）

污泥处理流程（或预反硝化处理流程）是利用进水水流中有机物消化过程中释放的内源性碳作为外源电子供体驱动反硝化进程。因此，不需额外添加化学物质。污水处理中常采用2种基本策略：先用好氧生物反应器，后用缺氧反硝化反应器；或者先用缺氧反硝化反应

器，后用好氧BOD氧化硝化反应器。

由于在循环水系统中水体经养殖池循环，依设计不同，这两部分可以独立或者联合在一起。例如，来自微珠过滤器、微滤机、径流沉淀池等固体有机物捕集装置的污水水流可被泵送到具有较长水力停留时间（时间足够长到水体变为厌氧环境时）的厌氧反硝化反应器中。在这个污泥池中，使用内源性的来自有机物消化所释放的碳作为外来电子供体驱动反硝化发生。Shnel N et al.（2002）报道了这种设计方式，在一个年产4868kg罗非鱼的零排放的生产系统中，将来自微滤机和鱼池底部收集的固体有机物转移到12m³的沉淀池/消化池。沉淀池/硝化池的排水被返回到微滤机前，滴滤塔被用作好氧BOD氧化和硝化反应器。沉淀池/硝化池的硝态氮的日去除速率为1689g NO_3-N/d（见表9.3）。

9.2.2　三级处理流程（或后反硝化处理流程）

当被处理水体含有亚硝态氮和硝态氮且很少有或没有电子供体时，比如低生化需氧量、低挥发性悬浮颗粒物和低溶解有机物时，应采用三级处理流程（或后反硝化处理流程）。这在水产养殖系统中更为常见，因为待处理水来自双排水鱼池的侧排污水或水处理过程的回水（比如在固体有机物过滤、生物过滤和曝气处理后）。有机电子供体被用于反硝化和加速反硝化进程。在传统的污水处理系统中，甲醇由于成本更加低廉且更易获得，常用作外加碳源，而不是因为甲醇的效果要好于其他外加碳源。其他传统的有机物，如：乙醇、乙酸、淀粉、糖类、碳水化合物以及几种新近出现的农业衍生品，已被科研工作者使用和研究。此外，某些无机物电子供体也可用于自养反硝化，比如氢气和单质硫。

水产后的反硝化流程中，生物膜流程是最容易采用的方法之一，通常是首选的方法。这是因为生物膜反硝化过程中污泥产量非常低，其在控制污泥存量上，避免了在反硝化流程中污泥产量很低从而难以准确控制污泥量的困难。在污水处理系统中有一些固定膜流程也可被用在水产养殖系统中，比如移动床生物过滤器、流化沙床生物过滤器、浸没式生物滤器和其他几种过滤方式。这些滤器的一个主要优点是：只需较小体积的生物过滤器即可实现高的反硝化速率。例如，在商用水产设施中，采用甲醇、淀粉及乙酸和糖蜜作碳源的3种浸没式生物过滤器的最高日反硝化速率高达670~680g NO_3-N/（m³·d）。

9.3　反硝化的影响因素

在考虑控制反硝化的因子时，必须意识到将硝态氮还原为氮气的过程是通过各种中间产物进行的。其中，亚硝态氮会对水产生毒性很大的物质。在水产系统中，不但要找出抑制或促进反硝化作用的因素，而且要找出影响反硝化细菌导致中间产物亚硝酸盐积累的因素。

9.3.1　氧

反硝化细菌和微生物群落有内在的控制系统，可确保能量以最高效的形式被利用。在反硝化细菌中，相对于亚硝态氮和硝态氮而言，溶解氧是细菌氧源的首选。因此在好氧环境下，反硝化预计不会发生。然而，在水产养殖系统以及其他水处理系统中，硝态氮明显是在好氧环境中去除的，比如常见的硝化反应过滤器。在这些环境中观察到的硝态氮去除是由环境的异质性导致的。

有机物在好氧环境中的积累会导致有机物层或生物膜内部缺氧，可能为反硝化细菌的增殖和活力提供适合的条件。进一步说，正常的好氧环境中短暂厌氧会导致损失相当量的硝态氮。考虑到反硝化细菌是在好氧条件下形成的微生物菌落中固有的一部分，以上并不令人感到吃惊。与硝态氮还原酶相比，环境中低浓度氧会导致亚硝态氮还原酶合成和活性受到不同程度的抑制，从而引起亚硝态氮的积累。

9.3.2　pH

通常，反硝化反应没有硝化反应对pH那么敏感。反硝化反应可在较广的pH范围内发生，最适pH范围为pH7～8。一些实验观察表明在pH低于6和高于8.0时，反硝化反应会被抑制。在去除高浓度的硝态氮时，所产生的碱度会提高基质的pH。pH的变化会导致如亚硝态氮、二氧化氮（NO_2）和氧化亚氮（N_2O）等中间产物的积累。

9.3.3　温　度

由于反硝化细菌有多功能性，在较宽的温度范围都可发生反硝化。温度对生物系统的影响常用Arrhenius-type方程式表示：

$$Q_T = Q_{20}\Theta^{(T-20)} \qquad (9.15)$$

此处：

Q_T，温度T（℃）时的反硝化速率；

Q_{20}，温度20℃时的反硝化速率；

Θ，简化的依赖温度的阿伦尼乌斯（Arrhenius）常数。

在10～30℃范围内，温度活力系数通常在1.08～1.2之间；相应地，Q_{10}值在2～3之间。尽管以上方程式可以用来模拟反硝化过程，但它仅限于有限的温度范围且Θ常具有位点专一性。

9.3.4　盐　度

由于关于盐度对反硝化影响的研究较少，目前尚未有一致的结论。反硝化是一些海水系统（如海水循环水产养殖系统）中的一个重要氮转化过程。有研究表明，淡水和海水循环水系统的反硝化速率差异并不显著。在评估了反硝化细菌从淡水到海水的适应能力后，相关学者在驯化过程中发现了短暂的亚硝态氮的积累，在盐度适应结束后，结果显示：淡水和海水循环水系统的反硝化速率差异并不显著。

9.3.5 抑制因子

反硝化细菌没有硝化细菌对有抑制作用的化合物那么敏感。通常认为，乙醇、酚类化合物等抑制因子会对反硝化和异养好氧呼吸产生类似的抑制作用。因此，系统中的硝化细菌需要一定时间来降低抑制因子水平以完成反硝化过程。我们认识到，许多细菌和微生物系统具有适应高水平抑制因子的能力。当使用这些抑制因子的化合物时，如果观察到抑制反应，应该小心谨慎、非连续使用或少量使用。

9.3.6 碳 源

异养反硝化细菌从有机碳源获得将硝态氮还原为氮气的电子和质子。几乎所有以氧气作为电子受体降解的化合物也可以作为硝态氮的电子供体。因此，可作为反硝化反应的有机底物非常之多，包括碳水化合物类、有机醇（甲醇和乙醇）类、氨基酸类、乙酸、脂肪酸以及污水中的有机物。

反硝化细菌将硝态氮完全还原为氮气所需的碳氮比因碳源特性和细菌种类而异。对大多数易获得的有机碳源，gCOD/g NO_3^- 比在 3.0～6.0 之间可将硝态氮完全还原为氮气。而且反硝化速率在很大程度上也受碳源类型的支配。

在污水处理和水产养殖系统中，在反硝化过程中经常使用外源性碳源底物，其中甲醇最为常用。甲醇的成本低廉，可促进独特菌群的发育；因此，这种生物反应器具有稳定、可预期的特点。需要注意的是，添加特定有机物的生物反应器，其培育的反硝化细菌很难预计。其他形式如微生物腐烂所释放的或存在于待处理水中的有机物，可能会产生各种各样的微生物菌群。值得一提的是，循环水系统中有机物污泥和粪便的消化释放出的内源性碳是一种非常好的反硝化碳源，可产生多功能的反硝化细菌群。

碳短缺会导致如 NO_2 和 N_2O 等反硝化中间产物的积累，而碳过量又会促进硝态氮异化还原为铵。碳源的类型也会影响反硝化反应器中亚硝态氮的积累水平。一项通过向反硝化反应器中添加发酵底物的研究表明，某些碳源会导致亚硝态氮积累细菌的特定性富集生长。另外，当生长在特定碳源环境时，能将硝态氮完全还原为氮气的反硝化细菌可积累亚硝态氮。暂时的碳源缺乏会导致反硝化细菌中亚硝酸盐的积累，这些细菌含有基本的硝酸盐还原酶和可诱导亚硝酸盐还原酶。一些反硝化细菌中，硝酸盐还原酶和亚硝酸盐还原酶对共同电子供体的竞争是导致亚硝态氮积累的另一个因素。

聚羟基脂肪酸酯（PHAs）是一种被动反硝化的潜在碳源。PHAs 是一类来自糖发酵的生物塑料聚合物。PHAs 在有营养物存在时生物降解从而释放有机碳，这使得它成为一种自动调节、被动反硝化反应器的最佳底物。由于 PHAs 既可以作为有机碳源，也可作反硝化细菌附着的载体，它是进行反硝化的一种易维护、低成本的潜在选择。反过来说，这就不再需要复杂的控制系统和处理传统方法所需的危险化学品。有些研究表明，PHAs提供丰富的碳源，在简单固定床反应器中其反硝化速率约为2kg/（m³·media·d）。前期研究中遇到的主要问题之一是异养细菌会生成过量的生物絮团。前期研究的成功结果可推断，PHAs堵塞和过滤器短路等问题可通过微珠过滤器PolyGeyser® bioclarifier解决；它可频繁、柔和反冲洗，促进健康、薄的生物膜生长，而不出现像固定填料床出现的堵塞问题。

另一种可以选择的反硝化碳源是Micro™。Micro™是一款由Environmental Operating Solutions设计的可行的、不可燃的、源自农业的电子供体污水处理专利化学产品。尽管该产品尚未应用到水产养殖系统中，但Cherchi C等学者在2008年的研究表明，Micro™可有效支持反硝化且比甲醇更佳，尤其是应用在低温环境的后反硝化流程中。

9.3.7 光 照

对从循环水产养殖系统反硝化流化沙床反应器分离出的反硝化细菌进行研究，光照导致亚硝态氮积累。结果表明，光强低到5%全日光光强时，光抑制了该反硝化细菌亚硝态氮还原的细胞色素，从而导致亚硝态氮的积累。

9.3.8 硝态氮

关于基质中的硝态氮浓度，硝态氮的还原遵循经典的米式动力学方程。由于反硝化细菌对硝态氮的亲和力值低至微摩尔范围，在包括循环水系统的大多环境中的硝态氮去除可被视为零级反应。

9.4 反硝化对碱度的影响

反硝化可保持养殖水体缓冲能力的稳定。这是在循环水系统中应用反硝化的另一个支持因素。滴定中和水体中碱性物质所需酸的量常用来衡量水体碱度。产酸的化学反应会降低水体碱度，而消耗酸或产生氢氧根离子的化学反应则会使水体碱度升高。Weihrauch D等学者（2009）总结了鱼类和甲壳类生物的氨排泄。尽管不完全肯定，他们仍认为：氨（NH_3）为鱼类排出氨的主要形式，而非NH_4^+。基于测量碱度的损失，Timmons和Ebeling的最新研究（草稿）也证明，NH_3为鱼类排氨的主要形式。这意味着，排氨和硝化反应的综合作用会净消耗约1单位的碱度（1个等量摩尔的排泄氨），而非以前报道的2单位的碱度。每反硝化1摩尔的硝态氮，反硝化会产生1单位的碱度；因此在总体上，系统的碱度保持不变。对维持水产养殖系统的水质整体稳定，这点非常重要。由于氨NH_3会与氢离子结合，鱼类每排放1摩尔的氨，就会提高1个当量单位的碱度。在水产养殖系统的正常pH范围内，一旦氨进入水体，立即质子化为NH_4^+（公式9.16a和9.16b）。从公式9.16可见，由氨转换为NH_4^+所损失的碱度被可与H^+反应的OH^-所恢复。

$$NH_3 + H_2O \longleftrightarrow NH_4^+ + OH^- \qquad (9.16a)$$

$$NH_3 + H_2O == NH_4OH == NH_4^+ + OH^- \qquad (9.16b)$$

（碱度增加＝每摩尔排泄氨NH_3的1个当量单位碱度）

在NH_4^+的硝化反应中，每克被氧化为硝态氮的氨降低7.14g $CaCO_3$（2个当量）碱度，如下为简化的化学计量方程：

$$NH_4^+ + 2O_2 == NO_3^- + 2H^+ + H_2O \qquad (9.17)$$

（碱度损失＝每摩尔NH_4^+的2个当量单位碱度或7.14mg $CaCO_3$/mgTAN）

因此，鱼类每排泄1摩尔的氨和后续的硝化反应导致的碱度总损失为1个当量单位。除硝化反应外，在水处理阶段采用的反硝化还会补偿碱度损失。异养反硝化导致氢氧根离子的释放，从而提高水体碱度。可以根据以下公式9.18进行估计，每克硝态氮还原为氮气会提高3.57g $CaCO_3$碱度。

$$2NO_3^- + 12H^+ + 10e^- == N_2 + 6H_2O \qquad (9.18)$$

（碱度增加＝每摩尔NO_3^-的1个碱度当量单位或3.57g $CaCO_3$/g NO_3^-－N）

在一些循环水系统中，也采用自养反硝化流程去除硝态氮。使用硫化物作为电子供体，碱度通过两个独立阶段的过程获得。第一阶段（公式9.19），硫酸盐被还原为硫化物；第二阶段，伴随硝态氮的还原，硫化物重新被氧化为硫酸盐（公式9.20）。

$$SO_4^{2-} + 10H^+ + 8e^- == H_2S + 4H_2O \qquad (9.19)$$

（碱度增加＝每摩尔SO_4^{2-}的2个碱度当量单位或100g $CaCO_3$/摩尔SO_4^{2+}）

$$5H_2S + 8NO_3^- \rightarrow 5SO_4^{2-} == 4N_2 + 4H_2O + 2H^+ \qquad (9.20)$$

（碱度损失＝每5摩尔H_2S的2个碱度当量单位或20g $CaCO_3$/摩尔H_2S）

从公式9.18和9.19得知硫酸还原、硫化物氧化和硝态氮的还原等耦合反应过程，每8摩尔硝酸盐还原，产生400g $CaCO_3$净碱度或每毫克硝态氮还原，产生3.57mg $CaCO_3$净碱度。

然而，在存在可降解有机物的情况下（如正常的循环水系统），由于异养反硝化反应占主流，自养反硝化不可能发生。这种情况发生在一级反硝化反应器（公式9.17）的下游。在一级反硝化反应器中，生化需氧量被消耗殆尽，水被处理后，微滤机将水体大多数有机物除去。在不均匀的、异质的污泥反硝化反应器中，自养反硝化还起着重要的作用。

经验法则

- 鱼每排泄1g NH_3－N会贡献3.57g $CaCO_3$碱度。
- 通过硝化反应和反硝化反应，将每1g NH_3－N转化N_2，需要消耗3.57g $CaCO_3$碱度。
- 碱度净变化＝0。

9.5 反硝化对除磷的影响

生活污水在活性污泥处理厂的强化生物除磷（enhanced biological phosphorus removal, EBPR）是通过污泥厌氧和好氧交替完成的。在厌氧阶段，细菌生物体释放磷；在好氧阶段，过量的多磷酸盐（poly-P）又被这些细菌吸收。除磷是通过收集聚磷菌生物量得到实现的。一些聚磷菌（polyphosphate accumulating organism, PAO）也能够在反硝化环境中繁衍富集，即由硝态氮取代氧气作为最终电子受体。对富集聚磷酸盐的生物的研究显示，它在厌氧、好氧和缺氧环境中具有特定代谢特征。在厌氧环境下，乙酸或其他低分子量有机物被转化为聚羟基脂肪酸酯（PHAs），聚磷酸和糖原被分解，释放出磷酸盐。在好氧和缺氧环境下，PHAs被转化为糖原，磷酸盐在细胞内被用来合成聚磷酸盐。在厌氧环境下，细菌生长和磷酸盐利用是通过PHAs分解产生的能量来调控的。

一些异养反硝化细菌在好氧或缺氧条件下不需要在厌氧/好氧交替条件下，能通过合成聚磷酸的形式储存超过其代谢需求的磷酸盐。不像聚磷菌（PAO），这些反硝化细菌不能够利用PHAs作为能量来源合成聚磷酸盐，而是通过氧化外加碳源来获取能量。这种除磷方法的可行性已在淡水和海水循环水产养殖系统中得到验证。在这些养殖系统水体中，在养殖期间都维持稳定的正磷酸盐浓度。固磷发生在缺氧处理阶段。该阶段磷累计可达19%的干污泥量。

9.6 出水和在线处理

基于有机物去除和硝化反应水处理工艺的循环水产养殖系统，硝态氮会积累到很高的浓度。每日换水是防止硝态氮积累到有害浓度的常用方法。由于各个国家日益严苛的环保排放要求，可预计在不久的将来，硝态氮将被要求从水产养殖排放水中去除。将硝态氮从水产养殖排放水中去除，首先需要将其从相对高浓度降至相对低浓度、政策许可的浓度水平。监管允许排放的硝态氮水平高于反应速率限制浓度，这样排放水处理的反硝化反应不受硝态氮浓度的限制。然而，硝态氮是否是速率限制因子，很大程度上还取决于反硝化反应器的均匀性。在典型的异质条件下，在反应器内部的某些区域还是缺乏硝态氮。因此，周围较高的硝态氮浓度的反应器比周围较低的硝态氮浓度的反应器更高效。可通过循环水产养殖系统中硝态氮的在线处理来确保反硝化步骤中高浓度的硝态氮浓度。由于大多数养殖生物对硝态氮的忍耐力强，有在线硝态氮处理单元的水产养殖系统可运行在有硝态氮的周围环境中。在线系统的硝态氮浓度可能比那些处理排放水的系统高1个数量级。

9.7 反应器的种类

在污水处理中有若干种反硝化反应器（表9.1）。反应器可被分为悬浮生长系统和附着生长系统。悬浮生长系统要么是完全混合反应器，要么是推流反应器，在缺氧和碳源丰富的环境中反硝化细菌群开始生长。与活性污泥处理相似，一部分从反应器中去除的污泥被循环利用以维持相对稳定的反硝化细菌数量。结果表明，采用这种反应器的循环水产养殖系统无须去除污泥。上流式厌氧污泥床（upflow anaerobic sludge-blanket, UASB）流程是一种特别的悬浮生长系统。在这个反应器中，污水向上流过由生物颗粒构成的污泥层。这种反应器主要用来进行厌氧消化有机物，也可用在污水处理或养殖工场以去除硝态氮。细菌附着到填料表面的生物反应器称为固定膜反应器或填充床反应器，包括流化沙床生物过滤器、移动床生物过滤器（原著作者注：在混匀流程中，移动床生物过滤器是使用机械搅拌而不是曝气系统来维持缺氧环境）。

表9.1　循环水系统中应用的反硝化反应器

系统	反硝化反应器	养殖品种	碳源/电子供体
淡水系统	活性污泥	鲤鱼	内源性碳
	活性污泥	罗非鱼,鳗鲡	葡萄糖/甲醇
	活性污泥	鳟	水解玉米淀粉
	消化池和流化沙床	罗非鱼	内源性碳
	活性污泥	鳗鲡	内源性碳
	填充床	未知	甲醇
	填充床	未知	内源性碳
	聚合物	锦鲤	内源性碳
	聚合物	锦鲤	可降解聚合物
	填充床	鳗鲡	甲醇
海水系统	填充床	大西洋鲑,大鳞大麻哈鲑	甲醇
	填充床	日本牙鲆	葡萄糖
	填充床	鱿鱼	甲醇
	填充床	未知	乙醇
	流化床	观赏鱼	甲醇
	聚合物	未知	葡萄糖
	填充床	观赏鱼	甲醇
	填充床	对虾	乙醇/甲醇
	聚合物	观赏鱼	淀粉
	消化池和流化沙床	金头鲷	内源性碳淀粉
	移动床	金头鲷,观赏鱼	甲醇

9.8　用以反硝化的移动床生物过滤器流程

移动床生物过滤器（moving bed bioreactor, MBBR）于20世纪80年代早期在挪威被开发用于低成本改进已有的污水处理设施，通过预反硝化或后反硝化过程进行除氮。使用MBBR对已有的污水处理厂进行升级，与滴滤塔和活性污泥系统相比，它具有占地面积小、易维护的明显优点。MBBR技术现在广泛应用于欧洲的污水处理设施、小型和大型商业化水产养殖系统的硝化反应中。

MBBR是一种基于连续运行、无阻塞、低水头损失、高比表面积、无须反冲洗的附着生长的生物膜处理过程。细菌生物在载体填料上生长，可在反应器的水体中自由移动。反应器既可在好氧条件下进行硝化反应，又可在缺氧条件下进行反硝化反应。对硝化反应而言，载体填料通过大气泡曝气系统保持恒定循环，创造好氧条件；反硝化过程则通过浸没式搅拌器（通常是水平轴式香蕉搅拌器）实现。载体填料通常占反应器体积的67%（通常为50%），过高的填充率会降低搅拌效果。在反应器出口设置筛网，将填料保留在反应器内，筛网可以垂直或水平安装，是矩形筛或圆柱形筛。最常用的填料是 Kaldnes K1，它采用高密度聚乙烯（密度 $0.95g/cm^3$）制作而成；它的形状像一个小圆筒，圆筒内侧十字形，外部有"鳍"。也可用其他填料，但所有填料都具有为生物膜生长提供保护区的特点。

图9.2　有水平轴搅拌器、矩形筛网和曝气系统的缺氧反应器
（可用作好氧反应器或缺氧反应器）

反应器内部搅拌使得填料保持持续运动，创造的冲洗效果可防止阻塞和剥离过量的生物膜。由于 MBBR 是附着生长过程，其处理能力是填料比表面积的一种函数。这常认为是反应器的比表面积，其等于填料总表面积除以反应器体积或者填料比表面积乘以填料所占的反应器体积。在某些情况下，用可生长生物膜的填料总比表面积除以反应器体积来反映某些类型填料的外表面生物膜的磨损情况。Kaldnes K1 填料生物膜的比表面积是 $500m^2/m^3$；对填充率为 50% 的单位体积反应器表面积为 $250m^2/m^3$，对填充率 67% 的单位体积反应器表面积为 $350m^2/m^3$。

鉴于 MBBR 技术在硝化生物反应器中的应用越来越多，它在商业循环水产养殖系统反硝化处理中的应用潜力很大。MBBR 技术可通过预反硝化、后反硝化或者两者的组合来除氮（见9.2反硝化的单元流程）。富氧水的高循环速率和可能发生的进水可利用碳源不足而限制预反硝化流程。在后反硝化流程中，添加易生物降解的碳源有可能实现高反硝化速率。例如，来自挪威的中试水处理厂数据显示，在16℃使用乙醇的最高反硝化速率是 2.5g N/（$m^2 \cdot d$），而甲醇的是 2.0g N/（$m^2 \cdot d$）。假定填料生物膜有效比表面积为 $500m^2/m^3$，使用乙醇的反硝化速率为 1.25kg N/（$m^3 \cdot d$），而甲醇为 1.00kg N/（$m^3 \cdot d$）。尽管低于传统流化沙床或浸没式生物过滤器，但 MBBR 提供一种操作灵活简便的流程。例如，同活性污泥法比较，生物反应器不需要循环污泥。此外，生物反应器几乎适用于所有的形状；在特定的反应器体积中，可通过改变过滤器的填充率来满足不同的负荷要求。

9.8.1　移动床生物过滤器反硝化的设计参数

有学者回顾了挪威在污水处理流程中使用 MBBR 去除 BOD/COD，以及进行硝化反应和反硝化反应的过程。其中有 3 个挪威水处理厂均采用预反硝化和后反硝化流程。每个处理厂由 7 或 9 个串联的处理反应器组成。第一个反应器为仅有搅拌、没有曝气的缺氧预反硝化流程。接下来的反应器有搅拌器和曝气装置，便于灵活运行。中间的反应器是好氧硝化反应器，设有曝气扩散器网格。倒数第二个反应器有曝气装置和搅拌器，但大多时间仅运行搅拌器，几乎不曝气。这用来尽可能多地消耗氧气以提供一个低氧废水循环回流到第一个缺氧预反硝化反应器。最后一个反应器仅有搅拌器，以及为后反硝化反应添加的碳源装置。串联反应器的最后有一个小曝气池在排放前进行复氧。

以上设计案例最重要的是水温范围在 6 ~ 16℃。尽管这是一个污水处理流程，水产养殖系统也需要实现该流程类似的处理效果。此例中，最终的后反硝化反应器的进水总氮水平为 16 ~ 48mg/L，出水总氮水平为 2.9 ~ 12.7mg/L。在平均进水浓度为 27mg/L 的情况下，去除 1kg 氮需消耗 1.48kg 乙醇，去除率为 76%（3.1kg COD/kg $N_{removed}$）。在 15℃ 添加甲醇，其反硝化速率估计在 2mg NO_3 − N/（m^2 · d）。几乎所有的氮被后反硝化反应器去除。

9.9　反硝化反应器的设计

设计高效的反硝化反应器，需考虑以下几个参数：
- 系统中硝态氮的产量；
- 养殖水体允许的最高的硝态氮浓度；
- 与硝态氮负荷匹配的反应器体积；
- 反应器的水力停留时间；
- 电子供体类型（有机/无机）及其在反硝化流程中的化学反应方程式要求；
- 反应器的氧气浓度。

9.9.1　解释与假定

- 系统的总氨氮（TAN）负荷已在生物过滤（见第 7 章）中详述，一般假定为约 3% 的日投喂率（饲料蛋白质含量的 9.2%）。保守估计，养殖系统总氨氮 TAN 水平维持低于 2mg/L，所有氨氮均在硝化生物过滤器中氧化为硝态氮。为达到实用目的，进一步假定所产生的硝态氮的一部分通过每日换水去除（见第 13 章），剩余的用来反硝化脱氮。

- 设置硝态氮水平要考虑养殖生物的硝态氮容忍度和循环水系统排放水要求的硝态氮水平。需注意的是，尤其是海水系统中，在低硝态氮浓度、厌氧的环境运行时局部系统有生成硫化物的风险。通常，大多数养殖生物对硝态氮忍耐度大大高于排放水的要求，因此，与全封闭循环水系统相比，半封闭循环水系统需要在较低的硝态氮浓度水平运行。

- 反硝化反应器的体积是基于各种反应器的反硝化速率；而反硝化速率反过来也依赖于

反应器类型和电子供体类型（见表9.1和表9.3）。整个反应器的硝态氮浓度不受限的话，对其还原是最理想的，当系统运行在相对高的硝态氮浓度时需要一个小一点的反应器。需注意的是，像硝化反应（见第7章）一样，总的每日硝态氮去除率而非单次的硝态氮去除率决定了生物过滤器的效率，即通过生物过滤器的浓度变化和流量更重要。

● 系统所需的周围硝态氮浓度是反硝化反应器运行水力停留时间的主要决定因子。当反硝化反应器的水力停留时间过短，反应器就很难维持无氧条件。相反，水力停留时间过长会导致反应器产生有害的厌氧代谢物，如硫化物。

● 电子供体类型会显著影响反硝化速率。硝态氮和常见有机或无机电子供体的化学反应方程式请见表9.2。然而，应当谨慎使用这些化学平衡方程。因为在反硝化反应器内，它们会从电子供体/碳供体需求之间的原位关系发生明显转移。存在这种差异的潜在主要因素是反应器内其他生物过程（如好氧呼吸）以及碳转化为菌体自身生长维持等对电子供体的消耗。在外加碳源来反硝化的情况下，需注意到循环水系统中待处理水含有机物。因此，不可避免的是，即使在外源碳界定清楚的反应器内，原位反硝化速率也与理论预测值不同。因此，需要针对特定系统进行实验以确定电子供体/碳供体与硝态氮的关系。

● 为保证反硝化活力，在进水或反硝化反应器内部除氧是非常关键的。除氧的一个选择是通过氮气吹脱进水。特别是在采用外加碳源的反应器内，这种主动除氧常常是确保反应器缺氧的唯一选择。反应器内的耗氧也会导致反应器缺氧。在采用内源性碳的反硝化系统中氧气消耗非常快，因此不需在进水中主动除氧。然而，需要注意的是这种条件下一部分有机碳被好氧呼吸利用，不能再用来反硝化。

9.10 设计案例

如前几章所述，欧米伽产业（OI）需要为欧米伽鱼类养殖设施的建设和运行提供工程规划。生产策略分为3步：仔鱼、幼鱼和成鱼阶段。尽管欧米伽鱼适应力强、可忍受高硝态氮水平，但监管部门和市场要求鱼池和排放水的硝态氮水平维持在尽可能低的水平，如低于10mg/L硝态氮。现阶段，需采用高级的工程设计先进的反硝化系统。现阶段开发反硝化系统的难点在于，目前没有这种系统的现成设计指南或仍在研究阶段。尽管大学、研究机构已设计了大量实验规模的系统，但极少达到可交钥匙的商业化系统水平。以下设计是基于欧洲商业化水产养殖系统MBBR硝化系统和MBBR反硝化系统的成功经验。

采用MBBR反硝化系统的后反硝化流程的可能设计包括如下：

● 系统中硝态氮的产量

在设计案例中，使用的一个幼鱼/成鱼平台包括2个幼鱼池和2个成鱼鱼池（见第5章）。这个平台的最高生物量设计上限为2267kg，日最大投喂量为27.5kg。假定使用38%蛋白质含量的高质量饲料（0.035kg TAN/kg饲料），则氨氮日产量为0.96kg NH_3-N。如何确定在任何系统中均存在的被动反硝化是比较困难的。为设计安全系数，我们将其视为0。因此，我们认为所有的总氨氮（TAN）在生物过滤器中转化为硝态氮，系统排水失去的硝态氮数量忽略不计，则产生0.96kg NO_3-N/d。

● 养殖水体允许的最高的硝态氮浓度

这个比较简单，可通过增大除氮系统来保持鱼池和排放水中的硝态氮浓度维持在尽可能低的水平。需注意的是，如果补水水体（养殖系统排水率）不含硝态氮，则当反硝化速率等于硝态氮的生成速率（设计目标）时，养殖系统硝态氮的平衡浓度接近于0。

- 匹配硝态氮负荷的反应器体积

几种不同类型MBBR的反硝化体积速率已被确定，近似于2g N/（m²·d）。由此所需的表面积为：

$$表面积 = \frac{m_{NO_3-N}}{VDR} = \frac{(963\frac{g\ NO_3-N}{d})}{(2\frac{g\ NO_3-N}{m^2 \cdot d})} = 481m^2（5180ft^2）$$

MBBR常用的填料的有效生物膜比面积，如Kaldnes K1为500m²/m³。由此，所需填料体积为：

$$体积 = \frac{表面积}{SSA} = \frac{(481m^2)}{500m^2/m^3} = 0.96m^3（34ft^3）$$

假定MBBR的填充率为67%，则生物反应器体积为1.43m³（0.96m³/0.67）或378加仑。搅拌则采用1/4匹马力的水平轴减速箱并将其安装在螺旋桨顶部。

- 反应器的水力停留时间

基于若干市政污水处理系统，假定水力停留时间在20~30min。故此通过MBBR的流速为10~15gpm。

此例中选择的有机碳源是农副产品Micro™优质碳源，具体添加需求由现场确定，但预估的最大Micro™与硝态氮比例为5∶1。

表9.2　选用不同电子/碳供体的异养和自养反硝化细菌的化学计量方程式

底物	化学计量方程式	有机物需求（g COD/g NO₃⁻—N）
乙酸盐	$0.819CH_3COOH+NO_3^- \rightarrow 0.068C_5H_7NO_2+HCO_3^-+0.301CO_2+0.902H_2O+0.466N_2$	3.72
甲醇	$1.08CH_3OH + NO_3^- +H^+ \rightarrow 0.065C_5H_7O_2N+0.467N_2+0.76CO_2+2.44H_2O$	3.70
乙醇	$0.613C_2H_5OH+NO_3^- \rightarrow 0.102C_5H_7NO_2+0.714CO_2+0.286OH^-+0.980H_2O+0.449N_2$	4.19
葡萄糖	$C_6H_{12}O_6+2.8NO_3^-+0.5NH_4^-+2.3H^+ \rightarrow 0.5C_5H_7NO_2+1.4N_2+3.5CO_2+6.4H_2O$	4.86
循环水产养殖系统中的有机质**	$C_7H_{13.4}O_{3.5}P_{0.3}N+3.3NO_3^-+2.6H^+ \rightarrow 1.6N_2+2.9CO_2+0.2NH_3+4.9H_2O+0.8C_5H_7O_2P_{0.1}N+0.2PO_4^{3-}$	5.7
氢气	$2NO_3^-+5H_2 \rightarrow N_2+4H_2O+2OH^-$	
硫化物	$14NO_3^-+5FeS_2+4H^+ \rightarrow 7N_2+10SO_4^{2-}+5Fe^{2+}+2H_2O$	
单质硫	$10NO_3^-+11S+4.1HCO_3^-+0.5CO_2+1.71NH_4^++2.54H_2O \rightarrow 0.92C_5H_7NO_2+11SO_4^{2-}+5.4N_2+9.62H^+$	

注：数据来自Ahn、Klas S等学者（2006）；Mateju V等学者（1992）；**表示假定每克COD的最大细菌产量为0.53g。

表9.3 水产设施养殖中反硝化反应器的单位体积反硝化速率

淡水系统反硝化反应器	填料	碳源	硝态氮去除速率（每小时 mg NO_3-N/L）	水力停留时间(h)
流化沙床	沙	内源性碳	35.8	0.22
填充床	可生物降解聚合物	PHB$(C_4H_6O_2)_n$ PCL$(C_6H_{10}O_2C_6H_{10}O_2)_n$ Bionolle$(C_8H_8O_4)_n$	1.5～1.66	0.75
填充床	聚乙烯	甲醇	1.8*	未标明
消化池	污泥	内源性碳	5.9	5.2
流化沙床	沙	内源性碳	55.4	0.028
填充床	冻干藻泥	淀粉	26.0	0.16
消化池	污泥	内源性碳	1.5	0.19
填充床	聚乙烯填料	甲醇、淀粉、糖蜜、乙酸	28	1.67
填充床	脱脂棉	内源性碳	最大3.55*	2.25
填充床	塑料填料	葡萄糖	1.7	55
填充床	砖颗粒	乙醇	100	0.37
填充床	多孔介质	甲醇	7.3～8.4*	未标明
填充床	聚乙烯醇	葡萄糖	1.4	1～12
填充床	塑料球/碎牡蛎壳	乙醇/甲醇	6.6*	0.30～1.43
填充床	冻干海藻酸钠珠	淀粉	2.6	0.16
消化池	污泥	内源性碳	2.5	1.19
流化沙床	沙	内源性碳	72.6	0.015
移动床生物过滤器	塑料填料	内源性碳	15～24	3.5～5.5
移动床生物过滤器	聚乙烯	甲醇	53.0	2.5～3.7
移动床生物过滤器	聚丙烯	甲醇	112.5	1.6～3.0

注：*表示估计的速率（文中没有指明速率）。

9.11 参考文献

1. ABEYSINGHE D H, SHANABLEH A, RIGDEN B, 1996. Biofilters for water reuse in aquaculture. Wat Sci Tech, 34: 253-260.
2. ABOUTBOUL Y, ARBIV R, RIJN J, 1995. Anaerobic treatment of intensive fish culture

effluents: volatile fatty acid mediated denitrification. Aquaculture, 133: 21–32.

3. AHN Y H, 2006. Sustainable nitrogen elimination biotechnologies: a review. Process Biochemistry, 41: 1709–1721.

4. ARBIV R, RIJN J, 1995. Performance of a treatment system for inorganic nitrogen removal from intensive aquaculture systems. Aquacult Eng, 14: 189–203.

5. BALDERSTON W L, SIEBURTH J, 1976. Nitrate removal in a closed–system aquaculture by column denitrification. Appl Environ Microbiol, 32: 808–818.

6. BARAK Y, 1997. Factors mediating nitrite accumulation during denitrification by Pseudomonas sp. and Ochrobactrum anthropi. Hebrew University of Jerusalem: 64.

7. BARAK Y, RIJN J, 2000a. Atypical polyphosphate accumulation by the denitrifying bacterium paracoccus denitrificans. Appl Environ Microbiol, 66: 1209–1212.

8. BARAK Y, RIJN J, 2000b. Biological phosphate removal in a prototype recirculating aquaculture treatment system. Aquaculture Eng, 22: 121–136.

9. BARAK Y, TAL Y, RIJN J, 1998. Light–mediated nitrite accumulation during denitrification by pseudomonas sp. strain JR12. Appl Environ Microbiol, 64（3）：813–817.

10. BARAK Y et al., 2003. Phosphate removal in a marine prototype recirculating aquaculture system. Aquaculture, 220: 313–326.

11. BARKER P S, DOLD P L, 1996. Denitrification behavior in biological excess phosphorus removal activated sludge systems. Water Res, 30: 769–780.

12. BERKA R, KUJAL B, LAVICKY J, 1981. Recirculating systems in Eastern Europe. Proc World Symp, 2: 28–30.

13. BETLACH M R, TIEDJE J M, 1981. Kinetic explanation for accumulation of nitrite, nitric oxide and nitrous oxide during bacterial denitrification. Appl Environ Microbiol, 42: 1074–1084.

14. BLASZCZYK M, 1993. Effect of medium composition on the denitrification of nitrate by paracoccus denitrificans. Appl Environ Microbiol, 59: 3951–3953.

15. BOLEY A et al., 2000. Biodegradable polymers as a solid substrate and biofilm carrier for denitrification in recirculated aquaculture systems. Aquacultural Engineering, 22: 75–85.

16. CHERCHI C, ONNIS–HAYDEN A, GU A Z, 2008. Investigation of MicroC™ as an alternative carbon source for denitrification. Proceedings of the Water.

17. ENVIRONMENT FEDERATION 81ST ANNUAL CONFERENCE AND EXPOSITION, 1990. Induction of denitrifying enzymes in oxygen limited achromobacter cycloclastes continuous culture. FEMS Microbiol Ecol, 73: 263–270.

18. CYTRYN E et al., 2003. Diversity of microbial communities correlated to physiochemical parameters in a digestion basin of a zero–discharge mariculture system. Environ Microbiol, 5: 55–63.

19. CYTRYN E et al., 2005a. Sulfide–oxidizing activity and bacterial community structure in a fluidized bed reactor from a zero–discharge mariculture system. Environ Sci Technol, 39: 1802–1810.

20. CYTRYN E et al., 2005b.Identification of bacterial communities potentially responsible for oxic and anoxic sulfide oxidation in biofilters of a recirculating mariculture system. Appl Environ Microbiol, 71: 6134–6141.

21. CYTRYN E et al., 2006. Transient development of filamentous thiothrix species in a marine sulfide oxidizing, denitrifying fluidized bed reactor. FEMS Microbiology Letters, 256: 22–29.

22. DUPLA M et al., 2006. Design optimization of a self-cleaning moving-bed bioreactor for seawater denitrification. Wat Res, 40: 249–258.

23. EBELING J M, DRENNAN D G, 2006. Low substrate nitrate kinetics utilizing passive self-regulating denitrification technology.Eight International Recirculating Aquaculture Conference: 468–476.

24. EPA, US ENVIRONMENTAL PROTECTION AGENCY, 1993. Manual Nitrogen Control.

25. GELFAND I et al., 2003. A novel zero-discharge intensive seawater recirculating system for culture of marine fish. J World Aquacult Soc, 34: 344–358.

26. GLASS C, SILVERSTEIN J, 1998. Denitrification kinetics of high nitrate concentration water: pH effect on inhibition and nitrite accumulation. Wat Res, 32: 831–839.

27. GRGURIC G, COSTON C J, 1998. Modeling of nitrate and bromate in a seawater aquarium. Wat Res, 32: 1759–1768.

28. GRGURIC G, WETMORE S S, FOURNIER R W, 2000a. Biological denitrification in a closed seawater system. Chemosphere, 40: 549–555.

29. GRGURIC G, SONDEY C J, DUVALL B M, 2000b. Carbon and nitrogen fluxes in a closed seawater facility. Science of the Total Environment, 247: 57–69.

30. GUTIERREX-WING M T, BEECHER L, MALONE R F, 2006. Preliminary evaluation of granular PHA's as a medium and carbon source for high rate denitrification of recirculating marine aquaculture waters. Sixth International Recirculating Aquaculture Conference: 370–378.

31. HAMLIN H J et al., 2008. Comparing denitrification rates and carbon sources in commercial scale up flow denitrification biological filters in aquaculture. Aquacultural Engineering, 38(2): 79–92.

32. HEINEN M, 2006. Simplified denitrification models: overview and properties. Geoderma, 133: 444–463.

33. HONDA H et al., 1993. High density rearing of Japanese flounder, paralichthys denitrification unit. Suisanzoshoku, 41: 19–26.

34. HRUBEC T C, 1966. Nitrate toxicity: a potential problem of recirculating systems. Aquacult Eng Soc Proc: 41–48.

35. HYRAYAMA K, 1966. Influences of nitrate accumulated in culturing water on octopus vulgaris. Bull Jap Soc Sci Fish, 32: 105–111.

36. KAISER H, SCHMITZ O, 1988. Water quality in a closed recirculating fish culture system influenced by the addition of a carbon source in relation to the feed uptake by fish. Aquacult Fish Management, 19: 265–273.

37. KAMSTRA A, HEUL J W, 1998. The effect of denitrification on feed intake and feed conversion of European eel anguilla L. In: GRIZEL H, KESTERMONT P. Aquaculture and water: fish culture, shellfish culture and water usage.European Aquaculture Society Special Publication: 128–129.

38. KLAS S, MOZES N, LAHAV O, 2006. A conceptual, stoichiometry–based model for single sludge denitrification in recirculating aquaculture systems. Aquaculture, 259: 328–341.

39. KORNER H, ZUMFT W G, 1989. Expression of denitrification with methanol in tertiary filtration. Wat Res, 31: 3029–3038.

40. KNOSCHE R, 1994. An effective biofilter type for eel culture in recirculating systems. Aquacult Eng, 13: 71–82.

41. KUCERA L, DADAK V, DORBY R, 1983. The distribution of redox equivalents in the anaerobic respiratory chain of paracoccus denitrificans. Eur J Biochem, 130: 359–364.

42. LABELLE M A et al., 2005. Seawater denitrification in a closed mecocosm by a submerged moving bed biofilm reactor. Wat Res, 39: 3409–3417.

43. LEE P G et al., 2000. Denitrification in aquaculture systems: an example of a fuzzy logic control problem. Aquacultural Engineering, 23(1): 37–59.

44. MASSER M P et al., 1999. Recirculating aquaculture tank production systems: management of recirculating systems. Southern Regional Aquaculture Center Publication, 452: 12.

45. MATEJU V et al., 1992. Biological water denitrification: a review. Enzyme Microb Technol, 14: 170–179.

46. MCCARTY P L, BECK L, AMANT S P, 1969. Biological denitrification of wastewaters by addition of organic materials. The 24th Annual Purdue Industrial Waste Conf: 1271–1285.

47. MENASVETA P et al., 2001. Design and function of a closed, recirculating seawater system with denitrification for the culture of black tiger shrimp broodstock. Aquacult Eng, 25: 35–39.

48. MESKE C, 1976. Fish culture in a recirculating system with water treatment by activated sludge. In: PILLAY T V R, DILL W A.Advances in aquaculture. Fishing News Ltd: 527–531.

49. METCALF, EDDY, 2003. Wastewater engineering: treatment and reuse. 4th. New York: McGraw Hill, 1819.

50. MICHAELIS L, MENTEN M, 1913. Die kinetik der invertinwirkung.Biochem Z, 49: 333–369.

51. MINO T, LOOSDRECHT M C M, HEIJNEN J J, 1998. Microbiology and biochemistry of the enhanced biological phosphate removal processes. Water Res, 32(11): 3193–3207.

52. NGSOWP–CDECO. Canadian water quality guidelines for the protection of aquatic life: nitrate ion. Report No 1–6 Minister of the Environment.

53. MICROCTM, 2003. http://www.eosenvironmental.com/product/index.htm.

54. MONTIETH H D, BRIDLE T R, SUTTON P M, 1979. Evaluation of industrial waste carbon sources for biological denitrification. Environment Canada Wastewater Technology Centre Report.

55. MORRISON M M, TAL Y, SCHREIER H J, 2004. Granular starch as a carbon source for enhancing denitrification in biofilters connected to marine recirculating aquaculture systems.

Proceedings of the 5th International Conference on Recirculating Aquaculture: 481–488.

56. MUIR P R, SUTTON D C, OWENS L, 1991. Nitrate toxicity to penaeus monodon protozoea. Mar Biol, 108: 67–71.

57. NARCIS N, REBHUN M, SCHEINDORF C, 1979. Denitrification at various carbon to nitrogen ratios. Wat Res, 13: 93–98.

58. NAGADOMI H et al., 1999. Treatment of aquarium water by denitrifying photosynthetic bacteria using immobilized polyvinyl alcohol beads. J Bioscience Bioengineer, 87: 189–193.

59. NEORI A, KROM M D, RIJN J, 2007. Biochemical processes in intensive zero–effluent marine fish culture with recirculating aerobic and anaerobic biofilters. J Exp Mar Biol Ecol, 349: 235–247.

60. NISHIMURA Y, KAMIHARA T, FUKUI S, 1979. Nitrite reduction with formate in pseudomonas denitrificans ATCC 13867. Biochem Biophys Res Commun, 87: 140–145.

61. NISHIMURA Y, KAMIHARA T, FUKUI S, 1980. Diverse effect of formate on the dissimilatory metabolism of nitrate in pseudomonas denitrificans ATCC 13867: growth, nitrite accumulation in culture, cellular activities of nitrite and nitrate reductases. Arch Microbiol, 124: 191–195.

62. ØDEGAARD H, 2006. Innovations in wastewater treatment: the moving bed biofilm process. Wat Science Technol, 53: 17–33.

63. ØDEGAARD H, RUSTEN B, WESSMAN F, 2004. State of the art in Europe of the moving bed biofilm reactor (MBBR) process. Proceedings of the annual meeting of WEFTEC.

64. OTTE G, ROSENTHAL H, 1979. Management of a closed brackish water system for high–density fish culture by biological and chemical water treatment. Aquaculture, 18: 169–181.

65. PARK J K, 2000. Biological nutrient removal, theories and design. Univ of Wisconsin–Madison Dept Civil and Environ Engineering.http: //www.engr.wisc.edu/cee/faculty/park_jae.html.

66. PARK E J et al., 2001. Salinity acclimation of immobilized freshwater denitrifiers. Aquacult Eng, 24: 169–180.

67. PAYNE W J, 1973. Reduction of nitrogenous oxides by microorganisms. Bact Rev, 37: 409–452.

68. PHILLIPS J B, LOVE N G, 1998. Biological denitrification using upflow biofiltration in recirculating aquaculture systems: pilot– scale experience and implications for full– scale. The Second International Conference on Recirculating Aquaculture: 171–178.

69. RITTMANN B E, MCCARTY P L, 2001. Environmental biotechnology: principles and applications. McGraw Hill: 754.

70. RUSSO R C, THURSTON R V, 1991. Aquaculture and water quality. World Aquaculture Society: 58–89.

71. SAUTHIER N, GRASMICK A, BLANCHETON J P, 1998. Biological denitrification applied to a marine closed aquaculture system. Wat Res, 32: 1932–1938.

72. SICH H, RIJN J, 1997. Scanning electron microscopy of biofilm formation in denitrifying fluidized–bed reactors. Wat Res, 31: 733–742.

73. SINGER A et al., 2008. A novel approach to denitrification processes in a zero– discharge

recirculating system for small-scale urban aquaculture. Aquacult Eng, 39: 72-77.

74. SHNEL N et al., 2002. Design and performance of a zero-discharge tilapia recirculating system. Aquacult Eng, 26: 191-203.

75. SHIMURA R et al., 2002. Aquatic animal research in space station and its issues. Focus on support technology on nitrate toxicity. Adv Space Res, 30: 803-807.

76. SKRINDE J R, BHAGAT S K, 1982. Industrial wastes as carbon sources in biological denitrification. Journal WPCF, 54: 370-377.

77. SUZUKI Y et al., 2003. Performance of a closed recirculating system with foam separation, nitrification and denitrification units for intensive culture of eel: toward zero emission. Aquacult Eng, 29: 165-182.

78. TAL Y, SCHREIER H J, 2004. Dissimilatory sulfate reduction as a process to promote denitrification in marine recirculated aquaculture systems. Proceedings 5th International Conference on Recirculating Aquaculture. Cooperative: 379-384.

79. TAL Y, NUSSINOVITCH A, RIJN J, 2003a. Nitrate removal in aquariums by immobilized denitrifiers. Biotechnol Prog, 19: 1019-1021.

80. THOMSEN J K, GEEST T, COX R P, 1994. Mass spectrometric studies of the effect of pH on the accumulation of intermediates in denitrification by paracoccus denitrificans. Appl Environ Microbiol, 60: 536-541.

81. TIEDJE J M, 1990. Ecology of denitrification and dissimilatory nitrate reduction to ammonia. In: ZEHNDER A J B. Biology of anaerobic microorganisms. Wiley Publ: 179-244.

82. TOERIEN D F et al., 1990. Enhanced biological phosphorus removal in activated sludge systems. In: MARSHALL K C. Advances in microbial ecology. Plenum Press: 173-219.

83. TUCKER J W, 1999. Species profile grouper aquaculture. SRAC Pub, 721: 10.

84. RIJN J, RIVERA G, 1990. Aerobic and anaerobic biofiltration in an aquaculture unit: nitrite accumulation as a result of nitrification and denitrification. Aquacult Eng, 9: 1-18.

85. RIJN J, BARAK Y, 1998. Denitrification in recirculating aquaculture systems: from biochemistry to biofilter. The Second International Conference on Recirculating Aquaculture: 179-187.

86. RIJN J, TAL Y, SCHREIER H J, 2006. Denitrification in recirculating systems: theory and applications. Aquacult Eng, 34: 364-376.

87. WEIHRAUCH D, WILKIE M P, WALSH P J, 2009. Ammonia and urea transporters in gills of fish and aquatic crustaceans. J Experimental Biology, 212: 1716-1730.

88. WEISS J et al., 2005. Evaluation of moving bed biofilm reactor technology for enhancing nitrogen removal in a stabilization pond treatment plant. Proceedings of the Annual Meeting of WEFTEC.

89. WHITSON J, TURK P, LEE P, 1993. Biological denitrification in a closed recirculating marine culture system. In: Wang J K. Techniques for modern aquaculture. ASAE: 458-466.

90. WILDERER P A, JONES W L, DAU U, 1987. Competition in denitrification systems affecting reduction rate and accumulation of nitrite. Wat Res, 21: 239-245.

第10章 气体传输

　　溶解氧（dissolved oxygen, DO）通常是集约化循环水产养殖系统中影响系统承载力和产量增长的首要限制因素。若仅靠曝气的方式来提供溶解氧，系统只能支持每立方米水体中养殖40kg的鱼（即0.33lbs/gal）。然而，如果采用纯氧以及高效的气体传输设备来提高溶解氧浓度，养殖密度可增高到120kg/m³（即1lbs/gal）以上，例如，将养殖池入口的溶解氧浓度从10mg/L（仅靠曝气）升到18mg/L（使用纯氧）并确保离开养殖池的水体中的溶解氧浓度在6mg/L，即可使养殖系统的承载力提高3倍，此时可用于鱼类呼吸和新陈代谢的溶解氧量从4mg/L（10mg/L减去6mg/L）升到12mg/L（18mg/L减去6mg/L）。养殖密度也因此从40kg/m³（即0.33lbs/gal）增长到120kg/m³（即1lbs/gal）。

　　在如此高养殖密度的水产养殖系统中，若换水率低且增氧气量小的环境曝气不足、pH低，鱼呼吸作用所产生的溶解二氧化碳会逐渐积累到使鱼和生物过滤系统面临毒性情况的水平。同样对系统运行很重要的其他溶解气体还有氮气、氩气和硫化氢以及某些特殊环境下的甲烷、氨和氡。

　　在研究相关处理方法时，重要的是要知道，改变某一特定气体（例如氧气）浓度，同样可显著改变同一溶液中其他气体浓度。因此，气体传输系统的设计必须考虑所有溶解气体的所有潜在影响以及诸如碱度、硬度、pH、铁离子浓度、镁离子浓度及盐度等的水质参数。本章所涉及的公式均假定在淡水环境下，除非另有说明。

10.1　溶解气体：基础

　　空气是由20.946％氧气、78.084％氮气、0.934％氩、0.032％二氧化碳和其他微量气体组成（见表10.1）。气压亦指大气压，是大气中各种气体所施加分压之和，每种气体的分压与该气体的摩尔分数成正比。因此，对于标准温度（20℃）和压力（760mmHg）下干空气中的氧气，其分压为760乘以0.20946，即约160mmHg。表压等于总压减去大气压，在水中，总气压是由各个气体所贡献的气体分压力总和加上水蒸气压，它可大于或小于气压。如果水中的总气压与大气压之比大于1，则此时水可被认为是过饱和的。

表10.1　干空气的组成成分

种类	体积(%)	质量(%)	摩尔质量(Wt.)
氮气	78.084	75.600	28.0
氧气	20.946	23.200	32.0
二氧化碳	0.032	0.048	44.0
氩气	0.934	1.300	39.9
空气	100.000	100.000	29.0

气体在水中的溶解度取决于其温度、盐度、气体组成和总压力。表10.2列出了4种主要气体的溶解度随气体组成的变化情况。从表10.2中可以看出，通过在空气中将氧气的摩尔分数从空气中的0.20946增加到纯氧中的1.0000，氧气的溶解度或是饱和浓度从10.08mg/L增加至48.14mg/L（在15℃的淡水中）。

表10.2　15℃下淡水中4种主要气体的溶解度

气体种类	空气中的溶解度(mg/L)	纯气体的溶解度(mg/L)
氧气	10.08	48.14
氮气	16.36	20.95
氩气	0.62	65.94
二氧化碳	0.69	1992.00

气体的溶解度同样与其绝对压力成比例，增加气体压力也可成比例地增加气体溶解度，即气体压力的加倍将使每种气体的溶解度加倍。较高的气压会在注入增压系统的水或从深井中获取的水中出现。当使用空气作为氧源时所存在的一个问题就是，增加空气压力也会使氮和氩的溶解度增加到高于正常饱和浓度，由此可能导致潜在的气体过饱和问题。尽管实际值取决于品种和生长阶段，大多数系统的总气压（total gas pressure，TGP）通常应保持在105%以下。

值得注意的是，补充空气的气体种类百分比不会随着海拔（最高可达90km）而变化，但总压力仍将如上所述变化。另外，需假设①100%的湿度条件会改变上述数字；②水蒸气压力约为10～15mmHg且与温度有关。

10.1.1　气体溶解度方程

溶解氧、氮和二氧化碳的饱和水平基于亨利定律来计算温度和压力的函数（$C_{s,i}$）：

$$C_{s,i}=1000K_i\beta_i X_i \frac{P_{BP}-P_{wv}}{760} \quad (10.1)$$

上式所使用的本生系数（β_i）和水汽压（P_{wv}）是从Weiss R F（1974）和Ashrae（1972）提出的关联中获取的。本生系数分别针对氧气、氮气和二氧化碳的计算式如下：

用于淡水中的氧和氮：

$$\beta_i=\exp[-A_1+A_2(100/T)+A_3\ln(T/100)] \quad (10.2)$$

以及用于淡水中的二氧化碳：

$$\beta_i=K_i(22.263) \quad (10.3)$$

$$K_o=\exp[A_1+A_2(100/T)+A_3\ln(T/100)] \quad (10.4)$$

公式10.2和10.4中的温度（T）以开尔文温度（℃ + 273.15）表示，A_1、A_2和A_3值取决于气体。

表10.3提供了标准空气中不同气体的摩尔分数以及上述公式中计算各气体饱和度值的必要常数。

表10.3 用于标准空气的气体溶解度方程的常数和摩尔分数

气体种类	摩尔分数	K_i	A_1	A_2	A_3	J_i
氧气	0.20946	1.42903	58.3877	85.8079	23.8439	0.5318
氮气	0.78084	1.25043	59.6274	85.7661	24.3696	0.6078
二氧化碳	0.00032	1.97681	58.0931	90.5069	22.2940	0.3845

例如，假设水的温度为20℃，在一个100％氧气环境中（湿空气，气压为760mmHg，蒸气压为17.54mmHg），计算氧气的溶解度：

$$\beta_{O_2}=\exp\left[-58.3877+85.8079\cdot\left(\frac{100}{293.15}\right)+23.8439\ln\left(\frac{293.15}{100}\right)\right]$$

$$\beta_{O_2}=0.03105\frac{L}{L\cdot atm}$$

$$C_{s,O_2}=1000\cdot1.42903\cdot0.03105\cdot1.00\cdot\frac{760-17.54}{760}=43.35mg/L$$

如公式10.1所示，特定气体的饱和浓度与气体组成的百分比表示成比例（在上述例子中，饱和度为100％或1.00）。因此，如果可获得正常大气下的饱和浓度（如表2.3、公式10.1或Colt，1984），则可计算纯大气下的浓度。

$$C_{x,100\%}=C_{x\%}/[与水接触的"大气"中气体种类X的比例]$$

在湿润的空气、20℃淡水中样本值分别是：

氮气：$C_{N_2,78.08\%}=14.88mg/L$

$C_{N_2,100\%}=14.88/0.7808=19.06mg/L$

氧气：$C_{O_2,20.95\%}=9.08mg/L$

$C_{O_2,100\%}=9.08/0.2095=43.34mg/L$

---

① 符号附录见本章末。

二氧化碳：$C_{CO_2, 0.032\%} = 0.5379 \text{mg/L}$

$C_{CO_2, 100\%} = 0.5379/0.00032 = 1681 \text{mg/L}$

如公式10.1所示，改变气体的总压力（公式10.1中的气压）也可改变特定气体的饱和浓度，例如，U型管中的压力随水深增加而增大，进而导致U型管底部的潜在溶解氧水平亦随之增加。综上所述，通过改变压力或气体组成可引起溶解平衡浓度的变化。

注意：mg/L通常表示为百万分率，ppm。

$$\text{ppm} = \frac{\text{mg}}{\text{L}} \cdot \frac{\text{L}}{1000\text{g}} \cdot \frac{\text{g}}{1000\text{mg}} = \frac{1}{1000000}$$

需要注意的是，ppm没有单位或可能是相同单位的比值，例如磅每磅或克每克，因此在分子和分母中必须出现相同的单位，以使所得比值"无单位"。由于升是体积测量而不是重量测量，从1000g水变为1L水时实际重量会存在一些小的误差。

问题1：当低压天气来临时，观察鱼的氧气压力。

解答：

低压天气前沿压力下降20mmHg；

此时的大气压力为760−20=740mmHg；

应用公式10.1，氧气饱和浓度（在20℃淡水）降低到：

$$9.08\frac{\text{mg}}{\text{L}} \cdot \frac{740 - 17.54}{760 - 17.54} \approx 9.08 \cdot \frac{740}{760} = 8.84\frac{\text{mg}}{\text{L}}$$

问题2：当氧气罐中的氧气不足时，气体调节装置会用纯净空气来添加氧气，养殖人员需要增加一倍的氧气量。

解答：

将"装置"中氧气的气体浓度增加到大气压下的2倍或约42%，而其他几乎保持不变，这可能使转移到鱼池中的氧气"加倍"。实际的氧气转移量会取决于几个因素，包括进入气体调节装置的氧气浓度。

10.1.2 大气压力（P_{BP}）

依靠海拔的气压估计方法可用以下公式表示：

$$P_{BP} = 10^a$$
$$a = 2.880814 - \frac{h}{19748.2} \tag{10.5}$$

h是海平面以上的高度（以m为单位）。例如，当海拔高度达300m时，可使用公式10.5计算大气压力：

$$a = 2.880814 - \frac{300}{19748.2} = 2.86562$$
$$P_{BP} = 10^{2.865562} = 734 \text{ mmHg}$$

10.1.3 水汽压 (P_{wv})

Colt J（1984）给出的数据常被用来回归 $10 \sim 30°C$ 间水汽压与温度之间的关系（$R^2 = 0.999$）。

$$P_{wv} = A_0 e^{0.0645T} \qquad (10.6)$$

其中 A_0 为4.7603，温度单位为℃。

例如，由公式10.6可得，水温为0℃、10℃和30℃时水汽压分别为4.7、9.1和33.0mmHg（见表2.1）。

10.1.4 气体的超饱和状态

已知液相的测量浓度值（$C_{meas,i}$，mg/L）时，气体分压（P_i^l，mmHg）的计算如下：

$$P_i^l = \left[\frac{C_{meas,i}}{\beta_i}\right]J_i \qquad (10.7)$$

其中 J_i 值在表10.3中给出；β_i 是本生系数，可基于同一表中给出的常数进行计算。气相中气体分压（mmHg）与气体的摩尔分数成正比：

$$P_i^g = X_i(P_{BP} - P_{wv}) \qquad (10.8)$$

研究人员通常倾向于将溶解气体浓度视为饱和度百分比：

$$S_\% = \left[\frac{P^l}{P^g}\right]100 \qquad (10.9)$$

饱和度百分比同样等于所测得浓度和饱和浓度之比，两者浓度均以mg/L表示：

$$S_\% = \left[\frac{C_{meas,i}}{C_{s,i}}\right]100 \qquad (10.10)$$

10.1.5 总气压

最后，对鱼类养殖尤其重要的是水体中混合气体的总气压（P_{TG}）：

$$P_{TG} = P_{O_2}^l + P_{N_2}^l + P_{CO_2}^l + P_{wv} \qquad (10.11)$$

在某些情况下，氩的分压也应包括在内。我们通常会基于一个合适的 P_{TG}（以气压百分比表示）提出鱼类养殖建议：

$$P_{TG}（\%）= \frac{P_{TG}}{P_{BP}} \cdot 100 \qquad (10.12)$$

10.1.6 实例：气体方程式应用

上面提到的公式不免有些冗长，为了更好地说明，以及当这些公式被调整为电子表格或计算机类型格式时为其他人提供数字作比较，以下将演示一些实例计算。

假设一：淡水温度为25℃，位于海拔228.6m处

（1）气压和水汽压

$P_{BP}=10^{(2.880814-h/19748.2)}$

$\quad=10^{(2.880814-228.6/19748.2)}$

$\quad=740\text{mmHg}$

$P_{wv}=4.7603e^{(0.0645)(25)}$

$\quad=23.87\text{mmHg}$

（2）氧气

$K=1.42903$

$\beta=\exp[-A_1+A_2(100/T)+A_3\ln(T/100)]$

$\quad=\exp[-58.3877+85.8079(100/298.15)+23.8439\ln(298.15/100)]$

$\quad=0.02844\text{L/L-atm}$

$X=0.20946$

$C=1000K\beta X(P_{BP}-P_{wv})/760$

$\quad=1000\cdot(1.42903)\cdot(0.02844)\cdot(0.20946)\cdot(740-23.87)/760$

$\quad=8.021\text{mg/L}$

（3）氮气

$K=1.25043$

$\beta=\exp[A_1+A_2(100/T)+A_3\ln(T/100)]$

$\quad=\exp[-59.6274+85.7661(100/298.15)+24.3696\ln(298.15/100)]$

$\quad=0.01442\text{L/L-atm}$

$X=0.78084$

$C=1000K\beta X(P_{BP}-P_{wv})/760$

$\quad=1000\cdot(1.25043)\cdot(0.01442)\cdot(0.78084)\cdot(740-23.87)/760$

$\quad=13.267\text{mg/L}$

（4）二氧化碳

$K=1.97681$

$\beta=K_o(22.263)$

$K_o=\exp[-58.0931+90.5069(100/298.15)+22.2940\ln(298.15/100)]$

$K_o=0.03397$

$\beta=(0.03397)\cdot(22.263)$

$\quad=0.7563\text{L/L-atm}$

$X=0.00032（320\text{ppm}）$

$C=1000K\beta X(P_{BP}-P_{wv})/760$

$\quad=1000\cdot(1.97681)\cdot(0.7563)\cdot(0.00032)\cdot(740-23.87)/760$

$\quad=0.451\text{mg/L}$

现在假设我们测量所得现场的溶解气体条件如下（温度25℃、海拔228.6m）：

$$C_{O_2} = 6.0 \text{mg/L}$$

$$C_{N_2} = 13.3 \text{mg/L}$$

$$C_{CO_2} = 80.0 \text{mg/L}$$

由此我们可计算出液体中与待测气体浓度相对应的单个分压，并将它们与其饱和度值进行比较：

（1）氧气

$$P^{\text{l}} = \left[\frac{C_{\text{meas}}}{\beta} \right] J_i$$

$$= \left[\frac{6.0}{0.02844} \right] \cdot 0.5318$$

$$= 112.2 \text{mmHg}$$

$$P^{\text{g}} = X \, (P_{\text{BP}} - P_{\text{wv}})$$

$$= 0.20946 \cdot (740 - 23.87)$$

$$= 150.0 \text{mmHg}$$

$$S_{\%} = (P^{\text{l}}/P^{\text{g}}) \cdot 100\%$$

$$= (112.2/150) \cdot 100\%$$

$$= 74.8\%$$

（2）氮气

$$P^{\text{l}} = \left[\frac{13.3}{0.01442} \right] \cdot 0.6078$$

$$= 560.6 \text{mmHg}$$

$$P^{\text{g}} = X \, (P_{\text{BP}} - P_{\text{wv}})$$

$$= 0.78084 \cdot (740 - 23.87)$$

$$= 559.2 \text{mmHg}$$

$$S_{\%} = (P^{\text{l}}/P^{\text{g}}) \cdot 100\%$$

$$= (560.6/559.3) \cdot 100\%$$

$$= 100.2\%$$

（3）二氧化碳

$$P^{\text{l}} = \left[\frac{80.0}{0.7563} \right] \cdot 0.3845$$

$$= 40.67 \text{mmHg}$$

$$P^{\text{g}} = X \, (P_{\text{BP}} - P_{\text{wv}})$$

$$= 0.00032 \, (740 - 23.87)$$

$$= 0.23 \text{mmHg}$$

$$S_{\%} = (P^{\text{l}}/P^{\text{g}}) \cdot 100\%$$

$$= (40.67/0.23) \cdot 100\%$$

$$= 17682\%$$

$$P_{TG} = P^1_{O_2} + P^1_{N_2} + P^1_{CO_2} + P_{wv}$$

$$= 112.2 + 560.6 + 40.67 + 23.87$$

$$= 737.34 mmHg$$

$$P_{TG}(\%) = (737.34/740) \cdot 100\%$$

$$= 99.6\%$$

值得注意的是，在上述例子中，氩气一般会被忽略不计，如果处于饱和浓度，则对总气压的贡献为6.82mmHg，这相当于P_{TG}增加到737.34+6.82=744.16mmHg，即$P_{TG}(\%)$=100.6%，进而使P_{TG}>大气压。读者可根据特定需要自行参考Colt J（1984）中的附加方程。

10.2 气体转移

10.2.1 气体转移公式

气体转移与其中每种特定气体的压力差成比例，如果一种气体的分压高于"其他"环境中的气体压力，则该气体将进入"更高"的总压力环境。

原理：由于压力差异而发生气体转移。

$$Q_i \frac{mass}{time} = \frac{1}{R_{压力}} \cdot (P_{i,高压} - P_{i,低压}) \qquad （10.13）$$

从高压区域到低压区域的气体流速取决于高压区域到低压区域的气流阻力。

10.2.2 压力值

有几种方法可以表示大气压力，主要取决于各自国家的偏好和最熟悉的单位系统，用于描述大气压力的最常用术语是：海平面760毫米（29.91英寸）汞柱（Hg）；34英尺的水柱；14.96psi。

10.2.3 描述压力的相关术语

大气压力是所有构成气体的分压和水蒸气压之和的总气压（total gas pressure, TGP），也是所有分压（可能存在单个气体组分的非典型气体浓度）和水蒸气压的总和（公式10.10），总气压不应超过大气压的105%（取决于气体种类）。纯氧系统和滤水系统可能会遇到总气压过大的问题。进入的水（尤其是氮气）不完全脱气可能导致过高的总气压（导致鱼的气泡病），因为进入的水源通常是氮气过饱和的水源。

$$表压 = 总气压 - 大气压 \qquad （10.14）$$

10.2.4 气体转移的基本原理

当空气与水接触时，水中的溶解气体会试图与大气中气体分压平衡。直接影响气体转移速率的两个因素首先是气/液相接触面面积，其次是饱和时浓度（分压）与水中现有气体浓度之间的差异。例如，如果水中气体不饱和，则气体将被转移到水中；如果水是过饱和的，则气体会从溶液中转移出去。使用简单的滴滤塔，可以去除过饱和的氮气，同时在水中饱和溶解的氧浓度会增加，总的气体转移率取决于溶解气体的不足（或盈余）的比例常数，通常称为气体转移系数。总气体转移系数表示特定气体传输系统中的条件，它是一个复合术语，包括诸如气体的扩散系数、液膜厚度和气液界面面积等因素，这些因素也为如何增加气体传输的整体速率提供建议。通过湍流或混合减小液膜厚度，气泡尺寸更小从而可实现增加气液界面或增加浓度梯度。

为了描述气体转移或设计不同系统更具体地表达氧气的转移能力，已设计有一组标准条件和标准化测试方案。标准氧气转移率（standard oxygen transfer rate, SOTR），定义为测试增氧设施在溶解氧为0mg/L和温度为20℃下转移到清水中的氧气量（kg O_2/h）（SOTR可以通过乘以2.205转换为每小时氧气磅数）。此外，每单位能耗（kg O_2/kWh）输送的氧气量可定义为标准通气效率（standard aeration efficiency, SAE）。最后，标准氧气转移效率或吸收效率可定义为转移的氧气除以供应给增氧装置的氧气的气体流速。表10.4提供了当条件偏离标准初始条件DO = 0mg/L和20℃时SOTR的校正因子。表10.4中显示的校正因子有些不直观，因为该表显示校正因子为0.90时氧的初始零值和70°F的温度（接近标准条件Cs、标准温度68°F和0mg/L氧气）。随着温度升高，这些值也会增加至接近一致（90°F时为0.98），这可能与前面提到的公式10.16中的因素有关。

表10.4　不同水温或初始DO水平的SOTR校正因子：OTR = 校正因子×SOTR

池塘中的溶氧(ppm)	池塘中的水温				
	50°F	60°F	70°F	80°F	90°F
0	0.90	0.91	0.92	0.93	0.98
1	0.82	0.82	0.82	0.81	0.95
2	0.74	0.73	0.71	0.69	0.71
3	0.66	0.63	0.61	0.57	0.57
4	0.58	0.54	0.50	0.45	0.43
5	0.49	0.44	0.39	0.33	0.29
6	0.41	0.35	0.29	0.21	0.15
7	0.33	0.26	0.18	0.08	0.02
8	0.25	0.16	0.07	0.00	0.00
9	0.17	0.07	0.00		
10	0.09	0.00			
11	0.00				

注：在标准条件下获得的条件为DO=0mg/L和68°F；表中的数据是通过测量池塘水的实验数据和计算图表而来。因此在70°F和DO=0mg/L初始条件下，修正系数出现了意想不到的较低值。

另一种计算非标准修正系数的方法操作条件如下，其中C_s是饱和浓度，T是温度，单位为℃：

$$修正系数 = \left[\frac{C_{s,T} - C}{C_{s,std} - 0}\right] \cdot 1.024^{(T-20)} \qquad (10.15a)$$

各种装置中的总气体传质可以用 Colt J（1984）最初描述的G值表示，该方程用于预测填充塔中的气体传递：

$$G_{20} = \ln\left[\frac{C_s - C_{in}}{C_s - C_{out}}\right] \qquad (10.15b)$$

G值在评估任何特定气体转移装置的相对有效性方面非常有用。一旦为设备建立了G值，它就可以用于预测C_{in}和C_s的任何特定初始条件组的气体转移。可以使用 van't Hoff-Arrhenius 关系调整温度（℃）的影响：

$$G_T = G_{20} \cdot \alpha \cdot 1.024^{(T-20)} \qquad (10.16)$$

已知进水条件，公式10.14、10.15、10.16可用于计算出水条件，因为出水浓度在公式中是唯一未知的：

$$C_{out} = C_s + (C_{in} - C_s)\ e^{-G_T} \qquad (10.17)$$

公式10.16的α因子表示在气—液界面扩散阻力会随着表面活性化合物增加而增加，α因子被认为是清洁水的统一值，但据报道，来自水库的地表水为0.92，氮气和二氧化碳的G值的调节基于本身气体物质相对于氧气的分子直径。Tsivoglou J R et al.（1965）应用爱因斯坦的扩散定律来估计不同气体的气体转移与分子直径的比例成反比，应用该理论意味着氮气转移率为氧气转化率的94%，二氧化碳转移率为氧气转化率的90%。

气体转移效率E是根据系统中DO的变化计算的，表示为初始溶解气体缺少的百分比：

$$E = \left[\frac{DO_{out} - DO_{in}}{C_s - DO_{in}}\right] \cdot 100 \qquad (10.18)$$

传统上，气体转移效率已被用于描述各种设备的有效性（见表10.5），公式10.19涉及E和G。

$$\ln\left[\frac{DO_{out} - DO_{in}}{C_s - DO_{out}}\right] \cdot \frac{1}{E} = G \qquad (10.19)$$

氧吸收效率计算为特定装置中吸收的氧与加入的氧的量之比，以百分比表示。

表10.5　各种设备的通气效率

气体转移设备	水头高度差(cm)	气体转移效率值(E,%)
堰	23	6.2
	30	9.3
	67	12.4
斜波纹板	30	25
	61	43

气体转移设备	水头高度差(cm)	气体转移效率值(E,%)
挡板	23	14
	30	24
	67	38
喷嘴	25	23
	50	33
	100	52
单孔		10
填充塔		见公式10.20
滴滤塔		见公式10.21

10.3 增氧设备的选用

10.3.1 通风系统：曝气石、填充塔

1. 空气源（图10.1）

水产养殖中的空气来源主要是鼓风机、空气泵或压缩机，它们之间的主要区别是压力和排放量。鼓风机在低压下供应大量空气，而压缩机供应少量的高压空气。在指定所需的空气源类型时，需要确定两

图10.1 空气源

个设计参数：所需压力和所需空气量。所需压力取决于克服气体扩散器布置深度处的水压，管道摩擦损失和扩散器对空气流动阻力的要求。在曝气石应用较普遍的浅池（约1m深）中，水压约为125mmHg（2~3psi）。在较深的鱼池或需要较高压力的扩散器中，如较小气泡或堵塞孔的情况，可能需要的空气源压力相当高。所需的空气量由所需的氧气量和设备的总转移效率决定。例如，一个23cm（9in）的曝气石在水深1m（3ft）的水中运行，其中1.2m³/h（0.7立方英尺/分）的空气供应仅传输0.25kg/d（0.023lbs/h）的氧气。

鼓风机设计用于在低压下提供大量空气，通常低于190mmHg（4psi）。它们最常用于空气曝气石或气提式增氧系统。鼓风机的优点包括其低噪音水平、可靠性、节能电机和较低的成本；空气泵在鼓风机和压缩机之间的中等性能范围内运行；压缩机专为高压操作而设计，例如在非常深的鱼池中或需要气提高度较高的情况下。

2. 空气曝气石

空气曝气石是非常低效（3%~7%）的氧气转移装置，但在资金和操作成本方面非常低。在低密度养殖和水体高交换率的情况下，它们在维持足够高的氧气水平方面非常有效。

缺点是堵塞和生物污垢导致有维护要求，特别是在硬水中。

10.3.2 氧气供应系统

1. 氧源（图10.2）

在水产养殖中，通常氧气使用有3种来源：高压氧气、液氧（liquid oxygen，LOX）和现场氧气。为了确保可用性和备份，通常在大多数设施中至少有2个来源可用。在170个大气压（2550psi）下，容量为3～7m³（100～250立方英尺）的气瓶容易获得高压氧气。可以使用管道将多个气瓶连接在一起（以集装格的形式）增加总容量。由于其成本较高且容量有限，氧气瓶通常仅用作紧急备用系统。

图10.2 氧源

图10.3 氧源运输

在许多地区可以购买液氧，液氧以杜瓦罐的形式很容易运输（图10.3）及存储在现场。在一个大气层，氧气在-182.96℃（-297.3℉）液化，因此需要特殊的绝缘低温容器进行储存。这些容器的尺寸范围从0.11m³（30gal）到38m³（10000gal），通常可以从供应商处租用，或购买较小的容器。1gal的液氧等于3.26m³（115立方英尺）的气态氧，在70°F（21℃）和1个大气压，每磅12.08立方英尺或每千克氧气754L，这些容器中的最大气体压力在10～14个大气压（150～200psi）的范围内。

经验法则
氧气参数：
1磅 液态氧=342公升（气态）
1磅 液态氧=12.08立方英尺（气态）
1加仑液态氧=115立方英尺（气态）
1升 液态氧=0.861立方米（气态）
气相：
体积在70°F和1大气压下：0.7513m³/kg（12.08ft³/lbs）
密度在70°F和1大气压下：1.33kg/m³（0.0828lbs/ft³）
液相：
比容积：0.877L/kg（0.105gal/lbs）
密度：1.141kg/L（9.52lbs/gal）

在使用之前，液氧通过气体交换器进行液态向气态转化。液氧供应系统包括储罐、气体交换器、过滤器和压力调节器。与变压吸附（pressure swing adsorption, PSA）或真空变压吸附（vacuum swing adsorption, VSA）系

图10.4 杜瓦罐

统相比，液氧使用的经济性取决于运输成本、资本投入和维护成本。通常，液氧系统非常可靠，即使在电源故障期间，也能运行。使用液氧系统作为停电备用的养殖场如果出现问题，首先考虑是否由液氧系统的存储量不足或遭遇了比预期更长的意外恶劣天气条件所导致。仔细考虑此类情况的风险及这些潜在的危险，可确定对应液氧系统的大小。至少，液氧系统应

图10.5　液氧瓶

该能够用氧气设施维持30d。请记住，在出现重大天气问题的第一个迹象时，停止投饵是明智之举，这将在接下来的24h内大幅降低其需氧量（注意：如图10.5所示，250立方英尺的杜瓦瓶将具有20.8lbs氧气或9.47kg氧气）。

　　使用变压吸附（PSA）或真空变压吸附（VSA）装置也可以在现场产生氧气。在这两种情况下，分子筛材料可从空气中选择性地吸附或吸收氮，从而产生富氧气体。市场上可买到的一个系统可以在0.7～3.3个大气压（10～50psi）下每小时产生0.5～14kg（1～30lbs）氧气，但是需在6.0～10.0大气压（90～150psi）下干燥过滤空气以产生纯度为85%～95%的氧气。PSA和VSA装置仅在需要时产生氧气。事实证明它们非常可靠，几乎不需要维护。然而，由于有压缩空气的要求，它们在资金投入和运营费用方面可能很昂贵。这种装置似乎对较小的操作最具有竞争力，例如每年生产少于100吨。此外，由于它们需要电力，因此在发生电力故障时需要一些其他氧气源，否则设施必须配备大型备用发电机和转换开关，气体存储系统也可以用这些系统来实现。

2. U型管

　　U型管曝气器是通过增加气体压力来操作，从而增加了气体压力总气体转移率。它由2根同心管或2根管组成，垂直轴深9～45m（30～150ft）。在U型管的内管上端添加氧气，并且当气液混合沿U型管的上流通道向下流动，静水压力逐渐增加，加速了氧气传输速率。U型管的总氧气转移效率与U型管高度、入口气体流速、水流速度、扩散器深度和入口溶解氧浓度有关。可实现20～40mg/L的溶解氧浓度，但总氧转移效率仅为30%～50%。若有废气回收，可以将吸收效率提高到55%～80%。U型管的优点是水头要求低，如果有足够多的水头可以在没有外部动力的情况下进行操作，并且它可以在含有高浓度颗粒或有机物的水中使用。其主要缺点是它不能非常有效地排出诸如氮气或二氧化碳之类的气体，并且建造成本可能很高。

经验法则

U型管曝气器

- U型管曝气器内流速大约在2～3m/s；

- 气/液比一般不超过25%。

　　U型管的内管水流速度在1.8～3.0m/s之间。U型管的一个特别独特的问题是，如果添加

过多的氧气，则会发生气泡堵塞，导致流动中断。如果气液比超过25％，则会发生这种情况，因此添加氧气时要小心。由于存在气体过饱和的风险，U型管不应用空气作为注入气体。

例如，对于深度为12m（40ft）的U型管，将添加氧气的存在可能性如下［对于15℃的淡水，大气压相当于10.4m（34ft）］：

$$C_{O_2,\ 12.2m} = C_{O_2,表面} \cdot \left(\frac{P_{atm} + P_{静水}}{P_{atm}} \right)$$

如果进气的气体是空气：

$$C_{O_2,\ 12.2m} = 10.17 \frac{mg}{L} \cdot \left(\frac{10.4m + 12.2m}{10.4m} \right) = 22.1 \frac{mg}{L}$$

如果进气的气体是纯氧（100％氧气对比21％氧气在空气中）：

$$C_{O_2,\ 12.2m} = 10.17 \frac{mg}{L} \cdot \frac{1.00}{0.21} \left(\frac{10.4m + 12.2m}{10.4m} \right) = 105.2 \frac{mg}{L}$$

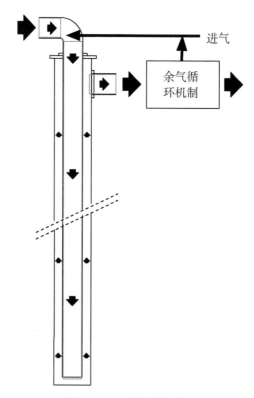

图10.6　U型管曝气系统

3. 填充塔

填充塔由高比表面积的填料垂直堆放组成。水通过顶部的多孔板或喷杆均匀地喷洒在填料上，水沿填料滴流向下，将氧气注入塔中，并通过填料孔隙经过气/液相界面融入水中。填充塔可以在顶部打开或关闭，如果使用空气而不是氧气作为注入气体，则填充塔必须具备去除氮气和二氧化碳的功能。然而，气/液比较高的必须要通过曝气去除二氧化碳。填充塔易于构建，易于改装到现有设施中，其性能设计需要考虑包括布水方式、填料特性、填料床深度、气/液速率、入口溶解氧浓度和运行压力，它的主要缺点是有机物和颗粒随时间积累在填料上会引起堵塞。

填充塔有两个额外的优点：提供硝化作用、提供CO_2气体剥离。

由于上述特征，在某种程度上填充塔可用作低密度系统的完整溶解氧调节系统，本章后面将详细讨论二氧化碳去除。

水力负荷应至少为$7L/$（$m^2 \cdot s$），即$10gpm/ft^2$，并且可高达$48L/$（$m^2 \cdot s$），即$70gpm/ft^2$。要避免过高的水力负荷，因为过高会导致填料被淹没。

填充塔的气体转移效率取决于塔填料高度（Z）、水力负荷（hydraulic loading, HL）和填料的特性。填充塔的性能可以根据开发的数据进行预测，见表10.6。预测公式一般是：

$$G_{20} = a + b \cdot Z \qquad (10.20)$$

公式10.20中的系数在表10.6中给出。

与填充塔密切相关并包含在此部分中的是喷雾塔。这些单元也是某种类型的塔或柱，但它们是封闭的，然后将一些喷嘴置于其中以提供水气分解和气体转移。Vinci et al.（1997）使用直径20cm柱和全锥形喷雾喷嘴（Spraying Systems CO., Wheaton, IL）开发了以下预测公式：

$$G = -0.05 + 0.3025 \cdot Z_{tower} + 0.000067HL \qquad (10.21)$$

表10.6 预测受水力负荷影响的填充塔性能的系数（以L/m^2表示）

填料类型	比表面积（m^2/m^3）	系数a	系数b
2.54cm TriPack®	279		
HL=32		0.327	1.655
HL=61		0.277	1.589
3.81cm Nor-Pac®	144		
HL=32		0.324	1.555
HL=61		0.398	1.428
3.81cm ACTIFIL®	139		
HL=34～73		0.357	1.349
5.08cm Nor-Pac®	102		
HL=32		0.243	1.285
HL=61		0.162	1.855

注：水力负荷系数a和b参考公式10.20。

4. 低水头氧合器

低水头氧合器（low head oxygenators, LHO）正被更频繁地使用，特别是因为它们使用最小的水头来适应高流量，正如它的名字Watten B J（1989）设计开发最初的LHO并获得专利。LHO 的配置各不相同，但在操作上基本相似。这些单元包括一个位于内部、有多块（5~10）分配板的矩形腔室，如图10.7所示。水流过水道末端的挡水板或从室内鱼池内由水泵向上输送，通过分配板，然后穿过矩形腔室。这些腔室提供气液混合和气体传输所需的界面。落水流冲击着每个腔室底部的收集池，水从每个腔室平行流出。将所有纯氧引入外部或第一矩形腔室中，然后在第一矩形腔室内具有较低氧浓度的气体混合物依次通过剩余的腔室。当气体混合物从最后一个腔室排出时，气体混合物将在腔室中降低氧气浓度，这种气体被称为废气。每个矩形腔室是气密的，腔室之间的孔口尺寸和位置适当，以减少腔室之间的回混。

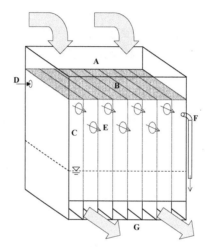

图10.7　LHO装置在跑道式养殖模式中很流行，可在循环水中持续补充氧气。图中显示出了典型的LHO配置和组件：水通过穿孔布置板（B）流入收集槽或板（A），气体从气体入口（D）进入腔室（C）中进行气水融合，随后通过腔室间孔隙（E）流过每一个腔室，最后多余的气体到达废气口（F）排出，含有溶解氧的水从底部（G）排出

　　LHO 的操作性能主要受布置板上的水头（Y_1）、孔口尺寸（Y_2）、接收池深度（Y_3）以及从孔板到底部接收水池液面高度（Y_4）的影响。Davenport M T et al. 在2001年开发了一个回归模型来预测整个气体传递系数G20作为单个腔室的几何变量的函数：

$$G_{20}=-0.0059（Y_2）+0.017（Y_3）+0.011（Y_4）-0.00047（Y_3^2）$$
$$-0.000034（Y_4^2）+0.00034（Y_2Y_3）-0.000049（Y_2Y_4）+0.000026（Y_3Y_4）\qquad(10.22)$$

如果 $Y_3>41cm$，那么 $Y_3=41$；

如果 $Y_2>19cm$，那么 $Y_2=19$。

其中，孔直径单位为mm，接收池高度和孔板到接收池液面高度的单位为cm。

　　Timmons M B et al. 在2001年开发了本书中提供的LHO模型软件包并在附录中有进一步描述。Timmons M B 的LHO模型计算LHO性能受孔尺寸、淹没布置板的水头、孔板流量系数（C_d）、板孔面积百分比、板尺寸及所涉及的腔室数量：

$$Q = C_dA\sqrt{2gY_1}\qquad(10.23)$$

使用以下等式预测 C_d 的值：

$$C_d = 0.914 - 0.00308Y_2 - 0.0519Y_1 + 0.000228Y_2^2 + 0.00298Y_1^2 - 0.000660Y_2Y_1\qquad(10.24)$$

如果 $Y_1>13$，那么 $Y_1=13$；

如果 $Y_1<2.5$，那么 $Y_1=2.5$。

公式 10.24 以图样形式表示，如图 10.8 所示，经典的计算方式可以基于射流雷诺数和 Streeter V L（1966）板的横截面积与孔面积之比来计算 C_d。

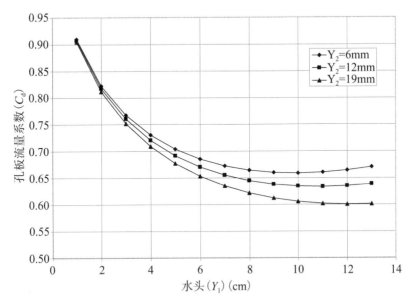

图 10.8 孔口尺寸（Y_2）和水头（Y_1）相关的孔板流量系数（C_d）

（1）孔的尺寸

可以通过了解整个循环水系统类型来确定在布置板中使用的孔的适当尺寸，较小的孔通常具有更高的效率，是因为冲击收集池的水射流的动量较小，并且形成的气泡不会向下行进。这是有利的，因为气泡夹带在流出水流中且不会上升浪费到大气中，没有增加运行成本。较小的孔将更容易堵塞生物污垢或颗粒。在此阶段需要考虑 LHO 所服务的循环水系统的性质，堵塞颗粒的潜在来源是鱼粪和鳞片。通常，孔的尺寸应尽可能小，但不能小到频繁被堵塞。

（2）LHO 性能预测

LHO 模型用来展示 LHO 腔室数量在不同气液比条件下对气体吸收效率和出水溶氧的影响，如图 10.9 和图 10.10，在特定 LHO 设置时（$Y_1=7.5$cm；$Y_2=9.5$mm；$Y_3=13$cm；$Y_4=61$cm；温度=20.0℃；顶面积=0.1m^2；活跃孔面积=10.0%；$DO_{in}=6.0$mg/L；$DN_{in}=14.0$mg/L；$DCO_{2,in}=0.0$；气压=760.0mmHg；进气氧分压=0.99）。如在两个图中所看到的，LHO 应当至少有 4~5 个腔室来获得较高的气体转移效率。目前的商业化设计上都是用 7 个腔室。从图 10.9 也可以明显看出，气体转移效率在气液比为 2% 时出现严重下降（大约 50%）。因此，提高气液比来得到更高的出水溶氧以满足鱼的生物需氧量不是个经济选择。实际上，相对于提高气液比来维持高密度而言，养殖户会更考虑经济性，从而选择降低养殖密度。

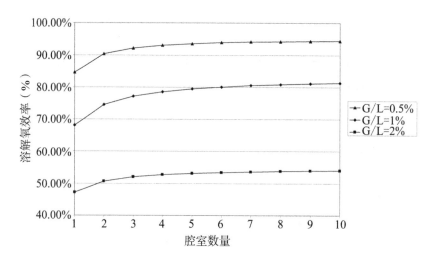

图 10.9　溶解氧效率受 LHO 腔室数量和气液比 G/L 的影响（模型输入的任意组：Y_1=7.5cm；Y_2=9.5mm；Y_3=13cm；Y_4=61cm；温度=20.0℃；顶部面积=0.1m²；活动孔面积=10.0%；腔室=可变；气液比=可变；DO_{in}=6.0mg/L；DN_{in}=14.0mg/L；DCO_2=0.0；压力=760.0mmHg；入口气体中的氧气进气量=0.99）

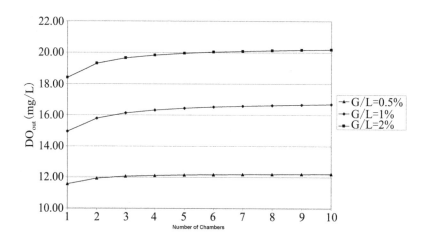

图 10.10　不同数量 LHO 腔室和气液比条件下的出水 DO（模型的设定条件为：Y_1=7.5cm；Y_2=9.5mm；Y_3=13cm；Y_4=61cm；温度=20.0℃；顶面积=0.1m²；活跃孔面积=10.0%；腔室为变量；气液比为变量；DO_{in}=6.0mg/L；DN_{in}=14.0 mg/L；DCO_2=0.0；压力=760.0 mmHg；进气氧分压=0.99）

对于如上所述选择的标准 LHO 设备，气液比（G/L）对溶解氧吸收效率和出口处 DO 的影响在图 10.11 中有明确说明。该图表明，如果试图达到 70% 的最小溶解氧吸收效率，则 1.4% 的 G/L 是可以使用的最大气体流量，这相当于出水口的 DO 由进水口的 6mg/L 增加到 12mg/L。溶解氧增加到 10~12mg/L 是 LHO 设备的目标值，随着 G/L 的增加，溶解氧吸收效率会迅速下降，这是对水产养殖者的一个明确警告，即应密切监测 LHO 的使用，以避免采用简单（现实代价会很昂贵）增加 G/L 的方式来提高出口溶解氧含量。出水口的 DO 和气体转移效率对 G_{20} 的敏感性如图 10.12 所示，该图是通过将 G_{20} 值分配给计算机模型而不是使用公式

10.21计算它们而创建的。关于使用LHO模型的示例输出屏幕和用户说明，请参阅附录。

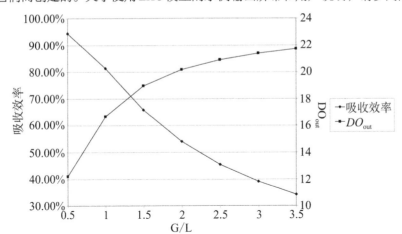

图 10.11　受气液比 G/L 影响的溶解氧吸收效率和出水 DO（任意一组模型输入：Y_1=7.5cm；Y_2=9.5mm；Y_3=13cm；Y_4=61cm；温度=20.0℃；顶部面积=0.1m²；活动孔面积=10.0％；腔室=10；G/L=变化；DO_{in}=6.0mg/L；DN_{in}=14.0mg/L；DCO_2=0.0；压力=760.0mmHg；入口气体中的氧气进气量=0.99）

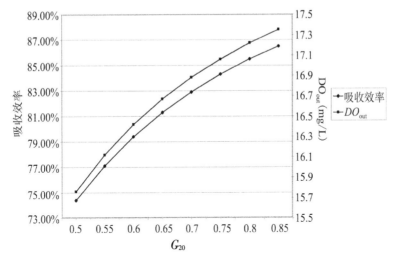

图 10.12　受气体传递系数 G_{20} 影响的吸收效率和出水 DO（任意一组模型输入：Y_1=7.5cm；Y_2=9.5mm；Y_3=13cm；Y_4=61cm；温度=20.0℃；顶部区域=0.1m²；活动孔面积=10.0％；腔室=10；G/L=0.01；DO_{in}=6.0mg/L；DN_{in}=14.0ml/L；DCO_2=0.0；压力=760.0mmHg；入口气体中的氧气进气量=0.99）

5. 氧气锥或下流式气液交换器

氧气锥、下流式气液交换器由锥形圆柱或一系列直径逐渐减小的管组成。水和氧气从锥体顶部进入，向下流动并流出。随着锥体直径的增加，水流速度降低，直到水的向下速度等于气泡的向上浮力速度。因此，气泡保持悬浮状态，直到它们溶解在水中。氧气锥的性能取决于气体和水的流速、流入的溶解氧浓度、锥形几何形状和操作压力。溶解氧吸收效率范围为95%～100%，出水浓度为30～90mg/L。单位系统在出水溶解氧25mg/L，水流速度170～2300Lpm（45～600gal/min）时可以每小时转移0.2～4.9kg的氧气（0.4～10.8磅）（图10.13，图10.14）。

图10.13　氧气锥的流程图

图10.14　氧气锥

6. 气体扩散器（空气石）

由于溶解氧效率较低，气体扩散器或空气石的使用主要限于紧急增氧和活鱼运输系统。对于典型的空气石，假设溶解氧效率为5%～10%。虽然一些最近的纳米扩散器（气泡100～500μm）在深水中表现良好（氧气转移效率为50%），但它们需要高压氧气源（1.7～3.4个大气压或25～50psi），同时气体扩散器表面受到化学和有机污染。

7. 液氧注入

利用了水泵泵水时的压力来进行液氧注入是使用最广泛的形式之一。氧气通过文丘里喷嘴或孔口注入，在加压管道中产生精细的气泡混合液，需要2～22个大气压（30～235psi）的压力以实现令人满意的溶解氧效率，接触时间为6～12s。溶解氧效率范围为15%～70%，出水DO浓度为30～50mg/L。

10.4　脱气：二氧化碳脱气装置

水中二氧化碳主要由鱼和细菌的呼吸作用产生，随着放养密度的增加和水交换率的降低，溶解的二氧化碳将成为鱼类生产的限制性因素。当放养密度小于30～60kg/m³时，传统的曝气系统，如气石曝气可以搅动水体及水面，在将氧气转移到水中的同时去除CO_2。然而，为了提高经济竞争力，养殖场承载能力要提高到100kg/m³以上，因此在任何成功的鱼类生产系统中必须包括CO_2去除装置。

消耗1摩尔氧气，就将会产生1摩尔CO_2。或者，在质量基础上，消耗1g O_2，会产生1.38g CO_2（CO_2的分子量为44，O_2的分子量为32）。测量和计算溶解CO_2的浓度很复杂，因为二氧化碳是化学平衡系统的一部分，包括二氧化碳（CO_2）、碳酸（H_2CO_3）、碳酸氢盐离子（HCO_3^-）和碳酸盐离子（CO_3^-）。结果，由于这些化合物中的任何一种的浓度都对pH有依赖性，为了准确地确定它们的浓度，必须知道pH、碱度、盐度和温度的值。图10.15显示了pH对CO_2浓度的影响（在碱度分别为50、100和150mg/L下），请注意，CO_2浓度与碱度成正比。

CO_2对鱼类有毒，因为它会降低血液的输氧能力。随着水中CO_2浓度的增加，血液中的CO_2浓度也随之增加，血液中CO_2的存在降低了血红蛋白对氧分子的亲和力，这种情况通常被称为玻尔效应或降低最大结合氧的能力（根效应）。CO_2的安全运行水平取决于鱼的种类、鱼类生长阶段和整体水质。对于罗非鱼和条纹鲈鱼，CO_2浓度高达60mg/L时显示无不良影响。对于鳟鱼，通常认为9~30mg/L的值是安全的。CO_2也可能会通过降低整个系统的pH来影响鱼类和生物滤池内的细菌。

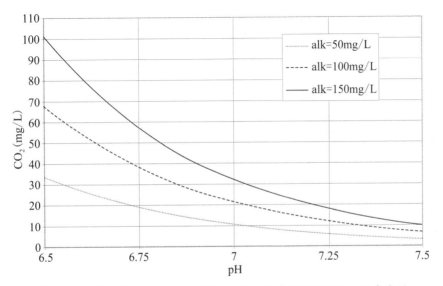

图10.15 在碱度分别为50、100、150mg/L条件下CO_2和pH关系图

通过气体交换很容易去除溶解的CO_2，但是准确地预测去除率是非常困难的。与溶解氧不同，CO_2是复杂平衡系统的一部分，当CO_2被去除时，碳酸盐平衡的变化也会影响pH和CO_2浓度（更多细节见第2章）。例如，当CO_2在溶液中被去除后，碳酸氢根（HCO_3^-）充当CO_2的储存器会重新补充CO_2。此外，高密度系统中的CO_2浓度通常超过环境饱和浓度的20~100倍，因此去除CO_2会对气体溶解有显著影响，这意味着在实践中气泡通过气体交换装置时应快速地去除CO_2。

每单位水体中需要大量空气来去除CO_2，例如，在正常曝气中，气液比（G/L）通常小于3∶1（1单位体积水需要3单位体积的气体）。在增氧中，G/L在0.003∶1至0.05∶1之间，但去除CO_2时，G/L在5∶1到20∶1之间，使用填充塔和滴滤塔是剥离CO_2最简单的方法之一。

经验法则
• 设计CO_2去除装置时使用气液比值为5~20之间；
• 相关气体的溶解经济性最佳。

在集约化程度较高的水产养殖系统处理地下水源过程中，CO_2脱气装置在单独的水处理过程将会变得尤其重要。空气曝气的主要作用是增氧。空气曝气在低密度的水产养殖系统中工作良好，该系统不使用液氧并且通常具有足够多的水体交换量或通气以防止CO_2积聚超过安全水平。然而，出现CO_2问题是在使用纯氧的高密度养殖系统时较低的水体交换率（系统中每千克鱼的补给水）以及纯氧系统通常不会去除大量的CO_2。在高密度水产养殖条件下，当溶解氧消耗量小于$10\sim22mg/L$时，养殖池中CO_2的浓度不会受到限制（没有通气或pH控制），具体取决于pH、碱度、温度、盐度、物种和生长阶段。一旦达到该氧气浓度消耗水平，水体就不能再循环利用，除非利用气提法去除CO_2或者添加化学品以降低CO_2浓度。因此，水循环系统中的CO_2控制可能需要通过气提和使用化学药品来调节pH，或一起使用这两种。

用于去除CO_2的填充塔是内部填充有类似于纯氧填充塔的塑料填料的立式塔。使用的滤料类型如图10.16所示。在操作中，进水水流通过塔顶部的多孔板、喷嘴或喷杆等均匀滴流在内部的塑料填料中；水流向下经过填料并被打散，形成用于气体传输的大的气液界面区域。为了克服塑料填料的堵塞或生物污损的可能性，还设计了气体水体分解的方法。气提塔通常没有填料或只有少量防溅网，水体通过塔时将水打散（见图10.17）。如果使用塑料填料，则使用高孔隙率填料或使用那种没有向下阻力类型的填料。

图10.16　CO_2脱气装置中两种滤料类型

利用填料将水体打散分解，同时在塔内进行大量空气吹气来去除CO_2。新鲜空气中CO_2浓度低（过去为350ppm，现在超过380ppm），适合为CO_2气体转移提供足够多的驱动力。CO_2从废水中脱气，并在吹入新鲜空气的情况下从塔中排出。与气液比（G/L）为$0.3\%\sim5\%$的纯氧溶解氧装置相比，CO_2去除装置使用$500\%\sim2000\%$的G/L。低马力、高容量的鼓风机提供了去除CO_2所需的大量气流。

CO_2脱气装置的设计高度通常限制在$1.0\sim1.5m$（$3.3\sim4.9ft$），因为填充塔高度大于$1.5\sim2.0m$（$4.9\sim6.6ft$）时，去除效率会降低。据报道，CO_2脱气塔的液压负荷范围为$0.61\sim2.51Lpm/m^2$（$25\sim102gpm/ft^2$）。但是，当设计填充塔要求填料深度超过$1m$（$3.3ft$）时，建议使用液压负荷低值来降低鼓风机的背压。

图10.17显示的两种类型的CO_2脱气塔均带有填料，考虑到固体沉淀物的堵塞问题，还会增加筛板数量。

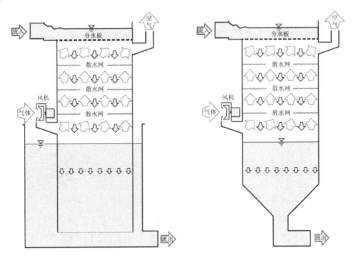

图10.17 CO_2脱气塔。通常，空气从腔体底部自下而上与通过筛板或填料滴流下来的水混合（如图所示）。脱气塔可以是圆柱型锥底构造（右图）来避免固体沉积物沉积（左图）

在可能的情况下，尝试将空气吹向下降的水流，以最大限度地提高脱气效果。逆向空气脱气塔的设计需要填料选型，确定填料深度、水力负荷率、气液比（G/L）和入口CO_2浓度，附录中有协助设计这些系统的交互式计算机程序。一般来说，CO_2脱气塔设计水力下降高度在$1 \sim 1.7m$（$3 \sim 5ft$）之间，液压负荷为$17 \sim 24L/（m^2 \cdot s）$（$25 \sim 35gpm/ft^2$），G/L为5：1至10：1，高孔隙率填料。Summwefelt S T等学者（2000）证明了增加G/L和填充塔高度对每次水处理过程中去除的CO_2百分比的影响（见图10.18）。

很多时候，设计工程师感兴趣的主要是G/L对特定设备的相对有效性的影响。例如，如果使用较低的G/L，对于该特定装置，可达到的最大去除效率有多大。以这种方式重新绘制成了图10.19，以显示受G/L比率增加而影响的去除CO_2百分比。

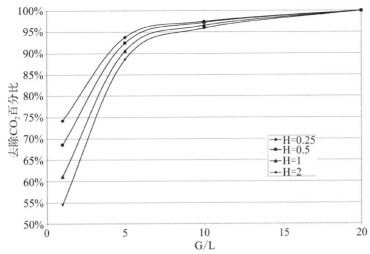

图10.18 填料高度和G/L对去除CO_2百分比的影响

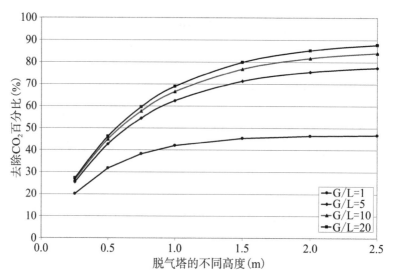

图 10.19　对于不同高度的脱气塔，G/L对去除CO_2百分比（G/L = 20定义为可达到的最大值的
　　　　　100%）的影响

在水中的营养物含量可能很高的情况下，没有填料的脱气塔可能是首选的，以减少由生物污损导致的维护时间和性能变化。图10.20显示了从淹没板到接收池（类似于LHO，除了只有一个室）的下降高度影响CO_2去除百分比。请注意，具有较大降落高度的脱气塔需要较大的G/L才可以去除与较短的下降高度相同量的CO_2。类似于图10.13（见图10.21），显示了G/L对两个脱气高度的CO_2的去除效率的相对影响。附录中给出的LHO程序可用于通过将氧气进料纯度设定为20.9%（即空气）来重建这些曲线。

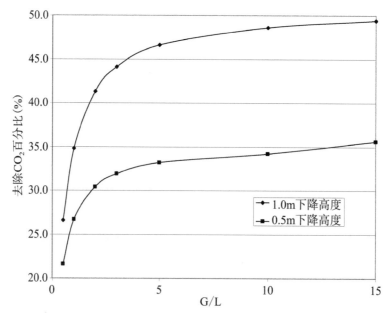

图 10.20　无填料的脱气塔中的下降高度及G/L对去除CO_2的影响

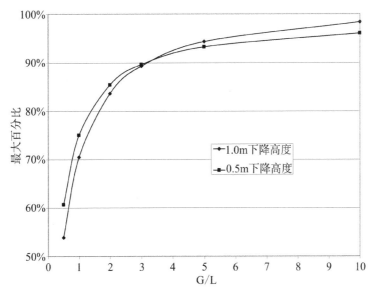

图10.21 对于没有填料的脱气塔（下降高度为0.5或1.0m），G/L对去除的CO_2（G/L=15定义为可达到的最大值的100%）的影响

将吹过脱气塔的空气排放到室外，以防止在车间内积聚。车间环境中的CO_2浓度对CO_2去除效率的影响如图10.22所示。从图10.22中，可以看出车间环境中CO_2浓度对CO_2去除起到相对明显的负面影响，例如，在G/L=5并且车内CO_2浓度为350ppm时，去除效率降低幅度为33%~90%（在350ppm下，去除效率为60%；在1000ppm下，去除效率降至54%；在5000ppm，去除效率下降至18%）。此外，除了去除效率降低，CO_2积累会影响工人的健康，因此，通风是非常重要的。头痛是CO_2浓度过高的最初迹象之一。CO_2在工作环境中积聚是非常严重的，应立即纠正（关于允许的职业安全与健康管理局标准浓度，见附表A.15）。

当CO_2浓度处于最高浓度时，应该进行脱气，这通常是在生物过滤后端进行。而且，离开脱气塔后应当尽快将水中的溶解氧提高到饱和度90%，因此在脱气之后，水体进入养殖池之前应立即进行增氧。

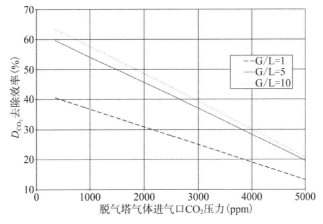

图10.22 CO_2去除效率与脱气塔气体进气口CO_2部分的环境关系。对于水头为1m高的填充塔，填充2in滤料。参数：入口浓度CO_2=13.6mg/L；水温=14.4℃；BP=750mmHg；碱度=196mg/L；液压负载=20kg/（$m^2 \cdot s$）

10.4.1　水力负荷率总结

刚刚讨论的用于气体传输的许多装置都具有相关的液压加载速率，这被认为适合于特定装置。表10.7总结了这些以便于参考，这些值仅可视为指导原则，特定应用可能与列出的值大幅偏离。

表10.7　不同溶解氧设备的水力负荷率

气体传输设备		气体种类	水力负荷率	
			L/(m²·s)	gpm/ft²
填充塔	密封	氧气	<166	< 244
	高压	氧气	45～246	66～361
纯氧	低压	氧气	73	107
	开放式	二氧化碳	17～68	25～100
	滴滤塔	氧气	35～95	51～140
	低压溶氧装置	氧气	34～68	50～100
氧气锥	进口	氧气	1800	2650
	出口	氧气	150	220
U 型管		氧气	2000～3000	2940～4410

10.4.2　安装和安全问题

使用纯氧过程中可能存在一定的危险性，几乎所有的物质都会在富氧环境中燃烧并且在某些情况下爆炸。有传言说当使用液氧系统时，由于有机残留物质会使空气石爆炸，应使用特殊护理和材料建造与安装纯氧系统。对于不锈钢或铜管，建议用于氧气管道，并且应清洁管道和配件上的油脂与油，这些物质可能会引起火灾。氧气管道是特殊订购的，可以防止有机物污染密封材料，这样可以防止气体爆炸。在处理氧气管道安装时，石油产品绝不能用于处理或接触纯净的硬件，应用经过特殊清洁和包装的配件与阀门。液氧温度非常冷，所以安装储存容器的维修应交给专业人员。

10.5　设计案例：曝气/氧化

由于欧米伽鱼养殖系统的放养密度处于较低密度（小于40kg/m³或0.33lbs/gal），大部分鱼类生长期中孵化和暂养及幼鱼养殖阶段仅需要空气曝气，只有在最后几周的成长过程中，为了实现系统高生物量和进料速率才会需要补充纯氧。系统提供氧气有两种选择方式：一种是在单个鱼池中使用微孔扩散器，另一种是在系统的一条回流管中使用一个特殊的锥形扩散器。细气泡微扩散器在水体中形成一个氧气团，在深水池中具有非常良好的氧传递效率。这种设备需要高压氧源（1.7~3.4个大气压或25~50磅/平方英寸），这使得它们能够很好地匹配变压吸附或真空变压吸附装置或现场杜瓦瓶型等储存容器。对于大型商业运营（生产量超过200吨/年），从供应商处租赁氧气罐系统可能是最可行的选择之一。然后，通过定期监测鱼池中的溶解氧，操作员可以直接控制进入养殖池内的氧气容量，以保持某个设定点，或者使用带有设定点控制器和继电器操作的电磁阀的连续监测系统。记住，在高密度的条件下，你可能在15min内失去所有的鱼，所以你必须使用连续的监测（更多讨论见第13章）。

10.6 参考文献

1. AHMAD T, BOYD C E, 1988. Design and performance of paddle wheel aerators. Aquacult Eng, 7: 39–62.

2. AMERICAN PUBLIC HEALTH ASSOCIATION, 1995. Standard methods for the examination of water and wastewater.19th. American Public Health Association: 1108 .

3. ASHRAE, 1972. Handbook of fundamentals. American Society of Heating, Refrigeration and Air Conditioning Engineers.

4. COLT J, 1984. Computation of dissolved gas concentrations in water as functions of temperature, salinity and pressure. American Fisheries Society Special Publication: 14.

5. COLT J, BOUCK G, 1984. Design of packed columns for degassing. Aquacult Eng, 3: 251–273.

6. COLT J E, ORWICZ K, BOUCK G, 1991. Water quality considerations and criteria for high-density fish culture with supplemental oxygen. In: COLT J, WHITE R J. Fisheries Bio Engineering Symposium : 372–385.

7. DAVENPORT M T et al., 2001. Experimental evaluation of low head oxygenators. Aquacult Eng, 24: 245–256.

8. DOWNING A L, TRUESDALE G A, 1955. Some factors affecting rate of solution of oxygen in water. J Applied Chemistry, 5: 570–581.

9. STENSTROM M K, GILBERT R G, 1981. Effect of alpha, beta, and theta factors upon the design, specification, and operation of aeration systems. Water Res, 15: 43–54.

10. STREETER V L, 1966. Fluid mechanics. McGraw-Hill Inc.

11. SUMMERFELT S T, VINCI B J, PIEDRAHITA R H, 2000. Oxygenation and carbon dioxide control in water reuse systems. Aquacult Eng, 22 (1 – 2): 87–108.

12. TIMMONS M B et al., 2001. A mathematical model of low-head oxygenators. Aquacult Eng, 24: 257–277.

13. TSIVOGLOU J R et al., 1965. Tracer measurements of atmospheric respiration. Laboratory studies. Journal Water Pollution Control Federation, 37: 1343–1362.

14. VINCI B J, WATTEN B J, TIMMONS M B, 1997. Modeling gas transfer in a spray tower oxygen absorber. Aquacult Eng, 16: 91–105.

15. WATTEN B J, 1989. Multiple stage gas absorber. United States Patent, 880: 445.

16. WATTEN B J, 1990. Design of packed columns for commercial oxygen addition and dissolved nitrogen removal based on effluent criteria. Aquacult Eng, 9: 305–328.

17. WEDEMEYER G A, 1996. Physiology of fish in intensive culture systems. Chapman and Hall: 232.

18. WEISS R F, 1970. The solubility of nitrogen, oxygen, and argon in water and seawater. Deep-sea Res, 17: 721–735.

10.7 符号附录

A	LHO的总孔表面积，m^2
A_0	用于水汽方程回归的常数
C_d	流量系数，用来预测通过孔板的速度
C_i	不同种类气体浓度，mg/L
C_{in}	流入的气体溶解浓度，mg/L
$C_{meas,i}$	测量的气体浓度，mg/L
C_{out}	流出的溶解气体浓度，mg/L
$C_{s,i}$	气体饱和溶解浓度，mg/L
DN	氮浓度，mg/L
DO	溶解氧浓度，mg/L
E	气体转移效率，%
F	在单位腔室内的气体停留时间，h
g	重力加速度，$9.81m/s^2$
G_{20}	在温度20℃下的总传质系数
G_T	在特定温度下的总传质系数
G/L	气液比，都是以体积为基础
h	海平面的高度，m
HL	水力负荷，L/m^2
J_i	用于计算因特定气体"i"溶解到水中某个浓度而产生的气体分压的常数
P_{BP}	大气压
P_i^l	液态气体"i"的分压
P_i^g	气态气体"i"的分压

P_{TG}	总气体压力，mmHg
P_{wv}	水压，mmHg
Q	气流量，kg/time
R	LHO腔室内的气体流量，L/h
$R_{压力}$	气体输送阻力
$S_{\%}$	特殊气体的饱和度，单位%
T	温度，℃
TGP	总气压，mmHg
V	LHO单个混合腔体的体积，L
Y_1	淹没板的扬程，cm
Y_2	孔直径，mm
Y_3	板高度，cm
Y_4	板到收集池底的下落高度，cm
Z	填充滤料的高度，m
Z_{tower}	封闭滴流滤塔的高度，m
i	外源水和清水的比值
β_i	气体种类的本生系数，L/L-atm
K_i	分子量与体积之比，mg/mL
X_i	气体摩尔分数

第11章　臭氧化反应和紫外线辐射

细菌和病毒性疾病是严重制约半集约化和集约化水产养殖发展的因素。在流水系统中使用地表水存在通过引入水生鱼类致病微生物引起污染的风险，这类污染造成了世界范围内水产养殖业的严重损失，并且限制了新品种商业化养殖的发展。需高度关注控制进水和循环水中病原体的可靠方法。传统上，水体消毒采用化学和物理方法，化学方法包括强氧化剂，如氯和臭氧，物理方法如紫外线辐射。因为鱼类和贝类养殖水体中无有毒残留物是非常重要的，所以臭氧消毒或紫外线消毒是最常用的两种方法。区别低杂质负荷进水和有机物含量高的养殖循环水的杀菌方式是非常重要的，这两种应用将在本章中得到讨论。在排放水进入水生环境之前，可能还需要进行消毒操作。臭氧消毒和紫外线消毒也可用于其他水产养殖方面的应用，如减少或消除海洋幼体生产系统中与活体有关的潜在病原体（如轮虫），以及鱼卵表面消毒等。本章最后讨论了其他消毒方法。

11.1　影响消毒效率的因素

据报道，有多种因素影响水体消毒中细菌的灭活效率。这些因素包括微生物的类型、微生物的生长条件、消毒剂的类型和使用浓度、水质及微生物对消毒剂造成的损害的修复能力。

11.1.1　水　质

1. 颗粒

有机和无机颗粒可根据颗粒的类型、大小以及微生物与颗粒之间的联系性质，提供抵抗化学和非化学灭菌剂的保护作用。颗粒附着菌在氧化剂作用下存活能力提高的主要原因是：1）颗粒表面有较高的消毒剂反应活性；2）颗粒表面传质受限。这两个因素都会导致可用于杀灭细菌的氧化剂的浓度降低。然而，这种效应高度依赖于颗粒的化学性质。有研究显示，在虹鳟鱼循环水产养殖系统中，臭氧无法减少1个$\log_{10}$单位以上的异样细菌，这是因为总悬浮颗粒物含量的上升，导致臭氧含量快速下降。

几位研究人员报告了悬浮固体含量与紫外线照射废水中粪大肠菌群存活之间的相关性，Qualls R G等学者（1983）观察到表面附着颗粒的细菌受到了部分保护，因此，紫外线消毒只能减少3～4个$\log_{10}$单位的生存能力。为达到严格的细菌标准需进行过滤。

粒子表面对紫外线的散射和吸收可降低辐射效果。有机粒子比矿物粒子吸收更多的辐射。由于大多数的辐照是分散的，粘土颗粒对微生物几乎没有保护作用，遮蔽可以限制单个细菌的暴露，但在设计良好的横向分散紫外线消毒反应器中并不是问题。

在天然淡水和海水水源中，颗粒含量可能在高水平的初级生产或极端天气条件（风和降水）期间上升，在循环水系统中也会出现高颗粒含量。在这种浑浊的水中，杀菌过程通过这些不同的方式来完成：独立的单细胞和与小颗粒附着的细胞迅速失活，随后由于与大颗粒附着的微生物受到部分保护，衰变速度减慢，在这期间，有效的预过滤和较高的消毒剂剂量可维持消毒效果。

2. 可溶性有机物

可溶性有机碳（dissolved organic carbon, DOC）通常是指经 0.45μm 滤膜过滤后的总有机碳（total organic carbon, TOC）。在淡水中，来自陆地环境的腐殖质往往是 DOC 最重要的来源，使水呈现棕黄色。在循环水中，蛋白质、碳水化合物、脂类和胺类会提高 DOC 的浓度。臭氧等氧化消毒剂会与有机物反应，导致其杀菌能力下降。反应后产物的杀菌活性一般较弱或无杀菌活性。Hoigne J（1988）的研究表明，臭氧在水中的杀菌反应可以归结为两种机制：1）臭氧分子的直接反应；2）臭氧分解产生的活性羟基自由基中间体的反应。

天然水体中的腐殖质对臭氧具有较强的抗性，足够多的接触时间会产生少量的乙酸、草酸、甲酸、对苯二甲酸、酚类化合物和二氧化碳。一般来说，臭氧化后的有机物比原来的化合物更容易被生物降解。据报道，DOC 含量在 2.5~3.5mg/L 的地表水对臭氧的瞬时需求量在 0.50~0.75mg/L 之间。Graham J D（1999）发现在 pH7.5 下暴露 5min 后，地表水臭氧需求量为：1mg DOC 里需要 0.4~0.5mg 臭氧。有机分子中碳碳双键的臭氧分解就是臭氧需求反应的一个例子。

经验法则

应用紫外线杀菌时，先对水体进行 50μm 滤网预过滤。

进水和循环水中的几种有机化合物，如腐殖质、蛋白质、脂质、酚类和木质素磺酸盐，会吸收紫外线，从而减少微生物灭活的可用剂量。优质海水的紫外线透过率一般较高。然而，在恶劣天气条件下、浮游生物繁盛时期等，传播可能会暂时减弱。一般来说，在使用紫外线之前，假设你必须使用一个 50μm 的预过滤器来去除大部分的颗粒物，在贝类作业中，浊度不应超过 20 比浊法浊度单位（nephelometric turbidity units, NTUs）。

3. 无机化合物

氧化消毒剂根据其氧化电位与无机化合物发生反应，臭氧具有较高的氧化电位，可参与多种氧化还原反应。金属和重金属离子被氧化形成稳定的低溶解度化合物。亚铁离子和二价锰离子分别反应成铁离子和三价锰离子，而铁离子和三价锰离子又与氢氧根反应而形成不溶性沉淀物。溴通过几个中间步骤氧化成溴酸盐，而与氯的反应动力学较差。氨转化为亚硝酸盐是一个缓慢的、依赖于 pH 的一级反应，而亚硝酸盐则被迅速氧化成硝酸盐，后一种反应可能对硝化不完全的循环水系统的臭氧消毒能力有显著影响。Venosa A D et al.（1983）报道，氧化 1mg/L 的亚硝酸盐需要 2mg/L 的臭氧。

4. pH

极端的 pH 可能会使微生物失活，或限制它们的生长。许多消毒剂的活性取决于 pH，氢离子浓度的微小变化可能会影响消毒剂的消毒效果。臭氧杀灭活性对 pH 的依赖性尚不清楚，在高pH下，已观察到其对脊髓灰质炎病毒、轮状病毒以及寄生虫耐格氏线虫囊肿的减弱效应。然而，贾第鞭毛虫囊肿在pH=9时比pH=5和pH=7时更敏感。pH的变化对紫外线的有效性几乎没有影响。

5. 温度

一般来说，化学消毒剂对微生物的灭活率会随着温度的升高而增加。Farooq S 等学者（1977）发现，臭氧在高温下对*Fortuitum*分枝杆菌的灭活程度更高。另外，紫外线灭活似乎对温度不敏感，对间歇反应器内暴露在紫外线下的大肠杆菌、近平滑念珠菌和细菌病毒F2进行纯化培养，结果表明在5～35℃的温度范围内的效果无明显差别。

11.2 水产养殖用水特性

水的物理和化学特性对于选择最合适的预处理、消毒方法以及确定剂量要求是至关重要的。下面对孵化场、小鲑鱼养殖场和加工业的各种进水与出水进行了与消毒有关的特征分析。根据水源、所选水质参数的浓度范围和消毒目的，将这些水域分类（见表11.1）。

表11.1　影响小鲑鱼养殖场水体消毒性能的参数和鲑鱼加工厂、屠宰场的废水排放参数

水体类型	TSS(mg/L)	浊度(NTU)	COD(mg/L)	TOC(mg/L)	DOC(mg/L)	UV(吸光度)	臭氧需求量(mg/L)
淡水进水（水质好）	0.1~3.0	0.5~1	—	2.5~3.5	2.5~3.5	0.01~0.20	0.5~0.75
海水进水	0.1~0.5	0.3~0.6	—	—	0.4~2	—	—
小鲑鱼养殖场排放的废水	0.2~15.3	—	6.0~50	0.3~4.3	—	—	—
	22	3.8	—	9.8	6.6	0.100	3.9
大马哈鱼循环水产养殖系统	5.2~7.4	1.50~1.66	39.8~47.8	—	6.7~7.5	—	—
鲑鱼加工厂的废水	1600		3050			2.27	
鲑鱼屠宰场排出的废水	40~1375	—	1500~3000	567	—	1~20	—

注：TSS：总悬浮颗粒物；NTU：浊度单位；COD：化学需氧量；TOC：总有机碳；DOC：可溶性有机碳。

颗粒物和溶解有机物含量高，表明氧化剂消毒和紫外线照射存在问题。对于这类水，建议进行更广泛的预处理而不是区分。总的来说，TSS和DOC是重要的消毒性能指标，DOC与水体臭氧需求、DOC与紫外线透光率通常存在密切的相关性。在循环水和废水中，更常用的参数是化学需氧量（chemical oxygen demand, COD），它包括颗粒物和溶解的有机物。由于阴离子，尤其是氯离子的干扰，COD的测量不适用于高盐度的水。

11.3 紫外线辐射

天然和人工紫外光（波长190～400nm）可以通过改变核酸直接或间接地损伤微生物。直接损伤是由DNA吸收辐射而形成光产物引起的，DNA吸光度在UV-C（190～280nm）范围

内较高，但在UV-B（280～320nm）范围内下降超过3个数量级，在UV-A波段（320～400nm）内可忽略不计。

UV-C对DNA的破坏机理被用于紫外线杀菌灯。低压汞蒸气灯约85%的能量输出为波长253.7nm的单色光，位于紫外线杀菌效果最佳波长范围250～270nm内。与低压灯相比，中压灯具有更高的输入功率、更高的汞蒸气压和更宽的光谱，中压灯最大的优点是每单位弧长有很高的特定紫外线通量，缺点是在UV-C波段范围输出量较低（约占5%～15%，取决于灯的类型），灯管的寿命也较短。

活细胞DNA中的UV-C损伤通常是由两个嘧啶分子二聚引起的。UV-C辐射DNA引起损伤，最常见的两种损伤是环丁烷嘧啶二聚体和嘧啶6-4嘧啶酮光产物，一旦嘧啶残基共价结合在一起，核酸的复制就会被阻断，或者导致突变的子细胞无法增殖。中等剂量的紫外辐射用于水体消毒，处理后的水中没有残留有毒物质。虽然化合物可以被辐射改变，但是用于消毒的紫外线剂量过低，无法产生大量的辐射产物。当紫外线杀菌作为水产养殖设施水体消毒的首选方法时，这种无毒性是至关重要的。

紫外线照射装置通常用于陆基养殖场的进水消毒，也用于循环水系统的细菌控制。然而，在紫外线剂量到达目标生物之前，它必须能够通过水传播足够远。在RAS中，紫外线通常需要通过高浊度或高色度的水体，这种情况下紫外线装置将是完全无效的，因为它进入水体的传播距离非常小，几乎不会杀死任何生物体。因此，应确定工艺水的最低预期紫外线透射率，并用于预测需要产生多大的紫外强度，才能在目标生物体和光源之间通过水传输足够多的紫外照射剂量以杀死生物体。

水深b cm处的紫外线透射率（T）可按以下公式计算：

$$T_{b\,cm}=10^{-Ab} \cdot 100\%$$

其中，a：每1cm深水体对254nm波长的紫外线的吸光度；b：紫外线的实际照射到达深度（cm）。

每厘米的吸光度可用254nm波长的分光光度计测量。吸光度是水吸收紫外线量的相对量度。

1. 问题

在循环水产养殖系统中，需安装紫外线装置对水体进行消毒。紫外线254nm波长处的吸光度为0.075/cm，从灯管表面（石英外壳）到紫外线装置内壁最远点的距离为5cm，紫外线到达这一点的百分比是多少？

2. 解决方案

用以下方程计算：

$$T_{b\,cm}=10^{-Ab} \cdot 100\%$$

其中b=5cm，A=0.075/cm，

距离为5cm时，透射率为$T_{5cm}=10^{-0.075 \cdot 5} \cdot 100\%=42.2\%$。

这意味着只有42.2%被发射的紫外线会到达距离灯表面5cm的壁面，这种水可以用紫外线消毒，但是紫外线装置必须根据实际水质来设计。

紫外线过滤器可以作为非加压装置或作为加压装置（见图11.1）。紫外灯通常包含在石英套管中，以便在工艺流程中浸没，石英套管必须保持清洁，以保持透光率。使用紫外线不会产生对水生生物构成危险的有毒残留物或副产物。

图 11.1　一个带有紫外线强度传感器和自动清洗装置的加压紫外线装置（来自 Hanovia Ltd.）以及一个用于灯泡移除定位模式下的非加压水平紫外线通道过滤器（图由 PRAqua Technologies, Ltd., Nanaimo, British Columbia, Summerfelt S T et al., 2001 提供）

11.3.1　紫外线输出

在紫外线单元中，微生物所经历的紫外线输出是紫外线照射剂量（单位：$mW \cdot s/cm^2$），它是单位内的紫外线照射强度（单位：mW/cm^2）和水力停留时间（单位：s）的乘积。

$D=I \cdot t$——D：紫外线照射剂量（$mW \cdot s/cm^2=mJ/cm^2$）；I：紫外线照射强度（mW/cm^2）；t：水力停留时间（s）。

水力停留时间由经过紫外线装置的流量和紫外线装置的浸没体积决定：

$t=V/Q$——t：水力停留时间（s）；V：紫外线装置的浸没体积（L）；Q：单位时间（s）经过紫外线装置的流量（L/s）。

紫外线照射强度从开机后持续衰退，一般认为紫外线灯管的照射强度每月下降3%或每年下降40%，紫外线照射强度也受到气温的影响。在100°F（38℃）。紫外线输出等级为100%，但在32°F（0℃）下，输出强度仅为100°F（38℃）等级的10%。这个问题可以通过使用石英套管来解决，它可以在紫外灯周围形成一个空气密封空间进行保温，从而保持输出强度接近其最大潜力。石英套管由于自身的透射率会降低5%的灯管照射强度，更换紫外线杀菌装置的灯管可能会产生相当大的费用，特别是与其他形式的灭菌和消毒相比。根据经验，每年至少更换一次紫外线灯管。

> **经验法则**
> 每年至少更换一次紫外线杀菌装置的灯管。

11.3.2　紫外线的应用实例

1. 问题1

设计一个紫外线杀菌单元，使其能杀死孵化系统中最低致死剂量（minimum lethal dose, MLD）为$100mW \cdot s/cm^2$的生物体，该系统总水体容量为1000L。

2. 问题1的解决方案

从专业制造商处选择一个紫外线装置，确定该紫外线装置的额定最大流量及其紫外线照射强度。假设您选择的装置的额定流量为10L/min，照射剂量为40mW·s/cm²。现在，计算装置允许的最大流量，以保证达到微生物的特定MLD：

$$Q \cdot 100m \cdot Ws/cm^2 = 10\frac{L}{min} \cdot 40mW \cdot s/cm^2$$

$$Q = 4L/min$$

因此，尽管该装置的额定流量为10L/min，但只能以4L/min的流量使用该装置。因此，1000L的水量需要250min才能循环一次，也就是所有水体每天循环经过紫外线杀菌装置6次，这是可以接受的。需要确定杀菌循环次数是否满足系统要求。杀菌环节的循环必须足够快，细菌、病毒等生物体的繁殖速度才不会超过被杀死的速度。

3. 问题2

进入养殖场的新水必须以平均40mW·s/cm²的紫外线剂量消毒，最大流量为120L/s。采集水样，测得最小的紫外线透射率。根据最小的紫外线透射率，制造商提供平均紫外线强度为12mW/cm²的紫外线杀菌装置。那在装置中需要的水力停留时间是多少，装置的有效过滤体积（浸没体积）是多少？

4. 问题2的解决方案

用以下方程计算：

$D = I \cdot t$——I：紫外线照射强度（mW/cm²）；t：水力停留时间（s）；D：紫外线照射剂量（mW·s/cm²）。

然后计算出水力停留时间 $t = D/I = \frac{40}{12}s = 3.33s$。

装置的有效过滤体积 $V = Q \cdot t = 120 \cdot 3.33L = 400L$。

11.4　紫外线照射灭活鱼类病原体

表11.2和表11.3概述了紫外线灭活鱼类致病菌和病毒的数据。结果表明，在实验室批量实验中，2~6mW·s/cm²的紫外线剂量可使所研究物种的活菌数减少99.9%以上。然而，在实际的粒子混合水体连续实验中，需要相当高的剂量才能获得高度失活。因此，通过实验室获得的灭活剂量指标在实际情况下应谨慎使用。

Torgersen Y（1998）的研究表明传染性鲑鱼贫血病毒对紫外线敏感。当感染的组织匀浆接受4~10mW·s/cm²剂量时，其传染性丧失。相比之下，传染性胰腺坏死病毒（一种引起大西洋鲑鱼传染性胰腺坏死的非闭塞的伯纳病毒），是抗紫外线的，需要122mW·s/cm²剂量才能使半咸水中的该病毒浓度降低99.9%。日本研究人员进行的研究也得出了相同数量级的剂量。

表11.2　紫外线照射灭活鱼类病原微生物

微生物	灭活率（%）	照射剂量（mW·s/cm²）	温度（℃）	水质
杀鲑气单胞菌	99.9~100	1.2~5.5 12* 21~24**	7~20	泉水,半咸水,废水,磷酸盐缓冲溶液
斑点气单胞菌	99.9	22	—	—
嗜水气单胞菌	99.9	21~24**	12~20	泉水
粘放线菌	100	1	20	海水
荧光假单胞菌	99.9~100	21~24**	12~20	泉水
鳗弧菌	99.9~100	12~5.5 7* 21~24**	7~20	泉水,半咸水,磷酸盐缓冲溶液
病海鱼弧菌	99.9	2.9~5.5	—	—
杀鲑弧菌	99.999	2.7	20	半咸水
鲁氏耶尔森菌	99.9~100	1.2~3.2 5* 21~24**	7~20	泉水,磷酸盐缓冲溶液
异养细菌总数	99.9	22**	5	海水

注：*表示光复活；**表示通过装置的流量。

表11.3　病毒、真菌和原生动物失活≥99.9%的紫外线照射剂量（mW·s/cm²）
（从Pentair水生生态系统检索：https://pentairaes.com/uv-information）

	微生物	灭活百分比（%）	照射剂量（mW·s/cm²）
病毒	锦鲤疱疹病毒		4
	传染性鲑鱼贫血病毒		8
	斑点叉尾鮰病毒		20
	传染性造血器官坏死症病毒/CHAB		20
	马苏大马哈鱼病毒		20
	传染性造血器官坏死症病毒/RTTO		30
	病毒性出血性败血症病毒		32
	大马哈鱼病毒		100
	大西洋比目鱼野病毒		105
	传染性胰腺坏死病毒		246
真菌/原生动物	丝状水霉（游动孢子）		40~170
	八叠球菌（黄体微球菌）	99.9	26
	黏孢子虫	99.9	30
	海水帕金虫		30
	车轮虫	99.9	35

	微生物	灭活百分比(%)	照射剂量(mW·s/cm²)
真菌/原生动物	脑粘液丸虫(TAMs,打转病)		40
	多子小瓜虫(淡水小瓜虫白斑病)		100
	小瓜虫孢子		>310
	卵圆鞭毛虫		105
	黑色车轮虫		159
	刺激隐核虫(海水白斑病)		280
	漂游口丝虫	99.9	318

注：来源为 Emperor Aquatics, Inc。

虽然传染性胰腺坏死病毒对紫外线具有抗性，但紫外线杀菌已成为挪威幼体三文鱼农场供水消毒的首选方法。在挪威幼体三文鱼农场，紫外线装置是为细菌灭活而设计的。传染性胰腺坏死病毒通过这些不做任何改变的装置时，因为所使用的照射剂量太低而无法被灭活。三文鱼养殖场由于传染性胰腺坏死病毒爆发造成重大损失，应考虑采取预防措施，如在使用来自疑似携带传染性胰腺坏死病毒水域的水源时，将现有紫外线装置升级为具有传染性胰腺坏死病毒灭活能力的装置。与目前 $25mW·s/cm^2$ 的照射剂量要求相比，这种升级至少需要增加5倍的紫外线照射剂量（图11.2）。

为了将亚洲虾类杆状病毒的传染率降低到零，甚至需要更高的剂量，需要分别用 $410mW·s/cm^2$ 和 $900mW·s/cm^2$ 灭活中肠腺坏死病毒。由于这些病毒具有极强的抵抗力，而且虾场需要大量的水，紫外线照射杀菌方式在亚洲的虾场中并不是一种可行的灭活杆状病毒的方法。然而，高效率的紫外线杀菌装置可适用于用水较少的孵化场及育苗池塘。还有其他研究提供了实现消毒所需的紫外线水平的额外信息。

粒子保护机制已经体现在那些与卤虫碎片结合的微生物上，这些微生物由于在 $10\sim 22mW·s/cm^2$ 剂量范围内缺乏足够大的剂量照射而无法被杀灭（图11.3）。所得结果显示，即使进水经紫外线消毒，鱼类致病菌仍有可能传播至陆上水产养殖设施，进一步证明，预过滤可提高紫外线装置对细菌的去除率。经过 $50\mu m$ 滤网过滤后，能提高 $5log_{10}$ 单位的细菌去除效率，这表明用于水产养殖系统的进水应该先进行预过滤，去除甲壳类动物碎片和其他的粒子，再经过紫外线杀菌装置处理，能减小粒子对微生物的保护作用。

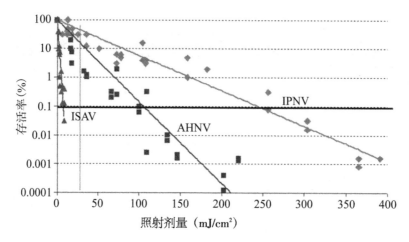

图 11.2 紫外线照射病毒剂量—存活率曲线；ISAV 为传染性鲑鱼贫血病毒；AHNV 为大西洋大比目鱼诺达病毒；IPNV 为感染性胰腺坏死病毒

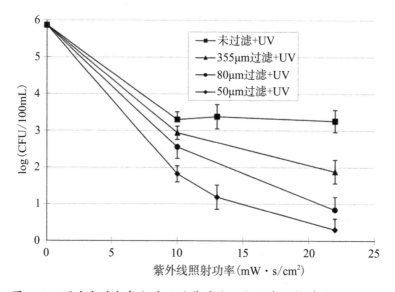

图 11.3 预过滤对含卤虫片段的紫外线照射水中需氧菌存活的影响

　　紫外线照射的主要优点是没有有毒残留物和反应产物，处理高质量水的成本低，易于操作和维护，对空间的要求最小。必须定期处理石英套管的污垢，通常采用机械或化学清洗。紫外线照射在水产养殖中的主要缺点是对重要的鱼类致病性病毒无效。随着病毒控制成为鱼虾养殖业更重要的预防措施，这可能会限制未来紫外线照射的使用。

11.4.1　紫外线修复机制

　　细菌可以通过两种主要机制修复和逆转紫外线照射的致死效应：光复活和暗修复或液体保持恢复。与直接培养和暗培养的结果相比，这两种方法都有潜力将照射后的培养能力提高几个 $\log_{10}$ 单位。光复活和暗修复的结合通常比单独暗修复的存活率更高，这表明光复活可以恢复病变，而病变通常在黑暗中无法修复。

1. 光复活作用机理

光复活需要可见光作为辅助因子。近紫外和可见光谱（330~480nm）中的光激活DNA光解酶，使其逆转某些类型的紫外诱导的损伤。UV-C和UV-B在不切除畸变区域的情况下诱导相邻胸腺嘧啶之间的共价键。这一现象最早是在20世纪40年代末被发现的，当时Kelner A（1961）通过可见光处理紫外线照射后的灰链霉菌孢子，发现了可见光对紫外照射损伤的可逆性。

通常用Michaelis-Menten的酶动力学理论来描述光复活的过程：

$$E+S \underset{k_2}{\overset{k_1}{\longleftrightarrow}} ES \overset{k_3}{\longrightarrow} E+P \qquad (11.1)$$

在公式11.1中，E为光还原酶，S为底物（光可修复DNA损伤），ES为酶-底物复合物，P为修复DNA损伤。酶与嘧啶二聚体结合，在适当的光照下使二聚体形成单聚体。可逆的ES络合物的形成与光照无关，而k_3在黑暗中是零。

光复活的速率与光强有很强的相关性。通常在灯光强度下完全复活需要几个小时，而据报道，在紫外线辐照过的大肠杆菌和嗜盐细菌中，灯光强度可将光复活完成的时间缩短至不足1h。光复活机制在微生物中是一种广泛存在的，但不是普遍存在的特征，在具有这种能力的物种和没有这种能力的物种之间，没有明确的形态发育区别。病毒通常不具备光复活的能力，然而，如果宿主细胞具有所需的酶，则可能发生病毒的光复活。

2. 鱼类致病菌的光复活

已经证明，沙门氏菌、鳗弧菌和鲁氏耶尔森菌能够在可见光存在和不存在的情况下修复紫外线损伤。在类似的实验条件下，光复活可将这些鱼类病原体的存活率提高到与普通水质指示菌相同的程度。

在室内养殖设施典型的光照强度下（1500lx），在前2个小时内，沙门氏菌、鳗弧菌和鲁氏耶尔森菌恢复了10~1000倍，光复活基本上在4~6h内完成，这些实验是在实验室中用悬浮在缓冲液中的细菌细胞进行的。

在更实际的条件下，对紫外线照射后的高强度光复活进行了研究。暴露在紫外线下的沙门氏菌和鳗弧菌分别悬浮在它们的自然水质中，在日光强度下比在灯光下表现出较不明显但更迅速的光复活。完全复活分别只需要20min和1h。这些实验表明，即使在较高光通量、较长保水时间和/或增加温度的室内设施中，恢复过程也可能会增加照射后存活细菌的数量。经过紫外线杀菌的进水、循环水或者废水如果存放在室外的养殖池或者容器中，暴露在阳光下，会出现更加快速的光复活现象。

在评估水产养殖的紫外线装置消毒效率时，不应忽视光复活可能造成的影响，应将这种影响考虑在内，一般来说，应用的紫外线剂量应考虑到光复活的最坏情况。在挪威的幼体三文鱼农场，兽医当局要求紫外线装置的最低剂量为$25mW \cdot s/cm^2$。这个剂量标准在约100台装置上的实际使用效果良好，只有少数爆发的细菌疾病被怀疑是通过紫外线消毒的进水传播的。

紫外线剂量$25mW \cdot s/cm^2$应足以使所研究的鱼类致病菌的光复活量达到可检测水平。但是，如果照射剂量因某种原因减少，如：由石英套管老化或污垢引起的照射强度降低、水质下降、水流速度增加或者细菌受到颗粒的保护，光复活可能会将存活者的数量提高到感染水平。

3. 暗修复

细菌可能使用至少3种不同的暗修复或液体保持恢复机制：1）核苷酸切除修复；2）错误倾向修复；3）复制后重组修复。SOS调节系统（一个复杂的细胞机制），涉及这3个暗修复过程。

准确的核苷酸切除修复过程利用了DNA中的信息以双链互补的形式存在，意味着同时存在两份相同的信息链。在损伤部位附近的损伤链上切开一个切口，切除包含损伤的DNA片段，然后以另一条正常的DNA链为模板重新合成缺失的DNA片段。将紫外线照射过的大肠杆菌涂板置于无营养的缓冲液中数小时，大肠杆菌就可以进行暗修复。

暗修复机制在一些细菌中被发现，包括大肠杆菌和中等嗜盐细菌，而极端嗜盐古菌被证明不存在暗修复机制。

4. 鱼致病菌的暗修复

鱼致病菌（沙门氏菌、鳗弧菌和鲁氏耶尔森菌）的暗修复或液体保持恢复的效率和速度都低于光复活。即使在温度升高到22℃，也需要48h或更多时间才能完成。在水产养殖系统中，如鲑鱼孵育场，其特点是水相对较冷，水力停留时间较短（循环次数高），单是液体保持恢复就不能对系统内紫外线照射后的细菌存活量产生强烈影响。然而，在水力停留时间长（循环次数低）的循环系统中，液体保持恢复的效果是显著的。紫外线照射后不同条件下的沙门氏菌的复活水平曲线见图11.4。

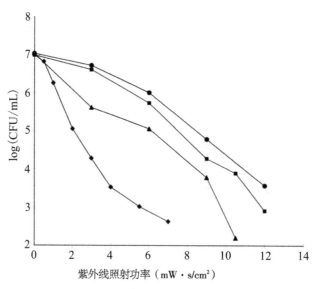

图11.4　紫外照射后沙门氏菌不同处理条件下的剂量–生存曲线，所有处理处于22℃

◆：直接涂板/黑暗培养；▲：黑暗环境下液体保持48h；■：1500lx光照8小时；

●：光照后，转移到黑暗环境下的无营养的缓冲液中

11.5　臭氧化作用

臭氧由于反应速度快，在淡水中几乎不产生有害的反应副产物，而且反应最终产物为氧气，在水产养殖中得到了应用。臭氧是一种极具活性的氧化剂，并且是一种非常有效的杀菌剂和杀病毒剂。臭氧还可以通过微絮凝细颗粒物（使微粒更容易沉降或过滤）、氧化不可生物降解的有机分子（产生更小和可生物降解的分子）、亚硝酸盐和难降解有机分子（降低水体色度）来改善水质。

将臭氧应用于水产养殖需要臭氧生产环节、臭氧溶解环节、臭氧反应和消毒环节，可能还需要臭氧分解环节以确保没有残留臭氧进入养殖池。

11.5.1　臭氧生产

臭氧必须在现场产生。最有效的方法是电晕放电技术，它涉及氧气或空气在高压下通过窄间隙电极的通道（图11.5）。Masschelein W J（1998）认为，有效的臭氧生成取决于进气的成分，如进气中的杂质、颗粒、水分和压力，也取决于电介质的冷却效率、电流特性、产生的臭氧浓度要求以及电介质的设计。为了保护电晕放电单元内部电介质，进气要求干燥、无颗粒物质、无聚结油雾、含碳氢化合物少于15ppm。此外，一些臭氧发生器可能需要使用含有氮（＞0.5％氮）的氧气作为进气，以达到最大的臭氧生产效率，为了满足所需含氮条件，一些液氧供应商需在氧气进入臭氧发生器之前添加少量氮。

图11.5　电晕放电臭氧发生器

在许多集约化水产养殖系统中，纯氧已经被用来最大限度地提高养殖产量。使用纯氧的臭氧发生器需要10kW·h的能耗才能产生1.0kg的臭氧，然而，使用空气生产臭氧的能耗是使用纯氧的2～3倍。此外，利用氧气产生臭氧可以达到10％～15％（按重量计算）的臭氧浓度，这几乎是利用空气所产生臭氧浓度的2倍。产生相对高浓度的臭氧可以减少供应臭氧时所需的氧气总量。然而，产生10%~15%（按重量计）的臭氧浓度比产生4%~6%的臭氧浓度效率低。综合考虑以上因素，可以根据养殖系统的需求和气源的成本、能源利用的经济考虑，优化臭氧的生产。

11.5.2 臭氧转移

臭氧是通过空气或氧气产生的，这种臭氧/氧气流必须被转移到水中进行微生物灭活或其他氧化作用。臭氧气体流可以使用任何典型的氧气传输设备共同传输到水中，这已经在本书的第10章中讨论过。将臭氧有效地溶解到水中是很重要的，因为生产臭氧的成本是可观的，特别是在购买或者现场生产作为原料气的纯氧中含有臭氧时。

臭氧的溶解速率和随后的臭氧分解速率取决于所使用的气液传质系统的效率以及臭氧与水中成分反应的速率，臭氧的反应速率取决于水中成分的类型和浓度。与可氧化无机物和有机物快速反应，可使液膜内臭氧表观平衡浓度保持在较低水平，增加臭氧的转移速率。当臭氧被水中的组分快速反应消耗时，臭氧转移的驱动力最大。事实上，当臭氧反应非常快时，臭氧在气体界面分解，没有臭氧分子被转移到水中。

具有连续液相的臭氧转移装置，即将气泡分散在液体中的装置，例如U型管、氧气锥（图11.6）、吸气器、气泡扩散器以及密闭的机械混合器，这些在液体中分散气泡的装置既能传递臭氧，又能提供一定的反应时间。具有连续气相的臭氧传输装置，即将液滴或薄膜分散在气体中的装置，如喷雾塔、填料塔和多级低水头氧合器（图11.7）提供了有效的溶解方法，但反应时间非常短。连续气相输送装置最适合于通常需要在最短时间内输送最大臭氧量的情况，从而使得经济固定和成本可变。另外，在反应速率有限制且必须维持一定时间的情况下，通常选择连续液相转移单元。

大多数臭氧接触器依靠连续液相单元将臭氧溶解到液体中。高柱气泡扩散器是水产养殖中常用的扩散器，可实现85%以上的臭氧向液相转移。这些装置特别适用于反应速度有限，臭氧残留必须保持一定时间的情况，例如在消毒期间。氧锥（图11.6）和U型管也被用于RAS中高效、快速溶解臭氧/氧气。在RAS中，亚硝酸盐和有机物的氧化是臭氧化（而非消毒）的主要目标。

用于溶解臭氧的连续气相装置不如连续液相装置常见。在连续气相装置中，臭氧的溶解主要采用填料塔。连续气相装置也可以设计成在相对较小的容器中，并能有效地溶解臭氧。在淡水研究所的循环水系统中，LHO装置的臭氧溶解效率评估结果为100%。在这个系统中，臭氧完全溶解，根据亨利定律，臭氧在水中的溶解度是氧气的13倍，防止LHO内气相窜流的方法是将气室分成8个独立的隔间，LHO室内气体停留时间约为45min，水中存在的亚硝酸盐、溶解和悬浮的有机物与溶解的臭氧迅速反应。

RAS中，臭氧添加有时使用与供氧相同的气体溶解装置来完成。如果溶解装置是用抗臭氧化材料制造的，就可以做到这一点。在这些情况下，将臭氧添加到已经在使用纯氧的循环系统中，只需要安装臭氧发生器以及相应的臭氧分布、监测和控制机制。所有其他必要的设备（供氧和分配系统、气体输送装置和控制机构）都已经就位（图11.7）。

如果臭氧溶解效率不是100%，那么从溶解装置排出的废气中会含有一些臭氧。必须处理这些废气中的臭氧，将剩余的臭氧全部分解掉再排放。

供应臭氧和氧气的不锈钢管

供应氧气的铜管

图11.6 将臭氧/氧气注入3个锥内的水中。在美国鱼类和野生动物管理局的拉马尔国家鱼类孵化场（Lamar National Fish Hatchery, PA），该系统用于400~2400 L/min的地表水消毒。当使用8~10psig（0.5~0.7atm）时，这些锥体内的臭氧转移效率通常为>99%

图11.7 在淡水研究所的系统中，将臭氧/氧气注入LHO，用于氧化/臭氧化4800L/min流量的循环水

11.5.3 臭氧反应和鱼类病原体灭活

臭氧化可以杀死微生物，但需要在一定的接触时间内保持一定的溶解臭氧浓度，消毒效率取决于臭氧残留浓度与接触时间的乘积。臭氧接触容器为臭氧溶解物与病原微生物反应并使其失活提供了必要的时间。根据目标微生物的不同，消毒水可能需要在活塞流式接触容器中保持0.1~2.0mg/L的臭氧残留浓度反应1~30min。在商业水产养殖应用中，很难将残留浓度维持在1mg/L以上；使用常规设备，达到2mg/L以上几乎是不可能的。图11.8展示了一个示例系统，该系统在两个反应器序列中提供臭氧接触时间并去除残留。在臭氧进入水中后，溶解有臭氧的水体会立即进入初级臭氧处理组件。首先，右边的容器提供10min（1600L/min流量）的活塞流接触来实现消毒。接下来，中间的容器提供20min（1600L/min流量）的活塞

317

流接触，以实现进一步消毒和残留臭氧的分解。最后，在水流通过管道进入鱼类养殖系统之前，左边的容器（反向强制脱气塔）会立即去除任何少量的残留臭氧，并提高溶解氧水平。

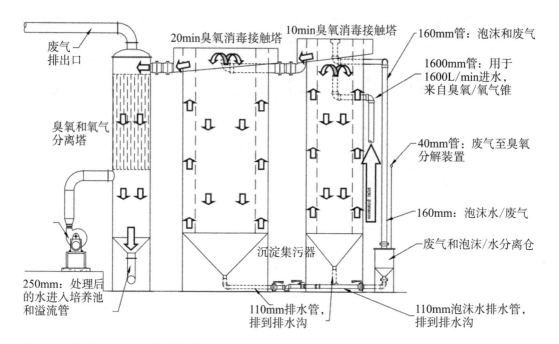

图11.8　美国鱼类及野生动物管理局拉马尔国家鱼类孵化场（Lamar National Fish Hatchery, PA）的臭氧处理系统，用于400～2400L/min地表水消毒。图由Oak Point Associates-Biddeford, Maine提供

　　用细菌细胞进行臭氧暴露实验表明，细菌细胞膜结构的变化会导致蛋白质和核酸的泄漏，也会导致脂质氧化，而细胞内的成分、蛋白质和DNA保持不变。延长暴露在臭氧环境中的时间，细胞活力降低程度、脂质氧化程度、蛋白质和核酸泄漏程度都明显增加。

　　已证明导致鲑科鱼致病的细菌和大多数病毒对水中残留的臭氧高度敏感（见表11.4）。这种敏感性的剂量反应浓度在无机水（无机缓冲液、蒸馏水）中的估算是准确的，实验表明在0.01～0.10mg/L的浓度范围内，致病细菌和病毒灭活率能达到99.9%以上。在测试自然水体的臭氧需求的批量实验中，臭氧浓度往往迅速下降，使可靠的剂量反应估计变得更加复杂。一般来说，残余浓度较高，即在天然海水、半咸水及淡水中含量达到0.1～0.2mg/L，以及在养鱼场的污水及循环水系统中含量达到0.3～0.4mg/L，这就达到了规定的灭活浓度水平的必需浓度。一些病毒，包括传染性胰腺坏死病毒和大西洋比目鱼野病毒，似乎对海水中的臭氧具有耐药性。灭活这些病毒要求高浓度的总残留氧化剂和消毒剂的浓度与作用时间的乘积值。另外，传染性鲑鱼贫血病毒很容易被低浓度臭氧灭活。

　　在剂量反应测定实验中，得到了两阶段对数灭活曲线。其特征是初始失活迅速，随后随着暴露时间的延长，失活率逐渐降低。这种动力学现象可以用暴露过程中臭氧浓度降低来解释，其他研究人员甚至在无臭氧需求的水中也经历过这种动力学过程。

表11.4　臭氧灭活水中鱼类病原微生物

	微生物	灭活率(%)	用时(min)	浓度(mg/L)	C·t(min·mg/L)	温度(℃)	pH	水的种类	水质指标
细菌	液化产气单胞菌 杀鲑气单胞菌	99.9	1.2~5.0	0.10	0.12~0.50	20	7	PBS	
	荧光假单胞菌	100	0.5	0.04	0.02	20	7	PBDW	臭氧需求量为0
	杀鲑气单胞菌	99.8	0.33	初始:0.010; 残余:0.04		7	7.2	PBS	
	杀鲑气单胞菌	99.9	1	0.3~0.4		7	7.8	养殖场废水	TSS=22mg/L TOC=9.8mg/L
	杀鲑气单胞菌 鳗弧菌 杀鲑弧菌	99.99	3	初始:0.15~0.20; 残余:0.05~0.07		9~12	6.3~8.0	湖水 半咸水 海水	自然水体
	鲁氏耶尔森氏菌 肠球菌 杀鱼巴斯德氏菌 鳗弧菌	99.9	0.9~1.2	0.089~0.177*	0.084~0.186*	25	7.95	海水	
	鲁氏耶尔森氏菌	100	0.5	0.01	0.005	20	7	PBDW	臭氧需求量为0
	鲁氏耶尔森氏菌	99.9	3.0	0.10	0.30	20	7	蒸馏水	
病毒	传染性造血器官坏死症病毒	100	0.5	0.01	0.005	10	7	PBDW	臭氧需求0
	传染性胰腺坏死病毒	100	1.0	0.01	0.010	10	7	PBDW	臭氧需求0
	传染性胰腺坏死病毒	98.4	31	2.5	77.5	5	7.9	海水	自然水体
	传染性鲑鱼贫血病毒	99	0.25	0.33	0.08	5	7.9	海水	自然水体
	大西洋比目鱼野病毒	98	31.5	1.6	50.4	5	7.9	海水	自然水体
	黄条鰤神经坏死病毒	丧失传染性	0.5~2.5	0.1~0.5	0.25			海水	
	对虾白斑杆状病毒	丧失传染性	10	0.5*	5			海水	

注：*表示记录为总残余氧化剂的浓度；**表示黄带鰺神经经历9d内死毒。PBS：磷酸盐缓冲盐水；PBDW：磷酸盐缓冲蒸馏水。

在实际操作中，渔场进水和出水消毒中重要的是臭氧剂量要足够高，以满足最初的需求，从而保证消毒时间范围内浓度足够用。在无臭氧需求的水中，由于微生物的增长，臭氧的损耗仍然会发生。这一损耗程度将取决于微生物的类型、准备工作、注入培养液前的清洗以及臭氧悬浮液中微生物的密度。

在自然水域和在循环系统应用中发现，微生物与有机物和其他化合物的反应会造成额外的臭氧消耗。在美国鱼类及野生动物管理局拉马尔国家鱼类孵化场进行的臭氧需求测试结果显示，在优质的养殖鳟鱼的溪水中，起始臭氧浓度为 2~4mg/L，一定会在 10min 后降低至 0.2mg/L 左右。Cryer E（1992）报告了在美国鱼类及野生动物管理局的鲑鱼孵化场臭氧消毒地表水进水的测试结果，出现了类似的结果。这些研究中所检测的所有地表水水质都相对较高，只有较低浓度的可氧化有机物、铁和锰，但臭氧的消耗仍然使臭氧的半衰期减少到几分钟以下。相比之下，在20℃条件下，溶解在纯水中的臭氧的半衰期为 165min。

RAS 中有机物质和亚硝酸盐含量越高，水中臭氧的半衰期越短，如臭氧半衰期少于 15s，则维持水中臭氧浓度变得困难。因此，很难通过添加足够多的臭氧来完全灭活 RAS 中的微生物。在 RAS 中使用臭氧可以改善水质，减少或消除环境压力造成的鱼类疾病。这些研究以及臭氧在许多商业的循环系统中应用的经验表明，向循环系统中添加 13~24g/kg 饲料比例的臭氧，可以改善水质和鱼类健康。

> **经验法则**
> 每投喂1kg饲料，添加 13~24g臭氧可以改善水质。

臭氧化可以改变颗粒大小而不是将颗粒从水中分离出来，从而增强对细微固体颗粒的去除。臭氧是一种不稳定的反应性气体，它将大型有机物分解成更小的生物可降解物质，更容易被异养细菌清除。另外，臭氧可以聚合相对稳态的有机物，使它们能够被过滤、直接沉淀、絮凝或吸附。臭氧在各种水产养殖系统中用于去除颜色和浊度，效果时好时坏。臭氧化对循环系统中颗粒大小变化的影响尚未确定。臭氧的作用是复杂的，臭氧化的定性和定量影响可能都是特定于某一个系统。也有人担心，即使是臭氧残留量很低，也可能导致暴露在水中的鱼的鳃粘连和死亡。

经臭氧处理的水也被证明对清洗受精卵有用，并有助于减少或消除生物饵料生产系统中与轮虫等活饵料生物相关的潜在病原体。

11.5.4　臭氧的分解

在接触室的末端产生足够水平的残余臭氧，既要确保杀灭细菌，还需要在水接触到水生生物之前清除这些臭氧。即使残留的臭氧浓度低至 0.01mg/L，对鱼类依然是致命的，实际浓度还取决于鱼类的种类和大小（表11.5）。由于残留臭氧对水生动物的急性毒性，系统中必须有一个去臭氧装置。在许多情况下，在臭氧化后水停留在容器内一段时间，或使用小剂量的还原剂，例如硫代硫酸钠，就可消除残留物。溶解的臭氧也可以通过填料塔强制通风而剥离到空气中（图11.8），但空气剥离也将去除超饱和的溶解氧，这或许不是最佳的方式。溶解的臭氧也可以通过生物过滤器或活性炭床去除，也可以与低水平的过氧化氢反应，或与高强度的紫外线接触（催化O_3转化为O_2）来分解。

紫外线照射破坏臭氧取决于紫外线光源的波长和传输的能量。臭氧残余物在紫外线波长250~260nm范围内被破坏，185nm的紫外波长可以用来产生臭氧。臭氧化的副产物及其对水生动物的毒性尚未得到很好的阐述，尤其是在海水中。当咸水和海水被臭氧化时，会产生更多的不易衰减的产物。海水中，臭氧与溴化物离子发生反应，与氯离子发生较小程度的反应，会形成对鱼类和贝类有毒的氧化剂，最重要的是次溴酸（HBrO）和次溴酸根离子（BrO^-）两者都有很强的杀灭作用。通过长时间的臭氧化作用，亚溴酸根离子可以进一步氧化成溴酸盐（BrO_3^-），这是一种不易衰减的化合物。此外，还会形成少量卤代有机化合物，如溴仿。活性炭过滤已成功用于去除臭氧化海水中残留的臭氧和其他氧化剂。

表11.5 溶解的臭氧对鱼的毒性

品种	臭氧浓度(mg/L)	实验结果
虹鳟	0.0093	到达LC_{50}时间为96h
虹鳟	0.01~0.06	致死
太阳鱼	0.01	4周后死亡60%
黑头软口鲦	0.2~0.3	致死
美洲狼鲈	0.38	到达LC_{50}时间为24h
太阳鱼	0.06	到达LC_{50}时间为24h
条纹鲈(幼鱼)	0.08	到达LC_{50}时间为96h

注：其中LC_{50}是样本鱼的50%致死浓度。

11.5.5 臭氧残留浓度测量

淡水中的臭氧残留量可用靛蓝比色法测定，该方法以靛蓝的臭氧脱色机制为基础。吸光率的下降与浓度的增加呈线性关系，可以用分光光度计在600nm波长下进行测量。由于臭氧与溴在海水中的反应很快，直接测定海水中溶解的臭氧浓度是不可能的，因此采用DPD（N, N-diethyl-p-phenylenediamine）法和碘量法测定臭氧形成的总残余氧化剂（total residual oxidants, TRO）的方法来测量臭氧浓度。在许多实际应用中氧化还原电位作为替代参数，被用来监测臭氧及其氧化剂的氧化能力。但是，这种方法的缺点是，残余臭氧浓度与氧化还原电位之间没有线性关系。

11.5.6 材料抵抗

臭氧应用在任何水环境中都是一种极具腐蚀性的物质，臭氧水接触的材料必须是具有适当的抗氧化性能的材料，表11.6概述了材料及其耐腐蚀性。

表11.6　耐臭氧腐蚀的材料

材料		臭氧化作用接触类型			注释
		干燥空气	潮湿空气	水中	
金属材料	镍铬合金;黄铜	B	B	B	
	铝及铝合金	A	D	D	
	生铁	A	A	A	缓慢腐蚀
	镀锌钢	B	C	C	不耐冲击
	不锈钢	A	A	A	无氯存在
	烧结不锈钢	D	D	D	
塑料²ᵃ和橡胶	聚偏二氟乙烯,氟橡胶,铁氟龙	A	A	A	作者的建议
	乙烯基酯树脂	A	A	A	
	聚四氟乙烯(铁氟龙)	A	A	A	
	聚酰胺(尼龙)	—	—	A	
	环氧树脂	—	D	D	
	氯磺化聚乙烯(海帕伦)	A	A	A	适当催化
	氟橡胶	B	C	C	适当催化
	硅胶	D	C	C	适当催化
	乙烯丙烯	A	A	A	适当催化
	聚氯丁烯(氯丁橡胶)	B	C	C	适当催化
其他材料	混凝土	A	A	A	
	玻璃和陶瓷	A	A	A	
	玻璃纤维	环氧乙烯基酯树脂的耐臭氧性能一般较好,间苯二甲酸类聚酯树脂的较差;请与厂商确认			

注：改编自Damez　F, 1982. Materials resistant to gorrosion and degradation in contact with ozone。A表示耐用；B表示可用；C表示不耐臭氧；D表示快速腐蚀。PVC和CPVC不适合携带加压臭氧气体。聚氯乙烯和CPVC适用于连续湿润的气水输送装置、液压保持容器或从输送装置排放低浓度湿废气时。

11.5.7　臭氧安全

（改编自：Gearheart M, Summerfelt S, 2007. Ozone safety in aquaculture systems. Hatchery International, July/August, 41–42）

臭氧是一种危险的反应性氧化气体。它本身是不可燃的，但与其他可燃材料发生反应会产生严重的火灾和爆炸危险。它是剧毒的，职业安全及健康标准（US Occupational Safety and Health Administration, OSHA）为人类接触臭氧8h设定了一个时间加权平均值（time-weighted average, TWA），上限为0.1ppm，10min的短期接触极限（short-term exposure limit, STEL）是0.3ppm。暴露在浓度为5ppm的臭氧中会立即对生命和健康造成危险。潜在的影响包括口干，咳嗽，对鼻子、喉咙和胸部的刺激，呼吸困难，头痛，头晕，疲劳。臭氧还会引起疼痛、流泪和炎症，从而刺激眼睛。值得注意的是，臭氧的可察觉气味阈值变化很大。臭氧有一种甜蜜的气味，一些人察觉到气味的浓度低至0.005ppm，其他人可能直到浓度达到2.0ppm时才会察觉到。

由于存在引发火灾和爆炸的危险，必须避免产生电火花、发热和强烈的闪光。机械通风系统应始终处于工作状态，以消除臭氧气体的积聚。臭氧气体监测仪应安装在臭氧发生器附近，以及生产区的中心位置。为了安全和有效，这些监测器应该连接到警报（声、光），警报的报警浓度设置在0.07ppm，位于TWA水平之下。此外，亦应备有手提臭氧探测装置，在管道周围及通风不良的地方（例如污水坑及较低处管网）进行抽查。应记录在专用监测点测量的空气臭氧浓度，以及手持装置测试测量的特定地点的臭氧浓度。此外，应该有控制系统能够在臭氧接触装置内水位较低时，关闭臭氧发生器，减少臭氧逃逸到房间的可能性。控制臭氧发生器的紧急关闭开关应设置在臭氧产生室和臭氧接触装置室（即建筑物）外面，紧急情况下无须进入建筑物即可关闭臭氧发生器。

> 职业安全及健康标准（OSHA）对空气中臭氧的允许限度
> 时间加权平均值（TWA）：0.1ppm
> 短期接触极限接触（STEL）：0.3ppm
> 立即危害生命或健康：5.0ppm
> 更多资料可浏览职业安全及健康标准网页：
> http://www.osha.gov/dts/chemicalsampling/data/CH_259300.html

人员的健康和安全是最重要的，任何可能接触臭氧的人都必须熟悉臭氧的安全数据表（material safety data sheet, MSDS）。应张贴本文件及臭氧使用时间指示牌于生产车间及臭氧发生室的入口。工作人员应熟悉臭氧发生器的用户界面和专用臭氧气体检测设备，以便识别臭氧何时产生。他们应该知道通风风扇的位置和操作，手持式和专用的监测仪器操作，以及所有的安全程序。如果在生产车间或臭氧发生室内检测到臭氧超标，建议操作如下：

（1）立刻离开房间。

（2）用房间或建筑物外的控制开关关闭臭氧发生器。

（3）确保房间通风机正常运转。

（4）联系指定的"臭氧安全员"，他会通知所有员工发生了泄漏，并解决出现的任何问题或担忧。

（5）关闭臭氧发生器后，保证房间通风良好，至少30min内不要返回房间。

（6）返回生产车间和臭氧发生室时带着手提臭氧监测仪，确保房间空气中臭氧浓度低于TWA（<0.1ppm），然后才允许其他人返回。为了完全安全，返回房间的操作员应佩戴符合呼吸保护规范（respiratory protection program, RPP）要求的空气呼吸器（supplied air respirator, SAR）。

11.6　其他消毒方法

当然，在水产养殖中还有许多其他消毒水、工具设备和仪器的方法。每种方法都有自己的支持者，也都有自己的优缺点。表11.7简要介绍了各种设备消毒时氯的用量和接触时间。

表11.7　氯的用量及接触时间建议

工具名称	氯的形式		
	消毒时间(min)	漂白剂(mg/L)	次氯酸钙(mg/L)
捞网、水靴等	5	0.7	40
运输工具	30	2.64	150
养殖池	60	3.51	285

表11.8比较了几种已知氧化剂的相对氧化势。表11.9概述了常用消毒剂的特性。

表11.8　已知氧化剂的相对氧化电位

名称	氧化还原电位V	氧化电势
氟(F)	2.87	最活泼
臭氧(O_3)	2.07	
过氧化氢(H_2O_2)	1.78	
高锰酸钾($KMnO_4$)	1.70	
次溴酸(HBrO)	1.59	
次氯酸(HClO)	1.49	
氯(Cl_2)	1.36	
二氧化氯(ClO_2)	1.27	
氧气(O_2)	1.23	
溴(Br_2)	1.09	
碘(I_2)	0.54	最不活泼

表11.9　常用消毒剂的实际特性与理想特性比较

特性	特性描述	氯	次氯酸钠	次氯酸钙	臭氧	紫外线
实用性	应大量使用,价格合理	成本低	成本较低	成本较低	成本较高	成本较高
与外来物质的相互作用	不应与细菌以外的有机物反应	氧化有机物,也被有机物吸收	活性氧化剂	活性氧化剂	氧化有机质	被特定的有机化合物吸收
无腐蚀,无染色	不应腐蚀金属或者染色布料	高度腐蚀性	腐蚀性	腐蚀性	高度腐蚀性	不适用
对高等生物无毒	对微生物有毒性,但对人类和其他动物无毒性	对高等生物有较高毒性	有毒性	有毒性	有毒性	在高辐射剂量下有毒性
渗透力	具有穿透表面(细菌)的能力	高	高	高	高	高
安全性	运输、储存、处理和使用是否安全	高风险	中度风险	中度风险	中度风险	低风险

特性	特性描述	氯	次氯酸钠	次氯酸钙	臭氧	紫外线
溶解性	必须溶于水或细胞组织	轻微溶解	易溶解	易溶解	不易溶解	不适用
稳定性	长期储存时杀菌能力损失较小	稳定	轻微不稳定	相对稳定	不稳定,现做现用	现用
对微生物毒性	在大量稀释后对微生物应该具有高毒性	高	高	高	高	高
环境温度下的毒性	在一定温度范围内,都应有效	高	高	高	高	高

注：资料来源为 Water Environment Research Foundation。

11.7 设计案例：进水处理

在鱼类养殖前，设计臭氧消毒系统要求对颗粒物的排除、氧气输送、臭氧生成、气体输送、臭氧接触、臭氧分解和气体平衡等过程进行考虑。在设计臭氧系统时，第一步是确定所需的臭氧剂量（残余浓度和接触时间的乘积）以灭活目标微生物。表11.4列出了灭活几种鱼类病原体所需的剂量，应使用足够高的安全系数（最好高于2）来确保不确定性因素和系统的可变性。

下一步是确定实际水体的臭氧初始需求量，最好是在水质下降的情况（"最坏情况"）下测算。通过直接测量所使用的臭氧浓度与所测量的残余臭氧浓度的差值，可以得到已知体积的水中臭氧的初始需求量，或者，臭氧需求可以根据臭氧需求物质的含量来估计。经过纱滤的含少量悬浮颗粒物的水中，最大可溶性有机碳含量为5mg/L，相对应的臭氧初始需求量大约是2mg/L（见11.5臭氧化作用）。臭氧初始需求量和残余臭氧浓度的总和将等于对水中施加臭氧的需求总量。

同样，对于UV系统的设计，第一步是确定所需的UV剂量（UV强度和在UV腔内停留时间的乘积）以灭活目标生物，见表11.2和表11.3。使用足够高的安全系数是很重要的。需要考虑的一个特殊情况是鱼类病原菌修复被紫外线照射损伤的DNA的能力，为了弥补修复造成的影响，安全系数应达到4。此外，安全系数至少达到2以应付不确定性因素和系统的可变性影响，水中的颗粒应在紫外线消毒前清除。

下一步是测量"最坏情况"下实际水体的紫外线透射率或紫外线吸收度。这些测量表明有多少紫外线能穿透特定长度（通常为5cm）的水体，是正确设计的关键参数。大多数UV系统生产商有很好的计算模型用于设计UV系统，这些模型包含UV传输/吸收和UV剂量等方面。

1. 问题

为位于宾州拉乌尔的美国鱼类和野生动物管理局东北渔业中心设计了一套紫外线/臭氧杀菌系统处理进水，要求处理流量为0.5m³/s。

2. 解决方案

Summerfelt S T et al.（2008）介绍，这个例子基于安装在位于宾州拉马尔的美国鱼类和野生动物管理局东北渔业中心的水过滤和臭氧消毒系统，该系统用于培养濒危鱼类的地表水进水。在平台式研究中，维持残留臭氧浓度在0.2mg/L水平10min，所需的臭氧初始量确定为2.5mg/L。为了应对水对臭氧的需求，臭氧养化系统的规模应足够大，系统设计最大流量为1500L/min，最大臭氧浓度约为5mg/L。

这个处理系统运转工作：首先是地表水通过2个并联的转鼓微滤机（60μm）以排除大部分泥沙、藻类和大于筛孔孔径的生物。经微滤机过滤后，2台或3台变频泵同步运作，将水以400～2400L/min流速输入臭氧处理系统。安装了2台电晕放电臭氧发生器，每台具有20：1的自动调节能力，以保证足够大的备用能力。向臭氧发生器输入95%左右的氧气，产生的臭氧输入到位于水泵后面的下流式气泡接触器（0.5～0.7bar）中。

其次，用管道将臭氧水输送到15m³的臭氧接触塔。对于760L/min、1500L/min或2270L/min的水流流速，填料塔能够分别提供大约20min、10min或6.7min的活塞流接触时间。臭氧接触塔出口处的溶解臭氧探头持续监测接触塔排放的溶解臭氧浓度。采用比例–积分–导数反馈控制回路调节产生（并由此增加）的臭氧浓度，使臭氧消毒接触塔排放的溶解臭氧残余物保持在预先选定的设定值（假设0.2mg/L）。此应用程序提供相对较高的臭氧剂量和接触时间，即在水流离开消毒接触塔后，仍有0.2mg/L溶解臭氧残余。

臭氧消毒接触池排出的水自流到第2个32m³接触池，为溶解的臭氧提供额外的分解时间。然后水又从第2个接触池自流到脱气塔里，经过脱气塔强制通风，水中残留的任何溶解臭氧和过饱和溶解氧都被空气剥离。最后，经过处理的水通过重力流到养鱼系统中。Summerfelt S T et al.（2008）提供了本案例研究设计示例的更详细的描述。

下面的方程被要求确定平均水力停留时间、臭氧利用率、臭氧应用剂量以及在使用水流量下产生的臭氧消毒剂量 $C \cdot t$、臭氧化气体供应流量、臭氧气体浓度和随后的臭氧消毒接触池大小。方括号中的变量由系统细节提供。

其中：

$Q_水$ 表示处理流量；

$V_{接触池}$ 为消毒接触池体积；

Q_{O_2} 表示氧气流量；

臭氧残留浓度是水中臭氧离开接触池时的所需浓度。

接触时间 T（单位：min） $= \left\{ \dfrac{1}{Q_水} \dfrac{\text{min}}{\text{L}} \right\} \left\{ \dfrac{3.78\text{L}}{\text{gal}} \right\} \left\{ V_{接触池}\,\text{gal} \right\}$

每天使用的臭氧质量 m（单位：$\text{kg O}_3/\text{d}$） $= \left\{ Q_{O_2}\,\text{L/min} \right\} \left\{ \text{m}^3/1000\text{L} \right\} \left\{ \dfrac{1.331\text{kgO}_2}{\text{m}^3} \right\} \left\{ \dfrac{1440\,\text{min}}{\text{d}} \right\}$

$\left\{ \dfrac{\text{mol O}_2}{32\text{gO}_2} \right\} \left\{ \dfrac{2\,\text{mol O}_3}{3\,\text{mol O}_2} \right\} \left\{ \dfrac{48\text{gO}_3}{\text{mol O}_3} \right\} \left\{ \dfrac{\text{O}_3\text{在混合气体中的比例}}{100} \right\}$

臭氧初始浓度 C'（单位：mg/L） $= \left\{ 臭氧质量\,m\,\text{kg O}_3/\text{d} \right\} \left\{ \dfrac{10^6\text{mg}}{\text{kg}} \right\} \left\{ \dfrac{1}{Q_水} \dfrac{\text{min}}{\text{L}} \right\} \left\{ \dfrac{\text{d}}{1440\,\text{min}} \right\}$

臭氧消毒剂量 $C \cdot t$ [单位：$\text{mg O}_3/(\text{L} \cdot \text{min})$] $= \left\{ 臭氧残留浓度\,\text{mg O}_3/\text{L} \right\} \left\{ 接触时间\,\text{min} \right\}$

11.8　结　论

11.8.1　紫外消毒

• 紫外线消毒之所以有价值，是因为它对大多数鱼类致病菌有效，而且不会留下有毒残留物。鱼类病原菌一般易受紫外线照射。在自然水域中，$1.5 \sim 3.4 \mathrm{mW \cdot s/cm^2}$ 剂量的灭活率可达 99.9% 或更高。与细菌的这种敏感性相比，一些病毒（如传染性胰腺坏死病毒和大西洋比目鱼野病毒）对紫外线照射具有耐性，需要高达几百 $\mathrm{mW \cdot s/cm^2}$ 才能等效地灭活细菌，这意味着紫外线装置必须设计成高强度辐照和低水流的模式以获得灭活这些病毒所需的紫外线剂量。

• 紫外线消毒效果容易受水质影响。水的紫外线透射率会因溶解的物质而降低，例如蛋白质、脂质、腐殖酸和芳香化合物。已经证明，当细菌附着在颗粒物上时，颗粒物会保护细菌免受紫外线照射伤害。分别使用 50、80 和 $355 \mu m$ 的过滤器预过滤，发现紫外线残杀菌的能力得到了提升。通过 $50 \mu m$ 过滤器预过滤的水中 $22 \mathrm{mW \cdot s/cm^2}$ 的紫外线剂量对细菌杀灭数达到 $5 \log_{10}$ 单位以上，相比之下，没过滤的水中细菌杀灭数只能达到 $3 \log_{10}$ 单位。因此，在进行紫外线消毒前，必须过滤水产养殖用水，以清除甲壳类动物的碎片及其他可滋生细菌或降低紫外线透射率的粒子。

• 大多数细菌都有能力修复紫外线照射造成的一些损伤。3 种鱼类致病菌沙门氏菌、鳗弧菌和鲁氏耶尔森菌都能在适当的 UV-C 照射后进行光复活或者液体保存恢复。为了阻止这两种再活化机制的独立或组合作用，必须将照射剂量提高 $3 \sim 4$ 倍，才能将灭活率达到真正的 99.9%，从而有与正常细菌计数程序（即涂板和暗培养）相同的失活率。

11.8.2　臭氧处理

• 臭氧是由空气或氧气作为原料气体产生的，臭氧/氧气必须溶解到水中，才能用于微生物灭活或其他氧化。由于残留臭氧及其副产物对水生动物具有急性毒性，在水接触水生生物之前，必须包括一个臭氧脱除装置。盐水臭氧化时，必须特别注意有毒副产物。

• RAS 中含有大量的有机物和亚硝酸盐，对水的臭氧需求量很大，因此很难维持残余臭氧浓度，也很难添加足够多的臭氧来实现循环系统中微生物的灭活。臭氧最常用于促进水质改善，在循环系统中使用臭氧可以通过改善水质、减少或消除环境压力来减少鱼类疾病。一个关键的应用点是使用臭氧对进水或补给水进行消毒，从而防止病原体进入 RAS。

• 已经证明鱼类病原体，包括一些病毒，对臭氧很敏感。然而，包括传染性胰腺坏死和大西洋比目鱼野病毒在内的一些病毒对臭氧水具有耐性。失活曲线的特征通常是初始失活迅速，然后随着暴露时间的延长，失活率逐渐降低。这种动力学可以用暴露过程中臭氧浓度降低来解释。在养鱼场的废水中，沙门氏菌灭活所需的残留浓度为 $0.3 \sim 0.4 \mathrm{mg/L}$。在实际的鱼类养殖用水臭氧处理中，重点在于臭氧剂量要高到足以满足最初的需求，从而确保在所需的接触时间内保持足够用的残余浓度。

11.9 参考文献

1. AMERICAN PUBLIC HEALTH ASSOCIATION, 1989. Standard methods for the examination of water and wastewater.17th. American Public Health Association.

2. ARIMOTO M et al., 1996. Effect of chemical and physical treatment of striped jack nervous necrosis virus（SJNNV）. Aquacult, 143: 15-22.

3. ASATO Y, 1976. Ultraviolet light inactivation and photoreactivation of AS-1 cyanophage in Anacystis nidulans. J Bacteriol, 126: 550-552.

4. BABLON G et al., 1991. Fundamental aspects. In: LANGLAIS B, RECKHOW D A, BRINK D R. Ozone in water treatment: application and engineering. American Water Works Association Research Foundation: 11-132.

5. BELLAMY W D et al., 1991. Engineering aspects. In: LANGLAIS B, RECKHOW D A, BRINK D R. Ozone in water treatment: application and engineering. American Water Works Association Research Foundation. Denver: 317-468.

6. BERGHEIM A, ASGARD T, 1996. Waste production from aquaculture. In: BAIRD D et al. Aquaculture and water resource management. Blackwell Science Ltd: 50-80.

7. BESSEMS E, 1998. The effect of practical conditions on the efficacy of disinfectants. Internat Biodeter Biodegr, 41: 177-183.

8. BRAZIL B L, 1996. Impact of ozonation on system performance and growth characteristics of hybrid striped bass（*Morone chrysops X M. saxatilis*）and tilapia hybrids（*Sarotherodon sp.*）reared in recirculating aquaculture systems. Virginia Polytechnic Institute and State University.

9. BULLOCK G L, STUCKEY H M, 1977. Ultraviolet treatment of water for destruction of five gram-negative bacteria pathogenic to fishes. J Fish Res Board Can, 34: 1244-1249.

10. BULLOCK G L et al., 1997. Ozonation of a recirculating rainbow trout culture system I effects on bacterial gill disease and heterotrophic bacteria. Aquacult, 158: 43-55.

11. CARLINS J J, CLARK R G, 1982. Ozone generation by corona discharge. In: RICE R G, NETZER A. Handbook of ozone technology and applications, Volume I. Ann Arbor Science Publishers: 41-76.

12. CHANG P S, CHEN L J, WANG Y C, 1998. The effect of ultraviolet irradiation, heat, pH, ozone, salinity and chemical disinfectants on the infectivity of white spot syndrome baculovirus. Aquacult, 166: 1-17.

13. COLBERG P J, LINGG A J, 1978. Effect of ozonation on microbial fish pathogens, ammonia, nitrate, nitrite, and BOD in simulated reuse hatchery water. J Fish Res Board Can, 35: 1290-1296.

14. CRYER E, 1992. Recent applications of ozone in freshwater fish hatchery systems. In : BLOGOSLAWSKI W J. Proceedings of the 3rd international symposium on the use of ozone in aquatic systems. International Ozone Association: 134-154.

15. DAMEZ F, 1982. Materials resistant to corrosion and degradation in contact with ozone. In:

MASSCHELEIN W J. Ozonation manual for water and wastewater treatment. John Wiley & Sons.

16. DAVIES D A, ARNOLD C R. 1997. Tolerance of the rotifer Brachionus plicatilis to ozone and total oxidative residuals. Ozone Sci Eng, 19: 457–469.

17. DIMITRIOU M A, 1990. Design guidance manual for ozone systems. International Ozone Association, Pan American Committee.

18. EIKEBROKK B, ULGENES Y, 1993. Characterization of treated and untreated effluents from land based fish farms. In: REINERTSEN H et al.Fish farming. Technology Balkema: 361–374.

19. EKER A P M, FORMENOY L, WIT L E A, 1991. Photoreactivation in the extreme halophilic archaebacterium halobacterium cutirubrum. Photochem Photobiol, 53: 643–651.

20. FAROOQ S, ENGELBRECHT R S, CHIAN E S K, 1977. Influence of temperature and U.V. light on disinfection with ozone. Wat Res, 11: 737–741.

21. FITT P S, SHARMA N, CASTELLANOS G, 1983. A comparison of liquid holding recovery and photoreactivation in halophilic and non–halophilic bacteria. Biochim Biophys Acta, 739: 73–78.

22. FLØGSTAD H et al., 1991. Disinfection of effluent from slaughterhouses. SINTEF report STF60 A91096.

23. FRIEDBERG E C, WALKER G C, SIEDE W, 1995. DNA repair and mutagenesis. ASM Press.

24. GEARHEART M, SUMMERFELT S, 2007. Ozone safety in aquaculture systems.Hatchery International: 41–42.

25. GJESSING E, KALLQVIST T, 1991. Algicidal and chemical effect of UV–radiation of water containing humic substances. Wat Res, 25: 491–494.

26. GRAHAM N J D, 1999. Removal of humic substances by oxidation/biofiltration processes–a review. In: ØDEGAARD H.Removal of humic substances from water. Trondheim: 151–158.

27. GRASSO D, WEBER J W, 1988. Ozone–induced particle destabilization. J Am Water Works Assn, 80(8): 73–81.

28. HARM W, 1968. Dark repair of photorepairable UV lesions in Escherichia coli. Mutat Res, 6: 25–35.

29. HARRIS G D et al., 1987. Ultraviolet inactivation of selected bacteria and viruses with photoreactivation of the bacteria. Wat Res, 21: 687 692.

30. HEINZEL M, 1998. Phenomena of biocide resistance in microorganisms. Internat Biodeter Biodegr, 41: 225–234.

31. HOIGNE J, 1988. The chemistry of ozone in water. In: STUCKI S.Process technologies for water treatment. Plenum Press: 121–141.

32. HUNTER G L et al., 1998. Emerging disinfection technologies: medium–pressure ultraviolet lamps and other systems are considered for wastewater applications. Water Environment and Technology, 10(6): 40–44.

33. JAGGER J, 1967. Introduction to research in ultraviolet photobiology. Prentice–Hall Inc.

34. KATZENELSON E, KLETTER B, SHUVAL H I, 1974. Inactivation kinetics of viruses and bacteria in water by ozone. J Am Water Works Assoc, 66: 725–729.

35. KELNER A, 1961. Historical background of the study of photoreactivation. In: CHRISTENSEN B C, BUCHMANN B. Progress in photobiology. Elsevier Publishing Company: 276-278.

36. KIMURA T et al., 1976. Disinfection of hatchery water supply by ultraviolet irradiation-susceptibility of some fish pathogenic bacteria and microorganisms inhabiting pond waters (In Japanese with English summary). Bull Jap Soc Sci Fish, 42: 207-211.

37. KOMANAPALLI I R, LAU B H S, 1996. Ozone-induced damage of Esherichia coli K-12. Appl Microbiol Biotechnol, 46: 610-614.

38. KOSTENBAUDER H B, 1991. Physical factors influencing the activity of antimicrobial agents. In: BLOCK S S.Disinfection, sterilization, and preservation. Lea & Febiger, Philadelphia: 59-71.

39. LILTVED H, 1997. Characterisation of wastewater from fillets-and shrimp processing industry. Norwegian Institute for Water Research Report LNR: 3631-3697.

40. LILTVED H, CRIPPS S, 1999. Removal of particle-associated bacteria by prefiltration and ultraviolet irradiation. Aquacult Res, 30: 445-450.

41. LILTVED H, LANDFALD B, 1995. Use of alternative disinfectants, individually and in combination, in aquacultural wastewater treatment. Aquacult Res, 26: 567-576.

42. LILTVED H, LANDFALD B, 1996. Influence of liquid holding recovery and photoreactivation on survival of ultraviolet-irradiated fish pathogenic bacteria. Wat Res, 30: 1109-1114.

43. LILTVED H, LANDFALD B, 2000. Effects of high intensity light on ultraviolet-irradiated and non-irradiated fish pathogenic bacteria. Wat Res, 34: 481-486.

44. LILTVED H et al., 2006. High resistance of fish pathogenic viruses to UV irradiation and ozonated seawater. Aquacultural Engineering, 34: 72-82.

45. LUND V, HONGVE D, 1994. Ultraviolet irradiated water containing humic substances inhibits bacterial metabolism. Wat Res, 28: 1111-1116.

46. MASSCHELEIN W J, 1998. Ozone generation: Use of air, oxygen, or air simpsonized with oxygen. Ozone Science & Engineering, 20: 191-203.

47. MILLAMENA O M, 1992. Ozone treatment of slaugterhouse and laboratory wastewaters. Aquacult Eng, 11: 23-31.

48. MILLER R V et al., 1999. Bacterial responses to ultraviolet light. ASM News, 65: 535-541.

49. MOMAYAMA K, 1989. Inactivation of baculoviral mid-gut gland necrosis (BMN) virus by ultraviolet irradiation, sunlight exposure, heating and drying. Fish Pathol, 24: 115-118.

50. MOSS S H, DAVIES J G, 1974. Interrelationship of repair mechanisms in ultraviolet-irradiated Escherichia coli. J Bacteriol, 120: 15-23.

51. OLIVER B G, CAREY J H, 1976. Ultraviolet disinfection: an alternative to chlorination. J Wat Pollut Contr Fed, 48: 2619-2624.

52. OZAWA T et al., 1991. Ozonation of seawater-applicability of ozone for recycled hatchery cultivation. Ozone Sci Eng, 13: 697-710.

53. PALLER M H, LEWIS W M, 1988. Use of ozone and fluidized-bed biofilters for increased ammonia removal and fish loading rates. Progressive Fish-Culturist, 50: 141-147.

54. PHILLIPS G B, HANEL E, 1960. Use of ultraviolet radiation in microbiological laboratories. Technical Report BL 28, Revision of Special Report 211. U.S. Army Chemical Corps.

55. QUALLS R G, FLYNN M P, JOHNSON J D, 1983. The role of suspended particles in ultraviolet disinfection. J Wat Poll Contr Fed, 55: 1280–1285.

56. RECKHOW D A, EDZWALD J K, TOBIASON J E, 1993. Ozone as an aid to coagulation and filtration. American Water Works Association.

57. RICE R G et al., 1981. Uses of ozone in drinking water treatment. Journal American Water Works Association, 73: 1–44.

58. RODRIGUEZ J, GAGNON S, 1991. Disinfection: liquid purification by UV radiation, and its many applications. Ultrapure Water, 8(6): 26–31.

59. ROSELUND B D, 1975. Disinfection of hatchery influent by ozonation and the effects of ozonated water on rainbow trout. In: BLOGOSLAWSKI W J, RICE R G. Aquatic applications of ozone. International Ozone Institute: 59–69.

60. ROSENTHAL H, 1981. Ozonation and sterilization. In: TIENS K. Proceedings from the World Symposium on aquaculture in heated effluents and recirculation system Vol. I. Heenemann: 219–274.

61. ROUSTAN M et al., 1998. Development of a method for the determination of ozone demand of a water. Ozone Sci Eng, 20: 513–520.

62. SAKO H, SORIMACHI M, 1985. Susceptibility of fish pathogenic viruses, bacteria and fungus to ultraviolet irradiation and the disinfectant effect of UV ozone water sterilizer on the pathogens in water (In Japanese with English summary). Bull Nat Res Inst Aquacult, 8: 51–58.

63. SEVERIN B F, SUIDAN M T, ENGELBRECHT S, 1983. Effects of temperature on ultraviolet light disinfection. Environ Sci Tecnol, 17: 717–721.

64. SFT, 1997. Classification of environmental quality in freshwater (In Norwegian). Veiledning, 97: 4.

65. STOVER E L et al., 1986. Design manual, municipal wastewater disinfection, EPA/625/1–86/021. U.S. Environmental Protection Agency.

66. SUGITA H et al., 1992. Application of ozone disinfection to remove enterococcus seriolicida, pasteurella piscicida, and vibrio anguillarum from seawater. Appl Environ Microbiol, 58: 4072–4075.

67. SUMMERFELT S T, 2003. Ozonation and UV irradiation–an introduction and examples of current applications. Aquacult Eng, 28: 21–36.

68. SUMMERFELT S T, HOCHHEIMER J N, 1997. Review of ozone processes and application as an oxidizing agent in aquaculture. Prog Fish–Cult, 59: 94–105.

69. SUMMERFELT S T, BEBAK–WILLIAMS J, TSUKUDA S, 2001. Controlled systems: water reuse and recirculation. In: WEDEMEYER G.Fish hatchery management. 2nd. American Fisheries Society: 285–395.

70. SUMMERFELT S T et al., 1997. Ozonation of a recirculating rainbow trout culture system II Effects on microscreen filtration and water quality. Aquacult, 158: 57–67.

71. SUMMERFELT S T et al., 2008. Description of the surface water filtration and ozone treatment system at the northeast fishery center. American Fisheries Society Bioengineering Symposium Bethesda, 61: 97-121.

72. SWENSON P A, 1976. Physiological responses of escherichia coli to far-ultraviolet light. In: SMITH K C. Photochemical and photobiological reviews Vol. 1. Plenum Press: 269-387.

73. THEISEN D D, STANSELL D D, WOODS L C, 1998. Disinfection of nauplii of artemia franciscana by ozonation. Prog Fish-Cult, 60: 149-151.

74. TORGERSEN Y, 1998. Physical and chemical inactivation of the infectious salmon anaemia (ISA) virus. In: Proceedings of the new england farmed fish health workshop. Washington County Technical College: 2-10.

75. VAUGHN J M et al., 1987. Inactivation of human and simian rotaviruses by ozone. Appl Environ Microbiol, 53: 2218-2221.

76. VENOSA A D et al., 1984. Disinfection of secondary effluent with ozone/UV. J Wat Poll Contr Fed, 56: 137-142.

77. VEER I, MORISKE H J, RUDEN H, 1994. Photochemical decomposition of organic compounds in water after U.V.-irradiation: investigation of positive mutagenic effects. Toxicol Lett, 72: 113-119.

78. WALKER G C, 1984. Mutagenesis and inducible responses to deoxyribonucleic acid damage in Escherichia coli. Microbiol Rev, 48: 60-93.

79. WEDEMEYER G A, 1996. Physiology of fish in intensive culture. International Thompson Publishing.

80. WEDEMEYER G A, NELSON N C, 1977. Survival of two bacterial fish pathogens (Aeromonas salmonicida and the enteric redmouth bacterium) in ozonated, chlorinated, and untreated waters. J Fish Res Board Can, 34: 429-432.

81. WEDEMEYER G A, NELSON N C, SMITH C A, 1978. Survival of the salmonid viruses infectious hematopoietic necrosis (IHNV) and infectious pancreatic necrosis (IPNV) in ozonated, chlorinated, and untreated waters. J Fish Res Board Can, 35: 875-879.

82. WEDEMEYER G A, NELSON N C, YASUTAKE W T, 1979. Physiological and biochemical aspects of ozone toxicity to rainbow trouts (*Salmo gairdneri*). J Fish Res Board Can, 36: 605-614.

83. WHEATON F W, 1977 (reprinted 1985). Aquacultural engineering. Robert E Kriedger Publishing Company: 32950.

84. WHITBY G, PALMATEER G, 1993. The effect of UV transmission, suspended solids and photoreactivation on micro-organisms in wastewater treated with UV. Wat Sci Tech, 27: 379-386.

85. WICKRAMANAYAKE G B, 1991. Disinfection and sterilization by ozone. In: BLOCK S S. Disinfection, sterilization, and preservation.4th edn. Lea & Febiger Philadelphia: 182-190.

86. WILLIAMS R C, HUGHES S G, RUMSEY G L, 1982. Use of ozone in a water reuse system for salmonids. The Progressive Fish-culturist, 44: 102-105.

87. YOSHIMIZU M, TAKIZAWA H, KIMURA T, 1986. UV-susceptibility of some fish pathogenic viruses (in Japanese with English summary). Fish Pathol, 21: 47-52.

第12章 流体力学和泵

流体力学研究力对流体的影响，它包括流体静力学（静止流体）和流体动力学（运动中的流体）。本章不能代替流体力学的正式课程和研究，而是旨在向读者介绍与水产养殖最相关的一些流体力学原理。读者应参考流体力学文本，以更深入地处理各种主题。

在工程术语中，流体是在受到剪切力时连续变形的物质。在水产养殖中，水和空气是最受关注的两种流体，水在普通温度和压力下是液体，尽管在这些条件下，它也作为气体少量存在，作为液体，它可以作为不可压缩的流体处理。另外，空气是可压缩气体。流体的两个重要物理特性是密度和比重。密度定义为每单位体积的质量（kg/m³），特定重量定义为每单位体积的重量（lbs/ft³）。流体的比重是其密度与水密度的比值。

流体的压力是在单位面积上施加的法向力，并且通常表示为磅/平方英寸（psi或帕斯卡）。例如，水柱底部的压力等于流体的特定重量（N/m³或lbs/ft³）乘以所讨论的点上方的流体柱高度（m或ft）。压力测量也可以参考绝对零压力或大气压力。如果压力读数参考绝对零或真空，则度量被称为绝对压或psia。因此，平均海平面的大气压力为101kN/m², 14.7psia, 760mmHg或101.3kPa。常用压力表测量所测量的流体压力与周围大气压力之间的差值。例如，胎压计测的是空气压力减去现有大气压力的结果。因此，表压等于绝对压力和实际大气压力之差。表压以大气压力为参考，因此可以是正压或负压，负表压也称为真空压力。

通常使用压力计或通过测量弹性构件的变形来测量压力，弹性构件的变形与施加的压力成正比（传统的压力计）。压力计使用一列液体的高度变化来测量压力，在其最简单的形式中，压力计或渗压计是连接到管道的直的垂直管。管道中心的表压等于流体比重（N/m³）与流体柱高度（cm或英寸）的乘积。在实践中，一段Tygon™管道或透明丙烯酸管道连接到有螺纹的倒钩管道适配器，形成一个简单、灵活的渗压计，这些通常被放置在排放管中从而放入池体中以监测背压并因此间接地监测流入池中的流量（因为流量与压力的平方根成比例）。

流体动力学是对运动中的流体的研究，并且基于几个基本概念，包括质量守恒、能量守恒和牛顿运动定律。质量守恒定律表明质量既不能被创造也不能被破坏，它产生了连续性方程的概念。对于管道流动，这意味着流过封闭管道的一个部分的流体质量也必须流过所有其他部分，因为没有其他部分可以流动。使用连续性方程，可以很容易地计算管道速度，知道通过管道的流速（图12.1）：

$$Q = \rho_1 A_1 V_1 = \rho_2 A_2 V_2 \qquad (12.1)$$

此外，由于流体密度相同，可以确定通过不同直径的管段的速度：

$$V_1 A_1 = V_2 A_2 \qquad (12.2)$$

$$A = \frac{\pi D^2}{4} \qquad (12.3)$$

水流速度的大小是一个关键变量，因为它会影响通过管道、转弯和配件的压力损失。

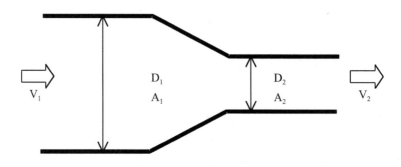

图12.1　管道横截面和相关术语

另一个重要的概念是能量守恒定律。流体中任何点的总能量由3个部分组成：由位置引起的势能即高度、由压力引起的势能以及由流体运动引起的动能即速度。潜在的能量是由于位置高于某个参考点。例如，高架养殖池中的水具有与位于楼层的管道相关的潜在能量。势能是水的重量和从管道到顶部养殖池中的水位的垂直距离的函数。由压力引起势能的一个例子是泵压能。使用牛顿运动定律，由流体运动引起的动能与其速度直接相关。在某一点上流体的总能量是由高度、压力和速度引起的能量之和。

根据能量守恒定律，流体系统中任何点的总能量必须相同。这产生了伯努利方程，通常表示为：

$$E_1 = Z_1 + \frac{P_1}{\gamma} + \frac{V_1^2}{2g} = Z_2 + \frac{P_2}{\gamma} + \frac{V_2^2}{2g} = E_2 \qquad (12.4)$$

术语（P_1/γ）通常称为压头，术语（$V^2/2g$）称为速度头或动压头，因为两者都可以用 m（ft）表示。例如，如何使用伯努利方程来计算深度为2.44m（8ft）的储水池的排放速度。我们知道养殖池顶部和排放点的能量必须相同。此外，系统在顶部和排放点处对大气开放，因此表压为零。如果我们假设养殖池非常大，那么当养殖池排水（V_1）时水面的速度非常小，并且因为它也是方形的（使其变小），所以可以忽略。因此，排水时的速度降低到：

$$V_2 = \sqrt{2 \cdot 9.81 \text{m/s}^2 \cdot 2.4 \text{m}} = 6.8 \text{m/s}$$

或者按照英标单位：

$$V_2 = \sqrt{2 \cdot 32.2 \text{ft/s}^2 \cdot 8 \text{ft}} = 22.7 \text{ft/s}$$

因此，伯努利方程可用于计算系统中特定点的比能量分量，并将一种形式的能量（势能或动能）转化为另一种形式。更广泛的能量守恒法将考虑可能在系统中添加或移除其他形式的能量，包括通过泵添加的能量、通过涡轮机提取的能量或者由于管道和配件中的摩擦而损失的能量：

$$E_1 + E_{增加} = E_2 + E_{损失} + E_{提取} \qquad (12.5)$$

摩擦"损失"的能量实际上转化为热能，与上述节能概念一致。系统的能量输入通常作为正值在公式12.5的左侧。由管道摩擦引起的能量损失和配件的微小损失被添加到公式的右侧，因为这是在点1和点2之间的能量损失。管道摩擦损失是由流体对壁的运动产生的摩擦引起的。当流体遇到系统（阀门）的限制，方向变化（弯头、三通），管道尺寸变化（减速器、膨胀器）以及流体进入或离开时发生损失时，会产生轻微管道损失。有时，轻微的损失称为拟合损失，因为"轻微"可能用词不当，这些压力损失可能很大。

12.1 管道摩擦损失

管道摩擦损失的大小是内部管道直径、长度、流体速度、内部管道表面的粗糙度和流体的某些物理性质（例如密度和黏度）的函数。多年来，已经出现了几种经验关系，将这些因素与管道摩擦压头损失联系起来。其中之一是 Darcy–Weisbach 方程，它首先需要计算雷诺数（Re）来确定流动的类型，即层流或湍流，然后使用相对粗糙度系数和穆迪图（见图12.2）来找到摩擦系数，最后使用公式12.6找到水头损失。该方法的问题之一是所有系数都是针对平均或正常条件估计的，不考虑例如生物污垢的影响。因此，系数值的选择充其量只是对当前或预计条件的有根据的猜测，这可能会随着时间而变化。由塑料管中的各种水流速引起的水头损失可以通过 Hazen–Williams 公式计算，而不是 Darcy–Weisbach 方程。这两种方法都将在本章中进行说明。

Darcy–Weisbach 公式：

$$H_L = f\left(\frac{L}{D}\right)\left(\frac{V_2}{2g}\right) \qquad (12.6)$$

Hazen–Williams 公式：

$$H_L = 0.2083\left(\frac{100}{C_{H-W}}\right)^{1.852}\left(\frac{Q^{1.852}}{Q_{inch}^{4.87}}\right) \qquad (12.7)$$

在 Hazen–Williams 公式，也就是公式12.7中，H_L 是每100英尺管道，如果是PVC管，则 C_{H-W} 为150，铸铁管的为100。

雷诺数 Re 是无量纲数，是惯性力与摩擦力的比值。Re 为速度和管道直径（惯性力）的乘积除以运动黏度（粘性力）：

$$Re = \frac{VD}{\upsilon} \qquad (12.8)$$

雷诺数常与穆迪图（图12.2）连用以确定"f值"。对于光滑的管道，例如塑料、铜、玻璃等，在给出雷诺数的情况下，可以自表12.1或通过公式12.8计算得到摩擦系数f的值。图12.2可用于直接读取流量 $1 \sim 4000$gpm（$0.2 \sim 900$m³/br），管径为 $2 \sim 12$in（$5 \sim 30$cm）之间的雷诺数。

表12.1 各种雷诺数的摩擦系数 f

Re	f
2300	0.042
10000	0.030
20000	0.025
50000	0.021
75000	0.019
100000	0.018
200000	0.016
500000	0.013
1000000	0.012
2000000	0.011

注：对于 $Re<2300$，$f=64/Re$。

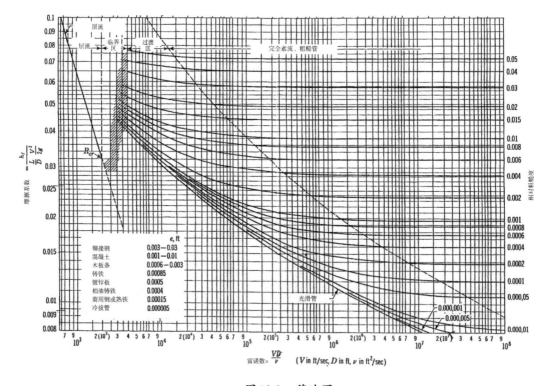

图12.2 穆迪图

表12.2　流速、动压和雷诺数对照表

类别		管径(ft)					
		2	3	4	6	8	12
流速	1	0.102	0.045	0.026	0.011	0.006	0.003
	5	0.511	0.227	0.128	0.057	0.032	0.014
	10	1.021	0.454	0.255	0.113	0.064	0.028
	25	2.553	1.135	0.638	0.284	0.160	0.071
	50	5.105	2.269	1.276	0.567	0.319	0.142
	100	10.211	4.538	2.553	1.135	0.638	0.284
	250	25.527	11.345	6.382	2.836	1.595	0.709
	500	51.054	22.690	12.763	5.673	3.191	1.418
	1000	102.107	45.381	25.527	11.345	6.382	2.836
	2000	204.214	90.762	51.054	22.690	12.763	5.673
	4000	408.428	181.524	102.107	45.381	25.527	11.345

类别		管径(ft)					
		2	3	4	6	8	12
动压头	1	1.62×10^{-4}	3.20×10^{-5}	1.01×10^{-5}	2.00×10^{-6}	6.32×10^{-7}	1.25×10^{-7}
	5	4.05×10^{-3}	7.99×10^{-4}	2.53×10^{-4}	5.00×10^{-5}	1.58×10^{-5}	3.12×10^{-6}
	10	1.62×10^{-2}	3.20×10^{-3}	1.01×10^{-3}	2.00×10^{-4}	6.32×10^{-5}	1.25×10^{-5}
	25	1.01×10^{-1}	2.00×10^{-2}	6.32×10^{-3}	1.25×10^{-3}	3.95×10^{-4}	7.81×10^{-5}
	50	4.05×10^{-1}	7.99×10^{-2}	2.53×10^{-2}	5.00×10^{-3}	1.58×10^{-3}	3.12×10^{-4}
	100	1.62	3.20×10^{-1}	1.01×10^{-1}	2.00×10^{-2}	6.32×10^{-3}	1.25×10^{-3}
	250	1.01×10	2.00	6.32×10^{-1}	1.25×10^{-1}	3.95×10^{-2}	7.81×10^{-3}
	500	4.05×10	7.99	2.53	5.00×10^{-1}	1.58×10^{-1}	3.12×10^{-2}
	1000	1.62×10^{2}	3.20×10	1.01×10	2.00	6.32×10^{-1}	1.25×10^{-1}
	2000	6.48×10^{2}	1.28×10^{2}	4.05×10	7.99	253	5.00×10^{-1}
	4000	2.59×10^{3}	5.12×10^{2}	1.62×10^{2}	3.20×10	1.01×10	2.00

类别		管径(ft)					
		2	3	4	6	8	12
雷诺数	1	1.04×10^{3}	9.32×10^{2}	6399×10^{2}	4.66×10^{2}	3.50×10^{2}	2.33×10^{2}
	5	6.99×10^{3}	4.66×10^{3}	3.50×10^{3}	2.33×10^{3}	1.75×10^{3}	1.17×10^{3}
	10	1.40×10^{4}	9.32×10^{3}	6.99×10^{3}	4.66×10^{3}	3.50×10^{3}	2.33×10^{3}
	25	3.50×10^{4}	2.33×10^{4}	1.72×10^{4}	1.17×10^{4}	8.74×10^{3}	5.83×10^{3}
	50	6.99×10^{4}	4.66×10^{4}	3.50×10^{4}	2.33×10^{4}	1.75×10^{4}	1.17×10^{4}
	100	1.40×10^{5}	9.32×10^{4}	6.99×10^{4}	4.66×10^{4}	3.50×10^{4}	2.33×10^{4}

类别		管径(ft)					
		2	3	4	6	8	12
雷诺数	250	$3.50×10^5$	$2.33×10^5$	$1.75×10^5$	$1.17×10^5$	$8.74×10^4$	$5.83×10^4$
	500	$6.99×10^5$	$4.66×10^5$	$3.50×10^5$	$2.33×10^5$	$1.75×10^5$	$1.17×10^5$
	1000	$1.40×10^6$	$9.32×10^5$	$6.99×10^5$	$4.66×10^5$	$3.50×10^5$	$2.33×10^5$
	2000	$2.80×10^6$	$1.86×10^6$	$1.40×10^6$	$9.32×10^5$	$6.99×10^5$	$4.66×10^5$
	4000	$5.59×10^6$	$3.73×10^6$	$2.80×10^6$	$1.86×10^6$	$1.40×10^6$	$9.32×10^5$

作为简单的指导，许多管道制造商和工程文本（包括这一部分）以表格形式呈现几种不同类型管道的摩擦压头损失，见表12.3。该表列出了平均管道速度和每单位长度的摩擦压头损失，通常为100ft（30m）。同样，这些表格是基于管道特性、温度和特定情况的一些假设。由于大多数表格并没有考虑生物污损，应谨慎使用这些数值。

例1：计算流速为100gpm时200线性英尺4英寸PVC管（光滑）的摩擦损失：

常数：g=32.2ft/s², v=0.0000122ft²/s（水温60°F；见表2.1）

①截面积：$A=π·(0.167ft)^2=0.0876ft^2$

②流速：

$$V=\frac{Q}{A}=\left(100gal/\min×\frac{1ft^3}{7.48gal}×\frac{1\min}{60s}\right)×\frac{1}{0.0876ft^2}=2.54ft/s$$

③雷诺数：

$$Re=\frac{VD}{v}=\frac{2.54ft/s·0.333ft}{0.0000122ft^2/s}=69330$$

或采用表12.2：   Re=70000

④ 来自穆迪图（图12.2）或表12.1

f=0.019

⑤Darcy-Weisbach公式

$$H_L=f·\left(\frac{V^2}{2g}\right)·\left(\frac{L}{D}\right)$$

$$H_L=0.019·\left(\frac{(2.54ft/s)^2}{2·(32.2ft/s^2)}\right)·\left(\frac{200ft}{0.333ft}\right)$$

H_L=1.14ft

从表12.3得到的结果与100gpm流速、4英寸PVC附表40管道相同。速度为2.56fps，每100ft的水头损失为0.58ft或200ft的水管的水头损失为1.16ft。除了找到水头损失外，此表还有助于为给定的流速选择管道尺寸并确保有足够大的流速保持固体颗粒呈悬浮状态，特别是避免在管壁和接口处有颗粒堆积。

表12.3 为每100英尺的PVC附表40管道的摩擦压头损失（公制管的摩擦损失见附录表A.20）

流量 (gal/min)	1/2in · 4in			3/4in · 6in			1in · 8in			1.25in · 10in			1.5in · 12in			2in			3in		
	流速 (ft/s)	水头损失 (ft/100ft)	水头损失 (psi)	流速 (ft/s)	水头损失 (ft/100ft)	水头损失 (psi)	流速 (ft/s)	水头损失 (ft/100ft)	水头损失 (psi)	流速 (ft/s)	水头损失 (ft/100ft)	水头损失 (psi)	流速 (ft/s)	水头损失 (ft/100ft)	水头损失 (psi)	流速 (ft/s)	水头损失 (ft/100ft)	水头损失 (psi)	流速 (ft/s)	水头损失 (ft/100ft)	水头损失 (psi)
1	1.07	0.99	0.43	0.61	0.25	0.11															
2	2.14	3.57	1.55	1.22	0.91	0.39	0.75	0.28	0.12	0.43	0.07	0.03									
5	5.35	19.4	8.43	3.05	4.95	2.15	1.88	1.53	0.66	1.09	0.40	0.17	0.80	0.19	0.08						
7	7.49	36.3	15.7	4.27	9.23	4.00	2.63	2.85	1.23	1.52	0.75	0.32	1.12	0.35	0.15						
10				6.10	17.9	7.74	3.76	5.51	2.39	2.17	1.45	0.63	1.60	0.68	0.30	0.97	0.20	0.09			
15							5.64	11.67	5.06	3.26	3.07	1.33	2.40	1.45	0.63	1.45	0.43	0.19			
20							7.52	19.87	8.61	4.35	5.23	2.26	3.19	2.47	1.07	1.94	0.73	0.32	0.88	0.11	0.05
25										5.43	7.90	3.42	3.99	3.73	1.62	2.42	1.10	0.48	1.10	0.16	0.07
30										6.52	11.1	4.80	4.79	5.22	2.26	2.91	1.55	0.67	1.32	0.23	0.10
35													5.59	6.95	3.01	3.39	2.06	0.89	1.54	0.30	0.13
40	1.02	0.10	0.04										6.39	8.89	3.85	3.88	2.63	1.14	1.76	0.38	0.17
45	1.15	0.13	0.06													4.36	3.27	1.42	1.98	0.48	0.21
50	1.28	0.15	0.07													4.84	3.98	1.72	2.20	0.58	0.25
60	1.53	0.22	0.09													5.81	5.58	2.42	2.64	0.81	0.35
70	1.79	0.29	0.13													6.78	7.42	3.21	3.08	1.08	0.47
75	1.92	0.33	0.14																3.30	1.23	0.53
80	2.04	0.37	0.16	0.90	0.05	0.02													3.52	1.39	0.60
90	2.30	0.46	0.20	1.01	0.06	0.03													3.96	1.72	0.75
100	2.55	0.56	0.24	1.13	0.08	0.03													4.40	2.10	0.91
125	3.19	0.84	0.37	1.41	0.11	0.05													5.50	3.17	1.37
150	3.83	1.18	0.51	1.69	0.16	0.07	0.97	0.04	0.02										6.60	4.44	1.92
175	4.47	1.57	0.68	1.97	0.21	0.09	1.14	0.06	0.02												
200	5.11	2.01	0.87	2.25	0.27	0.12	1.30	0.07	0.03												
250	6.39	3.04	1.32	2.81	0.41	0.18	1.62	0.11	0.05	1.03	0.04	0.02									
300				3.38	0.58	0.25	1.95	0.15	0.07	1.24	0.05	0.02									
350				3.94	0.77	0.33	2.27	0.20	0.09	1.44	0.07	0.03	1.02	0.03	0.01						
400				4.50	0.99	0.43	2.60	0.26	0.11	1.65	0.09	0.04	1.16	0.04	0.02						
450				5.06	1.23	0.53	2.92	0.32	0.14	1.86	0.11	0.05	1.31	0.05	0.02						
500				5.63	1.49	0.65	3.25	0.39	0.17	2.06	0.13	0.06	1.45	0.06	0.02						
750				8.44	3.15	1.37	4.87	0.83	0.36	3.09	0.27	0.12	2.18	0.12	0.05						
1000							6.50	1.41	0.61	4.12	0.47	0.20	2.90	0.20	0.09						
1250										5.15	0.70	0.31	3.63	0.30	0.13						
1500										6.19	0.99	0.43	4.36	0.42	0.18						
2000													5.81	0.72	0.31						
2500																					

注：浅灰色区域是最小化固体物沉降的建议流速（＜1～2 fps），而深灰色区域是避免冲刷管壁和连接点的建议流速（＜5 fps）。

12.2 管件损失

液体在管道管件中流动产生的能量损失与动态压头（$V^2/2g$）成正比，就像摩擦损失一样。参照公式12.6（Darcy-Weisbach公式），将这种水头损失与动态水头相关的比例常数设为K，相关公式为：

$$K = f \cdot \frac{L}{D} \qquad (12.9)$$

因此，通过将速度头或动态头乘以摩擦阻力系数K得到任何给定装配或过渡的摩擦压头损失公式为：

$$H_L = K \cdot \left(\frac{V^2}{2g} \right) \qquad (12.10)$$

配件被赋予K值，能量损失仅仅是K和动态水头的乘积。摩擦阻力系数K被认为与雷诺数（Re）无关，管道摩擦损失取决于Re。

制造商通常会指定阀门或配件的流量系数C_v，其与摩擦阻力系数K有关，如下所示：

$$C_v = \frac{29.9d^2}{\sqrt{K}} \qquad (12.11)$$

$$K = \frac{891d^4}{C_v^2} \qquad (12.12)$$

表12.4列出了普通配件的K值，进水口和出水口的值如表12.5所示，这些配件的K值是根据制造商数据生成的，给出了基于配件尺寸的特定摩擦损耗系数（f_T）和基于配件类型的损耗系数（FITTING$_{constant}$），如下所示：

$$K = f_T \times \text{FITTING}_{constantt} \qquad (12.13)$$

可以在产品指南和规格手册中找到摩擦损耗系数，例如，"热塑性阀门和附件：产品指南和工程规范，第18版"，Spears Manufacturing Company, Sylmar, CA; http://www.spearsmfg.com。

准确估算K值取决于配件的类型、流量变化的突然性、材料和内表面的状况。对于某些配件，例如阀门，不同的类型或制造商生产出的产品间水损差别相当大。即使对于标准配件，摩擦头损失的变化也可高达50%，因此，来自配件制造商的压力损失数据是优先参考的。其他类型的内联组件（例如热交换器和UV系统）的水头损失通常由制造商提供，用于设计流量。

表12.4　各种管件的损耗系数K

分类	管件类型	管件公称（单位 in）												
		0.5	0.75	1	1.25	1.5	2	2.5和3.0	4.0	5.0	6.0	8.0~10.0	12~16	18~24
标准配件	90度弯头	0.81	0.78	0.69	0.66	0.63	0.57	0.54	0.51	0.48	0.45	0.42	0.39	0.36
	45度弯头	0.432	0.4	0.368	0.352	0.336	0.304	0.288	0.272	0.256	0.24	0.224	0.208	0.192
	三通	0.54	0.5	0.46	0.44	0.42	0.38	0.36	0.34	0.32	0.3	0.28	0.26	0.24
	闭三通	1.62	1.5	1.38	1.32	1.26	1.14	1.08	1.02	0.96	0.9	0.84	0.78	0.72
阀门	门	0.22	0.20	0.18	0.18	0.17	0.15	0.14	0.14	0.13	0.12	0.11	0.10	0.10
	角阀	9.18	8.50	7.82	7.48	7.14	6.46	6.12	5.78	5.44	5.10	4.76	4.42	4.08
	旋转式止回阀	2.03	1.88	1.73	1.65	1.58	1.43	1.35	1.28	1.20	1.13	1.05	0.98	0.90
	铰脚	2.03	1.88	1.73	1.65	1.58	1.43	1.35	1.28	1.20	1.13	1.05	0.98	0.90
	球阀	0.08	0.08	0.07	0.07	0.06	0.06	0.05	0.05	0.05	0.05	0.04	0.04	0.04
	蝶阀（D<8in）	1.22	1.13	1.04	0.99	0.95	0.86	0.81	0.77	0.72	0.68	0.63	0.59	0.64
	蝶阀（D=10~14in）	0.95	0.88	0.81	0.77	0.74	0.67	0.63	0.60	0.56	0.53	0.49	0.46	0.42
90度弯头	r/D=1	0.54	0.50	0.46	0.44	0.42	0.38	0.36	0.34	0.32	0.30	0.28	0.26	0.24
	r/D=10	0.81	0.75	0.69	0.66	0.63	0.57	0.54	0.51	0.48	0.45	0.42	0.39	0.36
	r/D=20	1.35	1.25	1.15	1.10	1.05	0.95	0.90	0.85	0.80	0.75	0.70	0.65	0.60
180度回弯	30度	0.22	0.20	0.18	0.18	0.17	0.15	0.14	0.14	0.13	0.12	0.11	0.10	0.10
	45度	0.41	0.38	0.35	0.33	0.32	0.29	0.27	0.26	0.24	0.23	0.21	0.20	0.18
斜接弯	90度	1.62	1.50	1.38	1.32	1.26	1.14	1.08	1.02	0.96	0.90	0.84	0.78	0.72
非标件	冲刷式管进口	0.50	0.50	0.50	0.50	0.50	0.50	0.50	0.50	0.50	0.50	0.50	0.50	0.50
	突出式管进口	0.78	0.78	0.78	0.78	0.78	0.78	0.78	0.78	0.78	0.78	0.78	0.78	0.78
	所有类型管出口	1.00	1.00	1.00	1.00	1.00	1.00	1.00	1.00	1.00	1.00	1.00	1.00	1.00

表12.5　进水口/出水口的局部阻力系数 K

进水口/出水口			K
方形进水口			1.0
圆形进水口:半径/管直径		0.05	0.25
		0.10	0.17
		0.20	0.08
		0.30	0.05
		0.40	0.03
标准三通,旁路进水口			1.8
带底阀的遮网进水口			10
不带脚阀			5.5
突扩管, V_1 为进水口流速, V_2 为出口流速		$h_m = (1 - V_2/V_1)^2 \times V_1^2/2g$	
		$h_m = (V_1/V_2 - 1)^2 \times V_2^2/2g$	
突缩管: D 为入口直径, d 为出口直径 $(d/D)^2$		0.01	0.5
		0.1	0.5
		0.2	0.42
用 V_2 计算 h_m		0.4	0.33
		0.6	0.25
		0.8	0.15
止回阀:完全打开时的摆动类型			2.5
球式阀			70.0
升式阀			12.0
流回到池子的回水口			1.0

一般的"经验法则"是，简单地假设管道中的每个拟合和/或转弯等同于一个动态水头，即 $K=1$。

经验法则

每个配件将导致一个动态压头损失，即 $V^2/2g$。

通常用于计算局部水头损失的第二种方法是使用等效长度的概念。在该方法中，配件的压头损失以具有相同压头损失的直管长度表示。表12.6中列出了配件的表格数据，作为一个因子（L/D）乘以相关的管道直径以产生直管的等效长度（单位为 ft 或 m）。

表12.6 用于确定摩擦损失作为管道等效长度的选定配件的 *L/D*

管件		L/D
直接和活接		24
45°弯头		16
90°弯头		30
闭式回转管		50
"三通"主管		20
"三通"旁路(进水旁路)		60
中等弯曲半径弯头		24
长弯曲半径弯头		20
截止阀(全开)		340
角阀(全开)		145
蝶阀		20
止回阀(全开)	旋启式	135
	球式	150
	升降式	600
	全开	13
	3/4打开	35
	1/2打开	160
	1/4打开	900
过滤器桶	带提升式阀瓣	420
	带皮铰链盘	75

$$总等效长度 = \left(\frac{L}{D}\right) \cdot \frac{直径（英寸）}{12} \cdot 配件数量$$

或

$$总等效长度 = \left(\frac{L}{D}\right) \cdot \frac{直径（英寸）}{100} \cdot 配件数量$$

因此，估算系统中总摩擦头损失的过程包括首先使用系统图来确定具有相同直径和流速的每段管道的总长度。其次，使用提供的表格或Darcy–Weisbach方程，计算每100英尺的水头损失，然后计算相应管道各部分的水头损失，在此基础上，根据速度和损耗系数，增加每个部分中所有阀门和配件的等效长度，最后，把摩擦损失加起来。有关管件损失和 *K* 的详细信息，请参阅Crane公司的技术文件410。

例2：计算流量在100gpm下的4in PVC管（光滑）的5个90°弯管造成的动态损失：

常数：$g=32.2\text{ft/s}^2$

①管道横截面积：$A=\pi \cdot (0.167\text{ft})^2 = 0.0876\text{ft}^2$

②水流速度：

$$V = \frac{Q}{A} = \frac{\dfrac{100\text{gal}}{\text{min}} \cdot \dfrac{1\text{ft}^3}{7.48\text{gal}} \cdot \dfrac{1\text{min}}{60\text{s}}}{0.0876\text{ft}^2}$$

$V = 2.54\text{ft/s}$

③90°弯管的摩擦阻力系数→$K=0.51$（从表12.4中得出），也可以假设$K=1$。

④代入公式12.10：

$$H_L = K \cdot \left(\frac{V^2}{2g}\right)$$

$$H_L = 0.51 \cdot \left(\frac{(2.54\ \text{ft/s})^2}{2 \cdot (32.2\ \text{ft/s}^2)}\right)$$

$H_L = 0.051\text{ft}$

$5\ H_L = 0.26\text{ft}$

使用等效长度的概念：

$$H_L = \left(\frac{L}{D}\right) \cdot \frac{d}{12}$$

根据表12.5，90°弯管的$L/D=30$：

$H_L = 30 \cdot \dfrac{2}{12} \cdot 5$个弯头， $H_L = 50\text{ft}$ （4英寸PVC管）

从表12.3可以看出，100gpm下每100英尺4in PVC管的水头损失为0.58ft或H_L为0.29ft。

12.3 设计案例：水头损失

例3：假设所需流量为100gpm，通过侧流二氧化碳气提塔。计算从蓄水池到水处理系统和重力流返回养殖池的总能量损失。该系统（图12.3）在气提塔前有20ft长的管道，设在泵压下有3个90°弯管（L），泵的入口损失（E）和重力回流（G），为简单起见，假设每个弯管的$K=1.0$，下面描述的系统从养殖池中的水的顶部到排放点的总高度差为6ft。

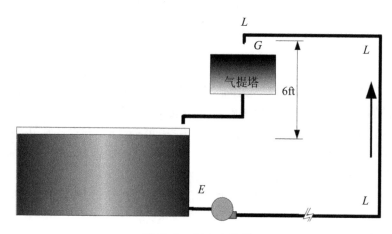

图12.3 例3系统图

对于4英寸PVC管:

- 每20英尺管道流速为100gpm

$$H_L = (0.58\text{ft}/100\text{ft}) \cdot 20\text{ft} = 0.02\text{ft} \qquad （表12.3）$$

- 3个90°弯管

$$3H_L = 3 \cdot K \cdot \left(\frac{V^2}{2g}\right)$$

$$3H_L = 3 \cdot 1.0 \cdot \left(\frac{(2.55\text{ft/s})^2}{2 \cdot (32.2\text{ft/s}^2)}\right)$$

$$3H_L = 0.30\text{ft}$$

- 泵的一个进水口

$$进水口 \rightarrow K = 0.5$$

$$H_L = K \cdot \left(\frac{V^2}{2g}\right)$$

$$H_L = 0.5 \cdot \left(\frac{(2.55\text{ ft/s})^2}{2 \cdot (32.2\text{ ft/s}^2)}\right)$$

$$H_L = 0.05\text{ft}$$

- 一次重力回流

$$回流 \rightarrow K = 1.0$$

$$H_L = K \cdot \left(\frac{V^2}{2g}\right)$$

$$H_L = 1.0 \cdot \left(\frac{(2.54\text{ ft/s})^2}{2 \cdot (32.2\text{ ft/s}^2)}\right)$$

$$H_L = 0.10\text{ft}$$

$$总能量损失 = \sum H_L + \Delta Z$$

$$= \sum （0.12+0.15+0.05+0.10）+6\text{ft}$$

$$= 6.42\text{ft} （2.83\text{psi}）$$

注意，在这个特殊的例子中，大部分的水头损失是在高程差中，然后是在管道的长度中，进水和回水造成的损失很小。总的来说，这是一个很好的管道尺寸选择，其流速足以使任何物体保持悬浮并避免任何管壁冲刷。需要注意的是，吹脱塔及其下游管道均不会对所需的泵压头产生任何影响，这是因为水流在到达脱气单元顶部时是与大气接触的。

对于3英寸PVC管:

在这里，我们用一个3in的管道来演示前面的例子，以演示减小管道直径的效果。

- 每100英尺3in管道流速为100gpm

$$H_L = （2.18\text{ft}/100\text{ft}) \cdot 20\text{ft} = 0.44\text{ft} \qquad （见表12.3）$$

- 3个90°弯管 $\rightarrow K = 1.0$ （通常用于简化，取决于所需的精度）

$$H_L = 3 \cdot K \cdot \left(\frac{V^2}{2g}\right)$$

$$H_L = 1.0 \cdot \left(\frac{(4.42 \text{ ft/s})^2}{2 \cdot (32.2 \text{ ft/s}^2)} \right) = 0.30 \text{ft}$$

$$3H_L = 0.90 \text{ft}$$

- 泵的一个进水口

进水口→K=0.5

$$H_L = K \cdot \left(\frac{V^2}{2g} \right)$$

$$H_L = 0.5 \cdot \left(\frac{(4.42 \text{ ft/s})^2}{2 \cdot (32.2 \text{ ft/s}^2)} \right)$$

$$H_L = 0.15 \text{ ft}$$

- 一个重力回流

回流→K=1.0

$$H_L = K \cdot \left(\frac{V^2}{2g} \right)$$

$$H_L = 1.0 \cdot \left(\frac{(4.42 \text{ ft/s})^2}{2 \cdot (32.2 \text{ ft/s}^2)} \right)$$

$$H_L = 0.30 \text{ ft}$$

$$总能量损失 = \sum H_L + \Delta Z$$

$$= \sum (0.44 + 0.9 + 0.15 + 0.30) + 6\text{ft}$$

$$= 7.79 \text{ft} (3.42 \text{psi})$$

注意，3in 管道的 PVC 配件和入口的总压头损失现在是 1.79ft，而 4in 管道的总压头损失只有 0.42ft。在设计循环系统时，对于直径小于所需直径的 PVC 管道，一些资本成本可能会被节省，但从长远来看，泵的运行成本与增加的压头以及较大的泵的尺寸最有可能抵消这一节省。

对于流速相同的系统，如管道直径不变，可以对"K"值求和，然后乘以动态压头。注意，摩擦损失可以用"K"值表示，由摩擦损耗系数 f_T 乘以相对长度（L/D）（公式 12.9）。

12.4 流量测量

可以直接测量流体流量，以确定给定时间间隔内的实际流量，例如使用桶和秒表，也可以间接测量与流量直接相关的一些变量，例如孔板上的压差。有许多可用于测量管道中流量的设备，如孔板流量计、螺旋桨流量计、电磁流量计、超声波流量计和转子流量计。我们可以获得一种适合特定情况的装置，通过它以合理的成本提供所需的准确度。通过将垂直管道的水射流高度或水平管道的轨迹联系起来，也可以从开放管道的排放量估算流速。

12.4.1 皮托静压表或管组

您可以通过插入一个皮托静压表（图12.4）来确定流动管道中的速度。该装置包括一个嵌入管道的壁孔，用于测量静态压力能量（高程+压力能量）；一个迎流的小管，用于测量总压力（高程+压力+动能）。一般来说，壁孔和静压孔是内置在皮托管内的。这两个能量测量值的差异，即为动能（Δh）。从公式12.4可以看出，这是对速度的重新排列和求解：

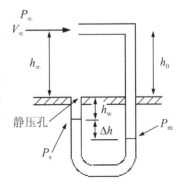

图12.4　皮托静态压力计

$$V = C \cdot 2.315 \sqrt{\Delta h_{\text{inches}}} \qquad (12.14\text{a})$$

$$V = C \cdot 0.443 \sqrt{\Delta h_{\text{cm}}} \qquad (12.14\text{b})$$

式中V的单位为ft/s（m/s）；

Δh为英寸计算的水位表（cm）量。

$C=0.95 \sim 1.00$，皮托管；

$C=0.60$，锐边孔。

例4：皮托管指示12in（30.5cm）水表的压差（pm-ps）时，管道中的流速是多少？

IP（英制标准单位）：$V = 1.0 \cdot 2.315 \cdot \sqrt{12} = 8.02 \text{ft/s}$

SI（国际标准单位）：$V = 1.0 \cdot 0.443 \cdot \sqrt{30.5} = 2.45 \text{m/s}$

12.4.2 文丘里管

文丘里管流量计根据沿管道的压力变化来估算流量，该管道的横截面直径突然减小，从而使流体速度增加，导致相应的静态压力降低（见公式12.4和图12.5）。商用文丘里管流量计可以安装在管道的直段中，以获得压力测量值。知道上游（P_1）和喉部（P_2）的压力，可以计算速度。

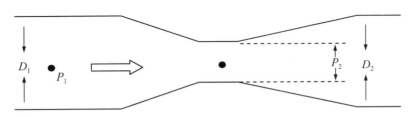

图12.5　文丘里管流量计显示相关变量

$$V_2 = \frac{C\beta\sqrt{(P_1 - P_2)}}{\sqrt{1 - \left(\dfrac{D_2}{D_1}\right)^4}} \qquad (12.15)$$

其中，对于一个$C=1.00$的完美文丘里管（制造商一般标定C在$0.98 \sim 0.99$之间），尺寸单位为cm或in。

P_i=压力项，单位为kPa、psi或英寸水表（速度预测单位为cm/s或ft/s）。

β=2.312，对于美国单位，压力单位为英寸水表；β=12.18对于压力单位为psi的美国单位；β=1.414对于压力单位为kPa的国际标准单位制单位。

例5： 文丘里管的喉部直径为 d=2in（5.08cm），主管和文丘里管之间的压差为12in（2.983kPa），主管的直径为 D=4in（10.2cm），则计算文丘里管流量计中的速度（假定文丘里管系数为1.00）。

IP（英制标准单位）：$V_2 = \dfrac{1.00 \cdot 2.312 \sqrt{12}}{\sqrt{1 - \left(\dfrac{2}{4}\right)^4}} = 8.27\text{ft/s}$

SI（国际标准单位）：$V_2 = \dfrac{1.00 \cdot 1.414 \sqrt{2.983}}{\sqrt{1 - \left(\dfrac{5.08}{10.2}\right)^4}} = 2.52\text{m/s}$

12.4.3 孔板流量计

公式12.15也可用于预测插入直径较小孔"D_2"的孔板的管道（图12.6）中的速度。当比值 D_2/D_1 小于0.3时，锐边孔的 C 系数约为0.60（关于 C 与雷诺数和 D_2/D_1 相关的更具体信息，请参见美国采暖、制冷与空调工程师学会基本原理）。

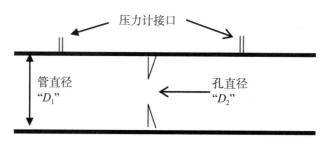

图12.6 带有锐边孔板的管道

12.4.4 堰

堰基本上是阻碍水流的河道中的"水坝"，从而在堰上形成洪峰流。可以测量这一流体峰的高度，然后将其与通道流速相关联。在循环水产养殖系统中使用开放式渠道非常方便，因为它们易于清洁且不堵塞。两个最常见的堰为矩形平板堰或辛普莱堰（见图12.7和图12.8）。其他堰计算由 Lawson T B（1995）和 Piper R E et al.（1982）等提出。

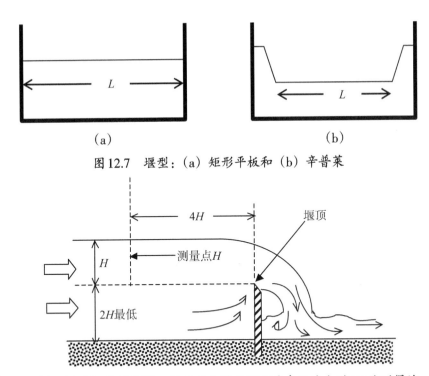

图12.7 堰型：（a）矩形平板和（b）辛普莱

图12.8 插入堰的河道剖面图，堰顶以上的水深H是在堰边上游4H处测得的

这两种堰型的河道流量预测如下：

$$Q(\text{gpm或L/s})=\beta LH^{1.5} \qquad (12.16)$$

如果在堰的接近速度中有明显的动能h，则使用以下公式：

$$Q(\text{gpm或L/s})=\beta L(H+h)^{1.5}-h^{1.5} \qquad (12.17)$$

$$h=\frac{V^2}{2g} \qquad (12.18)$$

式中Q的单位为gpm（L/s），H和h的单位为ft（m），V的单位为ft/s（m/s），g的单位为ft/s²（m/s²），β为：

- 1511，用于辛普莱，为美国单位（β=1857为国际单位）；
- 1495，用于矩形平板，为美国单位（β=1837为国际单位）。

例6：如果堰顶（上游4H）以上的高度为10in（0.254m），堰长为1.0ft（0.305m），且接近速度可忽略不计，计算辛普莱堰的流量。

IP（英制标准单位）：$Q(\text{gpm})=1512\cdot1.00\text{ft}\cdot(10/12\text{ft})^{1.5}=1150\text{gpm}$

SI（国际标准单位）：$Q(\text{L/s})=1857\cdot0.305\text{m}\cdot(0.254\text{m})^{1.5}=72.50\text{L/s}$

12.4.5 垂直管

用公式12.19和公式12.20预测开口"直上"圆管的流量。（该方法更深入的处理见Lawson T B，1995）

IP（英制标准单位）：$Q(\text{gpm}) = 5.39 \cdot D^2 H^{0.47}$ （12.19）

SI（国际标准单位）：$Q(\text{L/s}) = 0.034 \cdot D^2 H^{0.47}$ （12.20）

公式12.19和12.20的图形表示如图12.9、图12.10、图12.11所示。

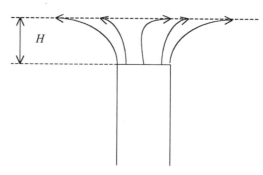

图12.9　来自开口圆管的流动指向"直线向上"，说明头部产生"H"

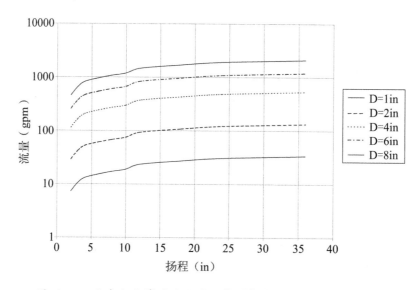

图12.10　垂直定向管道的流量估算（来自公式12.19）

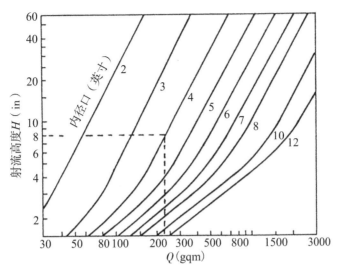

图12.11　垂直导向管道的流量估算（来自公式12.19）（来自美国内政部，1967年）

例7：管子发出的射流高度为8in（20.3cm），计算垂直取向的圆管直径为4in（10.2cm）的流量。

IP（英制标准单位）：$Q(\text{gpm})=5.39\cdot(4\text{inch})^2\cdot(8\text{inch})^{0.47}=229.2\text{gpm}$

SI（国际标准单位）：$Q(\text{L/s})=0.034\cdot(10.2\text{cm})^2\cdot(20.3\text{cm})^{0.47}=14.6\text{L/s}$

12.5 泵和输送

所有RAS都使用泵将水移至更高的高度或增加过滤、通风、脱气等的整体系统压力。泵是将能量转移到水中的相当有效的设备，但是，为了有效和可靠地运行，必须仔细选择它们并将其集成到整个系统中。选择泵的关键要求是使水产养殖系统与泵的最大运行效率相匹配。在泵设计中，压力和排放是反向相关的，即高压通常具有低排放，而高排放速率具有低压。选择泵不当会显著增加运行和维护成本，并可能导致系统故障。市场上有无数种泵，每种泵通常都是针对特定应用而设计的。在水产养殖中，通常会遇到两种类型：离心式叶轮泵和轴流式螺旋桨泵。还有其他类型，例如气提泵和隔膜泵，并且在特定应用中可以相当有效。例如，气提泵通常用于泵头要求低且需要对水进行部分再曝气的场合。然而，气提泵的泵送能力通常不足以驱动高密度循环系统的水处理要求。

离心式叶轮泵（以下简称离心泵）在水产养殖业中的应用最多，它们有时被称为径向流泵，因为水在叶轮的中心处进入泵并且通过与旋转轴呈直角的离心力向外驱动。离心泵的特性在很大程度上由叶轮设计决定，叶轮通常具有圆盘的形式，其具有从中心辐射的一系列弯曲的凸起叶片。叶轮和蜗壳之间的间距连同叶轮的几何形状限制了可以通过泵的固体的尺寸。完全封闭的叶轮有完全包围两侧叶片之间的水道的面板。在开放式和半封闭式叶轮泵中，叶片之间和叶片周围的间隙很大，允许大的固体通过泵。开放式和半封闭式叶轮用于泵送具有高固体含量的液体，但代价是总效率较低。完全封闭的叶轮泵具有最高的效率，但由于叶轮的磨损增加，不适合泵送具有悬浮固体的液体。为了正确操作，离心泵必须在入口处具有正压力，或者直接用充满水的气密管道连接到水源。

离心泵不是自吸式，除非制造商规范中有明确规定。自吸泵设计有蜗壳中的特殊空腔，可保留水。当打开它时，它能够排出蜗壳和进气管中的空气并自动重新灌注。这些自吸泵不应与连接到许多小型离心泵的简单滤篮或灌注罐相混淆。只要没有空气进入系统，带有滤篮和脚踏阀的泵将保持其初始状态。然而，如果空气进入系统，例如由于脚踏阀泄漏，滤筒中的水被清空，叶轮将在蜗壳中空转。

防止质量损失的最佳方法是将泵定位在泵送水位表面下方。这通常被称为溢流吸力，因为当泵关闭时，它仍然充满水。如果泵的位置必须高于水面，则应在吸入管的底部安装一个底阀，单独安装一个入口过滤器。应在泵的入口处放置某种形式的灌注通道，即灌注罐、滤篮或三通接头，以使吸入管完全充满水。一旦被淹没并在顶部和底部密封，泵在关闭时不应失去填料。重要的是不要将水流限制在带有阀门或大量管道的离心泵中，这可能导致空化，其中一些或所有流体会变成水蒸气，气穴会损坏轴或叶轮，并显著减少或消除泵的所有流量，可能导致泵电机烧坏。

轴流式螺旋桨泵（以下简称轴流泵）用于在低扬程和高流量时有效地泵送水。轴流泵的泵送元件由旋转螺旋桨组成，其外观和功能类似于船用螺旋桨。螺旋桨位于管道或轴的内部，用作输送水的管道。螺旋桨由潜水电动机或通过驱动轴连接的远程安装电动机驱动。沿泵轴的水基本上沿直线流动，使摩擦和湍流保持最小，轴流泵的螺旋桨必须浸没在水中，轴流泵可以非常有效地将大量水移动到适度的水位，例如4.6～9.2m（15～30ft）。

选择泵需要至少了解以下因素：
- 总水头要求；
- 排放流量要求；
- 吸入升力要求；
- 泵送液体及其特性（淡水、盐水、固体）；
- 连续或间歇工作需求；
- 可用电源（单相或三相电源、柴油或汽油发动机）；
- 空间、重量和类似限制；
- 特殊要求。

术语"水头"通常用于表示为某一高度（ft或m）上的压力。在工业中经常可以找到以下"水头"表达式来描述系统的性能和设计参数：
- 静压头：水静止时水中某点的液压。
- 摩擦头：由流动中的摩擦损失导致的压力或能量损失。
- 速度头：由于速度而产生在流体中的能量。
- 压头：以等效头单位测量的压力。
- 排放头：运行中泵的输出压力。
- 总动态压头：运行中泵的入口和出口之间的总压差。
- 吸头：从静水表面到泵吸入口中心线的垂直距离，当泵入口低于水面时为正。

总吸入压头或吸入升程还应包括泵吸入侧的摩擦损失、局部损失和流速头，但这些通常相对于吸入升力较小，并且通常可以忽略不计。泵的吸入管路中的水通过自由水表面上的大气压力和泵入口处产生的真空的压差被吸入泵中，就像通过吸管吸水一样。如果压力下降到低于泵入口水的蒸气压力，水将蒸发成小气泡，这种现象也会产生气蚀现象。当气泡形成并坍塌时，它们会对金属泵外壳和叶轮产生应力，并且在其表面上会发生点蚀。气蚀很容易识别，因为它听起来像是充满砾石的泵或有嘎嘎声。气蚀会降低泵的整体效率，如果不进行校正，可能会对泵和叶轮造成严重损坏。

从理论上讲，最大可能的升力在海平面为 10.36m（34ft），但实际将其限制到 4.5 ~ 6.1m（15 ~ 20ft）之间，以便进行合理有效的操作。表 12.7 显示了不同高程的可能升力。用于防止气蚀所需的净正吸头（NPSH$_{required}$）是泵设计和速度的函数，并且通常由制造商规定。典型的性能曲线如图 12.12 所示。该图显示了泵运行的总扬程（纵坐标轴），泵的流速在横坐标轴上；净正吸头显示在纵坐标轴上性能曲线的右侧。图表上显示了泵的不同操作点的效率。

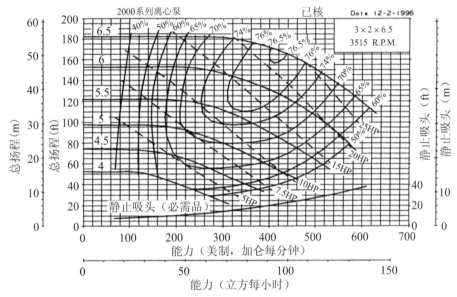

叶轮代码	A	B	C	D	E	F
尺寸	6.5	6	5.5	5	4.5	4
标准马力	25	20	15	10	7 1/2	5

图 12.12　离心泵的性能曲线（由 Goulds Pumps 提供）

所需的净正吸头一定少于有效净正吸头，也可以表述为：

$$NPSH_{available} \geq NPSH_{required} \qquad (12.21)$$

其中有效净正吸头定义为大气压力减去泵吸入侧的摩擦损失、吸入升程和水的蒸气压力。大气压见表 12.7，蒸气压见表 2.1。

表12.7　不同海拔的标准大气压

海拔		大气压				
m	ft	mmHg	kPa	psia	m H₂O	ft H₂O
−200	−656	778	103.7	15.0	10.6	34.8
0	0	760	101.3	14.7	10.3	33.8
200	656	742	98.9	14.3	10.1	33.1
400	1312	725	96.6	14.0	9.9	32.5
600	1968	707	94.3	13.7	9.6	31.5
800	2625	690	92.0	13.3	9.4	30.8
1000	3281	674	89.8	13.0	9.2	30.2
4000	13123	462	61.6	8.9	6.3	20.7

泵的效率定义为工作输出或水功率（WHP）与用于操作泵的能量输入（制动马力，BHP）之比：

$$WHP = \frac{Q \cdot TDH \cdot \Omega_{sg}}{\beta} \qquad (12.22)$$

$$E_{pump}(\%) = 100 \cdot \frac{WHP}{BHP} = \frac{输出功率}{输入功率} \qquad (12.23)$$

β=6116，WHP单位为kW，Q单位为L/min，TDH单位为m；

β=0.102，WHP单位为kW，Q单位为m³/s，TDH单位为m；

β=3960，WHP单位为HP，Q单位为gpm，TDH单位为ft；

β=8.81，WHP单位为HP，Q单位为cfs（ft³/s），TDH单位为ft。

总动态压头（total dynamic head，TDH）是从水源到排放点的静态提升和从入口吸入侧到排放侧的所有摩擦损失之和。流速头通常可以忽略不计，但在需要非常精确的值时应予以考虑。摩擦损失包括泵吸入侧和排出侧的管道、配件与加工设备（例如紫外线、加热和制氧系统）。由于摩擦损失是流量的函数，必须在预期流量范围内计算TDH。应考虑到操作、管理、生物污垢或系统配置的预期变化。

一旦系统初步设计好，并以所需流量估计TDH，则必须选择一台泵，通过接近其最大效率运行提供所需流量，从而最大限度地降低泵送成本。这是通过检查所考虑的各种泵的性能数据来完成的。性能数据通常以图形形式呈现，尽管对于小型泵，通常提供压头与流量表。每台泵都有自己独特的一组特性曲线，这些特性曲线由叶轮、泵壳的工程设计确定，在某种程度上取决于其内部零件的老化和磨损程度。离心泵的典型性能曲线如图12.12所示，小型潜水离心泵的性能数据如表12.8所示。

表12.8　潜水离心泵的性能数据

HP	GPM®水头高度					
	5ft	10ft	15ft	20ft	25ft	30ft
1/2	58	37	18	0	0	0
3/4	65	47	31	15	0	0
1		58	43	29	15	0
1.50		81	63	48	32	16
1.75		94	78	62	47	32

注：来自于美国标准局不锈钢潜水泵数据。

水流与TDH直接相关，最大水流出现在较低的TDH。有些泵的泵速对TDH变化的响应相对平缓，而其他泵则极为依赖泵运行的TDH。

每个水产养殖系统都有自己的系统运行曲线。系统运行曲线是通过计算拟用系统而提供一系列特定流量所需的总动态压头来构建的。一旦构建了系统运行曲线，则可叠加制造商的泵特性曲线在系统曲线上，并且两条曲线的交叉点定义了系统的运行点。理想情况下，您可以尝试选择一个泵，使运行曲线和系统曲线的交点尽可能接近泵的最大运行效率（见图12.13）。请注意，在本图中，对15HP泵，在110ft（33.6m）的TDH下，最大效率将出现在约310gpm（70m³/h）的工作点。但是，如果在60ft（18.3m）的TDH下操作同一台泵，将获得520gpm（118m³/h）的流速。现在，不要完全错误地认为唯一的目标是最大限度地提高抽水效率。在前面的示例中，以较低的TDH运行泵并获得较高的流量可能对您有利，特别是如果系统设计表明您只需要大约15~30ft或50~60ft的TDH。系统运行曲线和泵运行特性的原理如图12.13所示。

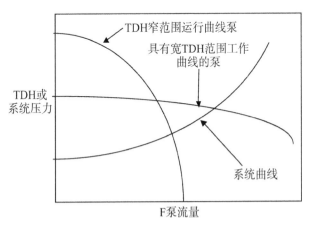

图12.13　泵特性曲线和系统运行曲线
（注意，由于静压头，系统曲线从零以上开始）

如果有流量要求，则所选泵将能够提供最大流量。在必要的工作范围内，泵的效率曲线可能最平坦，工作点的最大效率使用的时间最长。此外，对于大型商业运行，设计工程师会添加其他系统和泵的一些实践经验。

在现实世界中，为小系统选择泵通常是通过估计整个系统的总动态压头和流量需求来完成的。回顾几种可在所需压头下提供流量的现成泵的特性曲线，在某些情况下，会提供泵的效率数据。因此，我们猜测最大效率通常在特性曲线中点的右侧。在考虑资本成本、运行成本、尺寸、颜色、折扣和可用性等其他因素后，选择泵。

例8：泵的泵效率为55%，在TDH为40ft的情况下运行，泵的流量为1000gpm，计算运行泵所需的制动马力。

$$IP（英制标准单位）：BHP = \frac{WHP}{E_{pump}} = \frac{1000gpm \cdot 40ft \cdot 1.00}{3960 \cdot \left(\frac{55}{100}\right)} = 18.4HP$$

$$SI（国际标准单位）：BHP = \frac{WHP}{E_{pump}} = \frac{3785Lpm \cdot 12.2m \cdot 1.00}{6.116 \cdot \left(\frac{55}{100}\right)} = 13.7kW$$

在本例中，您需要一个提供至少18.4HP的额定功率的泵，这意味着您可能会使用20HP的泵。在某些情况下，对于较大的泵，泵制造商可以为您设计专门在预先选定的工作条件下工作的泵以达到这些特定条件下的最大工作效率。这与水产养殖业的应用尤其相关，在这些应用中，我们通常需要相对较低的操作水头来获得较高的流速。一般来说，这种大型应用的泵是不可用的，最近的配套是灌溉泵。

12.5.1　集污池设计

不要忘记要对集水池进行适当的设计，确保潜水泵一直保持在水面以下。经验法则是1055m³/(m²·d)或18gpm/ft²的流速配合3~5分钟的水力停留时间，或者用总流速乘以3~5分钟的停留时间获得水体体积，选择合适水深即可得出集水池的截面积。要极力避免关闭的泵重新启动时，池底被抽干的情况。换句话说，正常运行时的集水池水位应该低于系统关闭运行时其他所有运行单元的水位，以便各单元的水可以顺利流入集水池。因此，也别忘了将集水池的池壁抬高到与养殖池的池壁一样高以防止养殖池的水在停机时意外排干。

12.6　气提泵

从原理和理论上讲，气提泵所提供的每单位能量的水流量最多。但是，气提泵有以下缺点：

- 用于提水或提升变化的应用有限，例如10~15cm。
- 会由于布气机械结构受到污染而降低流速，特别是对于传统的烧结玻璃风石来说。
- 当水位变化导致对水提升的要求过高时，水泵完全失效，例如，所在养殖池的水位下降。
- 对于旁观者来说，水流的减少并不"明显"。
- 能源效率与离心风机和气提要求之间的匹配关系非常密切。

通过对整个系统的有效管理、维护和初步设计，可以消除上述5个缺点。实际上，气提是有问题的。尤其是，由于气提被限制在低水头差，作者对其应用感到气馁。我们建议气提在低密度鱼类应用中最合适。图12.14显示了设计气提泵时需要考虑的重要变量。附录中包含了预测此类泵运行性能的软件程序。

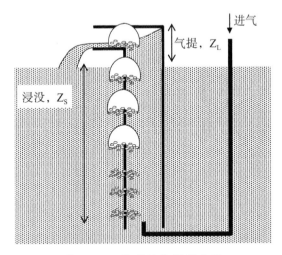

图12.14　典型的气提泵应用

气提泵作为一种泵送装置，在实际应用中已有几十年的历史。一种气体，通常是空气，被注入水下提升管的底部，由于气泡悬浮在流体中，管内两相混合物的平均密度小于周围流体的平均密度，由此产生的浮力引起泵送作用。

使预测气提的流体动力学更加复杂的是这3种流动模式，如图12.15所示。当初始气泡尺寸比管直径小得多，气隙比在25％左右时，形成气泡流型，小气泡分布在管道横截面上。气泡保持接近其初始尺寸，单个气泡之间几乎没有相互作用。当气体空隙率超过25％时，会发生聚结，形成大气泡或"段塞"。

在段塞流中，气相包含在大气泡中，这些气泡几乎横跨管子，其长度从管子直径到该值的几倍不等，这些被称为气塞或泰勒气泡，填充泰勒气泡之间空间的液体称为液体段塞，泰勒气泡和管壁之间的液体称为液膜。只有当立管直径低于25mm（1in）时，才会出现段塞流。

气提作业中最常见的是气泡段塞流。在气泡段塞流状态下，在泰勒气泡之间的液塞中发现小气泡悬浮。这些气泡的存在是由泰勒气泡尾部遇到的极端湍流区域造成的。小气泡从泰勒气泡的尾部破裂，分散在液体段塞中。无论初始气泡大小如何，当气体空隙率大于25％时，直径大于25mm（1in）的管道中都会出现气泡状段塞。

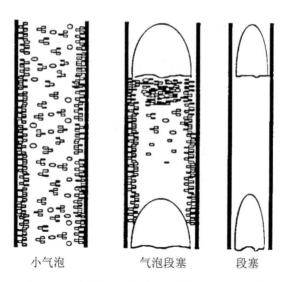

小气泡   气泡段塞   段塞

图12.15　气提泵运行中遇到的3种流动模式

　　管道中的气体浓度是浸没比和泵中引入的空气量的函数。浸没比定义为浸没在泵送水位以下的管道占整个管道的比例（见图12.14）。气提泵必须至少浸没50％，才能进行任何泵送操作。泵送效率是指提升水的有效功除以压缩空气所需的功。最大泵送效率可根据管道尺寸和流型获得约80％的淹没率，最大泵送速率是在100％淹没的情况下获得的。尽管在泵100％浸没时（由于没有提升装置），没有进行有用的泵送工作，但这种配置可用于混合和给养殖池与水池曝气。

　　提升管的长径比（$Z:D$）对气提泵性能有显著影响（注意图12.14描述了Z_s和Z_L，其中$Z=Z_s+Z_L$）。长径比定义为立管长度除以直径，两者的测量单位相同，例如，直径为10cm的10m立管的长径比为100。当长径比低于50时，两相流型将没有足够多的时间充分发展。这导致水在上升的气泡中的"滑动"增加，泵送体积和效率降低。因此，保持长径比在50以上是有利的。

　　气提泵在提供泵送功能的过程中，使用空气来驱动泵，因此具有给水曝气的额外优势。通过提升管的水和空气流量影响着气体的输送，影响气体传输速率的关键因素是流动的雷诺数和管道长度。雷诺数是对流动速度和湍流程度的无量纲测量。气体传输不受流型、初始气泡大小或稀释有机废物存在的显著影响。在使用气提泵时必须小心，因为进入其底部的水和气体可能由于静水压力而高于饱和值，这可能导致某些鱼类出现气泡病，通过限制气升管的淹没度可以控制气体的过饱和度，这也会限制给定管道长度的可用提升量。Reinemann D R和Timmons M B（1987）以及Reinemann D R等学者（1990）对AIRPUMP项目的理论和实验基础进行了深入的论述。

12.7　设计案例：循环

　　表12.9为本阶段工程设计总结，即泵的选择。最终的泵规格将取决于其他几种设计选择，如固体捕获装置、生物过滤器或氧气输送系统的类型。例如，微滤器通常由来自中央排

水口的组合流或径向流澄清器/分离器的排放（溢流）重力供给，而螺旋桨清洗珠状过滤器（PBF）则需要收集泵池和泵。如前所述，移动床生物过滤器的优点是通过它的水头损失低；缺点是很难找到一个节能泵，能在这种低水头要求下提供必要的流量。最后，锥形泵的输送效率和排出氧浓度取决于流量和工作压力，需要仔细选择泵。此外，由于大多数泵将连续运行，它们需要尽可能节能，以降低整体运行成本。通过降低长期可变成本（泵送能量），可以节省较高的前期资本成本。

表12.9　两种设计方案的设计总体积和设计流量汇总

项目	设计方案一		设计方案二	
	双幼鱼苗槽	5寸鱼苗/养成槽	单幼鱼苗槽	2寸鱼苗/养成槽
槽总数体积	32.0m³(8465gal)	57.2m³(15110gal)	96.1m³(25400gal)	143.8m³(38000gal)
总计流速	90.8m³/h(400gpm)	90.8m³/h(400gpm)	273m³/h(1200gpm)	227m³/h(1000gpm)
中央排水	22.7m³/h(100gpm)	22.7m³/h(100gpm)	68.3m³/h(300gpm)	45.4m³/h(200gpm)
侧壁排水	68.1m³/h(300gpm)	68.1m³/h(300gpm)	205m³/h(900gpm)	181.7m³/h(800gpm)

尽管可用和可选择的泵在不断增多，但只有少数泵制造商在专门为水产养殖针对性地设计适用的泵，即低水头、高流量、节能。通常，水产养殖用的泵往往是原本被设计来用作其他用途的。例如，其中一位作者设计并建造了几个小型系统，这些系统使用的泵最初被设计用于高端观赏性锦鲤池塘的瀑布供水。最好还是寻求泵制造商的专业帮助，因为在选择过程中有许多设计细节会最大限度地提高性能。比如，随着流量的增加，超过114m³/h（500gpm）。对于在91m³/h（400gpm）以下的小型系统，制造商的泵不论是用在淡水还是盐水系统中都有较好的成本效益。

设计方案一的鱼种/养成槽的流量要求为中心排放总流量22.7m³/h（100gpm）和侧壁排放68.1m³/h（300gpm）。图12.16显示了一位作者在多个系统设计和一些完成的设施中使用ArtesianPro的高性能专业泵的性能曲线，使用的是高流量、3450rpm转速的离心泵。假设在最终设计中使用滤床过滤器进行固体捕获，操作所需的最大压力为9.1m（30ft）。从底轴以100gpm向上移动时，第一个泵（AP1/2-HF）在该流量下的工作压力过低，AP1-HF的工作压力过高，但AP3/4-HF的似乎刚好正确。此外，如果由于某种原因（死头），过滤器的排放完全关闭，零流量下的最大泵压为18磅/平方英寸，这低于过滤器设计处理的最大压力（20磅/平方英寸）。AP3/4-HF以3450rpm、115/230V、60Hz的速度运行，230V时最大电流为7.4A。

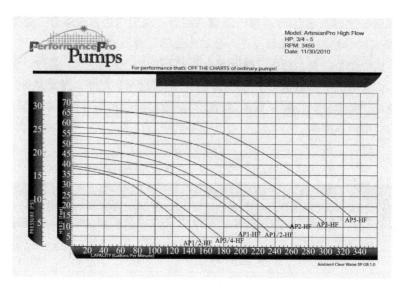

图12.16　ArtesianPro的高性能专业泵的性能曲线（来自一种高流量、3450rpm转速的离心泵)

接下来假设选择的移动床生物过滤器对侧壁流量要求为68.1m³/h（300gpm）。由于MBBR的泵压头非常小，泵产生的大部分压力将用于将水重新注入养殖池，以提供足够多的旋转，从而有效地将固体移动到中心。再次考虑使用自流泵，如图12.16所示，一种选择是使用AP5-HF泵，在大约30ft的压头处提供300gpm（68m³/h）。这比所需的压头更大，也将在其性能曲线的极限处运行，即低效率。另一种解决方案是在150gpm（34m³/h）下使用两台泵（图12.17）。同样，AP3/4-HF泵也可以工作，在6.6磅/平方英寸的压头下提供150gpm（34m³/h）。这是一个非常好的解决方案，因为这意味着固体捕获和生物过滤只需要一个尺寸的泵，为MBBR的流速提供了一定的灵活性，并且需要更少的备用泵，可能由于批量购买而节约成本。

一个好的"经验法则"是设计一个能够连续泵送3～5min的泵池，更重要的是使泵池顶部处于同一水平或高于养殖池中的正常水位。然后，如果电源断开，水又流回集水坑，它不会从下水道或地板上流失（这发生在一个盐水研究设施中，淹没了实验室!）。因此，在设计方案一中，中心排放总流量为22.7m³/h（100gpm）的情况下，建议泵井为1.1～1.9m³（300～500gal）。对于侧壁排水量为68.1m³/h（300gpm）的情况，建议使用3.4～5.6m³（900～1500gal）的集水坑。

图12.17显示了用于研究海洋系统泵井的两种选择：矩形聚乙烯罐和较大的圆柱形罐。注意泵排放口向上的回流管，使泵以最佳排放效率工作，泵下方的塑料垫有助于形成清洁、布局良好的系统。对于本设计示例，由于集水坑相对较大，选择了一个矩形玻璃纤维罐，在固体捕获侧和侧壁排放侧之间有一个分隔分区。总容积在1200～2000gal（4.5～7.6m³）之间，或者本设计使用4ft×4ft×8ft（1.2m×1.2m×2.4m）的养殖池。图12.18和图12.19显示了生产石斑鱼的类似系统的设计草图。集水坑接收来自中央排水管和侧壁排水管的排水，中央排水管在集水坑中有一个内部立管，以保持水位并允许冲洗排水管。这是通过瞬间拉动立管并允许大量水流冲刷排水沟来实现的。侧壁排水口在养殖池旁边有一个立管，也可以将其拔

出以冲刷这些管线。

图12.17 用于研究海洋系统泵井的两种选择

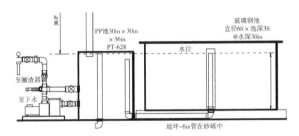

图12.18 设计草图（石斑鱼水花培育系统），显示中央排水沟、内部立管、外部立管和泵的集水坑详情

"经验法则"
设计3～5min连续泵送能力的集水坑，并使其处在同一水平或更高水平的鱼缸边缘。

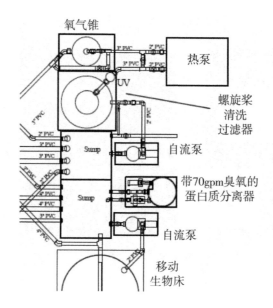

图 12.19　设计草图（石斑鱼寸苗/养成系统）显示了中央排水沟和侧壁排水沟的集水坑，2个独立泵分别用于PBF-10（固体捕获）和MBBR（生物过滤）

12.8　参考文献

1. CRANE CO., 1991. Flow of fluids through valves, fittings and pipe. Crane Technical Paper No. 410.

2. BRATER E F, KING H W, 1976. Handbook of hydraulics: for the solution of hydraulic engineering problems. 6th. McGraw Hill Co.: 604.

3. LAWSON T B, 1995. Fundamentals of aquacultural engineering. Chapman & Hall: 355.

4. PIPER R E et al., 1982. Fish hatchery management. U.S. Fish and Wildlife Service.

5. REINEMANN D R, TIMMONS M B, 1989. Prediction of oxygen transfer and total dissolved gas pressure in airlift pumping. Aquacultural Engineering, 8: 29 – 46.

6. REINEMANN D R, PARLANGE Y Y, TIMMONS M B, 1990. Theory of small diameter airlift pumps. International Journal of Multiphase Flow, 16（1）: 113–122.

12.9　符号附录

A	横截面积，ft^2（m^2）
BHP	制动马力，kW（hp）
C	与速度相关的无量纲压力系数
C_{H-w}	Hazen–Williams公式12.7中使用的粗糙度常数
D	管道直径，ft（m）

D_{inch}	管道直径，英寸
D_1	上游段直径，cm（in）
D_2	喉部或下游段直径，cm（in）
E_{pump}	泵效率，%
f	摩擦系数（雷诺数的函数）
f_T	摩擦损失系数，取决于配件的尺寸
$FITTING_{constant}$	装配常数摩擦损失系数，其大小与装配无关
g	重力加速度，32.2ft/s²（9.81m/s²）
H	通道动能修正，ft（m）
H_L	摩擦损失的能量头，ft（m）
K	特殊安装类型的阻力系数
L	管道长度，ft（m）
P	流体压力，磅/平方英寸（kPa）
P_1	上游压力，psi（kPa）
P_2	喉压，psi（kPa）
Q	质量流量，lbs/s（kg/s）
TDH	泵运行时的总动态压头，ft（m）
V	流体速度，ft/s（m/s）
V_1	上游段流速，ft/s（cm/s）
V_2	文丘里管喉部速度，ft/s（cm/s）
Z	距基准面的垂直距离，ft（m）
γ	流体比重，lbs/ft³（N/m³）
ν	流体运动粘度，ft²/s（m²/s）（见表2.1）
ρ	液体密度，lbs/ft³（kg/m³）（见表2.1）
Ω_{sg}	比重流体，水为1.00，无量纲

第13章　系统监测与控制

高密度循环水系统能显著增加单位水体的产量，但也会相应增加由设备故障或管理不当所导致灾难性损失的风险。此外，这些密集型生产设施的管理人员需要掌握系统状态和性能的准确、实时信息，以便最大限度地发挥其生产潜力。在生产密度接近甚至超过120kg/m³（1磅/加仑）时，循环泵或曝气系统的失效会对鱼造成严重的压力，并可能在几分钟内造成100％灾难性的损失。过去（即在作者的记忆中）那些昂贵而复杂的监测和控制系统，以及来自废水和石油化工等其他行业的组件，已被成功应用于水产养殖。然而，由于水产养殖相对简单的监测和控制需求（即数字输入/输出），通常只有小部分处理能力被利用起来。在过去10年中，得益于微处理器的成本急剧降低，以及可用的监测、控制、通信软件越来越多，循环水设施的监测和控制系统发生了翻天覆地的变化（至少对作者而言）。今天，随着计算机、软件、监测硬件成本持续下降，小生产者也能用得起复杂的监测系统（大规模生产设施必备的部分）。此外，随着智能手机的普及，系统管理员现在可以随时连接这些监测系统并在系统中断后几分钟内响应。

你能买得起自动监测系统吗？试试问自己：你养殖的常规鱼类作物的价值怎么样，如果中断向你的客户供应鱼类，又会导致多少损失？这样做之后，只有一个显而易见的回答：最少你要实时自动监测水质指标中最重要的部分，比如氧气水平和水位，切记！试想，如果你的系统仅仅因为溶解氧不足而导致鱼死光了，这个代价是巨大的，所以你必须这样做！

在进行下一步之前，应该强调的是一个细心的系统管理员（图13.1）（通常是最不受重视的，低薪的）就是最复杂的监测和报警系统。经验丰富的员工走进车间的那一瞬间就可以确定哪里不对劲，通常仅从背景噪音的变化就可以判断问题。在现实世界中，大多数养殖车间里人员并不是24小时值班[①]。与那些呼吸空气的系统管理员习惯的空气环境不同，水产养殖的水环境需要自动化监测关键的水质参数和系统组件并显现出来。

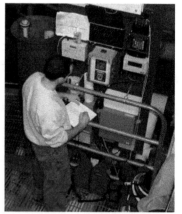

图13.1　系统管理员

---

① 这种选择取决于生产规模。通常年产量超过250吨的农场实行24小时值班。

13.1 参数的监测

墨菲定律简要地指出：如果你担心某种情况发生，那么它就更有可能发生（作者注："通常是在星期天早上凌晨4点"）。确定可能出现问题的地方并制成最坏结果列表是一个永恒的任务。从作者的个人经验来看，无论你怎么努力或者你的名单有多长，意外总会出现，而且通常是在最不方便的时刻。表13.1列出了潜在紧急情况的简要清单。从这个清单开始竭尽你的想象力，并假设任何事情都是可能的，无论看起来有多么不现实。

表13.1 高密度循环水系统中潜在"危险"简要清单

类型/系统	原因
超出控制范围	洪水、龙卷风、飓风、雪、冰、风暴、电力中断、故意破坏/盗窃
员工失误	操作员"失职"，忽略维护导致备用系统或系统组件故障，警报停用
水位	排水阀打开，立管掉落或移除，系统泄漏，排水管损坏而溢流水箱
水流	阀门关闭或打开太远，泵故障，吸头损失，进气口堵塞，管道堵塞，回流管破裂/断裂等故障
水质	低溶解氧，高CO_2浓度，过饱和水供应，高温或低温，高氨，亚硝酸盐或硝酸盐，低碱度
过滤器	通道/堵塞过滤器，水头损失过大
曝气系统	背压过大导致鼓风机电机过热，传动带松动或损坏，扩散器堵塞或断开，供应线泄漏

但请记住，在初始设计过程中这一点也很重要：不要在技术的复杂性或监测点和警报的绝对数值方面过于苛刻。如果由于其不可靠性和频繁的误报而松懈，那么复杂的警报系统也没有用处。有这样的事情发生？是的！

编制潜在问题和水质参数清单时，请记住每个人的相对重要性和所需的响应时间。表13.2中水产养殖的生命支持优先级事项首先是池中合适的水位，其次是足够多的溶解氧水平，再是其他水质参数，比如合适的温度、pH和碱度，最后是可接受浓度的氨氮、亚硝酸盐、硝酸盐、二氧化碳和悬浮固体。饲养密度高（大于$40kg/m^3$或$1/3lbs/gal$），对于溶解氧需要最快速的反应时间。如果是水流量或通风因各种原因而中断，低氧和低氧产生的压力会在几分钟内导致鱼死亡；慢性甚至短期的几个小时的低氧会导致鱼有疾病问题。因而在密集的设计系统中，办公室里的简单声音警报可能不够，如果出现上述紧急情况长达20min以上，则需要打电话或发短信。另外对于监测，必须自动提供某种形式的备用曝气，致力于确保鱼类的生存。除了溶解氧，大部分其他的水质参数变化相对缓慢，可能需要数小时或数天才能达到关注程度。这样可以有更多时间来发现和分析问题并采取纠正它们的必要步骤。

表13.2 高密度循环水系统的生命维持等级

分类	内容
高（快速响应时间-分钟）	电力供应
	池中水位
	溶解氧-曝气系统/氧气系统
中（中速响应时间-小时）	温度
	CO_2
	pH
低（通常慢慢变化-天）	碱度
	氨氮
	亚硝酸盐-氮
	硝酸盐-氮

在放养密度低（小于40kg/m³或1/3lbs/gal），基本参数监测包括系统电力、养殖池水位（高和低）、曝气系统压力、水流过滤器和养殖池。所有这些参数可以通过简单的数字传感器监测，即打开或关闭。模拟传感器等监测溶解氧水平和pH，连续溶解氧监测对于高放养密度至关重要，或者每当使用氧气时对于所有这些关键参数，它的监测位置和监测的内容同样重要。常识用于指导这方面的监测。例如，如果养殖池排水被打开，流出的水和流入的水一样快，那么监测从泵到养殖池的流量意义就不大。对鱼来说，重要的是养殖池水位。类似的，如果排水阀关闭或热过载开关把泵马达设为off，此时监测泵的能耗也无意义。最后，测量曝气器旁边的气压几乎没有帮助，如果分配系统的远端有一个小的泄漏，那就会导致最后几个养殖池的输送气压过低。这就需要在最远点监测曝气压力在系统中监测几个不同的点。表13.3列出了一些需要在密集再循环系统中监测的重要系统和参数。

表13.3 要监测的重要系统或参数

分类	内容
电力供应	单相和三相供电，漏电保护器上的单个系统
水位	培养罐(高/低)，泵(高/低)供应池，化学品储罐，头罐/储存器(高/低)，过滤器(高/低)
曝气系统	空气/氧气压力(高/低)
水流	泵，培养罐，浸没式过滤器，在线加热器
温度	培养罐(高/低)，加热/冷却系统(高/低)
安保	高温/烟雾传感器，入侵报警

水产养殖中的传感器（探头）大致可分为两大类：数字信号（信号开/关），如水位，曝气压力；水流量开关和模拟信号（连续输出），如溶解氧、温度、pH、电导率、氨氮等传感器。此外，大多数模拟探头需要一些额外的硬件或控制器来将探头输出信号转换为可用信号，提供数字显示，并允许校准和归零。因此与简单的闭合开关相比，这些参数测量成本较高。以下是重要监测参数的简要回顾。

如果尝试解决问题或探究运行动态，那么没有存档的数据将毫无用处。记录鱼类状态和水质化学数据的简单数据表是绝对必要的（见表13.4和表13.5）。应将此每日数据传输到主电子表格以汇总结果。同时，发布这些数据以便的员工可以看到它们，并显示鱼的预期生物学性状作为目标（例如，当前体重和运行饲料转化率）。

表13.4　水质数据表

池号：

日期	溶氧	温度	盐度	pH	总氮	亚硝	硝酸	碱度	浊度	饲料	记录	备注

表13.5　投料表

日期	时间	1号池	2号池	3号池	备注
		重量(g)	重量(g)	重量(g)	

注：每日投料的样本记录。每个池有一个图表，可与池塘位置的图表一起使用。

最后，如果没有对应的行动响应计划，仅仅知道紧急情况存在是没有用的。至少以下信息和培训是必要的，应将它们和故障排除程序清单、负责人电话清单一起张贴在明显的位置。"分享责任，寻求帮助"可能是此列表中最重要的项目之一。

- 准备好电话列表清单；
- 水管工；
- 电工；
- 员工；
- 火灾/紧急情况；

- 训练有素的员工；
- 逻辑故障排除程序；
- 分诊；
- 呼吁增加帮助；
- 安全；
- 系统设计不可靠；

13.1.1 电力供应

电力故障可能是最常见也是最容易监测的故障。如果过滤器或供水泵距离主楼有一段距离，那监测系统供电尤为重要。三相电有一点需要注意，如果出现缺相的情况，可能会导致某些系统停止运转。墨菲定律告诉我们，即使出现缺相，也要确保监测系统运转正常。此外，如果没有安装保护装置，三相电缺相时，可能会严重损坏三相电机和水泵。还有一个经常被忽视的地方，那就是要确保多个手电筒和备用应急照明处于良好的工作状态。当出现停电时，备用发电机就变得和黄金一样重要，当然，对发电机进行日常维护，保证充足的燃料，并保证随时在线工作，这些都是必不可少的。

13.1.2 水　位

水位可能是最容易测量也是监测成本最低的参数，并且应监测每个池中水位的上限和下限。高/低水位传感器可以监测排水管是否堵塞，进水管是否常开，或者排水管是否忘记关。其中一位作者将软管放在池子边上，其中有一头落入水中，结果一夜之间水都漏完了。其他位置也要进行监测，包括给水槽和水井中的抽水泵安装自动关闭装置，防止水位过低而造成水泵烧毁。蓄水池还要监测高低水位变化，水位偏高说明需水量出现异常变化，可能是管道堵塞或者阀门意外关闭；水位偏低则可能是水泵损坏或是水源水量不足。如果系统中使用了浸入式加热器，应设置低水位自动监测装置，防止温度过高而造成加热器烧毁或是聚氯乙烯（polyvinyl chloride, PVC）管融化。还应设置水位警报，以便正常运行不会激活闹钟。有两种办法可以实现这样的功能，在传感器触发警报激活两者之间设置水位冗余值（即低于某水位触发传感器，继续下降到某水位则触发报警器），或是设置延迟报警时间（即水位低于某值达到设定时间则激活警报）。最后还要对液位传感器加以保护，这样的话，鱼就不会意外触发它们甚至在某些情况下咬食它们。

13.1.3 曝气系统压力

曝气系统是任何高密度循环水产养殖系统中最关键的系统之一。该系统检测到故障后的响应时间非常短，并且监测和备份系统都很重要。系统中气压较低可能是以下几种情况导致的：气管破裂，减压阀打开或堵塞，扩散器断开，进气过滤器挂脏或鼓风机故障。气压过高可能是主气管堵塞、阀门关闭或扩散器堵塞导致的。

13.1.4　水　流

在某些情况下流量的测量很重要，例如将药剂正确注入系统时；水质脱氯或监测系统运行状况时。通常，仅仅是监测水是否在流动（流动/不流动），使用数字传感器就足够了。举个例子，这些传感器对系统的保护体现在它确保有连续的水流经过在线加热器，以防止过热和崩溃。另一个例子是浸没式生物滤池，由水泵故障导致的厌氧条件可以严重损害甚至杀死硝化细菌。

13.1.5　溶解氧

溶解氧（dissolved oxygen, DO）是一个比较昂贵且连续监测困难的参数。因此，决定DO是否应该连续监测取决于系统的总体经济性、放养密度和经理愿意接受的风险程度。通常，DO的具体数值（单位为 mg/L）并不重要，重要的是确定它高于或低于设定点。但是，要想得到简单的数字信号，昂贵的探头和复杂的硬件接口又是必要的。DO探头和接口硬件的可用性和成本在过去的几年中急剧下降，但对许多人来说循环水产养殖仍然高不可攀。最后，如果你使用的是纯氧，那你必须不间断地监测DO。

13.1.6　温　度

养殖过程中连续和精确地监测温度对于优化生产、减轻系统压力以及尽量减少疾病风险具有非常重要的作用。过高和过低的温度系统都应得到监测；并且牢记这两个极端情况导致的结果是不一样的。虽然低温可能会让鱼类生长缓慢，但过高的温度则可能会让鱼儿们变成一池鱼汤，经理可能要另寻高就。由于大多数温度控制器本质上是循环操作的（开启或关闭），温度报警限值不应设置得太近，以防止由短期瞬变引起的误报。

13.1.7　其他水质参数

其他水质参数如pH、电导率、氨氮、亚硝态氮、硝态氮、碱度和二氧化碳等，它们的变化与DO相比相对缓慢。虽然某些相对昂贵的自动化系统和探头可以监测这些参数，但性价比最高的办法是每日或每周用化学试剂滴定来手动测量。

13.1.8　环境安保

红外线、烟雾和高温探头这些比较常见，通常用来防止火灾、盗窃和故意破坏。通常，现有的警报系统都可以连接到养殖场的监测系统。

13.2　监测探头和设备选择

在过去几年中，计算机硬件和软件的成本已经大幅下降，同时处理能力和计算机程序复杂程度大大增加。传感器技术也变得更加可靠，功能更强大，特别是在传感器中嵌入微芯片等创新技术的应用，使信号处理更快速和线性化。许多仪表模块都内置RS-232/RS-485通信接口，具有连接以太网和网络传输功能。甚至可以使用无线监测器和探头、远程监测系统而无须运行高成本的专用传输电缆。现在有几家监测系统的制造商，已经专门开发出用于水产养殖和鱼菜共生系统监测的产品。

后文对传感器的描述中，介绍了监测每种参数最简单和性价比最高的解决方案。值得注意的是这些建议不是唯一可用的解决方案。对于每一个参数，都有很多潜在的解决方案，其中有些更昂贵，有些更准确，有些更可靠，有些具有更好的界面功能，还有些更容易获得。这里不仅没有简单的标准答案，而且也是系统工程和设计要发挥作用的地方。请记住，对于任何监测系统，它的整体可靠性由最不可靠的部分，即最薄弱的环节决定。

13.2.1　水位：浮动开关

水位可能是最简单也是成本最低的监测参数。基础浮动开关设计用于监测单个离散的预设液位，如图13.2所示。简单的浮动开关由带有小磁铁的浮子构成，随着水位移动并启动内部密封的簧片开关（浮球开关的杆或主体）。这种坚固的设计结构确保长期稳定运行，即最低的维护要求。有些与众不同的产品可以垂直或水平被安装在池中或是底部。两个浮动开关可以串联来监测池中的高低水位。虽然大多数浮动开关设计用于控制110V小电流交流电，但在鱼池中使用，它们应由12V/24V低电压供电，尽量减少对人员和鱼类的危害。总之，浮动开关简单便宜，是个不错的选择。

监测水位还有其他方法，比如光学液位传感器，它的原理是探头内部发射红外线，利用光在水中的反射和折射特性来测量水位；比如非接触式超声波液位传感器，它的原理是测量超声波脉冲传播到水面并返回所需的时间；电导率水平开关原理是测量电极探针和接地金属罐或两个电极之间的小电流；最后，压力传感系统使用压力传感器测量浸入式管道中水柱的空气压力。当然，每一种探头都有它特定的使用环境。

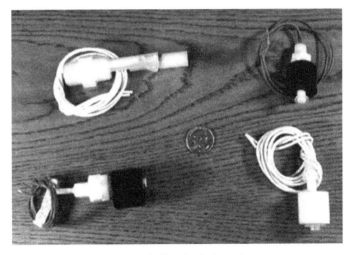

图13.2 用于监测水箱水位的液位传感器或浮动开关

13.2.2 曝气压力

压力定义是单位面积受到的力，探头（传感器）就是利用压力让传感器内部发生偏转、扭曲或其他一些物理变化。压力控制开关就是利用此偏转力在曝气压力达到预设值的时候使电气开关跳闸。制造高低压开关的厂家有很多，自然有多种配置和价格可供选择，见图13.3。

图13.3 用于监控曝气或水压的压力开关

13.2.3 水流：拖盘、桨和叶片式流量开关

拖盘、桨和叶片式流量开关都是用来监测流动/静止或低流量等工作情况的。每个动作都依靠流动水对其路径上的小圆盘、桨叶或叶片的阻力来实现，反过来又控制着一个小型微

动开关。它们具有多种流量和管道尺寸可供选择。通常，拖盘和桨叶开关使用T型接头安装，叶片类型则呈直线型安装，见图13.4。

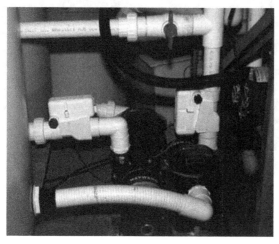

图13.4　用于监控水流量和空气流量的直列式桨式流量监控器与转子流量计

监测流量还可以选择转子流量计（图13.5）。水流过转子流量计，增加了浮子与流体的接触面积，从而在锥形管内拖起浮子。流速越快，浮子在管中托起高度越高，这个高度与流速成正比。当流动的水对浮子施加的向上推力等于浮子的重力时，浮子就处于稳定的位置。还可以在这些流量计外部相近的位置安装开关，当监测的流量达到预设值，可以通过磁性浮子来控制开关闭合。另一种方案的成本高一些，就是使用涡轮或桨式流量计。它的原理是流水转动小型涡轮叶片或水轮产生电脉冲，这个脉冲被传输到特定的硬件上，这样就可以显示流量或总流量，并且可以设置报警条件进而激活高/低流量报警继电器。

图13.5　转子流量计

13.2.4　溶解氧

过去几年，专用于水产养殖业的氧气探头和分析仪越来越多。其中大多数基于芯片处理的仪器能够测量的溶解氧含量达到100ppm，这对监测氧气供应系统很重要。内置的标准记录仪输出电压是0～5V，其中许多输出电流范围在4～20mA。有几种型号还提供以太网连接和串行输出端口（RS-232或RS-485）以便与微型计算机和局域网连接。最近，一些制造商已将无线通信模块添加到主机中，这样

图13.6　5200A型

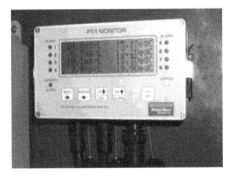

图13.7　5400A型

坐在有空调的办公室里就可以监测多个系统。这些系统还包含控制继电器，能够设定高/低限值，用来自动控制外部设备，如鼓风机、水泵、阀门或其他报警监测设备。例如，YSI公司设计了两款专用于水产养殖的监测制系统：5200A型（图13.6）可连续监测和记录DO、pH、电导率、氧化还原电位、盐度、温度等参数；5400A型（图13.7）可以连续监测和记录4个DO探头和4个额外的输入，如温度、pH和氧化还原电位。两种型号都有复杂的警报模式，包括本地警报和响应机制，如激活备用

氧气，并使用调制解调器或软件发送多达3封电子邮件来提醒管理者。5400A型配有8个继电器用于控制输出，而5200A型带有4个内部继电器来切换功能，可通过机箱内面板上的I/O端口访问继电器。这个端口为继电器提供常开/常闭和公共连接。

尽管该设备的初始投资可能很高，但必须在成本与潜在的损失和由低溶解氧水平导致的缓慢增长之间进行权衡。专为水产养殖设计的溶解氧仪可从Point Four Systems Inc（www.pointfour.com）、YSI Inc.（www.ysi.com）和Campbell Scientific（www.campbellsci.com）公司买到。

13.2.5　其他水质参数

与溶解氧或水泵或通风的故障影响相比，温度、pH和其他水质参数通常有比较长的响应时间。因此，作为常规水质监测计划的一部分，这些和其他缓慢变化的参数的最好测量方案可能是使用台式实验室设备。尽管存在用于连续监测pH、电导率和温度的设备，但除了研究目的外，在生产水产养殖中通常不需要这些设备。氨氮在线监测也是可能的，但在实践中它的代价非常高且难以实现。

13.3　自动语音拨号

图13.8　自动语音拨号器

监测系统开发的最后一步是让每个潜在的灾难性警报都能引起经理和员工的注意，特别是当他们在家里睡觉时。随手可得的自动语音拨号器（图13.8）（警报系统周围可以构建非常便宜、简单且通用的监测系统）。这些装置根据输入参数、功能和成本的不同，在多个制造商那里都有很多适用的产品供选择。其中Sensaphone® Model 400 或 800[Phonetics, Inc., Aston, PA, （www.sensaphone.com）]已被作者用于多个研究和生产设施，并取得了优异的成果。一个不寻常的应用是监测新奥尔

良一家大型连锁餐厅的龙虾饲养设施的水温和养殖池水位。

Sensaphone® Model 400型装置可自动监测以下情况：

- 交流电源：电源故障；
- 4个数字警报输入（开关打开或关闭）或温度传感器；
- 温度：报告实际温度并检查上限或下限；
- 内置输出继电器：控制本地报警，温度或备用氧气；
- 高声级：火灾/烟雾报警器，入侵报警器，"未经授权的人"；
- 电池状态：备用电池的状态。

所有监测都是连续的，当发生突发情况时，该单元进入警报状态并可以激活警报继电器以启动应急灯或警笛。如果没有收到响应，则它会依次拨打4~8个预设用户的电话号码（包括寻呼机）并发出警报信息。它会用您自己的声音重播自定义语音短语以描述每个警报条件存在并等待确认的电话呼叫或编码响应。它会一直拨号，直到其消息得到正确确认。另外，它也可以打电话，听取有关监测条件的状态报告，并通过内置麦克风听取背景声音。对于大多数小型系统，这为监控提供所有必要的信号输入，如养殖池水位（高/低）、曝气系统压力、水流量和水槽水位（如果需要的话）、系统水温度。Sensaphone® Model 800型最多允许8个信号输入或温度传感器。

最新的监测/报警系统之一是Sensaphone公司一款基于网络的WEB600（图13.9）。这个产品旨在连接互联网并提供电子邮件或短信警报，以及在专用网页上查看实时系统状态和带时间戳的历史报告。

图 13.9　WEB600

- 6个传感器信号输入：温度，4~20mA 电流，接触开关；
- 数据记录：32000个样本，1秒到1个月的采样频率；
- 以太网10/1000Base-T通信端口；
- 内置Web服务器，用于系统编程和查看实时状态；
- 通过电子邮件或文本发出警报通知（最多8个人）消息；
- 报警，电源状态LED，以太网络和运行状态LED。

13.3.1　简单监测系统

设计一个简单的只有曝气和适度超速度的监测系统，用于低密度（小于40kg/m³或0.33lbs/gal）循环水产养殖系统，如亲本鱼池、隔离/检疫池或育苗系统。基本系统参数（水位、气压、水流量）由数字传感器监测，即打开或关闭。模拟传感器，例如监控温度和溶解氧水平的传感器，使用起来比较困难和昂贵，并且仅在高密度养殖或纯氧气曝气的情况下才是必需的。在此生产级别要监测的基本参数包括电力、养殖池水位（高和低）、曝气系统压力和水流量。监测子系统的实际数量取决于系统设计的具体情况和操作条件。在大多数情

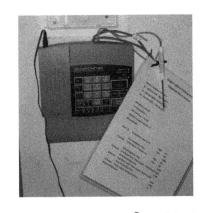

图 13.10 Sensaphone® Model 400 型用于连续监测龙虾运行设施和电话拨号器（请注意附带的警报代码和故障排除程序）

况下，只需要几个监测点。监测的参数和使用的传感器样品包括：

● 系统电源：使用 Sensaphone 直接监测（如图 13.10）或由于其他子系统（泵流量、通气等）的损失而间接监测。

● 鱼池水位（高/低）：水生生态系统，液位开关 ST3M 或 Grainger 液位开关 2A554，串联连接。

● 曝气系统压力：水生生态系统，压力开关 B601。

● 流量传感开关：水生生态系统，流量开关 ST9。

● 自动语音拨号器：Sensaphone® Model 400 型。

每个传感器直接连接到 Sensaphone 输入接口，两个浮动开关串联连接，以监测高低水位。Sensaphone 的第 4 个输入接口可用于监控水的温度或附加的警报。有了这个系统设计，一个或多个养殖池可以很容易地监控基本系统参数：水位、流量、曝气和电源。

13.4 备用系统不是一道选择题

（转载自 Ebeling 博士 2010 年 3 月撰写的全球水产养殖倡导者文章）

早上 5：14，我的手机响了！这是可怕的电话，对任何水产养殖经理来讲都充满着极大的恐惧："这是 Sensaphone 号码 555-1212，电力是关闭的，停电了！"我在不到 10min 内穿好衣服出了门。我以最快的速度打开温棚大门，希望鱼不会因为缺氧而浮在水面上。没有电，备用鼓风机、循环泵和顶灯都是关闭的！幸运的是，手电筒处于随时待命状态！问题是：停电 20min 后鱼还活着吗？令我高兴的是，答案不仅仅是"是"，而且池的溶解氧水平实际上高于正常水平，鱼虽然由于缺乏循环而受到惊吓但状态很好。你可能会问：这怎么可能？这是因为对于一个简单的备用系统，一旦电力中断，它就会在每个养殖池中打开氧气扩散器并保持开启状态，直到电力再次恢复。经验教训：只需不到 200 美元的设备，备用氧气系统不仅可以在需要时工作，而且可以节省一天的时间！

在我们参观众多研究和商业水产养殖设施期间，我们总是惊讶地发现没有备用系统或系统还没有安装或运行。然而，研究表明，濒危物种或商业风险的生存依赖于目标物种的成功生长和高生存率。我们反复询问为什么没有安装监测和备份系统，答案总是"我们没买到它"或"我们钱已经用完了"或"专家离开了，没有人知道如何打开它"。结果，每年都会发生几次因为停电这样简单的

图 13.11 氧气压力计和流量计

事情而导致设施中所有鱼类损失殆尽的例子。或者尽管当时鱼没有损失殆尽，但因为受到很大的压力，几周后就会因压力诱发而使鱼患病。

　　备份系统不需要复杂或功能强大或昂贵。事实上，它们越简单越有可能派上用场（被使用！）。就像 NASA 一样，对于高密度循环水产养殖系统而言，失败不是一种选择。停电作为最常见的紧急情况之一，当电力中断时，我们一直以来至少有两种情况需要立即响应。第一个是使用便宜，简单的自动语音拨号器立即通知至少两个人，可以从几个制造商购买现成的自动语音拨号器。这至少会拨打三四个语音号码并宣布紧急情况，以便有人能够尽快做出回应。此外，它们通常有几个开/关输入接口，可以激活当地警报，呼叫管理员并报告警急状态。

图 13.12　现场开关电箱

　　第二个是尽量减少紧急情况对水产养殖系统的影响。当电力中断时，备用发电机电源自动启动；当然，有电源转换开关是停电的最佳解决方案，但通常代价高昂，需要日常维护和保养。为了快速响应小规模养殖场的停电（除了监测系统外，大规模养殖场还有24小时值班人员），一种方案是将几个高压氧气瓶连接到廉价的常开（关）电磁阀，只需插入墙上插座即可。当有电时，电磁阀通电并关闭；当电源中断时，电磁阀打开继而氧气流出来。然后气管将氧气注入每个养殖池和氧气扩散器中。该系统易于构建和安装。此外，这种装置可以在分拣或搬运鱼时增加溶解氧以减少应激。但就像墨菲定律：如果它可能出错，它将出错！飓风古斯塔夫袭击了新奥尔良时我确实在系统中发现了一个漏洞，那就是电力没有中断，但曝气系统气管被破裂。即使我接到报告低气压的电话，我在几百英里外也还是无法回应。对此问题的解决方案是添加一个气压开关和一个继电器开关到氧气备用系统里，如果曝气压力偏低，氧气电磁阀就会打开，氧气流到鱼池。

　　多年来我们经历的另一个重大紧急情况是失水。这可能很难想象，但它就是发生了，第一次是管道破裂；第二次是橡胶连接器掉落；第三次是软管落入池中并放水，但是排水管忘了关。我曾经在周末把一根软管放在一个池里，周一早上发现所有的鱼都躺在池底。使用浮动开关，水位是最简单的监控参数之一。我们监测低水位和高水位，通常是将两个浮动开关串联连接，这样一个被激活，本地声音警报就会响起。自然这就使我们的池内能够保持的水位范围很窄。此外，第二个低位浮动开关被安装在深度 30～40cm 的位置，并与自动语音拨号器相连。因此，如果水位变化很小，就会立即报告工作人员以便快速反应，而如果水位有任何显著下降，则会电话告知工作人员。作为附加功能，如果使用浸没式加热器的鱼池出现水位急剧下降的情况，那么浮动式开关可以作为鱼池的安全开关。

　　所以，早上 5：20 溶解氧含量正常，但电力仍然没有恢复，街道电线杆上的变压器仍然是电光闪烁。我们的几个便携式备用发电机随时待命，很容易让温室旁边的鼓风机运转起来。当然，正如墨菲定律提醒你的，意外总会出现。即使我们试图定期测试这些发电机，我也无法启动主发电机。但是应始终坚持双备份策略，我们的第二个备用发电机启动没有任何问题。在研究温室中拉了几根延长线，曝气和水循环在很短的时间内恢复了。唯一被忽略的是紧急照明，其可为干活提供方便。这也是为了能应对将来的意外事件的发生。

这个故事的寓意是要预想最坏的情况，并提前做计划，但最重要的是不要认为备份系统太昂贵或太麻烦而不去安装。在开始养鱼之前，您应该尽可能备有备用氧气和便携式发电机，以备紧急情况使用。你可能觉得没有必要计划飓风风险，但即使是烧毁的变压器也可能导致你意外失业。

13.5 计算机系统

一旦要监测模拟信号，如溶解氧、pH、温度或其他某些形式的模拟信号并用于控制目的，那必须使用计算机系统。但是，这种附加功能，可以降低探头和传感器校准以及整个系统维护的要求。直到最近，水产养殖中使用计算机控制和监测系统受到限制，只有少数定制设计系统用于研究或大型商业运营。绝大多数小规模生产者既没有专业知识，也没有定制设计安装系统的资源。然而，在过去几年中，高性能监测系统和直观且成本相对较低的过程控制软件发生了翻天覆地的变化。

监测和数据采集（supervisory control and data acquisition, SCADA）是工业自动化中使用的术语，指通常由远程单元自动收集数据并在中央定位的个人计算机上显示。人机界面（human machine interface, HMI）是操作员通过其与远程设备交互的界面，即pH、DO、温度测量。HMI允许操作员调整设定点，配置远程单元、响应和确认报警。此外，可记录系统性能数据以供将来分析，并解决重复出现的问题和一次性问题。

数据采集系统具有各种输入/输出（I/O）端口，提供传感器和计算机之间的连接。表13.6显示了最常用的4种：数字信号输入（digital input, DI），数字信号输出（digital output, DO），模拟信号输入（analog input, AI）和模拟信号输出（analog output, AO）。确定传感器所需的I/O类型是匹配传感器和所需I/O的第一步。

水产养殖中的计算机控制和监测系统可分为两种设计策略：

1）独立可编程的逻辑控制器（programmable logic controller, PLC）或闭环控制器系统；

2）集中式微机系统。

表13.6　传感器连接到计算机的I/O端口

I/O类型	适用的传感器或控制设备
数字信号输入	液位开关,阀门状态,计数器
数字信号输出	激活控制进料、氧气、水泵的继电器
模拟信号输入	溶解氧、温度、pH、流量传感器（电压电流）
模拟信号输出	药剂加注的比例控制、泵速

图 13.13　基于带有数字信号输入监控的 Point Four PT4 仪表的独立系统 （www.pointfour.com）

第一个设计策略也可以应用到分布式过程控制系统，其中每个独立的监测/控制单元将数据中继传输到中央监测电脑，如图 13.13 和图 13.14。应用独立闭环控制器的例子是溶解氧分析仪（YSI, Royce 和 Point Four Systems, Inc）和温度控制器。每一个闭环控制器中通常都配备有控制继电器和高/低报警继电器。通常，这些单元数据显示能力有限，也不存储数据，但能够将数据传输到中央监测电脑。因为有独立的系统，每个传感器也都有自己的硬件和显示单元，所以各个传感器易于维修和校准。此外，监测和控制行动在最低系统级别执行，这提供了高度的整体系统稳定性和稳健性。如果一个监测电脑发生了故障，独立系统将继续监测和控制关键流程。如果独立系统发生故障，则监测电脑可以通过与先前的测量值或来自其他传感器的测量值进行比较来检测异常情况并警告操作员。

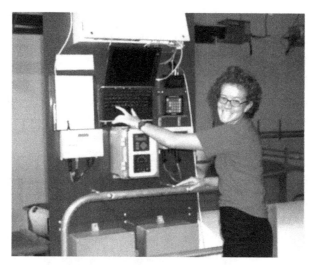

图 13.14　淡水研究所的监测控制系统
（作者的女儿，玛格丽特蒂蒙斯在检查系统）

第二种设计策略是利用商用数据采集卡，这些数据采集卡要么位于计算机现有扩展槽中，要么通过串联接口连接，或者使用专用的数据采集系统（如 Campbell 监测系统）与之通信。根据价格、性能和功能的不同，有多种数据采集卡可供选择，包括用于监测传感器电压或电流的模拟（A/D）卡，用于监测传感器、数字模拟（D/A）卡的电流，输出模拟控制电压，用于监测和输出数字控制信号。它们"只是插件"，易于使用并附带一套标准驱动程序和应用软件程序。将许多类型的传感器直接连接到这些电路板，并且大多数仪表通常能输出某种规格的记录电压/电流（0~5V 或 4~20mA）。与分布式系统相比，电脑作为主控制器具有监测、记录数据和控制报警功能。这些系统本质上并没有分布式系统可靠，但因为它们的组件少且价格便宜，所以系统的总体成本较低。

13.6 设计案例：监测

欧米伽鱼生产系统中监测部分是从设计基本监测系统开始的，因为养殖密度低（低于40kg/m³或0.33lbs/gal），只需要在亲本鱼池、仔鱼池、检疫池中曝气。基本系统参数（水位、气压、流量）是由数字传感器监测，即打开或关闭。基本参数包括电力、单个鱼池水位（高和低）、曝气系统压力和水流量（是连续监测的）。子系统的实际监测数量取决于系统设计的具体情况和运行条件。Sensaphone® Model 400 或同等产品用于在紧急情况下给员工自动语音拨号，当然，在鱼入池之前要安装备用氧气系统以防止风机或电力发生故障！

13.7 系统设计与维护

下面列出了一些关于整体系统设计与运行的建议：

1. 系统设计

- 水产养殖设施现已纳入国家电气规范；也许你并不在意，但您的保险公司在意！
- 将传感器和设备安装在看得见、够得着的地方以便于维护和校准。
- 请记住水和电是致命的组合，所以使用低电压信号（5V 直流电，12V 直流电，24V 直流电或交流电）可保护您和您的鱼。
- 清楚地标记传感器的工作和非工作模式，最好使用LED指示灯在每个站点显示传感器状态。

2. 系统维护

- 准备好工作人员可以拿到的维护手册。
- 保管好每周/每月/每年的维护计划和文件，主要是服务记录和设备手册的文件。
- 保管好每日/每周/每月的仪器检查清单。
- 执行常规（和暗访）系统检查，包括触发每个传感器，检查自动备份系统和操作电话拨号器。
- 提供员工培训以处理日常警报。
- 确保员工熟悉完整的操作系统，包括供水、曝气和应急备用系统。

13.8 施工提示

设计和施工过程中最重要的规则可能是"保持简单愚蠢",被称为"KISS"原则。另一条原则就是假设总会有人要维修它,因此完整的设计说明、接线图和标签至关重要。如果要改变监测系统的配置,请更新文档和日期。此外,系统组件应该很容易从当地采购或者有可靠来源。"独一无二"就是这样,很快就会不复存在。在设计和施工时,计划好扩建地,并且给其他系统或配件安装留出空间。

监测和控制设备应在一个干净、干燥、安全的环境里安装和操作。在设备正面和周围都留出足够大的空间便于查看和将来扩展。不要将设备置于有冲击和振动、污垢、灰尘或潮湿的地方。对于所有系统外壳和硬件的材料尽可能使用PVC、玻璃纤维或不锈钢以最大限度减少腐蚀。防水PVC接线盒和玻璃纤维电气柜,比如NEMA-4外壳,耐腐蚀,易于钻孔,是保护电气元件的理想外壳,如图13.15。留几个通风孔以尽量减少机柜中的热量积累。安装系统要远离电机启动器、接触器或继电器,或者开关感应负载,即电机。这些设备产生强大的电磁场,可能导致通信和系统错误。如果不可避免,请将系统安装在单独的接地钢制外壳中从而防止电磁干扰所有外部传感器。应使用低电压,即24V交流电或12V直流电、ON/OFF,从而尽量减少操作员和鱼类的危险。开关上的压接式快速断开接头连接器便于构造和后续修改。焊接接头应尽可能用收缩包装管覆盖。购买单个组件时,寻找将来可能有用的附加配件,例如附加的警报继电器,有电压或电流输出和计算机接口功能的附加配件。

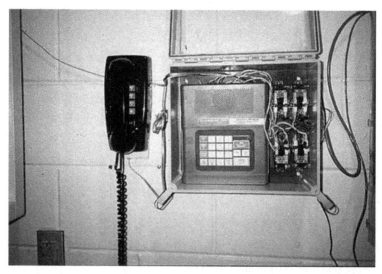

图13.15 受保护的玻璃纤维电气柜、自动语音拨号器和继电器

减少水产养殖恶劣环境对控制系统影响的一个简单方法是将曝气空气接入系统外壳里。将相对干燥的空气加压进入壳体就可以防止高湿度和盐空气进入。或许,许多系统为降压变压器提供热源以防止发生冷凝。

13.8.1　接线考虑因素

（改编自Phonetics, Inc., Sensaphone SCADA 3000手册2.0版）

大多数传感器可以使用低至24号（AWG：美国线缆规格）廉价双芯双绞线连接，传输距离最远210m（700ft），使用22号线缆传输距离可达450m（1500ft），20号线缆距离最远760m（2500ft）。如果传感器离监测单元较远或电缆在充满电磁干扰的环境中运行，那么应使用双绞屏蔽电缆。这样可以为信号屏蔽电磁干扰，从而防止错误读数和对监测系统产生的潜在威胁。使用屏蔽电缆时，只需将屏蔽线在监测系统端可靠接地即可，不用两端都接地。以下指南旨在最大限度地减少I/O线、通信线路和控制信号之间的电噪声耦合：

- 布置电缆时，输入和输出线以及通信电缆都尽可能在单独的管道中。
- 通过信号类型分隔I/O接线，比如干触点，热敏电阻，4~20mA电流等。
- 在监测系统和I/O接线管之间至少留出两英寸的距离。
- 将通信电缆与电机、变压器、整流器、发电机、弧焊机、感应炉或微波辐射源保持至少1.5m（5ft）的距离。
- 将通信电缆与交流电源线保持一定的距离，负载电流小于20A，间隔至少15cm（6in）的距离；大于20A，间隔距离至少30cm（1ft）；大于100kVA，间隔距离60cm（2ft）。
- 如果电缆在金属线槽或导管中运行，通信电缆与交流电源线也要保持一定的距离，负载小于20A的至少间隔8cm（3ft），大于20A的至少间隔15cm（6ft），大于100kVA的至少间隔30cm（1ft）。

备注：最近（2018年3月）在新闻上看到一个标题："我们不知道是谁关掉了远程警报，也不知道它关了多久，但它似乎已经关闭了一段时间。"标题中"我们"是位于俄亥俄州克利夫兰市的大学医院生育中心，该生育中心告知他们的病人（客户）：他们存放在生育中心的卵子和胚胎丢失了。这是一个惊天的警醒，如果维护和操作不当，那监测系统很容易出现灾难性的后果。小心！小心！小心！（重要的事情说三遍）无论是在设计还是在运行过程中，当涉及这部分操作时不要吝啬你的小心。

第14章　设施环境控制

本章简要介绍了传热传质的基础知识，目的是使读者能够计算预计的加热成本，同时由于大多数RAS设施被安置在建筑物内，读者还要学会建立并维持RAS的某些特定热环境所需的适当的通风要求。可能很多人会产生疑问，既然RAS设施被放在建筑物内，那加热成本会很高吧。这种想法过于悲观，如果RAS的水交换率高，那么加热费用自然会高。实际在RAS中，每天的换水量可以设置为系统体积的20%，通常低于10%。这种情况下，水加热成本占总生产成本的比例会很小。当然，水加热损失的热量与水交换率成正比。如果每天有10%的水要加热，费用为每千克0.10美元，然后对于有的系统，水力停留时间（hydraulic retention time, HRT）为30min，每次有1%的水需要更换，意味着系统每天更换48%的水，加热费用为每千克0.48美元。

许多RAS的设计者犯了同一个错误：没有将通风要求与RAS设施关联起来。鸡舍或牛舍为了保持适宜的空气环境，需要控制湿度、温度和CO_2等环境条件；对于RAS，也要使用同样的方法来达到通风需求。只不过RAS里是鱼而不是恒温动物。在RAS中，湿度通常是环境条件控制的首要参数，其次是CO_2。正如第4章所述，我们需要使用质量平衡来控制水质参数，同样必须对RAS中的空气环境进行质量平衡计算，P项为湿度、热量和CO_2。一般来说，其他空气质量参数可以忽略不计。

14.1　热传导

传热有两种形式：热传导；热对流。

热传导传热公式：

$$Q = \frac{A}{R}\Delta T \qquad (14.1)$$

热对流传热公式：

$$Q = \dot{m}c_p\Delta T \qquad (14.2)$$

干空气c_p的值为1.0035kJ/（kg·℃）或0.24BTU/（lbs·℉）。一般我们用体积来衡量空气。每单位质量的空气体积称为比重，干空气比重约为0.84m³/kg（13.5ft³/lbs）。空气热力学所有的重要性质都在图14.1所示的湿度图中。这张图也显示了干空气的湿度随温度和相对湿度的变化规律。[注意：1磅为7000格令（gr）]

对流热损失/增益与公式14.2中的"m"项成正比，表示建筑物交换或通风的气流质量。对于大多数建筑物，由风和自然渗风（无组织渗风）引起的空气交换率至少为每小时1~2个

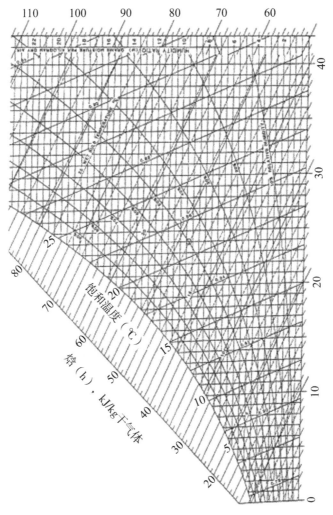

图14.1　湿度图

建筑内部体积的空气量。作为"经验法则"，保持室内相对湿度低于80%将需要至少每小时交换2个建筑内部体积风量的空气。因此，由风引起的自然渗透可能为设施提供最低的通风要求。需要记住的一点是，由通风引起的热损失无法消除，因为这些热损失要么是由意料外的渗透造成的，要么是由主动控制的最低机械通风速率造成的。作为进一步的数据点，控制CO_2浓度所需的通风量也将是可比较的。有时出现问题的地方是在非常密闭的建筑物中，如混凝土砌块结构，没有窗户，只有2个紧密的通道门。这里的渗透量可能低至每小时0.5个建筑内部体积风量或更少。在这种情况下，如果不使用机械通风来维持一定的最低通气阈值，CO_2可能达到危险水平。来自水流的热量损失量的计算方法与公式14.2中的相同，除了水的c_p值是4.18kJ/（kg·℃）或1.0BTU/（lbs·℉）。

在隔热建筑中，通过地板的热损失小于建筑总热损失的10%。这个损失项可以根据建筑物的周长或地板隔热层来估算，公式如下：

$$\frac{Q}{\text{time}} = FP\Delta T \qquad (14.3)$$

各项主要基于经验数据，赋值如下。

1. IP（英制标准单位）

Q 的单位为 BTU，时间单位为小时（h），P 的单位为英尺（ft），ΔT 的单位是华氏度（℉）。

$F＝0.81$（国际标准单位制为 4.53），适用于没有外围绝缘的地板，BTU/（℉·ft·h）。

$F＝0.55$（国际标准单位制为 3.08），适用于 1 英寸厚的刚性隔热地板，BTU/（℉·ft·h）。

2. SI（国际标准单位）

Q 的单位为千焦（kJ），时间单位为秒（s），P 的单位为米（m），ΔT 的单位为摄氏度（℃）。

$F＝1.38$，适用于没有外围绝缘的地板，W/（K·m）。

$F＝0.93$，适用于 2.5cm 厚的刚性隔热地板，W/（K·m）。

在经营管理的初期，第一个冬季通常会比随后的冬季造成更高的热损失。第一年，土壤作为一个大散热器，一旦被填满，基本上消除了随后的热损失或收益。因此，外围绝缘对于防止热包层的热渗漏损失很重要。

14.1.1 年热损失或增益

确定每年的加热成本或冷却成本需要使用整整一年的模拟。采暖度日数（heating degree-days，HDD）用来估计在较冷的季节中供暖所需的能量。例如，给定 HDD 的值，年热损失可以计算如下：

$$\frac{Q}{\text{year}} = \frac{A}{R} HDD \qquad (14.4)$$

要知道 HDD 的值，必须先找到当天的平均温度。日平均气温可按日高、低温的平均值计算，也可按公式 14.5 计算。公式 14.5 需要月平均气温数据（月最高气温 $U_{\max}$，月最低气温 $U_{\min}$，用于计算月平均气温）；附录中提供了一些数据。用来预测任何天气变量的通用方程 U_{day} 对于每年一个特定的儒略日，如下的特定变量公式是基于每月平均值的最大值和最小值计算的：

$$U_{\text{day}} = \left[\left(\frac{U_{\max} - U_{\min}}{2} \right) \cdot (1 - \varnothing) \right] + U_{\min} \qquad (14.5)$$

当：

（日期－λ）>0 时，$\varnothing = -\sin$（λ－日期）；

（日期－λ）<0 时，$\varnothing = +\sin$（λ－日期）。

日期+儒略历年的一天。特定儒略日时间是指日期+公历儒略日。

选择适合的 λ 值以便最大值和最小值出现在一年中适当的一天。北半球太阳辐射值和温度的 λ 取值如下：

· $\lambda_{\text{solar}} = 83$；

· $\lambda_{\text{temperature}} = 100$。

如果日平均温度达到或超过 18℃（65℉），HDD 的值为零（假设 18℃ 是基准温度）。如果日平均温度低于 18℃（65℉），则 HDD 的值为 18℃ 减去平均温度。例如：如果室外平均温度为 13℃（55℉），则 HDD 值为 5℃·d（10℉·d）。年热损失可以根据相关地点的年度 HDD 值来计算。

方程式的形式表达如下：

如果 $T_a < T_{base}$，那么 $HDD = T_{base} - T_a$；

如果 $T_a > T_{base}$，那么 $HDD = 0$。（14.6）

制冷度日数（cooling degree days, CDD）是用来估计夏季空调使用量的。CDD的计算方式与HDD类似，除非你要将基地内部的空气温度计算在内。可把制冷度日数看作加热度日数的反面。

为便于参考，表14.1提供了各种形式能源的热含量。

表14.1　燃料的估计热含量

燃料类型	热含量	单位
天然气	37350（1000）	kJ/m³（BTU/ft³）
液化石油气	25800（92500）	kJ/L（BTU/gal）
燃油	38460（13800）	kJ/L（BTU/gal）
电	3600（3413）	kJ/kWh（BTU/kWh）

14.2　空气质量控制

就像我们使用质量守恒来计算鱼池中的污染负荷和维持水质在目标值低限所需的流速一样，我们也用同样的方法计算热气隙来控制含水量（湿度）、温度和二氧化碳。例如，在封闭空间上的一般显热平衡如图14.2所示。

在稳态条件下，热的增加必须平衡热的损失，用公式形式表达：

$$Q_s + Q_{solar} + Q_{heater} + Q_m = Q_{vi} + Q_{evap} + Q_{wall} + Q_{floor} + Q_{vo} \qquad (14.7)$$

Q_s 是鱼产生的热量，每千克体重产生的热量大约是 2.2kJ/（h·kg）[1BTU/（h·lbs）]。自由水面的蒸发速率约为 6mm/d（0.25in/d）。

蒸发率（E, in/d）可以预测为风速（S, mi/h）、内部相对湿度（RH, %）、水蒸气压 $e_{s,\,water}$ 以及内部空气 $e_{d,\,air}$（英寸汞柱，in）的函数：

$$E = C_{wind}\left(e_{s,\,water} - e_{d,\,air}\right) \qquad (14.8)$$

$$C_{wind} = 0.44 + 0.118S \qquad (14.9)$$

$$e_{d,\,air} = RH \cdot e_{s,\,air} \qquad (14.10)$$

（公式 14.8 ~ 14.10 只适用英制标准单位）

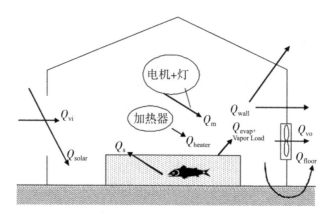

图14.2　在封闭通风的空间内进行一般的热量平衡

在第3章中，我们知道二氧化碳的产量与耗氧量成正比（大约是耗氧量的1.4倍）。建筑物中产生的水分与空气中的湿度水平有很大关系（参见公式14.8～14.10）。在百分之百的湿度下，没有蒸发，建筑物会腐烂或生锈，并迅速恶化，包括所有设施内的设备。蒸发一磅水分的潜热含量约为1050BTU/lbs（2440kJ/kg）。

任何空气参数"X"的质量平衡可用以下公式表示：

$$P = \dot{m}\left(X_{\text{inside}} - X_{\text{onside}}\right) \qquad (14.11)$$

14.2.1　示　例

1. 传导热损失

墙壁面积为100ft²，$R_{\text{value}}=10$℉·ft²BTU，内部温度为80℉，外部温度为50℉。计算每小时热损失：

$$Q\left(\frac{\text{BTU}}{\text{h}}\right) = \frac{A}{R}\Delta T = \frac{100\text{ft}^2}{10\dfrac{\text{h}\cdot\text{℉}\cdot\text{ft}^2}{\text{BTU}}}\cdot(80-50)\text{℉} = 300\frac{\text{BTU}}{\text{h}}$$

国际标准单位制：

$$Q(\text{W}) = \frac{A}{R}\Delta T = \frac{9.29\text{m}^2}{1.61\dfrac{\text{m}^2\cdot\text{℃}}{\text{W}}}\cdot(26.7-10.0)\text{℃} = 96\text{W}$$

2. 水体对流热损

当水源进水（补给水）温度为45℉（7.2℃）（通常为井水或深层地下水温度），而池内水温为75℉（23.9℃）时，计算交换1gal/min（3.785L/min）的热损失。

$$Q(\text{W}) = \dot{m}c_{\text{p}}\Delta T = 1\frac{\text{gal}}{\text{min}}\cdot 8.34\frac{\text{lbs}}{\text{gal}}\cdot 1.0\frac{\text{BTU}}{\text{lbs}\cdot\text{℉}}\cdot(75-45)\text{℉}\cdot 60\frac{\text{min}}{\text{h}} = 15012\frac{\text{BTU}}{\text{h}}$$

国际标准单位制：

$$Q(\text{W}) = \dot{m}c_{\text{p}}\Delta T = 3.785\frac{\text{L}}{\text{min}}\cdot 4.187\frac{\text{kJ}}{\text{kg}\cdot\text{℃}}\cdot(23.9-7.2)\text{℃}\cdot 60\frac{\text{min}}{\text{h}} = 15879\frac{\text{BTU}}{\text{h}}$$

3. 空气对流热损失

当室外空气温度为50℉，室内空气温度为80℉，通风率为每小时3个风量时，计算由100ft・100ft・10ft（天花板长、宽和高）的建筑物通风导致的每天热损失。

$$Q(W) = \dot{m}c_p\Delta T = 3\frac{vol}{h}\cdot100\cdot100\cdot10\frac{ft^3}{vol}\cdot\frac{lbs_{air}}{13.5ft^3}\cdot0.24\frac{BTU}{lbs\cdot℉}\cdot(80-50)℉\cdot24\frac{h}{d} = 3840000\frac{BTU}{d}$$

国际标准单位制：

$$Q(W) = \dot{m}c_p\Delta T = 3\frac{vol}{h}\cdot2825m^3\cdot1.19\frac{kg_{air}}{m^3}\cdot1.007\frac{kJ}{kg\cdot℃}\cdot(\Delta T = 16.67)℃\cdot24\frac{h}{d} = 4063151\frac{k}{}$$

4. 空气加热成本

计算与上述空气热损失示例相关的加热成本，如果建筑物使用热含量为92000BTU/gal的液化石油气进行加热，燃烧效率为85%，液化石油气（liquefied petroleum gas, LPG）成本为$0.80/gal。

$$\$/d = 3840000\frac{BTU}{d}\cdot\frac{gal_{LPG}}{92000BTU}\cdot\frac{\$0.8}{gal_{LPG}}\cdot\frac{1}{0.85} = \frac{\$39.28}{d}$$

国际标准单位制：

$$\$/d = 4051200\frac{kJ}{d}\cdot\frac{L_{LPG}}{25643kJ}\cdot\frac{\$0.21}{L_{LPG}}\cdot\frac{1}{0.85} = \frac{\$39.03}{d}$$

5. 湿度控制所需通风率

如果室外空气温度为41℉，相对湿度为70%，则以在68℉的空气温度下保持80%的室内相对湿度条件计算所需的通风率。假设有1000ft²（93m²）的自由水面暴露（即假设每天从自由水面蒸发0.25in、6mm的水）。

$$P_{water}(lbs/d) = 1000ft^2_{water}\cdot\frac{0.25inch_{water}}{d}\cdot\frac{1ft}{12inch}\cdot62.4\frac{lbs_{water}}{ft^3_{water}} = 1300\frac{lbs_{water}}{d}$$

$$W_{inside}(68℉,70\%RH) = 0.0102\frac{lbs_{water}}{lbs_{air}}, \quad W_{outside}(41℉,70\%RH) = 0.0036\frac{lbs_{water}}{lbs_{air}}$$

$$\dot{m} = \frac{P_{water}}{(W_{inside}-W_{outside})} = \frac{1300\frac{lbs_{water}}{d}}{(0.0102-0.0036)\frac{lbs_{water}}{lbs_{air}}} = 196970\frac{lbs_{air}}{d}$$

$$196970\frac{lbs_{air}}{d}\cdot\frac{13.5ft^3}{lbs_{air}}\cdot\frac{d}{1440\,min} = 1846cfm$$

国际标准单位制：

$$P_{water}(kg/d) = 93m^2_{water}\cdot\frac{6.35mm_{water}}{d}\cdot\frac{m}{1000mm}\cdot1000\frac{kg_{water}}{m^3} = 590\frac{kg_{water}}{d}$$

$$W_{inside}(20℃,70\%RH) = 0.0102\frac{kg_{water}}{kg_{air}}, \quad W_{outside}(5℃,70\%RH) = 0.0036\frac{kg_{water}}{kg_{air}}$$

$$\dot{m} = \frac{P_{water}}{W_{inside}-W_{outside}} = \frac{590\frac{kg_{water}}{d}}{(0.0102-0.0036)\frac{kg_{water}}{kg_{air}}} = 89394\frac{kg_{air}}{d}$$

$$89394\frac{kg_{air}}{d}\cdot\frac{0.84m^3}{kg_{air}}\cdot\frac{d}{1440min} = 52\frac{m^3}{min}$$

14.3 建筑注意事项

14.3.1 材料

在水产养殖环境中，建筑内的空气环境往往是温暖潮湿的。在这种高湿度条件下，室内温度下降（指干球温度或T_{db}），或当温暖潮湿的空气接触到较冷的表面时，空气的干球温度将会下降。如果导致空气温度低于露点温度（T_{dp}），则会发生冷凝。图14.1提供了一个湿度图表，可用于确定T_{db}和相对湿度（RH）条件下特定内部何时发生冷凝。例如，如果内部设计的T_{db}温度为80℉（26.7℃）和75%相对湿度，则T_{dp}温度为71.5℉（21.9℃），RH为100%。空气中的湿度（有时称为湿度比，W）在这两种条件下保持不变（W=0.0168lbs/lbs或0.00762kg/kg）。

使用适当的墙壁和天花板隔热材料可以防止冷凝。为防止冷凝，必须在预期的外部设计温度下工作，并在墙壁上安装足够多的绝缘材料，以防止表面温度降至前一个示例中的71.5℉（21.9℃）以下。有关这方面的更多信息，请参考传热学相关手册。

计算防止冷凝墙的最小R值的公式为：

$$R_w \geq R_{inside} \frac{T_{db,\ inside} - T_{db,\ onside}}{T_{db,\ inside} - T_{dp}} \qquad (14.12)$$

不同情况下R_{inside}的取值：

- 0.12m²·℃/W，垂直墙（高表面辐射）；
- 0.11m²·℃/W，水平表面向上热流；
- 0.16m²·℃/W，水平表面向下热流。

对于低辐射强度的墙，如箔面，其表面R_{inside}将是上述值的两倍左右。

对于与墙面阻力有关的非自由对流系数，如强制对流条件下的外墙或内墙，R_{inside}将为0.030~0.04m²·℃/W。（注：从国际标准转换为英制标准：1m²·℃/W=5.678h·ft²·℉/BTU）

我们强烈建议不要使用任何类型的纤维绝缘材料，如玻璃纤维棉、纸基材料、岩棉等。这些材料在仅吸收初始重量10%的水分后，就失去了90%的绝缘能力。因此，我们建议使用刚性板绝缘，例如聚苯乙烯蓝板。理想情况下，使用的板材表面应覆盖一层金属，当然也可以使用箔面板绝缘材料。附表A.14提供了常用建筑材料及其R值。

经验法则

避免使用纤维绝缘材料。使用刚性板绝缘。

14.3.2 湿度控制

应考虑防止水分进入墙壁和阁楼空间的充分通风。计算水分传递可用以下公式：

$$W = \frac{P_{wv,\,inside} - P_{wv,\,onside}}{R_{H_2O}} \qquad (14.13)$$

公式14.13与稳态导热类似。蒸气压差类似于温差，渗透率类似于导热系数，渗透性类似于热导率。简单的并联和串联电阻电路的概念也适用于水蒸气扩散，就像它们对热扩散和传递的作用一样。

通常，水分的迁移是不可避免的。大部分的迁移不是通过材料本身，而是通过空气从动物和人所在的较温暖的区域泄漏到顶部空间。在施工期间和施工后，应特别注意封闭所有裂缝和缝隙，尤其是在天花板上安装固定装置时产生的裂缝和缝隙。电气设备的嵌入式安装优于凹式安装，因为在嵌入式安装时，天花板材料不会产生裂缝或断裂。

对于顶部空间，应为天花板区域的每300平方单位提供1.0平方单位的通风面积。百叶窗将配备遮雨板和保护罩，因此，对于每300平方单位的天花板面积应提供所需面积的2.25倍或2.25个平方单位。表14.2提供了一些常用建筑材料的渗透性值。

表14.2 各种建筑材料的渗透性值

材料类型		渗透性值（英制单位）*	渗透性值（国际标准单位制）**
空气		120	
石膏板			50
室内胶合板，1/4in			1.9
室外胶合板，1/4in			0.7
松木		0.4～5.4	
混凝土		3.2	
屋面卷材			0.05
铝粉涂料			0.3～0.5
乳胶漆			5.5
矿物棉		116	
绝缘毡和沥青纸			0.04
发泡聚苯乙烯	挤出式	1.2	
	珠式	2.0～5.8	
聚氨酯	4mil聚氨酯		0.08
	8mil聚氨酯		0.04

注：*乘以0.017即得到单位为g-m/（24h·m²·mmHg）的值；**乘以0.66即得到单位为g/（24h·m²·mmHg）的值。

经验法则

- 每300ft²的天花板使用1.0ft²的百叶窗（1m²/300m²）；
- 将百叶窗面积增加2.25倍，避免百叶窗被遮挡和堵塞。

14.4 符号附录

A	面积，m^2（ft^2）
c_p	空气比热，kJ/（kg·℃），BTU/（lbs℉）
date	每年的儒略日，以数表示
F	边界热损，W/（K·m），BTU/（℉·ft·h）
$\dot{m}$	空气流速，kg/h，lbs/h
P	隔热墙的周长，m（ft）
$P_{wv, inside}$	内部空气蒸气压，mmHg（英寸水银水位表，inch Hg）
$P_{wv, outside}$	外部空气蒸气压，mmHg（英寸水银水位表，inch Hg）
Q	热损失/收益，kJ/h（BTU）
Q_s	鱼体表产热量，kJ/h，BTU/h
Q_{solar}	太阳辐射热量，kJ/h，BTU/h
Q_{heater}	空间加热器散发热量，kJ/h，BTU/h
Q_m	由电动机和电灯产生的显热，kJ/h，BTU/h
Q_{vi}	进入室内空气的显热，kJ/h，BTU/h
Q_{evap}	通过蒸发将显热转化为潜热的速率，kJ/h，BTU/h
Q_{wall}	从空间通过墙壁和天花板传导的显热，kJ/h，BTU/h
Q_{floor}	地表热量损失，kJ/s，BTU/h
Q_{vo}	从室内空气传出的显热，kJ/h，BTU/h
R	热阻，m^2·℃/W，h·ft^2·℉/BTU（常见材料的R值列表见附表A.14）
R_{H_2O}	水蒸气流动阻力；渗透或反渗透，hr·ft^2·inchHg/gr $[g-m·（24h·m^2·mmHg）^{-1}]$
RH	相对湿度，%
T	温度，℃（℉）
T_{base}	基准温度，通常为18.3℃（65℉）
T_a	平均温度，℃（℉）
T_{db}	干球温度，℃（℉）
T_{dp}	露点温度，℃（℉）
U_{max}和U_{min}	特定天气变量的月平均值的最大值和最小值
W	水分移动速率，g/h（gr/h）

X_{inside}	内部空气质量参数，千克每单位质量干空气，kg/kg（lbs/lbs）
X_{outside}	外部空气质量参数，千克每单位质量干空气，kg/kg（lbs/lbs）
ΔT	气膜内外温差，℃（℉）
λ_{solar}	太阳辐射的天气模型常数（83）
$\lambda_{\text{temperature}}$	北半球温度的天气模型常数（100）
ϕ	在基于儒略日的天气模型中使用的参数
C_{wind}	特定风速下的蒸发系数
S	风速，mi/h
Rw	墙体的热阻值，$\text{m}^2 \cdot$ ℃/W
R_{inside}	内墙的热阻值，$\text{m}^2 \cdot$ ℃/W

第15章 系统管理和运行[1]

在开始建设养殖场前，需要先选择一个位置。养殖场位置的选择要考虑政治因素，也要满足当地所有与渔业养殖相关的法律法规。所以，第一步是确定养殖场位置是否符合法律法规，如果符合，意味着可以在这个位置建场。下一步确定是否有足够的水源和其他基础配套设施，例如，道路、承载能力足够的桥梁、公共设施以及各自的相关费用。我们提供了一份应在选址之前调查的各种因素的清单（见附录的补充信息B.2）。

几乎所有的循环水产养殖系统讨论的重点都在养殖池、过滤系统、曝气、充氧系统和所养品种上面。然而，系统的配套设施很少被提及，在某些情况下，这些配套设施对养殖是否盈利同样重要，甚至至关重要。配套设施包括一个循环系统的所有其他部分，这是其盈利运作所必需的。这些配套设施的设计、集成和管理的好坏，常常决定了循环系统能否在商业上存活下来。这些配套设施中有许多是所有鱼类生产设施所共有的，而有些要求是循环系统所特有的。一个共同的特点是，在估算系统建设成本时，往往忽略了这些因素。因此，配套设施通常在建设阶段的后期安装，或者在遭受灾难之后才安装。当这种情况发生时，资金是有限的，通常安装成本最低的配套设施，而不管其可靠性或是否适合该系统。这种虚假的成本节约通常会使已经处于失败边缘的系统雪上加霜。这些措施决定的只是系统何时会失败，而不是系统是否会失败。

RAS的配套设施列表反映了系统的复杂程度，前期资本投入与日常运营成本、运营规模、员工数量、地理位置以及许多其他参数相互作用。一个简短的列表包括以下项目：
- 备用系统；
- 实验室设备；
- 隔离区域；
- 废物处理；
- 产品采购与储存：饲料、化学品、产品；
- 鱼的操作，包括活鱼和宰杀后的鱼；
- 工作流程；
- 参观流程。

本章的目标是确定一些必要的配套设施，而不是试图包括全部或按优先次序排列。每个

---

[1] 共同作者:Mr. Don Webster, Regional Specialst, University of Maryland Extension, Wye Research& Education Center, PO Box 169, Queenstown MD 21658; 邮箱: dwebster@umd.edu； Dr. Joe M.Regenstein, Professor Emeritus, Depart. of Food Science, Cornell University; 邮箱: jmr9@cornell.edu 。

循环水系统都有自己的特殊需求，而且一个系统的优先级通常与另一个系统不同。因此，系统设计工程师和经理必须考虑包含与特定生产单元相关的配套设施。

15.1 备用系统

在科学上，一个假设只有经过无数次的检验和观察才能成为定律。墨菲定律就是一个很好的例子，它可简单地理解为：如果有什么事情可能出错，它一定会出错。这就是备用系统，甚至备用系统背后的整个设计原理。记住，鱼类养殖系统的主要目标是为活的动物提供适宜的生存、繁衍和生长的环境。在设计、建造和运营过程中，尝试想象最坏的情况是至关重要的。因为如果它能发生（通常当你认为它不可能发生时），定会发生预测、计划、训练、反应处理。

经验法则
备用系统
预测! 计划! 训练! 反应处理!

需要备用的主要系统之一是电力系统，它在循环水系统中保障水泵运行、供气正常、仪器检测和各种其他功能。电力供应的故障可以在几分钟内造成毁灭性的影响，特别是在负载过重的系统中。备用电力可以由汽油、柴油、天然气或丙烷气体作为燃料的发电机提供。备用发电机是任何商业（以营利为目的）系统的关键需求，一些制造商可以提供大范围的备用发电系统，如图15.1所示。

图15.1 备用发电机：专用柴油发电机和便携式发电机

发电机功率直接关系到一个发电机的成本大小。作为备用电源，所需发电机的大小是由循环水系统维持良好水质，或者保证鱼能够存活的负载决定。这通常包括为循环泵、增氧机或鼓风机等设备供电，以及保障数据采集系统和建筑应急照明。通常，这些负载通过一个单独的紧急断路器面板处理。备用发电机的电压（120～240V交流）、频率、电流、相位（单相或三相）等参数将由这些基本功能设备来确定。

备用发电机的重要设计参数是它是否具有自动启动功能。将自动启动系统监测接到外部电源线路，当外部电源出现故障，发电机自动启动，关键部件的电力总是能保持供应。自动启动系统或自动转换开关的费用是昂贵的，但是当某一天的某些时段没有人值班，或者不能足够迅速地进入设施并进行手动应急措施时，这是必要的。紧急断路器面板和自动转换开关在图15.2的右侧。

自动转换开关的成本约为备用发电机系统总成本的35%，但如果无法实现连续的手动覆盖，一般来说是非常值得投资的。如果使用自动控制机制，请确保在自动控制失败时，有适当的措施来保护鱼。有时，警报传感器会感觉到电源已经恢复，而实际上并没有。三相系统尤其成问题，在控制操作中比单相系统更容易发生故障。请记住，自动控制远没有7×24小时人工覆盖和手动操作开关那么可靠。

即使是人，也没有100%可靠。他们必须接受适当的训练，以便对紧急情况做出反应并不断进行监测。对于上夜班的人来说，要求他们承担在整个轮班过程中保持活跃的职责是一种很好的做法。有意识地安排他们忙碌的活动，例如，进行水质化验和一些人工喂养工作。

无论选择哪种发电系统，都需要一个自动或手动转换开关，从断开电力公司的供电线路并连接发电线路。需要这些开关来阻止电力从发电机反馈到电力公司电网，反馈到电力公司电网对电力线路维修人员来说是安全隐患。此外，如果发生电网反馈到发电机，可以超载发电机或烧毁它。无论是手动的还是自动的，转换开关的费用都很昂贵，其成本可能与基本的发电机一样高。重要的是与当地电力供应商合作，以确定他们的确切要求是什么，在某些情况下，是否可以向他们租用设备。

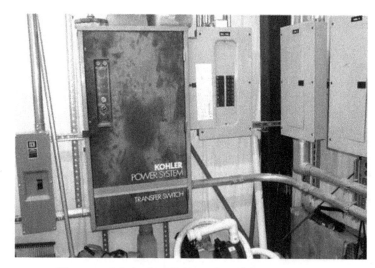

图15.2　发电机自动转换开关和紧急断路器面板

经验法则

当你的厂断电后，没有什么比7×24小时在岗，并且能手动开启备用发电机的人更可靠了。

发电机的维护是绝对必需的。如果停电不频繁，备用发电机可在两次使用之间停机较长

时间。化石类燃料（无论是柴油或汽油）发动机，长期未启动后往往会难以启动。柴油会被真菌和细菌污染。汽油中通常含有乙醇，乙醇会吸水并造成油箱内积水。由于电池没电，燃油储备不足或其他原因使备用发电机起动失败，会导致鱼类灾难性损失甚至是企业倒闭。大多数的商业模式的设计是每隔几天启动一次发电机。小一点的发电机应当周期性启动并满负荷运行一段时间。在柴油或汽油罐中添加燃油稳定剂可以保证油料不会失效。

备用发电机的另一样式如图15.3。注意，图中的发电机组上方有顶棚（未示出），并且发电机组距墙壁有一定的距离。这避免因热量积聚而起火，并能有效降低噪音。

图15.3 备用发电机的另一样式

15.1.1 备用发电机的规格

首先要对用计算负载和描述单元特性的术语有一个基本了解。以下是在选择发电机时应该了解的信息。

- 备用电源是在主电网中断期间，在可变负载能力下可用的电源。
- 启动电源和备用电源。根据ISO3046等级评定，基载功率定义为可连续运行的功率，每12小时的运行中，可过载10%时间为1小时。备用发电机可作为主电源供电（在这一点上，发电机是主要电力来源），如果发电机在变量负载情况下以峰值负荷运行，可一直代替主电网供电。
- 转换开关是将电力从线路电源切换到发电机组的装置。它们可以是自动的，也可以是手动的。
- 1kVA是1000VA，是一种用于描述发电机额定功率大小的单位。这个值是用来衡量发电机的功率大小，而不是发电机组电机的马力。确定发电机kVA的公式为：

$$kVA_{单项} = \frac{电压（V）\times 电流(A) \times 功率因数PF}{1000} \qquad (15.1)$$

$$kVA_{三项} = \frac{电压（V）\times 电流（A）\times 功率因数PF \times 1.73}{1000} \qquad (15.2)$$

注：其中功率因数PF是马达的功率系数；$1.73=\sqrt{3}$。

PF的值范围从0到1.0，通常使用1.0。由电感电抗而导致功率输出减少，当设备为全电阻时，如在电热水器中，PF为1.0。当电路中含有线圈，线圈产生感应电抗时，PF会小于1.0，但通常会大于0.8。如需详细信息，请与电机制造商联系。

1. 测试备用发电机

当关键时刻到来，你的备用发电机必须可以工作。一旦你已经失去了电力，你不会有时间去细化你的规程。严峻的考验是去到你的主电源板并断开进线电源。然后检查以下内容：

● 是否所有的关键设备都在运行（是否有足够大的电力同时启动所有的关键设备）？如果没有，请考虑在特定设备上安装延时启动器，以便在启动发电机时不用超负载（启动放大器的要求可能是运行负载达到2～5倍）。

● 每年至少两次让系统在满负荷状态下运行6小时，以确定发电机组功率够用。这将允许在危机发生之前识别和纠正任何问题。

在这个主题上的最后忠告：请确保在放鱼之前，已经安装备份发电机组并且通过测试。

15.1.2 缺 氧

在循环系统中，死于缺氧的鱼可能比死于其他任何单一原因的鱼都要多（令人惊讶的是，主要原因是鱼池里没有足够多的水），应急氧气系统是养殖系统经济可行性的基本需求。由于供氧能力对高负荷养殖系统至关重要，三层紧急供氧通常是谨慎的做法。RAS中使用的供氧系统有很多种类型，而应急备用系统的类型随着供氧系统的使用而变化。最简单和最具成本效益的应急氧气系统之一，是使用一个液氧罐或者压缩氧气罐，通过一个常开的电动电磁阀连接到鱼池中的微孔扩散器（见图15.4）。当电磁阀通电时，关闭电磁阀，氧气由常规供氧系统提供。当电源因某种原因中断或手动操作时，打开电磁阀，允许氧气从储气罐进入鱼池。这对任何备用系统都很重要，特别是对氧气系统，它们是自动的，在出现问题的第一时间就开始工作。

经验法则

一旦失去电力或水循环，你要在5～15min内恢复设施内所有的养殖池的氧气供应。你可以做到吗？

准备好氧气应急系统。无论你选择何种装置，它们都需要在鱼池内或附近，使它们可以在接到信号后立马开启。一旦你失去动力（流量），只有几分钟的时间来做出处置，以保证鱼池内的鱼不死于缺氧。

因此，在风险发生之前，应隔段时间进行一次演习，以尝试是否可以在5min内把所有的应急氧气系统全打开，如果不能，重新评估和重新计划，直到你可以。

图15.4　螺线管氧气备用系统和用以监控的氧气流量计

15.2　实验室设施

水产养殖设施的实验室所需空间的大小和复杂程度由循环系统的规模和复杂程度而定。然而，每一个循环水产养殖系统都至少会需要进行实验分析的最小空间。最低限度的实验室将包括水质分析设备（图15.5），对鱼类健康管理的显微镜，装有化学品和样品的冰箱，以及进行数据分析和存储的计算机。

水质监测和控制是任何水产养殖设施的例行任务。为此工作所需的实验室空间（图15.6）和

图15.5　水质监测和控制设备

图15.6　大型商业实验室空间和小一些的实验室空间

设备将随所用的方法、设施的规模，以及采样的频率而变。规模较小的养殖场通常能使用从多个制造商获得的商业水质测量设备来勉强应付。他们使用预包装的化学物质、试纸或比色技术。方便的是，每次分析相对便宜，并为低养殖密度的小型生产设施提供足够的准确度。更重要的是，它们需要很少的实验室空间。

图15.7　专用水质监测系统

由于样本数量和产量增加相应的风险，分析的复杂性也需要提高。几个重要的水质参数可以通过电极传感器提供正比于水质参数的电输出信号来监测，如温度、pH、溶解氧、电导率和氧化还原电位。便携式仪表确实需要有人亲自到每个采样点取样并手动测量和记录。相较于专用系统的设备成本而言，人工成本在大型系统可能很高，但对于小型系统很实惠。

在高密度系统中，专用水质监测系统（图15.7）可以用来监测和控制关键水质参数，如温度、pH和溶解氧。商业系统可以监测选定的参数，并且在参数发生偏移设定范围时提供警报。结合必要的电脑硬件和软件，记录实时水质数据。这为系统的评估和分析提供了准确的信息以及历史数据。

随着检测手段的日益完善，需要一个更高质量的实验室。例如，目前市面上有几种用于水质分析的分光光度计。这些专用的设备能够使用预先包装的化学品和简单的实验室程序分析各种关键的水质参数。此时，实验室应配备水槽、冰箱和电脑，并有足够大的空间存放设备和个人工作区域。

15.3　检疫设施

循环水系统中的许多疾病暴发是系统外部购买的鱼身上或鱼体内的病原体导致的。应在将外来鱼类引入循环水系统之前，对它们进行一到几周的隔离，可以尽量减少疾病的传入。在此期间，任何疾病问题都可以在不污染循环水系统的情况下得到治疗。有关检疫的更多细节见第16章。

隔离区需要一定的空间，而且必须使进入的鱼永远不会与生长系统密切接触。生物安全是至关重要的，绝不允许人员和物品从隔离区直接进入生产区域。永久性的物理隔离使这种行为成为不可能。如有可能，隔离区应与主要生产系统分别设在单独的建筑物内。隔离区的大小根据使用功能的需要设立。隔离区域必须足够大，足以容纳在一个隔离期间进入的所有鱼类，无论是一周还是几周。水的供应必须足以应付检疫区内鱼类的数量，并须分开排放废物，以免交叉污染。有关检疫程序和生物安全问题将在第16章中有更详细的信息。

15.4　废物处理

水产养殖废弃物排放法规目前正处于不断更新状态。但是，很显然，水产养殖生产者将需要满足不断变化的排放法规，而且这些规定在未来可能会变得更加严格（第6章）。因此，废物处理设施将是任何水产养殖设施重要的组成部分。由于循环水系统不需使用和其他类型水产养殖系统一样多的水，它们的废物处理问题可能不那么严重，但是必须对排放的废物进行处理以达到环境友好的程度，至少是无害的。参见第6章的更多细节。

用于水产养殖设施的废物处理的需要取决于系统的大小、养殖的物种、使用的饲料和其他变量。主要的问题是从养殖水体中去除废物。有物理、生物和化学的方法来完成去除，以及各类具体的实施系统。最佳的处理技术取决于废物的特性、浓度和废物形态。这些过滤系统见第5章。一旦废物从养殖池中移除，它就必须被处理或用于一些有益的目的。从鱼类养殖系统过滤出的固体含有相当大含量的氮和磷，在化肥中这是很有用的营养元素。因此，处理技术是使用这些固体作为化肥并将其播撒在农地上。对于固体和液体的鱼类废物，制作的堆肥可用于土壤改良、覆盖或肥料。两次处理之间，废物的储存需要储存设施。这些设施必须可容纳废物，并防止气味扩散和其他有害滋扰。

虽然正常运行的系统里死鱼量会很低，但几乎所有的水产养殖设施都发生鱼死亡的情况。然而，由于氧气、疾病或某些其他原因，大量死亡时有发生，需要处理的死鱼变得非常多。这些死鱼必须以无公害的方式进行处理，处理标准为不会散发恶臭或对人和其他鱼类造成感染风险。可选择的处理手段将取决于死鱼的量、附近的闲置土地、地下水深度和其他因素。在大量死亡的情况下，缺乏死鱼处理措施，甚至可能导致法律纠纷。如果活鱼在现场加工，加工废料也必须被处理。对于大量的鱼类废弃物的处理，可选择措施有堆肥、厌氧消化、掩埋或移动到垃圾填埋场，关键是要提前做好计划。

15.5　储存：饲料和化学品

任何水产养殖场必须储备的几种物资：1）用于疾病治疗和水质测量的化学品；2）成品；3）饲料。这些用在循环水系统的化学品有多个潜在用途，虽然只有有限数量的用于治疗病鱼。但是，这些化学品必须存储得当，有些需要冷藏，有些只需要干燥的储存条件。所有化学品需妥善保管，防止意外使用和被盗。

在循环水系统中，用于水处理的化学品可能比疾病治疗的化学品更常见。通常情况下，絮凝剂、消毒剂和清洗剂被用在循环系统里或周围，而且必须单独存放。通常，这种储存区（图15.8）必须通风、干燥、相对安全。在测量水质时，校准、滴定及其他操作需要用到化学品。绝大多数的化学品可以被存放在干燥、安全的区域。通常来说，具有腐蚀性或不稳定的化学品，必须被放在安全的储藏柜里或安全的冰柜里。始终知道你在处理什么，并采取必要的预防措施，以保持一个安全的操作环境。

图15.8　储存区

描述该化学品及其影响的职业安全与卫生条例（Occupational Safety and Health Act, OSHA）材料安全数据表（material safety data sheets, MSDS）必须对所有工人开放。必须满足环保局标识和处理要求以及食品药品监督管理局的休药期规定。

15.6　鱼类产品操作

无论哪种生产设施，都会生产一些最终产品，通常是可以出售的活鱼，或整条的鱼，或加工过的鱼（在大多数情况下，至少是被掏空内脏的鱼）。必须为产品提供临时存储。如果出售活鱼，可能需要一个贮水池或一个净化池。通常鱼在出售前会从生产池中被分级（见下文）。在这种情况下，出售的鱼往往被收集起来，并保存在一个单独的鱼池中，便于运输。

15.6.1　分　级

分级通常被认为是消除不同大小鱼类之间的不良竞争从而提高生长速度的一种方法。分级还可以确定鱼类体重及投喂率、选择适当的饲料来实现更准确的投喂，并使生产更容易规划和实施。整个群体中鱼的大小的差别越小，需要进行的分级就越少。尽管有些市场可能需要不同的尺寸以满足其市场需求，但一般来说，尺寸偏差越小，鱼对生长设施适应性和市场适销性就越好。

一些挪威三文鱼养殖者使用分级法来淘汰最小、生长最慢的鱼，可能会淘汰多达50%的三文鱼。不淘汰生长缓慢的个体会增加30%～50%的生产成本，因此，这些小鱼应该尽早被淘汰。根据工厂生产的经验，经理需要做出淘汰决定。如果不清楚不同大小范围的鱼转化饲料的效果如何，可以从一个鱼缸中取出一小部分最小的鱼，然后监测饲料转化率或其他参数，以确定最初的筛选是否提高了生产效率。

市面上有很多分鱼机。无论使用哪种系统，分级都需要设施或设备。分级设备的类型取决于系统设计、品种、管理方法等因素。分级程序将在本章后面有详细讨论。

15.6.2　分级方法

箱形分级机常用于对小鱼进行分级（图15.9）。它由一个浮动的盒子组成，其中包含一组可调或可替换的分级棒。在大多数情况下，适当的条宽将通过反复实验来确定。分级几次后，分级机的大小可能与从重量和长度样本中估计出的条件因素有关，可以更准确地规划分级。生产记录应包含鱼的大小和分级机条宽，以便建立鱼的大小和重量或条件因素与分级机宽度之间的基准。

将被分级的鱼放在分级机的顶部，而它漂浮在养殖池中。小鱼可以通过，被困在里面的大鱼被倒进一个单独的养殖池里。在水中轻轻升降分级机，可方便进行分级。把鱼分成两组最简单的

图15.9　对小鱼进行分级

方法是用3个鱼池，但也可以用2个。当使用3个养殖池时，原鱼池会随着另外2个鱼池装满小鱼或大鱼而逐渐被清空。

当使用2个鱼池时，鱼被挤到鱼池的一边，用隔板隔开，比如铰链式的挡板。然后将一部分被网住的鱼放入漂浮在隔墙另一边的分级机中，小鱼从分级机游到第一个鱼池的空半边。再将分级机从水中提起，将分级机中剩余的大鱼放入第二个鱼池中。将空的分级机放回到第一个鱼池，重复这个过程，直到所有的鱼都从第一个鱼池拥挤的一侧移走。理想情况下，所有生长评估的分级和抽样工作应在1~2天内完成，以便在分级期间鱼类的生长不会对数据质量产生负面影响。

经验法则

重要：分级是会产生应激反应的。记住在分级前24小时停食。

15.7 运输活鱼

鱼类运输要保障鱼类的生命。为了生意成功，必须保证鱼在运输过程中存活。使用循环水技术通常意味着需要学习如何将健康的鱼放入系统并将它们活着送到市场。花费时间努力开发并运营一个有效的系统却不学习怎么样将鱼类在不受伤害的情况下运输是不合乎常理的。许多情况下活鱼运输时条件很差，这导致了应激、疾病和不断的死亡。

活鱼运输的首要考虑因素是运输什么品种的鱼，这将决定你如何运输它们。许多鱼类需要不同的水温和密度才能成功运输。

活鱼运输通常有以下两种方式：

- 将仔鱼从供应商运输到养殖系统；
- 将商品鱼运输到活鱼市场。

在第一种方式下，仔鱼必须从供应商运输到养殖系统中。它们必须在较好的情况下到达，从而降低应激反应，减少伤害和死亡率。和声誉好的供应商打交道是很重要的，他们有高质量仔鱼的生产记录。无论价格多低，应激或者有疾病的仔鱼都是没有商量的余地。它们会导致带病的个体进入养殖系统，给经营者造成许多问题，并且极难恢复。

健康证明需要根据地区法律和管理规定提供。因此在运输前，第一，需要运输者或是仔鱼供应商拿到健康许可并将副本交给有关部门。决不允许无健康证明或许可的鱼进入系统。仔鱼到达时需要检疫隔离（见第16章）。第二，如果成长周期的最后，上市的是活鱼，产品必须在到达市场时未受伤且没有应激反应，应激会导致疾病和过早死亡。错误的运输操作可能导致快速死亡，这将会破坏经营者的名声。

降低操作和运输时的应激反应很重要。鱼类遭受被其视为威胁的操作，肾上腺素会被释放并进入血流。然后类固醇被释放并影响葡萄糖水平、心率和红细胞数量。肠道消化可能也会停止。接下来有许多生理上的变化会影响鱼类超过一天并且能造成鱼类在交货时生病。

糟糕的实际操作总是会通过短时间内的感染被注意到。研究显示，最初的拥挤和围网导致了鱼类的大部分应激反应。鱼会对以下情况产生应激：

- 在暂养池内被捕捉并搬运至卡车；

- 从养殖池到运输卡车再回到养殖池；
- 运输池的水质不佳；
- 鱼池内密度太高。

在养殖系统外进行运输有数种减少应激反应的办法。降低水温，加入氧气达到超饱和状态，加入盐（0.5%），运输前24~48小时停止投喂，在运输过程中换水，以及使用麻醉剂诸如TMS（MS-222），都是可以在运输中降低应激的方法。如果使用MS-222，鱼应当在运输前停食最少24小时，因为鱼有可能排泄并降低水质。如果你运输的鱼将作为食物提供给人，必须保证休药期大于21天。运输的水温不应超过10℃（50℉）。其他限制条件根据地区法律确定。有研究显示，MS-222可能会使鱼一开始暴露在麻醉剂下从而产生应激反应。由于格栅赶鱼、围网和运输会激发应激反应，将鱼放入带有麻醉剂的水中只能使已经有应激反应的鱼变得安静。

用人道主义对待动物越来越受到许多人的关注。对于那些运输活鱼的人来说，这应该是一个考虑因素。虽然已经研究应激对鱼类的影响，但如何使鱼类处于尽可能好的状态是运输者义不容辞的责任。也许可以通过水把它们移到运输车中，而不是使用网把鱼拖到运输车中，或者通过使用其他技术减少鱼类在运输过程中的应激反应，目的应该是为鱼类减少压力，并在到达目的地时保持最佳的健康状态。

即使只有几条鱼被运输，也应该总是将运输池的水加得尽可能高以避免水体晃动。晃动会导致所谓的"自由表面效应"，使得鱼被运输池的池顶或侧面撞击到，还可能会导致运输载具在其内部水体迅速地从一边到另一边移动时失去控制。已经有车辆因为这个原因而倾覆。

一个重要的减少鱼类运输应激反应的技术总结：

- 在不同的旅程中将运输池的水换成新水；
- 总是加入清洁剂来清洁池子；
- 使氧气保持在100%~150%的饱和浓度；
- 在放鱼之前加入盐（5~9ppt）；
- 运输前24~48小时停止喂食；
- 考虑使用推荐剂量的MS-222使仔鱼镇静（对于食用鱼有限制；和你的鱼类健康专家确认）。

15.7.1 设备：运输池

运输池多年来发生了很大变化。数年前，池子是由木头、钢和铁制作而成的，沉重并且经常漏水，很难清洁。现在，最现代化的运输池由玻璃纤维或铝制成，并使用保温板隔热，这些运输池可以将鱼运输很长距离并且降低温度变化。这些材料也使得它们在使用期间容易清洗，确保病原体有所控制，而这一点对于高质量运输是重要的因素。

即便可以在当地制造池子，专业的渔场主会优先考虑有良好名声的鱼池公司。通常，对于运输鱼类经验少的人来说，这些公司已经有了许多经验。运输池的大小从200L（50gal）到数千升均可获得，最常见的是从380L（100gal）到1136L（300gal）。多池组合系统是很常见的，几个单独的池子合起来成为一个运输系统，可以进行部分运输、多种规格或多品种运输、不同运输点运输。

良好的运输池的重要特征有：

- 耐用；
- 易于修补；
- 由无毒材料制成；
- 便于清洁；
- 隔热；
- 水密性良好；
- 基于运输距离的溶解气体控制系统；
- 便于装鱼和卸鱼。

池子的耐久性是一个关键因素，因为其在使用历程中要经历很多。铝和玻璃钢都是很好的材料，但铝能承受更多。材料应可以抵御由紫外线辐射造成的降解，紫外线会使有些物质变脆并在未来一两年有裂纹。好的运输池应使用泡沫作为中间的隔热层，以便进一步维持运输系统温度稳定。即使池子很坚硬，一些损伤也会发生。当它发生时，玻璃钢可以在没有专业设备或技巧时比铝更容易被修理，铝需要特别的焊接技术。使用非毒性材料是很重要的，不仅是因为我们不希望鱼类死亡，也是因为我们在绝大多数情况下是和食物产品打交道，所以这在行业里总是优先考虑的。

清洁运输设备是很重要的，而且应考虑将其作为正常的定期维护的一部分。总是要在运输结束后和运输池下次使用前使用清除疾病和保持运输系统清洁的清洁剂。最好让这个过程在"场地外"发生，那里清洗的水可以持续并且合理合法地得到排放。运输时的生物安全应当是最主要的，是为了防止病原生物体在系统中或鱼类种群中形成（见第11章）。

池子应根据需要选择合适的尺寸，同样也要选择合适的运输车辆，见图15.10。记住，水的密度大约是1000kg/m³（8.34磅/加仑）。对于一个装有1890L（500gal）水的池子，你必须算入水的重量（1890kg或4170磅）加上池子的重量以及相关的装备从而知道车辆的荷载是多大。在绝大多数情况下，在活鱼运输上都不能使用小型载货卡车，因为其载重重量不够。

图15.10　两个规格的活水池，分别是对应皮卡车和商业运输车

运输池的形状是另一个考量因素。绝大多数池子在建造时，为了最大化运输设备的容积，形状设计为正方形或矩形。但是，也有使用其他形状的，并且可以更高效地进行工作。

一些生产商已经使用上了圆形池，也有些运输池是椭圆形的，其具有部分圆形的底部。这有助于水的混合循环，以及缺少尖角从而使鱼远离伤害。圆形这个形状趋于让重量集中在运输载具的中间，即载具重心，在行驶中有助于稳定，而在侧面的区域可以用膨胀的泡沫填充以进一步隔热。这种形状的池子也很容易卸载。这种单元的缺点是体积和面积都将损失一部分，例如圆形池可能会损失超过20%的空间。如果鱼的最大容量是非常重要的，那这可能是一个重要的考虑因素。养殖者应当考虑所有备选方案，并在做出最终决定前调查可用选项。

当建造或购买水池时，不仅需要考虑池子的大小，而且要考虑管道设计和操作便利性，使它变得有效率。好的水池可以迅速地进行装鱼和卸鱼，从而使它们处在低应激水平。运输单元上端的大舱口应被铰链固定并提供足够大的空间从而使鱼迅速进入运输池内。这些舱口应配备密封条以保持车辆行进中的密封。要经常更换密封圈以提供水密性，确保运动中没有水的损失。绝大多数的运输池由数个舱室组成。这些可能是横向的或纵向的排列。分隔这些舱室可以防止大量的水在车辆行驶期间从一侧到另一侧移动，以及移动造成的"自由表面效应"。如果不加以处理，这种运动会导致车辆不稳。这就是为什么要建造小隔间来减少这种运动。此外，水位越高，罐中的自由表面作用越小。

池子应该有卸载或倾倒门，可以迅速清空。鱼经常逆流而上，所以在开始卸货时可能很少有鱼排出，而许多鱼可能仍然留在池子末端附近的小水坑里。有些养殖池的底部是倾斜的，这样在卸鱼时，鱼就可以用漏斗向下和向外排出。然而，这种设计也占用了养殖池的一些容积，当需要大容量时，这种设计可能效率不高。如果在系统上使用外部带塞子的圆形总排水口，那么池子内也应该有一个闸门，以便在整个系统不同时倾倒时，能够保持受控的排放。此外，排水管应该与养殖池底部齐平，这样所有的水和鱼可以排出。如果排水管上有一个边缘凸起，将很难完全清空，鱼很可能会留在养殖池里，这也使得消毒养殖池变得困难。即使增加了一个小的额外用于工作结束时排水的地漏，也要确保有办法完全排出一个养殖池隔间的水。记住，卫生是最重要的。

15.7.2 运输过程中溶解气体的控制

在运输过程中必须输送溶解氧（图15.11）和除去CO_2，以获得最佳的生存条件。氧气可以通过池底的气石曝气或气管曝气。搅拌器可以帮助氧气进入水中，并帮助排除CO_2。这些都需要进行规划，以确保它们被正确布置于池中从而发挥最大的功效。绝大多数运输系统使用12V马达驱动搅拌器。这些单元应考虑充电系统的规格，因为多个搅拌器可能需要在运输车上购买更大的交流发电机。另外，为了使搅拌器/曝气运作，车辆必须不停运动从而使汽车的电池电力不下降。在某些情况下，建议安装双电池。在运输池子的顶部经常设置通风口，以便在运输过程中将顶部空间收集的气体排尽，释放CO_2。

在绝大多数情况下，运输车（图15.12）将会配备压缩氧气罐来提供运输中需要的氧气。氧气有工业、医疗、航空等

图15.11　溶解气体运输一

图15.12 溶解气体运输二

级。其中，后两者更加昂贵，没必要用于鱼的运输增氧。工业级氧的效果很好，也便宜得多。每个氧气罐的重量可达68kg（150磅），必须在运输车上固定，以防止它们在旅行途中移动或翻倒。

在氧气输送系统中安装流量计，以便对流量进行调节和密切监测。随时预防氧气输送系统各个设备可能在行驶期间失效，总是在车上准备备用或替换零件。时刻做好最坏的打算。压力调节器失灵是常见的故障，往往在半路就会放空所有氧气。

另一种比压缩气瓶容量大得多的设备是液氧（liquid oxygen, LOX）杜瓦罐（图15.13）。这些是用来装液氧的绝缘容器，但与压缩的气态氧气相比，成本要低一些。液氧杜瓦罐也更重，每个约重355kg（780磅），160L的液氧相当于127m³（4500立方英尺）的氧气。虽然压缩氧气可以无限期地储存，但因为需要排气，杜瓦罐每天会损失约2%的氧气。

液氧在发生交通事故时也可能造成危险。它被保存在一个非常低的温度，因为它的沸点为-150℃（-238℉）。直接接触这种液体会对人体造成严重灼伤。

此外，在发生火灾时，它还能提供燃烧需要的氧气。一般来说，如果你开的是一辆小型卡车，而且不经常送货或路程较近，你应该选择压缩氧气瓶，因为它们能提供足够多的服务，而且能够长时间储存而不损失气体。而对于长途运输或经常在路上的卡车，杜瓦罐将更经济实惠和更有利。永远记住，地区的法规可能有车辆使用压缩气瓶和杜瓦罐的相关规定，你应该在第一次运输前，向当地主管部门了解它们的使用规定。

15.7.3 车 辆

为了能成功地运输鱼，运输池子的尺寸必须和车辆匹配。记住，你将要承载大量的水，这是非常重的。正确调整运输设备大小需要你计算出需要运输的鱼的数量。你必须将运输池的规格调整到合适的尺寸。然后，考虑选择同时运输的水的重量、鱼、运输池及相关设备、装置、尺寸和类型合适的运输车辆。向信誉良好的卡车经销商的销售人员咨询可以帮助计算卡车的长途预期负载所需的大小，如车辆总重（gross vehicle weight, GVW）等级，发动机和变速箱的大小，冷却和充电系统，操作者的舒适度选项（诸如空调和座椅）。如果该车辆超过了特定极限，可能需要不同级别的驾驶证。这需要在购买前了解。

鱼的运输车辆的考虑范围可以从皮卡到18轮牵引拖车，这取决于负载和运输的距离。最常用的组合是一个平板卡

图15.13 液氧杜瓦罐

车，带有能向侧边倾倒的运输池。半吨载重的皮卡能够运输约0.4m³（100gal）的池子，而对于0.75吨至1吨的池子，则可用拖挂车运输，最大容量可达2.8m³（750gal）水，分两个以上的单元装载。

在皮卡车后面用拖挂车来运鱼是常见操作。用鹅颈式拖车或支座轮半拖车运鱼也是很棒的选择。这样不仅在运输量大的时候可以适当加装，而且在恢复一般性用途时可以方便拆卸，提高了灵活度。

这些拖车也让池子更接近地面，而这对于鱼的装卸帮助很大。将池子和它们的负载放低也有助于降低重心，从而在运输过程中增加稳定性。氧气罐和其他相关装备的装卸也更加容易，分节卡车具有越过对于直板卡车来说行进困难的地方的能力。

15.7.4　其他设备

必须在运输车上安装监测设备，以确保运输过程中全程监测水质。测量溶解氧、pH以及盐度的电子仪器经久耐用且价格合适，任何从事运输的人都应该配备这些（图15.14）。溶解氧测定仪售价在$500～$1000范围内，其通常是非常准确和坚固耐用的，足以满足户外使用。许多可以放在上衣口袋的数字pH计现在的价格约为$100，能够精确测量。盐度可以用比重计（低于$50）、折射率计（$50～$150）、测试试剂盒（$50～$60）或者其他仪器测量，这些仪器均可在运输过程中提供准确的测量。对于长途运输，应考虑溶解氧测定仪、pH和盐度测量仪失效情况下的备用仪器或试剂盒。溶解氧测定仪和盐度测量仪也将附带温度测量，这也是运输中鱼类健康生存的必备条件。

运输车上的设备配件应能防锈，最常见的是不锈钢、铝或塑料。耐用性是企业使用任何产品都会考虑的关键点，在运输车上使用的所有配件，都应追求较长的使用寿命。

压缩气瓶的调节是通过使用一个减压调节器，将压力降到一个适合范围，然后输送到运输池，通常是0.7～1.0个大气压（10～15磅每平方英寸）。一般用10mm（3/8英寸）直径的塑料气管连接减压调节器与每个池子的流量计。这些流量计调节着气石或扩散曝气装置的流量。单个氧气瓶存储大约7930L（280立方英尺）或10.4kg（23磅）的气体。可以根据运输时间和流量大小计算氧气是否耗尽。搅拌器（图15.15）被用于除去过量的CO_2并在低密度负载时提供氧气。

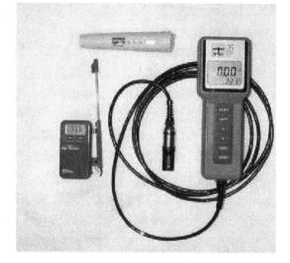

图15.14　活鱼运输的监测设备（从顶部开始顺时针方向分别为：防水pH计，测氧仪与电缆和探头，数字温度计）

图15.15 活鱼运输池的搅拌器（Don Webster为马里兰大学教师，正拿着搅拌器）

15.7.5 许可证

运输作业中绝不能遗漏许可证。在各地区之间运输鱼之前，运输者应确保运输的鱼获得了正确的许可证。此外，运输者必须持有对应的文件以符合鱼类跨地区运输的要求。这可能包括打电话给自然资源管理机构，类似这些机构可办理相关文件。此外，一些地区要求在运鱼卡车上做标记。请记住，在某些地区非法跨界运输鱼类[1]，不仅会使你受到严厉的惩罚，而且还会根据法律受到起诉，这是严肃的事情。不要低估法律的力度，一些养鱼户因违反这些规定而被关进监狱，小心些。如果你有任何疑问，请与你当地的机构联系，并以书面形式获得所有答案。

15.7.6 水 质

为了将健康的鱼种送到养殖场，或让优质的活鱼产品到达目的地，必须在整个捕捞过程中对鱼进行适当的处理。灾难性的损失常因为关键生存条件破坏而发生，如氧气的缺乏。大多数运输损失是不易见的。它们是在装载、运输过程中对鱼施加压力而引起鱼的疾病导致的。这些压力因素的影响可能在交货后几天内不会显现出来，但几乎肯定会导致客户的不满。许多问题都与水质差、温度不适应该品种、运输中过度拥挤相关。在运输时必须考虑几个水质参数。由于这些因素中的大多数与本书其他部分介绍的RAS中的因素相似，我们在这里只讨论与鱼类捕捞相关的因素。

---

[1]译者注：国内要注意不要运输法律禁止的野生水生动物或非法走私水产品。

溶解氧是维持鱼的生命的关键。应在运输池里面维持6mg/L的溶解氧水平。如果用井水，必须在放鱼之前确保溶解氧处于饱和状态。因为不同温度和盐度下溶解氧的饱和度不一样，文后附录中的表格有溶解氧饱和度水平。溶解氧是通过气石或其他曝气装置引入到水中，装置可制造带有氧气的小气泡从而使其分散进入水中。通常，气泡越小，在水中加氧越有效。溶解氧探头可用来测量运输过程中池子里溶解氧的水平，并且可以连接到驾驶室内，在行驶过程中读取读数，或者可以在指定的停车点读数。请记住，如果鱼的供氧系统出现问题，那么鱼可以在短短的15min内死亡。即使鱼没有立即死亡，缺氧（低溶解氧水平）也可能促使鱼有应激反应，从而导致其在一两天内患病并死亡。

CO_2是呼吸的副产物，必须移除以确保鱼的健康。CO_2的积累，会降低鱼的血液携带氧的效率。搅拌器通常用于去除运输池内的CO_2，舱底水泵将运输池的水向池顶泼洒这种方法也有被使用。请记住，这只在气体交换或从池内换气扩散CO_2时有效，不然CO_2将再次溶入水体，使用搅拌器去除CO_2需要对每单位的水输入5~10倍体积的纯净空气。

氨是氮循环的一部分，并通过鱼的排泄进入水中。在较高pH（pH > 7.5）和较低的溶解氧水平的情况下，它容易表现毒性，它会降低鱼摄取氧气到血液中的能力，导致鱼缺氧甚至窒息。氨可以用试剂盒轻松测量，将测试样本与比色卡进行比较然后读数。0.06mg/L浓度的分子氨就会损坏鳃，然后损害正常鱼的健康。请记住：运输前24~48h停食，有助于减少氨的产生。在大多数情况下，运输过程中适合的pH范围为6.5~8.0，但pH保持中性更好。必须知道原养殖水、运输的水和目的地鱼池的水的pH，尽可能相同以确保整个过程中鱼生活在相同的pH范围内，应提前沟通获知目的地存放鱼的水的pH。碱度通过缓冲作用帮助维持中性pH，将碱度水平维持在20mg/L以上被认为是有益的。分子氨的浓度取决于pH（见第2章），随着pH增加，分子氨的浓度增加。因此，如果总氨的水平很高，你可能需要尝试把水的pH保持在7.0以下，从而减少对鱼有害的分子氨浓度（请注意，pH为7.0的情况下分子氨浓度是pH为7.3时的50%）。

碱度为50~100mg/L的水平被认为对鱼有益，而低于20mg/L的水平被认为水质偏软，不利于鱼类。碱度和硬度可分别通过添加碳酸氢钠（$NaHCO_3$）和氯化钙（$CaCl_2$）增加。增加10mg/L的碱度，需要在每立方米运输水中加入16.6g的碳酸氢钠（$NaHCO_3$）；增加10mg/L的硬度，需要每立方米水中加入15.1g氯化钙（$CaCl_2$）。

经验法则

- 提高10mg/L的碱度，需要每立方米运输水中加入16.6g的碳酸氢钠（$NaHCO_3$）；
- 提高10mg/L的硬度，需要每立方米水中加入15.1g氯化钙（$CaCl_2$）。

盐度在运输操作中需要从这几个方面考虑。首先，运输的水的盐度应与半咸养殖水体盐度匹配。对于大部分品种而言，在运输水体中加入盐是广泛使用的方法，有助于鱼的渗透压平衡。运输不同品种时，通常将盐度调节到5‰~10‰。盐度可以使用比重计或折射计测量，这些仪器都比较便宜。在大多数与鱼有关的商店里都能买到比重计。对专业的鱼类运输者而言，强烈建议使用更复杂的仪器和平台。

15.7.7 温度和控温

温度在运输中是一个重要因素，因为鱼有最低和最高的生存温度。另外，温度越高的水里氧气饱和溶解度越低。更高的水温会让鱼的代谢效率更加高，这将导致鱼的需氧量更高，同时氧气饱和溶解氧水平又比较低，所以可利用的氧气更少。运输者应注意，温度的突然变化可能对鱼类有害。虽然可以通过降低运输温度以获得更高的密度和更长的运输时间，但必须逐步进行降温，避免温度突变造成的应激。同样，当鱼到达目的地，运输的温度和养殖水体的温度需要一定的时间来达到平衡。

温度适应是通过鱼缓慢适应运输或养殖水体的过程。必须强调，这需要缓慢进行，必须有足够多的时间让水质进行合适的匹配，从而让鱼保持健康和活力。必须知道鱼的致命温度，使温度不会超过生存范围。例如，鳟鱼（各类鲑鱼）应在约 11～14℃（52～57℉）的水中运输，而罗非鱼将在这样冷的水中死亡。罗非鱼需要保持在 21～26℃（70～78℉）范围内。

超过 5.5℃ 的温度差（10℉）可能会损害鱼，越小的鱼越易于受到影响。为了降低水温，通常使用冰，因为它便捷易得，并且可以被存储在隔热的隔间或者在路上购买。应当使用脱氯水制作冰，因为有些鱼对氯敏感。在运输水体中加冰将会降低水温和鱼的新陈代谢，同时提高水的溶解氧饱和度。1kg 的冰可以将 17L 的水降低约 5.5℃（10℉）（见表 15.1、表 15.2）。温度变化应逐渐进行从而使鱼不会出现温度不适。在 20min 内温度变化不应超过 5.5℃（10℉）。

表15.1 降低水温与所需的冰的质量关系表 （单位：kg）

体积(L)	水温预期改变量			
	2.5℃	5℃	7.5℃	10℃
200	6.0	12	18	24
300	9.0	18	27	36
400	12	24	36	48
600	18	36	54	72
800	24	48	72	96
1000	30	60	90	120
1500	45	90	135	180
2000	60	120	180	240
2500	75	150	225	300
3000	90	180	270	360
4000	120	240	360	480

注：在20min内温度变化不应超过5.5℃。

利用隔热的水池短距离运输鱼时，运输用水可以和目的地的养殖水体在运输开始后调温。这样当车辆抵达目的地时，可以尽快将鱼卸车，避免运输车等待太久而浪费时间，也避免鱼在运输池内暂养太久。对于长途运输，例如8～12小时或更长，在到达前几个小时内温度可能会升高。正确的计划可以确保在快速运输的同时，让鱼处在最佳的状态。估算一年中指定时间段的温度变化情况，经验是最好的老师。这也是雇主对有经验的鱼类运输司机付出的报酬高的原因。

表15.2 降低水温与所需的冰的质量关系表   （单位：磅）

体积（gal）	水温预期改变量			
	5℉	10℉	15℉	20℉
50	12	25	38	50
100	25	50	75	100
200	50	100	150	200
300	75	150	225	300
400	100	200	300	400
500	125	250	375	500
600	150	300	450	600
700	175	350	525	700
800	200	400	600	800
900	225	450	675	900
1000	250	500	750	1000

注：在20min内温度变化不应超过10℉。

运输鱼类时要考虑pH，因为鱼对极端变化很敏感。当到达目的地时，应对养殖水的pH进行读数。如果相差超过1个单位，则应将养殖水缓慢泵入运输池以使鱼适应。每10～20min更换10%的水，直到pH稳定，这将防止鱼在转移时受到刺激。

15.7.8 装 载

只有健康的鱼可以被运输。根据养殖池的水温，运输前24～48h应停食。相比冷水，更高的温度会让鱼的代谢效率增加，鱼会更快地消化食物，停食清空鱼的肠道需要额外的时间。停食将允许许多废物或反刍物得以净化，否则会被排泄入运输水体或在操作和运输过程中被吐出。鱼在运中趋向于兴奋，特别是当鱼被网起或聚集起来时，如果没有迅速进行合适的操作，会造成鱼疼痛或受伤。当使用抄网移动鱼时，应小心地使用无结的软网，特别是针对有鳞的品种。这些鳞片防御病原体，如果摩擦掉，就会导致真菌和其他病原生物体迅速增生，使这类鱼在活鱼市场上成为不招人待见的次品。

装载应考虑在光照低的条件下，而且不要在最热的时候进行。在有风的情况下，鱼会变干，如果温度低，冷风会对鱼产生长久的影响，并在很短的时间内造成大量死亡。这对于温水品种特别明显，例如在冬天运输罗非鱼。运输活鱼的密度取决于数个因素：

- 移动的物种；
- 鱼的大小；
- 运输时长；
- 水温。

经验法则
新手运输者应把密度降低到最大值的33%～50%，然后随着经验和信心增加，逐渐提高密度。

这些因素假设鱼处于很好的情况下，运输车辆设计合理，能够提供必要的生命维持条件，例如氧气输入、CO_2的去除、氨的缓慢增长，pH、碱度和硬度都处在合适范围。

运输者应注意，从已知的稳妥的运输密度开始，随着经验增加，调整运输密度。一些种类可以比其他种类承受更大的密度。小鱼比大鱼能运输的量更小；温度越高，运输密度越低；另外，运输时间越长，密度应当越低。

许多种类如鳟鱼和鲶鱼的运输密度都已计算出来，但有些种类仍有差距；具体品种见表15.3～表15.8，其他品种运输密度参照表15.9～表15.10。应根据水的温度和运输车辆是否采用了有效的氧气输送系统进行调整。谨慎的运输者应从一个保守的运输密度开始，并增加经验。

表15.3　鲶鱼在18.3℃水中的运输密度

鱼的尺寸(每1000尾鱼质量单位:kg)	运输时间(h)		
	8	12	16
0.045	0.024	0.024	0.024
0.45	0.150	0.120	0.084
0.91	0.210	0.198	0.150
1.8	0.264	0.210	0.180
3.6	0.353	0.264	0.216
9.1	0.413	0.300	0.246
113	0.599	0.491	0.353
227	0.707	0.575	0.413
454	0.755	0.665	0.575

注：在18.3℃以下每降低5.6℃，密度可以提高25%；在18.3℃以上每升高5.6℃，密度应降低25%。

表15.4　鲶鱼在65℉水中的运载密度

鱼的尺寸 （每1000尾鱼质量单位：kg）	运输时间（h）		
	8	12	16
0.1	0.20	0.20	0.20
1	1.25	1.00	0.70
2	1.75	1.65	1.25
4	2.20	1.75	1.50
8	2.95	2.20	1.80
20	3.45	2.50	2.05
250	5.00	4.10	2.95
500	5.90	4.80	3.45
1000	6.30	5.55	4.80

注：在65℉以下每降低10℉，密度可以提高25％；在65℉以上每升高10℉，密度应降低25％。

表15.5　温水鱼（大口鲈、蓝鳃太阳鱼和罗非鱼）
在18℃水中运输时间小于30h的装载密度　　　　　（长度单位：cm）

长度（cm）	每千克鱼的数量	每升水中的大约数量	运输密度（kg/L）
12.7	22	4	0.18
10.2	55	7	0.13
7.6	220	18	0.08
5.1	880	53	0.06
2.5	2200	89	0.04

表15.6　温水鱼（大口鲈、蓝鳃太阳鱼和罗非鱼）
在18℃（65℉）水中运输时间小于30h的装载密度　　　　（长度单位：in）

长度（英寸）	每磅鱼的数量	每加仑水中的大约数量	运输密度（磅每加仑）
5	10	15	1.50
4	25	25	1.00
3	100	67	0.66
2	400	200	0.50
1	1000	333	0.33

表15.7 冷水鱼（梭鲈和白斑狗鱼）在12～18℃水中的装载密度　　　　（尺寸单位：cm）

每千克鱼的数量	尺寸(cm)	每升水中鱼的重量(kg)	运输时间(h)
132	7.6	0.34	8.0
1100	5.1	0.17	8.0
2200	2.5	0.14	8.0

表15.8 冷水鱼（梭鲈和白斑狗鱼）在55～65°F水中的装载密度　　　　（尺寸单位：in）

每磅鱼的数量	尺寸(in)	每升水中鱼的重量(磅)	运输时间(h)
60	3.0	1.30	8.0
500	2.0	0.66	8.0
1000	1.0	0.55	8.0

表15.9 对多种鱼在18℃下运输密度（kg/L）的通用指导原则　　　　（鱼长单位：cm）

种类	鱼长(cm)	运输时间(h)			
		1	6	12	24
食用鱼鱼苗	5.1	0.24	0.18	0.12	0.12
	20.3	0.36	0.36	0.24	0.18
食用鱼成鱼	35.6	0.48	0.48	0.36	0.24
饲料鱼	5.1	0.24	0.18	0.12	0.12
	7.6	0.36	0.24	0.12	0.12

表15.10 对多种鱼在65°F下运输密度（磅每加仑）的通用指导原则　　　　（鱼长单位：in）

种类	鱼长（英寸）	运输时间(h)			
		1	6	12	24
食用鱼鱼苗	2	2.0	1.5	1.0	1.0
	8	3.0	3.0	2.0	1.5
食用鱼成鱼	14	4.0	4.0	3.0	2.0
饲料鱼	2	2.0	1.5	1.0	1.0
	3	3.0	2.0	1.0	1.0

我们可以使用排水法计算一个池子的装载密度。计算时，我们需要知道：

- 被使用的池子的实际体积；
- 将会被运输的鱼的质量；
- 将会被鱼替换的水的体积（见表15.11和表15.12）。

表15.11　将鱼加到运输载具时替换的水的体积 　　　　　（单位：L）

鱼的重量(kg)	替换掉的水(L)	鱼的重量(kg)	替换掉的水(L)	鱼的重量(kg)	替换掉的水(L)
45	45	680	681	1315	1317
90	91	726	727	1361	1363
136	136	771	772	1406	1408
181	182	816	818	1451	1454
227	227	862	863	1497	1499
272	273	907	908	1542	1544
318	318	953	954	1588	1589
363	363	998	999	1366	1635
408	409	1043	1045	1678	1681
454	454	1089	1090	1724	1726
499	500	1134	1136	1769	1772
544	545	1179	1181	1814	1817
590	591	1225	1226		
635	636	1270	1272		

表15.12　将鱼加到运输载具时替换的水的体积 　　　　　（单位：加仑）

鱼的重量(磅)	替换掉的水(加仑)	鱼的重量(磅)	替换掉的水(加仑)	鱼的重量(磅)	替换掉的水(加仑)
100	12	1500	180	2800	336
200	24	1600	192	2900	348
300	36	1700	204	3000	360
400	48	1800	216	3100	372
500	60	1900	228	3200	384
600	72	2000	240	3300	396
700	84	2100	252	3400	408
800	96	2200	264	3500	420
900	108	2300	276	3600	432
1000	120	2400	288	3700	444
1100	132	2500	300	3800	456
1200	144	2600	312	3900	468
1300	156	2700	324	4000	480
1400	168	2800	348	4100	492

根据这些，装载密度可以被计算出：

$$装载密度（kg/L）= \frac{鱼的质量（kg）}{池子容积（L）-由鱼替换的水（L）}$$

$$装载密度（磅/加仑）= \frac{鱼的质量（磅）}{池子容积（加仑）-由鱼替换的水（加仑）}$$

例子1：将408kg鱼放入2271L的池子中，根据表15.11，替换掉的水是409L。根据公式计算：

$$装载密度（kg/L）= \frac{408kg鱼重}{2271（L）-409（L）}=0.22kg/L$$

例子2：将900磅鱼放入600加仑的池子中，根据表15.11，替换掉的水是108加仑。根据公式计算：

$$装载密度 = \frac{900磅鱼重}{（600-108）磅}=1.83磅/加仑$$

15.7.9 添加剂

当生产食用鱼时，水产养殖者永远需要记住，产品是人类的食物。因此，要确保它是安全的且有益健康的。在生产中使用的化学品和添加剂受美国食品药品监督管理局（US Food and Drug Administration, FDA）的管理。任何在食用鱼身上使用的物质，均受到FDA管制。一些物质如盐和冰已是"公认为安全"（generally regarded as safe, GRAS）的，除非新的禁止法规出现，否则都被允许使用。将冰、盐和氧用于运输鱼到市场上供人类消费是允许的，但麻醉剂不是。已经被使用过麻醉剂的鱼需要等待21天才能售卖给人类，在正常的业务下，这使得向市场运输变得不切实际。见表15.1的加冰计算和表15.13、表15.14的用盐计算。

使用麻醉剂运输仔鱼已经取得了巨大的成功。依照使用说明，麻醉剂如TMS（MS-222）能够减少鱼的代谢效率，由此降低它们的耗氧量，允许更远距离的运输。但使用麻醉剂会让鱼到达目的地后需要更长的恢复时间。

一些商用添加剂可以用在运输和被批准允许用在食用鱼上。这些添加剂有的给水提供缓冲，从而使pH和碱度在运输中最优。还有作为运输池的防起泡剂，使移动过程中不会积累蛋白质泡沫。泡沫会阻碍池子的通气能力，缺乏通气会使二氧化碳富集。运输者总是应知道运鱼的目的，同时如果鱼作为食物，任何没有特别被批准使用的产品都不应使用。

表15.13 使运输池到达特定的盐度需要的盐量

体积（L）	盐度千分率（ppt）							
	1	5	10	15	20	25	30	35
50	0.05	0.25	0.5	0.75	1.0	1.2	1.5	1.8
100	0.1	0.5	1.0	1.5	2.0	2.5	3.0	3.5
200	0.2	1.0	2.0	3.0	4.0	5.0	6.0	7.0
300	0.3	1.5	3.0	4.5	6.0	7.5	9.0	10.5
400	0.4	2.0	4.0	6.0	8.0	10.0	12.0	14.0
500	0.5	2.5	5.0	7.5	10.0	12.5	15.0	17.5

体积(L)	盐度千分率(ppt)							
	1	5	10	15	20	25	30	35
600	0.6	3.0	6.0	9.0	12.0	15.0	18.0	21.0
700	0.7	3.5	7.0	10.5	14.0	17.5	21.0	24.5
800	0.8	4.0	8.0	12.0	16.0	20.0	24.0	28.0
900	0.9	4.5	9.0	13.5	18.0	22.5	27.0	31.5
1000	1.0	5.0	10.0	15.0	20.0	25.0	30.0	35.0

表15.14 使运输池到达特定的盐度需要的盐量

体积(L)	盐度千分率(ppt)							
	1	5	10	15	20	25	30	35
50	0.4	2	4	6	8	10	12	14
100	0.8	4	8	13	17	21	25	29
200	1.6	8	17	25	33	42	50	58
300	2.6	13	25	38	50	63	75	88
400	3.4	17	33	50	67	83	100	117
500	4.2	21	42	63	83	104	125	146
600	5.0	25	50	75	100	125	150	175
700	5.8	29	58	88	117	146	175	204
800	6.6	33	67	100	133	167	200	233
900	7.6	38	75	113	150	188	225	263
1000	8.4	42	83	125	167	208	250	292

注：1gal = 3.785L，264gal = 1m³。

15.7.10 消 毒

疾病会严重影响养鱼场。尽可能保持所有设备干净、卫生，这能够避免损失重要鱼类。作为综合生物安全计划的一部分，在运输结束时，应该清洁和消毒设备。高压清洗机提供一种高效的清洁方法，确保不发生微小细菌的污染。任何时候都应使用消毒剂，并仔细冲洗设备从而使未来可能伤害到鱼的化学品没有残留。

虽然普通的家用漂白剂可用作消毒剂，但是其只有大约5%的氯。漂白精更加强大，提供一种极好的杀死潜在病原生物体的方法。漂白精的有效成分是次氯酸钙，有65%的有效氯。在0.15mL/L用量时，为了达到消毒目的，针对所有的池子、泵、管线和设备，应保持30min的有效杀毒时间。5%的福尔马林溶液也已经作为养鱼场的消毒剂。不要忘记运输中的所有网具、靴子、手套、篮子和其他设备同样需要消毒。在你的生意中不要给病原生物体任何立足的机会（见16章）。

15.8 净化和异味

在循环水系统中，养出的鱼经常带有异味。消除异味的办法是将鱼在新鲜干净的水中暂养3~5天。可以使用淡水，例如井水。第一天应该保持100%~200%的换水率，随后几天每天保持至少25%的换水率。如果将水中的污染物带走，鱼身上的污染物将不会继续向外扩散。考虑在循环的水中使用臭氧。将鱼移入净化池之前至少停食24小时。一旦鱼进入了净化池，就降低了鱼的氧气需要。异味的产生是很快的，但是消除是比较慢的。

循环水中的鱼很容易感染异味（土腥味）。有异味的鱼将使消费者失去消费欲。异味主要是由土臭素和甲基异莰醇引起的。这些是放线菌、蓝藻或藻类产生的代谢化合物。这些化合物的检测水平为每千克肉1μg化合物。Brune D E和Tomasso J R（1991）对比进行了彻底的调查。

异味通常通过取鱼片来测试，在微波炉内不使用调料烹制，并让味觉敏感的人完成口味测试。如果有异味的"感觉"，就延迟出售并继续净化，同时考虑增加换水率。

15.9 收获后的处理

销售死鱼、整鱼或熟鱼的生产设施必须能提供制冷设备以保证产品的短期存储。绝大多数情况下，用制冰机提供所有的冷藏或补充机械制冷。如果尽可能接近冰冻状态，鱼的质量会保持得更好。例如，鱼在-2℃（正好在冰点之下）条件下，其保质期会比在+2℃条件下保存延长数天。

图15.16 装在标准冷藏箱里的鱼

在大多数情况下，装在冰里的鱼比装在标准冷藏箱（图15.16）里的鱼保存得更好，因为冰提供高湿度，冰融化的水有清洗作用，并能保持低温。应避免使用大冰块，因为冰块的重量会压碎鱼，冰块破裂产生的锋利边缘会撕裂鱼，大块冰块会与鱼接触不良，减缓鱼的冷却速度。如果要堆放成箱的鱼，那么鱼和冰的包装不能超过堆放线。应该允许排放鱼身上融化的冰水，最好不要让融化的冰水直接滴到层鱼上。鱼应该被包装好，脏的融化的冰水就不会聚集在鱼的腹腔里。鱼片或其他肉的表面不应与冰直接接触。

温度对鱼和其他商品的保质期的影响在澳大利亚已有了详细的研究。这些研究结果，真实强调了尽可能保持鱼的冷冻的重要性。他们已经建立了一个方程，将变质速率与鱼体温度（全身或者肉）联系起来：

$$SR = b(T - T_0)^2 \qquad (15.3)$$

其中：

T=鱼体温度；

T_0=鱼体腐败变质的参考温度；

b=比例常数，取决于特定鱼的保质期。

令人惊讶的是，$T_0=-10℃$，因为在这个温度以下，微生物的生长才明显减缓。尽管"b"值可以计算出来，但是需要理解的重要的术语是$(T-T_0)^2$以及它对保质期的影响。保质期是每一种物质的变质速率的倒数，变质速率越快，保质期越短，或者变质速率越慢，保质期越长。还应指出的是，这个简单的公式仅仅是适用于"冷藏"的范围。温度更高时公式会变得更复杂。

经过介绍，让我们一起看看关于$(T-T_0)^2$值的表格（假设被关注的鱼通常有14天的保质期）（见表15.15）。

表15.15　相对变质速率受存储温度的影响

温度(℃)	相对变质速率$(T-T_0)^2$	相对保质期(d)
−2	64	21.8
0	100	14.0
2	144	9.7
4	196	7.1
6	256	5.5
8	324	4.3

正如你所看到的，微小的温度变化的影响是显著的。此外，应该注意的是，正常的冷藏可以正确设定为高达45℉（7℃）。显然，在这个温度下，鱼的变质速率要快得多！良好的冷藏通常被认为是低于40℉（4℃），但即使是这样，对鱼来说也不够。因此，理想的鱼类储藏温度在33℉或更低。超冷鱼的保质期更长。在美国，鱼的温度保持在32℉（0℃）到28℉（−2℃）之间，经常使用盐水冰，其比淡水冰更冷。冰的另一个好处是比大多数现有的机械制冷系统更能使鱼保持低温。

图15.17　饲料储存

15.10　饲料储存

每天都要用饲料，因此必须在现场存放饲料。养殖经营的类型和规模、养殖种类、供应商的饲料递送频率以及其他一些因素将决定饲料存储要求的方式和规模。一般饲料是袋装的或散装的。对于饲料用量小的地方，袋装饲料最方便。规模更大点的会发现散装饲料更为方便且成本更低（见图15.17中的室外储料仓；一般不考虑遮光或者放到室内）。然而，散装饲料需要搬运设备，而袋装饲料不需要。饲料存储设备有两种类型：1）干燥且防腐蚀的设施；2）冷冻设备（图15.18）。大多数的鱼类商业饲

图15.18　装在标准冷藏箱里的饲料

料可以存储在干燥防腐的设备中，至少可坚持度过一段时间（如几周），这取决于温度和湿度。存储饲料太久会有维生素丢失甚至腐败的危险。一些饲料需要一直冷冻来防止变质。饲料存储设备的设计需要适应饲料的类型及常用的形状。更多关于饲料降解变质的细节请见第18章。

在温度及相对湿度较低的理想状态下，干燥的球型饲料可以存储90～100天。饲料存放在通风较好的房间或者冷库里，可以避免虫鼠的危害。将饲料放置在货板上以脱离潮湿的地面，为了工人的安全，同时防止底部的饲料被压碎，饲料的堆高不要超过10层。高湿和高温会加速导致饲料的质量变差。水分会促进霉菌的生长，并且吸引昆虫。高温会分解油类，使维生素变质。饲料一旦腐臭或者发霉，就不要使用。小球形饲料在干燥后，其湿度水平在6%～8%。运到养殖场后，应尽一切可能不让饲料吸取水分。

成品饲料样品在生产后可在冷藏库或常温下保存长达6个月。建议使用常温而不是冷冻储存，这样如果对饲料有疑问，可以将其与冷藏干燥的同批次饲料进行化学比较。每批送到农民手中的饲料都应该有完整的记录。这些数据应该包括交货日期、批号和交货数量等细节。许多向生产商投诉的饲料质量不佳，往往是由在农场中储存不当造成的。

15.10.1　饲料运输方法以及运输成本

图15.19　饲料仓库

当获得饲料的报价时，也需要知道运输价格，有可能运费和饲料本身一样贵。为了使运输成本降到最低，请一次性购买尽可能多的饲料。另外，购买较多饲料可能会打折。养殖场一年使用超过100吨的话，通常购买散装饲料，可以一次运输10吨或者更多（一辆满载卡车能搬运大约20吨）。将饲料从卡车搬运到仓库，再从仓库到养鱼池，每一个过程都会产生粉末，粉末会严重影响水质（所以看到工人为"节约"饲料而将袋底粉末都倒入池中或料盆时，一定要制止）。图15.19为饲料仓库。

在小型系统中，人工投喂是很容易操作的，因为需要拿的饲料很少。然而在大型系统中，不得不投喂好几吨的饲料。自动化投喂是必要的、划算的。对所需的饲料分配设备，取决于特定操作的管理系统。无论使用什么系统，都需要一些饲料箱和一些设备来分发饲料，需要空间和资金来购买、建造和安装设备。

15.11　**收　鱼**

极少遇见养殖场里的操作和装卸装置设计得很合理的，不管是装鱼、饲料还是其他方面。收获工作通常包括人工将鱼从养殖池中捞出。如果每年生产的鱼有几千英镑的价格，人工会运作得很好。然而，如果每年的产量按吨计，收获鱼将成为最费时费力的事情，并会带来很高的人工成本。在设计阶段充分计划，能节省许多日后收鱼的烦恼。在需要使用自动收鱼的地方必须提供相应的设备（图15.20）。不幸的是，几乎没有人调查过，当降低养殖密度时，把鱼从一个养殖池移动到另一个养殖池中，怎么做是最好的。可以使用鱼泵，该方法往往比标准捞取方法产生较小的应激。怎样设计鱼的收获系统，将决定这种操作所需的劳动力，并决定鱼会经受多少应激。

图15.20　使用收集系统收获红点鲑（淡水研究所）

15.12　劳动力

水产养殖中要求最多的方面之一是对劳动力的需要，工人参与工作需要具备必要的知识，并通过培训。当循环水系统中有鱼时，工人必须7×24小时出现在生产设施中或随叫随到。如果是小型系统，由一个人操作，那这个人必须愿意随叫随到，必须全心全意对这个工作。大型企业能够雇佣多人，所以随叫随到的负担也会分担给不同的人。如果所有员工在周末或者假期期间可以轮班待命，那么每个人都能获得休假。特别是在小型企业中，几乎没有人愿意持续不断地随时待命，这是水产养殖生产中被大多数人忽视的方面之一。

> **经验法则**
> 不分昼夜地待命工作，是在水产养殖中被大多数人忽视的方面之一。

水产养殖生产需要在传统的学校或者大学里学习一些复合型知识，也需要在工作中学习专项知识。当前，只有有限的一部分人同时具有需要的知识体系和足够多的经验来成功运作一个循环水产养殖生产系统。任何规模的循环水产养殖经营必须做出共同努力去雇佣持有大部分所需知识的人，并且准备好对这些人所缺乏的部分进行培训。管理者、业主或者投资者必须意识到，训练新人包含一定的风险，可能还会亏损掉一些产量。

水产养殖场的地理位置会强烈影响到能雇用到的人的类型。如此的地理条件，能否使有教育背景和经历的人满意居住？这个所需的人是否是当地的，或者他们必须要住到养殖基地吗？很显然，能否在附近找到合适的养殖工人，不是养殖场选址的唯一决定因素，却是经常被忽视的一个因素。

15.13　通　道

对员工、饲料运输卡车、氧气运输车、鱼的运输车，以及其他功能来说，一个进入养殖地的通道是必要的。这意味着，要有能使人员和交通车辆进出养殖地的路或者通道。通道必须全天候可用，而且通道空间对机动卡车和其他车辆来说必须足够大。这些路面可以是碎石铺垫路面或者硬化路面。这些区域的实际尺寸取决于预期卡车的型号和车辆交通的频率。平板挂车的转向半径大约 65ft（20m），意味着任何车道的转弯最小半径都不能少于 65ft（20m），为所有的大型卡车制定有效地进出养殖地点的规划。装载平台也是需要的，这些可能很昂贵，特别是如果设计规划初期没有将其考虑在内的话。

15.14　运　营

当拥有好的养殖习惯、不断改善的技术以及可实现的长远计划时，养殖生产是非常高效并极有可能成功的。以下讨论的许多技术是从虹鳟鱼的养殖方法中改编的，也能适用于其他品种的鱼类。

15.14.1　抽　样

抽样用于估算增长率，通过测量群体中一部分个体的重量或者长度进行。有必要获得准确的养殖鱼类的生长曲线，这关系到日常投喂饲料量、计算养殖池密度、估算鱼类销售时间。通过有选择地收集池子中的样本鱼，多样本分析比对，能够估算全部养殖生物量的生长速率。

生长速率用途：
- 预测鱼类未来的生产时间表；
- 决定过去养殖绩效管理是否可以接受；
- 辨别某些没有导致鱼死亡的问题，可能影响增长速率。

通过分析不同群体鱼类的生长速度，并结合其他生产数据，如饲养信息和水质条件，管理者可以确定生产效率的变化，以及生产参数将如何影响鱼类，并做出调整以优化生产。

15.14.2　计　划

制定抽样方法，准备抽样设备，而且有必要的人员来帮助，可以大大减少取样的时间。虽然一个人取样是可能的，但最好是两个人操作，一个人负责处理鱼，另一个人负责记录信息和操作天平称重。团队合作提高了准确性和效率，减少了抽样的枯燥感。高效操作和适当的技术，可将取样后由鱼的应激和损伤导致的死亡率降到最低。

取样使鱼产生应激反应。关于采样频率的确定必须权衡对养殖准确数字的需要并对鱼类压力最小化。取样频率可以定为两周一次。但是通常生产者每四周取样一次。

　　鱼大于10g后每次取样前需停食24小时。取样过程中鱼对氧的消耗会增加。氧浓度水平在取样后应保持稳定,取样后几小时内不可喂鱼。频繁取样使饲料投喂和生长预测更加精准,但是也会对鱼类产生压力。因为需要停食,中断投喂超过一天的生产操作,例如分级、取样及运输操作应尽可能减少。以虹鳟鱼为例,在停食后的第二天可喂其更多饲料来作为补偿生长,但是不可能在一周内连续停食2天后,还能通过对其进行喂食达到补偿生长的效果。

　　一个月的采样间隔是在压力最小化和数据精度最大化之间的合理选择。需要注意从养殖池中取样可能会对鱼造成环境变化的刺激。例如,如果养殖池所在地的气温在一天内波动很大,应该在气温与水温相近的时候进行取样。对所取鱼样进行称重的桶的直径至少要和鱼的体长一样大。在鱼表现出应激症状(包括吐水、大口呼吸空气、乱跳等)之前将鱼倒出水桶。水桶中放水量和鱼的量是比较主观的,可通过水体中溶解氧水平及一些常识来确定。

15.14.3 抽样过程

1. 随机抽样

　　随机抽样是用来收集一组有代表性的鱼群以准确地推断出有关种群大小特征的信息的方法。除总重外,几乎所有描述样品的统计量都可以用来精确地描述鱼群特征,例如均值、中数、标准偏差、体重的方差、体长、体高等。不随机取样收集数据,将会产生错误的生产数据,导致预测不可靠,进而致使生产管理中产生错误或造成损失。可以通过考虑密度、鱼网的尺寸及取样位置等关键因素来确定所获得数据的合理性。

　　造成取样有偏差的常见原因是大鱼或小鱼规避鱼网。取样过程中限制鱼的活动空间,从而降低那些较灵活的鱼游走或游出取样网的机会。拥挤会给鱼带来应激,拥挤的环境不应该维持很长一段时间。当拥挤发生时,应检查溶解氧并适时增氧。在拥挤过程中,水体中的溶解氧水平需要测量校正。如果取的鱼样被转移到一个临时存放容器内,那就需要测定其水体中的溶解氧水平。

　　取样过程中所用的最小的抄网也要能盛得下鱼群中最大的鱼。一个小抄网将会使样品估测偏向于小鱼,用小抄网会增加大鱼碰撞鱼网边缘逃跑的概率。即使抄网的直径与大鱼体长相同,也会造成这样的偏差。由于鱼对养殖池的不同区域有偏好,不同大小的鱼在里面会出现分区,并且大的强壮的鱼可能驱赶小的、体弱的鱼。在计划取样位置时应考虑鱼的这种大小分区。如果为取得适当尺寸的鱼样而需要多个抄网捞鱼,可在养殖池内的多个区域抄鱼。用围网缓慢赶鱼,应该可以取到一个代表养殖池各层鱼类的样本。在大的养殖池中取样应考虑用抛撒网。多加练习,在这方面的技巧会变得纯熟。而且这是在鱼惊慌应激之前抓到鱼的一个非常好的方法。第一次撒网将会取得没有偏差的样本。

　　样品的准确性取决于鱼样的数量;相反,所取鱼的大小也决定样品的准确性。对于给定的精度要求,影响样品大小的因素是总体方差。例如,一池体重在100~1000g之间,数量为10000条的鱼群与另一池有体重在100~150g之间的数量相同的鱼群相比,为保持相同的精确度,前者需要更大的样本数量。根据收集体重数据的经验,一次至少要取100条鱼。如果鱼群总数少于200条,就做一个鱼群特征的统计,最小的取样量为30条,即可粗略估测结果，不用另加其他的工作。收集样品后，为避免取样偏差，所有取来的鱼都需进行测量。假设收集了100条鱼的重量和体长数据，但仍有23条鱼留在暂养池中，剩下的鱼也要测量以保证随机性。可能刚好碰到所测量的这100条鱼是较小的、体弱易捕的。

测量体重的目的：1）估测鱼个体的重量和这段时间的生长率；2）确定饲料投喂量。因为测量体重就是为了饲料投喂，称重需要在鱼较小的时候开始，即在仔鱼上浮和喂食、排便阶段就开始对其体重进行测量。

称鱼体重的方法有很多。方法的选择取决于需要的数据信息的类型和可操作时间。对于体重数据，天平的灵敏度范围应大约是鱼体重的1%。例如，如果鱼的体重为100g，那天平秤显示的读数应在99~101g。如果天平秤不够灵敏，那可以同时测量多条鱼的总重以提高准确性。例如，如果鱼的体重是20g，天平秤的读数精确到克，至少一次测量5条鱼的重量。

多条称重和计数获取的信息量最少，但对鱼来说压力最小，花费的时间也最少。当只有一个人可以取样的时候才能用这种方法。通过收集体重数据，可以在不测量单个鱼的重量的情况下测量总生物量。平均重量可以通过计算鱼的样本中包含的鱼的数量来估算。

15.14.4 获得批量鱼重的步骤

1. 设备用品
- 读数：量程足够大，以称量鱼样生物量；
- 用鱼网隔开（检查鱼网有没有破洞）暂养池或抽样池；
- 抄网；
- 水桶：足够大以盛放称量时放的鱼和水。

2. 步骤
- 从养殖池中取足够多的水于水桶中；
- 把水桶放在秤上；
- 将称校零；
- 随机取样100条鱼，并将其放入水桶中；
- 记录鱼的总重；
- 把鱼倒入暂养池中，并计数。将计数的鱼立即放入原养殖池；
- 计算每条鱼的体重= $\dfrac{\text{鱼的总重}}{\text{鱼的数量}}$ ；
- 重复3次获得平均值。

单个称重与批量称重相比可获得更详细的数据。这种方法获得的数据可以用来计算方差或标准偏差，这两个参数用来描述养殖池内鱼群大小的差异。用这种方法获得的数据可用来确定什么时候对鱼进行分级。

15.14.5　举例：鱼样的统计分析

假设有一个5000条鱼的养鱼池。根据你的上一个样本和预计的生长速度，估计一条鱼的体重将在100g左右。你按照上述步骤采集了3个样本，问题为是否有足够多的样本来估计种群的重量（养殖池内鱼的平均重量）。你希望证明不采取另一个样本或应该采取另一个样本（见表15.16中的数据）是合理的。从表15.16中可以看到，第一个样本对于估算养殖池中鱼的平均体重是不切实际的。养殖池中鱼的平均体重的估算在第一条和第二条之间改变了8%。第三个样本使估算改变了不到1%。依通常的规律，持续取样直到鱼平均体重的估测值偏差少于2%。

表15.16　鱼取样的统计学举例　　　　　　　　　　　（单位：g）

样品号	样本1	样本2	样本3
1	110	92	95
2	90	88	88
3	111	90	98
4	88	65	90
5	99	85	95
6	95	75	101
7	100	95	97
8	125	93	93
9	102	88	96
10	97	77	92
11	135	90	98
12	90	85	101
13	88	77	90
14	97	88	104
15	120	93	99
16	95	70	99
17	130	99	93
18	111	95	97
19	92	89	96
20	99	97	101
平均数	103.7	86.6	96.2
标准差	14.2	9.2	4.2
变异系数	13.7%	10.7%	4.4%
积累样本值	103.7	95.1	95.5
值的改变		−8.3%	0.4%

15.14.6　获得单个权重的步骤

1. 设备用品
- 秤：量程足够大以称量许多鱼的总重；
- 暂养池或鱼网；
- 抄网；
- 水桶：足够多到盛放所有的鱼和水。

2. 步骤
- 从养殖池中取足够多的水，并将水倒在水桶里；
- 把水桶放在秤上；
- 将称校零；
- 随机取一个合适的样品放入暂养池中；
- 从暂养池中取一条鱼放入水桶中，在将鱼放入水桶之前允许鱼网上的水滴入水桶；
- 计数并将秤归零；
- 每条需要称重的鱼都这样重复称重5～6次；
- 水桶可能会满，或者称完所有的鱼之前鱼可能会表现应激反应。如果这样，将水桶里的鱼放回养殖池。从暂养池中分别取所有需要称重的鱼，重复以上步骤。

体长信息的用途：
- 估算生长率，单位为in（cm）；
- 与体重数据相结合分析，估算肥满度（condition factor，CF）以跟踪鱼体状况。

体长信息不用于计算进食率。因此，在鱼体长不足2in（5cm）长时不需要测量。肥满度是取样过程中获得的一条最有用的信息。对于很小的鱼，肥满度可以告诉你这群鱼是否喂食过量，尤其是当你还有一些旧数据的时候。在仔鱼早期，肥满度是非常一致的。使用这个 *CF* 值是非常有用的！（参见第3章）

重量和长度都可以在鱼类生长的早期进行测量以估计饲养需求和生长曲线。8～10cm（3～4in）的小鱼和较大的鱼在取样后会更有弹性。然而，对于在卵囊仔鱼阶段到高达2.5cm（1in）的鱼，由于幼鱼非常敏感，测量长度后，这批鱼可能需要安乐死，早期喂养通常基于一个粗略的估计，通过卵囊期仔鱼的平均值乘以数量来得到结果。

3. 仔鱼的体长和体重
鱼一旦生长到5cm（2in），每四周就需测量一次体长和体重。虽然重量测量时不需要用镇静剂，但长度测量时应该用镇静剂。测量体长需要两个人合作——一个人拿着仔鱼，另一个人记录数据并观察仔鱼麻醉和苏醒的过程状态。这里有许多用于测量体长的标准定义。鱼柄是一个较常用的定义，指测量的鱼头部与尾叉之间的长度（不要量到鱼尾鳍，鱼尾鳍的腐烂会使鱼尾变短，并降低测量的准确性）。

体重（*Wt*）和体长（*L*）的方程式如下（更多的细节见第3章）：

$$Wt = \frac{CF(L)^3}{10^6} \qquad (15.4)$$

4. 仪器用品

- 秤：量程足够大以称量许多鱼的总重；
- 暂养池或鱼网；
- 抄网。

设备准备好后，随机收集大约50条的待测样本并将其放置在有水的暂养缸内。取少量的鱼放在另一个较小的缸里，缓慢加入推荐剂量的MS-222溶液（浓度约为1g/100mL）。加入足够多的麻醉剂溶液，使鱼镇静不游动，但是仍能看到鳃在呼吸。

拿起鱼，用纸巾吸干，然后放在干毛巾或纸巾上，放在刻度为零的地方。将鱼的重量和鱼柄长度记录到毫米，再将鱼放入一桶新水中，以便麻醉后恢复。长度和重量应该与鱼的个体相匹配。这些匹配的数据用于计算条件因子。重复这个过程，直到所有的鱼都被测量完。一旦所有的鱼都苏醒，就把它们移到养殖池中。

15.15 其他操作

15.15.1 安乐死

安乐死方法的选择将取决于是将鱼杀死进行诊断测试，还是加工后供人类食用。在这两种情况下，鱼都应该被尽可能人道地无痛杀死。出于诊断目的，过量使用经批准的麻醉药物（如MS-222）是首选和推荐的方法。当麻醉时，必须在水中加入足够多的剂量来减弱鱼的呼吸；通常建议10min的处理时间。

当鱼被用于人类消费时，咨询食品科学专家来确定最合适的处理养殖品种的方法，还要了解市场需求和限制。例如，如果你打算在某些认证下卖鱼，认证组织可能在杀鱼和加工处理方法上有特定的要求。不要对供人类食用的鱼进行化学药剂处理，目前还没有任何化学品被批准用于这一方面。商业上使用的一种方法是将二氧化碳添加到水中从而起到麻醉剂的作用，使鱼停止游泳，然后在处理过程中进行剩下的必要步骤，例如，三文鱼加工者使用二氧化碳麻醉，然后使用针刺鱼脑从而使鱼昏迷，接着是去鳃放血，在深加工或运输之前将三文鱼放入冰浴中冷却。鲶鱼通常在加工前用电子设备（电麻醉）使其昏迷。敲晕和直接冷却都不是安乐死的人道形式，也不能把鱼从水里捞出来让它们窒息。生产商们被敦促关注最新的安乐死方法和形式，以人道的方式对待他们的鱼。

15.15.2 麻 醉

麻醉的目的是减轻鱼在运输、取样或检查时的压力。一般情况下，鱼被麻醉到深度镇静状态，这种状态下鱼对外界刺激没有反应并表现出新陈代谢下降。

MS-222是美国食品药品监督管理局批准在三文鱼中使用的药物。FDA批准的$6 \sim 48h$的镇静剂量限制为$15 \sim 66ppm$，用于$1 \sim 40min$的深度麻醉剂量为$50 \sim 330ppm$。剂量一般在使用当天进行微调。在人类食用MS-222处理过的鱼之前，必须通过21天的停药期观察。

麻醉的其他选择是二氧化碳和碳酸氢钠（小苏打）。这些药物在美国没有被批准用于食用鱼类的处理，但它们的"监管优先权较低"。作为一种麻醉剂，二氧化碳的推荐剂量是200~400ppm，持续4min。碳酸氢钠的推荐剂量为142~642ppm，持续5min。（FDA已经公开表示，它认为这些药品的使用低于"低监管优先级"规定的水平。建议使用剂量低于这个水平。基本上，FDA使用了这种"低监管优先级"来允许具有长期安全使用历史的常见水产养殖处理方法，而无须经过每个单独物种审查的全部监管批准过程）

15.15.3　鱼健康的分析

在分析鱼健康时知晓鱼的行为是保持鱼群健康的关键之一。这为观察健康的鱼类和可疑的鱼类提供了一个比较基础。如果鱼生病了，其在发病前可能会在游泳和进食习惯上表现出异常，并持续一段时间。通过监测鱼类的行为，可以在鱼类开始大量死亡之前处理，包括化学处理，从而避免巨大的损失。检查溶解氧、温度、pH、饲料，以及其他易于监测和/或控制的参数，然后再进行专业诊断。如果不确定更改的后果，则不要对系统操作进行根本性更改。

打样方法有多种形式。死鱼、病鱼或随机鱼都要打捞。这些鱼先在室内进行检查，尽可能拍照留存。最好先在室内初步诊断，再找职业的鱼病专家（见第16章），要知道所做的测试越多越复杂，花费越高。

15.16　记录保存及保养

保持良好的记录。重温之前的记录。每一条生长的鱼都应该有一个完整记录，例如，开始和结束的重量，饲料的种类和数量，使用的生产商，以及关于水质的一般说明，温度和氧气的数据。

应保存监测的水质参数的记录以及系统管理员的一般观察结果。监测水质参数的建议频率见表15.17。可以使用电子表格程序创建一个简单的日记录表以显示每天的值：每个月中的每天、消耗的饲料和累计使用的饲料、水温、DO、TAN、NO_2-N、碱度、氯、备注栏、记录员和记录时间。平板电脑甚至智能手机可以帮助收集数据，这将有助于监测和分析养殖生产以获得有用的信息，并建立一个盈利的企业。花精力创建一个数据库管理系统，以便你可以分析你的监测结果。分析标准增长曲线，并将虹鳟品种与生长标准曲线进行比较。它们是领先还是落后？为什么？

表15.17　循环水系统中监测水质指标的时间表
（挂膜时每天监测氨、亚硝酸盐）

参数	如何测量	频率
温度	温度计	每天
溶解氧	溶氧计或试剂	每天
氨态氮	试剂	一周两次
亚硝酸盐	试剂	一周两次
pH	pH计或试剂	一周两次
碱度	试剂	每周
硬度	试剂	每周
氯化物	试剂	每周

应经常检查RAS中的各种机械部件，频率周期由部件的关键程度决定，例如，应每周检查备用发电机一次；每周检查所有泵一次；每天检查氧气供应一次。为维护计划，创建一个检修日志，并明确任务、条件、操作过程和负责人。RAS中一个潜在的危险是几乎所有的东西都一直在工作，并且倾向于在遵循维护协议时变得懒惰。把你的RAS想象成一架喷气式飞机，每次飞行可以搭载几百人。作为这架飞机的乘客，你可能很认同定期维护操作的存在。你的鱼是RAS上的乘客，定期检查系统将保证它们存活。

15.16.1　养殖记录

每个水产养殖设施都应该有一个养殖计划。这个计划列出了该物种生长的条件。在孵化厂操作时，应在孵化计划中列出孵化和生长的温度、饲料配方、卵数和其他特殊作业程序等细节。对于养成设施，详细信息有饲料配方、投喂率、水质要求、预期增长率和其他操作程序。总结每个连续生产周期中所做的任何更改或改进。这个计划也可以与你对资本支出的预测相结合。计划的目的是：1）在生产过程中作为参考点；2）在比较过去的生产统计数据时作为参考文件。该计划中的细节可以帮助你定位，可以改进操作中的低效之处。

保存完整的鱼类生产、饲养、水质、鱼类进出建筑物的记录是绝对重要的。此外，保存有关系统维护和访客的记录也很有用。文档是全面了解系统并在降低成本的同时实现高于平均增长率的关键。有了良好的记录，生产商可以在问题严重影响增长率或生产成本之前及早发现趋势。这些问题可能包括喂养过度或水流减少。出于这些考虑，下面提出并讨论了一系列建议的记录。

1. 每天养殖记录数据表

本数据表是为每天追踪每个养殖池的鱼类产量而编制的，该数据表应设置1个月。在这张表上要记录的信息包括：库存信息、分级/取样活动、养殖池之间的鱼类运动、饲料喂养、疾病治疗以及因死亡或销售而从养殖池中取出的鱼。这些纸张应放在便于生产者经常查阅的地方。最好把它们放在每个养殖池内，但这对某些系统来说可能不可行。

2. 每月养殖汇总表

按月计算，对鱼分级及搬运后，应将每日养殖生产表内的资料誊写至每月养殖汇总表内，以便查阅。此汇总表包括月初和月末养殖池中鱼的数量和重量、进出鱼缸的总量、饲料的总量和饲料的总转化率。

3. 水质数据表

该数据表用于记录养殖池中水温和溶解氧水平。建议这些记录每周做两次。空气和水的温度应该在一天的同一时间测量。测量溶解氧水平应在水进入养殖池时进行。进入充氧系统的水通常低于饱和度1ppm（约为8~10ppm），而进入养殖池的水应与氧气过饱和，约为15ppm。管理者还应该提供表格，记录溶解氧的平均水平以及流出密度最大的养殖池的溶解氧水平。这些记录将为管理者提供系统性能的简介。记录也提供了评论和其他注意事项，如大雨后的气压变化或天气突然变化，此类事件可能导致喂养减少等。通过记录这些事件，如果鱼不吃饲料，生产者不会太过惊慌。如果鱼在没有这样一个"触发事件"的情况下不进食，那么管理者应该关注水质情况或者疾病问题。

4. 费用数据表

编制该数据表格，记录系统一年内的所有开支。应汇总的费用包括鱼种、饲料、化学品、电力、氧气、运输、通信、广告和杂项费用。跟踪员工的工作时间可以为企业提供必要的劳动需求信息。

5. 销售收入数据表

因为有经营目的，所以应该建立一个表格来帮助生产商跟踪每年的鱼类销售情况。

15.16.2　规　划

虽然商业计划已经写好了，但重要的是要有比商业计划更详细的年度生产计划。商业计划通常是一个有远见的陈述，它可能对假定的现实世界条件做出预测。虽然最初的生产计划可能包含许多这样有远见的考虑，但是随着时间的推移，一个好的管理者能够更准确地预测生产周期的时间以及盈利和亏损情况。在生产环境中，使支出和毛利润之间的差额最大化是一个重要的目标。因为价格往往是由市场条件决定的，所以对于管理者来说，减少开支是他或她控制范围内十分重要的一个变量。在开始一个生产计划之前，经理应该审查商业计划，除了日常运营所需的资金外，还要看预期的利润类型和时间。随着操作的推移，应该对计划进行微调以提高操作的效率。这可能是操作中最重要的部分，但往往也是最容易被忽视的。

生产计划让你知道你的成本在哪里，你需要做什么来盈利。如果你在计划阶段不知道如何盈利，要么寻求专业帮助，要么让你的投资者知道。尽管看起来很困难，但在一段时间内损失少量资金（例如，由于额外的安全性）以防止重大损失可能更有意义。开始时要谨慎，收集更多关于系统性能的数据。不要低估员工。作为一个管理者，你需要有一个行动计划，同时也要意识到它是可以改进的。与同事或同行分享你的计划，因为他们可能会提出改进建议或讨论他们已经遇到的问题。作为一名经理，你需要乐观地认为你能盈利，但如果你不能，也要现实一些。

15.16.3　重要的日期

应及时支付定期账单，如氧气输送账单、电费账单、饲料订单等，从而确保这些服务延续。应追踪许可证申请的截止日期。考虑鱼从出生（卵）到死亡的需求并制定计划。如果使用自动排定的服务，则经理仍有责任确保及时和定期地为服务付款。

15.17　收集、分析处理数据

15.17.1　日常数据收集

使用"适当的表格"以尽量减少将数据输入计算机进行分析的步骤和复杂性。最简单的方法是复制电子表格使用的格式，粘贴到剪贴板上，并将其放置在整个设施的关键位置。这些表格应考虑：

- 水质、鱼类行为、饲料消耗；
- 所收集数据的准确性。

尽量将数据收集控制在最低限度，否则会成为一种负担而被忽略。在设计数据收集表前，先问自己几个重要的问题：

- 这表格如何帮助改善我的日常运营状态？
- 我能否利用这些数据建立趋势分析，从而更有效地预测或改进我的生产策略？
- 如果这些数据表明我有问题，我能否做些什么来纠正问题？

15.17.2　数据分析的目的

保存记录不仅对鱼类收获后的分析很重要，而且对监测鱼类的生长和持续表现也很有用。每天监测数据对下列各项工作都很重要：

- 预测生产变化/改进；
- 整合数据收集和后期分析；
- 学习如何识别即将发生的灾害，做好应急准备；
- 观察产量和生产效率；
- 确定设施的最大承载能力；
- 制定10年生产计划；
- 分析成本并决定如何提高效率；
- 制定年度预算；
- 将当前绩效与生产目标进行比较；
- 预测生产周期中的预期死亡率。

15.18 爱护和使用实验动物

那些在大学环境或其他政府资助设施中喂养水产动物的人，必须了解联邦政府对动物的护理和处理的要求。实验动物资源研究所美国国家研究委员会（National Research Council）出版了《护理和健康指南》和《实验室动物的使用》（美国国家科学院出版社，华盛顿特区，1996年）。这指南强调性能目标，而不是工业化方法。对人工养殖的鱼使用性能目标会给用户带来更大的责任，并有望提高动物的福利。这是一件严肃的事情。所有的鱼场和养殖场都应获得一本指南，并进行彻底审查。联邦资助的研究必须按照指南进行。

15.19 参考文献

1. BOWKER J D, TRUSHENSKI J T, 2016. Guide to using drugs, biologics, and other chemicals in aquaculture. American Fisheries Society Fish Culture Section.

2. BRUNE D E, TOMASSO J R, 1991. Aquaculture and water quality. The World Aquaculture Society, Louisiana State University, Baton Rouge, LA 70803.

3. GERBER N N, 1979. Volatile substances from actinomycetes: their role in the odor pollution of water. Critical Reviews in Microbiology, 7: 191–194.

4. JUTTNER F, 1983. Volatile odorous excretion products of algae and their occurrence in the natural aquatic environment. Water Science and Technology, 15: 247–257.

5. PERSON P E, 1979. Notes on muddy flavor IV Variability of sensory response to 2–methylisoborneol. Aqua Fennica, 9: 48–52.

6. SLATER G P, BLOK V C, 1983. Volatile compounds of the cyanophyceae–a review. Water Science and Technology, 165: 181–190.

第16章 鱼类健康管理

有效的鱼类健康管理程序是水产养殖成功的关键部分之一。经营者必须满足养殖生物的水质和营养需求，并将传染性病原体隔绝于水体之外，这就需要发展出鱼类健康问题的防控策略。本章重点叙述循环水系统中传染性疾病的防控。

16.1 生物安保

循环水产养殖系统的密度（20～120kg/m³）比池塘养殖的密度（<<1kg/m³）更高，尤其是食用鱼养殖。养殖户必须提供一个最适合鱼类健康生长的环境，才能使饲料利用率最高，生长最快。有效的健康管理强调预防，包括防止传染性疾病在循环水产养殖中爆发的规范和步骤。生物安保包含如下规范和步骤：

1）减少病原体进入养殖设施的风险；

2）减少病原体在养殖设施中传播的风险；

3）降低导致养殖生物应激易感状况的发生率。

生物安保规范通过减少传染病爆发的次数和程度来保护生产系统降低病害影响和运营成本。一个预防疾病爆发的有效方法是监测流程以在早期发现鱼类健康问题。没有防控计划的养殖最终会是灾难性的，因为你会疲于应付不断爆发的鱼病。这种管理模式会产生不必要的成本支出，如直接死亡的损失、无法继续养殖、设施关停令和行动限制令等。市场损失包括活鱼的品质下降、因错过了最佳市场而带来的损失以及声誉受损。除了疾病诊疗的直接支出之外，管理人员和劳动力都从其他任务中调配到了这里，也导致整个生产设施不能被充分利用。

生物安保主要用来预防而非治疗，不能完全阻止或消除病原体进入养殖设施生物安保。这些规范和步骤应该存档为"鱼类健康管理计划"，供所有员工查阅和参考。生物安保是养殖日常操作流程中的重要一环。有效的生物安保不应是养殖中的额外工作，而应修订嵌入正在使用的流程。

生物安保规划在设计阶段就应考虑，并且相关流程应在投产之前就建立好。如果事后才考虑生物安保，会给已经低效的操作过程雪上加霜。相关流程很容易被认为是不方便的，因为在建立操作方法和设备选材时并没有考虑进去。投产之前考虑生物安保可以避免这种情况出现。

循环水产养殖的生物安保要求系统清洗可以做到彻底、简便和频繁。微生物可在任何表面生长，因此，循环水系统的所有设备都应用无孔材料来建造，包括生物过滤器、低头增氧装置、CO_2 脱气设备、管道和养殖池等，设计上要易于清洗和消毒。需要安装清洗设备来冲洗系统，任意部位都应很容易清洗到，以免生物淤积。木头无法做到简洁彻底的消毒，因此木头只能用于用后即抛的场合。要避免使用从其他地点转移过来的设备和用品。

16.2　降低病原体引入的规范

16.2.1　供　水

通过供水系统进入养殖设施是病原体侵入系统的一条主要途径，它会增加系统内传染病暴发的概率。如果条件允许，建议使用地下水。某些情况下，妥善处理过（例如脱氯和氯胺中和）的市政废水也可以用作养殖水源。井水和泉水通常不含原生鱼类等水产生物和水生无脊椎动物等可能携带的病原生物。如果水源不是无特定病原体的水，或者该水有被污染的风险，那么需要对进水进行紫外线照射或者臭氧消毒。井水和泉水需要脱除 CO_2 和氮气并进行增氧处理。对于小型养殖（＜45450千克/年）来说，井水是最好的选择，因为它无特定病原体，水温恒定且比泉水流量稳定。在选址前应先打井检验。如果此处没有充足可靠的井水供应，就要改选其他位置。如果供应稳定，井水是大规模的最好选择。因为地表水存在鱼类病原体，所以万不得已不会选择它（有效消毒后方可使用，见第12章）。泉水水源应远离携带鱼类病原体的生物，例如鱼、鸟、浣熊、火蜥蜴、青蛙和蛇等。

16.2.2　卵和鱼

亲本鱼携带病原体是另一个风险途径。降低该风险的一个方法是引入无特定病原体（specific pathogen free，SPF）亲本鱼且/或在引进亲本鱼之前进行检疫（本节结尾介绍）。采购仔鱼或卵时尽量选择那些使用杀菌消毒水源或者SPF水源来养殖的供应商，他们应该是有SPF认证的。认证一般需要做一系列与该品种相关的特定病原体的检测，并根据统计学概率确定它们是否是SPF。根据管理需求，抽查应在鱼或卵运输之前进行，或者设立抽查时间表，比如每年1～2次，作为设施认证的一部分。在购买鱼卵时，通常需要取样检测亲本鱼。如果购买的是仔鱼，则在仔鱼中取样检测。

> **经验法则**
> 每一个直接将鱼从池塘用于RAS的生产者一般都会因为传染病爆发而遭受灾难性的损失。

即使购买了检验合格的卵，抵达养殖场时也要消毒。不要依赖供应商保证的消毒鱼卵。所有的消毒流程要符合联邦的、州的或者其他管理规定或者符合其地理位置利益的条款。在美国，这些要受到美国食品药品监督管理局的管理。在使用消毒剂之前，要确保对该品种无毒且能灭活病原体。通常用碘伏、双氧水和福尔马林消毒鱼卵。例如，10%的聚维酮碘（PVP-I）含1%的活性碘，可用作鲑科鱼卵的表面消毒剂，方法是通过在水中形成100mg碘/L（100ppm）

的处理浓度，在水硬化过程中和水硬化后处理10min。以处理10L卵液为例，计算如下：

购买的1%的活性碘浓度是10000ppm（mg/L）。因此，0.1L的碘在10L的卵液中即可形成100ppm的浓度：

$$0.1L_{碘} \cdot \frac{10000mg_{碘}}{L_{碘}} = \frac{100mg_{碘}}{L_{卵液}} \cdot 10L_{卵液}$$

用碘消毒的一大优势是可通过颜色变化判断是否失效。棕色表示可用于消毒，黄色或者无色即表示已经失效。

为降低病原体引入风险，仔鱼和卵的供应商数量要尽量少。购买前买家要亲自拜访每个供应商以确认生物安保措施是否得当，如果没有，就不应当从这里购买。判断一家供应商是否注重生物安保的表现包括是否给访客提供参观前指导，比如提供风淋浴、专用衣物和鞋，要求访客参观当天未去过或者接触过其他养殖场等。

16.2.3　饲　料

病原体也可能通过饲料途径引入。商业干饲料是在高温下加工的，在71～82℃下加工成蒸气颗粒料（steam-pelleted），82～93℃下制成膨化料（expanded feed），104～177℃下制成挤压膨化料。因此，几乎不可能从源头引入病原体，除非饲料制成之后被污染。即便如此，使用的每一袋（或一份）饲料的编号、加工日期、使用日期和投喂的对象都要记录下来，以便日后查询。饲料的存储应遵循厂家的意见，通常存储在六面通风的托盘上。为防止因饲料腐败及霉菌毒素引起卫生问题，饲料应在保质期内尽快使用。活体饵料带入病原体的风险很大，因此要确保所有的活体饵料也饲养在无特定病原体的环境下，并且坚决不使用来自池塘等自然水体的生物。

16.2.4　员工和访客

病原体可通过员工或者访客（人或动物）携带进来。需要在养殖设施的边缘区域建立员工和访客停车区。从养殖区来的车（比如牵引车）需要在此消毒。尽量减少来访团体数量，而且每个团体的人数要在可控范围内（3～6个人，大团体需要拆成小团体）。访客信息也要记录在工作日志中，包括日期、时间、姓名、所属公司和来访目的。

在到达养殖设施前，所有的新员工和访客都要经过详细的生物安保要求指导和讲解。工作人员或者访客在进入养殖区前应当更换干净的连体服和消毒靴。不是来自养殖区的访客应该在衣服外面套上连体服，穿上消毒靴，彻底清洗手后进入生产区。来自养殖区的访客应该换掉自身衣物，穿上连体服和消毒靴并清洗手臂1min。应指导访客不要碰触和倚靠养殖室里的任何东西。在限制区域（例如检疫区）应设置栏杆。每个来访团体离开后，需用消毒水清理地板。

建议员工在家不要养殖水生宠物，在非工作时间尽量不要去其他养殖场干活。禁止他们携带宠物进入养殖区，应将啮齿动物、鸟类、其他脊椎动物和昆虫排除在鱼类养殖区之外。

16.2.5　足浴盆和脚垫

病原体可通过鞋子传播进入养殖设施。这些病原体在清理地板的时候会被雾化，或者在设备从地板运至养殖池内时，甚至当有人穿过放置在养殖体池上的人行道时，被带入养殖池。如果有的生产系统设计过道与集水池在一个平面，病原体也可能被带入这些用于循环的集水池。为避免此类风险，足浴盆和脚垫的使用也应列入水产养殖生物安保里面[①]。

足浴盆作为预防工具在很多情况下（比如检疫设施）作用明显，尤其是当在池塘等养殖环境工作完进入循环水设施内时。即使足浴盆和脚垫的预防效果在某些时候不明显，也会产生一些积极影响，比如作为有形提醒，提醒人员和访客该设施实行了生物安保。

足浴盆和脚垫所使用的消毒剂必须能在含有有机质情况下杀死微生物，保证对人和鱼无毒、生态安全、价廉物美、不损坏衣服或其他表面。起效要迅速，适用的环境温度广，而且在器物表面有残留活性。

使用时足浴盆应放置在生产区的入口（检疫区的一些建议细节可应用于全场）。至少一周更换两次，如果用得多，则换换勤。每次团体来访之后要更换足浴盆并用消毒水清理地面（防止雾化）。在足浴盆之前也放置一个额外的足浴盆做预备，用以清除浮土。预备盆可频繁更换。

最有效的方法是因地制宜，很有可能包括入场前换特定鞋（如靴子），预先清洁鞋子、足浴盆/脚垫、一次性鞋套，防止鞋上病原体传入鱼池。例如，对于日常活动，工人应该有配发的靴子并在工作前先踏过消毒足浴盆。访客应该走脚垫或者使用一次性鞋套，并采取额外措施，如清洁地板时避免起水雾，干净设备不会接触地面或者养殖水体，或者确保接触前已消毒，以及当人员穿着清洁且消过毒的鞋子时也只允许走步道。

16.2.6　检　疫

新到的鱼、在养殖场内转场的鱼和养殖区内发病的鱼要实施检疫原则。理想状态下，检疫区应是一个独立的房间或设施，而不仅是墙角的一个池子。这个区域要易于清理和消毒，废水排放和主要设施要分开，如有必要，使用臭氧和紫外线同时消毒（第11章）。能够进入检疫区的人数应限制在最小数量并不对访客开放，要在指示牌和标志上清楚地标出来。也要清楚地标注设备且设备只能用于检疫。隔离区的工作应为工作日最后一项工作。人员在生产区和检疫区之间走动的时候要清洗手臂，消毒鞋子，更换衣服。人员流动需要做到一进入就洗手。室内应设置3个洗手台：第一个洗手台设在入口处，提供肥皂洗手，洗完之后使用干净的纸巾擦干手且在丢弃之前用它关闭水龙头；第二个洗手台提供消毒剂来给桶、网、尺及其他设备消毒；第三个用来冲洗消毒后的设备。无论是否使用消毒剂，在排放之前都要妥善

[①]足浴盆和脚垫在水产养殖中的作用未被研究过，但其他动物生产系统和兽医设施（如养鸡场、大型兽医院、奶牛场）中的研究显示足浴盆和脚垫能减少细菌数目达95%～99%之多，并降低感染风险。在这些设施中，过氧化物消毒剂比季铵盐降低细菌数的效果更好。研究表明，足浴盆和脚垫所减少的细菌数比例近似。人们穿便鞋或防渗鞋时更近似，因为消毒剂仅接触鞋底部。

处理以防危害养殖动物和植物。门和洗手台应被设置在养殖池和清洁区之间来回走时方便操作的位置。

在进入检疫区时，应安装2个深度至少为2in（5cm）的消毒剂足浴盆。足浴盆要频繁清洗和更换以保证效果，至少一周一次。

鱼一运到就要检查，并且所有的运具（不止样品）都要在检疫区。鱼应暂养在干净无杂质的运输水体中，长度和重量均匀，体色正常，体表或鱼鳍无损伤。运达后的24小时内摄食和行为正常。

在到达当天用皮肤刮取和鳃活组织检查的方式检查寄生虫。询问供应商所有的鱼是否是来自同一养殖单元并以此决定抽样检查的数量和次数。每一批鱼至少取样6条外观正常和6条外观不正常的。在隔离期间，应检查垂死的鱼是否有寄生虫、细菌和病毒以确定是否存在可能对其他鱼构成威胁的病原体。

检疫周期通常为30~45天。当然，时间长短取决于种类、年龄、来源和用途，已知病原体的潜伏期和发育次数、病原体的生命周期以及在温水和冷水内的临床表现。但无论哪个时期，有鱼加入的那一刻都会从零开始计算，因此，凡是被隔离的群体，都被视为同一批同时进行检疫。

某些养殖户建议使鱼类处于较低密度来降低压力，这种做法不会创造出使潜在病原体发作的条件。因此，只有将鱼暴露在与生产条件相同的状态下（例如密度、喂养、操作），才能在鱼离开检疫系统之前发现问题。事实上，可通过创造不利条件来提高潜在鱼病发作的可能性。比如温度决定了细菌、病毒、原生动物和其他病原体的繁殖时间。可考虑将水温保持在目标病原体理想的温度范围内来加速病原体的生命周期。可取少量鱼短时间暴露在低溶解氧、操作或干扰（如亮光或移动）下以提高应激压力。这种情况下可增加诊断出潜伏期病原体的概率。

某些原生动物病原体的生命周期是半寄生的。这样可以在病原体的非寄生阶段转移鱼到新的养殖池，减少了病原体的数量，降低了感染率。

如果在检疫期爆发疾病，那么决定是否继续养殖的条件取决于相关病原体种类、处理方案和治疗后病原体能否被检测得到。例如，如果暴发车轮虫病，很可能可以通过适当处理（例如福尔马林或者盐）、延长检疫期和通过取样镜检评估残留来消除影响。然而，如果暴发了病毒性疾病，通常无药可救，也就不能将鱼移入养殖系统中。

不能在检疫程序中使用预防性抗生素类药。预防性抗生素的使用是违法的，它不能从鱼体内清除病原体，甚至会造成细菌对抗生素的耐药性。

无论检疫期间的情况如何，在鱼移出前1~2周左右，应逐渐改变环境条件以模拟生产系统的情况，或在此期间引入系统水。

Yanong R和Erlacher-Reid C（2012）就水产养殖的检疫原则提供了额外信息。

16.3 减少病原体传播的规范

16.3.1 管 理

细致的管理将减少病原体在设施之间传播的风险。分解的杂质为病原体提供了营养和庇护。养殖池应保证不含残饵粪便、藻类和水生植物。要经常清洗集水坑、进排水管、通风装置、喷雾杆及养殖池内部的设施设备。必要时系统的所有部分都要检查和清理，至少1个月一次。目的不是为了去除有益微生物膜，而是降低病原体在那里定殖的风险。

工作人员应当勤洗手，按规范洗手。消毒剂和冲洗区域应该便于桶、网、溶解氧仪、温度计及其他设备的消毒工作。

16.3.2 消 毒

养殖环境中的有机物含量通常较高，在清理和消毒过程中不得不对其进行考虑。要分清表面活性剂、消毒剂和防腐剂。表面活性剂含有能够降低水体表面张力的分子，包括亲水和疏水基团，才能在有机溶剂和水溶剂中都可溶。疏水成分结合在油脂和污垢上，而亲水成分则结合水分子。肥皂含表面活性剂，可作为活性原料。消毒剂事实上能去除所有已知病原体，并能杀死或者灭活 > 99 % 的致病微生物。某一特定的消毒剂或许是有效的表面活性剂。防腐剂在使用过程中可以减少微生物量，但不能像消毒剂那样减少病原体。

没有哪种消毒剂是到处适用的。理想的消毒剂具有广谱杀菌作用（例如应考虑微生物的类型、数量和生长阶段），环境适应度广（例如高有机物水平），无毒、无刺激、无腐蚀、价格适中的特点。其他重要的考虑因素还包括温度和pH（在应用过程中出现的），使用适当的浓度、正确的使用方法、足够长的接触时间、在保质期内的适当贮存和使用、工作稀释时每加仑的使用成本以及对人类安全和环境的影响。

Dvorak 在 2005 年介绍了消毒剂的基本情况和需要考虑的因素。Yanong R 和 Erlacher-Reid C（2012）对水产养殖消毒剂进行了很好的总结，讨论了水产养殖中常用消毒剂的优缺点。

用于水产养殖的消毒剂还在不断变化，所以要保持对该话题的关注。互联网搜索、行业会议、报纸和杂志都是了解新型消毒剂的好渠道。

16.3.3 剔 除

应当剔除死亡的和得病的鱼以减少病原体的传播。至少一天剔除一次。如果可以，此项操作应当连续。被剔除出来的鱼应人性化处理，可使用超过有效剂量的麻醉剂使其无痛死亡，窒息致死是不可取的。

16.3.4 设 备

消毒原则也需应用于清洁设备。应将清洁后的设备放置在同等清洁的区域内的指定位置。例如，消毒后的网可以挂在钩子上，或者把干净刷子放在消毒桶里，直到下一次使用。养殖池附近区域的捞网可以浸泡在消毒润洗液里或挂起来或放在架子上。

16.3.5 地 板

应定期清洁地板，用干净的农药喷雾器装满消毒剂进行喷洒。还应遵守接触时间要求。喷洒消毒剂和冲洗地面时，水流应尽量保持贴近地面以免扬起灰尘和杂质。

16.3.6 养殖活动

进行养殖活动时应减少不同人员同时处理一批鱼的情况。如果人数有限，处理干净养殖池应优先于处理感染池，处理小鱼应优先于处理大鱼。接触地面的设备不能直接接触养殖水体。所有接触过地面或者表面受到污染的设备在接触养殖水体前必须先消毒。从养殖池中跳出来的鱼或者其他任何形式接触地面的鱼都不能再回养殖池内。应该用人道的方法杀死它们，或者将它们放入有生物安保要求的水循环之外的容器中。

16.3.7 气雾转移

水产养殖系统的管理人员和设计者应该认识到，渔网、靴子、手、鱼、饲料和水只是潜在污染源，而气雾可以破坏精心设计的隔离检疫系统。鱼类病原体可通过气雾/水珠喷雾进行空气传播。它们可以在实验产生的气雾/水珠喷雾的下风口的水中被检测到，然后感染下风口的鱼类。这些发现表明，鱼类病原体可通过气雾/水滴喷雾传播，因此其可在水产养殖设施内从一个容器移动到另一个容器。防止病原体在气雾中传播的解决方案包括为容器盖上盖子，在容器之间设置独立的或悬挂的屏障，以及改善通风系统来限制气雾的喷射或扩散。污水处理厂专家称，使用扩散式增氧而不是机械搅拌式增氧减少了来自污水处理厂的病原体的空气源的扩散。

16.4 减少对感染和疾病的易感性

人工操作、水流慢、营养不良、水质差以及其他管理因素对鱼造成的压力会使鱼更加敏感，并降低其对病原体的耐受性。下述方法或许能增强其耐受性。

16.4.1 足够的营养

营养不良的鱼对疾病更加敏感。饲料特点、使用方法和投喂策略在选择的时候应以满足鱼类营养需求为准。

16.4.2 控制放苗质量

应当购买处于最佳生育年龄的亲本所产的卵、仔鱼和幼鱼，并保证其健康体壮。供应商应提供证据证明该批鱼已通过针对特定病原体的检疫。

16.4.3 减轻鱼类应激

能够感染养殖鱼的病原体有很多。很多疾病的中间宿主天然存在于泥土和水中，但却不会造成问题，因为数量较少且鱼有天然的自我防护机制，例如皮肤、黏液和细胞组成的免疫系统。然而，当鱼密度过大时会加重应激，其天然防御系统会变弱，这会使其感染病原体的概率增大。暴发灾难性传染病而导致大量死亡的原因通常就是鱼类应激过大。大多数的传染病都可以通过适当的管理来避免暴发。

养殖和收获的条件与步骤都应尽量减少应激。水质差是重要的应激因素，会造成鱼类爆发传染病。营养不良的鱼也更易发病。光照（频繁或快速变换强度）、噪音和搬运也会造成应激，应尽量避免。在撒网捕鱼时，应尽量使用大网眼。分鱼时应动作轻柔，避免一次性过度拥挤。鱼在日常维护、放苗及收获时不得不被搬来搬去。鱼类在被操作、称重和转运时会产生生理补偿，但很有限。为减少操作造成的损伤，所有材料和工具必须提前配置齐全（如网、转运池、秤和足够的人手）。使用盐（0.1%~0.5%浓度）、增氧以及麻醉剂（遵照规范使用）可减少因操作带来的应激。动作要轻柔迅速。要避免在鱼类应激或养殖条件不好时操作。

可使用盐来缓解鱼类生理变化所造成的应激（例如在运鱼时），用量视情况而定（如鱼种的耐受性、鱼龄、水量等）。盐能调节水生生物的渗透压平衡。通过剧烈的渗透压变化也能控制体表的寄生虫。当然，渗透压的变化对鱼也是有影响的。可以使用0.5%~1%的盐水来做长期处理，因为这是大多数鱼都能耐受的浓度，但是如果出现应激，要立即停止。

16.4.4 接种疫苗

接种疫苗可以抑制传染病暴发。疫苗有浸泡式和注射式两种。如果没有商业化的疫苗，也可以自己制作疫苗。可以从鱼体内分离病原体制作疫苗。要记住没有任何疫苗能提供100%的保护，只有当该设施已具备良好的鱼类健康管理规范时，疫苗才能发挥最大的效果。疫苗不能作为管理不当或者生物安保/鱼类健康管理不足的补救措施。

16.5 监测和监督

等到症状明显，开始出现死鱼时，问题通常就变得棘手了。因此，有效的鱼类健康管理的关键是有良好的监测、监督和响应规范。监测是早期鉴定、隔离和治疗的重要部分。如有可能，可在水产兽医的帮助下建立规范。

如何来完成监测是设计阶段就要思考的问题。应该每天例行观察鱼，通过养殖池上的窗口观察鱼类的状态和行为，窗口通常要设置在便于观察到体弱、发病的鱼经常聚集的位置（如进水口或养殖池内水流速度较慢的地方）。对剔除的鱼要定期检测病原体。记录生长和投喂转化情况可以早期诊断发现尚未导致鱼死亡的问题。

日常检查养殖系统的水质是很重要的。一旦发现鱼类异常行为，也要立刻检查水质。如果水质出现问题（例如溶解氧低、氨氮高等），要立刻采取措施以免造成更大的问题。在循环水产养殖中，换水很有效。如果反常行为已经持续1~2天或者开始死鱼，那就要寻求专业的帮助。除了养殖记录，还要向兽医或者诊断实验室提供水质数据。

即使通过改善水质，鱼很快恢复了，养殖户也要考虑之后一周有可能出现的后续问题。要密切关注鱼类行为和吃料状况。一周要进行1~2次的鳃组织镜检以确保鳃组织已完全恢复。对死鱼也要检查并做病原体培养。

16.5.1 坚持记录

坚持记录是鱼类健康管理程序的一部分。记录内容包括死鱼的数量和从养殖池剔除的鱼的数量、畸形观察、实验室结果、治疗的方法和结果等。这些信息可用来改进生物安保措施和建立更有效的鱼病防控规范。

16.5.2 水 质

水质是鱼类健康的主要影响因素。每个品种都有最适的水质范围。当水质偏离正常范围时，某些品种的耐受性更强。比如，相比于虹鳟，罗非鱼更耐受低氧、高浊度和高氨氮等。在管理恰当的循环水系统中，溶解氧和温度在一天内甚至整个养殖期内都能保持一个稳定的数值。但是碱度却会因为硝化作用消耗无机碳而出现大幅下降（见第7章）。在运行不畅或密度过高的循环水系统中，溶解氧、氨氮和亚硝酸盐浓度的急剧变化会导致所养鱼类死亡，或造成一周甚至1个月之后鱼的状态不佳。

16.5.3 行 为

工作人员应当熟悉鱼类的正常行为和外观，因为通常要出问题的最早表现就是行为或表观异常。需要仔细观察鱼类吃料、游泳姿态及对养殖池外的行为的快速反应等。养殖户必须学会辨别各行为之间的细微差别。例如，当人走近的时候鱼会突然移动。如果发病，它们可能根本不游动或者突然游动后行为迟缓。

健康的鱼表现出"正常"的行为。例如，当喂料的时候鱼会表现得很活跃。在某些养殖池里，在不喂料的时候通常看不见鱼。这时就要在自动投喂机开启时仔细观察鱼的行为。

如果摄食率只是略微减少，鱼类吃料行为可能还算正常。这种摄食率的下降可以通过密切监测生长速度和检查剩料来发现。生长曲线也可用来在早期诊断问题。

鱼类单独还是集群取决于品种。在养殖池中的分布也随品种而变化，但是同一品种的鱼一般表现一致。例如，有些品种喜有遮蔽的区域而有些喜欢开阔区域；有些品种会聚集在进水口而有些会分布在养殖池的周边。

16.5.4 鱼发病的苗头

表16.1列举了鱼发病时应注意到的异常情况。这些苗头有助于进行疾病诊断。在日常观察、清理死鱼、取样、分鱼以及其他能够近距离接触到鱼的时候，就要注意这些苗头。鱼鳃检查是很有用的鱼病诊断方法，但未被充分利用。鳃组织对水质的变化很敏感（例如氨氮、亚硝酸盐等），也容易受细菌和寄生虫的侵害，给系统性感染提供了突破点。养殖户应当熟悉正常鳃组织的外观并每周进行显微镜检查。习惯了该操作的养殖户肯定会发现鱼鳃的检查是非常值得的，可提供大量的信息。

> **经验法则**
> 鳃组织的镜检很值得花时间去做，它能提供大量的信息。前提是要了解正常的鳃组织的外观。

表16.1 鱼类产生应激和发病时的行为与身体特征

鱼类行为	观察的特征
移动	游泳无力、飘摇不定或者没有活力
	对外界刺激（如噪音或者移动）的反应过大或过小
	在池壁或池底上刮蹭、掠过或摩擦
	抽搐、猛冲、打转或跳出水面
	大量聚集在进水口
	肚皮朝上
	浮头
	鱼鳍夹紧
投喂	不摄食或摄食减少（通过观察和生长率来检测）
呼吸	鳃盖开合变慢
	鳃盖开合加快

鱼类行为	观察的特征
身体状态	可见损伤及溃疡
	眼睛发暗
	眼球凸出
	鳃肿胀,发白色、粉色或浅红色,缺损,膨大,充血,发褐色
	鳞片脱落
	腹水
	皮肤及鳃上黏液增多,或筛网上黏液过多
	皮肤有斑点或者真菌感染
	体表颜色异常,包括红肿、灰色或黄色病变
	鳃盖扩张
	鳍损伤,包括尾鳍
	眼睛和皮肤上有气泡

16.6　生物安保检查

　　制定连续性实施的生物安保计划可有效隔绝鱼类的病原体。管理者也要采取预防措施来防止病原体感染造成的严重损失。治疗成本远远大于日常预防成本。表16.2～表16.6为生产者就生物安保的各个方面提供了指南（不论是否咨询过兽医）。请尽量多地选"是",这是从Summerfelt S T等学者的研究中引用而来的（2001）。

表16.2　人员的管理

是	否	人员的管理
		是否遵照标准规范用抗菌皂清洗胳膊和手?
		是否让不同部门人员尽量少参与同一特定鱼的操作?
		车辆进场前是否已消毒?
		是否在养殖场周边建立访客停车区?
		是否把进入养殖区的人数已限制到了最少?
		来访人员是否已限制到最少且进行了分组?
		工作日志是否每天填写?
		48小时内未进入过养殖场的人是否被要求在进场前更换消毒的衣鞋并用抗菌皂洗手30s以上?
		是否告知访客不要触碰场内的任何物品?
		访客离开后,是否将足浴盆更换并将地面消毒?

表16.3　水和鱼

是	否	内容
		所用水源是否没有其他鱼、水生生物及原生动物的影响？
		在有鱼或者其他生物存在时,是否使用臭氧和紫外线来对特定病原体进行消毒？
		在水循环中是否使用臭氧和紫外线照射消毒？
		该设施的设计是否能防止病原体通过空气传播进入水体？
		购进的鱼卵是否不含特定病原体或者鱼苗是否由不含特定病原体的亲鱼所产？
		鱼卵进场后是否消毒？
		如果没有卵,那购进的鱼苗是否不含特定的病原体？
		如果没有卵且鱼苗已经购进,那在进场前是否经过了检疫？
		是否引入了运苗车或者苗袋里的水？

表16.4　鱼类健康

是	否	内容
		是否把鱼类健康监测计划融入在管理里？
		是否随时监测水质来确保适合所养殖的品种？
		是否使用优质饲料投喂以保证营养均衡？
		对鱼的处理是否轻柔以防止外伤？
		购买的卵和鱼苗等是否为适龄种鱼所产？
		是否使用疫苗？
		是否剔除了异常的、发病的、死亡的鱼以防止传染？

表16.5　隔离检疫

是	否	内容
		在场地设计之初是否考虑了隔离检疫？
		隔离检疫区是否与常规生产区相隔离开？
		检疫区的供水和水处理是否与生产系统所用的相隔离开？
		是否用了流水系统或有较多新水的系统来冲洗和稀释系统中的病原体？
		在养殖系统中,检疫的持续时间是否能保证涵盖了特定病原体在该水温下的孵化和发育时间？
		向检疫区加入新鱼后,检疫时间是否从头开始计算？
		是否将温度设定在鱼类适宜水平的上限来加速病原体的周期？
		新鱼到达后,是否有4～7天的适应期来观察外观行为等有无异常,并确定饲料的消耗？
		若发现不正常的鱼,是否取样检测？
		若一切正常,是否会挑选正常的鱼来进行特定病原体的研究(寄生虫、细菌和病毒)？

是	否	内容
		在检疫期内,是否定期收集垂死的鱼和正常的鱼的样品?
		在处理鱼类从隔离系统中移出时可能遗留下来的有机物时,是否将鱼转移到隔离系统内的新养殖池中?
		过了适应期之后,是否将鱼暂养在生产实际要求的密度下?
		人员在隔离区和生产区之间走动时,是否消毒并更换衣鞋?
		是否把隔离区工作放在其他工作之后来做?
		隔离设备是否只在隔离区使用?
		在转出检疫区之前是否用养殖池的水体适应性养殖?

表16.6　养殖过程

是	否	内容
		在养殖区域前是否配备足浴盆并定期清洁更换?
		人员进入养殖区之前是否清洗手臂?
		是否有独立区域来消毒冲洗渔网、水桶、探头等设备?
		干净的设备是否储藏在同样干净的区域?
		是否按照严格的管理程序,在各养殖阶段,清除残饵、粪便、藻类、水生植物、死鱼,以及清洗池壁、进出水管道、曝气器、喷淋杆和养殖池内所有设备?
		在两个独立的鱼池间,员工是否会用抗菌皂洗手?
		工作是否合理规划以优先处理最小最易受攻击的鱼?
		即使是在同一个循环系统的养殖池,是否将每个养殖池作为独立的饲养单元进行处理,使交叉污染的可能性降至最低?
		在养殖下一批鱼之前是否对养殖池进行消毒?
		是否将地板视为"易污染"并有相应的处理?
		系统的所有设备是否都检查并清理,每月至少一次?
		是否定期清理地板?
		宠物、啮齿动物、鸟类、其他脊椎动物和昆虫是否被隔绝在鱼类养殖区之外?

　　危害分析关键控制点计划（hazard analysis critical control point plan，HACCP）概念是一个很有用的框架,这些规范和步骤可在该框架内制定。HACCP应用7条原则来识别和控制危害,就养鱼场生物安保而言,这7条原则就是病原体危害分析,关键控制点识别,建立关键限度,监测程序,纠正措施,验证程序和记录保存,在网上搜索"HACCP"和养鱼生物安保将会获得大量的关于鱼类生物安保信息。

16.7 诊 断

在鱼类健康问题上，准确的诊断很有必要。每位养殖户都应熟知一位水产兽医，以便发生状况时可以及时处理。准确的诊断将决定接下来的治疗方法，包括是否需要使用化学药品或者该使用哪种药品，如何制定计划防控未来大规模爆发等。仅凭直觉来诊疗一般是无效的，还会造成误诊，进而导致金钱和时间的浪费，并使情况恶化。况且，用药物或者其他化学品来治疗病害可能会违法。

如果在发病期间兽医无法到场，那应当将病鱼送至诊疗实验室（通常会雇佣兽医）。要提前跟实验室预约好，告诉工作人员或者兽医你所观察到的鱼的症状，并听从他们的指导带齐所有需要带的东西。不要只通过电话就诊断疾病。

告知实验室人员当前的问题并认真回答他们提出的问题，可以帮助更快速且准确地诊断疾病。你提供的信息越多，越有助于诊断。

16.7.1 样本质量

递交给病害诊断实验室的样本质量会影响诊断和建议。死鱼在诊断上的价值很少，甚至没有价值，因为：

● 鱼死后腐败得非常快。如果是因为细菌引起的死亡，那么在腐败过程中其他细菌的生长会快速掩盖症状从而使得鉴别和诊断难度加大。

● 寄生虫需要活体来寄生。鱼死亡之后，寄生虫会很快离开并寻找下一个宿主。

● 病毒会被腐烂过程中产生的物质分解。鱼死亡后，病毒只能存活很短时间，有时候只有几个小时。

兽医或者实验室会根据鱼的尺寸和数量来指导送来的鱼的数量。对养殖户来说，最快速的方式就是直接送到。直接送到会提供最佳的样本质量并使鱼类健康专家能跟养殖户面对面交流死亡情况。如被要求，养殖户应当带一瓶养殖池里的水。水要装在干净的容器中并盖紧容器的盖。如果怀疑有化学污染，样品必须用玻璃罐（非塑料）来装并按照兽医指示来处理。

如果一定要拿鱼过去，表16.7展示了活鱼样品将为诊断人员提供有关鱼类疾病的有用信息的最佳机会。鱼可用来诊断活体寄生虫。微生物（细菌、病毒）也可从拿到实验室的鱼体内提取培养，并测试细菌的药敏性。组织病理学实验也可在器官和组织上进行取样，可及时确定组织的变化是否是疾病的症状。重要的是，组织可以被妥善保存以确保是疾病发生当时的情况，而非死亡后的分解。

加冰或者冷冻的样品在诊断上有某些重要的诊断限制。活体寄生虫可能并不会出现在加冰的鱼上。当冻鱼解冻后，冰晶融化时的剪切作用会破坏寄生原生动物，使它们的鉴定变得非常困难，甚至无法鉴定。在冷冻和解冻的过程中，鱼体组织也会受到非常大的损伤，使得组织在做组织病理学实验时完全失去价值。不过，加冰和冷冻的样品通常还是可以进行细菌和病毒的培养。

大多数实验室倾向于用未被福尔马林处理过的样品，因为福尔马林也会杀死病原体。是否能做出诊断可能取决于实验室能否从鱼中培养出细菌或病毒。细菌或者病毒只有在活的时候才能被培养。此外，治疗细菌病的重要建议就来自该菌对抗生素类药物的敏感性，这必须要在实验室里进行培养。福尔马林处理过的样本如果在装运前是活鱼并加以妥善保存，是可用于组织病理学检查的。诊断人员需判断哪些组织病变是在发病期间产生的而不是在死后的腐烂阶段产生的。这就必须要仔细处理样品。

表16.7　鱼体处理和保存方法对疾病诊断的影响

送检方式	寄生虫学	细菌学	病毒学	组织病理学
活体	+++	+++	+++	+++
加冰	+	++	+++	+/-
冷冻	-	++/+	++/+	+
福尔马林浸泡	+/-	-	-	+++

注：+++表示无影响，非常适合检测；++表示轻微影响，很适合检测；+表示中性影响，样本可能有用；+/-表示影响很大，样品可能没法使用；-表示影响非常大，样本没用。

无论使用上述哪种方式送检，样品最好从出现疾病苗头的活鱼上取。最好使用渔网来取鱼，因为钓上来的鱼通常表明摄食正常，大概率是正常的鱼。所以，这种鱼一般很难用来进行精确诊断。因为大多数疾病发病的第一症状都是鱼吃料变差。

下述关于打包和送检的信息改编自 Bowser P R（2012）。

1. 活鱼

（1）选用强度高、防水好且隔热的容器来打包送检，例如一次性泡沫塑料保温盒（见图16.1）。

（2）兽医和诊疗机构可提供关于送检鱼和水的比例的建议。然而，为了有充足的氧气交换，装运袋中最好从养殖池中取不多于1/3袋子的水。将袋子放进送检容器，然后将鱼放进去。将袋子中装入纯氧或者空气。将袋口拧紧，用结实的皮筋仔细扎好。保证气密性很重要。

图16.1　活鱼的打包运输

（3）转运过程中的温度要保持在鱼的耐受范围之内。关于冷水鱼，找一个结实的塑料袋并放进1.5~3.0kg的碎冰，将塑料袋用上述方式扎紧，并和装鱼的袋子一同放进送检容器中。对温水鱼则不能加冰，天气冷时还要放入加热包。

（4）写个说明书放在独立的小塑料袋中，包括姓名、地址、电话以及对鱼的相关信息的描述，信息包括来自哪里、怀疑是什么疾病、死亡数量、鱼的表现、发病鱼的大小、样本捕获的时间和方式、养殖密度、相关的水质情况等。要将说明书放在送样容器内。

（5）将容器密封，一定要指明哪面是向上的以及内有活鱼。

注意事项：一定要注意容器不能漏，有时候需要双层包装。委托可以晚上交货的承运人发货。最好在装运前与实验室联系，并与他们协调鱼的接收时间。

2. 冰鱼

（1）选用强度高、防水好且隔热的容器来打包送检，例如一次性泡沫塑料保温盒，见图16.2。

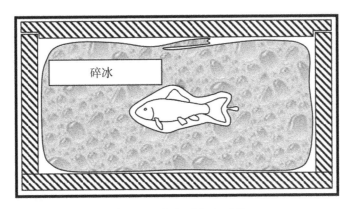

图16.2　冰鱼的打包运输

（2）将每条鱼分别放在塑料袋里并密封好。

（3）将一个更大的、强度高的塑料袋放进容器内，并铺上5~10cm长的碎冰。

（4）将装有样品的袋子放进装有碎冰的袋子里面，然后在上面再放上5~10cm长的碎冰。将大袋子扎紧。

（5）在小袋子里面放置说明书，包括姓名、地址、电话以及对鱼的相关信息的描述，信息包括来自哪里、怀疑是什么疾病、死亡数量、鱼的表现、发病鱼的大小、样本捕获的时间和方式、养殖密度、相关的水质情况等。要将说明书放在送样容器内。

（6）将容器密封，一定要指明哪面是向上的以及内有活鱼。

注意事项：足量的碎冰，通常需要5~7kg，能保证在装运期间鱼的低温。委托可以晚上交货的承运人发货。

3. 冻鱼

（1）选用强度高、防水好且隔热的容器来打包送检，例如一次性泡沫塑料保温盒，见图16.3。

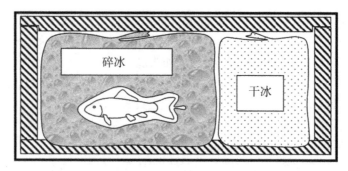

图16.3 冻鱼的打包运输

（2）将每条鱼分别放在塑料袋里并密封好。

（3）将一个更大的、强度高的塑料袋放进容器内，并铺上5～10cm长的碎冰。

（4）将装有样品的袋子放进装有碎冰的袋子里面，然后在上面再放上5～10cm长的碎冰。将大袋子扎紧。

（5）在小袋子里面放置说明书，包括姓名、地址、电话以及对相关信息的描述，信息包括来自哪里、怀疑是什么疾病、死亡数量、鱼的表现、发病鱼的大小、样本捕获的时间和方式、养殖密度、相关的水质情况等。要将说明书放在送样容器内。

（6）将容器密封，一定要指明哪面是向上的以及内有活鱼。

注意事项：足量的碎冰，通常需要5～7kg，能保证在装运期间鱼的低温。委托可以晚上交货的承运人发货。

4. 福尔马林保存的样品（图16.4）

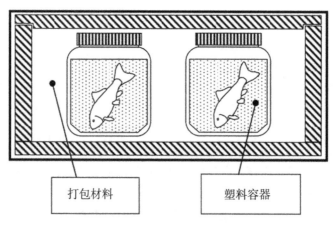

图16.4 福尔马林保存的样品运输打包

注：所有的送检样品一定要合规。例如，福尔马林在正常的商业运输中可能被列为危险化学品；可能需要用其他的方式运输。美国交通部已将福尔马林列为危险品。小心点，如果你对运输规则不清楚，可以向当地政府咨询。你不会想进监狱的！

16.8　治　疗

兽医或者实验室会将检测结果告知养殖户，鉴定病原体并给出适当的、经过许可的治疗或措施建议。在某些情况下，有必要改变管理技术。生产者应严格遵循建议。

化学处理前要清楚知道哪些化学品被允许使用在食用鱼养殖上，哪种化学药品可有效且合法地用来治疗哪种或者哪些疾病。没有哪种药品是适用于所有情况的。例如，抗生素可以非常有效地治疗细菌感染，但如果疾病是由病毒或寄生虫引起的（除非存在继发性细菌感染），它就没有任何作用。所有的化学药品都有使用时的预防措施和注意事项。如果养殖户没有使用化学药品的经验，那应当先做小规模实验，然后再进行全体用药。出于对人类和动物安全的考虑，在使用任何化学药品处理时，都应该非常谨慎。

水质会影响某些化学品的毒性，反过来也受到化学品的影响。养殖户要知道养殖设施里的水质（例如溶解氧、碱度、水中的有机物浓度等）会与化学品发生怎样的反应。例如，使用甲醛时，会降低水中的溶解氧浓度。温度、pH、溶解氧、碱度、有机质含量以及盐度都会降低某一特定化学品的效力或增加其毒性。

浓度、处理时间和连续处理次数都是处理鱼类和计算化学品用量时要考虑的重要因素。一定要仔细确认和计算。要区分体积计算和重量计算，例如 mL/L 和 mg/L。必须对活性成分进行计算。流量或水量是精确给药的关键参数。测量的准确性应被反复确认以确保治疗时处于有效浓度水平。要了解药物对人和对鱼的安全信息（从成分的材料安全数据表查得）。在将该化学品放入养殖池前进行稀释，因为这样给药更安全且有助于更快地将该化学品均匀溶解到整个水体，防止局部浓度过高而对鱼造成损伤。

在用药之前，需要停食 24～48 小时，大多数情况下，治疗过程中也应当停食。这有助于在治疗期间减少废弃物产生并降低溶解氧消耗。在治疗之后的 48 小时内不要对鱼进行任何操作。

剔除掉病鱼可作为用药的备选方案。治疗成本是考虑是否要剔除的因素。成本包括药品费用、治疗期间的人工费用、传染给其他鱼的风险、治疗过程中的额外损失、对于生长速度的影响以及可能的休药期造成鱼类延迟上市等。通常来说，小鱼比大鱼更易受药品的影响。如果不放心，最好先取样做实验，然后再群体用药。如果治疗期间鱼类出现扭动、跳跃、萎靡、反应慢等异常情况，要立即停止治疗并立刻换水。

有些药品会杀死硝化细菌从而影响生物过滤器的功能。表 16.8 里列了盐和福尔马林对其的影响。养殖户和兽医在讨论治疗方案的时候既要考虑治疗效果，也要考虑对环境的影响。系统设计要包括支路系统，使得在治疗期间能将生物过滤器与养殖水体隔离开。如果药品的浓度对生物过滤器有危害，那在治疗结束之后要用新水冲洗鱼池后才能重新连接生物过滤器。但是，这也可能造成生物过滤器里面残留病原体。如果在治疗期间无法将生物过滤器隔离且所用药品对生物过滤器有伤害，那最好将药物浓度降低，延长用药时间。然而，这种方式又可能会导致药物的停留时间超过鱼体的耐受极限。一个折中的方案是在较短的时间内使用治疗剂量，并假定该药品在水循环时保持有效剂量，最终在鱼出现不良反应之前被消除。

表16.8　福尔马林和盐对生物过滤器功能的处理效果

药物或化学品	治疗	功能损害?
福尔马林	低浓度	是
福尔马林	1:4000	否
福尔马林	隔日用25ppm处理3次,不定期	否
福尔马林	15ppm	否
福尔马林	149ppm,不定期	是
福尔马林	50~167ppm处理1小时,几种处理	否
福尔马林	15~120ppm,不定期,几种处理	否
福尔马林	1:4000处理1小时	否
福尔马林	35ppm处理24小时	是
福尔马林	153ppm处理40min,3次	否
盐	3%	是
盐	0.5%	否
盐	0.5%	否
盐	1.5%	是

16.8.1　化学品的安全使用和存储

出于对人的安全考虑,在用药之前一定要仔细阅读说明书并遵照执行(例如,在美国,材料安全数据表)。环保法规也很重要;要熟悉当地的以及国家对于化学品使用的要求。化学品的储存环境同样重要。要仔细阅读并认真执行。千万不要使用过期药物。这一点对人和鱼的健康安全都非常重要。举例来说,当把福尔马林放在低于4℃的环境内时,会形成白色固体沉淀——多聚甲醛,这对鱼的毒性非常大,因此无法使用,必须处理掉。

16.8.2　水产养殖化学疗法

水产兽医要能够提供有关化疗药物的使用监管信息(用来处理鱼病的药品和化学品)。生产者必须知道使用化学药物的法律后果。最好的方法是只保留那些有兽医参与的有过治疗记录的药品。对于监察人员来说,在养殖设施内发现经过批准或者没批准的化学品即意味着该药品会用于鱼的处理。在大多数国家,水产药品法规都是随时在更新的。在美国,用在商品鱼上的药品通常受到FDA管理,并一直在强化食用鱼疾病治疗中要有兽医的参与。批准的药品、规则和法规会在兽医中心网上公示,网站是http://www.fda.gov/AnimalVeterinary/DevelopmentApprovalProcess/Aquaculture/default.htm。

美国鱼类和野生动物管理局水生动物药物批准项目网站上有许多关于目前已批准的药物、正在考虑批准的药物和已批准的疫苗的有用信息:https://www.fws.gov/fisheries/aadap/home.htm。

兽药生物制品(疫苗、菌种等用来预防和诊断动物疾病)通常归美国农业部管。

16.8.3 治疗后复检

当新病爆发或者老病复发时，就需要做一个复检以确定究竟是什么因素导致的。不适宜的环境会导致鱼类应激并直接导致疾病，无效的生物安保、错误的检测方式和低下的管理水平也同样容易造成鱼病的反复。良好的直觉能够帮助隔绝疾病；良好的记录有助于确认源头，以便较早制定预防复发的策略。财政限制、生产系统的设计或生产周期的限制可能会妨碍制定该策略。然而，还是应该建立早期预警，即使问题再次发生，较早的响应也会大大减轻影响。

16.9 人畜共患传染病

在水产养殖中建立有效的生物安保机制的另一个好处是可以避免人畜共患传染病的发生。人畜共患传染病是能够在脊椎生物和人之间传染的疾病。其介质可能是细菌、病毒、霉菌或者其他常见的病原媒介（世界卫生组织的定义）。总之，在水生脊椎动物和人之间传播的可能性很低。然而，在循环水产养殖系统的水生生物中，发现了一系列可能会将病原体传递到人身上的媒介，例如，分枝杆菌属、链球菌属、气单胞菌属。病原体可能会通过养殖操作或者食用的时候直接传播到人体，或者间接通过养殖水体传播。每一个养殖户都要知道存在被感染人畜共患传染病的风险并就地采取必要的措施。

16.10 水生生物健康条例

该条例旨在保障健康水生生物的交易和运输并避免病原体在养殖场之间或养殖场与自然环境之间的传播。鱼类健康检查是在国内或国际装运活体水生动物时进行的。对某些特定批次的鱼来说，当要运输或打算在开放水体中放活鱼或者卵时，比如对于室外养殖设施或者直接向外环境排水的设施，几乎都要做检查。即使运输的活鱼将被立即食用，也要检查。

重要的是要知道哪些代理机构和哪些法规适用于您要销售和运输的活鱼。水产养殖兽医可以帮助您确定哪些水产动物健康条例适用于您的情况。

16.11 兽医：鱼类健康管理服务

兽医的服务要涵盖鱼类健康管理的所有方面，包括生物安保计划和生产检查。他们在正确诊断疾病问题方面的重要性不言而喻。任何治疗的成功首先都要充分了解治疗情况，并意识到情况的复杂性。精确地诊断一种鱼病需要专业的技能和配套的实验设施。在很多国家，鱼类疾病诊断服务的提供商有很多。养殖户应当与水产兽医建立长期合作关系，并在病害暴发之前就与当地实验室建立联系以提前了解诊断鱼病的要求和指导意见。例如，由于资金来源问题，一些实验室只能受理受限地区的服务要求；一些鱼类健康研究实验室只接受其他诊断实验室参考过的诊断病例。

16.12　参考文献

1. BOWSER P R, 2012. General fish health management. Northeast Regional Aquaculture Center/ USDA, 16.

2. DUNOWSKA M et al., 2006. Evaluation of the efficacy of a peroxygen disinfectant—filled footmat for reduction of bacterial load on footwear in a large animal hospital setting. Journal of the American Veterinary Medical Association, 228:1935 – 1939.

3. FDA (U.S. FOOD AND DRUG ADMINISTRATION), 2018. Approved aquaculture drugs. https://www.fda.gov/AnimalVeterinary/DevelopmentApprovalProcess/Aquaculture/ucm132954.htm. Updated 02/23/2018. Accessed 04/11/2018.

4. KIRK J et al., 2003. Efficacy of disinfectants for sanitizing boots under dairy farm conditions. The Bovine Practitioner, 37:50 – 53.

5. OIE (WORLD ORGANISATION FOR ANIMAL HEALTH), 2016. Aquatic manual.7th. http://www.oie.int/en/international– standard– setting/aquatic– manual/access– online/. Accessed 04/11/2018.

6. SMITH S, 2011. Working with fish. Limit zoonotic diseases through prevention. Global Aquaculture Advocate: 30 – 32. http://pdf.gaalliance.org/pdf/GAA–Smith–July11.pdf.

7. STOCKTON K A et al., 2006. Evaluation of the effects of footwear hygiene protocols on nonspecific bacterial contamination of floor surfaces in an equine hospital. Journal of the American Veterinary Medical Association, 228: 1068 – 1073.

8. SUMMERFELT S T, BEBAK–WILLIAMS J, TSUKUDA S, 2001. Controlled systems: water reuse and recirculation. In: WEDEMEYER G A. Fish hatchery management.2nd. American Fisheries Society: 285 – 396.

9. YANONG R, 2009. Fish health management consideration in recirculating aquaculture systems– part 2: pathogens. Cir 121 from the University of Florida Cooperative Extension Service. http://edis.ifas.ufl.edu/fa100.

10. YANONG R, ERLACHER– REID C, 2012. Biosecurity in aquaculture, part 1: an overview. Southern Regional Aquaculture Center Publication No. 4707. 16 pgs. https://srac.tamu.edu/index.cfm/event/getFactSheet/whichfactsheet/235/.

11. Many references for fish health can be found on the Regional Aquaculture Center websites:
    Northeastern Regional Aquaculture Center(NRAC):https://agresearch.umd.edu/nrac.
    North Central Regional Aquaculture Center(NCRAC):http://www.ncrac.org/.
    Southern Regional Aquaculture Center(SRAC):http://srac.msstate.edu/ .
    Western Regional Aquaculture Center (WRAC) :http://depts.washington.edu/wracuw/.
    The Center for Tropical and Subtropical Aquaculture：http://www.ctsa.org/.

第17章 经济现实和管理问题

本章是基于第一作者本人在美国纽约州于1996年参与的Fingerlakes Aquaculture LLC（Fingerlakes水产养殖有限责任公司，简称FLA）商业养殖项目经历所著。FLA公司最初是年产20万磅（91吨）的全集成化罗非鱼养殖场，其中包括繁育亲本、孵化和成鱼养殖。该养殖场是基于本书介绍的循环水产养殖系统的原理所设计并建造的，年生产能力为120万磅/年（550吨）。该养殖场进行了数次融资，其中还包括风险投资公司的资本注入。FLA公司的主要市场是中国的生鲜市场，同时还有少量供给到鱼片加工市场。本章首先回顾了FLA公司的一些商业尝试以及室内鱼类养殖的情况，那些考虑进入本行业的人，请详细阅读此章。FLA公司已经在2009年夏季宣告破产，但不是缺乏市场或生产成本过高所导致的。最近，我们通过Magnolia Shrimp LLC（Magnolia虾有限责任公司）学到了更多的经验。失败案例有很多，但是为了保护投资人的利益（以及避免法律诉讼），我们只讨论两个由我们做项目负责人的项目。

17.1 案例历史

案例1：Fingerlakes水产养殖有限责任公司（FLA），1996—2009

FLA公司在1996年6月由4个人成立：本书作者（Timmons M B）、他的兄弟（财富500强公司的销售主管）、William Youngs博士（康奈尔大学自然资源系名誉教授）；以及一名当地商人（一家木材厂和公寓的所有者）。此外，Drs.Dave Call（康奈尔大学农业与生命科学系名誉系主任）和Gene German（康奈尔大学食品销售教授）均为FLA公司的董事会成员。那时，位于美国纽约北部的农场卖出的鲜活罗非鱼市场价格超过$2.00/磅（$4.40/kg）。然而，这样的市场价格未能保持住。到1999年后期，价格开始下降，并持续恶化，市场价格仅仅是略高于$1.00/磅（$2.20/kg）。到了2002年，鱼价恢复到$1.40/磅（$3.08/kg），在2005、2006年全年，鱼价维持在$2.00/磅（$4.40/kg），甚至更高。预测产品价格是一个真正的挑战，你必须确信的是市场价格100%会波动，而你需要为此做好准备，控制住现金流动从而应对这些价格波动。

在1998年7月，FLA公司第二次得到了资金注入。这名企业家拥有大量启动新兴公司的成功经验，其中包括农业和海鲜类的生意。1999年和2000年分别进行了进一步的融资，每一轮的新融资都使得原始创办者的股权比例被严重稀释，但是，这些投资者的个人担保和个人财富的分配确保了银行贷款。这些资金注入和贷款只是生产能力从20万磅/年（91000kg/年）增长到目标的120万磅/年（545000kg/年）的长期奋斗的微小部分。FLA公司确实达到预期的生产水平，只是这个过程经历了数年。在2006年，为了将公司的产量提高至5000吨/年，FLA公司又发起了一轮融资。而这次融资并没有成功。不幸的是在3年的时间里，FLA公司不断寻找融资，而没有对机械设备进行预防性的维护，直到2008年后期，系统开始了结构性衰退。当时不在场的管理团队已经意识到了发生的情况，FLA公司的养殖场对于外界来说已经不再是一个好的投资项目了，所以养殖场开始流失人员，所有财产都被转移到了破产法庭进行处理。

FLA公司在生意场上12年间产出了超3000吨罗非鱼。通过这些统计，我们声称我们成功了。或者说FLA公司在生意场上的长寿可以被归为数个因素：

- 农场建设经过了数个阶段（大学的原型版→小型100吨养殖场→更大的500吨养殖场）；
- 大规模生产经营；
- 训练有素且积极有动力的员工；
- 日益提高的技术；
- 合适的水；
- 电费低于常规市场价格（$0.04/kWh）；
- 有针对性的营销方法。

项目的生产是分阶段的，即斜坡上升，这是为达到商业目标最现实的方法。绝大多数商业计划开始于大规模的生产经营，这通常是对证明良性现金流动而言非常必要的。不幸的是，如果投资这些运营，那绝大多数都会失败。在没有从小规模的生产经营逐步稳步扩大生产能力的情况下，想要达到大规模的成功是极其困难的。逐步增长的规模和生产经营的复杂程度使管理团队可以从实践中学习，从而使不可避免的错误对小体量运营造成的毁灭性打击相比较少于对大体量运营的打击。在拥有了坚实的技术方法的条件下，管理团队运营的能力是决定最终成败的单一且最重要的因素。简单地增加额外的已经被证实运行情况良好的固定设计的系统是提升经营规模的最好方式。如果你选择将未经测试和未经证明的设计纳入到你的扩张计划中，毋庸置疑，你会面对不可预料的问题，使你达到书面估测的效益的可能性降低（正如在附录当中做的项目一样）。另外，一旦你有了一套运行的系统和精炼到合适篇幅的管理方案，例如每年20万磅（900吨），那么，这个系统或养殖场就可以被复制需要的次数从而达到预期的生产水平，并取得必要的经济规模，从而取得经济上有竞争力的地位。

经验法则

简单地增加额外的已经被证实运行情况良好的固定设计的系统是提升经营规模的最好方式。

最后，想问题时要"跳出固定思维"。水产养殖丝毫不限制你仅生产$1.00/磅～$3.00/磅（$0.45/kg～$1.40/kg）的有鳍鱼。为什么不考虑观赏鱼、观赏植物或珊瑚？至少选择一些你感兴趣的。甚至你可以考虑考虑鱼菜共生（见第19章）。

案例2：Magnolia虾有限责任公司，2002—2012

好吧，你可能认为我们（即Michael）已经从FLA公司的经验中学到了些经验，我们确实学到了，至少我们认为我们学到了！所以我们更换了品种并且认为使用RAS的原理养虾大有前途。所以，在2002年，我们和一群亲戚朋友成立了Magnolia虾有限责任公司。Magnolia

是室内异养型生产系统，利用复合单元鱼道（mixed cell raceways）技术作为系统控制固体负载的途径。异养型生产系统依赖于噬二氧化碳的细菌消耗氨，并且虾可以消化结成团的菌落。所以，应用起来它便是个极好的系统。

到了2002年，我们已经在淡水研究所展示了可用的系统原型，6m×18m×1.5m（3个单元）并且已经从系统中收获了成品虾。我们从投资者那里筹集到了接近2百万美元并在比佛丹的公共用水和下水道建立了虾场，并且雇了在中美洲虾场（占地大于1000公顷）有着丰富经验的总经理。由于常见的项目启动的拖延，我们投资者的态度，以及肯塔基州大学的Jim Tidwell博士认为这件事有可行性，我们使用Tidwell博士的设备运行了一些测试。我们展示给Tidwell博士，我们确实可以在这些系统中养虾；甚至食用这些虾来庆祝"这虾真香"！我们对此特别兴奋。我们的虾场已经有了投资，有了雇员，我们开始了。董事会决议使用在肯塔基州大学测试过的小规模系统而没用我们在淡水研究所展示的完整系统。这两套系统的差别是微妙但是致命的：肯塔基州大学的设计是基于竖直水流混合（在1500L圆锥体养殖池底部测试过），相比之下淡水研究所的设计是基于横向的混合单元（在120000L水体中测试过）。

Magnolia虾有限责任公司的鱼道1号的初期结果（一个生产设施有3000m²，包含4个大型鱼道）是非常有前途的；接下来鱼道持续串联下来，水质持续恶化直到虾身上的菌严重到不能卖了。这些全都发生在大约6个月的时间里，而Magnolia虾有限责任公司在生产开始后，不到12个月的时间里人员便不断流失！

17.2 学到的教训

17.2.1 技 术

FLA公司的团队非常自信，甚至是过分自信，认为使用康奈尔大学商业研发实验场开发、测试和证明的完整规模的系统不会有重大问题。这种自信是被一位FLA公司高层所激发的，他是领导康奈尔大学商业研发的主力并且致力于室内循环水产养殖技术达15年。这份自信在定位上有偏差，因为康奈尔大学的技术不同于开始在FLA公司使用的技术：大学里使用的是浮珠过滤器和连续的生物负荷，FLA公司则是流化沙床。在康奈尔大学的设施里使用高速流化沙床几个月之后，我们相信沙床生物过滤终将成为最经济实惠的生物过滤系统，FLA公司选择了安装沙床作为生物过滤器（注：FLA公司在2002年放弃了流化沙床转而使用浮珠过滤器）。FLA公司的第一套设备的预期产量是每年400000磅（182000kg），但是取决于康奈尔大学系统的连续生物负荷、养成和收获。在这种方法下，单个塘里混杂着数批鱼，收获时有大约20%的大鱼被收出，然后再在塘内加入等数量的75g的小鱼（即加入下一批小鱼）。

FLA公司在将他们的第一条鱼放进系统之前（1997年秋天），认为因为缺少从连续生物负荷中得到准确及时的数据，特别是在这种方法下的食物转换率和成长率，放弃了连续生物负荷这一方法，而使用了严格的单批次全进全出的补货和收获计划。批次负荷方法在任何一个塘收获时都提供了非常准确的食物转换率和成长率数据。FLA公司管理人员认为这些数据是全面大规模生产的经济状况所需要的最重要的信息，这正是FLA公司的目标。从连续负荷转换到批次负荷的缺点是同样大小的设施在批次负荷方法下年产量降低。

FLA公司也做出了一些改变，康奈尔大学的系统主要依赖于沉淀池去除固体，FLA公司则改为用机械过滤网筛出固体作为唯一的固体处理方法。当时没有人有任何使用过康奈尔双排水设计的机械过滤的经验（见第5章），中心排水管聚集了约15倍的废料。我们现在知道，如果是这样的进水情况，必须要重新调整微滤机滤网的大小（更大）。遗憾的是，成本上的考虑通常会颠覆明智的工程判断，特别是在没有硬性测试或原型的结果前提下去证实设计的情况下。FLA公司错误地使用了小尺寸的机械过滤系统，导致了塘里产生较多的固体悬浮物。而这又导致了鱼的生长表现异常和总体产量的下降。

> **经验法则**
> 花费上的考虑通常会颠覆明智的工程判断。
> （这是个坏事）

17.2.2　FLA公司的最大错误：供水不足

很明显的是，你只能在水源足够支撑预期生产的地方建造养殖场。FLA公司最大的错误是在没有保证地下水来源的情况下开始了运营。假设地下水供水合适，FLA公司最初选择场地还有别的标准。这些标准确实很重要，但是对于基本的合适水源能否取得这一程度的问题而言就不重要了。在确定供水量足够用，至少保证20%的日换水量并且在确定安全的情况之前选址，现在甚至是以日换水量可以达到系统水量100%作为指标。绝不会有超量的水！还有，一旦水井被连续使用一年，你应该假设初始井水回填能力会从初始供水水平（即探索阶段持续泵水一周的量）下降大约50%，所以，如果你的系统里有100000gal（378m³）水，你需要的井至少有每日供水20000gal（75m³）的能力，这意味着你的初始水井应当每日能供不少于40000gal的水（28gpm或106Lpm）。

> **经验法则**
> 在建设前，找到/证实/建立一个能日换20%～50%
> 系统水量的温水水源和100%系统水量的冷水水源。

给你讲一下FLA公司的悲惨经历：FLA公司在开始选的养殖场里钻了5眼不同的井，第一眼井在测试阶段提供8gpm（30Lpm）的流量，然而其余的4眼在建筑过程中已经枯竭。本章的第一作者深信，当时FLA公司是不可能按照计划的生产水平成功运行8～10gpm（30～38Lpm）的连续水流。

以下这些是在计算用水需求量时一般会忘记算在内的：
- 井水失效；
- 净化需要；
- 保洁需要；
- 在紧急情况下冲洗塘；

● 养殖场的常规用途。

FLA公司尝试了一系列方法为系统提供更多的水，包括从固体沉淀池通过地下水过滤系统和加入臭氧进行回水，但是这些解决方法没有一个得到满意的效果。你必须有水，而且至少达到了上文描述的量。最后，FLA公司在大量投资之后放弃了这个地点，然后转移到了一个有城市供水能力大于设施需求量数百加仑/分钟供水量的新场所。

17.2.3　管　理

管理是做水产养殖企业最重要的组成部分。自成立开始，FLA公司极强的管理团队便已到位，其总经理是从一个大规模三文鱼养殖场（一百万磅/年或455000千克/年）的总经理位置上聘请来的。Youngs博士是售卖大型鳟鱼养殖场的成功管理者。董事会很好地聚集了商界领袖和营销专家们。即便是这样有经验的管理团队，FLA公司也不过是勉强存活。FLA公司最初的养殖场包含了繁殖、育苗及目标年产量250000磅（114000kg）的成品鱼，如果FLA公司尝试了更大的规模，我们预测绝对会失败。相比于250000磅（114000kg）的目标，FLA公司第一年仅销售了168000磅（76000kg）的产品。

> **经验法则**
> 管理是做水产养殖企业最重要的组成部分。

17.2.4　金　融

不管你听到的所有关于政府对创业的担保贷款如何，FLA公司的经验是，它最后变成了股权注入（自身与外部的投资者）和个人担保的贷款。银行不会使储户的钱承担风险。他们会假设你失败，他们也假设你的财产将变得可忽略不计。真相是，这些假设是合理的，特别是有关财产和设备的剩余价值。二手养鱼设备的市场价的最好情况可能是投入1美元，还剩10美分。是的，你可以卖掉通用的工业设备，例如叉车，从而得到一笔合理的资金，但是更专业的设备，如水泵和其他养鱼设备的价值微乎其微，甚至毫无价值。因此，银行会要求公司贷款是由个人担保，实际上可能需要这些贷款是有保证的，意思是保人必须将等于或超过贷款的价值财产交由银行控制。如果还不上贷款的话，银行会清算这些财产。

> **经验法则**
> 假设二手的养鱼设备价值只值十分之一。

寻找合适的融资需要大量的时间和努力。你要知道，基本上所有的融资和租赁最后都将有同样的前提，即借款/租赁将需要等价的担保。还有，一定要记住这些需要有人通过大量时间和努力说服潜在的投资者，制定详细的报告材料，参与一个接一个的会议。即便贷款成功，也至少需要3个月才能转化为你可以利用的资金，而且这还是在你已经找到一个答应贷款给你的银行的前提之下！

风险投资公司也是可能的资金来源。FLA公司和他们在起始阶段寻找资本的经验是，风险投资公司会假设你可能不是唯一拥有该技术的（即如果你能做，其他人也能）；或者是在和食物有关的生意上赚钱的整体潜力并不那么吸引人，特别是和风险投资公司可以考虑的其他方案比较而言。所以，除非你有一个确定的风险投资公司的内部途径，否则从风险投资公司获得抵押资产的净值的可能性并不高——即使有私人的关系，可能性仍然不高。

另外，如果你可以证明第一阶段能成功，并且带投资者看到你运营的养殖场已经可以繁育和产出仔鱼，逐渐养成的鱼有合理的价值，并且能成功卖出，那么你更有可能得到风险投资公司或其他投资者的资金。过程的关键是在养殖场运营第一阶段获得成功。

17.2.5 Magnolia虾有限责任公司的教训

失败总是痛苦的，而Magnolia虾有限责任公司的失败则是极其痛苦的。我们的参与者很出色，在开始4年中有着合适的融资，开始之前进行了规模测试，虾业的老手管理虾场。我们相信我们的错误是在复制并安装一套结构设计前并没有测试。在比佛丹（Beaver Dam）更保守的方法应该是在开建之前建一个鱼道（竖直水流混合）并看一下它的工作情况，完全同意这种设计时再开始。Magnolia团队认为他们的系统可以运作，然而它没有。现在，事实上Magnolia的拥有者忽视了本书另外两名作者的建议。我们认为如果建设的是我们的设计，那么Magnolia肯定有更高的存活下来的可能性。

17.3 投资选择

我们作为大学研究者、推广教授和顾问，经常帮助人们决定进入水产养殖业界并投资是否是个明智的决定。特别是，应该投资吗？我们的观点是很少有团体或个人有能力用循环水或者其他方法养鱼。我们一般不建议任何人在看到其他团体成功展示养鱼能力之前对该团体进行投资。应该基于他们的初步结果，评估该公司在扩大之后的盈利能力。在评估过程中，确保使用实际的售价去预测商业利润。我们经常看到商业计划参考零售价格，然而实际上养殖场真正卖鱼的机会是在批发市场甚至更糟糕的可能是中间商或经纪人那里，这些人买了鱼然后将鱼卖到批发市场上。有些商业计划甚至不理解鱼片和整体（整鱼，不去除内脏）价格的区别。要基于现实并且小心。

17.4 物种选择

进入水产养殖的常见主题是选择一个高价值的品种，例如鲈鱼、梭鲈、观赏鱼。这些鱼具有较高的市场价是因为供应量低。当特定物种的水产养殖取得了成功，那么市场的供应量显著上升，市场价格则显著降低。还有，不要被看上去明显赚钱的市场所误导。市场的供应量低导致价格高昂是有原因的。三文鱼和条鲈业界价值曾在一年内减少了50%。美国的罗非鱼价格好似一个约5年的轮回，从$1.00/磅（$2.20/kg）到$2.00/磅（$4.40/kg）。养殖场在轮回的高峰时利润情况很好。而这使生产线上产量增加（有更多的生产者），促使市场价格下降，因为在过去20年间罗非鱼的年需求量一直保持在稳定的160百万磅到2000万磅（7000

吨~9000吨，基于整鱼算）。在相同的时间段，市场的鱼片供应量从根本上没有涨到250000吨（2006年）。

为了能更好地预测价格趋势，应当把选定物种的当前市场价与其他商品鱼作比较，例如养殖的三文鱼或鲶鱼。这些鱼会提供给消费者另外的备选项，处于消费者愿意支付的价格范围。其他的优质肉类对于肉类购买者也是一个可选项。举个例子，鲶鱼产业每年产出6亿磅（273000吨），美国罗非鱼年产量180百万磅（8200吨）。新鲜鲶鱼的整鱼收购价一般是$0.75/磅（$1.65/kg）。鲶鱼做鱼片能占整鱼的45%，而罗非鱼现在最好也只有差不多33%。所以，罗非鱼鱼片如果和鲶鱼鱼片相竞争，新鲜罗非鱼的价格必须是$0.55/磅（$1.21/kg），这暗示着现在$1.00/磅（$2.20/kg）的价格可能会下跌更多。罗非鱼的基因改良使鱼片收获提高，这将会平衡价格，但是在那之前，大规模的罗非鱼养殖必须和上文中描述的新鲜鲶鱼价格竞争。相似的价值逻辑也可应用于其他品种。记住，鲜鱼价可以在6个月内下降一半。这在过去发生过，并将会再次发生。应做好预警并时刻准备着。

> **经验法则**
> 成功的养殖高价值品种会导致它们的市场价格的显著下降。

17.5 循环水产养殖的竞争力

如果循环水技术是能够成功实现的，那么水产养殖业者必须和其他商品肉类还有大型鱼类养殖，诸如现行的网箱三文鱼行业或鲶鱼行业进行竞争（见图17.1的历史产量）。同时注意鸡肉和猪肉产量与野生捕捞海鲜情况。

令人沮丧的真相是循环水产养殖显露出负面的结果和可行性已经20多年。总的来说，绝大多数的问题都和技术无关，而是对系统的管理和尝试不适合用循环水产养殖的物种。作者也不同意循环水产养殖只能适用于高价值产品这一观点。和任何生意一样，成功是建立在一系列完整的重要因素之上的；缺少了任何一个都将会导致商业失败。

常见的和循环水技术联系的错误认知通常包括：

- 过于复杂；
- 易发灾难性失败；
- 昂贵；
- 只适合高价值品种；
- 只有高度受教育人员才能被雇佣。

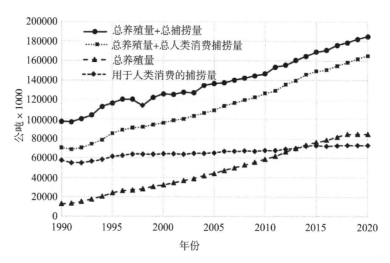

图 17.1　全球海鲜产量（水产养殖和野外捕捞、总捕捞除去非人类消耗的捕捞、水产养殖产量以及人类消耗的野外捕捞）。数据来自 2018 年 FAO，https://www.statista.com/statistics/264577/total-world-fish-production-since-2002/。作为比较，世界鸡肉和猪肉产量（都是室内养殖）都是几百万吨；世界海鲜野外捕捞是 9370 百万吨

　　这些标签可能在数年前已被完全证实，但是现在，循环水技术不具有上面的任何一个。当然，任何技术可以过于复杂、昂贵、易发生失败——但是我们在今天的循环水业界已经很好地（至少我们应该是）越过了这些。循环水的每个单元已经在之前的章节里面讨论过了，然而在任何特定的循环水系统中通常不会用到所有的单元，所有的单元应在设计和计划阶段被考虑到，特别是水质的管理水平和需要的水质。挑战是设计一个符合目标物种水质需要的系统并且做得有效益。

17.6　基础设施和资本化

　　水产养殖项目的发展需要重要的基础设施，包含水、废物处理能力、内部建筑空间、电力和需要的负载量（待定）的供应，以及运输。每个可考虑的场地需要完整的工程分析，大致的最低场地需要列在了表 17.1。

表 17.1　大致的基础设施和需要

项目	冷水（鳟鱼）	暖水（罗非鱼）
年产量（kg）	454000	454000
建筑面积（m²）	5600	37000
日供水排水（m³）	3000	300
供暖要求（百万焦/日）（季节性需求峰值）	20000	40000
用电（kWh/d）	6000	4000
液氧（m³/d）	1000	1000

17.6.1 水 源

循环水主要的优势是极大地降低生产用水量（见第1章）。进入循环水的新水必须是有生物安全性。引致病生物体进入生产场地的主要因素是水或者是进入养殖场的动物，如果这两个因素是干净的，那么由疾病造成的损失几乎是不存在的。

必须为保证养殖场的生物安全做出巨大的努力。理想水源应该是饮用水水质的深井水。一个生物安全的水源是没有替代品的。在水源的问题已经明确之前不要建任何养殖场。你应当假设最小的场地需求，即便通常日用水量将是系统水量的20%或更少，温水系统的为20%~40%，冷水系统日需水量为一整个系统（100%）的水量。处理非生物安全的水源需要结合机械过滤、臭氧、紫外线和化学反应。（见第5章、第11章、第16章）

必要的水质取决于养殖品种的生长和生产阶段。对于罗非鱼来说，培育卵的水质比后期的养成系统更严格。

17.6.2 资本化成本和需要的处理单元

室内循环水最重要的处理单元和它们对应的水质参数见表17.2。

表17.2　水质控制需要的装置流程

处理单元	对应水质参数
生物过滤	氨和亚硝氮的去除
固体分离	过量食物和废物去除
去除二氧化碳	水中二氧化碳浓度
充氧处理	溶解氧浓度
酸碱平衡	pH，二氧化碳浓度，碱度

进行独立单元处理的设备都是资本化整体成本的一部分。经济上有竞争力的食品鱼生产取决于资本整体的减少，至少要接近三文鱼产业的效益，以\$0.40/kg的系统年生产能力为例（见本部分后面的计算）。发展创新性的想法或管理方法必须结合单元的操作或降低现行技术的成本。提高生产规模可能是与其他任何因素相比更能走向这一目标的。乳制品、猪和鸡已经提高了单个养殖场的产量，因此，要提高劳动力效率和改进商品部分的成本，基于循环水产养殖的工业也必须这样做。

图17.2展示了高密度循环水产养殖的现状。

图17.2　一个使用CycloBio过滤、LHO和气提塔的循环水系统。水流离开流化沙床生物过滤器后通过重力流过梯级气提塔、LHO和在经重力流进养殖池之前经过UV照射单元。感谢保护基金会淡水研究所（CFFI，Shepherdstown, WV）授权照片

　　图17.3是Fingerlakes（Groton, NY）用来养殖罗非鱼的系统，图17.4中则是简要的处理单元结构图（来自Fingerlakes水产养殖，Groton, NY）。注意保护基金会淡水研究所基于北极红点鲑（一种对水质敏感的品种）养殖的系统与Fingerlakes罗非鱼（对水质情况相比敏感度较低的品种）养殖的系统在复杂程度上的区别。

图17.3　使用CycloBio系统的Fingerlakes水产养殖系统总览（CycloBio系统的前面是直径为10m的鱼塘；注意换气扇在给离开CycloBio进入LHO单元的水渠位置送气）。感谢Fingerlakes水产养殖（Groton, NY）授权照片

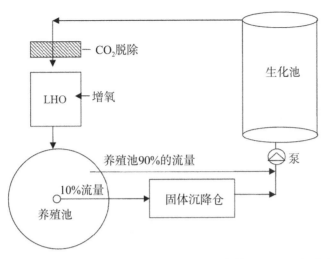

图17.4　单元处理流程图显示了Fingerlakes水产养殖的循环水产养殖罗非鱼系统CycloBio在其中的位置

17.6.3　泵水成本

循环水技术的主要缺点是需要把水从养殖池移动到不同的处理单元，从而将使用过的水恢复到鱼类生长可接受的水质。表17.3总结了基于总动力压头，水必须从养殖池自由水面升高的高度加上需要克服的管道水头磨损并提供新的高度下指定压力的总高度，支持鱼类生长下泵水和流量的成本。经验法则是，8Lpm的流量对应每日每千克的投喂量（5gpm的流量对应每日每磅的投喂量）（供应氧气和硝化作用）。

> **经验法则**
> 8Lpm的流量对应每日每千克的投喂量。
> （5gpm的流量对应每日每磅的投喂量）

表17.3　每单位产鱼量（kg）的泵水成本

每日的饲料千克数量(Lpm)	总动力压头(m)	马力(kW)	kWh/kg	成本($/kg)（整鱼）
5	1	0.001	0.028	0.003
10	1	0.002	0.056	0.006
20	1	0.005	0.112	0.011
30	1	0.007	0.168	0.017
40	1	0.009	0.224	0.022

注：假设电价为$0.10/kWh，泵的效率为70%，并且饵料系数为1.00。马力（BHP）=Q×TDH×SG/（0.012×泵的效率）。假设以上每个流量都支持每天1kg的投喂量。

举个例子，如果运行你的循环水产养殖系统的总动力压头是5m，例如流化沙床，饵料系数是1.5kg饲料增加1kg生物质量，那么泵水的成本在假设每天饲料为30Lpm/kg的情况下：

$$\frac{成本}{磅} = 0.168 \frac{kWh}{m \cdot kg_{饲料}} \cdot 5m \cdot 1.5 （饵料系数） \cdot \frac{kg_{饲料}}{kg_{鱼重}} \cdot \frac{\$0.10}{kWh} = \frac{\$0.126}{kg_{鱼重}}$$

所以，可以看到泵水的成本和以下成比例：

- 泵水压力（总动力压头，TDH）；
- 饵料系数；
- 电费。

在设计和计划循环水产养殖的第一阶段应注意并降低影响泵水成本的这3项因素。设计考虑应包括使用低水头的泵和减少提水需要。

17.6.4 生物过滤

有效实惠的生物过滤是室内水产养殖生产的一个关键因素。生物过滤的选择影响了水泵系统对抗的动力水头。流化沙床需要5~10m的水头，而微流式的过滤可以在低得多的深度下工作，例如2m。浮珠生物过滤在水头需要上和微流过滤相似，和流化沙床相比提供很大的硝化表面积；移动床生物过滤几乎不需要水头，但是曝气和填料流动会消耗能量。所有的生物过滤都有优缺点，对于小型系统，例如日投喂50kg，生物过滤的选择可能毫无关系。基于作者的经验，我们总结了不同的生物过滤的成本（见表17.4），用于支撑年产454吨罗非鱼养殖场（1百万磅/年）。

表17.4 年产量454吨（1百万磅）的罗非鱼养殖场有关生物过滤的成本预测

生物过滤类型	养殖场成本	成本(每年$/kg)
旋转式生物反应器	$668000	$1.50
微流过滤器	$620000	$1.36
珠滤器(非微珠过滤型;见下面的注解)	$296000	$0.66
常规的流化沙床生物过滤器	$124000	$0.26
循环生物™流化沙床生物过滤器	$76000	$0.18

注：成本在表中以每年$/kg的生产能力计。并非所有在第7章出现的生物过滤类型都包括在这里。即使包括在表中，也不意味着建议使用。

鳟鱼、红点鲑和三文鱼需要相对干净的水和较低水平的非离子态氨，因此设计养殖这些品种的系统时，生物过滤的高百分比清除效率是需要的。基于这个原因，包含细沙的流化沙床常普遍用在冷水循环系统中，因为这些生物过滤的总氮去除效率通常达到70%~90%。使用细沙的流化沙床也能提供彻底的硝化作用（由于超量的表面积），这帮助循环系统的亚硝态氮浓度维持在较低水平（氮通常小于0.1~0.2mg/L）。从上面的讨论可以看到，品种将影响设备和生物过滤技术的选择。如果循环水技术要在经济上成功，必须要把受资本化和保持水质影响的生产成本放在最前沿的位置。开发一个产出好水质情况的系统相对简单，但是设计一个经济产鱼的系统是完全不同且具有挑战性的设计任务。

17.6.5　除气和pH调控

循环水系统可以使用主动单元去除溶解的二氧化碳并提供充足的氧气维持产量。常用的能结合了上述功能的装置于图17.5中显示。

控制二氧化碳去除效率可以用来控制水的pH，而pH调控可以用来减缓氨过高带来的问题。这些处理单元在不断地为实际情况更新。

17.6.6　固体去除

在循环水系统中有效地管理固体物质可能是长期经济成功的最关键因素。固体的去除情况不好会破坏水质，进而破坏鱼的生长表现，并且连累生物过滤的表现。现在最常用的固体去除方法是机械滤网，孔径为 $60 \sim 120\mu m$。固体去除所用的机械滤网通常是整个循环水系统中最昂贵的单个组件。在劳动力成本相对较低的较不发达地区，沉淀池可适当经常清洗（例如每日2次）。在第5章中提供了固体去除的设计细节。

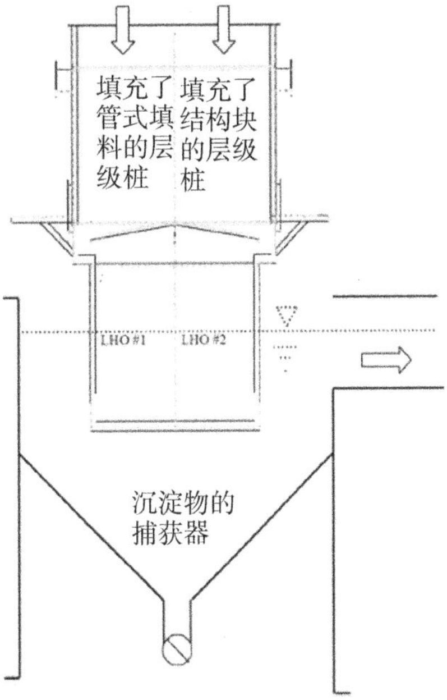

17.6.7　其他成本

图17.5　二氧化碳去除/LHO堆积塔装置立于锥形底污水池上简化底质清除（由PRAqua科技有限公司绘图，Nanaimo, British Columbia, Canada）

投喂系统、报警和控制系统，以及所有其他组件的主要成本通常是和用于室外或者流水的非循环水系统一样的设备。应当考虑到循环水产养殖场内的环境可能不同，如高湿度。建筑的结构、隔热的材料、加热和通风系统都必须考虑到从而使养殖场设计有效，见第14章。举个例子，在室内循环水环境下使用木质组件节省初期成本会具有长期影响，因为这类结构通常每3或4年需要替换一次。在你不确定你的设计并期望在较短的时间内改变组件的情况下，使用木头可能是个好主意。不要过度投资在实验性的设计上，除非是在有真实的可靠的测试概念的基础上。

17.7　规模效应和风险

设计一个独立生产系统的特定生物量负荷的首要考量是，是否会导致毁灭性的失效。单元的失效意味着系统的失效，通常在一个失效的单元中所有鱼会死亡。生物过滤是系统失效的来源之一。应对失败的一种方法是最小化养殖场的生物过滤的数量，如此以来每个都能被设计得足够大而超过设计容量,从而降低风险。另一种方法是建几个小生物量的系统,每个系统有独立的生物过滤,当一个系统失效时,经济损失的严重性较小,因为单个系统只代表总产能的一小部分。FLA公司的养殖场设计了6个独立的生产系统,每个生产系统的产能是每年250000磅(114000kg)鱼;因此,在一个模组中的组件是用于处理该模组中的生物负载量及对应的进食效率。将养殖场设计为6个独立单元,意味着1个单元失效时,不会影响其他5个单元。相比于考虑到经济规模设计越来越大的生产模组,这变成了一个风险分散问题,而且是和系统失效相关的风险,它与具有大量生产单位的规模经济相对。养殖场至少设计4个独立的养成系统,即使某一系统失效,养殖场也只会损失这一批25%的产量。

生物过滤的特性表示在了表17.5和表17.6中(来自第7章)。注意两种类型在空间和体积要求上的差异。对于小型养殖场,例如,其产量小于50000磅/年(每年23000kg),生物过滤种类的选择可能没有太大差别,只有在更大的养殖场中,生物过滤的选择会对整体收益情况有显著的影响。因此,如果你刚开始,那就选择最有道理又最容易操作和维护的。微流或移动床生物过滤通常是一个很好的开始。

表17.5 不同种类生物过滤对氨的吸收效率

过滤种类	评价标准	氨氮生物滤池的氧化速率	
		15~20℃	25~30℃
粒状	未展开的填料体积	0.6~0.7kgTAN/(m³·d)	1.0~1.5kgTAN/(m³·d)
微流&RBC	填料的表面积	0.2~1.0g/(m²·d)	1.0~2.0g/(m²·d)

表17.6 两种常见过滤类型对单位硝化负荷因素的体积要求

过滤种类	比表面积(m²/m³)	TAN的日氧化量	吸收效率	所需的填料体积
粒状	1000~10000	1.0kgTAN/d	1.0kgTAN/(m³·d)	1.0m³
微流&RBC	150~300	1.0kgTAN/d	1.0kgTAN/(m²·d)	5.0m³

17.7.1 具经济竞争力的尺度

你的运行规模必须匹配选择的市场从而有竞争力。如果你销售自己的产品,这将使你在零售层面上和他人竞争,但是这种销售策略需要将大量的时间奉献并承诺给一系列小客户。例如,诸如餐馆这样的收购者通常每星期只需要10~20磅(5~9kg)的鱼,通常是以鱼片的形式,所以,准备好切鱼吧!

美国的传统大型罗非鱼养殖场整鱼的年产量在200000~1000000磅。这样的规模和生产能力并不足以和海外的罗非鱼鱼片生产商进行竞争。海外竞争者加工的鱼片价格大约为$0.30/磅($0.66/kg),他们的养殖场年产量为5百万~15百万磅(2500吨~7500吨)。你可以抄起铅笔计算一下,在你的加工能力非常好的情况下,为了使加工鱼片的成本相等,你的人工成本仍应接近$1.00/磅($2.20/kg),专业的加工人员可能可以使加工费用低至$0.50/磅($1.10/kg)。显然,相比于大型的海外养殖场,你的加工成本显得非常没有效益,所以人工处理是不可行的。

完全自动化的加工设备可将鱼片加工的成本降低至$0.15/磅~$0.25/磅（$0.33/kg~$0.55/kg）。这样水平的加工成本可使美国的生产者与海外供应商在加工成本上竞争。问题是，自动鱼片加工设备每年需要五百万~一千万磅（2300吨~4500吨）数量级的加工体积抵消初始的设备成本。并且，在这个生产水平上开始浮现出其他的经济考量，你将在室内饲料生产、制氧、发电和利用鱼类副产品进行成本收益权衡。年生产能力在10万磅（约50吨）可能是最差的状况。基本上，在这个生产水平上，你会有多于可以推销给当地市场客户的鱼，但是你需要足够多的员工和大量的固定成本来运营养殖场。所有这些因素都导致了整体生产成本的提高。要么变得像鲶鱼养殖场一样又大又成功，要么保持很小的规模并基本上事必亲为。

经验法则

年生产能力在10万磅（约50吨）可能是最差的状况。

17.8 劳动力需要

劳动力成本将会成为运行的一个主要因素。大型养殖场提供每周7天、每天24小时的人员覆盖。问题是什么是大规模，什么是小规模。毁灭性失败后的金融后果会回答这个问题。如果你可以经济上接受损失所有鱼的损失，你可以考虑部分覆盖。当然，在养育成鱼的第一年，我们强烈建议尽可能多的人员覆盖。你会惊讶有些损失的发生是如此的低级！当有人在现场检查鱼和系统设备运行时灾难性损失极少发生，见第13章）。随着系统成熟和报警系统的建立，流量损失、水位、低溶解氧等的发生逐步减少，例如一个月一次，那么可以考虑降低养殖场的人员覆盖。

经验表明，养殖场运行过程中被自动报警系统探测到的问题只有50%。并且，报警系统偶尔会在没有问题的时候报警。是的，这些系统理应更好（它们已经变好了很多），但是这些都发生在现实世界中。在还不能监测太多事情和过于依赖自动报警系统与没有报警之间存在着微妙的平衡。

作者经手直径从2~11m不等的养殖池的经验是，不同尺寸的养殖池需要相似的人力对应时间去管理。在效果上，是养殖池的数量而不是大小对管理时间起重要作用。高效的养殖人员可以有效地管理一系列的池子，每天每个养殖池（11000L）需要20~30min的时间预算。日常工作包括每日水化学测量、投喂、维护过滤设备和养殖池清洁。维护每个养殖池时增加2~3小时额外的人力时间来做主要的清洁活动，预防性维护也是必要的。假设周工时为40小时，这意味着一个人可以管7~9个养殖池（平均每周每个养殖池4.3~5.3小时）。这和Fingerlakes的经验一致。例如，5个员工不分昼夜管理48个养殖池。

因为养殖场的许多操作需要2个人，一个养殖场可以设计为计划2个全职员工/场主最大化的劳动效率。在估计劳动力需求中通常被忽视的是，劳动密集型任务诸如收货和修理时额外的短工，需要2倍于计算的劳动力可能是合理估计。当一切都很好，系统需要最少的劳动力，但是接下来的时间里所有事情并不好的时候，养殖场主可能考虑对特别任务使用小时工或合约工，例如收货、搬运、加工等。Lorsorde I和Westers H（1994）每天用8小时来管理有

8个养殖池（含3个育苗池）的系统（这个估计和我们的每个养殖池时间相符）。

17.9 预测生产成本

所使用的技术必须支持使整体运营具有经济竞争力。启动设备的初始成本对公司预期的投资内部收益率有着一定的决定作用。你应该为该设备假设一个5年的折旧时间表，但这个因素在决定预期经济回报的重要性上低于初始成本。美国国家税务局允许的单一的农业建筑的折旧时间是10年，对于最小化纳税金额是好的，但是反应在投资的回报率上时是糟糕的。对于更大型的养殖场（年产不低于200000磅或者91吨），好的成本/生产比是在设备上是每年$1.00/磅~$2.00/磅（$2.20/kg~$4.40/kg），而生产力对应建筑、土地、设施等不应超过每年$0.50/磅~$0.10/磅（$1.10/kg~$1.65/kg）。范围的存在是因为这些成本取决于物种和场地；高密度罗非鱼养殖场会在下限，而三文鱼则会在上限。对于小型养殖场，这些成本至少是2倍，甚至4倍以上也是可以见到的。如果前期投资的成本太高，养殖场内部收益率则会太低以至于吸引不到外部投资者。寻找现存的不运营的建筑或者养殖场是降低设施成本的最好策略。

计算生产成本、利润和亏损时需要理解常用的经济术语。在下面列出便于参考。读者应查阅更完整的商业书以获得更多的帮助，例如Bangs D H, 2002: The Business Planning Guide, publisher: kaplan business, 9th（April 15，2002，ISBN：079315409X）。Bangs D H的书是对商业经济的简练阐述，同时包括了撰写有意义的商业计划的基础。无论多小，永远不要在没有深思熟虑的商业计划完成前开始做生意。

17.9.1 经济分析的术语

1. 营业损益表

当预测未来利润和损失时，使用营业损益表。

2. 收益

通常建在电子表格中，你可以轻松改变卖出产品的价格。对卖出的产品建议有尽可能多的类别。

总收益 = 所有收益的总和 。

3. 产品销售成本（cost of goods sold，CGS）

有时也叫直接成本，这和实际卖出的货量成比例，例如饲料、苗种、氧气、加工费。

4. 固定成本

这些成本的产生和你是否卖出产品无关（常被称作经常性费用；目标是使固定成本占总成本的百分比尽可能的小）。固定成本可以描述为：

固定成本=经营开销+销售费用+常规和行政成本

经营开销=电费（泵）+加热（空气和水）+员工费（一线劳动力）+补给+保险（建筑，重要人物，债务）+税（财产，工资，销售，非收入所得税）+版税

常规和行政成本=管理开支+法律费用+专家服务费。

5. 总支出和净收入

总开销=变动成本+固定成本；

净收入（EBITDA）=收入-总开销。

注意：在这里净收入不反映利息、利润的税收、折旧或摊销；因此缩写为EBITDA（earnings before interest，taxes，depreciation，and amortization）。EBITDA是非常有用的，因为EBITDA中的ITDA（利息、税务、折旧摊销）可能非常依赖于当地的银行、股权投资等。财务分析通常通过计算回报的内部收益率或净现值来体现。

6. 折旧

折旧是实物资产随时间的损失。从税收的角度看，美国国家税务局通过创建项目分类管理折旧，例如货车、电脑、泵、建筑。每一项都有最大允许的折旧期，例如灯光设备可能是7年，单一用途的农业建筑是10年，商业建筑是39年，住宅建筑是28.5年。在选择了合适的项目类别下的折旧期后，接下来用美国国家税务局要求的方法对服役中的财产计算折旧，例如直线法、双倍折旧、成本回收系统（modified accelerated cost recovery system，MARCS）。

直线法是最简单且最不易使人不解的方法，但是会计公司似乎更喜欢MARCS，而这方法需要一份查找表，并加速折旧到期限以前。使用直线法，当财产或项目在生命周期最后退役时，你必须指定一个回收价值。简单的办法是指定价值为0，这样可以最大化每年的折旧限额，而后如下计算折旧：

$$折旧成本（\$/年）=\frac{总成本-回收价值}{使用年数}$$

单位是$/年。因此，如果你花$1000购买了一个泵，指定回收价值为0，并指定5年的使用年数，你每年在该项的折旧费用为$200/年。在政府税收方面，从收入中减去折旧成本，使应纳税收入减去折旧额。现在，微妙的部分是，如果你卖出了折旧的物品，而卖家高于账面价值，那么它就成了公司的收入。此次销售的净收入是初始价值减去当日的折旧。因此，如果你按照当前的账面价值（基于公司税务报表的资产价值）卖出物品，则不产生需缴税的收入。

17.9.2　循环水的经济状况

基于我们使用循环水的经验，总结了在美国北部气候条件下的商业规模罗非鱼养殖场的成本和所需的投入。

正如前面提到的，较小的养殖场会导致更高的单位生产成本，而且单位投入量也很高。例如，购买一个典型的焊接氧气罐（282立方英尺，8m³，或23.5磅，10.7kgO₂），每100立方英尺（2.82m³）将产出成本$3～$4（或者是表17.7中10倍的成本）。劳动力是较大规模养殖场达到规模效益的另一方面，由于小型养殖场和大型养殖场所需要的劳动力几乎相同，而无论是2个养殖场还是20个养殖场，所需要的安全检查时间基本一样。

1. 氧气使用和二氧化碳的产生

在表17.7中，更令人困惑的一件事可能是，对于小型和大型养殖场，我们如何指定如此不同的氧气使用率（小型养殖场为1.9，而大型养殖场为1.0）。事实上，化学计量比可以低至投喂每千克饲料的耗氧量0.37kg这一数值（0.25kg为鱼的新陈代谢耗氧量，0.12kg为硝化作用耗氧量）。出于设计目的，使用每千克饲料1.0kgO₂这一比例是一个很好的起始点，必须认识到在小型养殖场中，使用效率低是由多种多样的原因造成的，例如，缺乏合格人才、缺少对维护的注意、泄露。当然，这些事情也会在大型养殖场中发生。到达理论最低点也基本是不可能的，因为系统总会存在不同程度的固体悬浮物和非自养活动，因此要增加氧气的使用。当细菌因饲料中的固体而形成，由细菌的新陈代谢产生的氧气需要被计算在内，但事情并不是想象中那样。我们发现，任何规模的养殖场最有效的氧气使用大约是投喂每千克饲料消耗0.5kgO₂。

不管你的系统最后使用了多少氧气，二氧化碳的产生都将是氧气量的1.375倍，因为这是化学计量关系（44/32=1.375，其中44是二氧化碳的分子质量，32是1摩尔氧气的分子质量）。流水系统或自曝气生物过滤会因此在这方面有优势，氧气消耗低，没有发生明显的硝化，所以每单位投喂饲料的氧气消耗更少。

表17.7　大规模罗非鱼生产的单位成本和所需投入

项目	500吨/年养殖场(1百万磅/年)	2500吨/年养殖场(5百万磅/年)
建筑规模,平方英尺(平方米)	40000(3720)	200000(18600)或按比例5倍
设施和装备的总成本	$1500000	按比例5倍
养殖池的数量(即重复的生产单元,见第5章)	6	按比例5倍
单位生产单元体积,加仑(m³)	76000(288)	相同
每个生产单元的产量,磅/年(千克/年)	250000(114000)	相同
每个建筑的直接劳动力	5个全职工	20个全职工
成长率:卵至700g	28周	相同
饲料转化率(高质量高蛋白饲料)	1.0～1.2	相同
用电量,千瓦时每磅(每千克)	1.3(2.9)	相同
加热,每磅热ᵇ(kJ/kg)	0.17(48000)	相同
氧气使用,磅/磅(kg/kg)饲料投喂量	1.9(低效)	1.0(高效)
饲料采购成本(41%蛋白质),$/磅($/kg)	$0.45($0.99)	$0.35($0.77)
供氧成本ᵃ,$/100立方英尺($/m³)	$0.48(0.16)＋设备费ᵃ	相同
电力,$/kWh	$0.04	相同
燃气成本,$/热($/100000kJ)	$0.85($0.80)	$0.10($0.095)(发电厂)ᶜ
单位成本:$/磅整鱼(基于鱼片)	$0.99($2.97)	$0.75($2.25)
加工、包装、上冰,$/磅(kg)鱼片	$1.50($3.30)	$0.60($1.32)
鱼片成本离岸价,$/磅(kg)	$4.47($9.83)	$2.85($6.27)

注：a表示设备费通常会附加20%用于输送氧气；b表示热=100000BTU（105500kJ）；c表示大型养殖场极有可能处在有可用的未充分利用的热源的地点。

2. 饲料和其他意见

通过表17.7，看到我们是如何对大型养殖场的饲料价格进行打折的。相同的饲料的差异何在？对于大型养殖场，饲料的运输将是卡车的量级，并直接从饲料卡车放入或机械加入养殖场的饲料箱中。这种效率，加上对各种饲料供应商的投标应该会使得价格降低至表中所示。回到氧气的讨论上，一旦你达到真正有竞争力的规模，即大约2500吨/年的养殖场规模，你的氧气价格会打折，在这样的大规模下，你可能会使用类似氧气供应公司的设备自行生产氧气。这将使你的成本降低大约25%甚至更多，这取决于你的电力成本（气体纯化过程中使用电运行分离程序）。

17.10 预测使用循环水系统生产罗非鱼的成本

一个常用的罗非鱼循环水产养殖场的成本分析显示在表17.8、表17.10中（软件可在www.cornell.edu/aqua中取得）。表17.8和表17.9中的数据对于当前技术水平超过每年1000吨（每年2百万磅）的罗非鱼养殖场来说具有代表性。预测这样的养殖场的成本（表17.10）表明，如果加工成本可以达到具有竞争力的水平（仍然是一个大挑战），大型商业罗非鱼养殖场就能够与海外在新鲜鱼片市场上进行有效的竞争。为了支撑一个自动加工车间，数个年产1000吨（数百万磅）的养殖场是需要存在的。

表17.8 在英制单位基础上的大型养殖场投入模板（两百万磅/年）

项目	类别	数量
建筑成本、维护和劳动力	年运营时间	365
	建筑物总面积（平方英尺）	75000
	车间内养殖池的数量	6
	每个养殖单元污水池生物过滤总水量（加仑）	150000
	完整的养殖池系统（$/养殖池）	$200000
	设备折旧年限	7
	建筑折旧年限	12
	每个建筑中总劳动力成本（$/年）	$200000
	建筑初始成本	$750000
	建筑备用和监测成本	$75000

项目	类别	数量
鱼的需求(氧气、饵料和苗种)	氧气成本($/磅)	$0.04
	喂食每磅饲料所需氧气	1.00
	饲料成本($/磅)	$0.45
	饲料转化率	1.2
	最小投喂量(磅/日-生产单元)	100
	最大摄食量(磅/日-生产单元)	900
	生长期间死亡率	5.0%
	成本($/苗)	$0.12
	销售规格(磅)	2.00
加热和电力	水温(华氏度)	82.0
	新水温度(华氏度)	50.0
	日换水率	10.0%
	热交换效率	0.0%
	建筑整体的R值(小时×平方英尺×摄氏度/英制热单位)	20.0
	空气体积变化(立方英尺/小时)	2.0
	液化石油气成本($/加仑)	$0.80
	养殖池系统(千瓦)	15.0
	电力成本($/kWh)	$0.06

表17.9根据表17.8给出了一个用于预测循环水系统表现的设计参数。实际的数值会因为设计存在偏差，并且受到循环水团队的管理能力的高度影响。

上面例子的每千克年生产能力资本化成本是$3.54。劳动力成本比起三文鱼养殖业相对较高。做个比较，有10个网箱（每个网箱50000只幼鲑）的大西洋鲑养殖场的资本化成本是每个养殖池$1000000，2年产出大约1000吨（包括休耕期）。资本化成本基于系统年生产能力表示为：

$$\frac{\$}{年生产力千克} = \$1000000/（50000kg/年）= 每年\$0.50/kg$$

表17.10为根据表17.7～表17.8中的数值预测年产量1000吨（两百万磅）的罗非鱼养殖场的生产成本。

注意罗非鱼的资本化（每年$3.54/kg）大约是三文鱼网箱的7倍。表17.11总结了资本化成本（投资）对生产成本的影响。三文鱼的成本是水产养殖中最低的，这可以归于其大规模的养殖方式和对于该行业配套的设备与管理技术的应用研究。

表17.9 与罗非鱼室内养殖相关的生产系统特征参数

生产特征参数		数值
建筑规模		$1000 \sim 4000 m^2$
单个的养殖池(成套即为生产单元)		16个养殖池的设施(直径7.6m×深1.4m)60000L
年收获量		500吨或以上
设计参数	收获密度	$100 \sim 120 kg/m^3$
	摄食率(取决于鱼的尺寸)	体重的2%/d ~ 3%/d
	饲料转化率(饲料/成长)	$1.00 \sim 1.40 kg/kg$
	氧的补充	投喂每千克饲料$0.4 \sim 1.0 kgO_2$
	氧气吸收率	75%
	每个养殖池系统的功率	极度取决于设计
	目标收获鱼的大小	$680g \sim 1.0kg$
	日系统排水量占系统体积的百分比	5% ~ 20%
	水交换的温差	取决于场地
	建筑渗透,最低空气量/小时	2 ~ 3

表17.10 从表17.7~表17.8中的数值预测年产量1000吨(两百万磅)
的罗非鱼养殖场的生产成本

项目	成本	总数的百分比
电力成本	$0.04	2%
饲料成本	$1.28	52%
水加热	$0.18	7%
空气加热	$0.09	4%
氧气	$0.11	5%
劳动力	$0.22	9%
苗种	$0.13	5%
折旧和维修	$0.40	16%
总成本($/kg)	$2.44	100%

注:饲料/天/生产单元(kg/d)的6个生产单元为3136;产量(kg/周,整鱼)为17045。

表17.11 受折旧年限影响的鱼类生产折旧成本(直线法)

资本成本(每年$/kg)	折旧期(年)		
	4	7	10
$0.40	$0.10	$0.06	$0.04
$0.50	$0.13	$0.07	$0.05
$1.00	$0.25	$0.14	$0.10
$2.00	$0.50	$0.29	$0.20
$3.00	$0.75	$0.43	$0.30

17.10.1 资本组成

下面的表17.12说明了大规模罗非鱼养殖场是如何将总资本成本分配到范围广泛的各个必要的部分的。对小型养殖场来说，各项所占百分比可能差别很大，例如年产25～50吨或更小的。注意，养成系统本身（养殖池、水质控制、投喂系统和孵化区）只占项目总成本的32%（这里没有把不同的部分进一步分解下来计算占比，因为通常置办一个系统是基于不同的处理单元的需求的）。表17.12的数据基本上假设了建筑成本在资本成本中大约占50%。如果你可以使用现存的建筑场地或别出心裁地找到其他低成本建筑，就可以降低该项成本。这取决于气候。与地震带上由于建筑规范使其更昂贵的建筑相比，你的建筑资本密度需求可能更低。如果你真的跳出常识去思考并采用了混合单元鱼道，可能需要把鱼道安装在室外并用箍式遮盖盖上鱼道部分。

许多寻找商机的新人认为，如果他们有现成的养殖池，那么他们开始一个鱼类养殖场的资本成本将是适中的。注意，鱼类养殖池的成本仅占预测的全部设备成本中的3%～5%（或是32%的1/10～1/5）。很多人未能包含一个完整养殖场需要的辅助组成部分，整体上低估了开展养殖场所需的资本需要。

17.10.2 其他初始成本

在我们离开这个主题前，我们也应当指出，想要合理地将项目资本化，你必须在筹款时包含足够多的运营资金。你将需要在你能卖掉第一条鱼前建立储备。因此，在销售第一批鱼之前，你需要有足够多的资金覆盖全部的费用。基于范围广泛的众多原因，你也应当预料到第一批上市会有一些拖延（你的目标应当是全年进行每周一次的收获销售，从而最大化使用循环水技术的利润）。记住，即便你没有在喂鱼，你的固定成本也会将你的资金储备逐渐排空，例如，劳动力、租金、管理费用，或合并为我们所称的"销售、常规和行政成本"。最后，一旦你卖出你的产品，收到货款可能是两个月之后。你不能没有现金，所以，在开始计划时就应把这些额外的现金需求记在脑海里。

表17.12　大型罗非鱼再利用养殖系统的资本成本构成（如600吨/年）

初始资本成本的组成			占比
总设备成本	养殖池系统(组成部分没有细分,只是标出)	养成池、泵	32%
		氧气和CO_2的控制单元	
		电气控制	
		投喂设备	
		大型生物过滤(处理多个养殖池)	
		隔离的孵化/幼苗区(数个小型养殖池)	

续表

初始资本成本的组成			占比	
总设备成本	其他设备(大约)	备用发电机(400kW系统)	5%	18%
		监测系统	2%	
		制冰机(2吨装置)	1%	
		饲料箱和转杆系统	2%	
		收获系统	2%	
		水加热系统	2%	
		废物收集装置	1%	
		通风系统	1%	
		水井(2)	1%	
		操作鱼设备	1%	
	总设备成本(7年的折旧年限)		50%	
建筑成本		检疫隔离区	1%	48%
		实验室和办公室空间	1%	
		建筑场地	46%	
		化粪池/厕所	0%	
土地成本(非折旧)			2%	
所需资金总额(设备、建筑、土地和应急设备)			100%	

17.11　与鸡肉和鲶鱼的经济对比

作者承认我们对循环水技术的经济前景抱有热情。我们经常遭遇到的反对循环水的理论在于循环水不能和诸如美国的商业鲶鱼产业的大型商业鱼塘进行有效竞争。的确如此，使用循环水生产鱼可以和传统的养殖系统竞争，例如鱼塘、网箱、鱼道。本书的第一版、第二版中，我们给出了一个比较循环水生产罗非鱼和美国南部鱼塘系统生产鲶鱼的案例分析（Timmons M B和Aho P W，1998，表格是相同的）。鲶鱼养殖场的数据是来自一个1988年的研究（Keenum M E和Waldrop J E，1988），所以我们认为这对于现在的书本有些过时了。但是，我们的分析显示，使循环水系统具有竞争力的关键是罗非鱼的循环水产养殖场必须和鲶鱼养殖场或网箱养殖有着相同的规模。鱼塘系统有着严重的局限性从而降低了它们的经济生产力，例如：

- 必须位于温暖的气候下才能促成很高的生产力，如每公顷5～10吨；
- 由于其占地大的本质，需要大量土地上的投资成本（相比于循环水）；
- 为维护巨大的土地面积/鱼塘，劳动力需要可能高于初始考虑；
- 饵料转化率比循环水系统差，循环水可以在一年中持续保持理想水质；
- 易受疾病问题/毁灭性的气候事件影响。

我们也比较了罗非鱼循环水和鲶鱼塘系统与美国鸡肉的生产成本。这表明鸡肉生产在成本上仍然远远优于鲶鱼或者循环水生产的罗非鱼（预处理的整鸡的全部归入成本大约是$1.30/kg，半成品整鸡在2013年夏季的批发价是$2.33/kg）。

最终，水产养殖的产出将必须和其他商品肉类，例如家禽，进行竞争。正如所指出的，美国在鸡肉生产上的成本是极其高的。当农民和农业商业一起朝共同目标工作时，鸡肉行业能激发我们所有人的灵感。美国的鸡肉生产是一个垂直整合的行业，鸡肉饲养者是合约式农场主和系统的基础。农场主拥有建筑，提供管理，并支付绝大多数公用事业开支。对于这些服务，农场主生产每千克鸡肉大约支付$0.14。因此，所有与建筑所有权、设备资本的折旧、劳动力和公用（水、电以及大约50%的加热用燃料费）相关的成本由农场主承担。每个工人的年生产力已经从1951年的95000kg长到1991年的950000kg。据Paul Aho博士（Poultry Perspective, Storrs, CT）的研究，目前每个全职工人年生产力甚至已经超过了1800000kg。水产养殖的生产力甚至不能接近这些生产力。（见第1章）

在装备、屋舍、营养和基因方面，肉鸡行业已经在不停地改进效率和提高表现力。North M O（1984）提供了对商业禽类生产的各方面的广泛描述。注意到1950年鸡肉的年产量约为五百万千克是很有意思的。1950年的单位工人年生产力和鸡肉总消费量与目前美国罗非鱼行业的生产力标准极为相似（整鱼的年产量是8百万千克），鱼类养殖业中每人的年生产力是大约25000~110000kg。

导致家禽行业从室外生产转变为室内养殖的主要因素是劳动力成本的巨大节约。正如前面提到的，目前室内鸡肉生产的劳动生产力大约比室内罗非鱼养殖高大约8倍。最终，室内鱼类生产比起家禽生产有两个明显的优势：更高的饲料转化率和每单位建筑区域更大的生产力。鸡肉生产的饲料转化率为1.95（对于2.09kg质量的鸡，饲料转化率基于能量水平为3170kcal/kg和19.5%蛋白质的饲料），而罗非鱼转化率目前在1.2~1.5，饲料能量水平约为2500~3200kcal/kg，蛋白质含量约为32%~40%。相比于鸡舍122kg/m²的单位面积产量，罗非鱼系统的年单位房屋面积的肉产量为255kg/m²（在良好的工程技术和管理下可以加倍）。所以，即便在罗非鱼单位生产质量成本略高于鸡舍的情况下，稳定的罗非鱼生产设施的净年经济产出可以比小型鸡舍高得多。即使生产每千克罗非鱼的单位成本比鸡肉略高，每年一个固定的罗非鱼生产设备的净经济生产力可能会高于从同样大小的鸡肉设备中获得的净经济生产力。鱼类生产系统的优势是它们从稳定设施中可以取得更高的潜在收益；该主题的更多讨论在第1章。

17.11.1　在成本效率上对未来改进的期望

关于这一点，在未来10年会有相当多的信息是关于大规模罗非鱼生产预期成本和节省人工方法的。例如，电力负荷一旦达到500kW，许多公共电力设施将减少25%的电费。大型设备可以自行使用大型发电机进行发电，这特别具有吸引力。因为无论发电机是作为断电时的备用系统还是作为主要的供电设备，一个发电机系统是必要的。当发电机作为主要供电而不是备用时，维护和折旧将会占比更多。由于自动化，养殖池比例会得到调整，我们使用目前案例的50%作为预想的成本情况，劳动力需要将会继续减少。灾难性鱼类保险不再具有必要性，因为养殖场主将自我保险。由于系统设计的改进和精简，系统成本预计比现在减少25%。

17.12 参考文献

1. BANGS D H, 2002. The business planning guide, publisher: kaplan business. 9th.

2. FAO, 2002. The state of world fisheries and aquaculture. FAO Press: 1-125.

3. KEENUM M E, WALDROP J E. 1988. Economic analysis of farmed-raised catfish production in mississippi. mississippi agricultural and forestry experiment station technical bulletin 155. Mississippi State University, Mississippi State, Mississippi.

4. LORSORDE I, WESTERS H, 1994. System carrying capacity and flow estimation. In: TIMMONS M B, LOSORDO T M. Aquaculture water reuse systems. Elsevier Press.

5. NORTH M O, 1984. Commercial chicken production manual.3rd. AVI Publishing Company.

6. TIMMONS M B, AHO P W, 1998. Comparison of aquaculture and broiler production systems. In: Proceedings second international conference on recirculating aquaculture. Available from NRAES as Publication VA-1: 190-200.

7. TIMMONS M B, HOLDER J L, EBELING J M, 2006. Application of microbead biological filters. Aquacultural Engineering, 34: 332-343.

8. WATT PULIBSHING, 1951. Broiler growing statistics. Broiler Grower Magazine.

第18章 鱼类营养与饲料[①]

本章概述了影响鱼类营养、投喂以及鱼类福利的营养需求与一般生理考虑。这并不是一个最完整可靠的营养文本；目的是为非营养学家提供基础信息，有助于他们更好地理解循环水产养殖系统和养殖动物之间的相互关系。

18.1 饲料管理

饲料管理包括选择合适的饲料，订购适当的用量，及时安排运送时间，合理储存饲料，首先使用旧饲料，实施有效的投喂方法。所有这些因素都会影响最终赢利。饲料管理不当会导致任何可能的问题。例如，如果没有选择合适的饲料粒径和配方，鱼可能不会快速生长。如果不选择低磷饲料，可能会产生排污的问题。另外，合理的饲料投喂可以保证最佳的生长状态和降低总成本。本章的目的是讨论合适的获取、储存和分配饲料的步骤。此外，对于那些对鱼类营养背景了解有限的读者，我们回顾了一些饲料营养的基本原则。

18.1.1 投喂技术

有效的饲料管理的目的是为了计算出合适的投喂量并喂给鱼。欠投喂的鱼不会到达最高的成长率，并且可能在投喂过程中由于可得饲料有限而具有攻击行为，有伤害自身或其他鱼的潜在可能。欠投喂还可能增加一个鱼池内鱼的大小差距。投喂过量会导致未进食的饲料剩余，引起水质恶化，降低经济效益及引起额外的环境污染。

18.1.2 方 法

随着鱼从水花长到苗种，维持最佳生长的投喂量占体重的百分比将会降低（见表18.1）。当鱼小的时候，需要频繁投喂。使用履带式投喂机，可以选择持续投喂或在指定的周期间投喂。通常，投喂量应保持在投喂后鱼可以维持进食15～20min的量。Crampton V、Kreiberg H、Powell J（1990）提出了一个根据鲑鳟鱼类消化率来确定投喂时间间隔的公式。

---

①作者为 George K H 博士，研究型生理学家，任职于水生科学 Tunison 实验室，U.S.G.S.，五大湖科学中心，Cortland, NY 13045，电子邮箱：george_ketola@usgs.gov；Paul M D 博士，营养咨询师 P D M 及助手 P O Box #220, ledyeard, CT 06339–0220, USA. http://pdm-a.home.comcast.net/。

公式18.1可以用来建立一个预定的投喂方案。可以看出，随着鱼身体规格的增加，投喂的频率可以减少。公式18.1不应用于6℃以下，并且应采用投喂最大的时间间隔，例如24小时。

$$时间间隔 = 4.0\frac{\sqrt{W}}{T^{1.1}} \qquad (18.1)$$

其中，时间间隔＝两次投喂之间的时间，h；W=体重，g；T=温度，℃。

一些饲料经常会在鱼能够吃掉之前就流出池子。如果发生这种情况，可以在更长的时间段里更慢地进行投喂，或在离出水口更远的地方投放饲料使饲料需要更长的时间离开养殖池。对于投喂量的一个"经验法则"是，在每个投喂间隔只投喂少于养殖池生物质量1%的饲料重量。每日多次投喂可以增加投喂效率，改进饲料转化效率。表18.1给出了虹鳟的投喂通用指南。该表展示了投喂量和鱼的大小及水温的关系。

投喂饲料时，分散食物一般要优于固定点投喂，因为有更多的鱼可以同时接触到饲料。这有助于减少浪费，也可以提高鱼类生长的一致程度。由于这个原因，在使用触发式投饵机时，要辅以人工饲喂。触发式投饵机是有用的，并不是昂贵的设备，并且当操作人员不在场地，例如晚上时，也可以让鱼吃到食物。同时，即使是有全自动投喂系统的地方，每天也要对养殖池进行人工投喂。肉眼观察摄食行为对当前鱼类健康有着清楚的理解以及一个鱼池的鱼是否被过量投喂或欠投喂是极其重要的。

18.1.3 何时不投喂

在有一些情况下需要停止投喂。如果发生下列任一情况，鱼将完全停食：
- 高温；
- 鱼应激或生病；
- 运输前24～48小时；
- 抽样前24小时；
- 处理前3～4天；
- 氧气水平低；
- 水质差。

18.2 选 择

简单地说，优化饲料成本将最小化每磅鱼生长需要的饲料成本。各种因素都将影响这一比例，最低价格的饲料可能不会使鱼有最好的生长率和饲料转化率。一些会影响饲料如何选择的因素是：
- 生长表现；
- 饲料质量；
- 运输成本；
- 物理性状；
- 配方；

● 对水质的影响。

18.3 生长表现

能够明确评估生长是评价不同饲料的关键。饲料增重比（feed to gain, FG）或饲料转化率（feed conversion ratio, FCR）以及增长速度是评价鱼生长的最好工具。FG通常表示为每增重1kg消耗的饲料重量（kg），衡量鱼将饲料转换成体重的效率如何。我们的目标是使这个数尽可能地低。在水产养殖中，低于1的FG是可以达到的，尤其是使用高能量饲料，同时保证好的管理和水质。当这个数字下降到低于1时，但这是可能的，因为大部分鱼的重量是水的重量（大约75%～80%）。这低于1的FG绝不会出现在恒温动物的情况下；最好的饲料转换者是鸡，其FG值大约是2.0。测量FG的一个缺点是，饲料投喂的千克数不能被准确地调整从而计入投喂给鱼但是没有被鱼吃掉的饲料。

生长率，以每天增加的体重或体长表示。标准生长率（standard growth rate, SGR），是一个用来衡量鱼的生长速度的无单位的量。使用越贵的饲料能使鱼有越快的生长率和越好的转化率，可能会降低饲料的整体成本、能耗和运营设施所需的劳动力，因为生产周期变短了。计算养成1磅鱼的总费用，将显出饲料选择会如何影响其他花费。计算热量和蛋白质摄入量、监测鱼类的死亡率和疾病症状是规范化增长的其他方面。

为了优化生长，咨询生产商的投喂表、样本数据，使用你的个人观察。可能很难找出贴合实际的投喂量和投喂时间的投喂表。如果你不能找到一个这样的表，你可以使用提供的投喂表作为例子（见表18.1），通过第3章中的生长公式，构建初步的投喂方案，然后收集准确的投喂和生长数据用于改进投喂表，从而作为未来生产周期的参考。通过发展个人定制的投喂表，投喂策略将会更好贴合你的设施情况。一旦已经建立了设施的生长率（最好是在特定温度下每月的体长变化，单位：cm），将投喂量作为温度的函数来调整投喂表。

表18.1　不同温度下不同大小的虹鳟建议的干饲料日投喂量 [以体重百分比记（或磅饲料/100磅的鱼）] 与鱼体大小和水温的关系

水温（℉）	2542+	304~2542	88~304	38~88	20~38	12~20	7~12	5~7	3.5~5.0	2.5~3.5	2.5以下
	1英寸以下	1~2英寸	2~3英寸	3~4英寸	4~5英寸	5~6英寸	6~7英寸	7~8英寸	8~9英寸	9~10英寸	10英寸以下
44	3.8	3.1	2.5	2.0	1.5	1.3	1.0	0.9	0.8	0.8	0.6
45	4.0	3.3	2.7	2.1	1.6	1.3	1.1	1.0	0.9	0.8	0.7
46	4.1	3.4	2.8	2.2	1.7	1.4	1.2	1.0	0.9	0.8	0.7
47	4.3	3.6	3.0	2.3	1.7	1.4	1.2	1.0	0.9	0.8	0.7
48	4.5	3.8	3.0	2.4	1.8	1.5	1.3	1.1	1.0	0.9	0.8
49	4.7	3.9	3.2	2.5	1.9	1.5	1.3	1.1	1.0	0.9	0.8
50	5.2	4.3	3.4	2.7	2.0	1.7	1.4	1.2	1.1	1.0	0.9
51	5.4	4.5	3.5	2.8	2.1	1.7	1.5	1.3	1.1	1.0	0.9
52	5.4	4.5	3.6	2.8	2.1	1.7	1.5	1.3	1.1	1.0	0.9
53	5.6	4.7	3.8	2.9	2.2	1.8	1.5	1.3	1.1	1.1	1.0
54	5.8	4.9	3.9	3.0	2.3	1.9	1.6	1.4	1.3	1.1	1.0
55	6.1	5.1	4.2	3.2	2.4	2.0	1.6	1.4	1.3	1.1	1.0
56	6.3	5.3	4.3	3.3	2.5	2.0	1.7	1.5	1.3	1.2	1.0
57	6.7	5.5	4.5	3.5	2.6	2.1	1.8	1.5	1.4	1.2	1.1
58	7.0	5.8	4.8	3.6	2.7	2.2	1.9	1.6	1.4	1.3	1.2
59	7.3	6.0	5.0	3.7	2.8	2.3	1.9	1.7	1.5	1.3	1.2
60	7.5	6.3	5.1	3.9	3.0	2.4	2.0	1.7	1.5	1.4	1.3
61	7.8	6.5	5.3	4.1	3.1	2.5	2.0	1.8	1.6	1.4	1.3
62	8.1	6.7	5.5	4.3	3.2	2.6	2.1	1.8	1.6	1.5	1.4
63	8.4	7.0	5.7	4.5	3.4	2.7	2.1	1.9	1.7	1.5	1.4
64	8.7	7.2	5.9	4.7	3.5	2.8	2.2	1.9	1.7	1.6	1.5
65	9.0	7.5	6.1	4.9	3.6	2.9	2.2	2.0	1.8	1.6	1.6
66	9.3	7.8	6.3	5.1	3.8	3.0	2.3	2.0	1.8	1.6	1.6
67	9.6	9.1	6.6	5.3	3.9	3.1	2.4	2.1	1.9	1.7	1.6
68	9.9	9.4	6.9	5.5	4.0	3.2	2.5	2.1	2.0	1.8	1.7

（表头："每磅鱼的数量"）

18.4　饲料质量

饲料质量直接影响鱼的生长和健康以及排水水流的性状。不仅不同生产商的饲料质量有所差异，同一家生产商的每个批次也有不同。详细的饲料配方会因价格的波动或鱼体成分的易得性而改变。保存饲料标签（复印件），当你有问题时你可以将这些交给生产商，从而帮助问题调查。即便许多与饲料质量有关的因素直到实验测定完成前不会被知道，有几个与质量有关的因素可以在投喂前评估：生产日期、磷含量、粉末量。比较生产日期和运输日期。一个批号数字印章的例子如下。理想情况下，这两个日期不应相差超过大约一个月，所有特定种类的饲料应该有一个相近的生产日期。对运输时间监测，饲料处在无空调的仓库或高温运输卡车中，饲料质量都会降低。

例子：解读饲料袋上的批号（来自 Zeigler Brothers, Gardners, PA）：批号#051306 066 1546

- 第一组的6个数字组成的3个两位数字对应生产日期为月—日—年。例子中的日期是2006年5月13日。
- 第二组数字（最多4位）对应当日饲料袋识别码。这是那一天生产的第66袋。
- 第三组数字是以军事时间表示的生产时间。这袋饲料在下午3：46生产。

"粉末"是指非常小的饲料颗粒，在喂鱼时可能会观察到。这些小颗粒不会被有效利用，不仅是浪费饲料，而且也会引起水质问题。利用当前的饲料研磨和生产技术，饲料袋中的粉末应当极少或没有。例如，粉末在一袋饲料中所占质量少于1%。粉末的产生是来自糟糕的生产过程或对成袋的饲料进行过多的操作。相同粒径而不同批次的饲料颗粒可能会有粉末，同一生产商、同一配方下的不同粒径也可能没有粉末，这个没有规律。但粉末的出现会增加水体中固体悬浮物的水平，降低尾水水质。有问题时请咨询生产厂家。

18.5　物理特征

一般，饲料生产商有三类饲料：开口饵料、水花饵料、养成饵料。饲料配方可以在鱼特定的生长阶段优化营养特征和饲料尺寸。选择饲料尺寸的一般原则是让最小的鱼能吃的最大尺寸。合适的饲料尺寸可以通过比较饲料尺寸和口裂大小、鳃耙间距和食道宽度进行选择。对特定物种，许多生产商使用鱼的体长作为选择饲料粒径的指标。这种关系可以用来决定何时改变饲料的尺寸，但通常来说，当需要改变饲料尺寸时，观察也是有效的评估方法。在早期生长阶段，鱼会迅速生长到需要更大饲料的尺寸，因此不能只购买一些小号饲料，提前预定各种尺寸的饲料。使用过往经验判断预订特定饲料规格的数量。选择沉性料、浮性料、半沉性料时考虑摄食行为。表18.2展示了一些推荐的饲料尺寸和鳟鱼尺寸的关系，对于其他鱼类也是好的参考。

表18.2　鱼的体长和饲料大小关系的参考

饲料形状	美国筛网大小(目)	饲料尺寸(mm)	饲料尺寸(英寸)	饲料尺寸(g)	每磅数量
开口	30~40	0.25		<0.23	2000+
1号颗粒	20~30			0.23~0.6	800~2000
2号颗粒	16~20			0.6~1.8	250~800
3号颗粒	10~16			1.8~4.5	100~250
4号颗粒	6~10			4.5~15.0	30~100
团粒		3.2	1/8	15~45	10~30
团粒		4.7	3/16	45~454	1~10
团粒		6.3	1/4	>454	<1

定期检验成品饲料以确保标签说明符合国家法规。在美国，质量控制程序的确立是验证饲料原料和成品是否相符。饲料标签提供了一些饲料新鲜度和质量的保证。另外，饲料生产商应该定期监测饲料组成物质和成品饲料中的非营养成分，例如：霉菌毒素、硫代巴比土酸、组氨酸。维生素E和维生素C对氧化作用敏感，应得到周期性评估。养殖户每次收到饲料，应该（必须）从每一批饲料中取样并保存多个样本（连同包装袋标签在内）。饲料样本必须一直保存在冰柜中，直到食用这批饲料的这批鱼全部售出。如果问题发生在育肥时期，饲料可能需要由有威望的实验室进行分析以决定营养是否不足。

成品饲料是否有益健康是取决于它如何使用抗氧化剂（如乙氧喹）来延缓变质。饲料做成之后，阳离子矿物（如铁、铜、锌、镁和锰）催化维生素和不饱和脂肪酸的氧化，降低营养品质。一个制作良好的成品饲料中含有多种添加剂和减缓氧化的必需营养素成分。传统的饲料配方可能包括一两种饲料保护剂，但是完整饲料的生产需要采用一种更彻底的方法。

制造有益健康的饲料应包括以下步骤来保证饲料的质量：

- 添加抗氧化剂，如：乙氧喹；
- 检测成分；
- 稳定的维生素E补充剂；
- 稳定的维生素C补充剂；
- 巴氏杀菌法；
- 霉菌抑制剂；
- 霉菌毒素吸附剂；
- 饲料质量保障检测。

18.6　实际的饲料配方

实际的饲料配方通常包含不超过6~8种宏观成分。每种成分的营养数据应该满足最低和最高的物种营养限制。每种成分的营养数据组合被用来贴合物种营养限制的下限或上限。数据报告表明每种成分内的营养的量应被周期性更新，譬如饲料中体现季节性变化。此外，每种成分内的营养的消化能力因素需要基于被喂食的物种进行分配。基础信息的质量极大地影响成品饲料的营养品质。每个物种营养需求的高低限、每种成分的营养数据库、消化率以及成本被输入电脑，通过线性程序计算优化出满足动物营养需求的最佳成分搭配。日粮能量水平也调整到可以满足的动物营养需求的最适蛋白质与能量的比率。添加必需氨基酸来平衡可消化氨基酸搭配。

尽管鲶鱼和罗非鱼都是杂食动物，但对饲料的消化能力在物种间是不同的。即便有时也这么做，但是将池塘养殖鲶鱼的饲料配方用于循环水系统的罗非鱼是不合适的。

目前推荐的罗非鱼饲料配方遵循表18.3的指导原则。更多有关蛋白质、脂肪、碳水化合物消化率的信息在表18.4中，包含帝王鲑、虹鳟、斑点叉尾鮰和蓝罗非鱼。表18.5提供了大西洋鲑和斑点叉尾鮰对特定饲料成分的氨基酸利用率和蛋白质消化率。表18.6总结了鲶鱼、鲤鱼和虹鳟对于不同原料磷的净吸收状况，表18.7提供了罗非鱼饲料消化率的具体资料。

表18.3　典型的罗非鱼饲料营养组成（最大值和最小值表示为g/100g成品饲料）

鱼重营养	典型的罗非鱼饲料营养组成			
	<2.0g	2~10g	10~50g	50~545g
能量可消化—最低值	4.0kcal/g	3.8kcal/g	3.5kcal/g	2.9kcal/g
蛋白质—最低值	48.0	45.0	40.0	36.0或32.0
脂肪—最高值	10.0	10.0	10.0	5.0~10.0
纤维—最高值	4.0	4.0	5.0	5.0
灰分—最高值	7.0	7.0	9.0	9.0
淀粉—最低值	12.0	14.0	20.0	24.0
钙—最高值	1.0	1.0	1.0	1.5
有效磷—最低值	0.6	0.6	0.6	0.6
赖氨酸—最低值	2.0	2.0	1.9	1.7
蛋氨酸—最低值	0.9	0.85	0.85	0.7
苏氨酸—最低值	1.2	1.2	1.2	1.0

Wilson R P和Poe W E（1985）已经证明，相比颗粒加工饲料，使用挤压生产的饲料，更能提高能量消化能力，但不影响蛋白质的消化能力。Popma T J（1982）描述了投喂相同饲料时，鲶鱼和罗非鱼可消化能量的不同。表18.8总结了鲶鱼和罗非鱼商业饲料的核心成分的可消化能量的不同。

罗非鱼饲料中成分的选择，会显著地影响成品饲料的消化率。生长、饲料转化率，以及后续产生的污染直接关系到成品饲料的消化程度和排出粪便的量与类型。循环系统的饲料选择不仅依据能量的单位成本，蛋白质、氨基酸组成和成分的消化率，而且涉及磷的多少。除了一些例外，例如鲱鱼的羽毛和血液，许多诸如动物性副产品成分的磷氮比很高（见表

18.9)。通常，植物蛋白成分，如大豆和玉米面筋的磷氮比比较低，这使得它们适用于低环境影响的饲料配方中。

表18.4　帝王鲑、虹鳟、大西洋鲑、斑点叉尾鲴和蓝罗非的饲料原料中蛋白质、脂肪、碳水化合物的表观消化率

成分		国际饲料编码	蛋白质(%)				脂肪(%)			碳水化合物(%)		
			帝王鲑	虹鳟	斑点叉尾鲴	蓝罗非鱼	虹鳟	斑点叉尾鲴	蓝罗非鱼	虹鳟	斑点叉尾鲴	蓝罗非鱼
苜蓿粉		1-00-023	—	61[a]	—	66[b]	71[c]	51[d]	—	—	12[d]	27[b]
血粉		5-00-381	30[c]	69[a]	74	—	—	—	—	—	—	—
酪蛋白		5-01-162	—	95[a]	97[f]	—	—	—	—	—	—	—
芥花籽油		5-06-145	79[c]	—	—	—	—	—	—	—	—	—
玉米谷物(生的)		4-02-935	—	95[c]	60[d]	84[b]	—	76[d]	90[b]	—	66[d]	45[b]
玉米谷物(熟的)			—	—	66[d]	79[b]	—	96[d]	—	—	78[d]	72[b]
玉米面筋粉		5-28-242	—	87[a]	—	—	—	—	—	84[a]	—	—
棉籽粉		5-01-621	—	76[a]	83[g]	—	—	88[d]	—	—	17	—
鱼，鳀鱼粉		5-0-986	92[c]	—	—	—	—	—	—	—	—	—
鱼，鲱鱼粉		5-02-000	91[c]	87[a]	—	—	97[c]	—	—	—	—	—
鱼，油鲱粉		5-02-009	83[c]	—	88[g]	85[b]	—	97[d]	98[b]	—	—	—
肉和骨粉		5-00-388	85[c]	82[g]	78[b]	—	77[c]	—	—	—	—	—
禽类副产品粉		5-03-795	74[c]	68[c]	—	—	—	—	—	—	—	—
禽类，羽毛已水解		5-03-795	71[c]	58[c]	74[d]	—	68[c]	83[d]	—	—	—	—
大豆粉，44%		5-04-604	—	—	—	94[b]	—	—	—	—	—	54[b]
大豆粉，48%		5-04-612	77[c]	83[a]	93[g]	—	—	81[d]	—	—	—	—
淀粉，玉米(生的)	50%		—	—	—	—	—	—	—	24[a]	—	55[f]
	25%		—	—	—	—	—	—	—	—	—	61[f]
淀粉，玉米(熟的)	50%		—	—	—	—	—	—	—	52[a]	—	66[f]
	25%		—	—	—	—	—	—	—	—	—	78[f]
粗小麦粉		4-05-205	86[c]	76[a]	72[d]	—	—	—	—	—	—	—
小麦粒		4-05-268	—	—	92[g]	90[b]	—	96[d]	85[b]	—	59[d]	61[b]
小麦粒压制44%			84[c]	—	—	—	—	—	—	—	—	—

注：横线证明没有数据。[a]Smith（1977）及Smith et al.（1980）投喂单一成分并通过新陈代谢槽得出；[b]Popma（1982）投喂含有该成分的混合饲料，后通过指示剂法收集鱼池外沉降柱中的粪便得出；[c]Cho et al.（1980）投喂含有该成分的混合饲料，后通过指示剂法收集鱼池外沉降柱中的粪便得出；[d]Cruz（1975）投喂单一成分，后通过指示剂法手术切除粪便得到的；[d]Cruz（1975）投喂含有该成分的混合饲料，后通过指示剂法收集水中粪便得出；[f]Saad（1989）投喂含有该成分的混合饲料，后通过指示剂法手术切除粪便得到；[g]Wilson 和 Poe（1985）投喂含有该成分的混合饲料，后通过指示剂法手术切除粪便得到。

表18.5 大西洋鲑和斑点叉尾鮰对某种饲料原料的真实氨基酸利用率和蛋白质消化率

饲料成分鱼的品种	国际饲料编码	蛋白质(%)	精氨酸(%)	半胱氨酸(%)	组氨酸(%)	异亮氨酸(%)	亮氨酸(%)	赖氨酸(%)	蛋氨酸(%)	苯丙氨酸(%)	苏氨酸(%)	色氨酸(%)	酪氨酸(%)	缬氨酸(%)
芥花籽油	5-06-145													
大西洋鲑		91.4	96.7	97.1	95.0	87.3	85.0	92.0	99.9	89.2	93.2	—	92.9	83.
玉米,谷物	4-02-935													
斑点叉尾鮰		—	—	82.0	90.3	67.9	87.5	96.5	70.5	81.8	69.8	—	77.5	74.
玉米,面筋粉	5-28-241													
大西洋鲑		95.0	99.9	90.8	94.5	90.4	88.4	99.9	93.8	91.2	92.0	—	92.0	91.
棉籽,粉	5-01-621													
斑点叉尾鮰		—	90.6	—	81.6	71.7	76.4	71.2	75.8	83.5	76.7	—	73.4	76.
鱼,鲱鱼粉	5-02-000													
（火焰干）大西洋鲑		93.8	95.3	86.2	93.8	91.9	94.1	92.3	87.6	92.4	93.2	92.9	95.4	91.
（蒸干）大西洋鲑		82.6	94.1	94.1	88.2	89.0	89.0	90.1	88.6	88.9	94.9	56.7	90.2	88.
（低温）大西洋鲑		88.8	93.8	95.6	92.6	94.7	94.1	95.8	92.0	93.4	99.8	86.2	96.5	93.
鱼,油鲱粉	5-02-009													
大西洋鲑		88.5	86.8	92.0	91.1	88.5	90.1	87.6	83.6	87.4	88.4	89.0	92.1	86.
斑点叉尾鮰		—	91.0	—	94.5	87.1	89.0	86.4	83.1	87.3	87.4	—	88.8	87.
肉和骨粉	5-00-388													
斑点叉尾鮰		—	87.9	—	82.2	80.8	82.4	86.7	80.4	85.4	76.3	—	83.1	80.
花生粉	5-03-650													
斑点叉尾鮰		—	97.7	—	89.4	93.3	95.1	94.1	91.2	96.0	93.4	—	94.5	93.
米糠	4-03-928													
斑点叉尾鮰		—	942	—	83.4	87.5	90.5	94.7	88.2	89.5	88.2	—	93.7	89.
大豆粉	5-04-604													
大西洋鲑		88.3	86.7	—	86.4	79.2	75.9	83.6	94.0	78.7	84.5	50.3	83.0	77.
斑点叉尾鮰		—	96.8	—	87.9	79.7	83.5	94.1	84.6	84.2	82.2	—	83.3	78.
粗小麦粉	4-05-205													
斑点叉尾鮰		—	95.1	—	94.5	87.8	89.9	96.3	82.8	93.0	89.1	—	89.1	90.

表18.6 斑点叉尾鮰、鲤鱼和虹鳟对各种来源的磷的净吸收量

来源		国际饲料号	斑点叉尾鮰(%)	鲤鱼(%)	虹鳟(%)
动物产品	干酪素	5-01-162	90[a]	97[b]	90[b]
	卵清蛋白	—	—	71[b]	—
	鳀鱼鱼粉	5-01-985	—	—	—
	红鱼粉	—	—	24[b]	74[b]
	鲱鱼粉	5-02-009	60[c]	—	—
	白鱼粉	—	—	0~18[b]	66[b]
无机磷酸盐	一元钙	6-01-082	94[c]	94[b]	94[b]
	二元钙	6-01-80	65[c]	46[b]	71[b]
	三元钙	6-01-084	—	13[b]	64[b]
	一元钾	—	—	94[b]	98[b]
	一元钠	6-04-288	90[c]	94[b]	98[b]
植物产品	玉米	4-26-023	25[c]	—	—
	植酸盐	—	1[c]	8—38[b]	—
	米糠	4-03-928	—	25[b]	19[b]
	脱皮豆粕	5-04-612	20[a]	—	—
	麦芽	5-05-218	—	57[b]	58[b]
	麦粉	4-05-205	28[c]	—	—
	酵母	7-05-527	—	93[b]	—

注：a表示数据来自 Wilson R P, et al., 1982.Dietary phosphorus reguirement of channel catfish. J Nutr, 112：1197-1202，数值表示为表观消化的百分比。

b表示数据来自 Ogino C et al., 1979. Availability of dietary phosphorus in carp in and rainbow trout. Bull Jpn Soc Sci Fish, 45: 1527-1532.

c表示数据来自 Lovell R T, 1978.Dietary phosphorus reguirement of channel catfish （Ictalurus punctatus）. Trans Am Fish Soc, 107: 617-621，数值表示为表观消化的百分比。

表18.7 罗非鱼的饲料消化率

饲料中的营养成分	消化率			
	蛋白质	脂肪	碳水化合物	总能量
鱼粉	84.8	97.8	—	87.4
肉骨粉(高级)	77.7	—	—	68.7
大豆粉	94.4	—	53.5	72.5
玉米(生的、混有鱼粉)	—	—	65.4	—
玉米(熟的)	78.6	—	72.2	67.8
小麦	89.6	84.9	60.8	65.3
麦糠	70.7	—	—	—
苜蓿粉	65.7	—	27.7	22.9
咖啡果肉	29.9	—	—	11.4

表18.8　鲶鱼和罗非鱼的饲料能量消化率差异

饲料		成分消化的能（Mcal/g）	
		鲶鱼	罗非鱼
含17%蛋白质的苜蓿		0.67	1.01
玉米谷物	生的	1.10	2.46
	处理过的	2.53	3.02
鲱鱼粉		3.90	4.04
糖蜜		3.47	2.94
含48%蛋白质的大豆粉		2.58	3.34
小麦粉		2.55	2.89

　　磷氮比是衍生标准的一种，可加入到营养规范基准中。Cho C Y et al.（1994）已经记录了多种成分的磷氮比，这一信息可以添加到营养规范基准中。营养基准将会在后面进行讨论，但重要的是，知道实际的营养水平和衍生标准，如磷氮比，可以用来帮助确定低影响的水生动物饲料。表18.9为总结的各种饲料成分的磷氮比。

　　美国的数个州已建立了排放标准以控制养殖场和育苗场排放磷的量。合理设计循环水系统，可以很容易地满足这些标准，简单地通过每日排放承载量水的1%或更少（更多细节见第6章）。然而，小体积的排放标准在不断重审，规章逐步变得更严格。消费者普遍对环境敏感，因此将水产养殖的鱼和干净、有益健康、环境友好的印象结合是进行市场营销的方法。而这些也可以提升市场上水产养殖鱼类的价值。

表18.9　各种饲料成分的磷氮比

组成成分	蛋白质	氮	磷	磷氮比
鲱鱼粉	72	11.52	1.00	0.087
羽毛粉	85	13.60	0.70	0.051
玉米粉	60	9.60	0.70	0.073
花生粉	47	7.52	0.60	0.080
大豆粉	48	7.68	0.65	0.085
柔质小麦	11	1.73	0.30	0.174
黄小麦	9	1.42	0.25	0.176
禽肉粉	58	9.28	2.40	0.259
鲱鱼粉	62	9.92	3.00	0.302
小麦麸	17	2.72	0.91	0.335
肉骨粉	50	8.00	4.70	0.588
血粉	80	12.80	0.22	0.017

18.7 水产饲料的各个重要部分

难以消化的饲料会对水质产生负面影响，使鱼类生长和表现迅速地打折扣。饲料的种类影响粪便的黏稠度。饲料中可溶性固体影响养殖系统中水的颜色，这间接影响鱼类的行为，有时是有益的。饲料类型和生产饲料的过程（蒸气、挤压、膨化）也会影响水质和鱼的消化效率。这在后面会进行更详细的介绍。当应用到循环水产养殖中时，低环境影响的饲料设计尤其重要。

标准的营养要求一般不能正常应用于实际的饲料配方。这些要求是建立在理想环境下快速成长的小鱼不满足高密度商业养殖的情况下。因此，必须对每个企业专门制定营养需要，而这基于要养成的品种以及使用的水产养殖系统类型。商业饲料配方需要使用合理价格购买到高质量产品，使其满足或超过所有的营养要求，所以水产养殖工作者有责任去了解物种的需要以及去购买合适的饲料。除加入的饲料之外，水体本身也包含微量的营养，这些营养是来自环境中的维生素、矿物质、关键脂类、蛋白质和能量，是可以忽略的且不能作为增长的需求。

虽然许多饲料中的成分能满足营养需求，但并不是所有成分都适合用于循环水系统的饲料。这些成分许多都没有被充分消化。有些成分会导致产生过多的固体颗粒，增加内脏脂肪堆积，提高铁离子的水平，抑制锌离子的吸收，并可能导致制作的鱼片发黄。

18.7.1 原料质量

只有优质的原料能制作出优质的饲料。质量保障开始于饲料加工厂接受原料时，确保进入的产品受过审查和测试从而确保不存在霉菌或者组氨酸。如果将含有霉菌的成分用在饲料上，食用饲料的动物会产生问题。霉菌是一种危险的污染物，如果受其影响的原料批次被用来制作饲料，那么在鱼类饲料中也能发现霉菌。

鱼类饲料中的一个主要成分是鱼粉。对该成分的检测可了解鱼粉中的组胺水平，如果超过接受标准，该批原料将被拒绝使用。组胺是通过细菌对氨基酸——组氨酸的脱羧作用形成的。组胺经常存在于棕色的鱼粉中（沙丁鱼和鲭鱼）。将富含组胺的饲料投喂给鳟鱼会导致皮肤变色和肠道腐蚀。

霉菌毒素包含多种霉菌（例如蘑菇、霉菌或酵母）产生的毒素。对鱼来说，重要的例子包括黄曲霉素、伏马菌素和呕吐毒素。黄曲霉素由黄曲霉菌产生，伏马菌素和呕吐毒素由镰刀菌产生。黄曲霉素是已知最具致癌性的物质之一。黄曲霉菌在土壤中并且当情况对其成长合适时能影响棉花、各种谷物、玉米和花生发生微生物腐蚀。适合的情况包括湿气重和高温。呕吐毒素是脱氧雪腐镰刀菌烯醇（deoxynivalenol, DON）。

冷水鱼品种，例如鳟鱼，对黄曲霉素的敏感程度高于温水鱼品种。

鱼类饲料中其他主要成分是玉米、小麦等。如果黄曲霉素含量超过20ppm或伏马菌素①水平超过1ppm，那么拒绝使用该玉米。小麦中的DON水平如果超过5ppm，那么应拒绝使用该小麦。带有DON的小麦会降低增长率，增加发病率，促使鲑鱼肝脏长瘤。

霉菌的耐受标准是为陆地动物设立的，而不是为鱼类。比起陆地动物，鱼对霉菌毒素更加敏感。因此，不能依靠联邦标准来衡量鱼类食品的安全性。饲料生产商都意识到了这一点，所以他们一般在饲料中加入一种或多种特定的霉菌毒素粘合剂，如膨润土、沸石、酵母、球粘土及其他添加剂。然而，这些鱼类饲料的添加剂的功效没有具体数据可用。

除了缺乏鱼的具体标准和未量化霉菌毒素抑制添加剂的结果，饲料最终营养成分的品质有差异还基于原料天生的不同，譬如季节变化以及原产地的位置。因此，养殖者必须不断通过仔细监测鱼类的健康和成长率来评估营养基准的表现。饲料配方项目中营养基准的质量是不可或缺的。关键成分的季节性营养变化会影响挤压特性，并造成成品饲料特性的差异。

鱼粉是用来满足必需氨基酸的需求以及维持成品饲料的整体适口性的。鱼粉是按蛋白质水平、灰分水平和处理温度进行制作的。其质量的主要指标是沙门氏菌，包含少于500ppm的组胺和稳定生产过程中至少有250ppm的抗氧化剂液态促长琳（Ethoyquin）（山道喹，santoquin）。低水平的组胺是最好的，特别是对于开口饲料而言。

18.7.2 食用脂肪和维生素的氧化作用

饲料中，鱼油和其他包含不饱和脂肪酸的成分更倾向于发生氧化作用，实际上，不能被完全预防，但只能延缓氧化作用。鱼类饲料由于它们不寻常的营养需要而富含特别多的不饱和脂肪酸。因此，鱼饲料必须被合适地储存并通过添加抗氧化剂，例如Ethoyquin（山道喹，santoquin），BHA（丁基羟基茴香醚，butylated hydroxyanisole），BHT（二丁基羟基甲苯，butylated hydroxytoulene）以及其他来保护。论效果，Ethoyquin的效果最好，然后紧接着是BHT和BHA。合适的储存需要让饲料保持在凉爽干燥的区域，通常不超过3个月。当饲料、氧化反应、不饱和脂肪酸被破坏时，产生过氧化物这种化学物质并破坏饲料中的其他营养成分。其中，最重要也最容易破坏的是各种维生素。不受保护的维生素E和维生素C特别容易被破坏。放久的或没有被适当储存或未经保护的饲料通常是出现鱼类营养问题的常见原因，特别是针对小鱼。鱼类饲料或原料的氧化可以通过商业测试、实验室测量硫代巴比妥酸（thiobarbituric acid, TBA）或过氧化物数值（peroxide value, PV）来评估。饲料的TBA数值大约等于或大于8mg/kg以及PV值大约等于或大于每千克油8meq时，应当考虑为不可逆转地被氧化作用破坏了。

---

① 表示伏马菌素是由霉菌 *Fusarium moniliforme*（*F. verticillioides*）、*F. proliferatum*，以及其他农田中生长在农业商品或储存过程中的Fusarium物种所产生的。这些霉菌毒素在世界上已经被发现为污染物。超过10种伏马菌素已经被分离和描述了。其中，伏马菌素B1（FB1）、伏马菌素B2（FB2）和伏马菌素B3（FB3）是自然界产生的主要伏马菌素。在污染的玉米中最盛行的伏马菌素是FB1，也被确认是最具有毒性的。参考：(1) THIEL P G et al., 1992. The implications of naturally occurring levels of fumonisins in corn for human and animal health.Mycopathologia, 117: 3-9. (2) MUSSER S M, PLATTNER R D, 1997. Fumonisin composition in cultures of Fusarium moniliforme, Fusarium proliferatum, and Fusarium nygami. J Agric Food Chem, 45: 1169-1173. (3) ASHLEY L M, 1970. A symposium on diseases of fishes and shellfishes. Am Fish Soc Spec Pub, 5: 366-379.

18.7.3　配　方

给鱼提供能量的有机物是蛋白质、脂类或碳水化合物。维生素和矿物质也是必要的饮食成分。

1. 蛋白质

蛋白质由不同比例的氨基酸链组成；绝大多数的蛋白质含有大约22个氨基酸。这些氨基酸中的10种被视为"必需的"并且不能通过鱼进行合成，因此它们必须被加入到饮食中去。其他2种氨基酸，胱氨酸和酪氨酸，是视情况所需的，因为在必需氨基酸的供应量足够时，它们可以通过2种其他的必需氨基酸合成。胱氨酸可以由基本氨基酸蛋氨酸（通过半胱氨酸）合成。酪氨酸可以由必需氨基酸苯丙氨酸合成。这些转化是不可逆转的，只代表蛋氨酸和苯丙氨酸的一部分功能；因此，这些视条件所需的氨基酸（胱氨酸和酪氨酸）是蛋氨酸和苯丙氨酸的数量需求的剩余部分。

鱼粉通常包含所有的必需氨基酸，是一种常见的蛋白质来源。为满足最低氨基酸需要，将添加物加入到包含有可替代蛋白质的饲料中是必要的。蛋白质是鲑鳟鱼类饲料中的一个重要组成部分，含量范围在35%~55%，取决于鱼的年龄。小鱼有较高的代谢率，因此需要更高的蛋白质水平。

商业鱼粉的分级和售卖是按蛋白质含量、灰分含量、加工温度进行的。

2. 脂类

脂肪是鱼类最高效的能量来源，但并不能完全取代另外2种成分。营养上重要的脂类包括甘油三酯和磷脂。甘油三酯包括脂肪类和油。脂肪可分为3类：脂肪、油、蜡。脂肪和油是饲料中的主要能量来源，对平衡喂食很重要。脂肪和油在化学上和营养上基本相同，其主要区别是熔点。3种磷脂是指卵磷脂、脑磷脂和鞘磷脂。单胃动物中可用的卵磷脂能量含量为6.5cal/g。这是卵磷脂的最大理论能量值，因为该分子大约25%为磷酸和胆碱。很少有脑磷脂和鞘磷脂的能量值的研究工作。但是，这些化合物没有在食物或饲料中被大量发现。鳟鱼的饲料通常含有8%~15%的脂肪。一些养殖户建议在运输前喂食低脂肪饲料，因为鱼进食低脂肪饲料效果更好。

3. 碳水化合物

碳水化合物因其营养成分低和能量消化率低，在鲑鳟鱼饲料中并不是一个大部分。虽然它们是一种廉价的能量源，但它们无法提供除饮食外的必需营养物质。此外，过量的碳水化合物会导致肝脏问题从而引起鲑鳟鱼的死亡。鳟鱼的配方中不应包含超过12%~20%的最大可消化碳水化合物。碳水化合物以淀粉的形式起着粘合饲料的重要作用。加热、挤压和膨化是改善鲑鳟鱼饲料的消化能力和粘合能力的方法。

18.8　生理关系

鱼是一种变温动物。它们的体温和新陈代谢率极大地受水温影响。物种的反应稍有不同，但概念是相似的。金鱼是一个典型的例子，图18.1是新陈代谢速率和温度之间的关系。

图18.1的上下两个图分别表示活跃和标准（静止）时的新陈代谢区别。温度增加，新陈代谢速率增加，直到一个点，超过了就到了瓶颈。在更高的温度下，鱼的新陈代谢速率降低，并最终死亡。

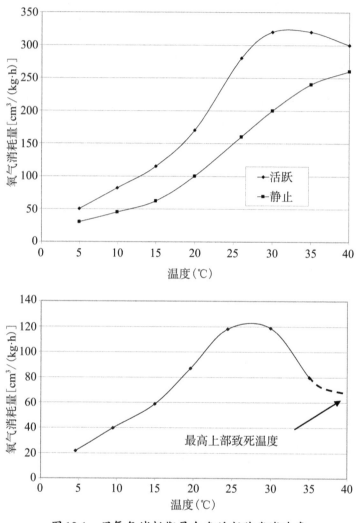

图18.1 用氧气消耗衡量金鱼的新陈代谢速率

　　另一个影响新陈代谢速率的因素是身体大小。随着大小的增加，每单位体重的新陈代谢速率减少。因为新陈代谢速率是确定饲料用量的首要考虑因素，存在可预测的关系，图18.2给出了身体大小（体长）、温度和饲料需要量的关系。第3章展示了预测生长和饲料需求受鱼的身体大小、水温和鱼的特点影响下的关系。在低温下，一条鱼需要的饲料量相对较小；但对于特定大小的鱼，随着温度的增加，饲料需求增加，直到饱和。对于每种鱼，其大小和水温的关系决定了投喂的饲料量。理想情况下，应了解这种关系或使用关系相似的鱼种作为模型并从实验中进行调整。

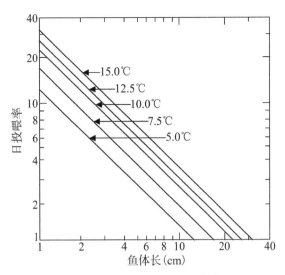

图 18.2　鳟鱼的饲料需求和温度(℃)及身体大小的关系(参考 Wheaton, 1977, 图 13.62, 577 页)

18.9　水化学和饲喂需求

水化学影响鱼类的生理和营养。例如，生活在海水里的虹鳟会经历渗透压变化从而导致体液内的水分持续流失，存在脱水的危险。为了抵消渗透压并避免出现脱水，虹鳟会喝海水并通过鳃部以及排尿的形式将多余的盐分排出。淡水中的虹鳟刚好相反，水会通过皮肤、鳃等渗透进入鱼体。因此，淡水鱼不喝水，但却会排出大量的尿。这种生理上的不同造就了对营养需求的差异。从 Shehadeh Z H 和 Gordon M S (1969) 的数据中可以看出，饮用海水对营养的摄入量有显著的贡献，见表 18.10，在淡水中，饮水不会摄入任何矿物质。当把虹鳟放在 30% 海淡水混合水体中培养时（海水：淡水 = 3∶7），饮水量会明显增加（每天每千克体重饮水 42mL）；在纯海水中培养时，饮水量更大（每天每千克体重饮水 129mL）。

表 18.10 对比了通过饲料和通过饮水摄入矿物质的估测值。饲料摄入的矿物质的估测是假设采用孵化场的饲料来投喂，每天的投喂量按照体重的 1% 进行。该估测值表明通过饮水摄入的钙大约为饲料摄入的一半，如表 18.10 所示。钠离子和镁离子的摄入量达到饲料摄入量的 10~13 倍。氯离子的摄入量要比从饲料中获取的多得多。通过饮水获取的矿物质的量是相当可观的，表 18.10 中钙离子的吸收比较适中，范围有 3~17mg。钠离子、镁离子和氯离子的吸收都要比从饲料中获取的多很多。这表明当把虹鳟放到海水中时，饮水大大促进了营养元素的摄取。

即使在淡水中，鳃也促进了钙等二价金属离子的吸收。Mccay C M et al. (1936) 用溪红点鲑做了一项研究，包括 3 组重复实验，各 50 条鱼。对每组中的 25 条鱼先用钙离子处理过，对每组其余 25 条在实验之前用动物肝脏投喂了 12 周。肝脏只能提供很少的钙离子。用化学分析的方法在实验之前和实验之后分别检测鱼的胴体，见表 18.11，表明饲料只能给每条鱼提供1.1mg的钙，但在胴体内检测到的钙离子却要多得多。计算表明饲料只提供了19％的钙，考虑到这些鱼并不会喝淡水，其他的钙最可能的来源就是通过鳃以及皮肤直接从水中吸收。在淡水中，鳃不断处理水，就会有明显的二价金属离子从水中吸收。

表18.10 虹鳟从海水中摄取营养素的量 （单位：每千克体重每天）

内容		单位	纯淡水（100％）	混合水（淡水30/海水70）	混合水（淡水50/海水50）	纯海水（100％）	饲料中摄取的营养素
通过饮水摄入的液体量		mL	0	42	95	129	1
矿物质摄入量（计算值）**	钙离子	mg	0	5	19	52	100
	镁离子	mg	0	19	64	174	15
	钠离子	mg	0	147	499	1355	100
	氯离子	mg	0	266	902	2451	100
矿物质同化量*	钙离子	mg	—	3	4	17	—
	镁离子	mg	—	1	9	74	—
	钠离子	mg	—	92	437	1288	—
	氯离子	mg	—	195	845	2400	—

注：*表示假设通过饲料获取的营养素中，饲料中含有钙离子、钠离子、氯离子的量为1％，镁离子为0.15％，投喂量为体重的1％。**表示根据液体数据和30％、50％、100％的海水淡水混合物中矿物质的浓度计算矿物质的摄入量。100％海水的浓度为：钙，400mg/L；镁，1350mg/L；钠，10500mg/L；氯，19000mg/L。

表18.11 溪红点鲑从饲料和水（43mg/L）中摄取钙离子的量

测量值	开始值	结束值	增加值
体重(g/鱼)	3.70	4.43	0.73
尸体的钙(mg/鱼)	14.2	20.0	5.8
饲料投喂(g/鱼)		18.7	
饲料钙投喂(mg/鱼)		1.1	
钙存留的百分比（从水中摄取的证明）	从饲料中：$\dfrac{1.1 \times 100\%}{5.8} = 19\%$		
	从水中（计算所得剩余值）：$100\% - 19\% = 81\%$		

18.10 消化功能剖析

肠胃影响鱼的营养需求。2.5周大的褐鳟鱼胚胎的肠道，在12°C发育，基本就是一条直道，与卵黄囊相连来获取营养，如图18.3所示。

鳟鱼肠道发育(12℃)

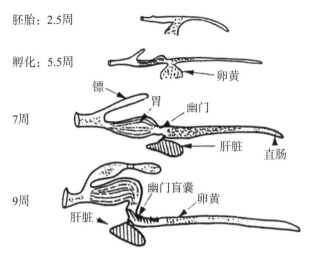

胚胎：2.5周

孵化：5.5周　　　　　　　　　　　卵黄

镖　　胃　　幽门

7周　　　　　　　　　　　　　　　肝脏

直肠

9周　　　　　　　　　幽门盲囊　卵黄

肝脏

图18.3　鳟鱼肠道在12℃下的早期发育图（2.5周、5.5周、7周、9周）

　　棕鲑胃的发育大约在胚胎发育第5.5周时才开始。在发育期内，营养物质是靠卵黄囊来提供。在第7周，肠道仍然不能完全正常消化食物。在第9周，幽门盲囊仍未发育，但此时鱼已经可以游泳并开始第一次摄食。此时仍有部分卵黄残留来继续为鱼提供营养。由于消化道发育不全，首次饲喂的外源性食物应具有较高的消化率，并含有较高的能量和营养。不同的物种的发育速度不同。有些物种在孵化后不到1周就开始进食。

　　在合适的时候给新生的鱼投喂第一顿高营养的食物是非常重要的。初次摄食的鱼没有获得充足的营养，会对这条鱼之后的一生产生不良的影响。有非常多的鱼类品种在刚开始的时候都非常难投喂。一项在大西洋鲑水花上做的实验表明食用被氧化的油脂对其有负面影响。这些水花在刚开始摄食的几周内对氧化的油脂非常敏感，但是随着生长，它们对于氧化的油脂的适应能力逐渐增强。其他鱼类在这点上类似。肉食性鱼，尤其是不经常食用氧化油脂的水花，会显出非常强的敏感性。因此，饲料以及饲料中添加的鱼油和脂肪的质量对于仔鱼是非常重要的，尤其是对于刚开口的水花。

18.10.1　不同鱼类肠道的差异

　　图18.4显示了几种不同鱼类肠道长度占体长百分比的对比图。虹鳟的胃肠道是相对较短且简单的，大约是体长的60%～80%。对于鲶鱼，消化道的长度大约是鱼体长的1.5倍。鲤鱼肠道长度大约是其体长的3倍，遮目鱼，是食草性的，肠道为其体长的5倍。

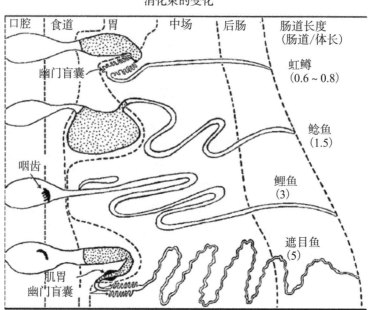

图 18.4　消化道差异性。点状区域为分泌胃酸的胃。虹鳟鱼（肉食性）；鲶鱼（偏肉食的杂食动物，袋状胃）；草鱼（偏植食的杂食性，袋状胃）；虱目鱼（以微生物为主的浮游食性，有肌肉砂囊的管状胃）

在这些鱼的消化能力上还有其他重要的不同点。虹鳟和鲶鱼都有分泌胃酸的胃；鲤鱼，也是条鱼中的一类，却没有胃并且不能分泌胃酸。酸影响它们对营养物的反应和需求。鲤鱼因为缺乏酸而影响磷的吸收，如表 18.12 所示。遮目鱼具有肌胃，肌胃用来研磨食物。这种鱼具有非常长的肠道。遮目鱼和鲤鱼通常会持续摄食，而肉食性鱼通常摄食量较少、摄食频率较低，并会将食物留在消化道内较长的时间。

表18.12　鲤鱼、鲶鱼、虹鳟对于磷的利用性比较

磷的来源	溶解度(g/100cc)	利用性		
		鲤鱼	鲶鱼	虹鳟
$NaH_2PO_4 \cdot H_2O$	60	94	90	98
KH_2PO_4	33	94	—	98
$Ca(H_2PO_4)_2 \cdot H_2O(mono)$	1.8	94	94	94
$CaHPO_4 \cdot 2H_2O(di)$	0.03	46	65	71
$Ca_3(PO_4)_2(tri)$	0.002	13	—	64
饲料	—	18 ~ 24	40	66 ~ 74
酪蛋白	—	97	30	90
酵母	—	93	—	91
米糠	—	25	—	19
麦芽	—	37	—	37
肌醇	—	3 ~ 18	Nil	0 ~ 19

18.11 矿物质

磷是鱼类的必需营养物。图18.5和图18.6展示了一项实验的结果：大西洋鲑被喂食了一种饲料，该饲料缺磷但是人工添加了不同形式的磷——植酸磷、肉骨粉磷，或者一水合磷酸二氢钠（$NaH_2PO_4 \cdot H_2O$）。植物性磷通常有2/3是植酸磷。图18.5和图18.6表明添加植酸磷对三文鱼并没有好处。形成对比的是以添加肉骨粉或磷酸钠的形式来添加磷可以显著改善生长和骨灰质的测量。结果对于鳟鱼是一致的，其他鱼类可能也相同。

表18.12总结了 National Research Council 所做的关于鲤鱼、鲶鱼、虹鳟对磷的可用性的比较的评论报告（1983）。对于虹鳟，高溶解性的磷酸二氢钠（$NaH_2PO_4 \cdot H_2O$）和磷酸二氢钾（KH_2PO_4）都具有非常高的利用率（98%），磷酸二氢钙 [$Ca(H_2PO_4)_2 \cdot 2H_2O$] 的利用率也很高（94%）。然而，磷酸一氢钙（$CaHPO_4 \cdot 2H_2O$）和磷酸钙 [$Ca_3(PO_4)_2$] 利用率较低（71%和64%），有复合溶解度降低的趋势。对于鲤鱼，这种在利用率上的降低更加显著，因为它们缺乏水解磷酸一氢钙和磷酸钙所必需的盐酸。虹鳟和鲶鱼，都能产生酸，所以能够更好地溶解和吸收这些磷酸盐。摄取这些营养的能力差异也就造成这些鱼类在生理特征上的基本差异。

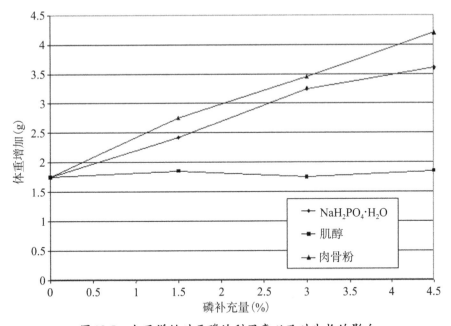

图18.5 大西洋鲑对于磷的利用率以及对生长的影响

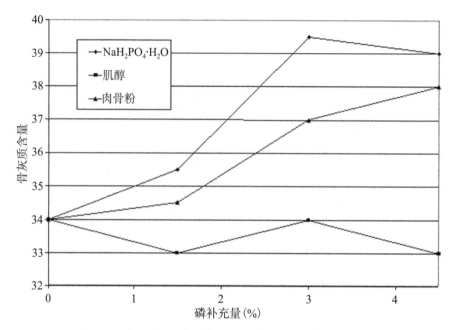

图 18.6 大西洋鲑对于磷的利用率以及对骨灰质的影响

表 18.13 列举了多种鱼对于矿物质的需求。饲料必须满足的矿物质需求相对较难确定，因为水往往提供了所需营养矿物质的很大一部分，只有很少的特例，比如磷。表 18.13 所列的一些值是估计的安全水平，而其他值是估计的最低需求。钙、磷和其他几种矿物质已经得到了广泛的研究。对于锌，最低需求量和安全水平的估计范围很广，因为天然中有一些成分对锌的吸收有显著影响。例如，如果饲料中含有非常高的灰分（约20%），鱼对该饲料中锌的吸收将显著减少，即使这样的饲料可能每千克含有 60mg 的锌。吸收的锌减少也可能导致白内障（一种因晶状体混浊而导致的失明）。缺锌的鼠互相之间表现出明显的攻击性。在鱼类中，缺锌会导致鱼鳍不好，这可能因为攻击性而互相咬鱼鳍，但这一点尚未得到证实。碘缺乏导致甲状腺肿，首先在低碘水域的野生溪红点鲑中发现甲状腺癌。向水中添加碘会让情况反转。有关鱼类矿物质缺乏的进一步资料参见本章文后参考文献。

表 18.13 不同鱼类对于矿物质需求的总结

矿物质	水平*	缺乏的表现
Ca	0.1 ~ 0.3s	—
P	0.5 ~ 0.8	骨质钙化减少,生长减慢
Mg	400 ~ 800	肾结石,乏力,死亡
Na	无数据	渗透压调节问题
K	0.5 ~ 1.0**	生长减慢

矿物质	水平*	缺乏的表现
Cl	—	渗透压调节问题
Fe	30～170	贫血
	150～400(s)	
Zn	15～>60	白内障、生长减慢
	100～150(s)	体长减小
Mn	2.4～13	尾部异常
	10～100(s)	身体缩短
Cu	3～5	细胞色素C氧化酶减少，生长缓慢
I	1～5(s)	甲状腺肿
Se	0.15～0.4	还原型谷胱甘肽过氧化物酶，肌肉退化，贫血

注：*表示除非另有说明，使用暂定的需求量或预估的安全值，单位为mg/kg；**表示来自Austic R E et al.（1989）。

18.12　维生素

高密度的饲养条件使得商业饲料制造商必须在饲料配方中提供完整的维生素，有时甚至需要过量。而且饲料厂必须保证饲料在3个月内的营养成分要与刚生产出来的时候保持一致。表18.14、表18.15总结了鱼类对维生素的需求，并识别出缺乏维生素的典型症状。维生素C缺乏会导致脊柱侧弯和脊柱前凸，脊柱前凸是脊柱不可逆转的畸形。维生素C缺乏的早期症状包括鳍、皮肤和内脏的出血。Halver J E（1989）详细列出了鳟鱼对维生素的需求。罗非鱼对维生素的需求目前已确定的仅有维生素C、维生素E、核黄素和泛酸。关于各种形式的维生素缺乏的进一步详细资料，见本章文后参考文献。

表18.14　鱼类维生素的需求和饲料中的推荐含量水平

维生素种类	水平*（单位IU或者mg/kg）	迹象（部分列表）
A，IU/kg	2500～5000	视网膜变性，眼球突出，角膜水肿
D，IU/kg	500～2400	生长不良、脂肪肝、抽搐、胃部下垂
E，IU/kg	25～100	贫血、肌肉变性
K，mg	1	凝血时间变长
C（抗坏血酸），mg	50～100	脊柱侧弯、脊柱前凸出血、体黑
胆碱，mg	400～1500	生长变慢、脂肪肝

注：*表示所述暂定的最低要求是以IU（活性的国际单位）或者成品饲料中的含量mg/kg来表示的。该表不包括因制粒、储存过程中的氧化或在水中浸出而造成的损失。实际的配方必须适当超量以补偿这种损失。稳定形式的维生素应特别用于维生素C、E和其他维生素（维生素A、K和D）。

表18.15 鱼类对维生素的需求以及缺乏造成的典型症状

维生素种类	水平*(mg/kg)	症状(部分列表)
硫胺(B₁)	1~15	厌食症、抽搐
核黄素(B₂)	3~25	厌食、体色发黑、白内障、高死亡率
吡哆醇(B₆)	3~20	Epileptic样癫痫,水面打转,呼吸急促
泛酸	10~50	棍棒状鳃,反应迟钝
	100~200s	
烟酸	10~28	厌食、晒伤、腹水
	150~200s	
生物素(H)	0.1~1.5	厌食、贫血、死亡率
叶酸	1~2	贫血
	5~15s	
氰钴胺(B₁₂)	0.015~0.05	贫血

注:*表示假定的最低要求以mg/kg成品饲料表示。此表不包括因制粒、储存期间氧化或在水中浸出而造成损失。实际的配方必须适当超量以补偿这种损失。

18.12.1 饲料中维生素的稳定性

(接下来的内容、数字和表格,直到18.12.2维生素需求和稳定性一节,是摘录自BASF corporation在1992年的一份报告)

维生素C(抗坏血酸)缺乏是养殖过程中最常见的一种问题,因为它在生产加工和储存的过程中非常不稳定(详见表18.16、表18.17、表18.18)。饲料中的晶体抗坏血酸流失是很严重的,尤其是在制粒过程中。基于此,能否保证充足的维生素C的供应是喂养鱼类的主要问题之一。表18.18列举了维生素在室温下存储的平均稳定性。至关重要的一点是天然的维生素C(晶体抗坏血酸)和维生素E(酒精溶液形式)被加入到饲料中时会快速减少。因此,大多数饲料厂会选用其他形式,例如抗坏血酸磷酸盐和维生素E醋酸盐。

维生素C很难在饲料和预混料中稳定存在,因为它极易受到各种环境因子的破坏而氧化。抗坏血酸磷酸化会产生高度稳定的产物。

1. 维生素A的稳定性

新技术通过交叉互联过程为维生素A带来了更强的稳定性,例如在明胶和糖之间反应,这使得包囊不溶于水,使其具有更强的耐受性,能够承受更高的压力、摩擦、温度和湿度(见图18.7)。

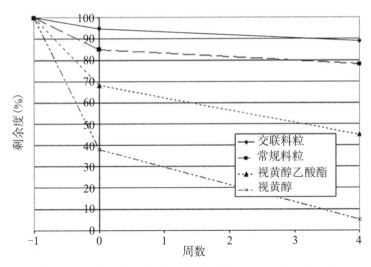

图18.7 维生素A的稳定性（37℃，相对湿度65％）

新交联维生素A的稳定性研究表明，其稳定性比可溶性包囊态更高。Chen J（1990）测量了市场上微量元素预混料和饲料中的3种交联维生素A包囊的稳定性。在经过3个月高温高湿的存储后，维生素A的剩余量是30％～80％不等，取决于包囊中的抗氧化剂的添加量。在30％的浓缩乳中，以200°F造粒，造粒时的保留率是78％～96％不等。在经过3个月高温高湿的存储后，剩余量是57％～62％不等。通过挤出法给维生素A带来稳定性的提升，在过去的10年里，由于交联过程的应用大约增加了35％。

表18.16 在制粒过程中温度和时间的各种等效组合

种类	制粒温度（°F）/调节时间（min）				
温度和时间的各种等效组合	140/2	160/2	180/2	200/2	220/2
	150/1	170/1	190/1	210/1	230/1
	160/0.5	180/0.5	200/0.5	220/0.5	
	170/0.3	190/0.3	210/0.3	230/0.3	

表18.17 在制粒过程中维生素的平均保留率

维生素种类	平均保留率（％）				
A650包囊	95	93	90	85	79
$D_3$325包囊	97	95	93	91	89
$D_3$400M.S.	95	92	88	82	77
醋酸盐50％	99	98	97	96	95
乙醇	75	65	54	43	23

维生素种类	平均保留率（%）				
MSBC*	80	72	65	56	44
MPB*	82	74	68	60	50
盐酸硫胺素	93	89	82	74	63
单硝硫胺	95	93	89	84	77
核黄素	95	93	89	84	78
吡哆醇	94	92	87	82	75
B_{12}	99	97	96	95	94
泛酸钙	95	93	89	84	78
叶酸	95	93	89	84	77
生物素	95	93	89	84	77
烟酸	96	94	90	86	80
抗环血酸	75	65	55	45	35
磷酸抗坏血酸	97	95	93	91	89
胆碱	99	98	97	96	95

注：MSBC和MPB分别为甲萘酮亚硫酸氢钠复合物（menadione sodium bisulfate complex, MSBC）和丙二酮甲基嘧啶醇硫酸氢盐（menadione dimethyl pyrimidinol bisulfate, MPB），是维生素K的稳定合成形式。

表18.18　维生素在常温贮藏饲料中的平均稳定性

维生素种类	月数中的维生素保留率（%）				每月损失率（%）
	0.5	1	3	6	
维生素A（包囊）	92	83	69	43	9.5
维生素D_3（包囊）	93	88	78	55	7.5
维生素E醋酸盐	98	96	92	88	2.0
乙醇	78	59	20	0	40.0
MSBC	85	75	52	32	17.0
MPB	86	76	54	37	15.0
盐酸硫胺素	93	86	65	47	11.0
单硝硫胺	98	97	83	65	5.0
核黄素	97	93	88	82	3.0
吡哆醇	95	91	84	76	4.0
维生素B_{12}	98	97	95	92	1.4
泛酸钙	98	94	90	86	2.4
叶酸	98	97	83	65	5.0
生物素	95	90	82	74	4.4
烟酸	93	88	80	72	4.6
抗环血酸	80	64	31	7	30.0
磷酸抗坏血酸	95	90	83	75	4.5
胆碱	99	99	98	97	1.0

2. 维生素E和矿物质

维生素E，作为α-生育酚（dl-alpha-tocopherol），本身就是一种抗氧化剂，因此，如果将其直接用在饲料上，很快就会消耗完。分子中的游离酚羟基负责抗氧化活性。当以羟基用酯的形式来保护，例如生育酚醋酸盐时，由于它没有双键和游离羟基，生成的化合物对氧气是有抵抗作用的。维生素E醋酸盐在中性或者弱酸性饲料中是稳定的。然而，即使是轻微的碱性环境，也会影响其稳定性，例如当使用石灰石载体或存在大量氧化镁时，起保护作用的醋酸盐会分解并生成游离的生育酚，然后会很快被氧化。Dove C R和Ewan R C（1986）测定了未添加微量矿物质和添加了微量矿物质的饲料中的α-生育酚的稳定性。在25~30℃下存储3个月后，α-生育酚的剩余量分别为50%和30%，进一步以硫酸铜的形式添加245ppm的铜离子，15天后其剩余量为0%，不能直接考虑将其用作动物营养源。

Schneider在1988年测量了存在不同环境中的维生素-微量矿物质预混料中的生育酚醋酸盐和生育酚的稳定性。在适宜环境中储存1个月后的剩余量分别是95%和44%，在高温高湿情况下分别为90%和13%。

3. 维生素K的稳定性

甲萘醌，纯的维生素K_3是一种黄色晶体粉末，对皮肤和黏膜有刺激。在单体形式下没法利用，通常会和碳酸氢钠及其派生物配在一起。甲萘酮亚硫酸氢钠复合物以及丙二酮二甲基嘧啶醇硫酸氢盐（MPB）都要比甲萘醌稳定。

4. 维生素B的稳定性

维生素B在某种程度上也是不稳定的，维生素B_1和B_6在酸性情况下更稳定，但是叶酸和泛酸在弱碱性下更稳定。对于维生素B的稳定性来说，pH的影响远没有湿度和微量元素大。盐酸硫胺素在胆碱/微量矿物预混料（高水分，pH4~5）中被迅速破坏，而在碱性基质（低水分，pH7~8）中相当稳定。维生素在水中的溶解度与稳定性呈负相关。溶解度为10g/100mL的硝酸硫胺在预混料中的稳定性显著高于溶解度为100g/100mL的盐酸硫胺，如图18.8所示。

维生素B_6在氯化胆碱/微量矿物预混料（高水分）中比在混合原料（低水分）中被破坏得更快。泛酸钙是相当稳定的，只会在长时间的酸性环境下才会损耗。核黄素在各种环境下的预混料中都很稳定。

维生素B_{12}和胆碱是非常稳定的化合物，但是维生素B_{12}对强酸、强碱、还原性物质、强光、抗坏血酸、硫酸亚铁等具有轻微的敏感性。

叶酸对空气和热稳定，但在酸性和碱性溶液中不稳定，对湿度轻微敏感，对氧化剂和还原剂敏感。

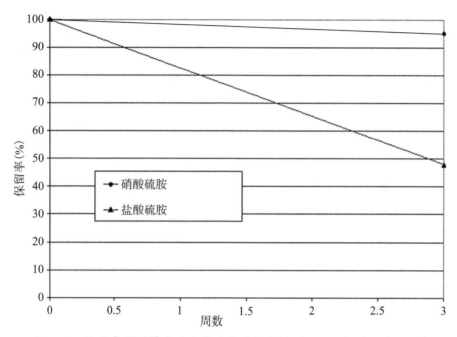

图 18.8 维生素预混料中硫胺素的储存稳定性（43℃，相对湿度 85%）

　　Zhuge Q 和 Klopfenstein C F（1985）测量了未添加微量矿物质和添加了微量矿物质的肉用鸡预混料中的核黄素和烟酸的稳定性。经过 7 个月的存储，核黄素分别剩余 50% 和 46%。烟酸分别剩余 96% 和 91%。Schaaf R L（1990）报道将维生素预混料在适宜的温度下存储 3 个月，其中的吡啶、核黄素和叶酸剩余量分别是 100%、100% 和 93%。Christian 在 1983 年通过研究混合原料，测量了核黄素和泛酸钙存储 3 个月的稳定性，核黄素在低温、低湿的情况下剩余 72%，在高温、高湿情况下剩余 35%。泛酸钙分别是 52% 和 16%。Adams C R（1982）报道了未添加微量矿物质和添加了微量矿物质的预混料中的吡哆醇和硫胺的稳定性。在非适宜的环境中存储 3 个月，吡哆醇分别剩余 100% 和 45%。在非适宜环境下存储 21 天后，盐酸硫胺的保留率为 48%，硝酸硫胺的保留率为 95%。BASF Corporation（1986）比较了结晶型抗坏血酸与乙基纤维素包膜抗坏血酸在制粒过程中的稳定性，分别剩余 85% 和 82%。一项随后的实验测量了抗坏血酸磷酸盐的稳定性。这种化合物不仅稳定性特别高，而且在生物利用方面也未受影响，在挤压过程中剩余 95%，如图 18.9 所示。

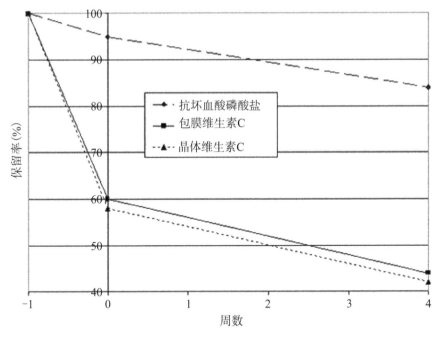

图18.9　鲶鱼饲料生产企业抗坏血酸挤压稳定性研究（37℃，相对湿度65%）

加压加工的饲料比颗粒饲料具有更好的消化率。多余的不稳定成分会在渗出液中被冲刷掉。同时，维生素的稳定性在原料混合、研磨、高温挤压过程中会被削弱。相关的维生素稳定性随种类不同而不同（见表18.19）。

表18.19　各种维生素在饲料挤压过程中的稳定性和每月损耗的预测值

项目	稳定性				
	极高	高	适中	低	极低
类别	胆碱	核黄素	硫胺	硫胺	甲萘醌
	盐酸盐		硝酸盐	盐酸	
		盐酸	叶酸		抗坏血酸
	抗坏血酸磷酸盐				酸
	多磷酸盐	泛酸	吡哆醇		
	硫酸盐	酸			维生素E乙醇
	单磷酸盐	维生素E醋酸盐	维生素D_3		
		生物素	维生素A		
		维生素B_{12}			
每月损耗的预测值	1%/月	6%/月	11%/月	17%/月	50%/月

18.12.2　维生素需求和稳定性

为了弥补维生素的不稳定性，饲料厂通常会使用较高浓度的维生素C（250～500mg/kg），即使最低需求远小于50～100mg/kg。然而，使用新的防护措施或稳定形式的维生素C已经发展起来并有了商业化应用。Hoffman LaRoche、Pfizer和BASF最近在稳定维生素C方面取得进展，使其形成了新的化学稳定形式，如抗坏血酸2-聚磷酸盐、抗坏血酸2-硫酸盐和抗坏血酸2-单磷酸盐。这些新的化学稳定形式在挤压加工过程中具有高度稳定性。早期使用的脂质包膜的维生素C并没有使产品能够承受挤压生产的温度和湿度水平。水产饲料的商业化生产必须有稳定形式的维生素C。

虽然维生素C的新形式已经大大提高了维生素C的成本效益，但其他维生素为适用挤压饲料而在配方中被过量添加的现象仍然很普遍。加工厂在制造过程中会超量添加来弥补加工、运输和储存过程中的损耗，被称为超限。在冷水和海水鱼上的超限要大于罗非鱼等暖水鱼。在投入水中时溶解可能会有进一步损耗。对于温水鱼常用的维生素超量的推荐量见表18.20。这些超限的维生素可以被看作是鱼类能够从自然维生素中获取的部分之外的推荐添加量。

表18.20　用于温水鱼的挤压型饲料中推荐的特定维生素超量添加的百分比

维生素种类	比例
维生素A醋酸盐	150
维生素D$_3$	130
维生素E醋酸盐	150
硝酸硫胺素	250
维生素B$_{12}$	130
生物素	150
叶酸	200
核黄素	150
盐酸和胆碱	150
稳定型维生素C	110

注：表格来自未发表数据，Paul Maugle（作者）。

18.13　饲料选择

对水源有限制要求的养殖系统的饲料是基于膳食能量、蛋白质、氨基酸组成和原料消化率的单位成本以及磷的水平来选择的。很多潜在的饲料原料会因为过高的磷含量而被淘汰掉。需要额外关心的是那些具有较高的灰分和不易消化的纤维的原料。高灰分的原料（如鱼粉、肉骨粉、羽毛粉和豆粕等）具有较高的钙和磷含量。动物骨头和植酸无法完全被消化，会以粪便的形式排出鱼体外并对环境造成磷污染。高水平的钙和用植酸隔离的磷已经被认定是导致幼鲑白内障和降低饮食中锌的生物利用度的一个原因。磷酸盐是水质富营养化的主要原因，所以要尽量控制好量。可通过购买低磷含量的饲料来减少向环境中排入的磷酸盐。

大多数原料（比如动物内脏粉）的磷氮比已经确定了，大多数的动物内脏粉都具有较高的磷氮比。通常，植物性蛋白原料，比如豆粕和玉米麸，具有较低的磷氮比，对于环保型饲料来说是种理想的原料。然而，这些优点也会被其他的缺点抵消掉，比如豆粕中含有不易消化的植酸，玉米麸中大量的类胡萝卜素、叶黄素会限制鳟鱼饲料中内容物的释放。

Cho C Y et al.（1994）提供了多种原料的磷氮比，可以将其添加到营养规范模型中。我们稍后会讨论该营养模型，重要的是要知道，实际的营养水平和衍生物，如磷氮比，可以用来协助确定对水体影响小的合适饲料（见表18.9）。

Ketola H G和Richmond M E（1994）已证实虹鳟饮食中的非植酸磷酸盐的需求，其在骨质硬化方面要比增重方面更重要。他们研究的简介，如表18.21总结，虹鳟日粮中的非植酸磷酸盐的最低含量水平根据鱼的规格大小不同在0.41%~0.54%之间，这取决于鱼的尺寸。作为安全边界，在商业饲料中，真实含量通常会高一点。

表18.21　鳟鱼对非植酸磷酸盐的饮食要求

项目	鱼苗	成鱼
最大生长率	0.41%	0.34%~0.54%
最大骨质质量	0.51%	>0.54%

在美国，除爱德华和纽约等少数地方外，大多数的排泄物标准并没有规定较低的磷含量。然而，未来的规定可能会要求降低排泄物中的磷含量。此外，水产养殖生产的鱼类能够继续在公开市场上获得更高的价值，部分原因是营销上努力创造的清洁和健康的形象，同时也着重强调了RAS对环境的好处。

18.13.1　能　量

对于能量的需求是鱼类营养非常重要的部分。图18.10表示了鱼类利用能量的总体过程。第一部分的能量损失来自于鱼类的消化，随后的损失来自排尿、鳃部排泄以及新陈代谢。在消化和吸收的过程中，这部分能量消耗被称为热增耗。被保留的部分能量称为净能量。部分净能量被用于新陈代谢和鱼体活动，剩余的部分用于实际的身体生长和繁殖。

总之，饲料中的主要营养素（蛋白质、脂肪、碳水化合物）的可消化的能量含量是不同的，如表18.22。蛋白质在90%的可消化率下，可消化的能量含量大约为4.5kcal/g。脂肪为8~9kcal/g。碳水化合物则变化较大。例如淀粉为一种复杂的碳水化合物，总能量值相当高，达到4.18kcal/g，但是它的可消化率会随着饲料中淀粉含量的增加而减少，所以它的可消化

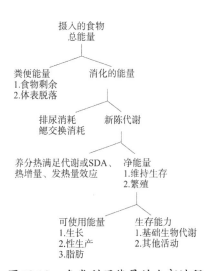

图18.10　鱼类利用能量的全部过程

能量也会减少。单糖不需要消化，容易被吸收，因此，无论饲料的水平如何，它们都具有高的可消化能量值。

表18.22 饲料中的主要营养素（蛋白质、脂肪、碳水化合物）在鱼类可消化的能量中的变化

营养分类			可消化率（%）	能量（kcal/g）	
				总计	可消化量
蛋白质			90[1]	—	4.5[2]
脂肪			90[3]	9.3	8.4
碳水化合物	淀粉	20%	69	4.18	2.9
		40%	53	4.18	2.2
		60%	26	4.18	1.1
	葡萄糖	20%	99	3.72	3.7
		40%	99	3.72	3.7
		60%	99	3.72	3.7
	蔗糖	20%	99	3.94	3.9
		40%	99	3.94	3.9
		60%	99	3.94	3.9

注：1表示来自Cho C Y，Slinger S J，1979；2表示来自可用能量，Smith R R，1971；3表示来自Singh R P，Nose T，1967。

18.13.2 鱼 油

鱼油作为膳食成分的饮食，虽然根据鱼类品种可由其他的油类替代，例如牛油、白油脂、家禽脂肪和大豆油，但鱼油仍是油类的主要成分。然而，鱼油的成功使用需要执行特殊的标准。在商业领域，质量的关键是购买冷加工鱼油。鱼油一到达工厂，就需要额外为其添加抗氧化剂。为了保证鱼油从加工到运输再到客户的过程中的稳定性，必须在生产过程中加入250~500ppm的丁基羟基茴香醚（butylated hydroxyanisole, BHA）、丁基羟基甲苯（butylated hydroxytoluene, BHT）或其他抗氧化剂。这些抗氧化剂可以由鱼油供应商添加或者饲料制造商在接收原料时添加，但饲料中油脂的长期稳定性要求必须使用抗氧化剂。在饲料中可以使用的鱼油所含的游离脂肪酸含量必须低于3%，水分低于1%，氮含量低于1%以及氧化值（定义是：两倍的过氧化值＋甲氧苯胺值）低于20%。鱼油要在低温容器中储存，因为过高的储存温度会增强氧化作用。

18.13.3 必需脂肪酸

鱼类需要在饮食中有特定的脂肪酸。通常需要n3脂肪酸，例如二十碳五烯酸（20：5, n3），二十二碳六烯酸（22：6, n3），或亚麻酸（18：3, n3）。某些罗非鱼只需要n6脂肪酸，如亚油

酸（18∶2, n6）和花生四烯酸（20∶4, n6）。常见的鲤鱼和大马哈鱼既需要n3脂肪酸又需要n6脂肪酸。通常，脂肪酸要占到饮食的1%。缺乏脂肪酸会导致生长减慢、脂肪肝变性、贫血、烂鳍，增加弯曲杆菌等细菌感染的风险，以及昏厥或应激休克等。

18.13.4　蛋白质需求

图18.11展示了用不含碳水化合物和不同蛋白质/脂肪比例的饲料来喂养大马哈鱼的一系列实验的结果。这些数据表明了蛋白质与能量的比例在饮食中的关系。随着蛋白质的含量上升到54%，大马哈鱼的生长率明显增加。低于该数值，则效果并不明显。此外，随着饲料中蛋白质/脂肪比例的变化，胴体的脂肪和蛋白质含量也发生了显著的变化。胴体中脂肪和蛋白质的最佳含量可能与最大生长所需的最低蛋白质有关（54%）。超过这个水平，脂肪沉积就会进一步减少，鱼就会变得更瘦。

各种鱼对于蛋白质的需求见表18.23。所谓的"蛋白质需求"是指必须外源添加给鱼类的各种氨基酸的总和。大约有10~12种的氨基酸对鱼类来说是必需的。其他的非必需氨基酸在合成其他氨基酸和蛋白质的过程中起着非特异性氮源的作用。每个物种都有相当特定的必需氨基酸比例。缺乏任意一种必需氨基酸都会造成鱼类生长速度降低。此外，某种氨基酸过量也会造成生长变慢。因此，氨基酸之间的平衡非常重要。这里详细介绍两种特殊的氨基酸：甲硫氨酸和苯丙氨酸。当这两种氨基酸成为必需氨基酸时，还有另外三种氨基酸可以代替它们的部分需求。半胱氨酸和胱氨酸可以代替部分甲硫氨酸，而色氨酸可以代替部分苯丙氨酸。关于氨基酸需求的资料并不多。

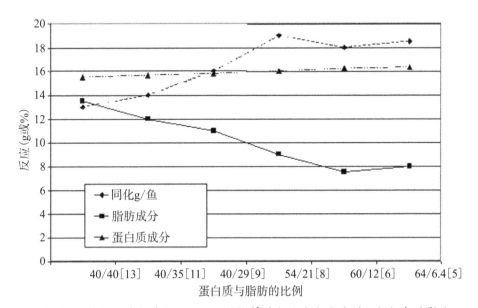

图18.11　含不同蛋白质和脂肪比例的饲料对大马哈鱼体重增加与组成的影响

表18.23　各种鱼对蛋白质需求的情况

品种		需求量（%）
虹鳟		40～46
大鳞大马哈鱼		40
欧鲽		50
金头鲷		50
鲤鱼		31～38
斑点叉尾鮰		31～38
日本鳗		32～36
草鱼		44.5
河豚		50
石斑鱼		40～50
虱目鱼（鱼花）		40
红加吉		55
小嘴鲈鱼		45
大嘴黑鲈		40
罗非鱼	饰金罗非鱼鱼花	56
	饰金罗非鱼	34
	莫桑比克罗非鱼	40
	吉利罗非鱼	35

表18.24总结了几种鱼对氨基酸的定量需求。已观察到缺乏氨基酸引起的几种症状。例如，缺乏赖氨酸会造成尾鳍缺损，缺乏甲硫氨酸会造成白内障，缺乏色氨酸会造成白内障和脊椎侧凸。更多关于蛋白质和氨基酸需求及缺乏的研究可参考本章文后参考文献。

如果研究人员只是简单需要一种合适于实验室研究的鱼类饮食配方，最好的办法就是去市场上直接购买厂家生产的合适的预混料。那里有非常多的关于鲶鱼、鲑鱼和鳟鱼的配方。有关商业鱼饲料制造商的名称，请参阅Salmonid（U.S. Trout Farmers Association, Harpers Ferry, WV；鳟鱼养殖户协会，位于美国西弗吉尼亚州哈泊斯费里），加拿大的维多利亚或者洛杉矶的琼斯维尔或其他形式的杂志或者广告。当需要有明确定义的成分的饲料时，有几种联邦规范的配方可供选择，比如ASD以及Abernathy联邦配方（见表18.25、表18.26）。当然也可以从饲料生产商那里购买，这也可以满足大多数的研究需求。制作高纯度饲料的原料可在一些来源中找到。

有些品种或者某一生长阶段是无法通过投喂常见的鲑鳟鱼或者鲶鱼的饲料来成功养活的。在这些情况下，你需要从多种水族鱼类食物中挑选出最适合的一种，同时还得注意食物的外形（比如片状、颗粒状、碎屑状），天然食物或者活饵料。某些品种可能需要特殊配方的饲料，这就需要营养学家、饲料生产商以及鱼类专家的支持了。其他品种的饲料则越接近天然饵料越好。

表18.24 几种鱼的定量氨基酸需求

氨基酸	品种				
	鲑鱼	鳗	鲤	鲶鱼	鳟鱼
精氨酸	6.0	4.5	4.2	4.3	5.9
组氨酸	1.8	2.1	2.1	1.5	1.6
异亮氨酸	2.3	4.0	2.3	2.6	2.1
亮氨酸	4.0	5.3	3.4	3.5	3.7
赖氨酸	5.0	5.3	5.7	5.0	6.1
组氨酸和半胱氨酸	3.8	5.0	3.1	2.3	3.0
苯丙氨酸和酪氨酸	5.3	5.8	6.5	5.0	3.1
苏氨酸	2.3	4.0	3.9	2.0	3.4
色氨酸	0.5	1.1	0.8	0.5	0.6
缬氨酸	3.2	4.0	3.6	3.0	2.2

表18.25 大西洋鲑的联邦配方

序号	配方		比例
1	鱼类饲料应有的物质的保证值分析	粗蛋白	≥55.0%
		鱼粉蛋白	≥33.0%
		粗脂肪	≥17.0%
		水分(未开封)	≤10.0%
2	鲱鱼粉		≥50%
3	虾粉:蛋白质含量最低为38%		5.0%
4	大豆粉:脱脂,最低蛋白质含量为48.5%,最高脂肪含量为1%		20.3%
5	干血粉,蛋白质含量至少为80%		10%
6	微量矿物预混料2号		0.5%
7	维生素预混料30号		0.6%
8	50%的氯化胆碱		0.22%
9	维生素C		0.075%
10	鲱鱼油:用0.04%BHA-BHT(1:1)或0.01%的乙氧喹稳定		12.0%
11	木质素磺酸盐球团粘结剂,如Ameribond、Orzan等		2.0%
12	鱼油中添加0.04%BHA-BHT(1:1)或0.01%乙氧喹或大豆卵磷脂稳定后,可在不超过2%的浓度下与鱼油混合使用		12.0%

表18.26 联邦标准：Abernathy配方S8-2（84）

序号	配方		比例
1	鱼类饲料应有的物质的保证值分析	粗蛋白	≥48.0
		鱼粉蛋白	≥40.5
		粗脂肪	≥17.0
		水分(未开封)	≤10.0
2	稳定型鲱鱼粉,蛋白质最低含量为70%,脂肪含量为8%~12%,盐最高含量为3%,灰分最高含量为15%		50%
3	干乳清产品或干乳清,最低蛋白质含量为12%		10%
4	喷干血粉或闪干血粉		10%
5	浓缩鱼溶物,最低蛋白质含量为30%或家禽副产品粕,蛋白质含量为60%~68%,脂肪最高含量为12%,灰分最高含量为16%		1.5%
6	麦麸或者粗小麦		剩余值
7	2号维生素预混料		1.5%
8	60%的氯化胆碱		0.58%
9	维生素C		0.1%
10	1号微量元素混合料		0.5%
11	木质素磺酸盐饲料粘结剂		2%
12	鱼油中添加0.04%BHA-BHT(1:1)或0.01%乙氧基喹啉或大豆卵磷脂稳定后,可在不超过2%的浓度下与鱼油混合使用		12%

18.14 饲料消化率

饲料的选择需要用心,因为饲料中含有不易消化的部分,这些部分无法完全消化会造成浪费或者变成水体的污染源。氨、硝酸盐、磷以及有机物是主要的溶解污染物。要知道,饲料应当满足鱼类最适生长的营养需求的同时又不会造成营养过剩。饲料配方应尽量避免含有过量的蛋白质或不易消化的成分。虽然鱼类可以利用蛋白质作为能量,但这过程也促进了氨氮的形成。净蛋白质利用率（net protein utilization, NPU）是鱼体同化的蛋白与投喂的蛋白的比值。可通过降低利用蛋白质提供能量的方式来提高NPU。而这需要优化饲料配方中蛋白质和能量的比例。也可通过投喂最理想的蛋白质或者高生物活性的蛋白质源来提高NPU,两者兼有是最好的。投喂最理想的蛋白质指的是其氨基酸的组成是最适合该品种需求的。

鳟鱼商业饲料的关键原料的可消化比例的不同见表18.27,罗非鱼和鲶鱼的情况见表18.28（要清楚,每种鱼是不同的）。鲑鱼饲料中所选择的原料的不同明显影响最终饲料的消化性。

碳水化合物的消化率因品种而异,不同饲料成分的消化率差异较大（见表18.29）。原料或者简单处理之后的碳水化合物更容易被鲶鱼和罗非鱼吸收,大马哈鱼则不行。然而,未消化的碳水化合物会增加粪便的量。在饲料的制作、挤压过程中对淀粉进行简单的烹饪会增加保质时间以及颗粒在水中的稳定性，也降低了固体物的浪费率。

　　许多管理实践也会影响饲料的消化率。在投喂和生长中，饲料的粒径也增长，而消化和吸收效率降低。少食多餐往往会增加特定饮食配方的消化率。

表18.27　鳟鱼对饲料原料中蛋白质的表观消化

原料	可消化蛋白质（%DM）	可消化能量（kJ/gDM）
鱼粉	66.1	19.4
玉米麦片	58.9	17.5
豆粉	46.5	13.5
黑小麦	14.4	13.6
油菜籽	39.6	14.9

注：4.186kJ＝1kcal；DM为dry mater，干物质。

表18.28　罗非鱼和鲶鱼对饲料原料中蛋白质的表观消化　　　　　（单位：Mcal/g）

原料		鲶鱼	罗非鱼
紫花苜蓿，17%的蛋白质		0.67	1.01
玉米原料	原料	1.10	2.46
	加工过的	2.53	3.02
鲱鱼鱼粉		3.90	4.04
糖蜜		3.47	2.94
大豆粉，48%的蛋白质		2.58	3.34
小麦粉		2.55	2.89

表18.29　鳟鱼对饲料原料中碳水化合物的表观消化率

原料	淀粉的表观消化率（%）
大米	39
小麦	54
土豆	<5
木薯	<15
玉米	33
挤压小麦淀粉	96

　　物种间在成分或营养物质消化率上的许多差异，是由特定物种是否拥有某种消化酶的内源性特征决定的。现在，有一系列的商业化的外源酶可供选择，它们能增加原料中营养物质的利用率。鳟鱼不缺乏胰岛素，能够利用单甘油酯和双甘油酯。在对南方各州生产的膨化鳟

鱼饲料的初步研究中，与饲养在相同饮食但不添加酶补充剂的鳟鱼进行比较，半纤维素酶和淀粉酶补充剂喂养的鳟鱼的饲料转化率改善幅度为0.2（从1.2降至1.0）。

18.14.1 消化性评价方法

没有一种非常准确的方法来确定某种特定的饲料跟你的管理模式的匹配度，并能对特定品系的鱼进行一些简单的消化率研究。根据员工的素质，你可以选择自己内部去做相关的研究或者请一位经验丰富的鱼类营养学家来帮助完成这项研究（这种帮助通常可以通过饲料供应厂安排）。该研究的基础方法是要有一个无法消化的标记物，例如将低浓度的三氧化二铬掺入饲料中（已知值，比如按照重量的1%）。标记物通过胃肠道的数量将保持不变，而其他营养物在该过程中会被鱼体消化吸收，因此，标记物在饲料中的比例会逐渐提高。然后，你可以使用这些数据跟你的饲料提供商一起确定适合你的饲料。参见下面的详细示例。

18.14.2 鱼的表观消化率

营养物质的表观消化率是该营养物质的净消化率。因此，这两个术语——表观消化率和净消化率，是可以互换的。我们将定义表观消化率$D_\%$，数学上为

$$D_\% = 100 \times \frac{\text{投喂的营养素} - \text{粪便中的营养素}}{\text{投喂的营养素}} \quad (18.2)$$

$D_\%$可通过使用指示物来确定，而不需要测量饲料的摄入量或排泄量。指标可以是饲料中天然的不可消化成分，也可以是添加到饲料中的成分。合适的指示物具有以下特征：

- 无法消化吸收；
- 容易化验；
- 动物自身不能合成；
- 穿过肠道的速度与饲料相同；
- 保持生物惰性，使其在饲料中的存在不会影响饲料的消化或鱼类生理。

可建议的消化率指示物有许多，比如木质素或不溶于酸的灰分。新增指标包括三氧化二铬、三氧化二铁或稀土氧化物。三氧化二铬是常用的。

如果饲料中或者排泄物（未被水冲洗，具有代表性）中的指示物和营养物质的浓度被测定，那么该营养元素的$D_\%$可用下面的公式来计算：

$$D_\% = 100 - 100 \times \left(\frac{\text{饲料中铬含量}}{\text{排泄物中的铬}} \right) \times \left(\frac{\text{排泄物中的营养素}}{\text{投喂的营养素}} \right) \quad (18.3)$$

要从鱼等水生动物那获取没有被水冲洗的排泄物的方法是人工剥离。例如，含有标记物饲料的鱼要有充足的投喂时间来确保正常的消化并完全替代之前胃肠道里面那些没有标记物的饲料。每次捕到一条鱼，用湿润的毛巾或手套牢牢地但轻柔地抓着鱼，同时轻柔地按压鱼的腹肌区域，从腹鳍后面开始向肛门推进，排出排泄物。将未受污染（没有精液或尿液）的排泄物收集起来。如果排泄物不容易排出，那不要对这条鱼取样。不要对那些表现出明显的生长减少、全身虚弱或嗜睡迹象的鳟鱼采取不必要的措施。要从多条鱼体内收集粪便样本，

并将其汇集起来，直到足以进行必要的分析为止。对饲料和粪便样本进行分析以确定指示物 [Cr] 和营养物的浓度。有关表观消化率测定的进一步信息，请参考本章文后参考文献。

作为计算 $D_\%$ 的例子，假设用含有 5.4% 的氮和 0.5% 指示物铬（以 Cr_2O_3 计）的饲料饲喂鳟鱼 10 天，然后取样、干燥粪便，并分析氮和指示物的百分比浓度。氮和干物质表观消化率的分析和计算结果如下表 18.30 所示：

在该例子中，干物质的表观消化率为 72.2%，换算成饲料中的氮为 89.75%。

附录中给出了一个示例计算，演示如何确定平均结果是否存在显著差异。

表18.30　收集氮和干物质表观消化率百分比的示例数据

测试	Cr[指示物] (%)		N[氮元素] (%)	
鳟鱼饲料	饲料	分泌物	饲料	排泄物
测试投喂	0.5	1.8	5.4	2.0

计算：

$$D_{\%DM}=100-100\times\left(\frac{饲料中铬含量}{排泄物中的铬}\right)=100-100\times\left(\frac{0.5}{1.8}\right)=72.2\%$$

$$D_{\%N}=100-100\times\left(\frac{饲料中铬含量}{排泄物中的铬}\right)\times\left(\frac{排泄物中的营养素}{投喂的营养素}\right)$$

$$=100-100\times\left(\frac{0.5}{1.8}\right)\times\left(\frac{2.0}{5.4}\right)=89.7\%$$

18.15　蒸气颗粒料、膨化料和挤压料

如今的饲料主要分为3种：蒸气颗粒料、膨化料和挤压料。挤压和膨化的料粒相比于蒸气颗粒料提高了其稳定性和消化性。挤压料可做成密度高于或低于水的形式，方便养殖户管理选择。挤压料通常具有最好的饲料转化率，而且其料粒在大小/形状/质量等方面更加统一。膨化料和挤压料基本一样，有时候甚至很难区分两者。蒸气颗粒料更适合拌药来处理鱼病，但大多数时间并不建议使用，因为它的浮力较差且饲料转化率较低。不同厂家的饲料在重要的饲料特性（如粉碎度、消化率和粉料比例）上有相当大的差异。对于一般鱼料来说，粉碎度不应超过 1.2mm；对于仔鱼来说不应超过 0.8mm（粉碎度可看作在制造商之间比较质量和价格的一种方法）。经常容易犯的一个严重错误就是把饲料成本看作是最大的成本。事实上并不是，最大的成本其实是养殖每千克鱼的成本。如果将影响饲料转化率的因素和水质考虑在内，最昂贵的饲料可能以最低的总成本生产鱼。养殖户应与饲料生产商、销售代表和营养师建立良好的工作关系。

经验法则

养殖成本并不等于饲料成本。

每一种制粒工艺都可以根据其优缺点来分辨。如今，用的最多的是挤压料，因为它是可以漂浮的。但这并不是最好的选择；要根据你自己的养殖情况来决定。在做决定之前要三

思。膨化料最大的缺点之一是沉降速度慢。循环水产养殖通常选择浮性料是因为系统中的浊度较高,肉眼很难看清水里面究竟发生了什么。康奈尔大学已成功在鳟鱼的循环水系统中使用缓沉膨化料多年,其水质干净,但水色较深。

相比于料的浮性和沉性,你更应该关心的是料的总体质量,尤其是粉料的比例。或许同时使用浮性料和沉性料是一个不错的选择。记住,在沉性料和浮性料上,鱼从一种粉料适用到另一种粉料通常所花的时间较长。

18.15.1 蒸气颗粒料

蒸气颗粒料是最老的一种饲料。将原料搅碎混合之后,加入蒸气,使淀粉部分凝胶化,并帮助料粒结合。混合物通常在蒸气中停留很短时间(低于3s)并保持温度在38~82℃。经过条件处理的混合物被强行穿过模具上收缩的锥形孔,然后用刀将其切成所需的长度。切割料粒后吹干,最终含水率为9%~10%。蒸气颗粒料是圆柱形的,长度通常是其直径的1.5~2倍。它们很硬,外表像玻璃。蒸气球密度较大,容易下沉。

优点是:

- 制造过程节能;
- 降低了对某些热敏感的营养素、药物和维生素的破坏;
- 初始成本低。

缺点是:

- 更容易产生粉料;
- 料粒沉降快;
- 最小的粒径也得2.4mm,只能用于较大的鱼;
- 脂肪含量不能够超过20%;
- 料粒在水中的稳定性差。

18.15.2 挤压料

挤压料是将预先混合的糊状物放入挤出机筒并添加大量的水来制作的。将这种高水分的糊状物置于高压、高温下摩擦。这会使淀粉的凝胶化程度达到蒸气颗粒料的2~3倍,有些饲料厂会提前加工原料以加强其适口性、消化性和耐久性。在挤出过程时的温度能达到149℃。然后将这种过热的混合物强制通过模具。这会导致压力的急剧降低,使料粒膨胀。膨胀过程降低了料粒的密度从而使得料粒的密度比水小,即为浮性料。料粒离开模具时比蒸气颗粒料的含水量还高10%~15%,需要额外的热量来将其烘干从而使含水量降到10%。

优点是:

- 膨胀可以控制产品下沉,或缓慢下沉,或漂浮(允许鱼管理选项观察喂养行为);
- 脂肪含量可以超过20%;
- 过程中较高的温度提高了营养物质的可用性(有争议),从而提高了饲料转化率;
- 更好的消化率意味着系统处理的浪费更少;

- 碳水化合物被用作黏合剂，因此"营养空白"成分不需要绑定产品。其结果是更好的饲料转化率和总粪便负荷的减少；
- 可做成更小的尺寸；
- 料粒稳定，尺寸均一，粉料少。

缺点是：

- 由于在制造过程中使用额外热量，营养、药物和维生素的降解率更高。这就要求对这些成分进行更高水平的补充。
- 由于制造设备的成本较高，需要补充营养，生产时间较慢（平均成本比蒸气颗粒料高0.2%～5%），买方的成本较高。
- 卡车运输成本较高，因为颗粒密度较低[典型的散货卡车可以装载4万磅（18180kg）挤压料，而蒸气颗粒料可装载4.2万磅（19090kg）]。

Rangen Feeds（Buhl, Idaho）和Melick Feeds（Catawissa, PA）是两家生产挤压料的厂商。

18.15.3　膨化料

除了混合物必须经过制料机来制料之外，其他方面与挤压料的生产基本一致。但这会导致饲料成为沉性料（除非有非常好的技术能够产生浮性料）。膨胀不需要像挤压那样多的水分，这可以让料粒在不加热的情况下干燥，从而降低了操作成本。膨化机生产的料粒比挤出机的更致密，但密度低于蒸气颗粒料。目前在美国只有很少的膨化机用于生产鱼类饲料（Zeigler Brothers，Gardners，PA就是一个例子）。

18.16　浮性料

饲料颗粒是否漂浮、部分下沉还是完全下沉，取决于配方中淀粉糊化度以及膨化料的容量。例如，20.5%的淀粉将产生一种缓慢下沉的饲料，其中约50%的饲料最初在水中漂浮，但在被喂食后几分钟内下沉。通常，保持饲料中淀粉含量在20%～22%，这就可以促进漂浮颗粒的形成，并为那些在粪便周围形成肠衣的鱼（如罗非鱼）提供合适的肠衣。蛋白质含量过高的饮食会导致腹泻。

料粒的浮沉特性以及料粒的耐久性可以通过选择不同的饲料厂商、混合料内部使用的水和油的量，以及挤压过程中的加热量来调整。在饲料中加入适量的水和油，可以增强或抑制淀粉糊化度。通常，高淀粉饮食会降低粪便的比重，从而使粪便更容易漂浮。这些知识对你的工作是有积极作用的。例如，如果溶气浮选法是你的鱼池清除粪便和悬浮物的主要方法，那么较高的淀粉饮食将是一个优势。另外，在使用中央排泄系统进行粪便和沉淀物清除的RAS中，较高含量的蛋白质和较低含量的淀粉饮食将是有利的，因为粪便往往会下沉。

18.17　总　结

表18.31给出了3种饲料制造工艺的总结及其关键特性。知道它，但不能盲目照搬。鱼的

性能受饲料的影响将取决于许多事情，饲料类型只是其中之一。

表18.31　饲料生产工艺的比较

内容	蒸气颗粒料	挤压料	膨化料
初始成本	最低	最高	适中
淀粉糊化,%	<40	>80	60~80
最高温度,°F(°C)	180(82)	300(149)	300(149)
最高脂肪率,%	20	40	30
可消化性	好	最好	很好
可沉降	是	是	是
可悬浮	否	是	可能
慢速沉降	否	是	可能
粉料比,%*	1~6	<1	<1
维生素和能量	最低	最高	适中
饲料转化率	最差	最好	适中
饲料的均匀度	不确定	非常好	很好
可用性	大多数工厂	某些工厂	很少的工厂

注：*表示粉料可能是由加工后的饲料操作不当或研磨量过小造成的。

18.18　参考文献

1. ADAMS C R, 1982. Folic acid, thiamin and pyridoxine vitamins-the life essentials. National Feed Ingredient Institute, NFIA Ames, Iowa.

2. ASHLEY L M, 1970. A symposium on diseases of fishes and shellfishes. Am Fish Soc Spec Pub, 5: 366-379.

3. AUSTIC R E et al., 1989. Monovalent minerals in the nutrition of salmonid fishes. Proceedings of the 1989 Cornell Nutrition Conference for Feed Manufacturers, Syracuse Marriott: 25-30.

4. AUSTRENG E, 1978. Digestibility determination in fish using chromic oxide marking and analysis of contents from different segments of the gastrointestinal tract. Aquaculture, 13: 265-272.

5. BASF CORPORATION, 1986. Effect of pelleting on crystal and ethyl cellulose-coated ascorbic acid assay levels of poultry feed. BASF Animal Nutrition Research. RA873. BASF Corporation: Animal Nutrition Research, 100 Cherry Hill Road, Parsippany, NY.

6. BASF CORPORATION, 1991. Vitamins—One of the most important discoveries of the century. Documentation Animal Nutrition. 4th. BASF Corporation: Animal Nutrition Research. RA873, 100 Cherry Hill Road, Parsippany, NY.

7. BASF CORPORATION, 1992. Vitamin stability in premixes and feeds: a practical approach. KC

9138.2nd Revised. BASF Corporation: Animal Nutrition Research, 100 Cherry Hill Road, Parsippany, NY.

8. BONDI, ARON A, 1987. Animal nutrition. John Wiley and Sons: 298−299.

9. BOROUGHS H, TOWNSLEY S J, HIATT R W, 1957. The metabolism of radionuclides by marine organisms III. Uptake of Ca in solution by marine fish Limnol Oceanogr, 2: 28−32.

10. BURNSTOCK G, 1959. The morphology of the gut of the brown trout (Salmo trutta). Quart J Microsc Sci.

11. CHEN J, 1990. Technical service internal reports. BASF Corporation, Wyandotte, Michigan.

12. CHO C Y, SLINGER S J, 1979. Apparent digestibility measurement in feedstuffs for rainbow trout. In: HALVER J E, TIEWS K.Finfish nutrition and fishfood technology, vol 2. Berlin: Heenemann GmbH Finfish Nutrition and Fishfeed Technology: 239−247.

13. CHO C Y, SLINGER S J, BAYLEY H S, 1982. Bioenergetics of salmonid fishes: energy intake, expenditure and productivity. Comp Biochem Physiol, 73B: 25−41.

14. CHO C Y et al., 1994. Development of high−nutrient−dense, low pollution diets and prediction of aquaculture wastes using biological approaches. Aquaculture, 124: 293−305.

15. COELHO M B, 1991. Fate of vitamins in premixes and feeds: vitamin stability. Feed Management, 42(10): 24−35.

16. COWEY C B, SARGENT J R, 1972. Fish nutrition. Adv Mar Biol, 10: 383−492.

17. CRAMPTON V, KREIBERG H, POWELL J, 1990. Feed control in salmonids. Aquaculture International Congress Proceedings: 99−108.

18. ANTONIS K M et al., 1993. High−Performance liquid chromatography with ion paring and electrochemical detection for the determination of the stability of two forms of vitamin C. J of Chromatography, 632: 91−96.

19. DOVE C R, EWAN R C, 1986. The effect of diet composition on the stability of natural and supplemental vitamin E. Swine Research Report AS−580−J. Iowa State University, Ames, Iowa.

20. FRY F E J, HART J S, 1948. The relation of temperature to oxygen consumption in the goldfish. Biol Bull, 94: 66−77.

21. HALAS E S, HALON M J, SANDSTEAD H H, 1975. Intrauterine nutrition and aggression. Nature, 257: 221−222.

22. HALVER J E, 1989. Fish nutrition. 2nd. Academic Press: 798.

23. HALVER J E, 1989. Fish nutrition.2nd. Academic Press: 405−408, 540−541.

24. HILTON J W, SLINGER S J, 1981. Nutrition and feeding of rainbow trout. Canadian Special Publication of Fisheries and Aquatic Sciences, 55: 15.

25. HOAR W S, 1966. General and comparative physiology. Englewood Cliffs, Prentice−Hall: 243.

26. HUGHES S G, RUMSEY G L, NESHEIM M C, 1983. Dietary requirements for essential branched−chain amino acids by lake trout. Trans Ant Fish Soc, 112: 812−817.

27. KANAZAWA A et al., 1980. Requirement of tilapia zili for essential fatty acids. Bull Japan Soc Sd Fish, 46: 1353−1356.

28. KAUSHIK S J, MEDALE F, 1994. Energy requirements, utilization and dietary supply to salmonids. Aquaculture, 124: 81–97.

29. KETOLA H G, 1976. Quantitative nutritional requirements of fishes for vitamins and minerals. Feedstuffs , 48(7): 42–44.

30. KETOLA H G, 1979. Influence of dietary zinc on cataracts in rainbow trout(Salmo gairdneri). J Nutrition, 109(6): 965–969.

31. KETOLA H G, 1983. Requirement for dietary lysine and arginine by fry of rainbow trout. An Sci, 56: 101–107.

32. KETOLA H G, SMITH C E, KINDSCHI G A, 1989. Influence of diet and oxidative rancidity on fry of atlantic and coho salmon. Aquaculture, 79: 417–423.

33. KETOLA H G, RICHMOND M E, 1994. Requirement of rainbow trout for dietary phosphorus and its relationship to the amount discharged in hatchery effluents. Trans Am Fish Soc, 123(4): 587–594.

34. KLONTZ G W, DOWNEY P C, FOCLIT R L, 1985. A manual for trout and salmon production. Murray Elevators Division: 23.

35. LOVELESS J E, PAINTER H A, 1968. The influence of metal ion concentration and pH value on the growth of a nitrosomonas strain isolated from activated sludge. J Gen Micro, 52: 1–14.

36. LOVELL T, 1978. Dietary phosphorus requirement of channel catfish (Ictalurus punctatus). Trans Am Fish Soc, 107: 617–621.

37. LOVELL T, 1989. Diet and fish husbandry. In: HALVER J E. Fish nutrition. Academic Press: 798.

38. LOVELL T, 1989. Nutrition and feeding of fish (An AVI Book). Van Nostrand Reinhold: 260.

39. MAFES, 1982. Protein and amino acid nutrition for channel catfish information bulletin 25. Mississippi Agricultural and Forestry Experiment Station, Mississippi State: 18.

40. MARINE D, LENHART C H, 1911. Further observations and experiments on the so-called thyroid carcinoma of brook trout and its relation to endemic goiter. J Exp Med, 13: 45–460.

41. MAUGLE P D, 1982. Digestive enzymes in shrimp. PhD Dissertation University of Rhode Island, Kingston, Rhode Island.

42. MCCAY C M et al., 1936. The calcium and phosphorus content of the body of the brook trout in relation to age, growth, and food. J Biol Chem, 114: 259–263.

43. MUSSER S M, PLATTNER R D, 1997. Fumonisin composition in cultures of fusarium moniliforme, fusarium proliferatum, and fusarium nygami. J Agric Food Chem, 45: 1169–1173.

44. NRC, 1983. Nutrient requirements of domestic animals. Nutrient requirements of warmwater fishes and shellfishes. National Academy Press.

45. NRC, 1993. Nutrient requirements of fish. National Academy Press.

46. OGINO C et al., 1979. Availability of dietary phosphorus in carp and rainbow trout. Bull Jpn Soc Sci Fish, 45: 1527–1532.

47. PIPER R E et al., 1982. Fish hatchery management. US Fish and Wildlife Service, Washington,

DC.

48. POPMA T J, 1982. Digestibility of selected feedstuffs and naturally occurring algae by tilapia PhD dissertation. Auburn University.

49. POSTON H A et al., 1977. The effect of supplemental dietary amino acids, minerals and vitamins on salmonids fed cataractogenic diets. Cornell Veterinarian, 67(4): 472–509.

50. POSTON H A, RUMSEY G L, 1983. Factors affecting dietary requirements and deficiency signs of L-tryptophan in rainbow trout. J Nutr, 113(2): 2568–2577.

51. REID D F, TOWNSLEY J J, EGO W T, 1959. Uptake of Sr and Ca through epithelia of freshwater and seawater adapted Tilapia mossambica. Proc Hawaii Acad Sd, 34: 32.

52. RUMSEY G L, PAGE J W, SCOTT M L, 1983. Methionine and cystine requirements of rainbow trout. Prog Fish-Cult, 45: 139–143.

53. SATOH S, TAKEUCHI T, WATANABE T, 1987. Requirement of tilapia for alpha-tocopherol. Nippon Suisan Gakkaishi , 53: 119.

54. SCHAAF R L, 1990. Quality assurance internal reports. BASF Corporation, Wyandotte, Michigan.

55. SCOTT K R, ALLARD L, 1984. A four-tank water recirculation system with a hydrocyclone prefilter and a single water reconditioning unit. Progressive Fish-Culturist, 46: 254–261.

56. SHEHADEH Z H, GORDON M S, 1969. The role of the intestine in salinity adaptation of the rainbow trout, salmo gairdneri. Comp Biochem Physiol, 30: 397–418.

57. SINGH R P, NOSE T, 1967. Digestibility of carbohydrates in young rainbow trout. Bull Freshwater Fish Res Lab(Tokyo), 17(1): 21–25.

58. SMITH H W, 1930. The absorption and excretion of water and salts by marine teleosts. Am J Physiol, 93: 480–505.

59. SMITH L S, 1980. Digestive functions in teleost fishes (Chapter 11). In: HALVER J E.Fish nutrition. 2nd. Academic Press.

60. SMITH R R, 1971. A method for measuring digestibility and metabolizable energy of fish feeds. Progr Fish-Cult, 33(3): 132–134.

61. SOLIMAN A K, JAUNCEY K, ROBERTS R J, 1986. The effect of varying forms of dietary ascorbic acid on the nutrition of juvenile Tilapia(Oreochromis niloticus). Aquaculture: 52.

62. SOLOMON D J, BRAFIELD A G, 1972. The energetics of feeding, metabolism and growth of perch. J Anim Ecol, 41: 699–718.

63. SPOTTE S, 1979. Fish and invertebrate culture. Wiley-Interscience Publication, John Wiley and Sons.

64. STICKNEY R R, 1979. Principles of warmwater aquaculture. J Wiley and Sons: 375.

65. STICKNEY R R, LOVELL R T, 1977. Nutrition and feeding of channel catfish. southern cooperative bulletin 218. Alabama Agricultural Experiment Station, Auburn University: 67.

66. STICKNEY R R et al., 1984. Response of tilapia aurea to dietary vitamin C. J World Mariculture Society, 15: 179.

67. TAKEUCHI T, WATANABE T, 1982. Effects of various polyunsaturated fatty acids on growth and fatty acid composition of rainbow trout salmo gairdneri, coho salmon Onchorhynchus kisutch, and chum salmon onchorhynchus keta. Bull. Japan Soc Sci Fish, 48: 1745–1752.

68. TAKEUCHI T, SATOH S, WATANABE T, 1983. Requirement of Tilapia nilotica for essential fatty acids. Bull Japan Soc Sci Fish, 49: 1127–1134.

69. THIEL P G et al., 1992. The implications of naturally occurring levels of fumonisins in corn for human and animal health.Mycopathologia, 117: 3–9.

70. WATANABE T, TAKEUCHI T, OGINO C, 1975. Effect of dietary methyl linoleate and linolenate on growth of carp II. Bull Japan Soc Sci Fish, 41: 263–269.

71. WESTERS H, 1987. Feeding levels for fish fed formulated diets. Progr Fish–Cult, 49: 87–92.

72. WHEATON F W, 1977. Aquacultural engineering. Krieger Publishing Co.: 708.

73. WILSON R P, POE W E. 1985. Apparent digestibility of protein and energy in feed ingredients for channel catfish. Prog Fish–Cult, 47: 154–158.

74. WILSON R P et al., 1982. Dietary phosphorus requirement of channel catfish. J Nutr, 112: 1197–1202.

75. WINDELL J T, FOLTZ J W, SAROKON J A, 1978. Effect of body size, temperature and ration size on the digestibility of a dry pelleted diet by rainbow trout. Trans Am Fish Soc, 107: 613–616.

76. ZHUGE Q, KLOPFENSTEIN C F, 1985. Factors affecting storage stability of vitamin A, riboflavin and niacin in a broiler diet premix. Poult Sci, 65: 987.

第19章　鱼菜共生：鱼类养殖和植物培养的结合[①]

　　鱼菜共生系统，作为将鱼类养殖和植物种植结合在一起的循环系统，已经越来越受到欢迎。关于小型后院系统的设计和构建的视频数量之多令人惊讶。从最简单的家庭系统到商业工程系统，在每一个可能的层次上都有大量的短期课程。有关于这个主题的一些教科书和许多的通俗读物。有两个国家组织和数百个地方团体正在促进这一概念。即使是在本章的一位作者居住的亚利桑那州图森小镇，当地的水产养殖团体也有350多名成员，他们每月聚会一次，分享想法，聆听有关鱼类和植物生产各个阶段的讲座。上百个校区将鱼菜共生作为学生们科学课程的学习工具。而商业用途的鱼菜共生的操作数量虽然少，但是在逐步增长。

图19.1　鱼和菜

　　为什么这本书的作者喜欢鱼菜共生（图19.1）？鱼菜共生系统比水培系统更容易操作，因为鱼菜共生系统不太需要监测，并且通常会有更大的安全边际以确保良好的水质。小型的鱼菜共生系统可以成为一个很好的选择。该系统可以小到顶部覆盖一簇植物的水族馆；在市场能够消化产量的情况下，大到可以生产成吨的绿色蔬菜及鱼类的养殖厂。本章将在如何设计和操作任何大小规模的鱼菜共生系统上给您一个很好的主意，因为我们尽可能地根据工程质量平衡来呈现事物。

　　鱼菜共生系统由循环水产养殖系统与无土栽培（溶液培养学）生产相结合而成。再循环系统目的在于通过再次利用经过排毒处理后的养殖用水，从而达到在最小的用水体量下养殖比平常超体量的鱼。在多次重复利用水的过程中，营养物质和有机物不断积累。如果这些代谢副产物被引入具有经济价值的次生作物或以某种方式有益于主要鱼类生产系统，则不必浪费这些代谢副产物。通过利用主要物种产生的副产物来种植额外作物的系统被称为综合系统。如果次生作物是与鱼类一起生长的水生植物或陆生植物，则这种综合系统被称为鱼菜共生系统。

　　植物因为溶解的营养物质而迅速生长，这些营养物质是直接由鱼类排泄或由鱼类废物的微生物分解产生。在封闭的循环水系统中，每日水交换率（少于5%）非常小，溶解的营养物质积累并接近水培营养液中的浓度。而其中溶解态氮可以在循环水系统中达到非常高的水

①联合作者：James E.Rakocy 博士是维尔京群岛大学（University of Virgin Islands）的研究教授，美国农业实验站（Agricultural Experiment Station，地址RR 2, Box 10,000, Kingshill, VI 00850, USA, jrakocy@uvi.cdu）负责人。

平。鱼类通过鳃以氨的形式将废氮直接排放到水中。细菌将氨转化为亚硝酸盐，然后再转化为硝酸盐。氨和亚硝酸盐对鱼类有毒，但硝酸盐是相对无害的，是高等植物（其中包括绿叶蔬菜、草本植物和水果作物等）生长首选的氮素形式。正是鱼和植物之间的共生关系使得鱼菜共生系统有合理的系统设计标准。

鱼菜共生系统具有以下优点。在循环水产养殖系统中，累计废物的处理是一个主要问题。循环水产养殖系统作为能够减少对环境排放废物量的一种方式而得到推广。废水从系统中排放以消除有机沉积物，从而防止系统内的营养物质积聚。当然，体积减小了，但是污染负荷（有机物和溶解营养物形式的营养物质量）的影响更大。无论废水量大小，排出的营养物量（颗粒和溶解物）都是系统中生物体同化吸收的功效。这意味着两个不同废水排放流量的系统会释放等量的营养物质。然而，排放较少体积的污水的系统会使废水中的营养物质的浓度变高，因为浓度是营养物质的质量除以体积（例如 mg/L、lbs/gal 等）。根据废水的最终处理情况，在某些情况下，排放可能对环境造成威胁，或者如果将废水排放到市政下水道系统进行进一步处理，则会产生额外的费用。

在鱼菜共生系统里，植物可以回收水中相当一部分的营养物质，从而减少了废水排放到环境中的量，提高系统的用水效率。这意味着通过植物吸收来除去溶解的营养物，可以降低水交换率。最大限度地减少水交换率，可以降低干旱气候和加热温室中鱼菜共生系统的运营成本，因为水费是一项重大费用。Lennard W A（2006）的研究表明，与"纯鱼系统"相比，鱼菜共生系统里培养水中的硝酸盐积累减少了97%（表19.1）。这是通过平衡硝酸盐产量和植物硝酸盐吸收率来实现的。

在考虑循环水系统时，盈利能力始终是一个主要问题。循环水系统的构建和运营成本昂贵，其盈利性往往来自向特定的小众市场，如出售罗非鱼活鱼、冰鲜整鱼或其他高价值的水产品。植物作物无须额外成本就能获得所需的大部分养分，提高了系统的潜在利润，并为种植者拓展了市场。

表19.1　纯鱼系统和鱼菜共生系统对比

参数	纯鱼系统	鱼菜共生系统
饲料系数	0.87 ± 0.01	0.88 ± 0
生菜出成(kg/m^2)	无	5.77 ± 0.19
硝态氮累积量(mg/L)	52.20 ± 5.28	1.43 ± 1.09
硝态氮去除率(%)	0	97

鱼类的日常喂养为植物提供稳定的营养供应，这样减少或消除了在无土栽培中排放和替换耗尽的营养液或调节营养液的需要。在封闭的环境中，从鱼类养殖水中排出的二氧化碳可以提高植物产量。植物净化养殖用水，在适当大小且设计得当的设施中，不再需要另外置备昂贵的生物过滤器。然而，在RAS中使用的生物过滤器为鱼类和植物系统提供了一个重要的、可靠的功能——硝化作用。正如本书前面所讨论的，在RAS中，由于氨对鱼有毒，需要将氨转化为硝酸盐以实现水的再利用。而且，氨可以被植物吸收，硝酸盐对大多数植物提高

作物品质是有利的。一般来说，氨和硝酸盐的结合会使植物生长速度更快。利用以硝酸盐作为主要形式的氮也有助于消除潜在的吸收抑制作用的氨（以铵的形式，NH_4^+）与其他重要阳离子（如钙、镁、铁等）。同样，在循环水培系统中（包含生物过滤器），其能提供操作缓冲，确保单元过程的正常运行，从而保护鱼类健康和植物生产力。提供给水培作物系统的氨和硝酸盐的最佳数量（例如比例）将根据作物的具体情况而定，并可通过调整生物过滤单元过程的性能来调节。

　　废弃营养素每天的产生量基本一致，而且通常来说都会设计比实际需要更高的废水处理能力，因而在鱼菜共生系统中，水质监测的费用得以降低。通过分担泵、鼓风机、蓄水池、加热器和报警系统的运营与基础设施成本，鱼菜共生系统还可以在一些建设和运营领域节省成本。鱼菜共生系统可以在恰当的面积增长速度下建立起来，而这相对于无土栽培对土地面积的要求减少好多，初始资本投资也能减少。但是，鱼菜共生系统也的确需要高资本投资、适度的能源投入和熟练的管理。为了获利，鱼菜共生养殖场可能需要利基市场（高度专门化的市场）的优质价格。

　　当然，鱼菜共生系统也有以下缺点。最显著的一个缺点为：蔬菜种植面积比例大于鱼的养殖面积。蔬菜种植面积大于鱼的养殖面积从而使系统能达到平衡，营养素处于相对稳定的水平。例如，植物生长面积与鱼的养殖表面积的比率为 7.3。随着固体去除效率降低，需要更大的比率。从本质上讲，鱼菜共生系统强调植物培植，如果由园艺家观察，这是一个优点。该系统中消耗的大部分劳动力用于播种、移植、维护、收获和包装植物。此外，由于在植物方面需要一系列新的技能，当有水产养殖者和园艺师共同参与进来时，鱼菜共生系统的商业运作会做得更好。另一个缺点是园艺家必须依靠生物控制方法而不是杀虫剂来保护植物免受病虫害。然而，这个限制也可以被看作是一个优点，因为这样的产品可以因为"无杀虫剂"而在利基市场成为一个卖点。

19.1　系统设计

　　鱼菜共生系统的设计大体上借鉴了循环系统的设计，但额外增加了水培部分，并且可能消除了单独的生物过滤器和用于去除微细与溶解固体的装置（泡沫分馏器）。在推荐的设计比例下，微细固体和溶解的有机物质通常不会达到需要在鱼菜共生系统中装置泡沫分馏器的水平。鱼菜共生系统的基本组成部分包括：养鱼池、可沉降和悬浮固体去除组件、生物滤池、水培组件和抽泵蓄水池。但是，在处理个别生产单位（例如鱼缸、水培作物系统）的最佳生产力以及食品安全和病原体/病虫害控制问题时，必须考虑工艺流程。

　　概念流程示意图如图 19.2 所示。首先处理来自鱼养殖池的污水以降低可沉降和悬浮固体形式的有机物浓度。接下来，在处理过的水流入蓄水池之前，通过固定膜硝化处理这些水以去除氨和亚硝酸盐。然后将处理过的水分别分配到养殖池和水培单元，以便每个生产单元（饲养槽和水培单元）得以最佳运行。当水流过水培单元时，一些溶解的营养物质被植物吸收同化，减少（或消除）溶解的营养物质的积累。生产过程中所用水必须首先被引导到固体去除单元，从而快速有效地去除从每个不同生产单元产生的有机废物。这将防止微生物生物质的积累、管道系统部件的堵塞或死亡/破碎的植物块的保留。首先去除所有废物是确保系统正常运行所需的主要工艺流程设计。

系统是可以按需设计的，使得一部分水流被转移到特定的处理单元。例如，小的侧流流动可以在去除固体的情况下进入水培组分，而大部分水通过生物过滤器返回到养殖池。

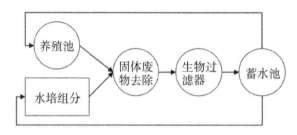

图19.2　鱼菜共生系统的最佳设计

生物过滤和水培组分也可以结合使用植物支持介质，例如砾石或沙粒，来作为生物过滤介质。如果植物生产区域足够大，浮板水培或深水培养（deep water culture, DWC）由浮动的聚苯乙烯片和用于植物生长的网罐组成，也可提供足够的生物过滤。还有另一种设计可将固体去除、生物过滤和水培结合在一个单元中。这里，水培支持介质（例如豌豆、砾石）吸附固体并为固定膜硝化提供空间，采用这种设计时不要装置过载悬浮固体。由于鱼类进食活动的变化和固体去除部分的效率，悬浮固体过量会是一种威胁。由于这些原因，应避免使用砾石或沙床进行大规模的商业规模作业。

19.1.1　维尔京群岛大学的鱼菜共生研究

维尔京群岛大学（University of the Virgin Islands, UVI）的鱼菜共生研究专注于在配备浮板水培的室外水槽中养殖罗非鱼（见图19.3）。大多数实验工作都是在6套相同的实验系统中完成的，每套系统包括1个饲养池（12.8m³）、1个沉淀池（1.9m³）、2个水培池（13.8m²）和1个蓄水池（1.4m³），见图19.4。水培池（深28cm）最初是由砾石填充的。这些砾石下面有8cm的假底，假底上方是支撑砾石的金属丝网。这些被用作生物过滤器的砾石床时而被培养水淹没，时而被排干水。实验证明，粗沙砾不适合鱼菜共生系统，因此粗沙砾被移除，取而代之的是浮板系统，该浮板系统是由漂浮的1.22m×2.44m×3.8cm（4英尺×8英尺×1.5英寸）大的聚苯乙烯板组成。实验使用旋转式生物反应器（RBC）进行硝化作用以代替砾石床的功能。来自沉淀池的废水被分成两个流向，一个流向水培池，另一个流向RBC。这两股水流最终在蓄水池中汇合，处理过的水会被重新抽送回鱼池。

图19.3　UVI鱼菜共生系统

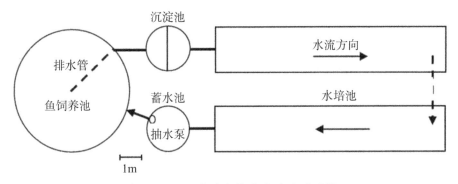

图 19.4 UVI 实验鱼菜共生系统的设计

鱼饲养池位于不透明的顶盖下。对沉淀池和蓄水池用胶合板覆盖，可遮阳抑制藻类生长，降低白天水温，为鱼类创造更多的自然光照条件。这种特殊设计的饲养池相对水培池的植物生长表面积来说太大，反之亦然。当饲养池以商业密度（每立方米 107 尾鱼）放养罗非鱼时，系统的日饲料配给量很高，以至于养分迅速积累到超过建议的水培营养液上限（TDS：2000mg/L）。使用比布莴苣作为基本植物，确定鱼饲养率和植物生长面积之间的最佳比例为每天每平方米植物生长区域 57g 饲料。在该比例下，营养物积累速率降低，并且水培池能够提供充分的硝化作用。当鱼的放养率减少到使得鱼饲料投放量正好能够让植物达到良好生长的最佳速率时，这样就可以成功地移除 RBC。最佳比例将根据不同的植物种类和生产方法而变化，比如交错养殖和批次养殖。

经验法则

每平方米植物生长区每天可用 57g 饲料，用于交错培植比布莴苣。

实验系统扩大了两次。在第一次扩大中，每个水培池的长度从 6.1m 增加到 29.6m。每平方米饲料植物生长区域每天 57g 的最佳设计比例允许饲养池在商业水平（对于扩散曝气系统）养殖罗非鱼而不会过多积累养分。相关情况分别见图 19.5、图 19.6。

图 19.5 在第二次扩大中，水培池（长 29.6m）的数量增加到 6 个，鱼饲养池的数量增加到 4 个。该生产单元设计代表了实际的商业规模

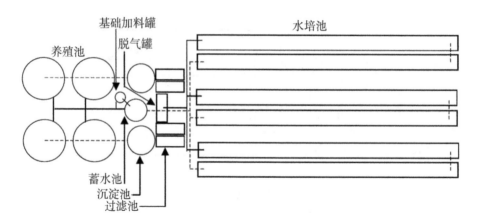

池子尺寸

饲养罐：直径：10ft，高度：4ft，
　　　　水量：每个2060gal

过滤池：直径：6ft，圆柱高度：
　　　　4ft，锥体深度：3.6ft，坡度：45°，
　　　　水量：1000gal

过滤和脱气罐：长度：6ft，
　　　　　　　宽度：2.5ft，深度：2ft，
　　　　　　　水量：185gal

水培池：长度：100ft，宽度：4ft，
　　　　深度：16in，水量：3000gal，
　　　　生长面积：2304平方英尺

蓄水池：直径：4ft，高度：3ft，
　　　　水量：160gal

基础加料罐：直径：2ft，高度：3ft，水量：50gal

系统用水总量：29375gal

流量：100GPM

水泵：0.5hp

鼓风机：1.5马力（鱼）和1马力（植物）
占地总面积：1/8英亩

管道尺寸

抽水泵至饲养池：3in

饲养池至沉淀池：4in

沉淀池至过滤池：4in

过滤池之间：6in

过滤池至脱气罐：4in

脱气罐至水培池：6in

水培池之间：6in

水培池至蓄水池：6in

蓄水池至抽水泵：3in

抽水泵至基础加料罐：0.25in

基础加料罐至蓄水池：1.25in

图19.6　UVI鱼菜共生系统设计图及各部件详细尺寸

19.2　鱼的生产

罗非鱼是在鱼菜共生系统中最常见的养殖鱼类,但可以使用任何适合RAS培养的物种。大多数能够忍受高密度养殖的淡水物种,包括观赏鱼,都会在鱼菜共生系统中表现良好。据报道,杂交条纹鲈鱼在此系统中表现不佳,因为它们不能耐受高水平的钾,而人们通常会给植物补充钾元素以促进其生长。

鱼类饲养部分和水培蔬菜部分必须以接近最大生产能力的状态连续运行,从而实现现金回报的最大化,弥补鱼菜共生系统的高资金成本和运营费用。在接近其承载能力的情况下运行,可以减少系统每日不同的投料量的情况,而投料量恰恰是确定水培部分的尺寸的重要因素。鱼类管理的基本方法是:

- 连续养殖或连续加载(将不同年龄组放在同一个池中,你可以分批捕捞大鱼并同时补充相同数量的小鱼);
- 高峰存塘(使用高密度的存塘量,定期收获大鱼);
- 使用多个饲养池(全进和全出)。

在设计商业系统之前,确定适合您自己特定环境和目标鱼类的最佳养殖方式非常重要,因为每种方式都有不同的要求。

UVI的商业规模的鱼菜共生系统(图19.7)使用多个养殖池来简化存塘管理,因为鱼在24周的养成周期中不会被移动。该系统包括4个养殖鱼池(每个水容量7.8m³),2个圆锥形沉淀池(每个3.8m³,坡度为45°),4个过滤罐(每个0.7m³),1个脱气罐(0.7m³),6个水培槽(每个11.3m³,29.6m×1.2m×0.4m),1个蓄水池(0.6m³)和1个基础加料罐(0.2m³)。水培表面积为214m²,系统用水总量为110m³。罗非鱼的4个养殖池交错排序生产,因此每6周便可收获1池。收获时,将养殖池排干,捕捞整池鱼。然后注入相同水量,并立即补充小鱼,进入下一个24周的生产周期。

图19.7　图片为一部分UVI的鱼菜共生系统(从右上角逆时针方向分别是):沉淀池,2个过滤罐,带内部立管井的脱气罐和回水蓄水池

以每立方米77尾的密度养殖尼罗罗非鱼，可以收获适合于鱼片市场的800~900g的原料鱼（从整鱼上取得鱼片的出成率一般为33％）。红罗非鱼养殖密度为154尾/m³，可以为西印度群岛鱼市场提供平均重量约为500g的整鱼。每6周收获约500~600kg的鱼，尼罗罗非鱼年产量为9152磅（约4.16公吨），红罗非鱼年产量为10516磅（约4.78公吨）（见表19.2）。

注意对水质的管理，比如溶解氧、氨氮、亚硝酸盐氮、温度、pH和碱度的水质参数——使高密度罗非鱼养殖成为可能（但是，高密度养殖一定要配备有可靠的监测和备份系统！）。水温从冬天的23.0℃低温到夏季的29.0℃高温，平均水温为27.0℃，低于罗非鱼的最佳生长温度（30℃），高于许多蔬菜的最佳生长温度（20~22℃）。系统水温低于附近池塘，因为系统的表面区域都没有暴露在直射阳光下。通过加入等量的氢氧化钙和氢氧化钾，pH通常保持在7.0。总碱度平均约为100mg CaCO₃/L。

表19.2　UVI中鱼菜共生系统中雄性尼罗罗非鱼和红罗非鱼的平均产值

罗非鱼	每池收获重量(磅)	每单位水体收获重量(磅/加仑)	初始重量（克/鱼）	最终重量（克/鱼）	生长速度（克/天）	存活率（%）	饲料系数
尼罗罗非鱼	1056(480kg)	0.51(61.5kg/m³)	79.2	813.8	4.4	98.3	1.7
红罗非鱼	1212(551kg)	0.59(70.7kg/m³)	58.8	512.5	2.7	89.9	1.8

注：尼罗罗非鱼养殖密度：77尾/m³（0.29尾/加仑）；红罗非鱼养殖密度：154尾/m³（0.58尾/加仑）。

一般来说，建议鱼菜共生系统的养殖密度不应超过60kg/m³（0.50磅/加仑）。这种密度将促进快速生长和有效的饲料转化，并减少导致疾病爆发的拥挤应激。该密度通常不需要靠纯氧来维持。

19.3　颗粒物

鱼类产生的粪便应该在水进入水培槽之前从废物中排出。去除有机废物对维持植物健康（避免在植物根部收集固体），减少潜在的食品安全问题以及消除管道系统的生物污染尤为重要。其他固体废物来源是未食用完的饲料和在系统中生长的生物（例如细菌、真菌和藻类）。如果这些有机物质在系统中积聚，随着它们的衰变会降低溶解氧水平并产生二氧化碳和氨。如果形成深层沉积的污泥，它们将厌氧分解（不含氧）并产生甲烷和硫化氢，这对鱼类有很大的毒性，并且通过反硝化作用会损失大量的氮。

悬浮固体在鱼菜共生系统中具有特殊意义。进入水培组分的悬浮固体可能积聚在植物根部并通过创造厌氧区来阻止水和营养物质流向植物而产生有害影响。虽然固体废物（悬浮和沉降）保留了水培作物所需的一些有价值的微量营养素，但从微生物量积累的观点来看，系统中固体的滞留从长远角度来说是一个重大问题。当固体通过微生物分解时，植物生长所必需的无机营养物被释放到水中，这一过程称为矿化。矿化提供了几种必需的营养素。

如果设计目标是从固体废物中提取矿物质营养素，那增加一个外部处理装置，可以最好地使溶解效率达到最高并使水培单元中有机物质的积累降到最低。固体废物的矿化可以弥补微量营养素的不足，然而固体废物矿化并回到系统则是靠水培作物起作用的。在装置矿化处理系统之前，建议在水培测试实验室中分析养殖用水中的基本宏观和微量营养素。对于植物数量来说，增加鱼类放养和喂养率，又或是通过适当选择和平衡鱼与植物，则可以仅在最低程度上进行营养补充甚至是不需要进行营养补充。固体的一个好处是通过微生物的分解作用产生的。与分解固体相关的微生物对植物根病原体具有拮抗作用并有助于维持根的健康生长。但是，为了在悬浮固体的过度积累和积累不足之间实现微妙的平衡，如果对水中营养素的分析显示是低浓度或有限浓度，则最好配备一个固化废物的处理器。

第5章提到了一些用于从循环系统中去除固体的常用设备。这些包括沉淀池，管或板分离器、组合颗粒捕集器、污泥分离器、离心分离器、微筛过滤器和珠子过滤器。沉淀装置（例如沉淀池、管或板分离器）主要去除可沉降的固体（>100μm），而过滤装置（例如微筛过滤器、珠子过滤器）去除可沉降和悬浮的固体。固体去除装置在效率、固体保留时间、流出物特性（固体废物和处理过的水）和水消耗率方面各不相同。虽然许多设备可能适用于鱼菜共生系统，但没有针对固体清除技术与水培蔬菜的生长情况之间相互关系的研究。

沙和砾石水培基质有时用于从水流中去除固体废物。将固体保留在系统中，通过矿化为蔬菜提供营养。当固体在培养基中积累时，阳离子交换能力（cation exchange capacity，CEC）增加，即培养基吸附和保留可用于植物生长的阳离子（带正电荷的营养物质）。由于鱼菜共生系统中阳离子数量通常较多，CEC通常不是植物生长的重要因素。沙粒的使用越来越少，但流行的鱼菜共生系统使用2.4m×1.2m（8ft×4ft）的小床，其中含有直径3~6mm（1/8~1/4in）的豌豆砾石。每天用系统水淹没水培床几次，然后完全排干，之后让水返回到养殖池。在排水阶段，空气进入砾石。空气中的高含氧量（与水相比）加速了砾石中有机物的分解。水培床上可以接种蠕虫（比如蚯蚓），以改善床上的通风情况并吸收有机物质。

在鱼菜共生系统中产生的有机废物不会完全分解。可以抵抗微生物分解的那部分有机废物就是难降解物质。颗粒状难溶化合物将缓慢积聚在如豌豆砾石这样的基质层或底部或浮板系统槽中。溶解的难溶化合物使养殖水呈棕色或茶色，其中含有单宁酸、腐殖酸和其他腐殖质。这些化合物具有温和的抗生素特性，对系统的鱼类和植物有益。腐殖质与Fe、Zn和Mn形成金属—有机复合物，从而增加植物对这些微量营养素的利用。

19.3.1 颗粒物去除

在特定系统中去除固体的最合适的装置主要取决于有机负荷率（每日饲料投入和粪便产量），其次取决于植物生长区域。例如，如果相对于植物生长区域来说，鱼的产量更大（高有机负荷），则需要高效的固体去除装置，例如转鼓式微滤机。转鼓式微滤机能捕获细小的有机颗粒，例如60μm的颗粒，在经过反冲洗和从系统中去除之前，它们仅被筛网保留几分钟。在鱼菜共生系统中，由鱼类直接排泄的溶解营养物或通过非常细的颗粒和溶解的有机物矿化产生的溶解营养物或许足以满足植物生长区域的大小需求。另外，如果相对于植物生长区域来说，养殖鱼量偏少（低有机负荷），则可能不需要去除固体，因为此时需要更多的矿化作用来为相对大的植物生长区域产生足够多的营养。但是，不稳定的固体物、未经过微生物分解的固体，不应该在罐底积聚并形成厌氧区。往复式豌豆砾石过滤器（受充水和排水循环的影响），在充水时均匀分布在整个床面，在这种情况下可能是最合适的装置，因为在排水期，固体均匀分布在砾石中并暴露在高氧水平下（空气中氧气占比为21%，鱼的养殖水中氧气占比为0.0005%~0.0007%），从而增强微生物活性并提高矿化速率。

UVI的商业规模的水培系统依靠2个圆锥形沉淀器来去除可沉降的固体。每个玻璃纤维沉淀池的体积为3.8m³（1000gal），保留时间为20min，与早期使用的装置1.9m³（500gal）相比，可以更有效地去除可沉降固体，如图19.8所示。UVI将罗非鱼放入沉淀池中以防止固体在罐的两侧积聚，避免出现成团成块的垃圾固体并漂浮到顶部。Twarowska J G等学者（1997）确定通过颗粒捕集器和颗粒分离器（17.6%去除率）与微筛转孔真空过滤器结合（17.7%去除率）使用，可以将投入至罗非鱼养殖系统的35.3%的饲料作为可沉降和不可沉降的固体（基于挥发性固体分析）收集起来。

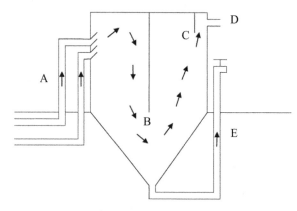

图19.8　UVI沉淀池的横截面图（未按比例）显示2个鱼养殖池（A）、中央挡板（B）和排水挡板（C）、排水至过滤罐的出口（D）、污泥排放管（E）和水流方向（箭头）

沉淀作为固体去除的唯一方法，大量固体被排放到水培槽中，在那里它们沉淀出来并在末端形成超过5cm深的污泥沉积物。这是非常糟糕的情况，会对植物产生不利影响：污泥会浮在水面上，遮盖植物根部，所以要么会杀死植物，要么会大大抑制它们的生长。一系列实验得出了一个设计解决方案，该解决方案增加了一个水处理过程，由填充有果园网（orchard netting）的附加过滤罐来完成，用于去除细小固体。每个沉淀池后安装2个0.7m³（185gal）的矩形过滤罐。沉淀池里排出的水继续流过这些附加的过滤罐。用高压水喷雾器每周洗涤净化过滤网一两次，排出过滤罐中所有的水，污泥被排放到带衬里的蓄水塘（lined holding ponds）。在清洁之前，使用小型抽水泵小心地将过滤罐中的水抽回到养殖池，小心避免扬起水中的固体。这个过程节约了水，保留了营养素。

来自UVI饲养池的废水富含溶解的有机物质，促进了排水管、沉淀池和筛槽中丝状菌的生长。这些细菌看起来像半透明、呈凝胶状的浅棕褐色细丝。如果没有过滤罐，这些细菌会长得超过植物根部。细菌本身似乎不具有致病性，但微生物群落可能会发生变化，并且它们会干扰植物对溶解氧、水和养分的摄取，从而影响植物生长。鱼菜共生系统的投料速率和养殖池的水流速决定了丝状菌自身的显现程度，但是可以通过提供足够大的果园网面积又或是通过调节筛网槽尺寸或使用多个筛网槽来控制。在具有较低有机负荷率（即投料速率）或较低水温（较低的生物活性）的系统中，丝状菌会减少并且对于系统来说是无须考虑的问题。

在清洗果园网之前，积聚在网上的有机物质形成厚的污泥。污泥中产生厌氧条件，导致形成诸如硫化氢、甲烷和氮气的气体。因此，在UVI系统中使用脱气罐来接收来自过滤池的排水。在养殖水到达水培植物之前，这些气体已经被排放至大气中。

在UVI的商业规模系统中，组合沉淀池和过滤罐来保持非常低水平的悬浮固体。在油麦菜实验中，过滤罐出水中的悬浮固体值平均为4.2mg/L。水培槽也有助于去除悬浮固体。水中的，这种浮游植物是透明的，但是含有腐殖质的颜色很深。

从鱼菜共生系统排出的固体必须以环境可接受的方式进行处理（见第6章）。一种方法是将废水储存在充气池中，并在有机物质稳定后作为相对稀释的污泥施用于陆地。该方法在干燥地区是有利的，污泥在此可用于灌溉和施肥农作物。将污泥的固体部分与水分离，连同其他废物一起通过使用土工袋，与来自系统的其他水产品（植物物质）一起使用以形成堆肥。市区的养殖场可能不得不将固体废物排入下水道，从而在市政污水处理厂进行处置。

现在来看Rakocy在UVI系统中使用的固体收集装置的设计是有用的。UVI系统设计的显著改进是从性能和空间利用角度（例如径向流分离器，见图19.9），用更高效的设计理念来取代Rakocy使用的沉淀池。有学者在2005年发现在相同的表面加载速率和相同尺寸的单元下，径向流分离器的效率几乎是旋流分离器的2倍。另外，在径向流分离器的中心使用圆筒更有效地利用锥形沉淀槽的横截面区域。

径向流分离器设计"经验法则"时要求水压负荷率为120～200Lpm/m²（每平方英尺3～5gal/min），底部排水量为水流的5%～15%，或者在圆锥形底部手动排放已存固体物。旋流分离器不能有效去除细小固体（直径<50μm），但是，它们在去除TSS方面非常有效，Davidson在2005年提到其去除率差不多达到40%。对于小型系统，这可以保持足够低的固体浓度，从而不影响植物生产系统。径向流分离器也可以与双排水系统结合使用，其中大部分固体废物以总循环流量的10%～30%的分流率通过中心排水口排出。双排水系统中的内壁排放接收水柱中较高的生产用水，其中可沉降的固体相对较少并且可能会直接流到生物过滤单元中。

还应该注意的是，目前市场上不同的浮动颗粒过滤器（例如浮珠过滤器）提供了在单个单元中具有生产用水的机械和生物过滤的双重功能的机会（参考www.beadfilters.com）。这些流动珠子过滤器具有生物降解功能，设计用于在单个单元过程中功能性地去除固体物并促进硝化。这简化了小型系统设计，并且可以允许通过矿化系统内部的固体废物以提取微量营养素作为替代手段而无须采用另外单独的处理单元。

19.4　生物过滤

鱼菜共生系统的一个主要问题是氨的去除，这是一种通过鱼鳃排出的代谢废物。氨会积累并达到毒性水平，除非它被硝化过程去除（称为生

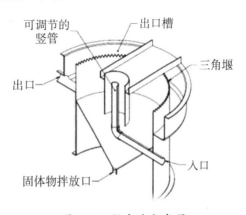

图19.9　径向流分离器

物过滤；详见第7章），而氨在硝化过程中首先被氧化成有毒的亚硝酸盐，然后亚硝酸盐被氧化成硝酸盐，硝酸盐是相对无毒的。两组天然存在的细菌（亚硝化细菌和硝化细菌）介导了这两步过程。硝化细菌在惰性材料表面上像薄膜（称为生物膜）一样生长，或者它们黏附在有机颗粒上。生物过滤器含有用于硝化细菌生长的大面积的培养基。鱼菜共生系统使用了含有沙粒、砾石、贝壳或各种塑料介质的生物过滤器。硝化作用是一种产生酸的过程，会破坏碱度。因此，必须根据进料速率频繁添加碱以保持相对稳定的pH。有必要去除死亡生物膜，从而防止介质堵塞、水流短路、溶解氧及生物过滤器性能的降低。

主要的生物过滤器的选择在第7章中进行了综述。需要单独的生物过滤器或使用组合的生物过滤器（生物过滤和水培基质），用于确定生物过滤器尺寸的标准方程可能不适用于鱼菜共生系统，由于植物占据了一部分面积，并且由于植物的吸收，大量的氨被直接去除了。然而，各种水培子系统设计和植物物种对鱼菜共生系统中水处理的贡献情况尚未得到研究。因此，鱼菜共生系统生物过滤器的尺寸应相当接近再循环系统建议的尺寸。

硝化效率受pH影响。尽管大多数研究表明在该范围的高值端硝化效率较高，但硝化的最佳pH范围为7.0～9.0。大多数水培植物在pH为5.8～6.2的条件下生长最佳。水培系统的可接受pH范围是5.5～6.5。溶液的pH会影响植物营养素的利用率，尤其是微量金属元素。在pH大于7.0时，可用于植物的必需营养素（如铁、锰、铜、锌和硼等）降低，而磷、钙、镁和钼的溶解度在pH低于6.0时急剧下降。通过维持pH接近7.0，在鱼菜共生系统中达到了硝化和养分可用性之间的妥协。Anderson T S et al.（2017a, 2017b）的研究表明，在pH为7的鱼菜共生条件下生长的莴苣和pH为5.8的水培条件下生长的莴苣一样好。

当水的溶解氧达到饱和状态时，硝化作用最有效。UVI商业规模系统通过多个小型空气扩散器，扩散器每1.2m（4ft）沿着养殖池的长轴分布，向水培养殖池充气，使DO水平保持接近80%饱和度（6～7mg/L）。往复（落潮和涨潮）砾石系统在脱水阶段将硝化细菌暴露于高含氧量的大气中。流过营养膜通道的水薄膜通过扩散吸收氧气，但致密的植物根和相关的有机物质可阻挡水流，并产生厌氧区，从而阻止了硝化细菌的生长，进而需要安装单独的生物过滤器。

理想情况下，鱼菜共生系统的设计应使水培子系统也可作为生物过滤器，从而节省购置单独生物过滤器的资金成本和运营费用。颗粒状的水培介质（如砾石、沙粒和珍珠岩）为硝化细菌提供了足够多的基质，尽管如前所述它们具有堵塞的倾向，但通常在一些鱼菜共生系统中还是被用作唯一的生物过滤器。如果有机质超载发生严重堵塞，砾石和沙滤器实际上可以在有机物质腐烂时产生氨气，而不是去除氨气。如果发生这种情况，必须清洗砾石或沙粒，并且必须重新设计系统，先安装固体清除装置，再安装颗粒状生物过滤器，否则必须通过减少鱼放养量和投料率来降低有机物的加载率。

在UVI的复制系统中进行了一项实验以确定浮板水培的废物处理能力。3个相同的系统储存了大量的尼罗罗非鱼（480g/尾），以便饲料量可以每周递增，直至达到废物处理的最大能力。起初给鱼的投料率很低。在4周的交错循环中连续生产密度为29.6株/m²的长叶莴苣。只基于水培生长区域的产出数据，以每天g/m²表示。平均值和范围如下：投料率，每天159g/m²（77～230）；湿重植物产量：每天338g/m²；干重植物产量：每天16.9g/m²；氨氮去除：每天0.56g/m²（-1.23～2.29）；亚硝酸盐氮去除，每天0.62g/m²（-2.68～2.28）；去除BOD：每天

4.78g/m² （0~4.92）；去除COD：每天30.29g/m²（-10.58~69.72）；比布莴苣的总氮吸收量：每天0.83g/m²；莴苣的总磷吸收量为每天0.17g/m²。如果将罐底板的表面积和聚苯乙烯板（图19.10）的地面所占的面积也考虑进来，将氨氮去除率除以2，则所得值（每天0.28g/m²）在再循环系统生物过滤器的去除率范围内下降。最大持续投料率是每天180g/m²，大约是最佳设计比例下鱼菜共生系统中交错生产比布莴苣的3倍。

浮板水培不仅能处理规模适当的鱼菜共生系统的废物，不需要单独的生物过滤装置，节省了费用，而且其巨大的处理能力确保了水质的安全和稳定。在大约一个月的初始适应期后，UVI系统的经验表明，没有必要经常监测氨和亚硝酸盐值，但谨慎起见，可以每周检查。

使用营养膜技术（nutrient film technique, NFT）（见图19.11）作为水培组分的鱼菜共生系统可能需要单独的生物过滤器。NFT由用于支撑狭窄的塑料渠道和从渠道流过的营养液薄膜组成。与浮板养殖相比，NFT的用水量和占地面积相当小，因为它只有一层薄薄的水膜，没有大面积的侧壁，也没有硝化细菌繁殖的浮板底面区域。

图19.10　在UVI的鱼菜共生系统中由一块聚苯乙烯板来支撑番茄根的生长

19.5　水培子系统

许多水培子系统已被用于鱼菜共生系统。砾石水培子系统在小型作业中很常见。为了确保植物根部充分通风，砾石层以往复模式（溢流和排水）运行，过滤床定时交替进行填充或排水，或处于脱水状态，而培养水会通过小直径塑料管连续施加到植物的根基处。一般来说，砾石可以为植物生长提供一些营养物质，例如，当砾石与硝化过程中产生的酸发生反应时，钙被缓慢释放，当然，这取决于不同砾石的不同材料性质。

砾石有几个消极方面。砾石的重量需要强大的支撑结构。悬浮固体、

图19.11　UVI系统中的营养膜技术

微生物的生长以及植物收获后残留的根都可能会使砾石的过滤系统发生堵塞。这样会减少水循环以及有机物质的分解，从而促进厌氧区的形成，直接损害甚至是杀死植物根部。用于灌溉砾石的小塑料管也会因生物生长而堵塞。由于砾石的重量问题，要移动和清洗它们非常困难。在砾石中进行种植也很困难，因为露天的环境下植物根茎可能被风损坏。砾石之间的缝隙大，如果排水，很少有水能保留下来。流动中断将导致水压立即变小，植物枯萎。砾石需要坚固的基础设施来支撑，而砾石床潜在的堵塞可能限制了砾石床的尺寸。

一种流行的砾石鱼菜共生系统使用豌豆砾石，在1.2m×2.4m（4ft×8ft）的床上，通过砾石表面上的PVC管道分配系统进行灌溉。管道中的许多小孔在充水期分配养殖水。在充水期，允许石床完全排水。养殖水中固体不会被去除，有机物会积聚，可在种植周期之间对床进行翻耕，使一些有机物质脱落并排出。

虽然沙粒已被用作鱼菜共生系统中的水培培养基，但我们不推荐这样的系统，因为维护的工作量太大。

珍珠岩是另一种用于鱼菜共生系统的培养基。珍珠岩被放置在深8cm（3in）的浅铝托盘中，并带有烘烤的珐琅饰面。托盘宽度从20cm到1.2m（8in到4ft）不等，可以制作成任何长度，但最大推荐长度为6m（20ft）。水流的坡度范围为1～144（1in/12ft或0.7%）。一个小细流进入托盘顶部，流过珍珠岩后，保持湿润，最后排入底部的槽中。固体必须在进入珍珠岩托盘之前从水中去除。进入珍珠岩的水没有提前去除固体，会导致石床堵塞，水流被切断，逐步形成厌氧区，并最终导致植物生长不均匀。浅珍珠岩托盘为根系生长提供很小的空间，对于比布莴苣和草本等较小的植物更好。

营养膜技术已成功应用于许多鱼菜共生系统。NFT由许多10～15cm宽（4～6in）的狭窄塑料槽组成，其中在植物根部，鱼直接与槽流下的薄薄的水膜接触，向植物的根部输送水、养分和氧气。这些槽重量轻，价格低廉，用途广泛。通过调节槽之间的距离可以保持高的植物密度，以便在生长周期内提供最佳的植物间距。使用NFT的鱼菜共生系统需要有效去除固体以防止根部积累过多的固体，从而导致根部死亡、植物病害和植物生长不良。在使用NFT的情况下，水流中断可能导致植物枯萎和死亡。从PVC管槽的一端输送水，每个槽上方有排放孔，并从另一头的下坡端收集到明渠或大PVC管中。不推荐使用商业水培中使用的微管，因为它们会因生物淤积而堵塞。排放孔应尽可能大以减少清洁频率。

浮板或筏式水培子系统是培育绿叶蔬菜和其他类型蔬菜的理想选择。长条渠道上是带有闭孔的聚苯乙烯板，用以支撑水面上的蔬菜，蔬菜根系悬浮在培养水中（图19.12）。如果培养水中的固体浓度很高，根部吸附的悬浮固体会导致根部死亡，但是该系统还是最大限度地让植物根部暴露于培养水中并避免堵塞。这些板材可以保护水免受阳光直射。泵送中断不会像影响如砾石、沙粒和NFT子系统那样影响到植物的供水。这些薄片很容易沿着渠道移动到收割点，在那里它们可以从水中被提起，并被放置在对工人来说是舒适高度的支撑上。

图19.12　在UVI的鱼菜共生系统中充气的水培槽中的莴苣浮板养殖

UVI系统使用3组筏式水培槽（见图19.13），每组长30.5m（100ft），宽1.22m（4ft），深40.6cm（16in），含30.5cm（12in）深的水。通道衬有低密度聚乙烯衬垫（20密耳厚），并由发泡聚苯乙烯板（筏）覆盖，长2.44m（8ft），宽1.22m（4in），厚3.8cm（1.5in）。网兜被放置在木筏的孔中，深度刚好接触水面。2in网兜通常用于绿叶植物，而7.6cm（3in）网兜用于较大的植物，例如番茄或秋葵。在聚苯乙烯板上切出相同尺寸的孔。在网兜顶部的边缘固定网兜，防止其通过孔洞落入水中。幼苗在温室中进行护理，然后被放入网兜中，它们的根会生长到培养水中，植物生长到筏的表面之上。

许多新的筏式水培设施正在使用特定应用的材料，旨在降低复杂性和减少劳动力。如果考虑重复使用培植网兜，那么清洁网兜需要花费大量的时间，因而如上所述使用塑料网兜可能是耗时的。网兜上会残留根系以及各种微生物，从长远来看这可能会有生物安全问题。因而，许多水培筏生产商已经开始使用由三挤压聚苯乙烯（triple-extruded polystyrene）制成的漂浮筏，这种漂浮筏具有预切孔状的培养基，用于播种和生根移植。在这种情况下，可以直接将移植物放入板的孔中，不需要额外的部件，例如网兜。这样减少了移植和收获以及生产周期之间的清洁所需要花费的时间。

图 19.13　UVI系统中的筏式水培槽

图 19.14　筏式鱼菜共生系统的根系

鱼菜共生系统中使用筏的缺点是，根部会接触到与水产养殖系统相关的有害生物（见图19.14）。浮游动物的大量繁殖，特别是介形虫，会消耗根毛和细根，阻碍植物生长。其他害虫是蝌蚪、蜗牛和水蛭，它们会消耗根和硝化细菌。这些问题可以通过养殖一些捕食水培槽中害虫的食肉鱼来克服。UVI系统用小冠太阳鱼来控制蜗牛，并用裸顶脂鲤来控制浮游动物。

19.6　蓄水池

水通过重力从砾石、沙粒和筏水培子系统流到蓄水池，蓄水池是系统中的最低点。蓄水池包含泵或泵入口，其将处理过的培养水返回到养殖池。如果NFT槽或珍珠岩托盘位于养殖池上方，则蓄水池将位于它们的前面，以便水可以被泵送到水培区域，并受重力返回到养殖池。

蓄水池应该是系统中接受水位下降的唯一容器，因为蒸发、蒸腾、去除污泥和水流飞溅会造成总体水分流失。机械阀用于从储水罐或水井中自动添加水。除非经过脱氯处理，否则不应使用市政用水，也不应使用地表水，因为它可能含有致病生物。建议使用水表记录添加的水量。异常高的用水量表明系统有漏水。

蓄水池是给系统添加碱的好地方。可溶性碱如氢氧化钾在蓄水池中会使pH升高，甚至达到有毒的水平。然而，当水被抽回养殖池时，水被稀释并且pH降低到可接受的水平。考虑在蓄水池旁边单独放置一个碱添加罐。当水从蓄水池泵送到鱼养殖池时，用一个小管通过主水分配管线，向碱添加罐输送少量水流，用一个大型空气扩散器充分曝气。根据需要将碱添加到该罐中以在系统中维持7.0的pH。碱溶解，逐渐进入蓄水池并被泵送到养殖池中，在那里它迅速稀释在大量的流水中。逐渐添加碱可避免pH峰值，pH峰值对鱼类和植物都有害。

19.7 建筑材料

很多种材料都可以用于构建鱼菜共生系统。预算限制通常在选择廉价且有问题的材料（如乙烯基衬里的钢墙水池）中起主要作用。用乙烯基制造的增塑剂对鱼类有毒。必须将衬垫彻底清洗或用水陈化数周，然后才能将鱼安全地放入到清养殖池中。经过几个生长期后，乙烯基衬里在干燥时会锁水、变脆和开裂，而钢壁逐渐生锈。不建议使用尼龙增强的氯丁橡胶衬里，因为罗非鱼会通过捕食褶皱处的微生物而将橡皮垫咬出孔来。此外，氯丁橡胶衬里不耐化学品。如果在橡胶衬垫下面或附近使用除草剂和土壤消毒剂，这些化学物质会扩散到培养水中，积聚在鱼体，并杀死水培蔬菜。

木材不被认为是鱼菜共生系统的良好建筑材料，因为它在高湿度环境中易腐烂。如果使用木材，则必须使用原木材（没有被处理过的），因为处理过的木材含有有毒化合物（如砷）会抑制细菌生长。如果这些化合物浸入水中，它们可能会影响系统所依赖的有益细菌并污染鱼类和蔬菜。对未经处理的木材必须防水处理，系统内部使用玻璃纤维衬边和树脂，外部采用环氧树脂涂料。木制养殖池不得与土壤接触以防止白蚁进入。通常，木制养殖池的寿命很短。

玻璃纤维是养殖池、蓄水池和过滤池的最佳建筑材料。玻璃纤维罐坚固耐用，无毒，可移动，易于铅垂。玻璃纤维的替代品是混凝土，虽然它缺乏玻璃纤维结构的灵活性，但在许多国家出售较为便宜。一般市场供货的NFT槽由发泡聚乙烯制成，防止产生水坑和水滞留现象拥有的专门设计以避免由此导致的植物根部死亡，并且优于临时结构（雨水槽、PVC管等）。塑料槽可用于漂浮水培子系统，但它们很昂贵。合适的替代方案是使用聚乙烯衬里和混凝土砌块或浇筑混凝土墙。在UVI的商业规模系统中测试了这几种类型的衬里：高密度聚乙烯［1.5mm（60密耳）和0.5mm（20密耳）］，低密度聚乙烯［0.5mm（20密耳）］和厚尼龙增强乙烯基（下层为高密度聚乙烯）。所有这些衬垫在5~10年内表现良好，但0.5mm高密度聚乙烯衬垫似乎是最好的。该衬垫易于安装，相对便宜且耐用，预期使用寿命为12~15年。

19.8 组件比率

鱼菜共生系统通常应满足固体颗粒物去除（对于那些需要去除固体的系统）和生物过滤（如果使用单独的生物过滤器）的尺寸要求以用于养殖一定数量的鱼。在计算尺寸要求后，谨慎的做法是适当提高实际所需产能以备用。然而，如果使用单独的生物过滤器，那么水培组分是安全的，因为无论水培技术如何，大量的氨都会被吸收且产生硝化反应。

另一个关键设计准则是养鱼池和水培组分之间的比例。该准则的关键是每日饲料投入与植物养分吸收的比率（生长面积和植物数量的函数）。如果每日投饲率相对于植物生长面积的比例过高，营养盐将迅速积累并可能达到对植物产生毒性的水平，此时需要更高的水交换率以防止过多的营养物质积累；而如果每日投饲率相对于植物的比例太低，植物就会出现营养不良，此时需要更多的营养补充。幸运的是，水培植物在很宽的营养浓度范围内都生长良好。

每日鱼饲料投入与植物生长区域在最佳比例内能将使植物生产达到最大化，同时可以保持相对稳定的溶解营养素水平。对于潮汐式（给水和排水）砾石鱼菜共生系统，建议使用比例为 $1m^3$ 的鱼养殖池：$2m^3$ 的水培培养基，该培养基由直径为 $3 \sim 6cm$（$1/8 \sim 1/4$ 英寸）的豌豆砾石组成。该比率要求将罗非鱼养至最终密度为 $60kg/m^3$（0.5 磅/加仑），并适当地喂食。使用建议的比例，不用清除任何固体。水培床应在作物之间耕作（搅拌），并接种红虫以帮助分解和吸收有机物质。使用该系统可能不需要补充营养素。

经验法则

豌豆砾石水培培养基：$1m^3$ 的鱼缸体积：$2m^3$ 的水培培养基。

作为筏式鱼菜共生系统的一般指南，对于每平方米的植物生长区域，每天投料 $60 \sim 100g$[①]。该范围内的比率已成功用于 UVI 系统以生产罗非鱼、莴苣、罗勒和其他几种植物。在 UVI 系统中，所有固体都被去除，通过沉淀池用不到一天的时间沉降高于 $100\mu m$ 的固体，并且通过果园网过滤器（orchard netting filter）用 $3 \sim 4$ 天去除悬浮固体。该系统使用雨水，而且需要补充钾、钙和铁。

经验法则

每平方米植物生长区每天饲喂 $60 \sim 100g$ 鱼饲料；交错生产生菜。

确定最佳进料速率比时要考虑的另一个因素是系统的总水量，水量的多少会影响营养物质浓度。此外，需要留出时间让鱼菜共生系统积累营养物质以达到目标溶液浓度。一旦在系统中建立目标浓度，就可以引入植物并且产生营养物和及时有效地摄取恒定浓度的营养物溶液。

---

①这是一项基于 UVI 系统的旧建议，该系统发生了大量的反硝化作用。目前的建议是每天每平方米 $25 \sim 35g$，而且若氮水平保持平衡，没有反硝化或过滤器反冲洗造成的损失，则该投料量下降到每天每平方米 $10 \sim 15g$。

在筏式水培中，大约75%的系统水量在水培组件中，而砾石床和NFT槽则仅有少量的水。理论上，在设计用于生产相同数量的鱼和植物的系统中，每天每平方米100g的投料速度（系统中没有植物）将使砾石和NFT系统中的总营养浓度（例如1600mg/L）比筏式系统（例如400mg/L）高出近4倍，但系统之间的总营养质量相等。营养物浓度超出可接受范围会影响植物生长。计算浓度恰当的营养在水体中形成所需要花费的时间非常重要，以便为系统的生产做好准备。在营养素浓缩到所需水平之前，系统先以单纯的鱼类养殖运作起来。

确定最佳进料速率比所涉及的其他因素是水交换率、水源中的营养物水平、固体去除程度和速度以及所种植的植物类型。较低的水交换率、较高的水源营养水平、不完全或缓慢的固体去除等会通过矿化而释放更多溶解的营养物，较慢的植物生长将会降低进料速率比。

最佳进料速率比也受植物培养方法的影响。使用分批种植，系统中的所有植物同时被种植和收获。在其生长最快的阶段，营养物质的摄取量很大，在此期间需要更高的投料率。然而，在实践中，整个生产周期中都使用了更高的投料率。使用交错的生产系统，植物处于不同的生长阶段，有效地提高了养分吸收率，从而在略低的进料速率比下也能拥有良好的生长态势。

在设计合理的鱼菜共生系统中，如果以商业水平养殖，则与养殖鱼池的表面积相比，水培部分的表面积非常大。UVI的商业规模各组分的比例为7.3∶1。植物总面积为214m²（2304ft²），而鱼池总面积为29.2m²（314ft²）。通过扩散曝气，罗非鱼密度最终达到平均76kg/m³（0.63lbs/gal）。使用纯氧后，最终密度可以增加到120kg/m³（1.0lbs/gal）或更高。因此，较小的饲养池可用于生产相同数量的鱼，11.5∶1的比例更为合适。

经验法则

高密度养鱼系统（120kg/m³）中植物床与鱼池面积的比率为11.5∶1；中等密度（60 kg/m³）的为7.3∶1。

19.9 植物生长需求

鱼菜共生系统中植物要达到最大生长需要16种必要的营养成分。下面按照其在植物组织中浓度（mg/L）的高低列出这些营养素，当然碳和氧是最高的。Anderson T S et al.（2017a，2017b）提供比布莴苣的目标值。必要元素分为大量营养素和微量营养素，分别输送给那些需要相对大量和特别微量营养素的部位。3种大量营养素——碳（C）、氧（O）和氢（H），由水（H_2O）和二氧化碳（CO_2）提供。其余的所有营养物质都从养殖水中吸收。其他大量营养素包括氮（N）、钾（K）、钙（Ca）、镁（Mg）、磷（P）和硫（S）。7种微量营养素包括氯（Cl）、铁（Fe）、锰（Mn）、硼（B）、锌（Zn）、铜（Cu）和钼（Mo）。所有这些营养素必须处于适当的平衡状态才能实现最佳的植物生长。某一种营养素水平过高会影响其他营养素的生物利用度。例如，过量的钾营养素可能会干扰镁或钙的摄取，而过量的镁或钙营养素可能会干扰其他两种营养素的摄取。

在封闭水培结构的大气环境中，二氧化碳浓度升高使得北纬地区的作物产量显著增加。Kimball B A（1982）在50份报告中对来自24种作物的超过360次观测的二氧化碳浓缩数据进行了总结。该研究表明，二氧化碳浓度的翻倍可以使农业产量平均增加30%。产生二氧化碳的高能源成本阻碍了其在传统水培系统中的使用。然而，封闭的鱼菜共生系统是产生二氧化碳的理想选择，因为大量的二氧化碳不断地从养殖水中排出。

Luther T（1993）引用了越来越多的证据表明健康的植物成长依赖于根系环境中的各种有机化合物。这些由涉及微生物分解有机物的复杂生物过程产生的化合物包括维生素、生长素、赤霉素、抗生素、酶、辅酶、氨基酸、有机酸、激素和其他代谢物。这些化合物直接被植物吸收同化，促进生长，提高产量，增加维生素和矿物质含量，改善果实风味，阻碍病原体的发展。各种溶解的有机物质，例如腐殖酸，与Fe、Zn和Mn形成有机金属复合物，从而增加这些微量营养素对植物的供给率。Luther T指出，虽然无机营养素是植物生存所必需的，但植物同时也需要来自环境的有机代谢物才能达到完整的遗传潜能。

在养殖用水中保持高水平溶解氧对于植物的最佳生长非常重要，特别是在高有机负荷的鱼菜共生系统中。水培植物受其根系呼吸的强烈程度影响，有可能从周围的水中吸取大量的氧气。如果溶解氧缺乏，则会减少根系呼吸，进而减少吸水量，减少营养吸收，导致根部细胞组织损失和植物生长减缓。低水平溶解氧则会有高浓度的二氧化碳产生，这是促进植物根病原体发生的条件。Chun C和Takakura T（1993）测试了水培比布莴苣的4种营养液溶解氧水平，发现在饱和溶解氧水平下根系呼吸、根系生长和蒸腾作用效果最大。

气候因素也影响水培蔬菜的生产。在具有最大光照强度和光持续时间的区域中，生产通常是最佳的。据Jensen M H和Collins W L（1985）报道，亚利桑那州温室中比布莴苣的生长速度与可用光的水平成正比，光照时间越长，强度越大，则生长速度越快，尽管亚利桑那州沙漠的辐射水平是温带气候的2～3倍。在太阳辐射密集的区域中，当使用30%遮阳布覆盖UVI系统中的比布莴苣时，叶子细长，在干茎周围卷曲，产量下降。由于太阳辐射低，冬季温带温室的生长明显减缓。补充照明可以改善冬季生产，但通常都是不划算的。

对于水培植物的生产，水温比空气温度重要得多。大多数水耕作物的最佳水温为20～22°C（68～75°F）。然而，对于大多数常见的园艺作物，水温可以低至65°F，而对于诸如卷心菜、甘蓝芽菜和西兰花等冬季作物，水温甚至可以更低。保持最佳水温需要在温带地区的温室冬季加热，在热带温室全年冷却。热带温室除了用蒸发冷却措施外，也会用冷却设备来冷却营养液。在热带户外系统中，完全遮蔽鱼池和过滤池可以降低系统水温。在筏式水培系统中，聚苯乙烯板可以保护水免受阳光直射，并保持比开阔水体低几度的温度。对温带和热带鱼菜共生的生产来说，可能有必要对作物品种做出季节性调整。必须保护在室外鱼菜共生系统中培养的植物免受强风影响，尤其是后续移栽时，幼苗太脆弱且易受损害。

19.10 营养动力学

总的来说，TDS被作为溶解的营养素来测量，以mg/L表示，或者作为营养液传导电流（electrical current，EC）的能力，在水培系统的背景下表示为mS/cm[①]。要将TDS转换为EC，

[①]注：西门子（符号：S）是国际单位制（SI）中的电导率、电纳米和电导纳的衍生单位。电导、电纳和导纳分别是电阻、电抗和阻抗的倒数；因此，一个西门子等于一欧姆的倒数，并且也称为mho。你会看到EC的形式表示为mmho/cm = mS/cm = dS/m，mmho = mS和mho = S。

需要了解溶液中的盐，以及每种盐的相对量。由于每种盐溶解在溶液中时导电性的差异，因此无法使TDS直接转化为EC。基于用作标准的不同盐有3种标准转换因子，范围为500～700（例如1mS＝500mg/L TDS）。然而，水耕作物种植系统的普及促使EC仪表供应量增加，市场上有充足的供应且价格合理。为了确保每个系统在水耕作物的推荐范围内运行，最好购买高质量的EC仪表并根据测量数据来做出系统管理决策。

在水培溶液中，EC的推荐范围根据作物类型而变化，范围为1.0～4.0mS/cm。在鱼菜共生系统中，较低的EC（0.3～0.6mS/cm）可以产生良好的结果，因为养分在鱼菜共生系统中不断产生，但更高的EC（1.2mS/cm及以上）促进植物生长更快。最终，未能平衡水产养殖系统的养分输入与水培系统的养分吸收（输出）将导致生产力下降，因为养分供应过剩/不足。高投料率、低水交换率和植物生长区域不足可导致溶解的营养物质迅速积累到潜在的植物毒性水平。在许多植物中，在EC值高于3.5mS/cm时可能产生植物毒性。同样，低投料率或鱼菜共生养系统中水培组过大将导致养分缺乏而限制水培作物的生长。

由于鱼菜共生系统会根据不同的环境条件发生变化，如每日饲料投入、固体保留、矿化、水交换、水源的养分输入或补充剂，以及不同植物物种的不同养分吸收等，很难预测EC的确切水平以及它是如何变化的。因此，养殖者应购买廉价的电导率仪并定期测量EC。如果溶解的养分稳定增加并接近3.5mS/cm（以EC测量），增加水交换率或降低鱼放养率和饲料投入将迅速减少养分积累。由于这些方法要么增加成本（即消耗更多的水），要么降低产量（即产生更少的鱼），它们不是良好的长期解决方案。更好但更昂贵的解决方案涉及增加固体去除（即升级固体去除组分）或扩大植物生长区域。建议定期将用于种植水培作物的水样品送到实验室检测以便对水培系统做全营养分析。这有助于确保溶液中的营养成分在作物的耐受性范围内保持平衡。

早期使用UVI实验系统的研究表明，随着饲料添加量的增加，TDS的电导率测量值稳步增加。每立方米加入约10kg饲料后，系统达到植物毒性水平。在确定每日饲料投入到与比布莴苣生长区域的最佳比例的实验中，在最佳比例为每平方米57g/d时，TDS的浓度增加了147.5g/kg（饲料干重）。然而，在UVI商业规模系统的早期模型运行的前8个月中，每立方米投入了26.9kg的饲料，最高电导率水平仅为890mg/L（以TDS测量）。TDS的累积速率为26g/kg（饲料干重），如表19.3。有3个因素使得营养积累率更低。每日饲料投入与植物生长面积（每平方米49.5g/d）的实际平均比率结果小于最佳设计比率。商业规模系统中的比布莴苣生产力更高。在商业规模的系统中，长叶莴苣和叶莴苣植物在4周内（8.9～23.2g/d）生长至250～650g；而相比之下，在实验系统中，比布莴苣在3周（6.2g/d）内的平均大小为131g。在前8个月中，通过水培组分的电导率平均降低了4.2mg/L（以TDS测量）。在商业规模的系统中，通过过滤罐去除大量固体，因此矿化现象可能比实验系统中更少。

导致电导率增加的主要离子是硝酸根（NO_3^-）、磷酸根（PO_4^{3-}）、硫酸根（SO_4^{2-}）、K^+、Ca^{2+}和Mg^{2+}。NO_3^-、PO_4^{3-}和SO_4^{2-}的水平通常足以使植物生长良好，而K^+和Ca^{2+}的水平通常不足以使植物的生长达到最佳程度。通过氢氧化钾（KOH）或碳酸氢钾（$KHCO_3$）的形式将K加入体系中，而Ca则被作为氢氧化钙[Ca（OH）$_2$]加入。在一些系统中，Mg的数量可能是限制性的。在UVI商业规模体系中，通常在500～1000g范围内加入等量的KOH和Ca（OH）$_2$。每周交替添加碱基数次以维持pH接近7.0。添加K和Ca的碱性化合物具有补充必需营养素与中和酸的双重目的。Mg可以通过使用白云石［CaMg(CO₃)₂］作为碱来调节pH来补充。添加过多的Ca会导致培养水中有磷酸二钙［CaH₂PO₄］形式的磷沉淀。除正磷酸盐外，所有常量营养素都与饲料投入有很强的相关性。

表19.3 来自两个实验鱼菜共生系统和一个使用浮筏生产莴苣的
商业鱼菜共生系统的电导率和主要阳离子与阴离子的营养积累（干重饲料单位为g/kg）

营养成分	实验系统1ᵃ	实验系统2ᵇ	商业系统ᶜ
电导率ᵈ	215.2	147.5	26.2
NO₃⁻—N	35.6	14.9	3.7
PO₄³⁻—P	3.0	—	0.2
SO₄²⁻—S	1.9	1.8	0.6
K	66.0	—	4.2
Ca	—	7.3	2.3
Mg	1.2	1.8	0.4

注：a表示补充K而不是Ca。此外，一次性补充P。
b表示根据Rakocy et al. (1993)的比率研究，最佳饲料比例为(每平方米57g/d)。此外，补充K和Ca。
c表示从商业规模系统早期模型运行的前8个月开始，补充K和Ca。
d表示以TDS值统计。
e表示根据供给系统的累计进料（乘以饲料中的配料浓度）除以系统体积来测量。

硝酸根离子的积累是鱼菜共生系统的一个关注点。UVI的一个实验系统中的排水含有180mg/L的NO₃⁻—N。在UVI商业规模系统中安装过滤罐提供了通过反硝化过程来控制硝酸盐水平的机制，即通过厌氧细菌将硝酸根离子还原成氮气。在一轮养殖期结束后等待清理之前，果园网上积累了大量的有机物质。在污泥中产生的厌氧袋发生反硝化作用。整个水柱在积聚的污泥中移动，从而在硝酸盐离子和反硝化细菌之间提供良好的接触。清洗网的频率调节了反硝化程度。当经常清洗网时，例如每周清洗两次，污泥积累和反硝化作用最小化，这导致硝酸盐浓度增加；当不经常清洁网时，例如每周一次，污泥积累和反硝化作用最大化，这导致硝酸盐水平降低。硝酸盐—氮水平可以在1~100mg/L或更高的范围内调节。高硝酸盐浓度促进绿叶蔬菜的生长，而低硝酸盐浓度促进蔬菜（如番茄）的果实发育。

反硝化作用可以恢复硝化过程中失去的一些碱度。有时，鱼菜共生系统pH会长时间不变，因而不需要添加氢氧化钙、氢氧化钾或碳酸氢钾等碱性物质。系统中稳定的pH表明正在发生过多的反硝化作用（有点与预期相反）。如果不需要添加碱，植物可能会缺钙和钾。当pH稳定时，应该增加清洗过滤罐的频率，并且应该去除由于系统中固体积聚而产生的所有厌氧区。

在使用筏式水培法进行莴苣生产的研究中，Seawright D E（1995）获得了类似的常量营养素积累结果，但有两个重要的例外：磷的累积与饲料投入有关，但饲料投入与氮之间没有显著关系；加入碳酸氢钠（NaHCO₃）以控制pH。在UVI系统中添加钙可能有助于以磷酸钙［Ca₃(PO₄)₂］的形式从培养水中将磷沉淀出来。Seawright D E每周从系统中清除一次固体废物，因此他的系统的反硝化作用可能比UVI系统更强。因为UVI系统中每天至少从澄谱器中去除两次，每周从过滤罐中去除两次固体废弃物。尽管Seawright D E没有补充钾，但投入的饲料积累了钾。然而，植物需要高水平的钾，并且在鱼菜共生系统中需要再进行补充。Seawright D E发现Ca与饲料投入呈负相关，这与UVI的早期工作一致。一些研究人员发现Mg是限制性的。Mg可以通过使用白云石 $[CaMg(CO_3)_2]$ 作为碱来调节pH来补充。

不应将碳酸氢钠（$NaHCO_3$）添加到鱼菜共生系统中来控制pH。Na积累是鱼菜共生系统中的一个问题，因为以氯化物形式存在的高钠对植物是有毒的。水培营养液中的最大Na浓度不应超过50mg/L。较高的Na水平会干扰K和Ca的摄取。在莴苣中，降低了Ca的吸收导致莴苣尖端烧伤从而无法销售。在UVI系统中，在温暖的月份，植物会发生尖端烧伤的情况。鱼饲料中可溶性盐（NaCl）含量相对较高。在最初的商业规模系统中，Na在第6个月达到51.0mg/L，然后在第8个月降至37.8mg/L，可能是由降雨稀释导致的。到第6个月，钠的积累速率为每千克干重饲料中积累2.56g的Na。如果Na含量超过50mg/L并且植物似乎受到影响，则可能需要进行部分水交换（稀释）。UVI系统中使用了雨水，因为半干旱岛屿的地下水通常含有太多的盐。

除Zn外，微量元素Fe、Mn、Cu、B和Mo不会在鱼菜共生系统中通过饲料投入显著积累，见表19.4。来自鱼饲料的Fe不足以用于水培蔬菜生产，因而必须再另外补充。应以一定的速率施加螯合的Fe以使其浓度达到2.0mg/L。螯合的Fe具有附着在金属离子上的有机化合物，从而防止其从溶液中沉淀出来并使其不能给植物提供营养。最好的螯合物是Fe-DTPA，因为它在pH7.0时仍然可溶。Fe-EDTA通常用于水培行业，但在pH7.0时不太稳定，需要经常补充。Fe可以用于叶面喷雾，植物叶子可以直接将其吸收。将Mn、B和Mo水平与比布莴苣的标准营养配方进行比较表明，它们在水培系统中的浓度比水培配方中的初始水平低几倍。在鱼菜共生系统中未检测到缺乏Mn、B和Mo的症状，因此它们的浓度似乎足以使植物正常生长。鱼菜共生系统和水培配方中Cu的浓度相似，而Zn在鱼菜共生系统中的积累水平比水培配方中的初始水平高4~16倍。然而，Zn浓度通常保持在鱼类安全的上限，在水溶液中为1mg/L。

表19.4　使用筏式水培法生产莴苣的两个实验鱼菜共生系统和
两个商业规模鱼菜共生系统的微量营养素的平均浓度　　　　（单位：mg/L）

项目	微量营养素					
系统	Fe	Mn	Cu	Zn	B	Mo
实验1[a]	1.79	0.04	0.12	0.78	0.16	—
实验2[b]	0.48	0.13	0.07	0.68	—	—
商业[c]	0.57	0.05	0.05	0.44	0.06	0.006
HNF[d]	5.0	0.5	0.03	0.05	0.5	0.02
HNF[e]	5.0	0.5	0.1	0.1	0.5	0.05

注：a表示根据Rakocy J E和Hargreaves J A（1993年）的实验；b表示根据饲料比率研究而执行最佳饲料比例（每天每平方米57g）；c表示从商业规模系统运行的前8个月开始；d表示在热带地区种植的莴苣的水培营养配方；e表示佛罗里达州和加利福尼亚州生长的莴苣的水培营养配方。

Seawright D E（1995）致力于开发一种用于鱼菜共生系统的"设计师饮食"，这种系统可以根据他们对水培植物营养的要求产生营养，从而在长时间内产生稳定和均衡的营养浓度。收集与营养物质养分输入相关的营养物浓度变化的数据，用于同时养殖尼罗罗非鱼和长叶莴苣。该数据用于开发物料平衡模型，理论上能够预测鱼类日常饮食中所需的营养素饱和率，从而维持鱼菜共生系统中稳定的溶解营养物浓度。该模型通过将特殊配方的"设计师饮食"应用于鱼菜共生系统，使Ca、K、Mg、N和P保持近平衡浓度，Mn和Cu处于适当浓度，Na和Zn的累积速率保持在可接受范围，并验证了该模型的有效性。结果表明，由于生物利用度低，Cu、Fe和Mn营养元素不适合作为膳食调控的候选。P在亚中性pH下是一种很好的候选物，但在碱性pH下会从溶液中沉淀出来。这个实验没有测试S、B和Mo。鱼类在这个食谱的喂养下生长良好，但细菌疾病的发展表明营养水平升高可能降低了它们的抗病能力。

19.11　植物种类选择

许多类型的蔬菜都有在鱼菜共生系统中种植，见表19.5～表19.7。然而，目标是选择一种在单位时间单位面积内可以获得最高收入的蔬菜来种植。按这个标准，香料草本是最好的选择。它们生长非常迅速并且通常市场价格很高。罗勒、香菜、韭菜、欧芹、马齿苋和薄荷等香料草本的收入比西红柿、黄瓜、茄子和秋葵等结果作物高出许多倍。例如，在UVI商业规模系统的实验中，罗勒的产量为每年11000磅，价值为110000美元，而秋葵年产量为6400磅，价值为6400美元。

表19.5　在鱼菜共生系统中评估的黄瓜的品种和产量[a]

种类	产量(kg/株)	环境
Triumph	4.1	TEMP/O
Patio Pik	1.6	TEMP/O
Corona（Stokes）	28.6[b]	TEMP/GH
Bruinsma Vetomil	8.2[b]	TEMP/GH
Superator	4.1	TEMP/GH
Sprint 4405	0.7	TEMP/GH
Burpee Hybrid II	7.3[b]	TEMP/GH

注：a来自Rakocy J E和Hargreaves J A，1993年。b表示kg/m²。环境代码：TEMP＝温带，O＝室外，GH＝温室带。表中种类皆为美国本土黄瓜种类，无对应中文翻译。

结果作物还需要较长的培养期（90天或更长），并且会受到更多的害虫问题和疾病的影响。比布莴苣是适合鱼菜共生系统的另一种好作物，因为它可以在短时间内生产（在系统中3～4周），因此，害虫压力相对较低。与结果作物不同，叶菜作物生长的部分都是可食用的。其他合适的作物包括瑞士甜菜、白菜、大白菜、羽衣甘蓝和豆瓣菜。花卉栽培在鱼菜共生系统中也具有潜力。在UVI的鱼菜共生系统中，万寿菊和百日草获得了良好的收成。传统药用植物和用于提取其药性精华以制作现代药物的草药尚未在鱼菜共生系统中培养，但是它们其中有一些也许有适用于这个系统的潜力。

表19.6 在鱼菜共生系统[a]中评估绿叶蔬菜（比布莴苣、白菜、大白菜、菠菜）的品种和产量

种类	产量（kg/株）	环境
Ostinata	162	TEMP/GH
Reskia	236	TEMP/GH
All Year Round	236	TEMP/GH
Karma	98	TEMP/GH
Ravel	45 ~ 50	TEMP/GH
Salina	44	TEMP/GH
El Captain	43	TEMP/GH
Bruinsma Columbus	0	TEMP/GH
Salad Bowl	—	TEMP/GH
Pak Choi	—	TEMP/GH
Winter Bloomsdale（Spinach）	—	TEMP/GH
Buttercrunch	—	TEMP/GH
Buttercrunch	193	TROP/O
Summer Bibb	180	TROP/O
Le Choi	508	TROP/O
Pak Choi	422	TROP/O
50-Day Hybrid（Chinese Cabbage）	638	TROP/O
Tropical Delight（Chinese Cabbage）	589	TROP/O
Summer Bibb	107 ~ 116	TEMP/GH
Sierra	182 ~ 340	TROP/O
Nevada	149 ~ 360	TROP/O
Jerhico	267 ~ 344	TROP/O
Parris Island	181 ~ 446	TROP/O

注：a表示来自Rakocy J E和Hargreaves J A（1993）以及一些最近的数据。环境代码：TEMP＝温带，TROP＝热带，O＝室外，GH＝温室。表中种类无对应中文翻译。

表19.7 鱼菜共生系统[a]评估的番茄的品种和产量

种类	产量（kg/株）	环境
Tropic	0	TEMP/GH
Floradel	5.4	TEMP/O
Campbells 1327	4.6	TEMP/O
San Marzano	4.6	TEMP/O
Sweet 100	6.2	TEMP/O

续表

种类	产量(kg/株)	环境
Better Boy	4.5	TEMP/O
Rampo	3.9	TEMP/O
Campbells 1327	2.3	TEMP/O
Sweet 100	1.9	TEMP/GH
Spring Set	1.6	TEMP/GH
Sweet 100	0	TEMP/GH
Jumbo	0	TEMP/GH
Michigan Ohio Forcing	0	TEMP/GH
Burpee Big Boy	0.2	TEMP/O
Floradel	8.9,9.1	TEMP/O
Korala #127	6.8[b]	TEMP/GH
Vendor	4.1	TEMP/GH
Tropic	0.5,3.2	TROP/O
Homestead	2.7	TROP/O
Red Cherry	1.5	TROP/O
Prime Beefsteak	1.4	TROP/O
Vendor	0	TROP/O
Tropic	0	TROP/O
Jumbo	0	TROP/O
Perfecta	0	TROP/O
Laura	2.3~3.4	TEMP/GH
Kewalo	2.5~5.0	TEMP/GH
Sunny	10.1	TROP/O
Floradade	9.0	TROP/O
Vendor	3.7	TROP/O
Cherry Challenger	2.9	TROP/O
Champion	4.6[b]	TEMP/GH

注:a 表示来自 Rakocy J E 和 Hargreaves J A, 1993。b 表示 kg/m^2。环境代码:TEMP=温带,TROP=热带,O=室外,GH=温室。表中种类无对应中文翻译。

19.12 作物生产系统

在水培组分中生产蔬菜作物有3种策略:交错种植、批量种植和间作。交错的作物生产系统是在水培子系统中同时培养处于不同生长阶段的植物群的系统。该生产系统允许定期收获产物并相对恒定地从培养水中摄取营养物。该系统在作物可以连续生长的情况下达到最佳效率，如在热带、亚热带或具有环境控制的温带温室中。在UVI，比布莴苣的生产是交错的，因此可以在每周的同一天收获一种作物，这也有利于市场销售。比布莴苣在移栽后3周内达到上市规模。因此，可同时培养3个生长阶段的比布莴苣，并且每周收获1/3的作物。红叶比布莴苣和绿叶比布莴苣需要4周才能达到上市规格。培育4个生长阶段的这些莴苣允许每周收获1/4的作物。绿叶蔬菜、草本植物和其他作物的生产周期短，非常适合连续交错的生产系统。

批量种植系统更适合季节性生长或生长期长（＞3个月）的作物，如番茄和黄瓜。各种间作系统可以与批量种植相结合。例如，如果莴苣与西红柿和黄瓜间隔种植，可以在番茄植株冠层发育到限制光照可用性之前收获一批莴苣。

19.13 虫害疾病控制

在鱼菜共生系统中遇到了许多植物病虫害问题。在番茄上观察到的害虫包括蜘蛛螨、赤褐色螨、角蛾、西部蝗虫、秋季粘虫、蛲虫、蚜虫和小叶虫。在番茄上观察到的疾病包括枯萎病和青枯病。在UVI系统中，莴苣受秋季粘虫、玉米螟和2种致病性根真菌（腐霉菌和群结腐霉）的影响。困扰传统水培的根病可能对水产养殖构成威胁。4种病毒、2种细菌和20种真菌病原体与水培种植的蔬菜中的根病有关。水培过程中的大多数破坏性根病都归因于真菌属、腐霉属、疫霉属、霜霉属、油壶菌属和镰刀菌属。

图19.15 植物的根系病虫害

不应使用杀虫剂来控制在鱼菜共生系统中植物上的虫害。即使是登记的农药也会对鱼类构成威胁，也不允许在鱼类养殖系统中使用。同样，也不应使用大多数治疗鱼类寄生虫和疾病的治疗剂。因为蔬菜可能会吸收并使药残留聚集在蔬菜体内。即使是添加盐来治疗鱼病或减少亚硝酸盐毒性的常见做法，对蔬菜也是致命的。使用非化学方法来进行植物病虫害控制，如生物防治（抗逆品种、捕食者、拮抗生物、病原体），物理屏障，诱捕器，营养液处理（过滤、紫外线杀菌），物理环境操纵等和其他专业栽培技术。在封闭的温室环境中使用生物控制方法的效果会比室外养殖环境更好。Mcmurtry M R（1989）使用丽蚜小蜂和普通草蛉来控制温室白粉虱，使用栖瓢虫来控制马铃薯蚜虫。在UVI系统中，可以通过每周喷洒两次苏云金芽孢杆菌来有效控制毛虫，苏云金芽孢杆菌是一种特异于毛虫的细菌病原体。夏季多发的真菌根病原体在冬季消退，这得益于较低的水温和对悬浮固体水平的操控。腐霉会在悬浮固体去除效率急剧下降时爆发。

禁止用农药使鱼菜共生系统中的作物生产更加困难。然而，这种限制确保水培系统的作物将以无公害的方式饲养，不含农药残留物。鱼菜共生系统的一个主要优点是作物不易受到土传病害的侵袭。鱼菜共生系统可能对影响标准水培的疾病更具抵抗力。这种抗性可能是由于培养水中存在一些有机物质，这产生了一种稳定的、生态平衡的生长环境，其环境中含有多种微生物，其中一些可能对植物根病原体具有拮抗作用。

19.14 系统设计方法

可以使用多种方法来设计鱼菜共生系统。最简单的方法是复制标准系统或按比例扩展标准系统。不建议更改标准系统的各个方面，因为更改通常会导致意外后果。然而，设计过程通常与鱼和植物的生产目标紧密联系在一起。在这些情况下，可以遵循以下指导原则。

19.14.1 使用现成的标准系统

最简单的方法是使用经过测试并且具有良好记录的常用标准设计系统。虽然鱼菜共生还处于发展的早期阶段，但将会出现标准设计。UVI系统的运行情况都有充分记录，并且正在进行商业研究或使用，当然，还有其他具有潜力的系统。标准设计将包括布局规范、储罐尺寸、管道尺寸、管道布置、泵送速率、曝气速率、基础设施需求等，将各种作物的操作和预计的生产水平与预算。使用标准设计可降低风险。

19.14.2 可用空间的设计

如果可用空间有限，例如在现有的温室中，则该空间将限定鱼菜共生系统的大小。最简单的方法是采用标准设计并按比例将其缩小。如果按比例缩小的储罐或管道尺寸在市面上没有销售，最好换成有销售的尺寸。但是，水流量应等于按比例缩小的速率以获得最佳结果。通过购买更高容量的泵，并安装旁通管线和阀门可以获得所需的流量，该旁通管线和阀门将一部分流量循环回到集水槽并允许所需的流量从泵进入系统的下一级。如果可用空间超出标准设计要求，则可以在限制范围内扩展系统，或者可以安装多个缩小系统。

19.14.3 蔬菜生产设计

如果主要目标是每年生产一定数量的植物作物，设计过程的第一步将是确定所需系统的数量、每个系统所需的饲养池数量和最佳饲养池尺寸。收获的数量必须根据养殖期的长短计算。假设曝气系统的最终密度为60kg/m³（0.5lbs/gal）。取每个系统的年产量，并将其乘以估计的饲料转化率（生产1kg鱼所需的饲料数量），从而获得该系统每年所需使用的饲料量。将每年饲料消耗的磅数转换为克（454g/lbs）并除以365天以获得平均每日喂养率。将平均每日喂养率除以所需的进料速度比（以筏式养殖为例，进料速度比在每天60~100g/m²的范围），从而确定所需的植物生产面积。对于其他系统，如NFT，进料速度比应与系统的水量减少成比例降低。对于像比布莴苣这样的小植物，使用接近该范围低端的进料速度；对于大白菜或比布莴苣等大型植物，使用接近该范围高端的比例。应相应调整固体清除部分、水泵和鼓风机的尺寸。

示例问题1

这里仅对主要计算部分做举例说明，为了清楚起见，简化了计算过程（例如，不考虑死亡率）。假设您所在的城市每周可以消费227kg（500lbs）的活罗非鱼，而且当地的绿叶比布万莒市场很好，所以您想养鱼的同时种植比布万莒。关键问题是：需要多少UVI鱼菜共生系统才能每周收获227kg（500lbs）的罗非鱼？养殖池应该有多大？合适的水培槽的数量和尺寸又应该分别是多少？每周能收获多少比布万莒？

1）每个UVI系统包含4个鱼养殖池。交错养殖，每6周可以收获一个鱼池。每个鱼池的总生长期为24周。如果每周需要捕捞227kg（500lbs）的鱼，则需要6个生产系统（24个鱼饲养池）。

2）鱼菜共生系统的最终密度为60kg/m³（0.5lbs/gal）。因此养殖池的水量为3.79m³（1000gal）。

3）在52周内，每个系统可以收获8.7次（52/6=8.7）。因此，该系统的年产量为2.0公吨（4350磅），即每次收获227kg×8.7。

4）通常的饲料转化率为1.7。按此计算，系统的年饲料投入量为3360kg（7395lbs），即2.0公吨×1.7=3360kg。

5）平均每日饲料投入为9.22kg（20.3lbs），即每年3360kg/365d=9.21kg/d。

6）转化为"g"的日平均饲料投入量为9216g，即9.22kg×1000g/kg=9220g。

7）筏式鱼菜共生的最佳进料速度比范围为每天60～100g/m²。以每天80g/m²作为设计比例，则所需的莒苣种植面积为115.2m²（9220g/d除以每天80g/m²=115.3m²）。

8）将生长面积折算为平方英尺，则为1240平方英尺。

（115.3平方米×10.76平方英尺/平方米=1241平方英尺）。

9）将水培槽宽度定为1.22m（4ft），则水培槽的总长度为94.5m（310ft），即115.3m²/1.22m=94.5m。

10）安排4个水培槽，按照设计，它们的长本应为23.6m（77.5ft）（94.5/4=23.6m）。但为了方便计算，将77.5ft四舍五入按80ft计算，得出长度为24.4m（80ft），这是标准温室的实用长度，每个水培槽可使用10个2.36m（8ft）的聚苯乙烯板。

11）在每块聚苯乙烯板上培植48株绿叶莒苣（16株/m²），生长态势优良。莒苣生长周期为4周。随着交错生产，每周可以收获一个水培槽，即可收获10个聚苯乙烯板的水培槽生长的480株蔬菜。一共有6个鱼菜共生的生产系统，每周收获2880株蔬菜。

概括地说，每周生产227kg（500磅）的罗非鱼，同时生产2880株绿叶比布万莒（每箱50头×120箱：PAGE720），这需要6个鱼菜共生系统，每个系统有4个3.78m³（1000gal）的养殖池，每个系统将有4个蔬菜水培槽，长24.4m，宽1.22m（长80ft，宽4ft）。

19.14.4 鱼类生产设计

如果主要目标是每年生产一定数量的鱼，设计过程的第一步将是确定植物生产所需的面积。根据所需面积将要考虑植物间距、生产周期、每年收割次数或生长季节，以及每单位面积和每个作物周期的估计产量。选择所需的进料速度比乘以总面积，得到所需的平均每日进料速度。将平均每日喂养率乘以365天以确定年饲料消耗量。估算养殖鱼的饲料系数(feed conversion ratio, FCR)。转换FCR为饲料转化率。例如,如果FCR是1.7:1,那么饲料利用率是1除以1.7,即0.59。将年饲料消耗乘以饲料转化率以确定净鱼年产量。估算收获时的平均鱼重,并减去投苗时仔鱼的平均重量,得出单条鱼的平均年增重数。将鱼的平均年增重除以净鱼年产量以确定鱼的年生产尾数。将鱼的年生产尾数乘以估计的收获重量以确定鱼的年总产量。将鱼的年总产量除以每年的生产周期数。取这个数字除以60kg/m³(0.5磅/加仑)来确定用于养殖鱼的用水总量。用水总量可以在多个系统和每个系统的多个养殖池之间进行分配,目的是创建一个更具操作性的系统尺寸和养殖池阵列。将期望收获时的平均单条鱼重除以60kg/m³(0.5磅/加仑)以确定每条鱼所需的水量。将每条鱼所需的水量除以饲养池的水量以确定鱼的投放率。将此数量上浮5%~10%,作为生产周期中预估的死亡率。应相应调整固体清除组件、水泵和鼓风机的尺寸。

示例问题2

假设您所在的城市每周消耗1000颗比布莴苣。这些比布莴苣将分别以塑料翻盖盒的形式包装好单独出售。保留一部分菜干,这样可以延长新鲜比布莴苣的有效期。当比布莴苣从幼苗期生长10~14天以后,再移植物到UVI系统中培植3周,密度为29.3株/m²。假设在该系统中养殖罗非鱼,关键问题是:植物栽培浮板面积有多大?罗非鱼的年产量是多少?养殖池应有多大?

1)交错种植比布莴苣,每周可收获1000株植物。因此,在3周的生长期内,该系统必须可以提供种植3000颗植物的面积。

2)种植密度为29.3株/m²,植物总生长面积为102.4m²(3000株植物除以29.3株/m²=102.4m²)。这个面积相当于1100平方英尺,即102.4平方米×10.76平方英尺/平方米=1102平方英尺。

3)选择2.44m(8ft)宽的蔬菜水培池。水培池总长度为41.9m(137.5ft),即102.4m²/2.44m=42.0m。

4)UVI系统需要2个筏式水培池。因此,每个水培池的最小长度为21.0m(68.75ft),即42.0m/2=21.0m。由于聚苯乙烯板的长度为2.44m(8ft),因此每个水培池的总板数为8.59张(21.0米除以2.44米/张=8.61张)。为避免浪费材料,可以按9张计算。因此,水培池的长度为21.96m(72ft),即9张×2.44米/张=21.96米。

5)植物种植总面积将为107m²(1152平方英尺),即每池21.96米×2.44米×2池=107平方米。

6)种植密度为29.3株/m²,系统共培植3135株蔬菜。多出来的蔬菜可作为因养殖过程中出现死亡或不达上市标准的蔬菜的后备补充数量。

7)假设每天60g/m²的投料速度比可为植物生长提供足够的营养。因此,系统的日投料量为6420g(14.1磅),即每天60g/m²×107m²=6420g。

8)系统的年投料量为2343kg(5146磅),即6.42kg/d×365d=2343kg。

9)假设饲料系数为1.7。因此,饲料转化率为0.59,即1kg的增重除以1.7kg的饲料=0.59。

10)每年鱼的总增重产量为1382kg(3036磅),即2343kg×0.59(饲料转化率)=1382kg。

11）假设预期鱼的收获重量为500g（1.1磅），初始养殖仔鱼重量为50g（0.11磅）。因此，单条鱼增重450g（500g收获时的重量−50g初始养殖重量=450g）。每条鱼的重量增加约为450g（1磅）。

12）收获的鱼总数为3071条，即1382kg的总增重量除以每条鱼增重数0.450kg=3071条鱼。

13）若把初始投苗时的仔鱼重量计算在内，则年总产量为1536kg（3340磅）（3071条鱼×0.50千克/条鱼=1536kg）。

14）如果有6个养殖鱼池并且每6周收获1个鱼池，则每年可收获8.7次（52周除以6周=8.7）。

15）每次收获量为177kg（384磅），即每年1536kg除以每年8.7次收获=177kg/次。

16）最终产量密度不应超过60kg/m³（0.5磅/加仑）。因此，每个养殖池的水量应为2.92m³（768gal）。池子尺寸应该稍大一点，以提供2.4cm（6in）的干舷（池子顶部边缘和水位之间的空间）。建议标准养殖池尺寸为3.8m³（1000gal）。

17）假设在生长周期内的死亡率为10%，每次应该对养殖池放养385条仔鱼［1.10×175kg/（0.5kg/鱼）］。

概括地说，总之，每周生产1000颗比布莴苣，需要2个水培池，每个池子长21.94m（72ft），宽2.44m（8ft）。同时匹配4个养殖鱼池，每个鱼池的水量为3.8m³（1000gal）。罗非鱼每6周收获一次，每次收获大约177kg（384磅），每年罗非鱼产量为1382kg（3036磅）。

19.14.5 基于质量平衡的植物和鱼生产设计

前面的例子是基于拥有实验数据的UVI系统设计。然而，UVI设计都带有显著的反硝化反应，可能导致鱼池系统产生的氮（N）会损失50%～70%。在以下两个例子中，我们基于鱼和植物之间氮营养平衡重建了一种设计方法。这些示例中使用的Excel表格可以在eCornell.com/fish或blogs.cornell.edu/aquaculture中找到。

示例问题3

系统规模举例： 目标植物培植面积和所对应需要的鱼的生产情况详见表19.8、表19.9、表19.10、表19.11。

表19.8 温室规格

面积类别		单位	备注
温室面积	1440	平方英尺	30×48
	134	平方米	
温室种植部分面积	75	%	
	1080	平方英尺	
	100	平方米	

注：这是一个100m²的培植面积，以便于适应任何设施规模或目标培植生产数量。

表19.9 植物信息:植物间距和养分需求

植物信息		内容	其他
生菜间距		8英寸×8英寸	英寸
		0.444444平方英尺/株	
		0.041289平方米/株	
		2430株生菜在温室	
栽培期数		3期,810株/期,42236株/年	
栽培计划	移植时生长天数	14天	蔬菜生长天数为14天,植物(根茎和绿芽)0.16336g
	第一期	7天	蔬菜生长天数为21天,植物(根茎和绿芽)0.99898g
	第二期	7天	蔬菜生长天数为28天,植物(根茎和绿芽)3.519984g
	第三期	7天	蔬菜生长天数为35天,植物(根茎和绿芽)7.204236g
营养计算		5.48% N DM	对所有生菜(滤干水)进行称重得到 N %N DM
现存量的营养质量	初始阶段	0.008952g N/株	
	第一期结束	0.054744g N/株	
	第二期结束	0.192895g N/株	
	第三期结束	0.394792g N/株	
营养同化反应	第一期	每期0.045792g N/株	每天营养同化0.006452g N/株
	第二期	每期0.138151g N/株	每天营养同化0.019736g N/株
	第三期	每期0.201897g N/株	每天营养同化0.028842g N/株
总的营养同化反应		每期平均0.128613g N/株	每天营养同化平均0.018373g N/株
整个温室的总的营养同化反应		3期为312.5g N/温室	每天44.6g N/温室

注:a)总的营养物质同化作用(每期0.38584gN/植物)是从移植后至收获时这个阶段内每株植物同化的N的总和;b)总的营养物质同化作用为整个温室(每期937.6gN/温室)中所有植物在3期循环种植完成之后同化的总氮。请记住,如果由于反硝化反应或通过过滤器反冲洗或系统中的其他水排放而导致任何损失,则该值会上升。

表19.10 鱼的信息和投料要求

项目		内容
TAN生产平衡	每天所需氮	每天44.6g N/温室
	饲料蛋白质含量	40%蛋白质
	每天平衡N的摄取的投料量	1213g 饲料/天
鱼的养殖信息		养殖期为2期,养殖周期为3个月
饲料转化比		1.5g 饲料/g鱼的重量
一个养殖期的平均投料量	初始规格:第一期	90g/鱼,13周,每尾4.64g饲料/天
	捕捞规格:第一期	350g/鱼,25周
	初始规格:第二期	350g/鱼,25周,每尾5.44g饲料/天
	捕捞规格:第二期	680g/鱼,38周
	两期养殖时间平均投料量	每尾10.08g饲料/天
养鱼数量	日投料量所需的养鱼数量	120尾/整个系统,60尾/池
	安全系数(超规格鱼)	20%,即72尾/池
	减去超规格鱼后的养鱼数量	144尾
	假设系统中没有营养丢失的养鱼数量(减去超规格鱼后)	1456尾

表19.11 鱼、植物的概要信息和经济生产率

项目		生产情况
植物	2430株/三期	4.07%DM
	840株/一期	1.77g(新鲜重量)
	42236株/年	150g(去根85%)
鱼	144尾/系统总量	4个生产周期/年
	72尾/期	196千克/年
	289尾/年	432磅/年
平均投料率		1456g饲料/天,每平方米养殖面积10.9g饲料/天
售价	蔬菜	1.25美元/株
	鱼	2.8美元/磅
毛收入	蔬菜	52795美元,52个生产周期(收货次数)/年
	鱼	1210美元,4个生产周期(收货次数)/年
总计		54004美元

注:此处的N平衡是基于没有硝化反应或过滤系统的反冲洗而导致但损失的假设。

示例问题4

示例系统规模:目标鱼的生产和对应需要的植物面积。

初步假设:注意比布莴苣150g(植物总重量177g)。

● 设计可以养殖鱼1000kg的系统(恒定承载能力)。

● 每日所需的鱼饲料占鱼总重量的1%,或10kg/d。

● 作为水产养殖业的"经验法则",1kg鱼饲料产生0.03kg或30g总氨氮(TAN)或按1% BW/天喂养1000kg鱼产生300kg/d的总氨氮(TAN)。

● 为了足迹计算,假设育苗期间清理/丢失的TAN可忽略不计。

具体情况见表19.12。

表19.12　比布莴苣的各个阶段、每个阶段的时间、阶段结束时的规格
以及有辅助照明的商业水培生产的间距

阶段	结束时大小（天数）	质量（株/g数）	间距（株/m²）
育苗	10	2	1550
苗圃	20	20	78
成熟	35	150	24

　　忽略育苗期的面积要求，每天"出售"862株的植物需要110m²的空间供其苗圃阶段，538m²的空间供其成熟期的生长，又或是一共648m²的组合面积；而这占据了750m²温室的86％的土地面积。

　　总氮平衡。基于Anderson T S等学者在2017年的研究，鱼菜共生系统中生长的150g比布莴苣菜头（177g总植物）将具有5.8％的氮含量和4.0％的DW/FW比，这相当于每株植物的氮质量为0.348g（157g湿重）。需要每天去除300g总氮的系统，在每株植物（头+根）可以去除平均0.411g总氮的情况下，可以维持一个每天生产730株比布莴苣的温室。这些计算出的产量数字可以代表一个750m²的小型家庭农场（2～3名全职员工），其可以提供足够多的收入来养活他们。这个下限值一般由康奈尔环境控制农业组确定（如图19.16）。使用750m²的设施（648m²的种植面积）作为鱼的养殖区域，苗圃和成熟期的比布莴苣种植区域投料率为每平方米15g饲料。请注意，这个例子是基于没有因过滤器或系统的反硝化反应或反冲洗而导致氮损失的假设。这类似于第一个示例中为了植物的生长计算相应的投料率，如果您使用含有更高蛋白质含量的饲料（40％；氮产量=每千克饲料36.8g氮，而本例中每千克饲料产生30g氮），而且略微调整比布莴苣的氮含量（在该示例中5.48％氮 vs 5.80％氮，两个示例均基于它们自己的实验室结果）。进行这两项调整后，计算结果差异范围在15％之内（每天每平方米12.6g vs 15g）。

图19.16　美国纽约伊萨卡750m²水培生菜示范温室的内部视图。这个温室使用深水池塘进行蔬菜水培，每天生产945颗生菜，每颗生菜150g（新鲜质量），每年可生产超过50000kg的可食用生物质（每平方米温室空间每年生产68kg）（图片由康奈尔CEA集团的L.D.Albright提供）

从经济角度来看,如果保守地对每颗比布莴苣以1.25美元的销售价格进行估算,那么生产的比布莴苣每年总销售额可以达到333000美元。使用我们系统中的1000kg鱼作为承载能力,我们每年鱼的销售量应该可以达到RAS的2~3倍。如果我们从RAS生产和销售罗非鱼,我们也许可以每年售出2500kg罗非鱼。假设售价为6美元/kg(美国活鱼市场价格),我们预计鱼类系统将实现15000美元的创收,而这仅占农场总销售额的4.3%。

在上述生产实例中,在确认了硝化反应表面积足够的前提下,我们可以计算出750m²的植物生长区域(植物净区域648m²)的硝化反应能力是多少。该书的作者的研究表明,惰性表面(筏底和池底)和根部的硝化反应速率为每天2.29g/m²(生产足迹基础)。因此,648m²的植物生产面积每天将1484g的总氨氮转化为硝态氮,比鱼产生的总氨氮高4.9倍。有趣的是,如果植物生产面积的大小只需满足为鱼产生的TAN做相应的硝化反应,则比布莴苣生产面积可减少10/49或仅为132m²,这将相应地生产更少的比布莴苣(54000颗/年)。这会使鱼的经济价值达到农业生产组合的18%。这种减少植物占地面积的做法将导致过量的氮可用于其他目的或通过其他方式被移除,例如,需要在系统设计中增加反硝化作用设备。这种鱼和菜分离运营的做法提供了另一种经济可能性,即渔农可以把多余的有机营养肥料卖给其他正想寻求无机肥料替代物的菜农。

19.15 经济效益和植物选择

鱼菜共生系统的经济效益取决于具体的场地条件和市场条件,很难对其进行准确全面的概括,因为各地的材料成本、建筑成本、运营成本和市场价格都不一样。例如,热带地区的室外系统在建造和运营成本方面就会比寒冷地区的人工控温的温室系统要低。

我们强烈建议养殖者在投入任何时间和资金之前,先制定现金流和盈利能力的预算。确保项目至少在预算计划中是有盈利能力的,再开始进行实际投入操作。即使市场价格表明可以对某个作物进行集中生产,也要小心不要种植过多的该种作物。否则,您很有可能会落得供过于求的下场。

在加拿大阿尔伯塔省作物多样化中心南部,一个温室环境中的UVI鱼菜共生系统被评估为适合罗非鱼和一些植物作物的生产。对作物进行一个生产周期的培植,并根据产量推算其年生产水平。根据卡尔加里批发市场的价格,当植物种植面积为250m²(2690平方英尺)时,按照每单位面积和每个系统的每种作物来确定年毛利(表19.13)。虽然定价数据已经过时,但生产率仍然具有相关性,总体来说,香料类作物可以获得比西红柿和黄瓜等结果作物高20倍以上的总收入。这些数据还说明了发展品种的选择至关重要,最终您的目标市场也将影响您的最终选择。此外,您还需要评估市场对产品多样性的要求,并考虑如何发展自己的客户,也许您不得不种植一些水果作物以获得更快的现金回流,以便支撑那些现金回流较慢但收入却更高的作物,如比布莴苣、罗勒和微型蔬菜。不要被预期或持续的高利润所迷惑,因为成功的生意将马上有竞争对手,而这将会使售价走低。作为生产商的生活并不容易!

表19.13 加拿大阿尔伯塔南部作物多样化中心 UVI 鱼菜共生系统的产量和经济数据
（2003年数据由 Nick Savidov 博士提供）

作物	年产量		批发价			总货值
	磅/平方英尺	吨/2690平方英尺	单位产量	单价	美元/平方英尺	美元/2690平方英尺
番茄	6.0	8.1	15lbs	17.28	6.90	18542
黄瓜	12.4	16.7	2.2lbs	1.58	8.90	23946
茄子	2.3	3.1	11lbs	25.78	5.33	14362
热那亚罗勒	6.2	8.2	3oz	5.59	186.64	502044
柠檬罗勒	2.7	3.6	3oz	6.31	90.79	244222
奥斯明罗勒	1.4	1.9	3oz	7.03	53.23	143208
香菜	3.8	5.1	3oz	7.74	158.35	425959
欧芹	4.7	6.3	3oz	8.46	213.81	575162
马齿苋	3.5	4.7	3oz	9.17	174.20	468618

19.16 参考文献

1. ANDERSON T S et al., 2017a. Growth and tissue elemental composition response of butterhead lettuce（lactuca sativa, cv. flandria） to hydroponic conditions at different ph and alkalinity. Horticulturae, 3: 41.

2. ANDERSON T S, VILLIERS D, TIMMONS M B, 2017b. Growth and tissue elemental composition response of butterhead lettuce（lactuca sativa, cv. flandria） to hydroponic and aquaponic conditions. Horticulturae, 3: 43.

3. BURGOON P S, BAUM C, 1984. Year round fish and vegetable production in a passive solar greenhouse. Proc Intern Soc Soilless Cult, 6: 151−172.

4. CHEN Y, SOLOVITCH T, 1988. Effects of humic substances on plant growth. Acta Hort, 221: 412.

5. CHUN C, TAKAKURA T, 1993. Control of root environment for hydroponic lettuce production: rate of root respiration under various dissolved oxygen concentrations. Paper presented at the 1993 International Summer Meeting of the American Society of Agricultural Engineers.

6. COLLIER G F, TIBBITTS T W, 1982. Tipburn of lettuce. Hort Rev, 4: 49−65.

7. DE WIT M C J, 1978. Morphology and function of roots and shoot growth of crop plants under oxygen deficiency. In: HOOK D D. Plant life and anaerobic environments. Ann Arbor Science Ann Arbor: 330−350.

8. DOUGLAS J S, 1985. Advanced guide to hydroponics. London: Pelham Books.

9. FERGUSON O, 1982. Aqua−ecology: the relationship between water, animals, plants, people, and their environment. Rodale′s NETWORK, Summer, Rodale Press.

10. GERBER N N, 1985. Plant growth and nutrient formulas. In: SAVAGE A J. Hydroponics worldwide: state of the art in soilless crop production. International Center for Special Studies: 58−69.

11. GLOGER K G et al., 1995. Waste treatment capacity of raft hydroponics in a closed recirculating

fish culture system. Book of Abstracts, World Aquaculture Society, Baton Rouge.

12. HEAD W, 1984. An assessment of a closed greenhouse aquaculture and hydroponic system. Oregon St Univ.

13. JENSEN M H, COLLINS W L, 1985. Hydroponic vegetable production. Hort Rev, 7: 483-558.

14. KIMBALL B A, 1982. Carbon dioxide and agricultural yield: an analysis of 360 prior observations. Agr Res Service.

15. LANDESMAN L, 1977. Over wintering tilapia in a recirculating system. In: Essays on food and energy. Howard Community College and Foundation for Self-Sufficiency: 121-127.

16. LENNARD W A, 2006. Aquaponic integration of murray cod(maccullochella peelii peelii) aquaculture and lettuce(lactuca sativa) hydroponics. PhD Thesis. School of Applied Sciences, Department of Biotechnology and Environmental Biology, Royal Melbourne Institute of Technology. Melbourne, Victoria Australia.

17. LEWIS W M et al., 1978. Use of hydroponics to maintain quality of recirculated water in a fish culture system. Trans Am Fish Soc, 197: 92-99.

18. LEWIS W M et al., 1980. On the maintenance of water quality for closed fish production systems by means of hydroponically grown vegetable crops. In: TIEWS K. Symposium on new developments in the utilization of heated effluents and recirculation systems for intensive aquaculture.

19. LOSORDO T M, 1997. Tilapia culture in intensive recirculating systems. In: COSTA-PIERCE B A, RAKOCY J E. Tilapia aquaculture in the americas. World Aquaculture Society.

20. LUTHER T, 1993. Bioponics part 5-enzymes for hereditary potential. The Growing EDGE, 4(2): 36-41.

21. MACKAY K T, VAN TOEVER W, 1981. An ecological approach to a water recirculating system for salmonids: preliminary experience. In: ALLEN L J, KINNEY E C. Proceedings of the bio-engineering symposium for fish culture, fish culture section of the american fisheries society.

22. MCMURTRY M R, 1989. Performance of an integrated aqua-olericulture system as influenced by component ratio. PhD Dissertation North Carolina State University.

23. MCMURTRY M R et al., 1990. Sand culture of vegetables using recirculating aquaculture effluents. J Appl Agric Res, 5(4): 280-284.

24. NAEGEL L C A, 1977. Combined production of fish and plants in recirculating water. Aquaculture, 10: 17-24.

25. NAIR A, RAKOCY J E, HARGREAVES J A, 1985. Water quality characteristics of a closed recirculating system for tilapia culture and tomato hydroponics. In: DAY R, RICHARDS T L. Proceedings of the second international conference on warm water aquaculture-finfish.

26. PIERCE B A, 1980. Water reuse aquaculture systems in two greenhouses in northern Vermont. Proc World Maric Soc, 11: 118-127.

27. RAKOCY J E, 1989a. Hydroponic lettuce production in a recirculating fish culture system. Virgin Islands Agricultural Experiment Station, 3: 4-10.

28. RAKOCY J E, 1989b. Vegetable hydroponics and fish culture: a productive interphase. World

Aqua, 20(3): 42-47.

29. RAKOCY J E, 1995. Aquaponics: the integration of fish and vegetable culture in recirculating systems. Proceedings of the 30th Annual Meeting of the Caribbean Food Crops Society: 101-108.

30. RAKOCY J E, HARGREAVES J A, 1993. Integration of vegetable hydroponics with fish culture: a review. Techniques for Modern Aquaculture. American Society of Agricultural Engineers: 112-136.

31. RAKOCY J E, NAIR A, 1987. Integrating fish culture and vegetable hydroponics: problems & prospects. Virgin Islands Perspective-Agric Res Notes, 2: 16-18.

32. RAKOCY J E, HARGREAVES J A, BAILEY D S, 1991. Comparative water quality dynamics in a recirculating system with solids removal and fixed-film or algal biofiltration. J World Aqua Soc, 22(3): 49A.

33. RAKOCY J E, HARGREAVES J A, BAILEY D S, 1993. Nutrient accumulation in a recirculating aquaculture system integrated with vegetable hydroponic production. In: WANG J K. Techniques for Modern Aquaculture.

34. RAKOCY J E et al., 1997. Evaluation of a commercial-scale aquaponic unit for the production of tilapia and lettuce. In: FITZSIMMONS K. Tilapia aquaculture.Proceedings of the Fourth International Symposium on Tilapia in Aquaculture: 357-372.

35. RESH H M, 1995. Hydroponic food production: a definitive guidebook of soilless food-growing methods. Woodbridge Press Publishing Company, Santa Barbara, CA.

36. SEAWRIGHT D E, 1995. Integrated aquaculture-hydroponic systems: nutrient dynamics and designer diet development. University of Washington, Seattle, WA Stanghellini and Rasmussen.

37. SOUTHERN A, KING W, 2017. The aquaponic farmer: a complete guide to building and operating a commercial aquaponic system. New Society Publishers, Gabriola Island, BC V0R 1X0 Canada.

38. SUTTON R J, LEWIS W M, 1982. Further observations on a fish production system that incorporates hydroponically grown plants. Prog Fish Cult, 44: 55-59.

39. TWAROWSKA J G, WESTERMAN P W, LOSORDO T M, 1997. Water treatment and waste characterization evaluation of an intensive recirculating fish production system. Aquacult Eng, 16: 133-147.

40. VAN GORDER S, 1991. Optimizing production by continuous loading of recirculating systems. Workshop on Design of High Density Recirculating Systems: 17-26.

41. VERWER F L, WELLMAN J J C, 1980. The possibilities of Grodan rockwool in horticulture. Int Congress on Soilless Culture, 5: 263-278.

42. WATTEN B J, BUSCH R L, 1984. Tropical production of tilapia(sarotherodon aurea) and tomatoes (lycopersicon esculentum) in a small-scale recirculating water system. Aquaculture, 41: 271-283.

43. WREN S W, 1984. Comparison of hydroponic crop production techniques in a recirculating fish culture system. MS Thesis, Texas A&M University, College Station, TX.

44. ZWEIG R D, 1986. An integrated fish culture hydroponic vegetable production system. Aqua Mag, 12(3): 34-40.

第 20 章　中国的循环水产养殖

20.1　池塘内循环流水养殖

20.1.1　池塘养殖的发展简况

我国是世界上最早开展池塘养殖的国家，自古形成的"桑基渔塘""蔗基渔塘"等养殖模式，是我国渔业发展的宝贵经验。20世纪50年代以来，我国的池塘养殖业进入了快速发展的阶段，渔业科技人员在总结池塘养殖经验的基础上提出"八字精养法"，对养殖水质、密度、管理等提出了明确的要求，推动了池塘养殖技术的普及。20世纪70年代后，全国各地开展了大规模的池塘建设工作，并且随着人工繁殖技术、颗粒饲料和增氧机的发明，我国的池塘养殖水平迅速上升，逐步从粗养向精养发展，使我国成为世界上最大的水产养殖国家以及水产品第一大出口国。当前，池塘养殖依然是我国水产品生产的重要途径。2018年全国水产品总产量6457.66万吨，其中养殖总产量达4991.06万吨，约占全球养殖总产量的1/3。至2018年，我国有养殖池塘306.7万公顷，占水产养殖总面积的43%，而池塘养殖产量2457万吨，占养殖总产量的49%。

然而在传统的池塘养殖模式下，随着养殖者不断追求高产高效，池塘养殖密度和产量不断增加，由此产生的水资源浪费、污染以及病害等问题日益突出，并严重威胁水产品质量安全。高密度的池塘养殖，造成水体富营养化加剧，溶解氧量降低，氨和硫化氢等有害物质超标，鱼病频繁发生。池塘养殖也常常会因投喂不当，造成饵料散失，沉积到池底的饵料在分解过程中消耗大量的氧气，使得底部环境恶化；氮、磷等大量有机物沉积在池底，易产生氨、有机酸、胺类、硫化氢等，且病原微生物在池底大量滋生，严重威胁养殖生物的安全。另外，由于养殖生物病害多发，养殖者向水体中投入大量的渔药，这既破坏了养殖水体的微生态平衡和浮游生物的正常生长，又造成了养殖水体的二次污染，并且药物残留超标，水产品质量降低，引起食品安全问题。

据统计，传统池塘养殖每生产1kg鱼需要耗水3～13.4m³，是工厂化循环水产养殖系统的50～70倍。池塘养殖的大量换水，不仅使得水资源浪费严重，而且使得大量营养物被排放到养殖区的周围环境中，成为重要的面源污染。土地也是池塘养殖设施占用的重要资源，养殖场的水面面积一般占总面积的60%～70%，2018年我国淡水池塘养殖面积266万公顷，需占用土地约433万公顷，许多养殖池塘的建设用地是耕地，而且城市周边的土地价值更高，因此提高单位土地面积养殖产出的意义重大。

传统的养殖池塘由于建造时间早、标准偏低以及缺乏维护，普遍存在设施简陋、坍塌淤积和效益较低等问题。全国渔业发展第十三个五年规划（2016—2020年）指出应对资源环境约束趋紧、发展方式粗放且不平衡、质量安全存在隐患等问题实施供给侧结构性改革，加快转变渔业发展方式，提高可持续发展水平。近年来，在循环经济理念的指导下产生了循环流水养殖模式，将生态沟渠、生态塘和人工湿地等生态工程技术、动力流水净化技术和池塘养殖有机结合，净化水质、降低水体中的氮磷含量，从而实现节水减排的目的。池塘循环流水的实现形式主要有池塘内循环、池塘与生态设施循环、池塘间循环和池塘与水田循环等。池塘循环流水养殖具有设施化、生态化等特点，是解决传统池塘养殖耗水量大、污染严重和水质不稳定等问题的有效途径。自2013年以来，池塘内循环流水养殖在我国得到推广且迅速发展。

20.1.2　池塘内循环流水养殖

池塘内循环流水养殖（in-pond raceway，简称IPA，又称池塘工程化循环流水养殖，跑道式鱼养殖），最初是由美国克莱姆森大学的David Brune教授在20世纪90年代提出的一种新型池塘养殖模式，20世纪初美国奥本大学Jesse Chappell教授团队做了进一步研发改进，2013年美国大豆协会将这一养殖模式引入中国，在江苏吴江建立了我国第一个池塘内循环流水养殖示范点。至2018年底，全国共建成流水养殖槽2000多条，覆盖池塘近4万亩，其中江苏和浙江的数量较多。该模式目前主要应用于淡水养殖，养殖品种主要有草鱼、青鱼、鲈鱼、鲫鱼、黄颡鱼、罗非鱼、团头鲂等。2017年中国海洋大学探索构建了适合北方地区的海水池塘内循环水产养殖系统，主要养殖红鳍东方鲀和花鲈，以菲律宾蛤仔、硬壳蛤和海马齿作为净水动植物；浙江省水产技术推广总站在浙江宏野海产有限公司构建了具有南方特色的海水池塘内循环水产养殖系统，主要养殖石斑鱼、黑鲷等。

1. 技术原理

池塘内循环流水养殖系统一般包括推水增氧、流水养殖槽、集污、生态养殖和生态净化等功能区块（图20.1）。在流水养殖槽的进口设推水装置，采用较多的是"气动提水装置"，为水体增氧的同时推动循环流动。同时在流水养殖槽中布置曝气盘以满足养殖鱼类的需氧量。养殖过程中产生的残饵、粪便等固体废物会随水体的流动逐渐沉积在集污区，沉积的固体废物可通过集污区的吸污泵移至池塘外的沉淀池中，经过脱水处理，可变为陆生植物（如蔬菜、瓜果、花卉等）的有机肥。另外，集污区水体也可通过过滤设备（如微滤机）进一步去除水中的固体悬浮物。

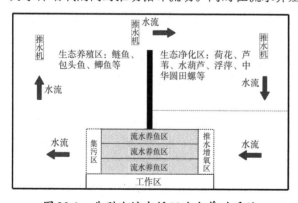

图20.1　典型池塘内循环流水养殖系统

流水养殖槽也称为集约化养殖

区，鱼长时间在水槽中顶水，运动量大，脂肪相对较少，口感较佳，被喻为"跑步鱼"，鱼的品质也要好于普通池塘养殖的，因此市场价格相对较高。另外，流水养殖槽在空间上相对独立，因此可在每条流水槽养殖不同种类、不同规格的鱼类。在生态养殖区，可养殖滤食性鱼类（花白鲢、包头鱼、鲫鱼等）、中华绒螯等，这不仅净化了水质，而且也使水中营养物得到更好的利用。生态净化区以种植水生经济植物和水生底栖动物为主，从而使水体中的有机物和营养物得到进一步净化与有效利用。水生经济作物包括：挺水植物（荷花、芦苇、菖蒲），浮叶植物（菱、睡莲、芡实等），沉水植物（马来眼子菜、苦草、伊乐藻等），漂浮植物（水葫芦、浮萍）等。水生底栖动物主要包括中华圆田螺、铜锈环棱螺、背角无齿蚌等。

2. 构成

池塘内循环流水养殖槽系统前后可分成3个部分，即推水增氧区、流水养殖区和集污区（图20.2）。美国大豆协会给出流水养殖区的标准长度为22m、宽度5m、水深1.8～2m。为节约基础建设成本，同时便于集约化管理，流水养殖槽可以多条组合在一起。流水养殖槽区的面积一般占整个池塘总面积的2%左右，这样能保证池塘的生物系统足够丰富以及水质净化能力充足，进而能够增加养殖量，提高养殖效益，如果要建3条流水养殖槽（总面积330m²），则需池塘总面积1.65公顷（约30亩）。推水增氧区位于流水养殖槽的前端，长度为2m，总高为2.3m，通常在其底部筑有水泥池面，防止吸出底泥。集污区或集污槽位于流水养殖槽的后端，用于收集残饵、粪便等固体废物，其宽度一般为3m，深度比流水养殖槽深0.5m左右，另外集污区末端设计有高0.8m的隔污墙以拦截固体废物。多条流水养殖槽可以共用一条集污槽，以便统一安装吸污设备进行集中排污。

图20.2　推水增氧区（左）和集污区（右）

流水养殖槽的结构形式主要有固定式和可拆卸式两种（图20.3）。固定式养殖槽无法移动，结构相对简单，主要建材包括钢筋、水泥和砖块，建设所需的工期相对较长，一般为1.5～2个月。固定式养殖槽的使用年限较长，可达10年以上，维护方便，但建设成本有些偏高，而且很多地方会受到不允许土地硬化的政策限制。可拆卸式养殖槽结构相对复杂，所需的材料种类多样，包括脚手架、帆布、玻璃钢和不锈钢等。当前，不同的地区、不同的用户已构建多种多样的可拆卸式养殖槽，有的以不锈钢结构为主，有的以塑料结构为主，也有的以木材或竹结构为主。不同材质的养殖槽的建设成本差异较大，不锈钢结构的成本较高。在施工方面，可拆卸式养殖槽可带水施工，工期较短，一般1个月可以完成，而且总成本相对较低，使用年限一般为3～5年，使用过程中可能会出现腐蚀、破损等问题，维护管理成本较高。

图20.3 固定式（左）和可拆卸式（右）流水养殖槽

流水养殖槽在设施设备的安装方面，主要是在推水增氧区安装气提式增氧推水设备，以及在集污区安装吸污设备。气提式增氧推水设备被认为是整个系统的"心脏"，核心件为风机和曝气管，其余构成件还包括挡水板、增氧格、支架材料等，如图20.4所示。推水增氧系统设置在养殖槽前端，同时为加强水体流动性，在生态养殖区和净化区的转角与导流墙的缺口处各安装一个推水机（图20.1），从而保证整个池塘水体循环流动良好。集污区被称为整个系统的"肝脏"（图20.5），主要设施设备包括吸污嘴、吸污泵、移动轨道、排污槽、自动控制装置和电路系统等。吸污泵在集污区的移动轨道上来回走动，能及时将集污区池底沉淀的固体废物吸出并通过排污槽引入塘外的沉淀池。

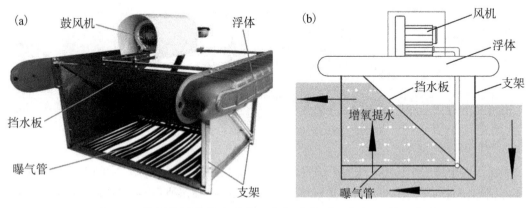

图20.4 气提式增氧推水设备：（a）实物图，（b）工作示意图

图20.5 集污区的吸污和排污

池塘内循环流水养殖系统中的流水养殖槽采用一种高度集约化模式，养殖密度很高，如草鱼的养殖密度为每立方米水体100多千克，或每平方米水体200多千克。因此，可以设置高度自动化或智能化的设备，如基于物联网的水质在线监测设备、智能投饵机、自动分鱼、捕鱼设备等。投饵设备可将一般投饵机进行改装以适应流水养殖槽投饵，如将扇形投饵面改成直线式投饵。若养殖槽的数量较多，可以采用大料仓和输送管路，在养殖槽对应位置的饵料输送管路上开一个支路以实现自动投料从而节省人工成本。流水养殖槽的捕捞，可通过类似网箱的装置，将养殖槽中的鱼赶进网箱，相比于传统池塘养殖简单方便。养殖环境监测，是依托物联网和水质检测技术组成水产养殖物联网系统，可实现水质参数在线采集、智能处理、预警信息发布、决策支持、远程自动控制等功能于一体。养殖户可以通过手机、计算机等信息终端，实时掌握养殖水质环境信息，及时获取异常报警信息及水质预警信息，并可以根据水质监测结果控制相关设备，实现科学养殖与管理，最终达到节能降耗、绿色环保、增产增收的目标。

3. 水质变化

传统池塘养殖的最主要限制因素是水质环境。随着养殖密度和饲料投入量的提高，水体中营养物和悬浮物增加，如果没有外加的水处理设施来净化池塘水体，池塘水体本身对营养物的消纳容量是非常有限的，池塘养殖的物质能力转化效率非常低。例如，对一个亩产1500kg、水深2m的养殖池塘来说，虽然产量已比较高，但从溶解氧的收支平衡来看生产效率还很低。据模拟估算，在晴朗天气，这样的的池塘养殖的溶解氧总来源量（也是总消耗量）为每立方米水体25～30g，其中藻类光合作用产氧量为80%，大气复氧3%～5%，夜间开增氧机的增氧量为15%；总消耗量中，鱼的呼吸耗氧仅占12%～25%，而水体中其他生物耗氧量为75%～85%，池塘底泥耗氧一般低于3%。池塘水质不仅限制养殖产量，而且还会严重影响鱼类的生长与健康和水产品的质量安全。因此，传统池塘养殖方式的发展潜力非常有限，必须依靠科技来改变这种养殖方式，使其转型升级，朝着高产高效的可持续方向发展。

对于池塘内循环流水养殖槽来说，循环水体在流经养殖槽过程中，溶解氧、二氧化碳和氨氮浓度变化，可通过以下公式计算。

溶解氧浓度的减少量（ΔC_{DO}，mg/L）：

$$\Delta C_{DO} = 6.94 \times 10^{-4} R_{DO} \frac{ML}{Vu} \qquad (20.1)$$

二氧化碳浓度的增加量（ΔC_{CO_2}，mg/L）：

$$\Delta C_{CO_2} = 1.375 \Delta C_{DO} = 9.55 R_{DO} \frac{ML}{Vu} \qquad (20.2)$$

氨氮浓度的增加量（$\Delta C_{氨氮}$，mg/L）：

$$\Delta C_{氨氮} = 6.94 \times 10^{-4} R_{feed} \rho \frac{ML}{Vu} \qquad (20.3)$$

式中，R_{DO} 为每千克鱼每天的呼吸耗氧量 [g氧/（kg鱼·d）]；M 为养殖槽鱼的生物量（kg）；L 为养殖槽长度（m）；V 为养殖槽水体体积（m³）；u 为养殖槽中水体流速（m/min）；R_{feed} 为每千克鱼的日投饲量 [kg饲料/（kg鱼·d）]；ρ 为每千克饲料的氨氮产出量 [g氨氮/（kg饲料·d）]。

对于长22m、宽5m、水深2m的标准流水养殖槽，如果养殖商品鱼，鱼的总生物量为15000kg，则经估算该养殖槽每天饲料和氧气需求量以及废弃物产出量如表20.1所示。循环水体流过养殖槽后溶解氧、二氧化碳和氨氮浓度变化与流速的关系如表20.2所示。

表20.1　养殖密度为15000kg标准流水养殖槽的日需求量或产出量

主要参数	需求或产出量	备注
日投饲量	300kg/d	设每千克鱼日投饲量为0.02kg饲料/（kg鱼·d）
日产固体颗粒（干物质）	150kg/d	设干物质产出率为投饲量的50%
日鱼呼吸耗氧量	40kg/d	设每千克鱼每天的平均耗氧量2.67g
日鱼呼吸产二氧化碳量	55kg/d	按二氧化碳量与耗氧量衡算所得
日氨氮产量	9000g/d	设每千克饲料的氨氮产出量为30g氨氮/（kg饲料·d）

表20.2　溶解氧、二氧化碳和氨氮浓度变化与循环水体流速的关系

池水流速（m/min）	1	2	3	4	6	8
溶解氧浓度减少（mg/L）	−3.0	−1.5	−1.0	−0.75	−0.5	−0.38
二氧化碳浓度增加（mg/L）	4.1	2.1	1.38	1.0	0.7	0.5
氨氮浓度增加（mg/L）	0.66	0.33	0.22	0.17	0.11	0.08

4. 技术优势及存在问题

池塘内循环流水养殖系统，在流水养殖区进行高密度养殖，而大面积的池塘实现循环流动自净，是属于高密度养殖、低密度生态、水体循环流动的养殖方式。流水养殖操产量可达到70kg/m²以上，相比于传统池塘养殖，具有大幅减少劳动力和劳动强度，便于集约化管控，大幅减少渔药使用量，可根据养殖技术、市场行情等安排养殖对象和生产模式的特点。在集污区收集粪便和残饵等固体废物，一定程度上解决了养殖水体的富营养化和自身污

染问题，养殖水体的重复利用率可达90%以上，大幅减少养殖废水排放，甚至实现"零排放"，实现固体废物的综合利用。池塘内循环流水养殖相比于传统池塘，大大提高了产业化水平，改善了养殖区域的生态环境，并且可保证水产品安全和品质，具有较好的经济、生态和社会效益。

当前池塘内循环流水养殖存在的最主要问题是粪便和残饵等固体废物的集污去除率低。对于大部分池塘内循环流水养殖系统，集污区的固体废物吸污率仅为10%~30%。一般情况下去除率低的原因有：集污区较短、水体循环流速过快；集污区底部为平底，固体废物无法在集污区有效沉降；流水养殖区中养殖密度过高，固体废物还未随水体流动到集污区就发生了破碎，破碎的固体颗粒因重力小而沉降困难；因流水养殖槽长度、水体循环流速、养殖密度设计不合理，部分系统中的固体废物沉降在流水养殖区的底部。提高固体废物的集污去除率，可确保生态养殖系统稳定、养殖安全和效益，这也是当前池塘内循环流水养殖系统研究的关键，应通过设计优化，使集污区固体废物的去除率达到70%以上。例如，在集污区安装转鼓式微滤机，含有固体废物的循环流水在微滤处理后进入生态养殖区，该方法在一定程度上提高了集污去除率。然而，固体废物的微滤去除可能会引起颗粒破碎，并且微滤无法去除小粒径的颗粒物，最终会使得循环水体中悬浮颗粒物的浓度较高。另外，池塘内循环流水养殖存在的问题还包括适合养殖的名优水产品较少，部分系统中生态净化区面积小、设计不合理等。

20.1.3　"渔光一体"与池塘内循环流水养殖

"渔光一体"是近5年来由通威股份有限公司创新研发的一种新型池塘养殖模式，是将水产养殖和光伏发电产业结合起来的一种生产方式，即在池塘中养鱼的同时，又在水面上架设光伏组件进行太阳能发电（图20.6），光伏组件所占面积可达50%~75%。

图20.6　"渔光一体"池塘养殖

"渔光一体"有效融合了水产领域和太阳能领域的双重优势。目前已在中国江苏、四川、江西、安徽、广东、湖北、内蒙古、山东等13个省或自治区推广应用，正在建设的有2万亩水面，500兆瓦光伏组件。例如，在江苏射阳"渔光一体"示范池塘，亩鱼、电总产值7

万多元，利润3.4万～4.2万元；南京"渔光一体"示范池塘草鱼生长成活率为99%，亩产量达到2500kg，效益显著。通威已在江苏等地建成并投入运营50兆瓦，1875亩水面，相比传统养殖平均亩产量新增20%（约新增600斤/亩），累计新增渔业效益1200多万元；累计新增发电收入14550万元。

　　由于在养殖水面架设光伏组件，一般的"渔光一体"模式存在着排污不方便、日常管理和捕捞难度大等缺点。为此，最新的"渔光一体"配套建设底排污系统，或将"渔光一体"与池塘内循环流水养殖结合起来以攻克上述缺点。通过配套建设底排污系统，将养殖过程产生的排泄物、残饵输送出去，改善水域环境，同时移出养殖池塘的废水，通过湿地净化后循环至池塘二次利用，实现有效减排，甚至零排放。

　　与池塘内循环流水养殖相结合是"渔光一体"新型模式。光伏组件架设在比较空旷的生态养殖区和生态净化区（见图20.1、图20.7），有效利用了池塘内循环流水养殖大水面空间；而鱼类主要养殖在流水槽中，使养殖实现了高度集约化的管控，包括日常管理、水质监测、投喂、增氧、吸污、捕捞等。

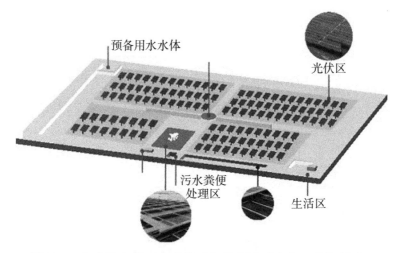

图20.7　与池塘内循环流水养殖相结合的"渔光一体"模式

20.2　集装箱循环水产养殖

　　集装箱循环水产养殖模式是一种利用集装箱进行标准化、模块化、工业化循环水产养殖的新兴模式，通过水质测控、粪便收集、水体净化、恒温供氧、鱼菜共生和智慧渔业等功能模块，实现资源高效利用、循环用水、环保节能、绿色生产、风险控制的目标。根据水处理方式的不同，集装箱养鱼分为陆基推水集装箱式养殖平台和工业化循环水集装箱式养殖平台两种模式。

20.2.1　陆基推水集装箱式养殖平台

陆基推水集装箱循环水产养殖系统以水边陆地为依托，采用集装箱系统对鱼类进行集中饲养管理，此过程中产生的养殖污水预先经过过滤分离，再利用池塘水体的自我净化能力，实现有害物质降解。然后将池塘水抽回集装箱体内，完成循环再利用。

如图20.8、图20.9所示，在池塘岸边摆放一排养殖箱，将池塘养鱼移至集装箱，箱体与池塘形成一体化的循环系统，从池塘抽水，经臭氧杀菌后在集装箱内进行流水养鱼，养殖尾水经过固液分离后再返回池塘，不再向池塘投放饲料、渔药，池塘的主要功能变为湿地生态池，实现池塘尾水零排放。

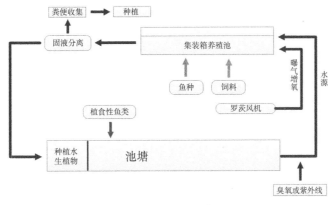

图20.8　陆基推水集装箱式养殖系统结构图

图20.9　陆基推水集装箱式养殖系统

陆基推水集装箱式养殖系统通常按照1亩池塘配2个集装箱的比例进行配套安装，箱体配有增氧设备、臭氧杀菌装置等，能调控水体，降低病害发生率。养殖废水进行多级沉淀，集中收集残饵和粪便并做无害化处理，去除悬浮颗粒的尾水后排入池塘，利用大面积池塘作为缓冲和水处理系统，可减少池塘积淤，促进生态修复，降低养殖自身污染，保持池塘与集装箱之间不间断的水体交换，平均每天完全换水2～3次，实现流水养鱼。这符合鱼类运动的生长习性，成鱼品质较传统池塘明显提高。陆基推水集装箱循环水产养殖适养品种：罗非鱼、翡翠斑（宝石鲈）、巴沙鱼、海鲈、老虎斑、金鲳、乌鳢、鳜鱼、加州鲈、黄河鲤、黄颡鱼、南美白对虾、斑节对虾、澳洲龙虾等。

20.2.2 工业化循环水集装箱式养殖平台

工业化循环水集装箱式养殖是一种全程封闭式的集装箱养殖平台，水处理是该模式的核心和关键，系统集成了水质测控、粪便收集、水体净化、供氧恒温、鱼菜共生和智慧渔业等6个技术模块，通过控温、控水、控苗、控料、控菌、控藻"六控"技术，达到养殖全程可控和质量安全可控的目的。

如图20.10所示，工业化循环水集装箱式养殖系统标准配置是一拖二式，即3个集装箱为一套，其中2个用于养殖、1个用于水处理，主要构造包括集装箱式养殖池（图20.11），粪便装置（微滤机），气提管，曝气增氧（罗茨风机），生物过滤—杀菌—调节系统（臭氧发生器、热源系统、生化池）、智能中控系统等。此外，系统采用物联网和大数据支持下的云生产进行设备运行监测、水质全程监测、养殖箱视频监测等，从而实现全网络的智能化产能计划与调节。

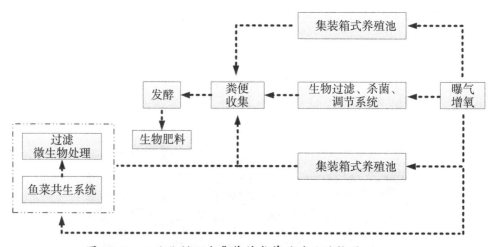

图20.10 工业化循环水集装箱式养殖系统结构图

图20.11　工业化循环水集装箱式养殖平台

工业化循环水集装箱式养殖系统具有固液分离、杀菌消毒、生化处理、多重增氧保障等特点，可即时处理养殖粪污，精准调节水体中的溶解氧、pH、氨氮、硝酸盐等指标，确保养殖水质最佳，降低养殖病害风险，提高养殖环保水平。恒温系统通过加热或控温方式，保持养殖水体全程恒温，既可避免鱼的应激反应，提高成活率，又可实现全年持续生产，满足错季市场需求、获取持续收益。箱体养鱼不受台风、洪涝、高温、冻害等自然灾害影响，可避免断电、跑鱼、死鱼等情况，减少灾害损失。

广州观星农业科技有限公司是一家致力于集装箱式水产养殖模式研发与应用推广的企业，其于2015年开始在河南进行试点应用，在两年内扩大应用到广东、山东、贵州、河北、江苏、安徽、西藏、湖北、湖南、广西、宁夏、四川、山西和北京等，并在埃及和缅甸2个国家也得到应用。目前国内已有1300多个箱体投入使用。2017年1—7月，前往广东研发基地和河南等地参观考察者络绎不绝，累计486个团组、4180多人次（其中包括东南亚、非洲、欧洲、美洲等18个国家400多人次）。

综上，集装箱循环水产养殖是一个较为复杂的工程，具有绿色生态化、精细工业化、资源集约化等优势，为各地优化产业结构，发展水产业带来新契机，为不发达地区脱贫攻坚创造产业扶贫亮点模式，保障水产品质量安全，满足群众对食品日益增长的品质要求。资源高效利用，支撑水产业绿色发展，可将废污进行集中收集并资源化利用，变废为宝，对生态环境保护起到积极作用，可为退渔还湖、退渔还江、退渔还海、塑造美丽海湾提供可靠的解决方案，代替传统网箱养殖，实现离岸养殖，生态重塑。同时，集装箱式养殖平台综合成本低，产量高，鱼的品质好，售价高，具有很好的社会效益、生态效益和经济效益。

20.3　温棚养殖

温棚养殖，又称温室大棚或设施温室养殖，是利用保温材料覆盖在池塘、砖混养殖池等养殖设施上来进行水产养殖生产的一种方式，这也是一种较为传统的设施水产养殖模式。温棚养殖主要以塑料薄膜、阳光板、钢化玻璃等保温材料作为顶面，用钢、木等做支架，建成刚性或柔性的温室大棚。也有少量透光或不透光的温棚。不透光的温棚一般用保温性能比较好的材料做覆盖材料，达到较好的保温节能效果。透光温棚能使部分阳光通过透射进入温棚，达到蓄热增温效应。由于水体有很大的热容量，温棚水体温度有比较好的稳定性。利用温棚尽量隔断外界的自然环境，减少温度、降雨、寒风等气候因素对养殖生产的影响。设施温棚具有采光、防寒和保温能力，并且较为先进的温棚内部一般也设置加热、降温、补光和遮光设备，使其能更好地调节控制温棚内的光照、温度等环境因子。

温棚养殖是传统池塘养殖的升级，通过少量的温棚成本投入，实现温棚内环境因子调控并降低自然因素对养殖生产的影响，可以进行越冬和反季节养殖生产，并且可以缩短养殖生产周期，从而提高养殖生产效益。设施温棚主要用于鱼类越冬、亲本鱼和仔鱼培育，以及名优水产品种养殖等。一般的养殖品种有罗非鱼、加州鲈、胡子鲇、淡水白鲳以及龟鳖、乌鳢等，另外也可以养殖南美白对虾、罗氏沼虾等。

20.3.1　温棚的结构形式和建设要求

目前，对于常用的设施养殖温棚或温室，从建筑材料上主要分为塑料薄膜、阳光板和钢化玻璃温棚等；从结构上可分为单栋和连栋、单层和双层温棚等。温棚内一般有养殖池（塘）、供排水系统、水质调控设施、温控系统及监测系统等。设施养殖温棚的搭建地点一般选择向阳、避风、干燥、排水良好且没有土壤传染性病害的地方。北方地区的养殖温棚还需充分考虑天气、气温等因素，一般应采用跨度和高度较大的拱形圆棚。通常根据不同的养殖生物对光照、温度的需求，以及建设投资预算，选择不同类型的温棚结构及覆盖材料。

塑料薄膜温棚养殖，也称为简易温棚养殖（如图20.12）。单个塑料薄膜温棚的养殖面积一般在500~2000m²，也可进行多个温棚大面积覆盖，但养殖池的总面积一般不超过7000m²。塑料薄膜温棚通常为长方形东西走向的拱形日光温棚，根据当地实际情况和经济实力，在确保坚固稳定的情况下可选用竹木、钢丝或镀锌管做支架，覆盖单层或双层的无色塑料薄膜，用铁丝或卡扣固定。塑料薄膜温棚的养殖池通常是开挖的简易土池或水泥池或覆盖

图20.12　简易温棚养殖案例（左图为外观形式，右图为内部结构）

土工膜的土池，因此塑料薄膜温棚养殖一般也称为简易温棚池塘养殖。塑料薄膜温棚的透光率一般在60%~75%，冬季为了加强水体保温，减少夜间热辐射，常采用多层薄膜覆盖，可使用0.1mm的聚乙烯薄膜或0.06mm的银灰色反光膜等。另外，温棚内还可覆盖小拱棚和地膜等。塑料薄膜温棚内的养殖水体一般不进行加温，靠温室效应积聚热量，平均温度一般比室外温度高3~10℃。如在北纬30°左右的区域大型养殖温棚，冬季不加温的情况下棚内水温也能保持在14℃以上。塑料薄膜温棚通常无通风和降温设备，夏季仅通过揭开覆盖薄膜实现通风，通过覆盖遮阳网实现遮光和降温，以及通过覆盖草苫加强保温等。

　　阳光板温室养殖，是一种较为高档的工厂化温室养殖模式（如图20.13）。单栋阳光板温棚通常有拱形和屋脊形两种，建设高度一般为2.2~2.6m，宽度（跨度）为10~15m，长度为45~66m，占地面积可达660m²。常见的连栋阳光板温棚一般占地面积达1000~3000m²，并且可以建设得更大。阳光板温棚通常建成长方形东西走向双坡式日光温室，以混凝土承台和圈梁为基础，以镀锌钢管做立柱和檩条，屋顶和墙面通常覆盖多层PC阳光板，屋顶可配

备球形风帽通风器和内、外遮阳网，墙面安装轴流风扇和水帘等通风、降温设备。阳光板温棚内的养殖池可采用土池、水泥池和组合结构池（玻璃钢池）等形式。连栋阳光板温棚覆盖面积大，土地利用充分，温棚内温度较高且相对稳定。阳光板温棚的透光率一般在60%~80%，太阳辐射仍是维持温棚内温度或保持热量平衡的重要能量来源，并且温棚内的气温可通过加温等方式保持在21~25℃。

图20.13　工厂化温室养殖

　　尽管塑料、阳光板温棚的结构和覆盖材料各异，但是都具备一个共同的材料属性特征，即覆盖的塑料和阳光板都具有一定的透光和保温功能。温棚养殖能充分利用太阳辐射对空气和水体加温，同时太阳光紫外线也可以对空气和水体进行消毒杀菌，并且太阳光照可培育藻类等用于水产养殖生产。

20.3.2　养殖温棚传热模型与蓄热保温性能

　　对温棚内热湿特性和蓄热保温性能的研究不仅有助于养殖温棚的设计和建造，而且对养殖生物生长环境的监测有重要的指导意义。当前由于地理环境的差异以及构建温棚材料的不同，温棚内热湿环境存在较大的差别，目前缺乏养殖温棚的设计理论支撑和建造标准。

　　对一个养殖温棚来说，如果它比较大以致四周的传热相对于其他传热因素比例较小，则其传热情况可以简化成图20.14所示模型。

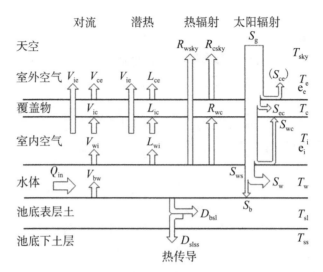

图20.14　养殖温棚的传热示意图

根据传热学原理，对养殖温棚各个层面可以建立如下数学模型，详见Zhu S等学者的研究。对于覆盖物（塑料薄膜、玻璃或钢化玻璃等），其热交换与温度模型可表示为：

$$C_{cw}\frac{dT_c}{dt} = V_{ie} + L_{ic} - V_{ce} - L_{ce} + \frac{A_t}{A_c}R_{wc} - R_{csky} + S_{ec} + \frac{A_t}{A_c}S_{wc} \qquad (20.4)$$

这里C_{cw}=覆盖物及露水的面积比热容〔J/（m²·℃）〕；T_c=覆盖物温度（℃）；t=时间（s）；V_{ie}=覆盖物与室内空气对流热交换流密度（W/m²）；L_{ic}=覆盖物与室内空气的潜热交换流密度（W/m²）；V_{ce}=覆盖物与室外空气对流热交换流密度（W/m²）；L_{ce}=覆盖物与室外空气的潜热交换流密度（W/m²）；A_t=温棚占地面积（m²）；A_c=覆盖物面积（m²）；R_{wc}=覆盖物与室内水体表面的热辐射交换流密度（W/m²）；R_{csky}=覆盖物与天空的热辐射交换流密度（W/m²）；S_{ec}=覆盖物所吸收的太阳辐射流密度（W/m²）；S_{wc}=覆盖物所吸收的从室内水体表面反射来的太阳辐射流密度（W/m²）。

室内空气显热交换与温度模型和潜热交换与湿度模型分别为：

$$C_a\frac{V}{A_t}\frac{dT_i}{dt} = V_{wi} - \frac{A_c}{A_t}V_{ic} - V_{ie} \qquad (20.5)$$

$$L\frac{V}{A_t}\frac{de_i}{dt} = L_{wi} - \frac{A_c}{A_t}L_{ic} - L_{ie} \qquad (20.6)$$

这里C_a=室内空气的体积比热容〔J/（m³·℃）〕；V=温棚室内空气体积（m³）；T_i=室内空气温度（℃）；V_{wi}=室内空气与水体表面的对流热交换流密度（W/m²）；V_{ie}=室内外空气的对流热交换流密度（W/m²）；L=水的蒸发潜热（J/kg）；e_i=室内空气水气含量（kg/m³）；L_{wi}=室内空气与水体表面的水汽相变潜热交换流密度（W/m²）；L_{ie}=室内外空气的水汽相变潜热交换流密度（W/m²）。

室内水体热交换与温度模型为：

$$\rho_w C_w D_w\frac{dT_w}{dt} = S_{ws} + Q_{in} - D_{bsl} - V_{wi} - L_{wi} - R_{wc} - R_{wsky} \qquad (20.7)$$

这里ρ_w=水的密度（1000kg/m³）；C_w=水的质量比热容〔J/（kg·℃）〕；D_w=水层深度（m）；

T_w=水体温度（℃）；S_{ws}=透过水面进入水体的太阳辐（W/m²）；Q_{in}=单位面积的加热量（W/m²）；D_{bs1}=池水底与池底表层土间的热传导流密度（W/m²）；R_{wsky}=水体表面与天空间的热辐射流密度（W/m²）。对于水温控制在一定水平的养殖温棚来说，T_w=恒定值，则上式左边为零，所需要的加热量为：

$$Q_{in} = D_{bs1} + V_{wi} + L_{wi} + R_{wc} + R_{wsky} - S_{ws} \qquad (20.8)$$

室内水体池底表层土热交换与温度模型为：

$$\rho_{s1} C_{s1} D_{s1} \frac{dT_{s1}}{dt} = D_{bs1} - D_{s1ss} \qquad (20.9)$$

这里 ρ_{s1}=池底表层土的密度（kg/m³）；C_{s1}=池底表层土的质量比热容［J/（kg·℃）］；D_{s1}=池底表层土厚度（m）；T_{s1}=池底表层土温度（℃）；D_{s1ss}=池底表层土与深层土间的热传导流密度（W/m²）。

通过模型参数标定、数值求解及模拟验证，用上述模型进行模拟研究，已得到各种外部天气情况和内部管控条件下的室内水温、气温变化及各种传热流量。

图20.15用比利时某年10月1日开始到次年4月29日室外实测天气数据作为输入，模拟得到在这期间养殖温棚内水温与气温的情况。如果要将室内水温控制在20℃，则可以得到如图20.16所示的单位面积所需的加热流量。

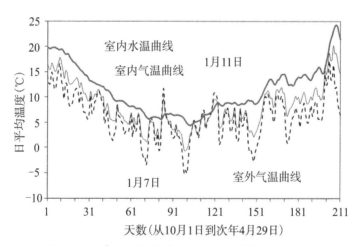

图20.15 养殖温棚室内水温与气温模拟值的变化

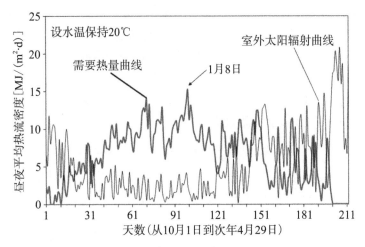

图20.16 室内水温控制在20℃时单位面积所需的加热流量

20.3.2 温棚养殖的环境监测与调控

1. 温棚养殖水环境监测

在设施温棚养殖生产过程中，水环境参数溶解氧、温度、pH、氨氮和亚硝酸盐等都是影响养殖生物生长发育的重要因素，并直接关系到养殖产量和效益。水环境的监测，可以及时准确地将水质参数控制在合适的范围内，为养殖生物提供适宜的水环境条件，满足其快速生长的各项要求，并缩短生长周期。目前，水体的溶解氧、温度和pH可以通过传感器检测技术进行实时在线监测，同时物联网系统会在水质参数波动较大时发布预警信息，养殖户可通过手机、电脑等终端实时掌握水质信息。当前在实际养殖生产中，氨氮和亚硝酸盐等仍是以化学比色法通过便携式分光光度计检测为主。

溶解氧是养殖生物赖以生存和水环境中氨氮等氧化去除的物质基础，充足的溶解氧可以抑制厌氧细菌繁殖。目前，温棚养殖水的溶解氧可以实现自动监测与调控，在溶解氧降低时自动开启相应的增氧设备。温棚养殖常用的增氧方式有搅动、水层交换、风机和纯氧曝气等，一般应根据养殖密度和品种特点等选用合适的增氧设备。另外，温棚养殖水中氨氮和亚硝酸盐浓度过高时会直接影响养殖生物生长，应使用微生物制剂包括硝化和光合细菌等来调节水质，增加水体活力，同时开启增氧设备来确保充足的溶解氧，但当水质恶化且难控时，也要及时适当换水。

2. 养殖水体周围环境——温湿度监测

在设施养殖温棚内，温度、湿度、光照强度和风速等养殖水体周围环境因子的监测，对确保养殖水环境稳定和养殖生物快速生长也很重要。温度是对所有养殖生物生长发育极其重要的环境因子，养殖水体周围环境温度的变化会直接影响养殖水体的温度。湿度是空气潮湿程度的物理量，养殖温棚中一般湿气大，相对湿度都很高，有时需适当降低相对湿度。养殖水体周围环境的光照强度会影响养殖生物的行为和生长（例如鱼类的摄食和产卵），并且合适的光照强度可以加快养殖生物生长并提高存活率。

在温棚养殖生产过程中，水温会受到水体周围环境温度的影响，养殖温棚的保温关乎到养殖生产的稳定性。养殖温棚有相关的保温材料和措施，从而使温棚内的热量散发和传导速度减慢。主要体现在两个方面：一是在冬季时减缓热量散失，例如在温棚内涂抹保温材料或者采用多层塑料薄膜覆盖养殖池等，此时也可以降低水体的加温成本；二是在夏季时阻隔温棚外高温热量的进入，例如在温棚顶部覆盖遮阳网等。

养殖温棚内的热湿环境是一个复杂的多元系统。温棚内以养殖水环境为主，但同时气温又较高，从而导致空气的饱和水蒸气压力较大，这会造成养殖水体产生强烈的水分蒸发，并在温棚内形成高温高湿的特殊环境。温棚内的相对湿度一般可达80%以上，而塑料薄膜、阳光板等围护结构在高温高湿的环境下，对蒸气渗透阻的足够大，才能阻止水蒸气渗透入围护结构中从而影响围护结构的热阻，否则会使得围护结构的保温性能下降。养殖温棚为达到保温效果通常十分封闭，温棚内湿度、温度场的差异性分布对养殖水温和空气湿度等养殖环境以及设施设备的影响较大，同时封闭的温棚环境也使养殖生物易受到有害气体的影响。因此，一般需通过温棚防湿来降低空气湿度，实现温棚内的环境调控以达到热湿平衡的目的，从而抑制养殖生物疾病的产生并提高温棚的保温效果。

目前，温棚防湿主要通过通风换气、增大透光量或适当加热空气，使气温大于水温，从而降低相对湿度。由于不同地域的自然条件不同，所采用的防湿方式也各不相同。通风换气防湿宜采用小风量强制通风，在冬季通风不仅能降低温棚内的空气湿度，而且还可以排出废气，但同时通风也会引起温棚内温度降低，因此应尽量在外界高温时进行；增大透光量可提高温棚内温度，棚温升高可增大空气温度的饱和差，从而降低空气的相对湿度。

20.3.3　温棚池塘循环水产养殖

温棚池塘循环水产养殖，是将简化的池塘循环流水养殖系统引入温棚中，兼有池塘循环流水和温棚养殖的优势，同时也采用了部分工厂化循环水产养殖的水处理技术，是一种新型综合的设施水产养殖模式（图20.17）。温棚池塘循环水产养殖系统，主要包括温室大棚（通常为阳光板），流水养殖槽系统（推水增氧、流水养殖槽、集污），生态养殖和生态净化等。通常在流水养殖池底部布置曝气管以及在生态净化区设置水车或喷水式增氧机等来增加水体中的溶解氧。

温棚池塘循环水产养殖集合了室外池塘循环水产养殖和温棚蓄热保温的优点，具有高产高效、生态环保、保温节能、延长生长或反季节生产等优点。首先，温棚池塘循环水产养殖相比于室外的池塘循环流水产养殖，能够有效地对养殖水体进行保

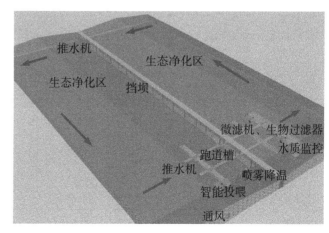

图20.17　温棚池塘循环水产养殖系统原理

温，并且在冬季也可以进行水体加温，从而实现全年养殖生产；温棚在一定程度上也隔断了外界的自然环境，避免了恶劣天气对养殖生产的影响。其次，相比于一般的温棚池塘养殖，循环流水的养殖模式在引入水处理环节的基础上，不仅能够提高养殖产量，而且能够减少换水量和能源消耗，这也降低了养殖生产成本；并且养殖生产全程可控性高、管理方便，大大提高了养殖生产的稳定性和安全性。相比高档的工厂化循环水产养殖，温棚池塘循环水产养殖的投入成本较低。温棚池塘循环水产养殖生产中的固体废物是通过吸污装置或微滤机去除的。同时，设置固定床生物滤器，既能有效拦截悬浮颗粒物，同时也有一定的生物过滤能力。而同时氨氮等溶解性有机物是通过水生植物等吸收。

20.4 工厂化循环水产养殖

20.4.1 发展简况

中国的工厂化养殖始于20世纪70年代，据《中国渔业统计年鉴》数据，我国工厂化养殖水体空间和产量多数以两位数速度增长（见表20.3），机电、信息、生物科技的高速发展推动了工厂化循环水产养殖科技的快速发展。据不完全统计，目前我国工厂化循环水产养殖装备企业约150余家，基本涵盖了循环水产养殖系统各个环节，部分装备技术已接近国际先进水平，这对整个设施水产养殖业科技水平的发展起着较大的引领作用。就海水工厂化养殖来说，大菱鲆的引种成功及"温室大棚＋深井海水"养殖模式的建立，极大地推动了工厂化养殖的快速发展。截至2018年，全国工厂化养殖水体3373.67万立方米，其中循环水产养殖规模80余万立方米，以养殖价值较高的海水鱼类为主，包括大菱鲆、牙鲆、半滑舌鳎、石斑鱼、河鲀等，2018年全国海水工厂化养殖产量25.54万吨。

表20.3 近年来中国工厂化养殖统计情况

年份	工厂化养殖		海水工厂化养殖		淡水工厂化养殖	
	水体(万立方米)	产量(万吨)	水体(万立方米)	产量(万吨)	水体(万立方米)	产量(万吨)
2008	2904.64	21.7	974.44	8.33	1930.20	13.37
2014（比2008年增加）	5832.01（100.8%）	36.78（69.5%）	2564.51（163.2%）	17.04（104.6%）	3267.50（69.3%）	19.74（47.6%）
2015（比上年增加）	6009.33（3.04%）	39.41（7.2%）	2693.73（5.04%）	19.07（11.9%）	3315.60（1.47%）	20.34（3.04%）
2016（比上年增加）	6146.70（2.29%）	38.08（−3.37%）	2658.58（−1.3%）	20.51（7.55%）	3488.12（5.2%）	17.57（−13.6%）
2017（比上年增加）	7095.11（15.4%）	42.95（12.8%）	3105.11（16.8%）	24.02（17.1%）	3990.00（14.4%）	18.94（7.81%）
2018（比上年增加）	8187.89（15.4%）	46.88（9.15%）	3373.67（8.65%）	25.54（6.33）	4814.22（20.7%）	21.35（12.7%）

中国的工厂化养殖可分为开放式工厂化流水养殖和封闭式工厂化循环水产养殖两种模式。开放式工厂化流水养殖大多属于海水养殖，以天然海水或海边井水等为水源，通过水泵提水或高潮纳水，实现养殖池水的不断交换。以该种模式养殖的大菱鲆等鲆鲽鱼类曾形成了一个规模宏大的产业带和经济圈，产业链从业人员逾20万人，年综合产值在百亿元以上。淡水工厂化流水养殖一般利用水库、泉水、溪流或湖泊等为水源，实现养殖池水的交换。但由于开放式工厂化流水养殖方式存在工程化水平较低、养殖密度不高、耗水量大和污染排放等问题，逐步被封闭式工厂化循环水产养殖模式取代。

工厂化循环水产养殖是工厂化养殖的高级模式，是采用工程技术、生物技术、机械装备、信息技术及科学管理等现代工业手段，对养殖过程进行全面控制，为养殖生物营造适宜的环境条件，实现全年高密度、高效益生产的健康养殖。与工厂化流水养殖模式相比，具有养殖密度大、管控水平较高、耗水量少等优点，而且工厂化循环水产养殖通过水处理还可以实现减排、环境友好型生产，是未来水产养殖的重要发展方向之一。

20.4.2 科学研究与应用技术研发

工厂化循环水产养殖技术的基础性研究主要集中在鱼群与循环水系统的互作机制、养殖鱼群行为、水处理新技术、水环境变化与调控机理等。近年来的研究，已初步建立了基于物质平衡的工厂化循环水产养殖系统的设计理论，优化了设计方法，突破了关键技术，开展了智能模糊控制技术、水质控制数学模型、信息远程通信系统、实时在线监测技术在工厂化循环水产养殖系统中的应用研究，优化集成出智能型多参数水质在线监测与控制系统，构建了示范基地；海水工厂化循环水产养殖系统，优化完善了基于硝化细菌循环水系统模式，构建了基于微藻的循环水产养殖模式。"十二五"以来，在高效生物过滤器研发、高效净化装备研发与系统模式构建方面取得显著进展。高效生物过滤器研发以生物膜形成机制与填料生物膜优化研究为重点，开展机理研究与设备研发，围绕氨氮转化效率，开展填料形式、盐度、温度、碳氮比、水力负荷等条件下挂膜效应、最佳水力停留时间、氮化物去除与转化效率等实验研究；构建了海水条件下竹环填料硝化动力学模型及其污染物沿程转化规律。

工厂化循环水产养殖具有高效利用水、地资源，可有效控制养殖废水及固体颗粒物排放等优点，融合现代工业科技与管理方式的养殖工厂，是未来水产养殖工业化发展的方向。工厂化循环水产养殖技术的研究开始于20世纪70年代，我国工厂化养殖装备科技以"车间（箱体）设施＋循环水产养殖"为代表形式，应用于海水、淡水成鱼养殖和水产苗种繁育等领域。

工厂化循环水产养殖是设施水产养殖的最高级模式，涉及工程与生物的多学科交叉领域的许多高新技术问题，这方面的研究对整个设施水产养殖科技水平具有较大的引领作用。研究构建现代化设施水产养殖技术体系，国家和各级政府均非常重视设施水产养殖领域的科技项目立项。通过从"九五"到"十二五"的国家"863"计划、国家科技支撑计划的连续支持以及"十三五"重点研发计划立项，具体包括："工厂化养殖海水净化和高效循环利用关键技术""工厂化大菱鲆养殖的疾病综合控制及中试示范""工厂化鱼类高密度养殖设施的工程优化技术""工厂化大菱鲆养殖的疾病综合控制技术""工厂化养鱼关键技术及设施的研究与开发""工程化养殖高效生产体系构建技术研究与开发""节能环保型循环水产养殖工程装备与关键技术研究""工厂化海水养殖成套设备与无公害养殖技术""水产设施养殖关键技术与装备研究""设施水产养殖智能化精细生产管理技术装备研发"等,我国在设施水产养殖的研究与应用方面取得了长足进展,带动了工厂化循环水产养殖战略性新兴产业的兴起,保护了水域生态环境,促进了水产养殖经济转型与发展和渔民的增收致富,填补了国内在设施水产养殖大菱鲆、石斑鱼、半滑舌鳎、大西洋鲑等方面的空白。通过集成创新,循环水产养殖装备全部实现国产化,关键设备得到进一步标准化;新技术、新材料的净化水质技术和设备的成功研制,大大提高了净水效率,提高了系统的稳定性、安全性,降低系统能耗。

在高效生物过滤器方面研发了填料移动床、流化沙床、活性碳纤维填料、气提式沙滤罐、往复式微珠等新型生物过滤器,其中填料移动床和流化沙床生物过滤器,具有更高的反应效率及净化功能。高效净化装置研发以水体颗粒物有效分离、气水混合装置为重点,研发适用装置。水体颗粒物有效分离技术的关键,是减少固体颗粒物在水中的停留时间与防治粪便破碎、溶解以减缓生物过滤器的负荷。研发的多向流沉淀装置,融合斜管填料技术,具有水力停留时间短、分离效率高等特点。研发的多层式臭氧混合装置,以高效节能为目标,运用等高径开孔填料(鲍尔环)来提高溶解效率,有效减小了装置的气水比,简化了结构。另外,新型光催化微电解高效消毒净化技术也开始逐步得到应用。

在工厂化循环水产养殖产业方面,以鱼池与车间设施构建为基础,集成了循环水处理系统、水质在线监测系统、自动投喂系统与数字化管理系统,并结合针对养殖对象的系统工艺与操作规范,形成专业化的系统模式。代表性模式包括:适应于海水养殖且养殖密度为$20\sim30kg/m^3$的鲆鲽类养殖模式、$30\sim40kg/m^3$的大西洋鲑养殖模式;适应于淡水养殖且养殖密度为$20\sim30kg/m^3$的鲟鱼养殖模式、$50\sim60kg/m^3$的罗非鱼养殖模式;适应于苗种生产的名优品种苗种工厂化繁育模式。构建了超高密度循环水产养殖系统模式,以罗非鱼为养殖对象,养殖密度可达$100kg/m^3$以上。在社会可持续发展的要求下,我国以往的换水式工厂化养殖系统正在向循环水系统升级。北方沿海"车间+深井水"的鲆鲽类养殖模式、内陆一些地区"设施大棚+深井水"的鲟鱼养殖模式,以及传统苗种繁育设施等,正在政策的引导和扶持下实施转变。在此过程中,工厂化循环水产养殖科技围绕高效与节能,正在发挥积极的支撑作用。

通过多年的技术研发创新,我国工厂化养殖技术与装备的科技水平已接近国际先进水平。"对虾工厂化育苗技术"获国家科技进步一等奖(中国水产科学研究院黄海水产研究所,1985)。该项成果的获得,从根本上改变了我国长期依赖捕捞天然虾苗养殖的局面,不仅推动了我国海水养殖事业的发展,而且促进了移植、增殖放流事业的发展。"大菱鲆的引种和苗种生产技术的研究"获国家科技进步二等奖(中国水产科学研究院黄海水产研究所,2001),解决了大菱鲆采卵难、白化率高、成活率低等技术难点,在驯化、养成、亲本鱼培育、苗种生产、营养饲料、病害防治和基础研究等方面取得了系列研究成果,创建了符合国情的工厂化养殖模式。大菱鲆养殖业在我国北方迅猛发展,成为年产值达20多亿元的大产业。"水产集约化养殖精准测控关键技术与装备"获国家科技进步二等奖(中国农业大学,2019)。

20.4.3 发展思考

传统水产养殖正面临着资源、环境、产品安全等方面的严峻挑战，设施化、集约化、生态化是水产养殖业的发展方向。与设施园艺、设施畜禽养殖业相比，当前水产养殖的设施化、集约化程度还比较低，发展潜力和空间还很大。

具体来说，应该着重做好以下工作。

（1）养殖模式创新与完善。我国水产养殖品种多、区域差距大，使设施养殖形式多种多样。而国外的养殖品种比较集中，在很少的几个品种上做大做强，研发优化养殖模式及其完善的配套设施与装备。即便是一个品种，在不同的阶段也要采用不同的养殖模式。例如，挪威的大西洋鲑养殖，采用陆基工厂化与海上网箱接力式养殖方式，用最先进的智能化工厂化技术来繁殖和大规格培育苗种，继而在深水大网箱内养成商品鱼。

（2）加大工厂化养殖的配套装备研发，不断提高装备和系统的稳定性，主要有自动投饵机械，监测与控制系统，捕捞机械，分级分选设备，养殖设施清洗装备，养殖水处理系统与装备，自动疫苗注射机械，高性能活体运输机具等。

（3）大力研发推进工厂化水产养殖的标准化、模块化、规模化和智能化。

20.4.4 代表性企业情况

山东东方海洋科技股份有限公司于2001年成立，2006年11月28日通过首次公开发行股票在深交所挂牌上市，2008年3月完成非公开发行股票。截至目前，总资产16亿元。公司主要从事海水苗种繁育、养殖、水产品加工及保税仓储业务，海参育苗面积25000m²，海参养成车间面积12000m²，工厂化养鱼面积10000m²，海带育苗面积9000m²，贝类综合育苗面积9000m²。这是一家集海水养殖、冷藏加工、科研推广及国际、国内贸易于一体的国家火炬计划重点高新技术企业、农业产业化国家重点龙头企业、国家级水产良种场（图20.18）。

图20.18 山东东方海洋科技股份有限公司养殖车间

　　天津市海发珍品实业发展有限公司（图20.19）成立于2000年4月，占地19.3万平方米。目前公司循环水产养殖车间面积达到6.1万平方米，鲜活海珍品年生产能力达到1200吨，循环水产养殖技术和规模处国内领先地位。海水鱼生态饲料年生产能力5000吨，冷库储藏能力10000吨。该公司是科技部批准的第一批国家星火计划龙头企业技术创新中心，农业部水产健康养殖示范场，天津市农业产业化经营重点龙头企业。

图20.19　天津市海发珍品实业发展有限公司养殖车间内景

　　大连天正水产科技有限公司（图20.20）是一家经国家相关部门批准注册的企业。公司秉承"探索海洋，造福人类"的理念，自1993年成立至今致力于河豚鱼产业的发展，已形成了集育苗、科研、养殖、运输、出口、加工和餐饮为一体的规模化集团性企业。建有10万平方米室内工厂化育种及养殖基地，每年养殖名贵海水鱼2000余吨。养殖场遍及大连、山东、河北、福建等沿海地区。其是中国河豚鱼协会会长单位，一直处于行业的领跑地位。

图20.20　大连天正水产科技有限公司养殖车间内景

大连富谷食品有限公司（图20.21）隶属于大连富谷集团，集团下设大连富泰水产养殖有限公司、大连富谷食品有限公司、大连宇佳房地产开发有限公司3个全资子公司。富谷集团位于大连庄河市经济开发区碧水路888号，注册资本6600万元，是一家主要从事海参、红鳍东方鲀及其他水产品的集种苗繁育、养殖、加工、科研、销售为一体的具有自营进出口权的国家级农业产业化重点龙头企业，年产各种海珍品3000多吨，陆海总经营面积1000万平方米，有育苗场、工厂化设施渔业面积50000m²，水体为70000m³。

图20.21　大连富谷食品有限公司养殖车间

海阳市黄海水产有限公司（图20.22）创立于1998年，2003年与中国水产科学研究院黄海水产研究所进行合作，改制成股份制企业。2011年规划建设海洋生物科技产业园项目，该项目被列为山东半岛蓝色经济区重点建设项目，总建筑面积20万平方米，资产总额4亿元。有着16000m³水体工厂化育苗设施，14000m³水体工厂化养殖设施，10000m³水体露天精养设施，鱼类良种年产能力2000万尾，商品鱼生产能力800吨/年。

图20.22　海阳市黄海水产有限公司养殖车间一角

莱州明波水产有限公司（图20.23）占地300亩（1亩≈666.7平方米），是一家以名贵鱼类育苗、养成为主的高新技术企业。公司成立于2000年6月，占地200余亩，育养水体6万立方米，海域5万亩，员工200余人。公司年产斑石鲷、半滑舌鳎、赤点石斑鱼、云纹石斑鱼、七带石斑鱼、珍珠龙胆等鱼类苗种2000万尾，循环水产养殖半滑舌鳎、红鳍东方鲀、石斑鱼等高档水产品1000吨。

图20.23　莱州明波水产有限公司养殖车间内景

江苏中洋集团总部（图20.24）占地5000亩，正在规划建设13500亩，河豚鱼养殖年存池在4000万尾以上，是一个重视科技创新、依靠科技进步的科技型企业，下辖一个中科院研究所分所、2个大学研究院实验室，员工中科技人员比例超过40%，保证了各项事业技术水平的不断提高。该企业中洋河豚鱼养殖规模为世界最大，养殖技术为世界一流。

图20.24　江苏中洋集团总部鸟瞰图

安徽长江渔歌渔业股份有限公司（图20.25）位于被孙中山称为"长江巨埠，皖之中坚"的芜湖，占地500亩，于2016年9月19日在芜湖市工商行政管理局注册成立。在公司发展壮大的3年里，公司主要经营水产品养殖、加工、销售，建有10000m²的现代化养殖工厂，共12条线、92个共4600m³的循环水产养殖池，工厂化的设计渔业产能是80kg/m³，最高产能可达100kg/m³。

图20.25　安徽长江渔歌渔业股份有限公司养殖车间内景

贺兰县晶诚水产养殖有限公司（图20.26）位于银川贺兰县立岗镇兰丰村七社，于2009年9月14日在贺兰县市场监督管理局注册成立，注册资本为305万元，占地面积600亩，其中精养池塘360亩，工厂化车间2栋5000m²，年生产各类名优苗种5000余万尾、商品鱼80万斤。

图20.26　贺兰县晶诚水产养殖有限公司养殖车间内景

东莞三泰环保渔业有限公司（图20.27）位于东莞市茶山镇茶山工业园，是首间由港商于内地开设的室内养殖渔场，更是香港第一间以环保科技结合生态养殖的水产企业，占地面积为24000m²。共有28个池，其中有24个养殖池、2个隔离池、2个吊水池，全部采用全天候环保养殖系统。为达到安全、环保、节能的效果，三泰联合香港理工大学研发出三泰OAB

先进污水处理系统，此系统内水资源循环再生，实现低耗水量、低排放、零污染标准，推动生态保育及绿色生产文化。

图20.27　东莞三泰环保渔业有限公司养殖车间内景

20.5　参考文献

1. 2018中国渔业统计年鉴.北京：中国农业出版社，2018.

2. 2019中国渔业统计年鉴.北京：中国农业出版社，2019.

3. 胡彭超.水产养殖温室微气候模型建立.河北：河北工业大学，2014.

4. 马承伟.农业设施设计与建造.北京：中国农业出版社，2008：31-41.

5. 粮农组织.年世界渔业和水产养殖状况—实现可持续发展目标.罗马：2018.

6. 刘兴国.池塘养殖污染与生态工程化调控技术研究.南京：南京农业大学，2011.

7. 刘鹰，朱松明，李勇.水产工业化养殖的理论与实践。北京：海洋出版社，2014.

8. 农业部渔业渔政管理局.中国渔业年鉴.北京：中国农业出版社，2018.

9. 曲克明，杜守恩，崔正国.海水工厂化高效养殖体系构建工程技术(修订版).北京：海洋出版社，2018.

10. 孙文君.工厂化甲鱼温室湿热环境研究及其太阳能地源热泵供热系统性能分析.浙江大学，2011.

11. 唐启升.水产学学科发展现状及发展方向研究报告.北京:海洋出版社，2013.

12. 王玉堂.我国设施水产养殖业的发展现状与趋势.中国水产，2012(10)：7-10.

13. 张振东，肖友红，范玉华，等.池塘工程化循环水产养殖模式发展现状简析.中国水产，2019（5）:34-37.

14. ZHU S, DELTOUR J, WANG S, 1998. Modeling the thermal characteristics of greenhouse pond systems. Aquacultural Engineering, 18: 201-217.

15. 农业农村部科技教育司.世界农业科技前沿.北京:中国农业出版社，2018:189-233.

16. 农业部渔业渔政管理局.中国渔业年鉴.北京:中国农业出版社，2019.

17. 联合国粮农组织.2018年世界渔业和水产养殖状况—实现可持续发展目标.罗马:2018.

18. 张振东，肖友红，范玉华，等.池塘工程化循环水产养殖模式发展现状简析.中国水产，2019（5）:34-37.

附　录

第一部分：附图表A

附表A.1为水产养殖常用术语的换算因数，分表如下所示。

附表A.1a　质量换算因数

换算前的单位	换算因数	换算后的单位
克	15.43	谷
克	0.03527396	盎司（常衡）
克	0.03215075	盎司（金衡制）
克	0.002205	磅
千克	2.205	磅
千克	$9.84×10^{-4}$	吨（长吨）
千克	$1.10×10^{-3}$	吨（短吨）
盎司	437.5	谷
盎司	28.319523	克
盎司	0.0625	磅
盎司	0.9115	盎司（金衡制）
磅	7000	谷
磅	453.5924	克
磅	0.4536	千克
磅	16	盎司
磅（金衡制）	373.24177	克
吨（长吨）	1016	千克
吨（长吨）	2240	磅
吨（长吨）	1.12	吨（短吨）
吨（米制）	2205	磅
吨（短吨）	907.1848	千克
吨（短吨）	2000	磅
吨（短吨）	0.89287	吨（长吨）
吨（短吨）	0.90718	吨（米制）

注：右列的单位可以通过左列的单位，乘以换算因数而得出。例如：1千克=0.4536×1磅，而1磅=1千克/0.4536。

附表A.1b　长度换算因数

换算前的单位	换算因数	换算后的单位
厘米	0.3937	英寸
厘米	0.03281	英尺
厘米	0.01094	码
英寻	6	英尺
英寻	1.828	米
英尺	304.8	毫米
英尺	30.48	厘米
英尺	0.3048	米
英寸	25.4	毫米
英寸	2.54	厘米
英寸	0.083333	英尺
英寸	0.0254	米
英寸	0.02777	码
千米	3280.8	英尺
千米	1094	码
千米	0.62137	英里
米	39.37	英寸
米	3.281	英尺
米	1.0937	码
米	5.40×10^{-4}	英里(海里)
米	6.21×10^{-4}	英里(法定)
微米(μm)	3.937×10^{-5}	英寸
微米(μm)	1.00×10^{-6}	米
密耳	0.001	英寸
英里(海里)	6080.27	英尺
英里(海里)	1.853	千米
英里(法定)	5280	英尺
英里(法定)	1.609	千米
英里(法定)	0.8684	英里(海里)
毫米	0.03937	英寸
毫米	3.28×10^{-3}	英尺
码	91.44	厘米
码	0.9144	米

注：右列的单位可以通过左列的单位乘以换算因数而得出。例如：1英尺=30.48×1厘米，而1厘米=1英尺/0.3048。

附表A.1c 面积换算因数

换算前的单位	换算因数	换算后的单位
英亩	0.4047	公顷
英亩	43560	平方英尺
英亩	4047	平方米
英亩	0.001562	平方英里
公顷	2.471	英亩
公顷	107639	平方英尺
平方厘米	1.076×10^{-3}	平方英尺
平方厘米	0.155	平方英寸
平方厘米	0.0001	平方英寸
平方英尺	929	平方厘米
平方英尺	0.0929	平方米
平方英尺	0.1111	平方码
平方英寸	6.452	平方厘米
平方英寸	645.2	平方毫米
平方千米	247.1	英亩
平方千米	1.076×10^{7}	平方英尺
平方千米	1.00×10^{6}	平方米
平方千米	0.3861	平方英里
平方米	10.76	平方英尺
平方米	1550	平方英寸
平方米	3.86×10^{-7}	平方英里
平方米	1.196	平方码
平方英里	640	英亩
平方英里	2.79×10^{7}	平方英尺
平方英里	2.59	平方千米
平方毫米	1.55×10^{-3}	平方英寸
平方码	8361	平方厘米

注：右列的单位可以通过左列的单位乘以换算因数而得出。例如：1平方英尺=10.76×1平方米，而1平方米=1平方英尺/10.76。

附表A.1d　体积换算因数

换算前的单位	换算因数	换算后的单位
亩呎	43560	立方英尺
亩呎	325850	加仑
立方厘米	$3.53×10^{-5}$	立方英尺
立方厘米	0.0610	立方英寸
立方英尺	28320	立方厘米
立方英尺	1728	立方英寸
立方英尺	0.02832	立方米
立方英尺	7.48052	加仑（液体，美制）
立方英尺	28.317	升
立方英寸	16.39	立方厘米
立方英寸	0.0005787	立方英尺
立方英寸	$1.633×10^{-5}$	立方米
立方英寸	0.004329	加仑
立方米	35.315	立方英尺
立方米	61023	立方英寸
立方米	1.308	立方码
立方米	264.17	加仑（液体，美制）
加仑	3785412	立方厘米
加仑	0.1337	立方英尺
加仑	231	立方英寸
加仑	0.004951	立方码
加仑	3.785	升
加仑（液体，英制）	1.20095	加仑（液体，美制）
加仑（液体，美制）	0.83267	加仑（液体，英制）
升	0.03531	立方英尺
升	61.023	立方英寸
升	0.2642	加仑（液体，美制）
夸脱（美国）	0.9463	升
量勺（美国）	14.79	毫升
茶匙（美国）	4.93	毫升

注：右列的单位可以通过左列的单位乘以换算因数而得出。例如：1升=3.785×1加仑，而1加仑=1升/3.785。

附表A.1e　流量换算因数

换算前的单位	换算因数	换算后的单位
立方英尺/分	472	毫升/秒
立方英尺/分	0.125	加仑/秒
立方英尺/分	28.31	升/分钟
立方英尺/分	1.699	立方米/时
立方英尺/分	0.1247	加仑/秒
立方英尺/分	0.472	升/秒
立方英尺/分	62.43	水的磅重/分
立方英尺/分	$4.72×10^{-4}$	立方米/秒
立方英尺/秒	0.6463	百万加仑/日
立方英尺/秒	448.831	加仑/分
立方英尺/秒	28.317	升/秒
立方英尺/秒	0.02832	立方米/秒
立方米/分	0.01667	立方米/秒
立方米/日	264.17	加仑/日
立方米/日	0.0002642	百万加仑/日
立方米/秒	35.3147	立方英尺/秒
立方米/秒	22.82	百万加仑/日
立方米/秒	15850	加仑/分
加仑/日	$4.38×10^{-8}$	立方米/秒
加仑/时	63.08	毫升/分
加仑/时	0.1337	立方英尺/时
加仑/分	0.002228	立方英尺/秒
加仑/分	0.06308	升/秒
加仑/分	8.0208	立方英尺/时
加仑/分	0.227	立方米/时
加仑/分	3.785	升/分
加仑/分	$6.31×10^{-5}$	立方米/秒
升/时	$2.78×10^{-7}$	立方米/秒
升/分	$1.667×10^{-5}$	立方米/秒
升/分	0.2642	加仑/分
升/分	$4.403×10^{-3}$	加仑/秒
升/秒	15.84	加仑/分
升/秒	0.0228	百万加仑/日
百万加仑/日	1.54723	立方英尺/秒
百万加仑/日	694.4	加仑/分

注：右列的单位可以通过左列的单位乘以换算因数而得出。例如：1加仑每分钟=448.831×1立方英尺/秒，而1立方英尺/秒=1加仑每分钟/448.831。

附表 A.1f　速度换算因数

换算前的单位	因数	换算后的单位
厘米/秒	1.969	英尺/分
厘米/秒	0.03281	英尺/秒
厘米/秒	0.036	千米/时
厘米/秒	0.02237	英里/时
厘米/秒	0.0003728	英里/分
英尺/分	0.508	厘米/秒
英尺/分	0.01667	英尺/秒
英尺/分	0.01136	英里/时
英尺/秒	30.48	厘米/秒
英尺/秒	1.097	千米/时
英尺/秒	18.29	米/分
英尺/秒	0.6818	米/时
英尺/秒	0.01136	英里/分
千米/时	27.78	厘米/秒
千米/时	54.68	英尺/分
千米/时	0.6214	英尺/时
米/分	1.667	厘米/秒
米/分	3.281	英尺/分
米/分	0.5468	英尺/秒
米/分	0.03728	英里/时
米/秒	196.8	英尺/分
米/秒	3.281	英尺/秒
米/秒	3.6	千米/时
米/秒	2.237	英里/时
米/秒	0.03728	英里/分
英里/时	44.7	厘米/秒
英里/时	1.467	英尺/秒
英里/时	1.609	千米/时
英里/时	0.2682	千米/分
英里/时	26.82	米/分
英里/时	0.01667	英里/分
英里/分	2682	厘米/秒
英里/分	88	英尺/秒
英里/分	1.609	千米/分

注：右列的单位可以通过左列的单位，乘以换算因数而得出。例如：1厘米/秒=30.48×1英尺/秒，而1英尺/秒=1（厘米/秒）/30.48。

附表A.1g 压强换算因数

换算前的单位	因数	换算后的单位
大气压	760	毫米汞柱
大气压	33.957	英尺水柱
大气压	29.921	英寸汞柱
大气压	1.0333	千克/平方厘米
大气压	14.696	磅/平方英寸
巴	0.9869	大气压
巴	14.5036	磅/平方英寸
巴	1000000	达因/平方厘米
巴	10197	千克/平方米
毫米汞柱	0.001316	大气压
毫米汞柱	0.04468	英尺水柱
毫米汞柱	0.01934	磅/平方英寸
英尺水柱	0.0295	大气压
英尺水柱	0.8811	英寸汞柱
英尺水柱	304.8	千克/平方米
英尺水柱	62.3205	磅/平方英尺
英寸汞柱	0.03342	大气压
英寸汞柱	1.1349	英尺水柱
英寸汞柱	0.4912	磅/平方英寸
英寸水柱	0.002454	大气压
英寸水柱	0.07343	英寸汞柱
英寸水柱	5.193	磅/平方英尺
英寸水柱	0.03613	磅/平方英寸
千克/平方厘米	32.81	英尺水柱
千克/平方厘米	28.96	英寸汞柱
千克/平方厘米	2048	磅/平方英尺
千克/平方厘米	14.22	磅/平方英寸
磅/平方英尺	4.73×10^{-4}	大气压
磅/平方英尺	0.01602	英尺水柱
磅/平方英尺	4.882	千克/平方米
磅/平方英尺	6.94×10^{-3}	磅/平方英寸
磅/平方英寸	0.06804	大气压
磅/平方英寸	2.3068	英尺水柱
磅/平方英寸	2.036	英寸汞柱
磅/平方英寸	27.7276	英寸水柱

注：右列的单位可以通过左列的单位乘以换算因数而得出。例如：1英尺水=2.307×1磅/平方英寸（psi），而1磅/平方英寸=1英尺水/2.307。

附表A.2　鱼类健康换算因数

换算前的单位	换算后的结果
1ppm（mg/L）	0.38克每100加仑水
	3.8毫克每加仑水
	0.0283克每立方英尺水
	0.38毫升每100加仑水
	2.72磅每亩呎水
	1毫克每升水（mg/L）
	1克每立方米水（g/m³）
	0.001毫升每升水（mL/L）
1亩呎	43560立方英尺
1亩呎	325850加仑
1亩呎水	2718144磅
1立方英尺水	7.48加仑
1立方英尺水	62.4磅
1立方英尺水	28.3升
1立方英尺水	28.3千克
1立方米水	1000升
1立方米水	35.32立方英尺
1立方米水	2205磅
1加仑水	8.34磅
1克	0.0353盎司
1千克	2.2磅
1磅	454克
1加仑	3.785升
1加仑水	3785克
1升	0.26加仑
1升	1000立方厘米
1升	1000毫升
1升水	1000克
1盎司	28.35克
1加仑	128液体盎司
1液体盎司	28.4克
1英寸	2.54厘米
1英尺	30.48厘米

换算前的单位		换算后的结果
1立方厘米水		1克
1立方厘米水		1毫升
1公顷		10000平方米
1公顷		2.47英亩
1英亩		0.405公顷
1英亩		43560平方英尺
百分比溶液,对于百分之一溶液加入	38克每加仑	1.3盎司每加仑
	10克每升	38立方厘米每加仑
	10立方厘米每升	
温度转换	摄氏度到华氏度	(℃×9/5)+32
	华氏度到摄氏度	(°F×32)×5/9

附表A.3　换算因数的单位列表：IP单位到国际单位（SI单位）

类别	换算前的单位	因数	换算后的单位
功率	英热单位/秒	1.0551	千瓦
	英热单位/分	17.59	瓦
	英热单位/时	0.22931	瓦
	英尺—磅/秒	1.3558	瓦
	英尺—磅/分	0.0260	瓦
	英尺—磅/时	$3.767×10^{-4}$	瓦
	马力(机械)	0.7457	千瓦
	马力(锅炉)	9.810	千瓦
	马力—小时	2.6845	兆焦
	吨(冷冻,12000英热单位/时)	3.517	千瓦
	1焦耳/秒	1.00	瓦
能量	英热单位	1.0551	千焦
	英尺—磅	1.356	焦
	马力—小时	2.685	兆焦
	千瓦时	3.600	兆焦
	卡路里(克)	4.187	焦
	克卡	105.5	兆焦
	兰利	4.186	焦/平方厘米
	兰利	41.86	千焦/平方米
	夸特(美国)	$1.055×10^{12}$	兆焦

类别	换算前的单位	因数	换算后的单位
单位时间质量，流速	磅/秒	0.4536	千克/秒
	磅/分	7.560×10^{-3}	千克/秒
	磅/时	1.260×10^{-4}	千克/秒
	磅/时	5.515×10^{-4}	吨/时
	吨/时	0.2520	千克/秒
	吨/时	1.103	吨/时
力，质量	美担	444.8	牛顿
	千磅力	4448	牛顿
	磅	4.448	牛顿
	盎司	0.2780	牛顿
	英石	62.27	牛顿
	吨	9964	牛顿
风机效率	立方英尺每分钟/瓦特	0.4719	立方米秒/千瓦
	立方英尺每分钟/瓦特	4.719×10^{-4}	立方米秒/瓦
热传导	英热单位/时—英尺—华氏度	1.731	瓦/米—开
	英热单位—英寸/时—平方英尺—华氏度	0.1442	瓦/米—开
热导率	英热单位/时—平方英尺—华氏度	5.678	瓦/平方米—开
热阻	小时—平方英尺—华氏度/英热单位	0.1761	平方米—开/瓦
热通量，太阳辐射	英热单位/小时—平方英尺	3.169	瓦/平方米
	兰利分钟	698	瓦/平方米
	兰利	41860	焦/平方米
	兰利	41.86	千焦/平方米
	英热单位/平方英尺	11400	焦/平方米
	英热单位/平方英尺	11.40	千焦/平方米
	英热单位/平方英尺	0.0114	兆焦/平方米
光亮度，光照	英尺—烛光	10.76	勒克斯
光合有效辐射	英热单位/小时—平方英尺（阳光）	6.565	毫摩尔/平方米—秒（阳光）
	英热单位/平方英尺（阳光）	0.02363	摩尔/平方米（阳光）
热值（作为燃料）	英热单位/立方英尺	37.26	千焦/立方米
	英热单位/加仑	0.2785	千焦/升
	英热单位/磅	2.326	千焦/千克
热容	英热单位/磅—华氏度	4187	焦/千克—开
	英热单位/磅—华氏度	4.187	千焦/千克—开

附表A.4　水的物理性质

摄氏温度(℃)	密度(kg/m³)	动力黏度(m²/s)×10⁻⁶	蒸汽压(mmHg)
0	999.84	1.79	4.8
1	999.90	1.73	5.1
2	999.94	1.68	5.4
3	999.97	1.62	5.8
4	1000.00	1.57	6.2
5	999.97	1.52	6.6
6	999.94	1.48	7.0
7	999.90	1.43	7.5
8	999.85	1.39	8.0
9	999.78	1.35	8.5
10	999.70	1.31	9.1
11	999.61	1.27	9.7
12	999.50	1.23	10.3
13	999.38	1.20	11.0
14	999.25	1.17	11.7
15	999.10	1.13	12.5
16	998.94	1.10	13.4
17	998.78	1.07	14.3
18	998.60	1.05	15.2
19	998.41	1.02	16.2
20	998.21	0.99	17.3
21	997.99	0.97	18.4
22	997.77	0.95	19.7
23	997.54	0.93	21.0
24	997.30	0.90	22.4
25	997.05	0.88	23.9
26	996.79	0.87	25.5
27	996.52	0.85	27.2
28	996.24	0.83	29.0
29	995.95	0.81	30.9
30	995.65	0.80	33.0
31	995.34	0.78	35.2
32	995.03	0.77	37.5
33	994.71	0.75	40.0
34	994.38	0.74	42.7
35	994.04	0.72	45.5
36	993.69	0.71	48.5
37	993.33	0.70	51.8
38	992.97	0.68	55.2
39	992.60	0.67	58.9

附表A.5　淡水在不同pH和水温下自由氨（以NH_3计）的百分比

pH	10℃（50℉）	15℃（59℉）	20℃（68℉）	25℃（77℉）	30℃（86℉）
6.5	0.06	0.09	0.13	0.18	0.25
6.6	0.07	0.11	0.16	0.23	0.32
6.7	0.09	0.14	0.20	0.28	0.40
6.8	0.12	0.17	0.25	0.36	0.50
6.9	0.15	0.22	0.31	0.45	0.63
7.0	0.19	0.27	0.39	0.56	0.80
7.1	0.23	0.34	0.50	0.71	1.00
7.2	0.29	0.43	0.63	0.89	1.26
7.3	0.37	0.54	0.79	1.12	1.58
7.4	0.46	0.68	0.99	1.40	1.98
7.5	0.59	0.86	1.24	1.76	2.48
7.6	0.74	1.07	1.56	2.21	3.10
7.7	0.92	1.35	1.96	2.76	3.87
7.8	1.16	1.69	2.45	3.45	4.82
7.9	1.46	2.12	3.06	4.31	6.00
8.0	1.83	2.65	3.83	5.37	7.43
8.1	2.29	3.32	4.77	6.66	9.18
8.2	2.86	4.14	5.94	8.25	11.3
8.3	3.58	5.16	7.36	10.0	14.1
8.4	4.46	6.41	9.09	12.3	16.8
8.6	6.88		13.6	17.9	24.2
8.8	10.5		20.0	25.7	33.6
9.0	15.6	21.5	28.4	35.5	44.5
9.2	22.7		38.5	46.5	56.0
9.4	31.8		49.8	58.0	66.8
9.6	42.5		61.2	68.5	76.2

附表A.6　不同盐度的水在不同温度下的饱和溶解氧（mgO₂/L, ppm）

温度(℃)	盐度(‰)(ppt)								
	0	5	10	15	20	25	30	35	40
0	14.602	14.112	13.638	13.180	12.737	12.309	11.896	11.497	11.111
1	14.198	13.725	13.268	12.825	12.398	11.984	11.585	11.198	10.825
2	13.813	13.356	12.914	12.487	12.073	11.674	11.287	10.913	10.552
3	13.445	13.004	12.576	12.163	11.763	11.376	11.003	10.641	10.291
4	13.094	12.667	12.253	11.853	11.467	11.092	10.730	10.380	10.042
5	12.757	12.344	11.944	11.557	11.183	10.820	10.470	10.131	9.802
6	12.436	12.036	11.648	11.274	10.911	10.560	10.220	9.892	9.573
7	12.127	11.740	11.365	11.002	10.651	10.311	9.981	9.662	9.354
8	11.832	11.457	11.093	10.742	10.401	10.071	9.752	9.443	9.143
9	11.549	11.185	10.833	10.492	10.162	9.842	9.532	9.232	8.941
10	11.277	10.925	10.583	10.252	9.932	9.621	9.321	9.029	8.747
11	11.016	10.674	10.343	10.022	9.711	9.410	9.118	8.835	8.561
12	10.766	10.434	10.113	9.80.1	9.499	9.207	8.923	8.648	8.381
13	10.525	10.203	9.891	9.589	9.295	9.011	8.735	8.468	8.209
14	10.294	9.981	9.678	9.384	9.099	8.823	8.555	8.295	8.043
15	10.072	9.768	9.473	9.188	8.911	8.642	8.381	8.129	7.883
16	9.858	9.562	9.276	8.998	8.729	8.468	8.214	7.968	7.730
17	9.651	9.364	9.086	8.816	8.554	8.300	8.053	7.814	7.581
18	9.453	9.174	8.903	8.640	8.385	8.138	7.898	7.664	7.438
19	9.201	8.990	8.726	8.471	8.222	7.982	7.748	7.521	7.300
20	9.077	8.812	8.556	8.307	8.065	7.831	7.603	7.382	7.167
21	8.898	8.641	8.392	8.149	7.914	7.685	7.463	7.248	7.038
22	8.726	8.476	8.233	7.997	7.767	7.545	7.328	7.118	6.914
23	8.560	8.316	8.080	7.849	7.626	7.409	7.198	6.993	6.794
24	8.400	8.162	7.931	7.707	7.489	7.277	7.072	6.872	6.677
25	8.244	8.013	7.788	7.569	7.357	7.150	6.950	6.754	6.565
26	8.094	7.868	7.649	7.436	7.229	7.027	6.831	6.641	6.456
27	7.949	7.729	7.515	7.307	7.105	6.908	6.717	6.531	6.350
28	7.808	7.593	7.385	7.182	6.984	6.792	6.606	6.424	6.248
29	7.671	7.462	7.259	7.060	6.868	6.680	6.498	6.321	6.148
30	7.539	7.335	7.136	6.943	6.755	6.572	6.394	6.221	6.052
31	7.411	7.212	7.018	6.829	6.645	6.466	6.293	6.123	5.959

温度(℃)	盐度(‰)(ppt)								
	0	5	10	15	20	25	30	35	40
32	7.287	7.092	6.903	6.718	6.539	6.364	6.194	6.029	5.868
33	7.166	6.976	6.791	6.611	6.435	6.265	6.099	5.937	5.779
34	7.049	6.863	6.682	6.506	6.335	6.168	6.006	5.848	5.694
35	6.935	6.753	6.577	6.405	6.237	6.074	5.915	5.761	5.610
36	6.824	6.647	6.474	6.306	6.142	5.983	5.828	5.676	5.529
37	6.716	6.543	6.374	6.210	6.050	5.894	5.742	5.594	5.450
38	6.612	6.442	6.277	6.117	5.960	5.807	5.659	5.514	5.373
39	6.509	6.344	6.183	6.025	5.872	5.723	5.577	5.436	5.297
40	6.410	6.248	6.091	5.937	5.787	5.641	5.498	5.360	5.224

注: 来源于 Colt J, 1984. Computation of dissolved gas concentrations in water as functions of temperature, salinity, and pressure. American Fisheries Society Special Publication, 14, Bethesda, Maryland.

附表A.7　硬度转换为其他测量单位

测量单位	$CaCO_3$(mg/L)	$CaCO_3$[gr/gal(英制)]	$CaCO_3$[gr/gal(美制)]	$CaCO_3$(法国十万分比)	CaO(德国十万分比)	meq/L	CaO(g/L)	$CaCO_3$(磅/立方英尺)
$CaCO_3$(mg/L)	1.0	0.07	0.058	0.1	0.056	0.02	$5.64×10^{-4}$	$6.23×10^{-5}$
$CaCO_3$(gr/gal)(英制)	14.3	1.0	0.83	1.43	0.83	0.286	$8.0×10^{-3}$	$8.91×10^{-4}$
$CaCO_3$(gr/gal)(美制)	17.1	1.2	1.0	1.72	0.96	0.343	$9.66×10^{-3}$	$1.07×10^{-3}$
$CaCO_3$(法国十万分比)	10.0	0.7	0.58	1.0	0.56	0.2	$5.6×10^{-3}$	$6.23×10^{-4}$
CaO(德国十万分比)	17.9	1.25	1.04	1.79	1.0	0.358	$1.0×10^{-2}$	$1.12×10^{-3}$
meq/L	50	3.5	2.9	5.0	2.8	1.0	$2.8×10^{-2}$	$3.11×10^{-3}$
CaO(g/L)	1790	125	104.2	179	100	35.8	1.0	0.112
$CaCO_3$(磅/立方英尺)	16100	1123	935	1610	900	321	9.0	1.0

注: gr是谷的简写, 1g = 15.43gr。

附表A.8　不同高度下美制标准大气压

海拔高度		大气压				
米	英尺	毫米汞柱	千帕绝对压力	磅/平方英寸	米水柱	英尺水柱
−200	−656	778	103.7	15.0	10.6	34.8
0	0	760	101.3	14.7	10.3	33.8
200	656	742	98.9	14.3	10.1	33.1
400	1312	725	96.6	14.0	9.9	32.5
600	1968	707	94.3	13.7	9.6	31.5
800	2625	690	92.0	13.3	9.4	30.8
1000	3281	674	89.8	13.0	9.2	30.2
4000	13123	462	61.6	8.9	6.3	20.7

附表A.9　补充碱度物质的特性

化学式	常用名	当量(gm/eq.)	溶解性	溶解速率
NaOH	氢氧化钠	40	高	迅速
Na_2CO_3	碳酸钠(苏打灰)	53	高	迅速
$NaHCO_3$	碳酸氢钠(小苏打)	83	高	迅速
K_2CO_3	碳酸钾(珍珠灰)	69	高	迅速
$KHCO_3$	碳酸氢钾	100	高	迅速
$CaCO_3$	碳酸钙(方解石)	50	中	适中
CaO	生石灰	28	高	适中
$Ca(OH)_2$	氢氧化钙(熟石灰)	37	高	适中
$CaMg(CO_3)_2$	白云石	46	中	慢
$MgCO_3$	碳酸镁(菱镁矿)	42	中	慢
$Mg(OH)_2$	氢氧化镁(水镁石)	29	中	慢

注：钠的化合物极易溶于水，而镁的化合物溶解度很差。钙的化合物溶解度适中。镁的化合物倾向于慢溶解，所以可以应用在需要时间较长的工作中。

为了计入杂质，使用表中数值除以纯度分数［（100%−杂质%）/100可得纯度分数］可得到真实数值。

参考用的分子质量：钙40，钠23，氮14，镁24.3，氯35.5，钾39，磷31，碳12，氧16。

附表A.10 美国滤网开孔尺寸标准指数

滤网标准指数（目数）†	开孔尺寸（mm）	滤网标准指数（目数）	开孔尺寸（mm）
4	4.76	35	0.500
5	4.00	40	0.420
6	3.36	45	0.354
7	2.83	50	0.297
8	2.38	60	0.250
10	2.00	70	0.210
12	1.68	80	0.177
14	1.41	100	0.149
16	1.19	120	0.125
18	1.00	140	0.105
20	0.841	170	0.088
25	0.707	200	0.074
30	0.595	230	0.063

注：†表示每英寸开孔的数量。

附表A.11 干燥空气组分

种类	体积百分比（%）	质量百分比（%）	分子质量
氮气	78.084	75.600	28.0
氧气	20.946	23.200	32.0
二氧化碳	0.032	0.048	44.0
氩气	0.934	1.300	39.9
空气	100.000	100.000	29.0

附表A.12 4种主要气体水中溶解度

气体种类	空气中的溶解度*（mg/L）	纯气体溶解度*（mg/L）
氧气	10.08	48.14
氮气	16.36	20.95
氩气	0.62	65.94
二氧化碳	0.69	1992.00

注：*表示在15℃下。

附表A.13　选取的数个美国最大和最小月平均室外温度（以华氏度计）

地点	最大值	最小值	地点	最大值	最小值
Mobile, AL	82.6	53.0	Great Falls, MT	69.4	22.1
Phoenix, AZ	89.8	49.7	Omaha, NE	78.5	22.3
Little Rock, AR	81.9	40.6	Reno, NV	67.7	30.4
Los Angeles, CA	69.1	54.4	Concord, NH	69.6	21.2
Denver, CO	72.9	28.5	Atlantic City, NJ	75.1	34.7
Hartford, CT	73.4	26.0	Albuquerque, NM	78.5	35.0
Wilmington, DE	76.0	33.4	Buffalo, NY	69.8	24.1
Washington, DC	78.2	36.9	Raleigh, NC	77.9	41.6
Miami, FL	82.3	66.9	Bismark, ND	71.7	9.9
Atlanta, GA	78.9	44.7	Columbus, OH	74.8	29.9
Honolulu, HI	79.4	72.4	Oklahoma City, OK	82.8	37.0
Boise, ID	75.2	29.1	Portland, OR	67.2	38.4
Chicago, IL	75.6	26.0	Pittsburgh, PA	72.1	28.9
Indianapolis, IN	75.2	29.1	Providence, RI	72.1	29.2
Des Moines, IA	76.3	19.9	Columbia, SC	81.6	46.4
Wichita, KS	80.9	32.0	Sioux Falls, SD	74.3	15.2
Louisville, KY	77.6	35.0	Memphis, TN	81.3	41.5
New Orleans, LA	81.9	54.6	Dallas, TX	85.0	45.9
Portland, ME	68.1	21.8	Salt Lake City, UT	76.9	27.2
Baltimore, MD	76.8	34.8	Burlington, VT	69.0	16.2
Boston, MA	73.7	29.9	Richmond, VA	78.1	38.7
Detroit, MI	74.4	26.9	Seattle, WA	64.9	38.3
Minneapolis, MN	72.3	12.4	Charleston, WV	74.9	36.6
Jackson, MS	82.3	47.9	Milwaukee, WI	68.7	20.6
St. Louis, MO	78.1	31.9	Cheyenne, WY	70.0	25.4

注：来源于 Kreider J F, Kreith F, 1975. Solar Heating And Cooling: Engineering, Practical Design, and Economics, Washington, DC: Hemisphere Publishing。

附表A.14　常用建筑和隔热材料的单位面积热阻（R值）

建筑材料		R值 〔°F－立方英尺·小时/英热单位（瓦/平方米开）〕
隔热(每英寸)	玻璃纤维棒	4.00
	纤维素	3.1～3.7
	矿物棉	2.5～3.0
	锯末	2.22
	发泡聚苯乙烯	5.00
	挤压橡胶	4.55
	聚异氰尿酸盐	7.04
	现场发泡聚氨酯	6.00
木质材料(每英寸)	软木材(云杉,松树,冷杉)	1.25
	硬木材	0.91
	胶合板	1.25
煤渣砖(整体每英寸)	4英寸厚	1.1(0.19)
	8英寸厚	1.7(0.30)
	12英寸厚	1.9(0.33)
混凝土(每英寸)		0.08
沥青瓦(整体每英寸)		0.4(0.07)
其他材料	石膏板(0.5英寸)	0.45
	搭接木壁板(0.5英寸×8英寸)	0.81
	金属壁板,空心背衬	0.61
空气空间(0.75英寸～4英寸)		0.90
墙壁面对流系数*	冬季15英里每小时(24千米每小时)风	0.17(0.029)
	夏季7.5英里每小时(12千米每小时)风	0.25(0.044)
	静止空气(少于100英尺/分钟或0.5米/秒)	1.00(0.176)

注：*表示对流系数是这些R值的倒数；将°F－立方英尺小时/英热单位转为瓦/平方米开，除以5.678。本表来自 Ashrae, 1981. Handbook of fundamentals. Atlanta, GA: American Society of Heating, Refrigerating, and Air-Conditioning Engineers。

附表A.15　在标准温度和25ppm压强下二氧化碳的允许浓度

毒性标准	允许浓度(ppm)
对生命健康有直接危险[a]	50000
可接受的最高浓度,一次不超过8小时[b]	30000
时间加权的平均数,在一周40小时工时内,一次不超过8小时[b]	5000
大气浓度	400

注：a表示美国国家职业安全与健康学院标准；b表示职业安全与健康管理局标准。本表来自于 Ashrae, 1991. Handbook-application, Atlanta, ga: american society of heating, refrigerating, and air-conditioning engineers。

附表A.16 阀门基础和选择贴士

阀门基础选项	特点
门阀	门阀是设计用来控制流量的。由于其操作慢,它们能预防对管道系统有害的水锤冲击。
球阀	球阀也是被设计用来控制流量的,包括带颗粒物的液体。许多人成功使用它们控制清水流速。球阀的压力损失低,开关速度快,简单并且通常没故障。随着特氟龙密封的发展,球阀的普及度已经增高。球阀的一个问题是迅速开关可能造成水锤
蝶阀	蝶阀就像球阀,转动1/4进行操作。它们通常被用来控制大流量的气体或液体,并且不应当被用于长期的节流。它们相对于法兰门阀和球阀非常结实
截止阀	截止阀的优点是它们关闭慢从而防止造成水锤,在低压关闭状态下可以节流并且不漏。控流阀和控压阀以及软管嘴通常使用截止阀制式。这种设计的缺点是其"Z"流动类型比门阀、球阀或蝶阀更限制流量

附表A.17 各种管道的塑料性质

管道类别	特点
PVC	聚氯乙烯1型1级。这种管道坚硬结实,抗各种酸碱。一些溶剂和氯化烃可能对管道有害。PVC是非常普遍的类别,用起来简单且在商业渠道极易获取。最大使用温度是140℉(60℃),压力等级开始于最低125~200磅每平方英寸(8~13个大气压)(检查印在管道上的特定评级)。PVC可以被用于水、气以及排水系统,但是不适用于热水或高压气体
ABS	聚苯乙烯1型。这种管道坚硬结实,抗各种酸碱。一些溶剂和氯化烃可能对管道有害。ABS很常见,用起来简单且在商业渠道极易获取。最大可使用温度是低压下160℉(71℃),是最常见的用于排水排渣与放气的管道
CPVC	氯化聚氯乙烯。类似PVC,即便它能在有限时间内承受200℉的水,但是设计来专门对应最高180℉(82℃)的水。压力等级是100磅每立方英寸(7个大气压)。注意其规格和管材不能和PVC管道的规格和管材混用
PE	聚乙烯。一种用于高压水系统的灵活的管道,不能在热水上使用
PB	聚丁烯。一种用于高压水系统的灵活的管道,包括冷水和热水。只有压力接合带状接头可以用

附表A.18 标准40和80的PVC管道的尺寸和性质

公称尺寸（英寸）	实际外径（英寸）	标准40PVC			标准80PVC		
		内径(英寸)	壁厚(英寸)	重量(磅/英尺)	内径(英寸)	壁厚(英寸)	重量(磅/英寸)
0.25	0.540				0.302	0.119	0.10
0.5	0.840	0.622	0.109	0.16	0.546	0.147	0.21
0.75	1.050	0.824	0.113	0.22	0.742	0.154	0.28
1	1.315	1.049	0.133	0.32	0.957	0.179	0.40
1.25	1.660	1.380	0.140	0.43	1.278	0.191	0.57
1.5	1.900	1.610	0.145	0.52	1.500	0.200	0.69
2	2.375	2.067	0.154	0.70	1.939	0.218	0.95
2.25	2.875	2.469	0.203	1.10	2.323	0.276	1.45

公称尺寸（英寸）	实际外径（英寸）	标准40PVC			标准80PVC		
		内径（英寸）	壁厚（英寸）	重量（磅/英尺）	内径（英寸）	壁厚（英寸）	重量（磅/英寸）
3	3.500	3.068	0.216	1.44	2.900	0.300	1.94
4	4.500	4.026	0.237	2.05	3.826	0.337	2.83
6	6.625	6.065	0.280	3.61	5.761	0.432	5.41
8	8.625	7.981	0.322	5.45	7.625	0.500	8.22
10	10.750	10.020	0.365	7.91	9.564	0.593	12.28
12	12.750	11.938	0.406	10.35	11.373	0.687	17.10

附表A.19 标准40的PVC管道因管道摩擦使管道和长度损失表（英制单位）

长度（英寸）	速度（英尺每秒）	水头损失		长度（英寸）	速度（英尺每秒）	水头损失	
		英尺/100英尺	磅/平方英寸			英尺/100英尺	磅/平方英寸
0.5	1.07	0.99	0.43	0.75	0.61	0.25	0.11
	2.14	3.57	1.55		1.22	0.91	0.39
	5.35	19.4	8.43		3.05	4.95	2.15
	7.49	36.3	15.7		4.27	0.23	4.00
1	0.75	0.28	0.12		6.1	17.9	7.74
	1.88	1.53	0.66	1.25	0.43	0.07	0.03
	2.63	2.85	1.23		1.09	0.4	0.17
	3.76	5.51	2.39		1.52	0.75	0.32
	5.61	11.67	5.06		2.17	1.45	0.63
	7.52	19.87	8.61		3.26	3.07	1.33
1.5	0.80	0.19	0.08		4.35	5.23	2.26
	1.12	0.35	0.15		3.43	7.90	3.42
	1.60	0.68	0.30		6.52	11.1	4.80
	2.40	1.45	0.63	2	0.97	0.20	0.09
	3.19	2.47	1.07		1.45	0.43	0.19
	3.99	3.73	1.62		1.94	0.73	0.32
	4.79	5.22	2.26		2.42	1.10	0.48
	5.59	6.95	3.01		2.91	1.55	0.67
	6.39	8.89	3.85		3.39	2.06	0.89
3	0.88	0.11	0.05		3.88	2.63	1.14
	1.10	0.16	0.07		4.36	3.27	1.12

| 长度（英寸） | 速度（英尺每秒） | 水头损失 | | 长度（英寸） | 速度（英尺每秒） | 水头损失 | |
		英尺/100英尺	磅/平方英寸			英尺/100英尺	磅/平方英寸
3	1.32	0.23	0.10	2	4.84	3.98	1.72
	1.54	0.30	0.13		5.81	5.58	2.42
	1.76	0.38	0.17		6.78	7.42	3.21
	1.98	0.48	0.21	4	1.02	0.10	0.04
	2.20	0.58	0.25		1.15	0.13	0.06
	2.64	0.81	0.35		1.28	0.15	0.07
	3.08	1.08	0.17		1.53	0.22	0.09
	3.30	1.23	0.53		1.79	0.29	0.13
	3.52	1.39	0.60		1.92	0.33	0.14
	3.96	1.72	0.75		2.04	0.37	0.16
	4.40	2.10	0.91		2.30	0.46	0.20
	5.50	3.17	1.37		2.55	0.56	0.21
	6.60	4.44	1.92		3.19	0.84	0.37
6	0.90	0.05	0.02		3.83	1.18	0.51
	1.01	0.06	0.03		4.47	1.57	0.68
	1.13	0.08	0.03		5.11	2.01	0.87
	1.41	0.11	0.05		6.39	3.04	1.32
	1.69	0.16	0.07	8	0.97	0.04	0.02
	1.97	0.21	0.09		1.14	0.06	0.02
	2.25	0.27	0.12		1.30	0.07	0.03
	2.81	0.41	0.18		1.62	0.11	0.05
	3.38	0.58	0.25		1.95	0.15	0.07
	3.94	0.77	0.33		2.27	0.20	0.09
	4.50	0.99	0.43		2.60	0.26	0.11
	5.06	1.23	0.53		2.02	0.32	0.14
	5.63	1.49	0.65		3.25	0.39	0.17
	8.44	3.15	1.37		4.87	0.83	0.36
10	1.03	0.04	0.02		6.50	1.41	0.61
	1.24	0.05	0.02	12	1.02	0.03	0.01
	1.44	0.07	0.03		1.16	0.04	0.02
	1.65	0.09	0.04		1.31	0.05	0.02
	1.86	0.11	0.05		1.45	0.06	0.02
	2.06	0.13	0.06		2.18	0.12	0.05
	3.09	0.27	0.12		2.90	0.20	0.09

长度（英寸）	速度（英尺每秒）	水头损失		长度（英寸）	速度（英尺每秒）	水头损失	
		英尺/100英尺	磅/平方英寸			英尺/100英尺	磅/平方英寸
10	4.12	0.47	0.20	12	3.63	0.30	0.13
	5.15	0.70	0.31		4.36	0.42	0.18
	6.19	0.99	0.43		5.81	0.72	0.31

注：浅灰色部分推荐的流量最小化沉淀为<1～2英尺每秒；深灰色部分要避免对墙壁和连接处的冲刷（<5英尺每秒）。

附表A.20 标准40的PVC管道因管道摩擦使管道和长度损失表（米制单位）

长度（毫米）	速度（米每秒）	水头损失		升每秒
		米/100米	磅/平方英寸	
16	0.34	1.29	1.80	0.05
	0.68	4.65	6.60	0.10
	1.36	16.77	23.80	0.20
	2.04	35.50	50.40	0.30
20	0.22	0.40	0.60	0.05
	0.44	1.60	2.20	0.10
	0.87	5.70	8.10	0.20
	1.31	12.10	17.20	0.30
	2.18	31.10	44.10	0.50
25	0.28	0.50	0.80	0.10
	0.56	2.00	2.80	0.20
	0.84	4.10	5.90	0.30
	1.40	10.70	15.20	0.50
	2.11	22.60	32.10	0.75
32	0.34	0.60	0.80	0.20
	0.51	1.20	1.80	0.30
	0.85	3.20	4.50	0.50
	1.28	6.80	9.60	0.75
32	1.71	11.50	16.30	1.00
	2.14	17.40	24.70	1.25
40	0.33	0.40	0.60	0.30
	0.55	1.10	1.50	0.50
	0.82	2.30	3.30	0.75
	1.10	3.90	5.50	1.00
	1.37	5.90	8.40	1.25
	1.64	8.20	11.70	1.50
	1.92	11.00	15.60	1.75

长度（毫米）	速度（米每秒）	水头损失		升每秒
		米/100米	磅/平方英寸	
50	0.35	0.40	0.50	0.50
	0.52	0.80	1.10	0.75
	0.70	1.30	1.90	1.00
	0.87	2.00	2.80	1.25
	1.05	2.80	3.90	1.50
	1.22	3.70	5.20	1.75
	1.40	4.70	6.70	2.00
	1.75	7.10	10.10	2.50
	2.10	10.00	14.10	3.00
63	0.44	0.40	0.60	1.00
	0.55	0.60	0.90	1.25
	0.66	0.90	1.30	1.50
	0.77	1.20	1.70	1.75
	0.88	1.50	2.20	2.00
	1.10	2.30	3.30	2.50
	1.33	3.30	4.60	3.00
	1.55	4.30	6.20	3.50
	1.77	5.60	7.90	4.00
	1.99	6.90	9.80	4.50
90	0.38	0.21	0.30	1.75
	0.43	0.27	0.40	2.00
	0.54	0.41	0.60	2.50
	0.65	0.57	0.80	3.00
	0.76	0.76	1.10	3.50
	0.87	0.98	1.40	4.00
	0.97	1.22	1.70	4.50
	1.08	1.48	2.10	5.00
	1.30	2.07	2.90	6.00
90	1.51	2.75	3.90	7.00
	1.73	3.52	5.00	8.00
110	0.29	0.10	0.10	2.00
	0.36	0.15	0.20	2.50
	0.43	0.22	0.30	3.00
	0.51	0.29	0.40	3.50
	0.58	0.37	0.50	4.00
	0.65	0.46	0.70	4.50
	0.72	0.56	0.80	5.00

长度（毫米）	速度（米每秒）	水头损失		升每秒
		米/100米	磅/平方英寸	
110	0.87	0.78	1.10	6.00
	1.01	1.04	1.50	7.00
	1.16	1.33	1.90	8.00
	1.45	2.01	2.90	10.0
	1.74	2.82	4.00	12.0
	2.03	3.75	5.30	14.0
125	0.34	0.12	0.20	3.00
	0.39	0.15	0.20	3.50
	0.45	0.20	0.30	4.00
	0.50	0.25	0.40	4.50
	0.56	0.30	0.40	5.00
	0.67	0.42	0.60	6.00
	0.79	0.56	0.80	7.00
	0.90	0.71	1.00	8.00
	1.12	1.08	1.50	10.0
	1.35	1.51	2.10	12.0
	1.57	2.01	2.90	14.0
	1.80	2.58	3.70	16.00
	2.02	3.20	4.50	18.00
160	0.31	0.07	0.10	4.50
	0.34	0.09	0.10	5.00
	0.41	0.13	0.20	6.00
	0.48	0.17	0.20	7.00
	0.55	0.21	0.30	8.00
	0.68	0.32	0.50	10.00
	0.82	0.45	0.60	12.00
	0.96	0.60	0.90	14.00
	1.10	0.77	1.10	16.00
	1.23	0.96	1.40	18.00
	1.51	1.40	2.00	22.00
	1.78	1.90	2.70	26.00
	2.05	2.48	3.50	30.00
200	0.31	0.06	0.10	7.00
	0.35	0.07	0.10	8.00
	0.44	0.11	0.20	10.00
	0.53	0.15	0.20	12.00
	0.61	0.20	0.30	14.00

续表

长度(毫米)	速度(米每秒)	水头损失		升每秒
		米/100米	磅/平方英寸	
200	0.70	0.26	0.40	16.00
	0.79	0.33	0.50	18.00
	0.97	0.47	0.70	22.00
	1.14	0.64	0.90	26.00
	1.32	0.84	1.20	30.00
	1.76	1.43	2.00	40.00
225	0.28	0.04	0.10	8.00
	0.35	0.06	0.10	10.00
	0.42	0.09	0.10	12.00
	0.48	0.12	0.20	14.00
	0.55	0.15	0.20	16.00
	0.62	0.18	0.30	18.00
	0.76	0.27	0.40	22.00
	0.90	0.36	0.50	26.00
	1.04	0.47	0.70	30.00
	1.38	0.80	1.10	40.00
	1.73	1.21	1.70	50.00
	2.08	1.70	2.40	60.00
250	0.28	0.04	0.10	10.00
	0.34	0.05	0.10	12.00
	0.39	0.07	0.10	14.00
	0.45	0.09	0.10	16.00
	0.51	0.11	0.20	18.00
	0.62	0.16	0.20	22.00
	0.73	0.22	0.30	26.00
	0.84	0.28	0.40	30.00
	1.12	0.48	0.70	40.00
	1.40	0.73	1.00	50.00
250	1.68	1.02	1.40	60.00
	1.96	1.36	1.90	70.00

注：浅灰色部分推荐的流量最小化沉淀为<0.3～0.6米每秒；深灰色部分要避免对墙壁和连接处的冲刷（<1.5米每秒）。

附表A.21　不同深度和直径下的鱼塘体积

直径（英尺）	深度（英尺）	体积		直径（米）	深度（米）	体积	
		加仑	立方米			加仑	立方米
3	1	53	0.20	1	0.25	52	0.20
	2	106	0.40		0.5	104	0.39
	3	159	0.60		0.75	156	0.59
4	1	94	0.36	1.5	0.25	117	0.44
	2	188	0.71		0.5	233	0.88
	3	282	1.1		0.75	350	1.3
6	2	423	1.6	2	0.5	415	1.6
	3	635	2.4		0.75	622	2.4
	4	846	3.2		1	830	3.1
8	3	1128	4.3	2.5	0.5	648	2.5
	4	1504	5.7		0.75	973	3.7
	5	1880	7.1		1	1297	4.9
10	3	1763	6.7	3	0.75	1400	5.3
	4	2350	8.9		1	1867	7.1
	5	2938	11		1.25	2334	8.8
12	3	2538	10	4	0.75	2490	9.4
	4	3384	13		1	3320	13
	5	4230	16		1.25	4149	16
15	3	3966	15	5	0.75	3890	15
	4	5288	20		1	5187	20
	5	6609	25		1.25	6484	25
20	3	7050	27	6	0.75	5602	21
	4	9400	36		1	7469	28
	5	11750	44		1.25	9336	35
30	4	21150	80	10	4	82990	314
	6	31725	120		6	124484	471
	8	42300	160		8	165979	628
36	4	30456	115	12	4	119505	452
	6	45684	173		6	179258	679
	8	60912	231		8	239010	905

注：计算养殖池体积为体积（立方英尺）＝ $\dfrac{\pi \cdot 直径^2}{4} \cdot 深度$。

其中，深度：养殖池深度，英尺；直径：养殖池直径，英尺。转换：1加仑＝7.481立方英尺；1立方米＝264.2加仑。

附表A.22　摄氏度和华氏度的温度等价关系

℃	℉	℃	℉	℃	℉	℃	℉
0.0	32.0	10.0	50.0	20.0	68.0	30.0	86.0
0.6	33.0	10.6	51.0	20.6	69.0	30.6	87.0
1.0	33.8	11.0	51.8	21.0	69.8	31.0	87.8
1.1	34.0	11.1	52.0	21.1	70.0	31.1	88.0
1.7	35.0	11.7	53.0	21.7	71.0	31.7	89.0
2.0	35.6	12.0	53.6	22.0	71.6	32.0	89.6
2.2	36.0	12.2	54.0	22.2	72.0	32.2	90.0
2.8	37.0	12.8	55.0	22.8	73.0	32.8	91.0
3.0	37.4	13.0	55.4	23.0	73.4	33.0	91.4
3.3	38.0	13.3	56.0	23.3	74.0	33.3	92.0
3.9	39.0	13.9	57.0	23.9	75.0	33.9	93.0
4.0	39.2	14.0	57.2	24.0	75.2	34.0	93.2
4.4	40.0	14.4	58.0	24.4	76.0	34.4	94.0
5.0	41.0	15.0	59.0	25.0	77.0	35.0	95.0
5.6	42.0	15.6	60.0	25.6	78.0	35.6	96.0
6.0	42.8	16.0	60.8	26.0	78.8	36.0	96.8
6.1	43.0	16.1	61.0	26.1	79.0	36.1	97.0
6.7	44.0	16.7	62.0	26.7	80.0	36.7	98.8
7.0	44.6	17.0	62.6	27.0	80.6	37.0	98.6
7.2	45.0	17.2	63.0	27.2	81.0	37.2	99.0
7.8	46.0	17.8	64.0	27.8	82.0	37.8	100.0
8.0	46.4	18.0	64.4	28.0	82.4		
8.3	47.0	18.3	65.0	28.3	83.0		
8.9	48.0	18.9	66.0	28.9	84.0		
9.0	48.2	19.0	66.2	29.0	84.2		
9.4	49.0	19.4	67.0	29.4	85.0		

附表A.23　电力衡量单位

类别	公式
单相交流电动机	$马力（输出）=\dfrac{伏·安培·Eff\%·PF}{746}$ $千瓦=\dfrac{伏·安培·PF}{1000}$
三相交流电动机	$马力（输出）=\dfrac{1.73伏·安培·Eff\%·PF}{746}$ $千瓦=\dfrac{1.73·伏·安培·PF}{1000}$
水泵	$马力（输出）=\dfrac{加仑每分钟·水头（英尺）}{3960·Eff\%_{pump}}$
风扇&风机	$马力（输出）=\dfrac{立方米每分钟·压力（磅每立方英寸）}{3300·Eff\%}$

注：电压（伏）=电流（安培）×电阻（欧姆），功率（瓦）=电压（伏）×电流（安培），功率=电流^2（安培^2）×电阻（欧姆）。PF=功率因数；Eff%=效率%（泵的效率Eff%$_{pump}$在0.5~0.85之间）；近似：110伏电动机每一马力电流10安培，220伏单相电动机每一马力电流5安培，220伏三相电动机每一马力电流2.5安培，440伏三相电动机每一马力电流1.25安培。1马力≈735瓦。

附表A.24　在最大电压下降2%以内时电线最大长度

安培	伏特—安培	最大电线长度（英尺，120伏特，单相，2%最大压降）						
		#14	#12	#10	#8	#6	#4	#2
1	120	450	700	1100	1800	2800	4500	7000
5	600	90	140	225	360	575	910	1400
10	1200	45	70	115	180	285	455	705
15	1800	30	47	75	120	190	305	485
20	2400		36	57	90	140	230	365
25	3000			45	72	115	180	290
30	3600			38	60	95	150	240
40	4800				45	72	115	175
50	6000					57	90	145
60							76	120
70							65	105
80								90
安培	伏特—安培	最大电线长度（英尺，240伏特，单相，2%最大压降）						
		#14	#12	#10	#8	#6	#4	#2
1	240	900	1400	2200	3600	5600	9000	
5	1200	180	285	455	720	1020	1750	2800
10	2400	90	140	225	360	525	910	1400
15	3600	60	95	150	240	350	605	965
20	4800		70	110	180	265	455	725
25	6000			90	144	210	365	580
30	7200			75	120	175	300	485

安培	伏特—安培	最大电线长度(英尺,120伏特,单相,2%最大压降)						
		#14	#12	#10	#8	#6	#4	#2
40	9600				90	130	230	360
50	12000					105	180	290
60	14400						150	240
70	16800						130	205
80	19200							180

注：如果电压下降大于2%，线路内设备效率会严重下降且寿命减少。

附表A.25　目前粗略利用的易弯曲电线的载流容量（S, ST, SO, STO, SJ, SJT, SJTO型）

电线尺寸	单相	三相
18	10	7
16	13	10
14	18	15
12	25	20
10	30	25
8	40	35
6	55	45
4	70	60

附表A.26　单相交流电电动机满负荷电流（以安培计）

马力	115V	230V
0.25	5.8	2.9
1/3	7.2	3.6
0.5	9.8	4.9
0.75	13.8	6.9
1	16	8
1.5	20	10
2	24	12
3	34	17
5	56	28
7.5	80	40
10	100	50

附表A.27　三相交流鼠笼式和绕线式电动机满负荷电流（以安培计）

马力	满负荷安培	最小电线尺寸
1	3.6	14
1.5	5.2	14
2	6.8	14
3	9.6	14
5	15.2	12
7.5	22	8
10	28	8
15	42	6

附表A.28　正态分布曲线下的面积

Z	0.00	0.01	0.02	0.03	0.04	0.05	0.06	0.07	0.08	0.09
0	0.5000	0.5040	0.5080	0.5120	0.5160	0.5199	0.5239	0.5279	0.5319	0.5359
0.1	0.5398	0.5438	0.5437	0.5517	0.5557	0.5596	0.5636	0.5675	0.5714	0.5753
0.2	0.5793	0.5832	0.5871	0.5910	0.5948	0.5987	0.6026	0.6064	0.6103	0.6141
0.3	0.6179	0.6217	0.6255	0.6293	0.6331	0.6368	0.6406	0.6443	0.6480	0.6517
0.4	0.6554	0.6591	0.6628	0.6664	0.6700	0.6736	0.6772	0.6808	0.6844	0.6879
0.5	0.6915	0.6950	0.6985	0.7019	0.7054	0.7088	0.7123	0.7157	0.7190	0.7224
0.6	0.7257	0.7291	0.7324	0.7357	0.7389	0.7422	0.7454	0.7486	0.7517	0.7549
0.7	0.7580	0.7611	0.7642	0.7673	0.7704	0.7734	0.7764	0.7794	0.7823	0.7852
0.8	0.7881	0.7910	0.7939	0.7967	0.7995	0.8023	0.8051	0.8079	0.8106	0.8133
0.9	0.8159	0.8186	0.8212	0.8238	0.8264	0.8289	0.8315	0.8340	0.8365	0.8389
1.0	0.8413	0.8438	0.8461	0.8485	0.8508	0.8531	0.8554	0.8577	0.8599	0.8621
1.1	0.8643	0.8686	0.8686	0.8708	0.8729	0.8749	0.8770	0.8790	0.8810	0.8830
1.2	0.8849	0.8869	0.8888	0.8907	0.8925	0.8944	0.8962	0.8980	0.8997	0.9015
1.3	0.9032	0.9049	0.9066	0.9082	0.9099	0.9115	0.9131	0.9147	0.9162	0.9177
1.4	0.9192	0.9207	0.9222	0.9236	0.9251	0.9265	0.9279	0.9292	0.9306	0.9319
1.5	0.9332	0.9345	0.9357	0.9370	0.9382	0.9394	0.9406	0.9418	0.9429	0.9441
1.6	0.9452	0.9463	0.9474	0.9484	0.9495	0.9505	0.9515	0.9525	0.9535	0.9545
1.7	0.9554	0.9564	0.9573	0.9582	0.9591	0.9599	0.9608	0.9616	0.9625	0.9633
1.8	0.9641	0.9649	0.9658	0.9664	0.9671	0.9678	0.9686	0.9693	0.9699	0.9706
1.9	0.9713	0.9719	0.9726	0.9732	0.9738	0.9744	0.9750	0.9756	0.9761	0.9767
2.0	0.9773	0.9778	0.9783	0.9788	0.9793	0.9798	0.9803	0.9808	0.9812	0.9817
2.1	0.9821	0.9826	0.9830	0.9834	0.9838	0.9842	0.9846	0.9850	0.9854	0.9857
2.2	0.9861	0.9864	0.9868	0.9871	0.9875	0.9878	0.9881	0.9884	0.9887	0.9890
2.3	0.9893	0.9896	0.9898	0.9901	0.9904	0.9906	0.9909	0.9911	0.9913	0.9916
2.4	0.9918	0.9920	0.9922	0.9925	0.9927	0.9929	0.9931	0.9932	0.9934	0.9936
2.5	0.9938	0.9940	0.9941	0.9943	0.9945	0.9946	0.9948	0.9949	0.9951	0.9952
2.6	0.9953	0.9955	0.9956	0.9957	0.9959	0.9960	0.9961	0.9962	0.9963	0.9964
2.7	0.9965	0.9966	0.9967	0.9968	0.9969	0.9970	0.0971	0.9972	0.9973	0.9974

续表

Z	0.00	0.01	0.02	0.03	0.04	0.05	0.06	0.07	0.08	0.09
2.8	0.9974	0.9975	0.9976	0.9977	0.9977	0.9978	0.9979	0.9979	0.9980	0.9981
2.9	0.9981	0.9982	0.9983	0.9983	0.9983	0.9984	0.9985	0.9985	0.9986	0.9986
3.0	0.99865	0.99869	0.99874	0.99878	0.99882	0.99886	0.99889	0.99893	0.99896	0.99900
3.1	0.99903	0.99906	0.99910	0.99913	0.99915	0.99918	0.99921	0.99924	0.99926	0.99929
3.2	0.99931	0.99934	0.99936	0.99938	0.99940	0.99942	0.99944	0.99946	0.99948	0.99950
3.3	0.99952	0.99953	0.99955	0.99957	0.99958	0.99960	0.99961	0.99962	0.99964	0.99965
3.4	0.99966	0.99967	0.99969	0.99970	0.99971	0.99972	0.99973	0.99974	0.99975	0.99976
3.5	0.99977	0.99978	0.99978	0.99979	0.99980	0.99981	0.99981	0.99982	0.99983	0.99983
−3.5	0.00023	0.00022	0.00022	0.00021	0.00020	0.00019	0.00019	0.00018	0.00017	0.00017
−3.4	0.00034	0.00033	0.00031	0.00030	0.00029	0.00028	0.00027	0.00026	0.00025	0.00024
−3.3	0.00048	0.00047	0.00045	0.00043	0.00042	0.00040	0.00039	0.00038	0.00036	0.00035
−3.2	0.00069	0.00066	0.00064	0.00062	0.00060	0.00058	0.00056	0.00054	0.00052	0.00050
−3.1	0.00097	0.00094	0.00090	0.00087	0.00085	0.00082	0.00079	0.00076	0.00074	0.00071
−3.0	0.00135	0.00131	0.00126	0.00122	0.00118	0.00114	0.00111	0.00107	0.00104	0.00010
−2.9	0.0019	0.0018	0.0017	0.0017	0.0016	0.0016	0.0015	0.0015	0.0014	0.0014
−2.8	0.0026	0.0025	0.0024	0.0023	0.0023	0.0022	0.0021	0.0021	0.0020	0.0019
−2.7	0.0035	0.0034	0.0033	0.0032	0.0031	0.0030	0.0029	0.0028	0.0027	0.0026
−2.6	0.0047	0.0045	0.0044	0.0043	0.0041	0.0040	0.0039	0.0038	0.0037	0.0036
−2.5	0.0062	0.0060	0.0059	0.0057	0.0055	0.0054	0.0052	0.0051	0.0049	0.0048
−2.4	0.0082	0.0080	0.0078	0.0075	0.0073	0.0071	0.0069	0.0068	0.0066	0.0064
−2.3	0.0107	0.0104	0.0102	0.0099	0.0096	0.0094	0.0091	0.0089	0.0087	0.0084
−2.2	0.0139	0.0136	0.0132	0.0129	0.0125	0.0122	0.0119	0.0116	0.0113	0.0110
−2.1	0.0179	0.0174	0.0170	0.0166	0.0162	0.0158	0.0154	0.0150	0.0146	0.0143
−2.0	0.0228	0.0222	0.0217	0.0212	0.0207	0.0202	0.0197	0.0192	0.0188	0.0183
−1.9	0.0287	0.0281	0.0274	0.0268	0.0262	0.0256	0.0250	0.0244	0.0239	0.0233
−1.8	0.0359	0.0351	0.0344	0.0336	0.0329	0.0322	0.0314	0.0307	0.0301	0.0294
−1.7	0.0446	0.0436	0.0427	0.0418	0.0409	0.0401	0.0392	0.0384	0.0375	00.0367
−1.6	0.0548	0.0537	0.0526	0.0516	0.0505	0.0495	0.0485	0.0475	0.0465	0.0455
−1.5	0.0668	0.0655	0.0643	0.0630	0.0618	0.0606	0.0594	0.0582	0.0571	0.0559
−1.4	0.0808	0.0793	0.0778	0.0764	0.0749	0.0735	0.0721	0.0708	0.0694	0.0681
−1.3	0.0968	0.0951	0.0934	0.0918	0.0901	0.0885	0.0869	0.0853	0.0838	0.0823
−1.2	0.1151	0.1131	0.1112	0.1093	0.1075	0.1057	0.1038	0.1020	0.1003	0.0985
−1.1	0.1357	0.1335	0.1314	0.1292	0.1271	0.1251	0.1230	0.1210	0.1190	0.1170
−1.0	0.1587	0.1562	0.1539	0.1515	0.1492	0.1469	0.1446	0.1423	0.1401	0.1379
−0.9	0.1841	0.1814	0.1788	0.1762	0.1736	0.1711	0.1685	0.1660	0.1635	0.1611
−0.8	0.2119	0.2090	0.2061	0.2033	0.2005	0.1977	0.1949	0.1922	0.1894	0.1867
−0.7	0.2420	0.2389	0.2358	0.2327	0.2297	0.2266	0.2236	0.2207	0.2177	0.2148
−0.6	0.2743	0.2709	0.2676	0.2643	0.2611	0.2578	0.2546	0.2514	0.2483	0.2451
−0.5	0.3085	0.3050	0.3015	0.2981	0.2946	0.2912	0.2877	0.2843	0.2810	0.2776
−0.4	0.3446	0.3409	0.3372	0.3336	0.3300	0.3264	0.3228	0.3192	0.3156	0.3121
−0.3	0.3821	0.3783	0.3745	0.3707	0.3669	0.3632	0.3594	0.3557	0.3520	0.3483

Z	0.00	0.01	0.02	0.03	0.04	0.05	0.06	0.07	0.08	0.09
−0.2	0.4207	0.4168	0.4129	0.4090	0.4052	0.4013	0.3974	0.3936	0.3897	0.3859
−0.1	0.4602	0.4562	0.4522	0.4483	0.4443	0.4404	0.4364	0.4325	0.4286	0.4247
0	0.5000	0.4960	0.4920	0.4880	0.4840	0.4801	0.4761	0.4721	0.4681	0.4641

附表A.29 t-分布的百分比数（数值为分布曲线下侧的数值）

自由度	0.20	0.10	0.05	0.025	0.01	0.005
1	1.376	3.078	6.314	12.706	31.821	63.656
2	1.061	1.886	2.920	4.303	6.965	9.925
3	0.978	1.638	2.353	3.182	4.541	5.841
4	0.941	1.533	2.132	2.776	3.747	4.604
5	0.920	1.476	2.015	2.571	3.365	4.032
6	0.906	1.440	1.943	2.447	3.143	3.707
7	0.896	1.415	1.895	2.365	2.998	3.499
8	0.889	1.397	1.860	2.306	2.896	3.355
9	0.883	1.383	1.833	2.262	2.821	3.250
10	0.879	1.372	1.812	2.228	2.764	3.169
11	0.876	1.363	1.796	2.201	2.718	3.106
12	0.873	1.356	1.782	2.179	2.681	3.055
13	0.870	1.350	1.771	2.160	2.650	3.012
14	0.868	1.345	1.761	2.145	2.624	2.977
15	0.866	1.341	1.753	2.131	2.602	2.947
16	0.865	1.337	1.746	2.120	2.583	2.921
17	0.863	1.333	1.740	2.110	2.567	2.898
18	0.862	1.330	1.734	2.101	2.552	2.878
19	0.861	1.328	1.729	2.093	2.539	2.861
20	0.860	1.325	1.725	2.086	2.528	2.845
21	0.859	1.323	1.721	2.080	2.518	2.831
22	0.858	1.321	1.717	2.074	2.508	2.819
23	0.858	1.319	1.714	2.069	2.500	2.807
24	0.857	1.318	1.711	2.064	2.492	2.797
25	0.856	1.316	1.708	2.060	2.485	2.787
26	0.856	1.315	1.706	2.056	2.479	2.779
27	0.855	1.314	1.703	2.052	2.473	2.771
28	0.855	1.313	1.701	2.048	2.467	2.763
29	0.854	1.311	1.699	2.045	2.462	2.756

自由度	0.20	0.10	0.05	0.025	0.01	0.005
30	0.854	1.310	1.697	2.042	2.457	2.750
40	0.851	1.303	1.684	2.021	2.423	2.704
50	0.849	1.299	1.676	2.009	2.403	2.678
60	0.848	1.296	1.671	2.000	2.390	2.660
80	0.846	1.292	1.664	1.990	2.374	2.639
100	0.845	1.290	1.660	1.984	2.364	2.626
150	0.844	1.287	1.655	1.976	2.351	2.609
无限	0.842	1.282	1.645	1.960	2.326	2.576

附表A.30　水培法相关的电导率

方法	简写	单位	例子
毫西门子	mS/cm	$EC \times 10^{-3}/cm$	2.25mS/cm
毫欧	mmhos/cm	$EC \times 10^{-3}/cm$	2.25mmhos/cm
分西门子	dS/m	$EC \times 10^{-1}/cm$	2.25dS/m
	$mho \times 10^{-5}/cm$	$EC \times 10^{-5}/cm$	$225mho \times 10^{-5}/cm$
微欧	μmhos/cm	$EC \times 10^{-5}/cm$	$2250\,\mu mhos \times 10^{-6}/cm$

注：来源 Electrical Conductivity（EC）：Units and Conversions, Brian E. Whipker and Todd J. Cavins North Carolina State University(在线可取得)。http://www.ces.ncsu.edu/depts/hort/floriculture/Florex/EC％20Conversion.pdf。

西门子每米是在表达电导率中常用的单位。分意为十分之一，毫意为千分之一，所以分是毫的100倍大。dS/m 的除数用的是每米（m），而 mS/cm 的除数则用的是每厘米（cm）。1米包含100厘米，因此当比较 dS/m 和 mS/cm 时，这些零在数学上互相抵消，小数点在两个单位上的位置是相同的（即2.25dS/m=2.25mS/cm）。毫欧的新名字是毫西门子，这是米制（SI）单位表达电导率的方法。数值没有改变，只是术语改变。微意为百万分之一，因此比毫小1000倍。

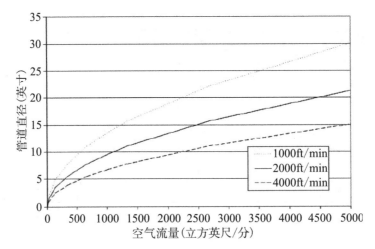

附图A.1　3种管道空气速度在标准空气（0.075磅/立方英尺）下的建议管道尺寸（注意对3种管道空气速度的动压分别是0.06、0.25和1.00英寸水柱，对应每分钟1000、2000和4000英尺）

第二部分：补充信息B

B.1　判断统计差异：对不等方差的t检验

由于自然的生物学多变性，重复使用完全相同的饲料给养殖流程相同的同一批鱼喂食，其生物反应很少给出相同的数值。因此，当测试新饲料或不同的养殖流程时，观测到的差异是由于改变饲料或者养殖操作是否代表着使用此改变确实在统计上具有重要作用，计算其可能性很重要。一个很常用的统计学方法是变量不同的两个平均数的t检验。极有可能且有必要对每个平均数得到至少3次重复的数据，从而检测到有意义的统计学偏差；举个例子，一个人可以使用两种饲料对3群不同的鱼进行消化能力、成长率、饵料系数的衡量，从而得到独立的测量数据。

对不等方差的t检验（也叫Welch t检验）是一个极好的用来比较两个具有不同方差（S_1^2和S_2^2）的平均数（$\mu_1 - \mu_2$）之间差异的统计测试。平均数在极少情况下有相同的方差。这个测试比一般的学生t检验或Mann–Whitney U测试在方差不同的情况下要好。该统计测试所有需要的是平均数（μ）、方差（S^2）和两个进行比较的平均数观测的数量（n）。为了方便，我们将单个观察用符号y表示。对此测试更为细致的讨论见Ruxton G E（2006）。

对不等方差的t检验牵扯到计算t并和合适的t表格中的数值比较。计算t见公式B. 1：

$$t = \frac{(\mu_1 - \mu_2)}{\sqrt{\left(\dfrac{S_1^2}{n_1} + \dfrac{S_2^2}{n_2}\right)}} \qquad (\text{B.1})$$

对不等方差t检验计算自由度（ν），由公式B.2给出：

$$\nu = \frac{\left(\dfrac{1}{n_1} + \dfrac{u}{n_2}\right)^2}{\dfrac{1}{n_1^2(n_1-1)} + \dfrac{u^2}{n_2^2(n_2-1)}} \qquad (B.2)$$

其中 u 由公式 B.3 计算得到：

$$u = \frac{S_2^2}{S_1^2} \qquad (B.3)$$

通常，从公式 B.2 计算出的 ν 是一个非整数值，在查阅标准 t 表格前应四舍五入至最近的整数。

每个平均数的方差（S^2）由公式 B.4 计算得出：

$$S^2 = \frac{\sum y^2 - \dfrac{\left(\sum y\right)^2}{n}}{n-1} \qquad (B.4)$$

$\sum y^2$ 表示构成各个平均数（μ_1 和 μ_2）未修正的每个观察（y）的平方和（未修正 SS）。$(\sum y)^2/n$ 表示修正的项，其中 n 是各个平均数的观察数目。而 $\sum y^2 - (\sum y)^2$ 表示修正过的平方和（修正 SS）。修正的 SS 除以 $n-1$ 等于方差（见下）。

如果 t 约等于 0，这意味着 $\mu_1 = \mu_2$；如果 t（基于 $\mu_1 - \mu_2$）远小于 0，这意味着 $\mu_1 < \mu_2$；如果 t 远大于 0，这意味着 $\mu_1 > \mu_2$。通过比较观察 t 的绝对值与 t 分布表格（附表 A.30）的临界值，即可判断观察到的平均数间存在差异的可能性，即显著性差异水平。

测试两种饮食（#1 和 #2）的磷消化能力相等（$\mu_1 = \mu_2$）的假设流程由本例说明：对于饮食 #1 的 3 个百分比消化能力（y）的测量结果（$n=3$）为 72.6、71.9 和 73.3。对于饮食 #2，消化能力为 76.2、75.2 和 77.4。统计学问题是判断两种饮食的平均消化能力是否不同。

B.1.1　流　程

（1）零假设：两种饮食相同，即 $\mu_1 = \mu_2$（一个双侧 t 检验）。

（2）备选假设：备选假设是（a）$\mu_1 < \mu_2$ 或（b）$\mu_1 > \mu_2$。

（3）假设：样本代表着正态总体中不等方差（s^2）且随机和独立的观察。假设观察存在随机性和独立性。观察的独立性需要没有基于其他观察结果的影响（重复）。

（4）显著性水平：选择 95% 置信区间意味着在没有明显或者真实的区别下，仅有 5% 的次数中偶然地由正态差异导致了在这个量级下发生差异。

（5）临界 t 值：自由度（使用公式 B.2 计算 ν）为 3 的双侧 t 检验的临界 t 值，找到 t 分布表（附表 A.30）中数值（3.182）。对于双侧 t 检验 $P<0.05$，使用列为 0.025 的表格数值（表示为分布两侧各有 2.5%，总计 5%）。

（6）计算 t：计算 t（公式 B.1）和 ν 自由度（公式 B.2）的细节见附表 B.1。得到计算的 t 值在自由度为 3 下是 -4.78。

B.1.2 定义计算 t 的项

观察数据值 ··· y

观察数量 ··· n

观察到的样本平均数差异 ································· μ_1 和 μ_2

未修正的平方和 ································· 未修正 $SS=\Sigma y^2$

修正项 ························· $(\Sigma y)^2/n$

修正的平方和 ························· 修正 $SS=\Sigma y^2-(\Sigma y)^2/n$

方差 ································· 修正 $SS/n-1$

附表 B.1 用不等方差计算 t 值

项目		饮食#1	饮食#2	解释
观察(y)		72.9	76.4	两种饮食的3个独立随机观察
		71.9	75.2	
		73.3	77.4	
计算	Σy	218.18	229.0	和
	n	3	3	观察数量
	平均数(μ)	72.700	76.333	($\mu_1-\mu_2=-3.633$)
	$(\Sigma y)^2$	47567.71	52441.00	平方和
	$(\Sigma y)^2/n$	15855.87	17480.33	修正项
	Σy^2	15856.91	17482.76	未修正平方和
	SS	1.0400	2.4267	修正平方和
	S^2	0.52	1.2134	方差

$t=72.7-76.333/\sqrt{(0.52/3+1.2134/3)}=-4.78$ （来自公式B.1）

$u=1.2134/0.52=2.333$ （来自公式B.3）

$v=(1/3+2.333/3)^2/(1/3^2\times2+2.333^2/3^2\times2)=3.4$ （来自公式B.2）

B.1.3 结 论

在一个双侧 t 检验中，零假设（H_0）是饮食#2消化磷的能力和饮食#1没有区别（即 $\mu_1=\mu_2$），备选假设（H_a）是饮食#2消化磷的能力和饮食#1有差异（即 $\mu_2>\mu_1$ 或 $\mu_2<\mu_1$）。观测到的 t（4.78）绝对值大于表格 t 临界值（3.182），因此拒绝零假设并接受备选假设，结论是使用双侧检验得到 μ_1 和 μ_2 确实在95%的置信区间下存在显著差异（$P<0.05$）。

由于前提或逻辑原因，在有些情况下，先检验平均数之间的单方向改变。举个例子，可以使用某种形式的磷而希望得到极佳的消化能力从而改变饮食。在这种情况下，询问一个单方向问题是合乎逻辑的。因此，单侧的统计学 t 检验可以形成，零假设（H_0）可以是饮食#2

对磷的消化能力并不大于饮食#1的（即$\mu_2 \leqslant \mu_1$）。对比于备选假设（H_a），为饮食#2的磷消化能力大于饮食1的（即$\mu_2 > \mu_1$）。在那样的情况下，t表格临界值（2.353）会在附表A.30中0.05的一列中被寻找到，每侧5%自由度为3。因为观察t（4.78）大于临界表t（2/353），我们拒绝零假设并接受备选假设（$\mu_2 > \mu_1$）同时给出结论，在95%置信区间（$P<0.05$）使用单侧检验得到饮食#2的磷消化能力显著地大于饮食#1。

B.1.4　有关 t 检验对不等方差的额外注意

在实践中，只要是从其他文献报告的公测度中计算出的方差，那这个方差就是被在未知单个数值的情况下的任何平均数的变异性计算出来。因此，从你的数据得到的平均数和其他任何平均数（在文献或任意报告中的）进行比较是简单的，只要报告了观察数量和用以计算方差的变异性测量，而且此测量可用作不等方差t检测。这些变异性测量通常是标准差（S）或是平均数的标准误差（SEM），而它们可以用来计算方差。举个例子，标准差（S）=方差S^2的平方根。因此，方差等于标准差的平方。还有平均数的标准误差=$\sqrt{(S^2/n)}$。因此，方差等于n乘以SEM的平方的积，即$S^2 = n \times (SEM)^2$。

B.1.5　引　用

RUXTON G E, 2006. The unequal variance t-test is an underused alternative to student's t-test and the Mann-Whitney U test. Behavioral Ecology, 17（4）: 688-690.

B.2　购买一个场地前审查的因素

（1）从当地区划官员那里获悉你想开展经营的地点是允许使用的。注意法律上的区域限制和农业使用许可的区别。咨询该领域的专家。从当地区划官员那里获取你想开展经营的地点是允许使用的书面证明。

（2）认识、回顾，并熟悉所有计划运营所需要的必要许可（美国），例如孵化许可、亲本许可、污水排放许可、食品加工许可。

（3）判断场地可获得的水质和水量（通常意味着挖测试井）并提交样本给有资质的实验室进行更广泛的水质指标测定（见第2章）。有没有在主要水源枯竭或丧失时的备用水源（水量和水质以及使用前需要的水处理成本）？把水送到生产场地的成本？（重力流入可能需要泵？水提升的差别？）

（4）了解处理场地产生的液体和固体废料的技术可行性以及成本。场地允许土地利用有固体和液体废料吗？一年中有允许几个月？

（5）了解当地用电成本（以及三相电可否取得）、加热燃料、水、污水以及氧气（在美国同一个州，不同的政策限制可能在公用事业成本上有着极大的不同）。有可用的公用事业服务吗？（例如，电话、网络）

（6）判断给养殖场服务的道路和桥的负荷足够承受大卡车的重量。

（7）购买的土地有多少可用？如果想要扩建，你能得到未来购买的选项吗？

（8）该场地允许（区划）在场地的居住区和房屋吗？多少人或独立家庭？

（9）需要多少额外的基础设施成本使场地能使你想要的经营可用，例如，道路、小路、排污？

（10）该场地之前的历史和之前的使用情况如何？该场地使用过任何有毒化学物质吗？

（11）你的运营和周遭活动有多兼容？即便你的运营权可以获得，如果想要长期成功，你需要一个友善的环境。

（12）你的养殖场和一个国际机场有多远？运输或接受活的动物（幼苗），尤其重要。你能否便捷地得到快递服务，例如 UPS 联合包裹、FEDEX 联邦快递、DHL 敦豪？若能，这对接受修理件或者从养殖场运输产品是非常有帮助的。

B.3 计算鱼塘体积

决定合适浓度的化学药品并通过计算容纳和运输密度来计算体积。

B.3.1 矩形塘体积

体积=长·宽·深或 $L \cdot w \cdot h$。

当测量一个塘的体积时，取内部的长宽及合适水深。如果有一个立管或其他溢漏，那么立管的高度即测量的正确深度。如果塘底是斜向排水口的，需要取平均深度。为了得到平均深度，取两端和中间的深度测量，加起来除以3。从立方英尺或立方英寸进行转换，附录中的转换表格可供使用。

B.3.2 圆塘体积

圆塘体积由如下公式计算：

体积=3.14·（半径）²·高或 $\pi r^2 \cdot h$。

半径由塘内底部直径一半测量得出。

有用的转换如下：

- 1加仑=7.481立方英尺
- 1立方英尺=0.1337加仑
- 1立方米=264.2加仑
- 1加仑=0.0038立方米
- 1立方英尺=1728立方英寸

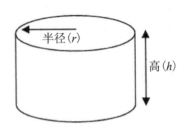

B.3.3　各类塘体积

金字塔：体积=1/3·长·宽·高或=1/3·a·b·h。

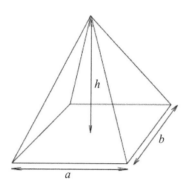

圆锥：体积=1/3·3.14·半径^2·高或=1/3·π·r^2·h。

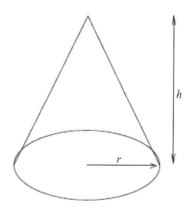

球缺：体积=1/3·3.14·高^2=（3·半径−高）或1/3·π·h^2·（$3r-h$）。

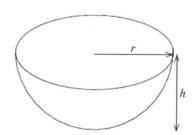

B.4 实验室安全流程

（改自MCRA操作手册，保护基金淡水研究所The Conservation Fund Freshwater Institute, 2000）

知道并使用安全研究流程是你的责任！

该部分提供了在进行实验室活动时所预期的安全实操的总览。给出每个潜在的安全隐患相关的对应信息是不可能的；但是，你应当定制此文件从而反映你的设施所必需的防范措施。

B.4.1 紧急情况逃生程序

下面一段给出的紧急情况逃生程序可以应用在任何出现在你的工作场地并威胁到你的生命的情况下。如，火灾、极其危险的实验室化学品泄漏、严重的杀虫剂外泄、主要的燃料外泄，或者丙烷气体泄漏。

了解你的建筑和工作场地所有火灾警报器与灭火器的位置很关键。当发现火情时，确保所有的同事都知晓。如果取得灭火器，那就用灭火器灭火。如果不能，拉响最近的火灾警报器，从最近出口进行人员疏散。所有雇员应当离开，在约定地点集合，并向其监督者报告。不要再次进入建筑内。

火灾警报器响了之后，在时间允许的情况下确保任何危险物品或者你可能参与的研究项目的安全，关闭所有电源，关闭所有门。如果你患有残疾，确保通知你的监督者在疏散时给予协助。

B.4.2 紧急情况电话号码

这是一个简略的清单。你也应当有设施管理员、电气公司、气体供应商和其他重要的联系人号码清单并将清单张贴在显眼位置。

以美国为例（译者注）：
- 当地火警，救护车，警察 ·· 9-1-1
- 国家中毒控制中心（National Poison Control Center） ············· 1-800-222-1222
- 紧急化学药品运送中心（Chemtrec，化学品泄露） ············· 1-800-424-9300

以中国为例（译者注）：
- 火警 ··· 119
- 急救电话 ·· 120

B.4.3　电力失效（断电）

通风橱在实验室建筑中是新鲜空气流通的重要部分。断电时，新鲜空气的供给被中断，污浊空气残留在建筑中，健康隐患可能长久存在。如果断电发生时你正在通风橱下进行有毒化学品的工作，盖上容器盖子，关闭橱盖，联系你的监督者或实验室主任。

B.4.4　紧急情况反应设备

- 知道火灾警报器和灭火器的位置；
- 知道如何使用灭火器；
- 知道哪种灭火器是应对哪种火焰的；
- 知道淋浴和洗眼睛站点，可以用水来冲洗眼睛，例如公共自动饮水器、水龙头等；
- 知道急救箱的位置，确保里面的物品及时更新；
- 永远不要因为使用急救设备而感到尴尬，急救设备就是用来保障每个雇员的安全并且意在保证将严重问题降到最低的。

B.4.5　实验室安全基本规则

- 确保实验室走廊和门道没有箱子、手推车、实验设备等。
- 保持壁橱设备关闭，远离实验室凳子的尖角。
- 不要把玻璃制品、金属仪器或重物放在架空的架子上或壁橱的最高处。
- 永远不要把碎的玻璃、尖锐的注射器针头放在家庭实验室垃圾存放处。确保这些物品放在合适的有标记的置物区。
- 永远不要对任何化学品或任何物质使用口吸管，包括水，一定使用机械吸取设备。
- 当做研究时一定穿戴合适的防护服（密封的鞋、手套、实验室工作服、安全护目镜、脸部挡板、防毒面具等）。
- 给所有已制备好溶液的容器贴上标有内容物名称、制备日期以及任何危险的警示的标签。
- 学生们在正常时间里和周末的工作必须处于直接监督下。
- 不允许吸烟，吸烟只能在建筑外指定的地区进行。
- 永远不要在任何危险物质被使用过的实验室存储、制备或饮用任何食物或者饮品。

B.4.6　实验室化学药品安全

B.4.6.1　使用和操作

为了安全操作，知道化学药品的性质、危害以及预防措施是雇员和其合作者的责任。在使用任何类型的化学品时，一定要阅读标签。找寻完整的化学药品或杀虫剂性质、危害和安全操作方法时应当查询物品安全数据单（material safety data sheets, MSDS）。打印本的 MSDS 信息应在任何实验室的入口处可见。

B.4.6.2　保存化学药品

在可行情况下，所有保存制备的溶液或物质的容器都应当标记上危险警告并附带其内容物和制备日期。大量（≥1gal）的可燃溶质或高浓度酸碱不应存放在实验室中，只保存每日使用需求的量。任何需要冷藏的可燃液体应当只被允许的冷柜或冰箱中存放。存储柜是提供给所有大量化学药品进行合并储存的，它们可以通过内容物（酸、碱）或是科学命名（溶剂）做标记。永远不要将溶剂的玻璃器皿存储在接近纸张、书籍、箱子或头部以上或地上，这些地方易受到损坏。合并储存化学药品（溶剂、酸和碱），将使用间接的抗化学药品泄露的容器，分别置于不同的独立泄露控制区域。

永远不要把冰醋酸和硝酸存放在一起！

B.4.6.3　处理化学药品废料：液体废料

- 永远不要通过冲入下水管道处理任何微量的危险化学药品的溶液。
- 所有危险液体化学药品废料必须被收集并存放在有标记的合适容器中。
- 塑料涂层的、防碎玻璃瓶或美国交通部（DOT）认可的聚乙烯桶可以从安全员处取来收集危险液体废料。
- 所有危险废料容器都应被存储在你的实验室中被标记为"卫星堆积区（satellite accumulation area）"的区域。

B.4.6.4　处理化学肥料：固体废料

- 危险物质应永远不能被放在常用实验室垃圾中！
- 空的化学药品瓶和一些杀虫剂的容器必须在处理前冲洗干净。
- 所有被污染的手套、可以丢弃的衣物、注射器、纸质品、胶质等必须作为危险废料进行丢弃。
- 应将所有受污染的物质打包进有标记的容器中并通过合适途径丢弃。

B.4.6.5　实验室化学药品泄露

所有实验室都应当有方便易得的中和泄露管理的物质，从而对"偶发泄露"做出反应——释放的危险物质可能被吸收中和或在释放时在释放地点被雇员或维护人员立即控制。这些物质应当通过废物处理项目合理地被处理。

1. 个人保护设备

许多在实验室里的工作是危险的。对于爆炸、内爆、断裂，液体飞溅或产生有毒气体的潜在危险应给予特殊考虑。细心选择合适的护目镜、手套、口罩、衣服和安全挡板。

（1）眼睛和脸部保护

- 穿戴保护性装备来预防飞行物品、液体飞溅、灰尘产生、有害辐射等的危险。
- 选择设计和符合美国国家职业与教育眼睛及脸部保护标准测试的装备。
- 穿戴有通风的、能灵活操作的护目镜或是带有侧挡板的安全镜以及全脸挡板来保护脸部以防化学药品或玻璃飞溅。
- 在操作化学药品时不要戴隐形眼镜。这会增加眼睛受伤的潜在风险，因为增加了化学药品飞溅情况下接触眼角膜的化学药品的机会，会造成眼部脱水、眼角膜磨损，溶于水的化学药品气体会被柔软的镜片吸收并使眼睛暴露在化学药品下。

（2）紧急情况下眼睛处理程序

- 知道所有的眼睛清洗站在哪里，在眼部受伤发生15s以内进行处理。
- 当清洗眼睛的时候，触及到眼睑下并转动眼球从而清洗整个表面。
- 绝对不使用包含硼酸的中和溶液和过期的眼睛清洗溶液进行化学药品飞溅处理。
- 在清洗之后到得到后续帮助之前，使用干净、凉爽、潮湿的软垫敷在眼睛上。
- 不要尝试移除嵌入的物体，寻求受过训练的医护人员的帮助。
- 拜访管理员填写意外报告。
- 每周确保冲洗眼睛的水是干净的，出现任何问题时报告给维护人员。

（3）手部保护

- 穿戴手套来保护皮肤不吸收化学药品，以及防止高度有毒的化学药品、物理危险，例如热量或者尖锐物接触皮肤。
- 使用各种材料，诸如橡胶、氯丁橡胶、腈，还有PVC来设计防护化学药品的手套。
- 不要使用石棉手套。选择陶瓷（硅铝、矾土、硅石）纤维抗热手套。
- 操作有毒物质特别是致癌物和致畸剂时使用一次性手套。
- 脱去手套的过程中应当消除掉任何污染的可能性：使用戴手套的一只手，捏住另一只手套手掌底部并脱去手套，握住手套，脱去手套的手伸入另一只手掌侧腕关节，捏住并脱掉另一只手套。
- 丢弃破碎和有孔的手套。

（4）呼吸保护

- 在没有适当通风的区域操作有毒化学药品，无论何时都要佩戴呼吸保护设备。
- 考虑空气传播的污染物的毒性和浓度，污染物的警示性属性（气味和刺激性），还有当选择呼吸装备时要选择适合脸部的装备。
- 如果空气传播的污染源没有明显的警示性属性时，不要使用空气净化呼吸器。
- 如果空气传播的污染源会对眼睛造成刺激，穿戴能罩住全脸的呼吸器。
- 选择合适的过滤桶/过滤器。
- 永远不要把不盖上盖子的呼吸器放在工作区；过滤桶/过滤器和面具内表面可能会浸满污染物。
- 检查呼出阀系统以及呼吸器头带，及时替换任何损坏部件。
- 清洗前去除过滤桶/过滤器。
- 使用杀菌洗涤剂的温水溶液清洗面具，使用干净的温水刷洗并风干。
- 将呼吸器存储在塑料袋中，并保存在呼吸器存放壁橱区（干净、干燥、凉爽）。

附表B.2　典型RAS实验室的设备和耗材清单

实验室项目描述			供应商	分类号	价格/数量:	数量	花费
样本分析		DR/850 便携式色度计	哈希（Hach）	4845000	$1,041.00	1	$1041.00
		样本瓶	哈希（Hach）	2401906	$40.35	3	$121.05
基本的化学试剂	总氨氮（IAN）	氢氮水杨酸盐法 10mLL	哈希（Hach）	268000	$98.55	2	$197.10
		安氮标准 10mg/L（500mL）	哈希（Hach）	15349	$20.95	2	$41.90
	硝酸盐：NicriVer3 粉剂（对应 10ml 样本）		哈希（Hach）	2107169	$34.15	2	$68.30
基本的化学试剂	亚硝酸盐（NO^3）	NitriVer5 粉末包装（对应 10ml 样本）	哈希（Hach）	2106169	$38.45	2	$76.90
		亚硝酸盐标准溶液，10mg/L(500mL)	哈希（Hach）	194749	$19.99	1	$19.99
	活性正磷酸盐：PhoVer3 粉剂，pk/100		哈希（Hach）	2106069	$30.29	2	$60.58
	总可溶铁和三价铁：FernoVerlron 反应粉剂 10mL 样本		哈希（Hach）	2105769	$21.39	2	$42.78
	碱度	硫酸（0.10N）	哈希（Hach）	20253	$17.95	3	$53.85
		溴甲酚绿–甲基红指示剂	哈希（Hach）	94399	$15.79	5	$78.95
实验室玻璃器皿	锥形烧瓶	125mL	ColeParmer	W–34530–84	$71.42	1	$71.42
		250mL	ColeParmer	W–34530–86	$73.98	1	$58.64
	烧杯	150mL	ColeParmer	W–34502–06	$53.00	1	$46.00
		250mL	ColeParmer	W–34502–07	$59.00	1	$47.50
	量瓶	25mL	ColeParmer	W–34200–02	$26.50	2	$53.00
		50mL量瓶	ColeParmer	EW–06110–34	$22.50	1	$22.50
		500mL量瓶	ColeParmer	EW–06110–40	$21.50	2	$43.00
		1000mL量瓶	ColeParmer	EW–06110–42	$45.50	2	$91.00
	碱度	50mL滴定管	ColeParmer	EW–34544–54	$131.29	1	$131.29
		滴定管架	ColeParmer	EW–08022–60	$214.00	1	$214.00
各类实验室供应:	Tensette 吸量管（1～10mL）		哈希（Hach）	1970010	$260.00	1	$260.00
	管头（10mL）		哈希（Hach）	2199796	$10.69	2	$21.38
	HDPE 宽口样本瓶	250mL	ColeParmer	EW–06035–43	$33.00	2	$66.00
		125mL	ColeParmer	EW–06035–39	$22.75	2	$45.50
总计							$2973.63

B.5　美国当地水产养殖中心

美国当地的水产养殖中心如下：

• Northeastern Regional Aquaculture Center

University of Maryland

2113 Animal Sciences Building College Park, MD 20742－2317　电话：（301）405－6085；

传真（301）314－9412

邮件：nrac@umd.edu

网站：https://agresearch.umd.edu/nrac

代表：Connecticut, Delaware, Maine, Maryland, Massachusetts, New Hampshire, New Jersey, New York, Pennsylvania, Rhode Island, Vermont, West Virginia, and the District of Columbia

• North Central Regional Aquaculture Center （NCRAC）

Iowa State University Extension Fisheries Specialist

339 Science Hall II Iowa State University Ames, IA 50011－3221　电话：（515）294－8616

传真：（515）294－2995

网站：http://www.ncrac.org/

代表：Illinois, Indiana, Iowa, Kansas, Michigan, Missouri, Minnesota, Nebraska, North Dakota, Ohio, South Dakota, Wisconsin

• Southern Regional Aquaculture Center （SRAC）

Mississippi State University 127 Experiment Station Road

P.O. Box 197 Stoneville, MS 38776　电话：662－686－3269

传真：662－686－3320

网站：http://www.msstate.edu/dept/srac

代表：Alabama, Arkansas, Florida, Georgia, Kentucky, Louisiana, Oklahoma, Mississippi, North Carolina, Puerto Rico, South Carolina, Tennessee, Texas, Virginia, Virgin Islands

• Center for Tropical & Subtropical Aquaculture （CTSA）

The Oceanic Institute Makapuu Point

41－202 Kalanianaole Highway

Waimanalo, HI 96795－1820

电话：808－259－3168

传真：808－259－8395

网站：http://www.ctsa.org

代表：American Samoa, Commonwealth of the Northern Mariana Islands, Federated States of Micronesia, Guam, Hawaii, Republic of Palau, Republic of the Marshall Islands

• Western Regional Aquaculture Center （WRAC）

School of Aquatic and Fishery Sciences Box 355020

Seattle, WA 98195

电话：206 - 685 - 2479

传真：206 - 685 - 4674

网站：http://depts.washington.edu/wracuw/

代表：Alaska, Arizona, California, Colorado, Idaho, Montana, Nevada, New Mexico, Oregon, Utah, Washington, Wyoming

B.6 软件程序

下列被简单介绍的程序软件可在eCornell.com/fish或blogs.bee.cornell.edu/aquaculture处获得。

Excel电子表格程序：

- 鱼塘设计；
- 成本分析；
- pH、碱度、CO_2、温度互相影响和数值；
- 低水头增氧设计和管理；
- 整体系统设计、步骤和管理流量。

基于DOS的

- CO_2管理选项；
- 气泵。

在本书中出现了许多公式。现在，你应该已经对公式的原理和背后的逻辑有了一些的掌握。有些人（可能是工程师！）曾说过水产养殖绝大多数是要进行计算的。当然，为了使你过得简单一些，我们收集的电子表格程序和DOS程序可以把计算的繁琐工作排除掉。

电子表格程序项目（被称为作业本）如下：

- 鱼塘设计：包括流量以及不同生产率的面积和体积所需的数值。在鱼塘设计作业本中有一个表格是基于温度计算喂食率和相应的成长率。这个表格可以被用来预测预期成长率，并且在鱼塘项目中作为比较预期和实际成长率的基础。

- 成本分析：基于使用者的定制，计算设施运营和该水产养殖设施产出的每磅鱼的固定和平均可变成本。

- pH-碱度-CO_2-温度：基于其他因素计算CO_2浓度。还有基于淡水和盐度的版本。不要使用基于盐度的版本推断淡水情况（可能在2ppt的范围内依然准确）。

- 整体系统设计、步骤和管理流量。

- 一个强大的电子表格计算所有受温度影响的成长，接下来计算可以容纳一系列从初始到收获尺寸的动物的不同阶段所必要的鱼塘尺寸。额外的表格计算基于氧气、总氨氮和总悬浮颗粒物限制下所需的流量。这个表格经常被作者修订。

- 低水头增氧设计和管理：低水头增氧可以用这个QuickBasic（1991年微软推出的程序语言）软件进行设计。计算运营效率、总气体压力和转移氧气的成本。这个程序可以被用来最大化低水头增氧的设计或者预测改变运营要素的后果（现版本：LHO v1 2 OUTPUT UP-DATED 4-1-15）。

基于DOS的程序有（这些能否在你的电脑上运行取决于你的操作系统）：

- CO_2管理选项：一个范围广泛的程序，分析数个控制选项和去除CO_2的相关成本，以及去除CO_2的通风而造成建筑热量损失的额外成本。这个程序需要你下载一个DOS模拟器到你的电脑上，见https：//www.dosbox.com/download.php?main＝1。
- 气泵：这个程序可以被用作设计气提和曝气系统，包括合适的管道尺寸，还有为了达到需求的氧气传递和水流量所对应的气流量。

B.7　常见问题

B.7.1　我该养什么物种？

- 完全不要养任何鱼，但可从其他养殖者处购买再卖出（你是一个活鱼的保管场）。
- 养殖一个你确保有高品质仔鱼或卵的品种。
- 养殖一个有对应饲料的品种（看似简单，但是一些物种仍然在发展阶段）。
- 养殖目前存在产品需求的物种。不要尝试开发尚不了解的物种的市场。
- 养殖别人已经有了一些成功的物种。避免成为"先驱者"。你可以在养殖更为普遍的鱼成功后这么做。

B.7.2　想要在水产养殖上成功，我首先应当怎么做？

- 参加短课程（例如：eCornell.com/fish）。
- 读一本该学科的好书（就像你现在手上的这本）。
- 开始制定你的市场计划，确保你能卖出你计划养成的鱼。
- 在纸上重新计划你的养殖场（使用书上的软件）。
- 请专业顾问重审你的计划。
- 参与水产养殖协会，参与水产养殖工程社团和世界水产养殖社团并成为积极的成员。
- 在你扩大到大型养殖场阶段之前设计、建造和操作一个原型系统。
- 为其他鱼类养殖场工作或做志愿者（他们可能会看作竞争，但是他们也可能会看作是机遇）。
- 不要把你所有的时间花在"重新发明轮子"（注：英语俗语，指重复已有的基本方法），应该花时间学习和实践怎么"驾驶"轮子。

B.7.3　为什么绝大多数的养殖场失败了？

- 他们忽视了上面的建议。
- 在有用的报警系统或备用电动机到位测试之前就让鱼进到了水里。
- 鱼类养殖业的生命法则，"失去水远大于失去鱼"并没有被重视。
- 对生物系统未能正确评估其敏感性。

● 系统规模不匹配其支付资本/运营成本和达到规模的经济效应……养殖场太小，经济可行性不高。

● 没有商业计划或基于不实际的商业计划进行规划。

● 低度资本化。有时候养殖场错误地相信他们会接收到额外的并未完全得以保证的投资（例如，政府支持的贷款/奖金项目或投资者没有完全承诺）。一旦开始建设养殖场，如果所有的投资资金没有到位，养殖场不太可能成功。如果建设和起始比计划更长的时间或出现了花费超支，低度资本化也将会是个严重的问题，这会在任何鱼产出之前花费掉所有资本。

● 严重高估系统的真实承载能力（产量也被高估），有时是因为失败的工程设计，有时是因为缺乏对所有限制承载能力的理解（最高投喂生物质量）以及生产效率（生产：现存量）。

● 取得鱼市场位置并获得极佳价格的能力不足。

B.7.4 鱼类养殖开销最大的项是什么？

小型养殖场距离劳动力很远。这促使设计规模很大，如，大于年产100吨。有兴趣时，此时不计劳动力，查明你是否能卖出高于直接成本的鱼。

B.7.5 产出鱼需要多少能量？

泵是主要的能量输入，每磅鱼的产出将会在1.5～2.0kWh。热能将会粗略占1/3电能。获得便宜的电能是巨大的优势。

B.7.6 鱼类密度可以被维持在什么水平？

罗非鱼大于100g时可以被养殖在接近1.0磅每加仑；鳟鱼大于100g时可以被养在0.67磅每加仑。

B.7.7 通常需要控制的最重要的水质指标是什么？

氧气是最关键的，因为缺氧会导致整池鱼在15～20min内死亡。这是你需要报警系统的原因。报警系统需要自动电话和网络拨号、备用发电机，还有尽量全天候的人员覆盖。

B.7.8 为什么绝大多数系统失败了？

氧气是最关键的，但是系统表现差通常是由于总悬浮颗粒物去除效率低。每磅饲料的投喂通常产生1gal必须被移除的粪便，不然水质会迅速恶化。

B.7.9　鱼类通常的饵料系数是多少?

鱼类是养殖动物中能最有效地将饮食的能量转化成肉的。鱼类的饵料系数通常为1.00,而鸡是2.0,猪是3.0,牛是4.0。

B.7.10　你的饵料转化率怎么能低于1?

饵料转化率是基于饲料的,饲料的湿成分有5%~8%,而鱼肉75%是水。

图书在版编目（CIP）数据

循环水产养殖系统 /（美）迈克尔·蒂蒙斯,（加）朱松明
著；金光等主译. — 5 版. — 杭州：浙江大学出版社，
2021.5（2024.7重印）
书名原文: Recirculating Aquaculture Systems（5th edition）
ISBN 978-7-308-20194-0

Ⅰ. ①循… Ⅱ. ①迈… ②朱… ③金… Ⅲ. ①循环水
— 水产养殖 Ⅳ. ①S96

中国版本图书馆 CIP 数据核字(2020)第 077678 号
浙江省版权局著作合同登记图字：11-2020-399

循环水产养殖系统

（美）迈克尔·蒂蒙斯,（加）朱松明　**著**
金　光　刘　鹰　彭　磊　赵　建　**主译**
叶章颖　**主审**

策划编辑　金　蕾（jinlei1215@zju.edu.cn）
责任编辑　金　蕾
责任校对　蔡晓欢
封面设计　周　灵
出版发行　浙江大学出版社
　　　　　　（杭州市天目山路148号　邮政编码310007）
　　　　　　（网址：http://www.zjupress.com）
排　　版　杭州兴邦电子印务有限公司
印　　刷　广东虎彩云印刷有限公司绍兴分公司
开　　本　787mm×1 092mm　1/16
印　　张　41.75
字　　数　1016千
版 印 次　2021年5月第1版　2024年7月第9次印刷
书　　号　ISBN 978-7-308-20194-0
定　　价　312.00元